集成电路新兴领域
"十四五"高等教育教材

集成器件
电子学

游海龙　贾新章　李聪　张丽　王冲　胡辉勇　编著
张义门　张鹤鸣　主审

中国教育出版传媒集团

高等教育出版社·北京

内容简介

本书为集成电路新兴领域"十四五"高等教育教材。本书以构成集成电路的核心半导体器件为对象，以集成电路设计为出发点，聚焦集成器件电子学理论知识，深入阐述集成电路中集成半导体器件的载流子运动规律与器件工作物理原理，系统介绍在现代集成电路中主要使用的半导体器件，重点阐述 PN 结，双极晶体管 BJT、MOSFET 器件，对比介绍异质 PN 结、金属–半导体接触、异质结双极晶体管 HBT，以及结型场效应晶体管和金属–半导体场效应晶体管基础知识；同时系统深入介绍了集成电路设计中相应器件结构与版图、仿真与模型核心知识。

本书可作为高等学校集成电路设计与集成系统、微电子科学与工程等专业本科生核心课程教材，以及集成电路科学与工程、电子科学与技术等专业研究生的课程教材。本书也可以作为从事集成电路与半导体器件设计、工程和研发的工程师及科研人员的参考资料。

图书在版编目（CIP）数据

集成器件电子学／游海龙等编著． -- 北京：高等教育出版社，2025. 8． -- ISBN 978-7-04-064004-5

Ⅰ．TN4

中国国家版本馆 CIP 数据核字第 2024D912Y7 号

Jicheng Qijian Dianzixue

策划编辑	平庆庆	责任编辑	平庆庆	封面设计	姜　磊	版式设计	李彩丽
责任绘图	裴一丹	责任校对	吕红颖	责任印制	张益豪		

出版发行	高等教育出版社	网　址	http://www.hep.edu.cn
社　址	北京市西城区德外大街 4 号		http://www.hep.com.cn
邮政编码	100120	网上订购	http://www.hepmall.com.cn
印　刷	北京中科印刷有限公司		http://www.hepmall.com
开　本	787mm×1092mm　1/16		http://www.hepmall.cn
印　张	23.25		
字　数	570 千字	版　次	2025 年 8 月第 1 版
购书热线	010-58581118	印　次	2025 年 8 月第 1 次印刷
咨询电话	400-810-0598	定　价	49.90 元

本书如有缺页、倒页、脱页等质量问题，请到所购图书销售部门联系调换
版权所有　侵权必究
物　料　号　64004-00

丛书序言

集成电路是现代电子工程技术的重要分支,涉及半导体材料、半导体器件、集成电路设计与制造、集成电路封装与测试、集成电路装备与仪器等领域。集成电路是推动信息化与智能化技术和产业发展的重要支撑,对提升电子产品计算性能、降低电子系统能耗和成本、实现电子装备微小型化和高可靠性,以及促进科技进步和经济发展等方面具有重要意义,已经成为现代科技和信息社会的基石。当前集成电路技术已进入后摩尔时代,如何适应信息化和智能化的需求,进一步实现集成电路芯片高算力、低功耗、高密度(集成度)、多功能、低成本,是集成电路科学与工程面临的重要挑战。

随着全球半导体产业格局不断重塑,我国集成电路产业正站在一个新的历史起点上,既面临着国际竞争的激烈挑战,也承载着国内产业升级与技术创新的巨大需求。在这样的背景下,培养一批高质量集成电路拔尖创新人才,成为推动国家科技进步、保障产业链安全、提升国际竞争力的关键所在。党的二十大报告指出"教育、科技、人才是全面建设社会主义现代化国家的基础性、战略性支撑。必须坚持科技是第一生产力、人才是第一资源、创新是第一动力,深入实施科教兴国战略、人才强国战略、创新驱动发展战略,开辟发展新领域新赛道,不断塑造发展新动能新优势"。习近平总书记在 2024 年全国科技大会上指出"要坚持以科技创新需求为牵引,优化高等学校学科设置,创新人才培养模式,切实提高人才自主培养水平和质量"。

高校是教育、科技、人才的集中交汇点,为积极响应国家号召,满足新时代集成电路领域对高素质人才的需求,我国集成电路领域优势学科高校、领军企业的近 100 名一线教师和业内专家,共同编撰完成了这套战略性新兴领域——新一代信息技术(集成电路)"十四五"高等教育系列教材,共同推进教育、科技、人才"三位一体"协同融合发展。系列教材内容全面覆盖了集成电路专业概览与启蒙、半导体材料与器件、集成电路设计与工艺制造、集成电路封装与测试等专业核心课程、实验实践课程和交叉课程,是一套体系完备的集成电路学科相关专业本科教育教学用书。

我们在这套系列教材编制过程中,一是注重理论教学、实践教学和产业实际案例深度融合,使学生在掌握相关理论知识的同时,注意提升解决实际问题的能力;二是积极探索数字教材的新形态,在部分教材中提供动图动画、MOOC 视频、工程案例、虚拟仿真实验等数字化教学资源,以适应数字化时代学生多样化学习需求;三是紧盯国际集成电路科技和产业发展前沿,立足集成电路发展的中国特色,力求教材内容更具前瞻性和实用性。

系列教材的出版是集成电路领域人才培养核心要素改革的一项重要探索,也是不断更新、不断完善的有力实践。科技在发展、知识在更新、社会在进步,系列教材也需不断完善和发展。大家共同努力,为适应集成电路领域学科专业教育教学需求,培养具有竞争力的高素质集成电路专业人才,为推动我国集成电路产业高质量发展注入更新的活力与动能。

中国科学院院士

2024 年 6 月

前言

在当今这个日新月异的科技时代，人工智能（AI）、量子计算、5G 网络、物联网（IoT）、虚拟现实（VR）和增强现实（AR）等前沿技术正以前所未有的速度发展，但始于 1947 年发明的晶体管与 1958 年发明的集成电路作为信息技术的基石，一直是推动信息产业发展的重要动力，推动着人类社会的进步与发展。

现代集成电路通过半导体制造工艺将几亿乃至几百亿个 MOS 晶体管集成在一个芯片里，集成电路最为基础和核心的基本单元就是半导体器件。半导体器件物理是集成电路设计与集成系统、微电子科学与工程等专业的核心课程之一。它不仅是学生理解集成电路设计和制造的基础，也是掌握微电子工艺管理、集成电路设计及应用等能力的重要基石。本书以构成集成电路的核心半导体器件为对象，以集成电路设计角度为出发点，聚焦集成器件电子学理论知识，深入阐述集成电路中集成半导体器件的载流子运动规律与器件工作物理原理，同时系统深入介绍了集成电路中相应器件结构与版图、仿真与模型核心知识。

本书是集成电路新兴领域"十四五"高等教育教材，本教材编写团队已入选教育部"战略性新兴领域'十四五'高等教育教材体系建设团队"。本书具有如下三个特点：

1. 以硅基集成电路中核心半导体器件为对象：本书从基础的半导体器件结构入手，介绍在现代集成电路中主要使用的代表性半导体器件，重点阐述 PN 结，双极晶体管 BJT（bipolar junction transistor，BJT）、MOSFET（metal-oxide-semiconductor FET，MOSFET）器件，结合上述器件对比介绍异质 PN 结、金属-半导体接触、异质结双极晶体管（heterojunction bipolar transistor，HBT）基本原理，以及结型场效应晶体管（pn-junction FET，JFET）和金属-半导体场效应晶体管（metal-semiconductor FET，MESFET）基础知识。

2. 以从事集成电路设计需要掌握半导体器件核心知识为出发点：本书从集成电路设计角度，在传统介绍集成电路中基础器件的基本工作机制基础上，详细介绍了集成电路版图设计中器件结构与版图设计知识、集成电路仿真中器件模型与模型参数知识，为集成电路中版图设计和电路仿真奠定器件相关基础。

3. 以现代集成电路最基础和最核心的 MOSFET 器件及其最新技术发展为重点：本书重点介绍在现代超大规模集成电路中应用最核心的 MOSFET 器件，通过 MOSFET 基础与 MOSFET 进阶两章内容介绍其工作原理，同时在器件结构版图设计中介绍新型的 MOSFET 结构，包括 SOI MOSFET（silicon on insulator，SOI）和鳍式场效应晶体管（fin field-effect transistor，Fin-FET）；在仿真与模型中，介绍了现代高级 MOSFET 模型，包括 BSIM-CMG 等模型建模方法。

本书可作为高等学校集成电路设计与集成系统、微电子科学与技术等专业本科生半导体器件物理专业的核心课程教材，以及集成电路科学与工程、电子科学与技术专业研究生的课程教材。本书也可以作为从事集成电路与半导体器件设计、工程和研发的工程师及科研人员的参考资料。每一章节都设计了问题和练习，帮助读者巩固所学知识，加深对所学内容的理解和应用能力。

本书由西安电子科技大学游海龙、贾新章、李聪、张丽、王冲、胡辉勇等编著，其中游海龙、贾新章共同撰写了第 1—3 章、第 6 章、第 7 章、第 10 章、第 11 章；李聪撰写了第 8 章、第 9 章、第 12 章，参与撰写了第 6 章部分章节；张丽撰写了第 4 章，参与撰写了第 5 章和第 8 章部分章节；王冲撰写了第 5 章；胡辉勇参与撰写了第 2 章、第 3 章部分章节。全书由游海龙完成统稿。

张义门教授和张鹤鸣教授对本书进行了审稿，提出了许多改进意见，在此表示衷心的感谢。

本书经再三校对，但疏忽之处仍在所难免，由于作者水平有限，书中难免有缺点和错误，希望读者不吝指正（hlyou@ mail. xidian. edu. cn）。

编著者

2024 年 6 月 30 日

目录

第1章 绪论：半导体器件与集成电路

半导体器件与集成电路(integrated circuit, IC)在20世纪发明以来，超过了任何事物和人类想象改变着世界，是人类智慧的结晶和文明进步的体现。现代集成电路包含数百到数百亿个规模的半导体有源器件，半导体器件是构成集成电路的核心。

本章结合半导体器件和集成电路关键技术和发展历史，从集成电路中半导体器件物理、结构与器件模型角度，阐述半导体器件基础结构、集成电路工艺与器件版图、电路仿真与器件模型的基本概念、相互关系和发展历程，后续章节将分别从集成电路设计者角度详细介绍半导体器件物理、版图和模型的相关知识。

1.1 从半导体器件到集成电路

1.1.1 半导体器件

集成电路是半导体器件的一种重要类型。半导体集成电路是用集成制造工艺技术将电子电路的元件(电阻、电容、电感等)和半导体器件(晶体管、传感器等)在同一半导体材料上"不可分割"地制造完成，并互连在一起，形成完整的有独立功能的电路和系统。半导体器件是集成电路最为基础和核心的基本单元。具体来说，半导体器件是广泛用于电子领域的器件，利用半导体材料的特性来控制电流和电子信号，包括晶体管、二极管、光电器件等多种类型。它们可以单独工作，也可以集成在一起形成复杂的电路。

人类研究半导体、半导体器件历史已经超过百年，其发展并非一蹴而就，而是一个长期、逐步探索与演进的过程。1833年英国科学家迈克尔·法拉第(Michael Faraday)在测试硫化银(Ag_2S)特性时，发现了硫化银的电阻随着温度的上升而降低的特异现象，这种现象称为电阻效应，这是人类发现的半导体的第一个特征。费迪南德·布劳恩(Ferdinand Braun)在1874年发现了半导体点接触式整流器效应，即电流在金属点与方铅矿晶体接触处只朝一个方向自由流动，这是第一个半导体二极管的书面说明。1901年，博斯(Jagadis Chandra Bose)申请了检测无线电波的半导体晶体整流器的专利，并称之为"触须(CAT'S WHISKER)检波器"。1926年，尤利乌斯·利林菲尔德(Julius Lilienfeld)申请了一项描述了一种基于硫化铜半导体特性的三电极放大装置专利，这是场效应半导体器件的早期构想。1931年，《电子半导体理论》出版，艾伦·威尔逊(Alan Wilson)用量子力学来解释半导体的基本特性，为后续的理论研究奠定了基础。

第二次世界大战后，美国贝尔实验室的威廉·肖克利(William Shockley)、约翰·巴丁(John Bardeen)和沃尔特·布拉顿(Walter Brattain)组成的研究小组，在寻找比早期使用的方铅矿晶体性能更好的检波材料时，发现了掺有某种极微量杂质的锗晶体的性能优于矿石晶体，并在某些方面比电子管整流器还要好。1947年12月23日，巴丁和布拉顿将两根触丝放在锗半导体晶片的表面上，发现当两根触丝十分靠近时，放大作用发生了。这标志着世界上第一只固体放大器——晶体管的诞生。在实验成功后，布拉顿在实验笔记中详细记录了实验结果，包括电压增益、功率增益和电流损失等关键数据。其他参与实验的科学家,如吉布尼、摩尔、皮尔逊、肖克利等,也在笔记上签上了日期和名字,表示对实验结果的认同。这种晶体管被称为点接触晶体管,因为它是由金属触丝和半导体的某一点接触形成的。它具有对电流和电压的放大作用,为电子技术的发展带来了革命性的变化。在此基础上,威廉·肖克利提出了 PN 结和面结型晶体管的基本理论,接着发明了具有实用价值的面结型晶体管。为此,这三位科学家于1956 年荣获诺贝尔奖。图 1-1-1 为三人研究小组和世界上第一只晶体管的照片。

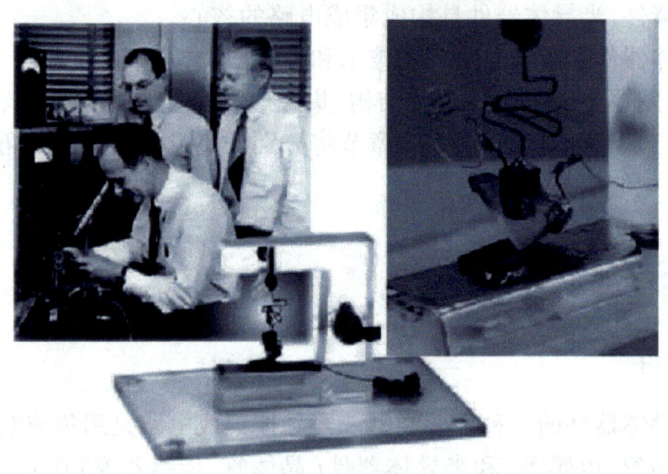

图 1-1-1　世界上第一只晶体管与发明者
(三人中坐着的为肖克利,后面从左起分别为巴丁和布拉顿)

在 20 世纪 50 年代初,面结型晶体管达到了实用程度,开始工业化生产。在随后的几年中,通过对半导体表面效应的深入掌握,1958 年制造出了金属-氧化物-半导体场效应晶体管(MOSFET)。尽管 MOS 晶体管的诞生比双极晶体管晚了近 10 年,但是由于它体积小、功耗低、制造工艺简单,为集成化提供了有利条件。

1958 年,杰克·基尔比(J. S. Kilby)制作完成世界上第一块集成电路。集成电路的概念和发明是半导体器件快速发展的重要里程碑。随着集成电路和集成工艺的发展,半导体器件不断迭代和改进,功能得到了增强,尺寸也逐渐缩小。随着硅平面工艺技术的发展,1965 年英特尔公司主要创始人之一的摩尔提出了著名的"摩尔定律(Moore's Law)",他预言:集成电路的晶体管密度每 18~24 个月翻一番。每个晶体管的成本将会逐年下降一半。确实,MOS 集成电路基本遵循摩尔定律(见图 1-1-2)飞速地发展。20 世纪 70 年代,微处理器(CPU)的诞生进一步推动了半导体器件的发展。现在已经可以把几亿乃至几百亿个 MOS 晶体管集成在一个芯片里。以 CMOS 集成电路为代表的微电子技术及其产业突飞猛进,日新月异,给人类

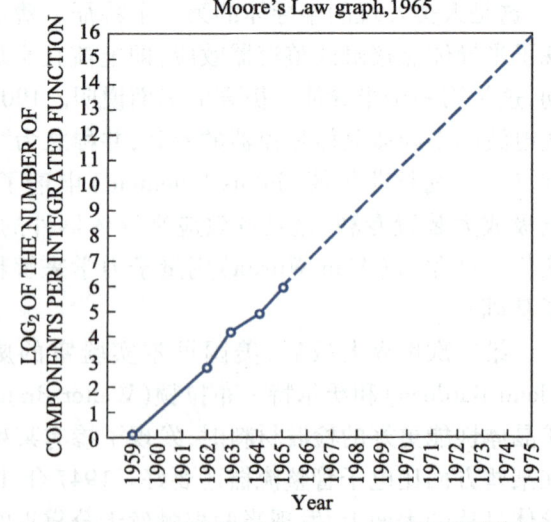

图 1-1-2　戈登·摩尔在 1965 年的预测图

的工作和生活带来了巨大变革,直至现在它仍是主流技术。2007 年,英特尔公司推出 45 nm 处理器,革命性地采用高 K 栅介质和金属栅晶体管,这是晶体管材料和工艺的又一次重大革新。2010 年后,传统的体硅平面型 CMOS 工艺技术在 20 nm 几乎走到了尽头,美国加州大学伯克利分校胡正明教授发明了鳍形场效应晶体管(FinFET)结构,这是一种三维器件结构,使集成电路在 16 nm/14 nm/10 nm/7 nm/5 nm 依然能够不断发展。5 nm 技术节点,每个芯片上能够集成的晶体管数为 300~500 亿个每平方厘米,而电路的互连通孔数为 1 000 亿个每平方厘米,3 nm 技术节点后集成电路会采用一种新的 FinFET 环形栅(gate all around,GAA)的晶体管结构,继续使微电子技术不断发展。

1.1.2　集成电路

晶体管发明后不到 5 年,英国皇家研究所的塔姆于 1952 年 5 月在美国工程师协会举办的一次座谈会上发表的论文中第一次提出了有关 IC 的设想。文中说道:"可以想象,随着晶体管和一般半导体工业的发展,电子设备可以在固体上实现,而不需要连接线。这块电路可以由绝缘、导体、整流和放大等材料层组成"。在此后几年,随着工艺水平的提高,美国得克萨斯仪器(TI)公司的杰克·基尔比(J. S. Kilby)于 1958 年宣布研制出了第一块 IC(当时该电路实际上是一个仅包含 12 个元件的混合集成电路)。从此,微电子技术进入了 IC 时代。杰克·基尔比(J. S. Kilby)于 2000 年获得诺贝尔奖。图 1-1-3 为 Kilby 和世界上第一块集成电路。

图 1-1-3　Kilby 和世界上第一块集成电路

集成电路诞生至今短短不到百年时间,它的发展带动了信息社会的发展,成为国民经济发展强大的倍增器。集成电路的发展基本按照摩尔定律,即每隔 3 年,特征尺寸缩小 30%,集成度(每个芯片上集成的晶体管和元件的数目)提高 4 倍。其中专用集成电路(ASIC)和存储器每 1~2 年其集成度和性能均翻番。图 1-1-4 给出了集成电路典型代表产品微处理器集成度逐年发展的曲线,符合摩尔定律预测的发展规律。

1971 年制造出的第一块 4 位的微处理器芯片,单个芯片上集成有 2 300 个晶体管。1981 年生产的 16 位微处理器芯片集成度达到 2.9 万个晶体管。图 1-1-4 中给出了 20 世纪 70 年代 Intel 公司第一块微处理器芯片 4004 和 2016 年 Intel's Core i7-3960X SandyBridge 微处理器芯片的晶体管数,其单芯片上集成的晶体管数从 4004 的 2 300 个发展到 22.7 亿多个,足以说明微电子技术日新月异的变化和发展。同样,在 20 世纪 70 年代存储器的集成度为 kbit(10^3)规模,到 20 世纪 80 年代中期发展到 Mbit(10^6)规模,1994 年已研制出 Gbit(10^9)规模的 DRAM 芯片,预计到 2031 年左右将达到 1 Tbit(1 024 GB)的集成度。数字逻辑电路由于结构复杂,其集成度增长不像存储器那样快,大约每 5 年增长 10 倍,但是其发展速度也是相当惊人的。

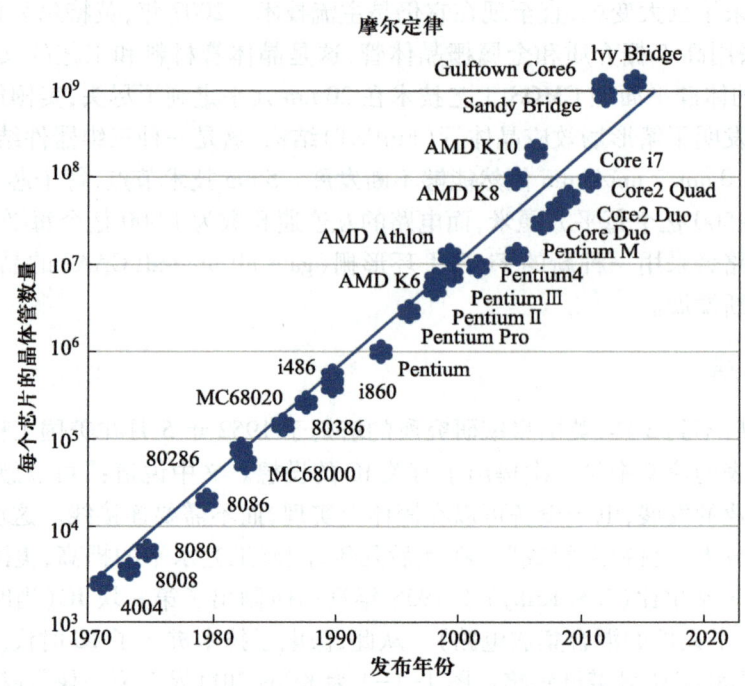

图 1-1-4　微处理器 CPU 集成度逐年发展的曲线

　　随着集成电路的器件特征尺寸越来越小,技术难度越来越大,集成电路生产线的投资额不断攀升。半导体器件固有的物理限制、功耗限制等,使摩尔定律延续其原来的规律越来越困难,集成电路的发展进入到后摩尔时代。后摩尔时代微电子技术的发展路径有两条:一条是继续沿着缩小尺寸的方式,进一步发展集成电路,称为延续摩尔定律(more Moore);另外一条发展路径是采用三维异质集成的方式将不同功能的半导体器件和芯片集成化,实现功能更多的集成电路芯片,称为超越摩尔定律(more than Moore)。另外,不再单纯依赖缩小晶体管尺寸来提升芯片性能,而是通过多元化、异质集成、系统级封装等新技术手段,来实现芯片性能、功能、功耗等方面的综合提升,称之为"超越摩尔"技术路径。这些不同的途径将会继续使集成电路不断发展,不断支撑人类信息化和智能化时代的发展。

1.2　半导体基础结构与器件

1.2.1　基础结构

　　半导体器件的种类繁多,并且随着半导体技术的不断发展和创新,新的半导体器件不断涌现和发明,至今为止大约有 70 余种主要的器件以及和主要器件有关的变异器件。从器件结构来看,基于硅基主要半导体器件均可以用基础结构来组合实现,半导体器件的基础结构是通过组合主要材料、介质基本形式,通常包括以下几个关键组成部分:

　　(1)半导体材料:常见的半导体材料包括硅(Si)和砷化镓(GaAs)等。这些材料具有介于导体和绝缘体之间的电导特性,在外加电场或光照作用下表现出半导体行为。

　　(2)P-N 结构:大多数半导体器件都是基于 P-N 结构设计的。P-N 结构由 P 型半导体

（富含正电荷载流子,如空穴）和 N 型半导体（富含负电荷载流子,如电子）组成。

（3）金属电极:用于连接外部电路的部分,通常是金属制成,如铝、金、铜等。金属电极与半导体材料通过热处理或其他技术形成电性连接。

（4）绝缘层:有时候在半导体器件中,需要使用绝缘层来隔离不同部分或保护器件结构。常见的绝缘材料包括二氧化硅（SiO_2）、氮化硅（Si_3N_4）等。

通过对上述基本材料的组合链接,构成了半导体器件基础结构。半导体器件的基础结构主要包括金属-半导体界面、PN 结、异质结界面和金属-氧化物-半导体（MOS）结构,如图 1-2-1 所示。

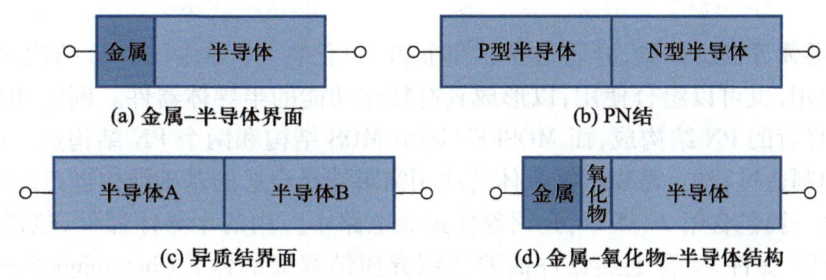

图 1-2-1   基础器件结构模块

第一种基础结构是金属-半导体接触,它指一个金属电极与半导体材料直接接触的结构。金属-半导体接触主要分为两种类型:整流接触（也称为肖特基接触,Schottky contact）和欧姆接触（Ohmic contact）。肖特基接触是指金属和半导体材料相接触时,在界面处半导体的能带弯曲,形成肖特基势垒。这种势垒可以控制电子的流动,从而实现电流的整流和调制,实现电流只能从单一方向流动。欧姆接触是指金属与半导体形成的接触电阻很小,接触电流与电压呈线性关系,电流可以双向流动。在欧姆接触中,电子可以自由地通过金属和半导体之间的接触面,形成良好的电流通路,落在接触上的电压降很小,甚至可以忽略。金属-半导体接触在半导体器件中具有广泛的应用。例如:利用肖特基接触的整流特性,可以制成整流器,将交流电转换为直流电。利用整流接触当作栅极,利用欧姆接触当作漏极和源极,即形成一个金属半导体场效应晶体管,是一种很重要的微波器件:欧姆接触被广泛应用于集成电路中的互连,用于实现器件与金属引线之间的互连和信号的传输。

如图 1-2-1(b) 所示第二种基础结构是同一半导体材料 PN 结,就是在一块半导体材料中一个区域为 P 型,相邻区域为 N 型,就组成 PN 结。PN 结是各种半导体器件的重要组成单元,通常都包含一个甚至多个 PN 结,因此各种半导体器件的特性均与 PN 结密切相关。PN 结工作原理是半导体器件物理的关键基础。如果在 PN 结加上另一个 P 型材料,就可以形成 P-N-P 双极晶体管。与金属-半导体的整流接触特性相似,PN 结具有单向导电性,电流只能从单一方向流动。当 PN 结外加正向电压,有电流流过,此时 PN 结处于导通状态;当 PN 结外加反向电压时,没有电流流过或电流极小,此时 PN 结处于截止状态。这种单向导电性也称为整流特性,是 PN 结最基本的特性之一。PN 结广泛应用于二极管、光电二极管、太阳能电池等器件中。

第三种基础结构是异质结,异质结是指由两种或多种不同的半导体材料组成的界面结构。例如,Si/SiGe 异质结,由硅（Si）和硅-锗（SiGe）组成的异质结,主要用于微电子器件和 CMOS 技术中的应变工程,以提高晶体管的迁移率和性能。GaN/AlGaN 异质结:由氮化镓（GaN）和铝氮化镓（AlGaN）组成的异质结,用于高功率电子器件,如高频功率放大器和 LED 器件及紫外线激光器件。

第四种基础结构如图1-2-1(d)所示,它是由金属(metal)、氧化物(oxide)和半导体(semiconductor)三层材料构成的金属-氧化物-半导体(MOS)结构。MOS结构可以看作金属-氧化物和氧化物-半导体界面的结合,用MOS结构制作器件栅极,再用两个PN结分别当作漏极和源极,就可以制作出在现代集成电路中应用最为广泛的器件金属-氧化物-半导体场效应晶体管(MOSFET)。MOS器件的不断发展推动了集成电路技术的不断创新。随着制造工艺的进步,MOSFET的尺寸不断缩小,性能不断提升。基于PMOS和NMOS的互补结构的互补金属氧化物半导体(complementary metal-oxide-semiconductor,CMOS)技术,直至现在仍是现代集成电路主流技术。

金属-半导体界面、PN结、异质结界面和金属-氧化物-半导体(MOS)结构这四种基础结构可以单独使用,也可以组合使用,以形成具有特定功能的半导体器件。例如,BJT(双极晶体管)由两个背靠背的PN结构成,而MOSFET则由MOS结构和两个PN结构成。因此,半导体器件的设计和制造过程中,需要根据具体的应用需求选择合适的基础结构进行组合和优化。

本书中第一篇包含第2—5章,介绍现代集成电路中应用的半导体器件,包括PN结,双极晶体管、MOSFET器件,结合上述器件简要介绍异质结双极晶体管(heterojunction bipolar transistor,HBT)、结型场效应晶体管(PN-junction FET,JFET)和金属-半导体场效应晶体管(metal-semiconductor FET,MESFET)等,系统讲述上述器件基本概念、理论和工作原理。

1.2.2 代表性的半导体器件

通过对基础半导体结构的应用组合,人类发明了多种半导体器件,种类非常多样化,涵盖了广泛的应用领域和功能需求。本节通过时间顺序,介绍在现代大量应用、在历史中具有重要里程碑的器件发明。

1874年,卡尔·费迪南德·布劳恩(Karl Ferdinand Braun)在用细金属线的尖端探测方铅矿晶体时,发现了电整流效应,即电流仅在一个方向上自由流动。这可以看作是二极管的早期形式。

1907年,亨利·约瑟夫·朗德(Round)在通过实验观察到了碳化硅晶体在电流作用下的发光现象,并记录了这一现象。他的发现为LED技术的发展奠定了基础,虽然当时并未立即得到广泛应用或认可,但随着后续研究的深入和技术的不断进步,LED已经成为现代生活中不可或缺的一部分。

1947年,约翰·巴丁(John Bardeen)和沃尔特·布拉顿(Walter Brattain)在美国贝尔实验室共同发明了第一个点接触式晶体管,用多晶锗做成,标志着晶体管时代的到来。1948年威廉·肖克利(William Shockley)发明结晶体管,发表了关于PN结双极晶体管的经典论文,进一步推动了晶体管技术的发展和器件物理理论的建立。

1952年,伊伯斯(Ebers)提出了可控硅器件的基本模型。可控硅器件,也称为晶闸管(silicon controlled rectifier,SCR)或可控硅整流器,是一个具有三个PN结的四层结构半导体器件,它有三个电极,分别称为阳极(A)、阴极(K)和栅极(G)。Moll在1956年进一步研究了可控硅的开关机制,为可控硅的实际应用提供了理论支持。可控硅具有控制电流的功能,能够在特定条件下导通或截止,广泛应用于电力电子、工业自动化等领域。

1954年,在美国的贝尔实验室,由查平(Daryl Chapin)、富勒(Calvin Fuller)和皮尔森(Gerald Pearson)三人组成的研发团队成功发明了第一个实用的 PN 结型硅太阳能电池。他们的工作是在罗素·奥尔(Russell Ohl)发现 PN 结和光电效应的基础上进行的。PN 结太阳能电池的发明使得太阳能的利用更加高效和可靠。这一技术的出现为太阳能产业的发展奠定了坚实的基础,为人类社会的可持续发展作出了重要贡献。

1957 年,赫伯特·克罗默(Herbert Kroemer)首次提出了在晶体管中使用不同带隙的材料形成异质结,可以显著提高晶体管的性能,并开发了相关的理论模型,建立了利用异质结材料构建异质结双极晶体管(heterojunction bipolar transistor,HBT)的概念。基于异质结构造的异质结双极晶体管的实际应用。HBT 因其高频特性和低噪声特性,在通信领域特别是微波和射频电路中得到了广泛应用。

1960 年,亚特拉(Mohamed Atalla)和姜大元(Dawon Kahng)共同发明了金属-氧化物-半导体场效应晶体管(metal-oxide-semiconductor field effect transistor,MOSFET),这是现代电子学和集成电路技术中的重大突破之一。Atalla 和 Kahng 在研究热生长硅氧化层的过程中,发现了一种能够显著降低硅和其氧化物之间界面处表面状态的方法。这种方法使得加在栅极上的电场能够更有效地穿透氧化层,影响半导体硅层,从而实现场效应的控制。MOSFET 器件已经缩小到纳米的范围,但是当初第一个 MOSFET 所采用的硅衬底和高温氧化层在相当长时期是最常用的最佳组合。

1966 年,最早的 MESFET 由 J. L. Moll 等人在 1966 年首次提出并制造。MESFET 利用了金属与半导体之间的肖特基接触形成的电子沟道,通过金属栅极控制电子的注入和流动,从而实现电流的调制和放大。

1967 年姜大元和施敏发明一种非挥发性半导体存储器(nonvolatile semiconductor memory,NVSM),在金属-氧化物-半导体场效应晶体管(MOSFET)的栅结构模型中间加一层金属层,以实现非挥发性存储,解决了挥发性存储器在断电后资料丢失的问题,其发明为半导体存储技术带来了革命性的变化。

1970 年,威拉德·博伊尔(Willard S. Boyle)和乔治·史密斯(George E. Smith),在美国贝尔实验室(Bell Labs)发明了电荷耦合器件(charge-coupled device,CCD),CCD 器件具有光电转换、信息存储、延时和将电信号按顺序传送等功能。这些功能使得 CCD 器件能够捕捉并传输高质量的图像信息。

自从 1947 年,被誉为 20 世纪最伟大的发明之一双极晶体管的出现,各式各样的半导体器件随着更先进的工艺技术、新的半导体材料和更深入的半导体物理理论被发明和提出,上述器件是半导体器件中的一部分,每一类器件又有不同的变种和特定应用。随着技术的进步和应用需求的多样化,新型半导体器件的开发和应用也在不断涌现。本书聚焦以硅为基础的现代集成电路中应用的半导体器件,将重点介绍 PN 结、双极晶体管、MOSFET,并对比简要介绍相关结构包括 HBT、JFET、MESFET 等器件。

1.3　集成电路工艺与器件版图

集成电路发展获得成功建立在两个基础上,一是掌握了基本的半导体物理概念,二是发展了完美的集成微细制造技术,即将科学家发明的器件结构设计的概念转变为可制造结构的工程技术。集成电路和半导体器件的版图实现了从设计到制造转换,架起了设计和工艺加工之间的桥梁。

1.3.1 集成电路工艺

现代集成电路(IC)制造过程中，从在硅片上制作微电子器件到完成集成电路的制造，需要数周的时间和数百个工艺步骤。这个过程包括晶圆制造、芯片测试、划分、分类、封装、老化测试以及最终发货给客户。晶圆制造是这一过程中的关键环节，它涵盖了多种复杂的半导体制造工艺，如清洗、氧化、光刻、离子注入、快速热处理(RTP)、刻蚀、光刻胶剥离、化学气相沉积(CVD)、物理气相沉积(PVD)以及化学机械抛光(CMP)等。图 1-3-1 为 IC 芯片制造的流程示意图，该流程图展示了半导体制造主要工艺步骤，这些主要步骤实现了在同一晶圆中的选择性掺杂这一基础的半导体制造目标。

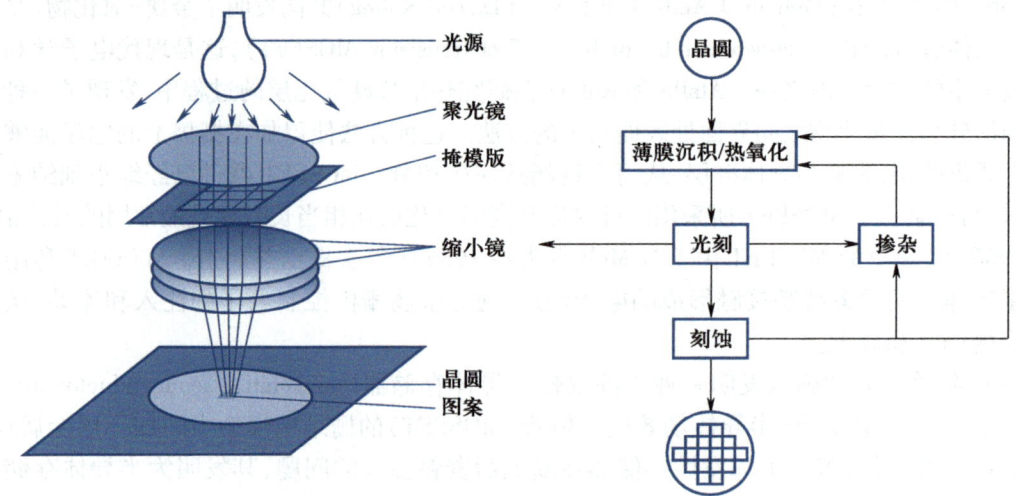

图 1-3-1　IC 芯片制造流程图

上述集成电路晶圆制造工艺中其核心基本工艺，主要包括热氧化、光刻与掺杂(或者注入)，通过基本工艺方法实现在半导体材料中实现"选择性掺杂"(如在 N 型衬底中掺杂 P 型材料，或者在 P 型衬底中掺杂 N 型材料)，这也是制作分立半导体器件以及半导体集成电路的平面工艺的核心。本书将在第 6 章中详细介绍其实现过程。

如图 1-3-1 所示，光刻(photolithography)工艺是半导体器件制造工艺中的一个重要步骤。该工艺利用曝光和显影在光刻胶层上刻画几何图形结构，然后通过刻蚀工艺将光掩模上的图形转移到衬底上。这里的衬底不仅包含硅晶圆，还可以是其他金属层、介质层，如玻璃、蓝宝石等。光刻工艺是实现集成电路微细图形加工的关键技术之一，对芯片的性能和良率有着直接影响。微电子制造中光刻工艺所使用的图形母版就是掩模版(photomask)，又称光罩、光掩模、光刻掩模版等。

掩模版的制作需要在半导体器件或集成电路(IC)设计完成后，由电子设计自动化(EDA)软件生成的版图将被打印在一块涂有一层铬的石英玻璃上。计算机控制的激光束将版图图像投射到涂有光刻胶的铬玻璃表面上。光子通过光化学反应改变暴露光刻胶的化学性质，之后这些光刻胶在碱性显影液中溶解。接着，一个图案化的蚀刻过程会去除由显影液溶解光刻胶所在位置的铬层。因此，这一过程将集成电路版图的图像转移到石英玻璃的铬层上。

图 1-3-2 展示了 CMOS 反相器中电路版图与光刻掩模的关系。在半导体制造过程中，掩

模用于定义集成电路版图上各层图形。对于 CMOS 反相器的制造,需要多个掩模来分别定义不同的层,如栅极层、源漏极层、接触孔层等。每个掩模都对应芯片上的一个特定层,通过逐层叠加和加工,最终形成完整的 CMOS 反相器结构;根据图 1-3-2 显示,制作一个功能性的 CMOS 反相器,至少需要 10 个掩模。

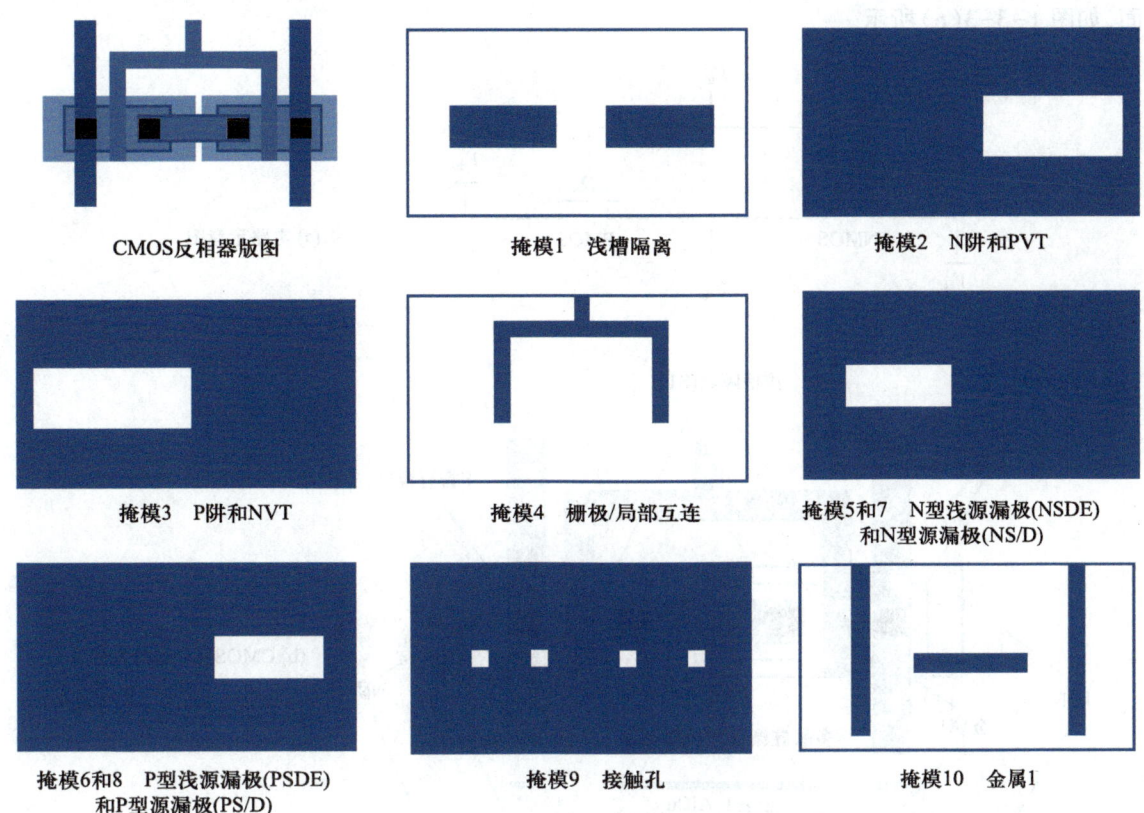

图 1-3-2　CMOS 反相器版图和掩模图示

1.3.2　集成电路器件版图

由于半导体制造工艺特点,现代半导体器件、集成电路设计包括"器件结构与电路设计"以及将电路转为"版图"(物理设计)两个阶段。完成集成电路设计后,提交给代工厂的是集成电路版图数据文件。集成电路和器件版图就是为制造集成电路和器件时所用的掩模上的几何图形,这些图形由代表不同类型掩模层的多边形组成,每一层都要在晶圆上以很高的精度加工出来。半导体器件版图设计是指按照器件结构(或电路网表)正确地进行符合制造工艺约束的物理掩模层图形的创建。版图设计的目的是确保设计的电路器件能够在硅片上正确地实现,同时满足性能、功耗、成本等多方面的要求。因此版图是连接集成电路设计和集成电路制造的中间桥梁,对最终产品的性能有重要影响。

制造厂接收到版图设计后,首先生成光刻用的掩模版,再采用掩模版进行工艺加工,制造芯片。硅集成电路制造采用平面工艺,通过在硅晶圆表平面实施一系列半导体制造工序产生器件结构。本书在讲授器件版图时,除了介绍单个分立器件的结构版图,将重点介绍在平面工艺下集成电路中的器件版图形式和设计。

　　图 1-3-3 展示了互补金属氧化物半导体（CMOS）反相器结构的电路示意图、设计版图及芯片横截面图。图 1-3-3（a）展示了 CMOS 反相器结构由半导体器件中 PMOS 和 NMOS 器件的互补结构构成。图 1-3-3（b）是 CMOS 反相器的经典版图。这种版图的优势在于它可以在同一表面上给出 N 型金属氧化物半导体（NMOS）和 P 型金属氧化物半导体（PMOS）的器件截面，如图 1-3-3（c）所示。

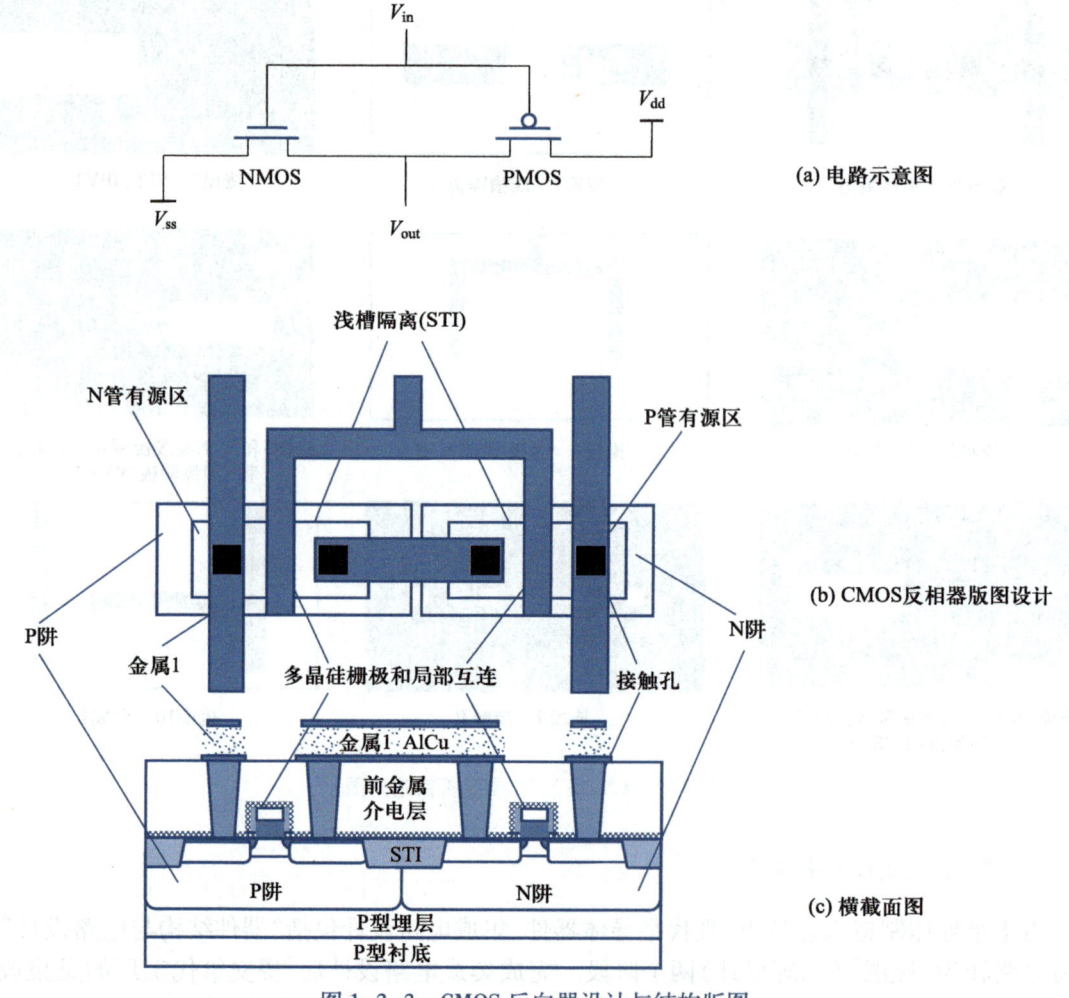

图 1-3-3　CMOS 反向器设计与结构版图

　　图 1-3-3（b）与图 1-3-3（c）的对应关系可以看到，版图的尺寸决定了器件的平面尺寸，而工艺条件（例如掺杂浓度、温度等）决定了器件在晶圆的纵向尺寸，这些尺寸决定了半导体器件性能。器件版图中的横向尺寸对半导体器件的特征频率、功率增益、输出功率、高频噪声及匹配性等性能都有着重要的影响，因此对于同一种器件，由于性能的不同要求，将会采用不同的版图。在设计过程中，需要根据具体的应用场景和性能要求来优化横向尺寸的设计。

　　本书中第二篇（第 6—8 章）将介绍集成电路平面工艺中半导体器件结构与版图设计，并结合最新工艺发展，介绍新型 MOSFET 器件结构和版图，即 SOI 和 FinFET，同时也将围绕最先进的环绕栅 GAA 工艺器件进行简要介绍和展望。

1.4 电路仿真与器件模型

1.4.1 SPICE 电路仿真与器件建模

现代集成电路设计依赖于以 SPICE 电路仿真器为代表的 EDA 工具进行大量的电路仿真与验证。SPICE(Simulation Program with Integrated Circuit Emphasis)是由美国加州大学伯克利分校于 1970 年初期开发,1975 年正式推出的一种功能强大的通用模拟电路仿真器。它最初被用来验证集成电路中的电路设计,并预测电路的性能。1988 年,SPICE 被定为美国国家工业标准。此后,各种以 SPICE 为核心的商用模拟电路仿真软件在 SPICE 的基础上进行了大量实用化工作,使其成为最为流行的电子电路与集成电路仿真 EDA 工具之一,是现代集成电路晶体管级仿真的基础工具。

半导体器件是集成电路的最小单元,为了满足电路仿真精度与仿真成本的要求,需要建立半导体器件的电流、电压等电学和物理特性的精确数学表示。如图 1-4-1 所示,器件模型是实现电路模拟仿真必不可少的基础输入信息,器件模型电学和物理特效的描述的全面性、精度和质量是决定电路仿真和验证结果准确性和可靠性的关键因素。

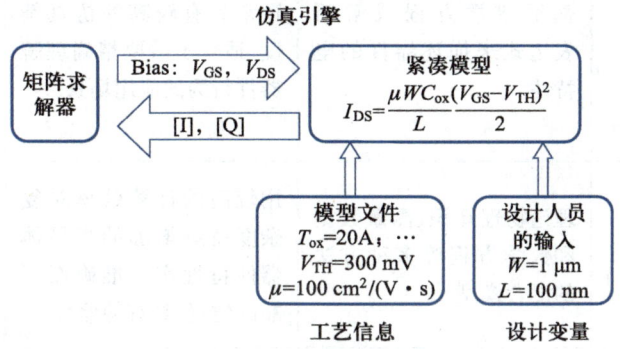

图 1-4-1 SPICE 电路仿真与器件模型

半导体器件模型被以 SPICE 为代表的 EDA 工具采用,用于模拟由这些器件制成的集成电路的性能,电路设计仿真工程师从集成电路代工厂以工艺设计套件(process design kit,PDK)的形式获取器件规格,其中包含了器件尺寸、设计规则、寄生信息和技术模型参数等信息。因此,半导体器件模型在半导体世界的两个不同但至关重要的部分之间架起了桥梁:半导体制造和电路设计领域。

根据半导体器件建模方法的不同,半导体器件模型类型比较如表 1-4-1 所示。

表 1-4-1 半导体器件模型类型比较

序号	模型类型	建模方法	特点	适用场景
1	物理模型	基于半导体器件物理的基本理论及器件的结构特性,通过求解一系列复杂的物理方程来描述器件的电学、热学等行为	能提供更精确的物理效应和器件特性描述;但计算复杂且模型构建难度大,计算效率不高	适用于需要深入研究器件物理机制和器件设计、进行高精度仿真分析的场景,如 TCAD 仿真

续表

序号	模型类型	建模方法	特点	适用场景
2	查找表模型	基于数据驱动建模，通过预先将实验或仿真结果数据计算和存储为输入输出关系表来快速获取器件的行为	计算速度快，建模时间短，数据依赖性强，泛化能力差，存储需求大；精度高度依赖于所使用数据的准确性和完整性	计算速度有较高要求且可以容忍一定精度损失的领域，如器件的直流特性仿真
3	经验模型	基于实验数据或经验公式建立的模型，通常是通过对大量实验数据进行统计分析或曲线拟合得到的，而非直接从物理方程推导而来，包括了神经网络的器件模型	快速的仿真速度和较为准确的预测能力；模型依赖于测量得到的器件特性数据，较难包含器件所有特性	用于解析模型的补充，高精度需求和物理机理较难解释的场景
4	解析模型	基于数学方程或解析表达式来描述器件的电特性	通常具有较高的仿真精度，适合于需要精确理解器件行为的应用场景	主要适用于简单器件或在特定工作点下的分析，如理想二极管模型、MOSFET 的小信号模型等
5	紧凑模型（compact model）	理论物理知识、测量数据和数学方程等多种方法的混合模型	用较高的计算效率对复杂度持续增加的半导体器件特性实现准确而可靠的仿真，具有伸缩性	广泛适用于复杂器件和不同工艺条件下的仿真，如 SPICE 模型、BSIM 模型等
6	行为模型	通常从更高的抽象层面描述器件或电路的功能行为，而不涉及内部的物理细节或精确的电性能	高层次描述，抽象化和简化模型表述	适用性广泛，用于系统级和功能级仿真，器件经验模型和查找表模型通常需要通过行为模型导入 SPICE 进行电路仿真

从上表可以看到，随着集成电路的复杂性和应用领域的不断扩大，器件模型同时满足精确性和简单性这两个矛盾的目标挑战越来越难。采用基于物理的近似测量数据和数学方程混合方法针对特定工艺类型的器件开发的解析模型可以用较高计算效率对复杂度持续增加的集成电路中的器件特性实现准确而可靠的仿真。集成电路应用最为广泛的 BSIM 模型就是这种通过解析模型和经验模型综合应用构建的一种混合模型满足精确性和简单性要求。

1.4.2　半导体器件模型及模型参数

在半导体器件的建模中,紧凑模型是一种简化和抽象了的半导体器件的物理模型,旨在提供对器件行为的快速预测和仿真能力,尤其是在集成电路设计和优化中非常实用。紧凑模型通常基于器件的特定工作区域(如线性区、饱和区等)和主要的电学特性(如电流、电压、电容等)来描述器件的整体行为,而不需要详细考虑器件内部的物理机制和结构。

以下是几种常见的半导体器件紧凑模型。

1. 二极管紧凑模型

一种基本的二极管模型,包括描述二极管的电流-电压关系的 Shockley 经典方程,简化了二极管的工作区域分析。

2. 双极晶体管(BJT)紧凑模型

(1) Ebers-Moll 模型

Ebers-Moll 模型用于描述双极晶体管(BJT)行为的经典电路模型,该模型最初由埃贝斯(J. J. Ebers)和莫尔(J. L. Moll)在 1954 年发表,因此以他们的名字命名。它是基于电流的控制方程,能够有效地描述 BJT 在不同工作区域(放大区、饱和区、截止区)的电流-电压特性。在 EM1 模型的基础上,EM2 模型计入非线性电荷存储效应和串联电阻,以提高模拟精度;EM3 模型进一步计入 BJT 的各种二级效应(如基区宽度调制效应、基区展宽效应、温度的影响等)。Ebers-Moll 模型与 BJT 工作物理机制直接相关,更易于理解不同模型参数的物理含义。

(2) Gummel-Poon 模型

Gummel-Poon 模型是基于电荷控制理论的模型,最早由根梅尔(Gummel)和普恩(Poon)提出,它强调了电荷在 BJT 内部运输和分布对器件行为的决定性影响。Gummel-Poon 模型提供了对 BJT 行为更详细的描述,相较于 Ebers-Moll 模型,在对 BJT 的非饱和区行为、温度依赖性和高频特性的描述上更为精确和全面,尤其常用于高频和混频应用中。

3. MOSFET 紧凑模型

(1) LEVEL1 到 LEVEL3 模型

第一代 MOSFET 模型主要包括 LEVEL1、LEVEL2 和 LEVEL3。这些模型在 MOSFET 早期应用中发挥了重要作用,后来被整合到电路仿真工具 SPICE 中。

(2) EKV 模型

EKV(enz-krummenacher-vittoz)模型是一种用于低功耗和低电压应用的 MOSFET 紧凑模型。它考虑了更细致的电荷分布和载流子运输特性,适合于分析低功耗集成电路中的 MOSFET 行为。

(3) BSIM 模型

BSIM(berkeley short-channel IGFET model)模型是由加州大学伯克利分校开发的,是专门用于描述现代 MOSFET 器件的紧凑模型。

其他 MOSFET 紧凑模型还包括以表面电势为核心变量的 HiSIM、PSP 等模型。

现代集成电路中应用最广泛的半导体器件是 MOSFET,随着集成电路集成度提升和半导体工艺的发展,器件尺寸不断缩小。不同的工艺节点(也称为制程节点)对应着不同的制造工艺和器件结构,需要适用于特定工艺节点的器件模型来准确描述其电性能,因此 MOSFET 器件模型持续不断在演变。这里以目前最为主流应用的 BSIM 模型的发展主要时间节点说明器件模型与工艺节点、器件结构与集成电路发展关系，如图 1-4-2 所示。

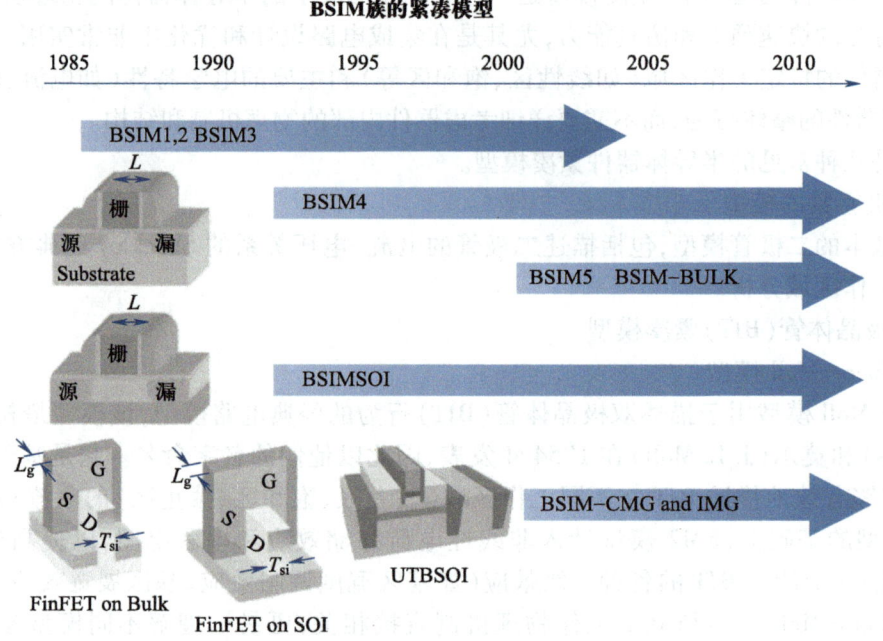

图 1-4-2   BSIM 模型家族发展

1983 年，BSIM1 是最早的 BSIM 模型版本，用于描述当时的 MOSFET 器件特性，包括基本的漏电流和迁移率等。

1985 年，BSIM2 模型在 BSIM1 的基础上增加了对非均匀掺杂和表面电荷效应的建模，使得模型更为准确。

1991 年，BSIM3 是一个重要的进步，适用于 90 nm 及以上的 MOSFET 工艺节点。它引入了更多的物理效应和模型参数，如短沟效应、迁移率的空间分布等，以更准确地描述现代 MOSFET 的特性。

2001 年，BSIM4 是对 BSIM3 的进一步改进，适用于 90 nm 至 22 nm 的工艺节点。BSIM4 引入了量子效应、变压器电容等新的物理效应，并且更加精确地考虑了尺寸缩放效应。

2010 年，BSIM6 是 BSIM4 的进一步发展，适用于 22 nm 以下的先进工艺，BSIM6 模型考虑了更多的细节和复杂性，进一步增强了对量子效应、多晶硅效应、热效应等的建模，以适应现代微电子器件的复杂性和高精度仿真需求。

2011 年，BSIM-CMG（BSIM-common multi-gate）是 BSIM 模型的最新版本，主要针对多栅MOSFET 等器件，特别是新一代 FinFET 和纳米线器件，这些器件在现代先进 CMOS 工艺中广泛应用于提高性能和减少功耗通道多晶体金属（CMG）器件的模型。

人工智能在半导体器件建模中的应用正在逐步深入，并为该领域带来了显著的创新和效率提升。研究人员提出了一种基于多梯度神经网络的晶体管紧凑模型建模方案，该方案通过神经网络的强大学习能力，快速准确地模拟半导体器件的行为。结合物理知识的神经网络（KNN）通过结合器件的物理知识的神经网络器件紧凑模型建模方法，这种方法不仅提高了模型的准确性,还增强了模型的延展性,使其能够更好地适应不同条件下的器件行为。

半导体模型通常包含一系列参数,这些参数具有特定的物理意义和功能,用于准确地描述器件在不同工作条件下的电学特性(如电流–电压)特性。如双极型器件模型中的晶体管饱和电流 I_S,正向电流放大系数 β_F,MOSFET 器件中的阈值电压、跨导、饱和电压等参数。

模型参数的取值直接影响模型拟合器件性能的精度,如何确定模型参数也是器件建模的一项重要工作,即器件模型参数提取。器件模型参数提取是指针对不同的器件电学特性数据,基于对应特性的模型,通过调整数量众多的模型参数,使得模型仿真结果与对应的数据相拟合的过程。这些方法包括:使用数学工具(如最小二乘法)将理论模型与器件测量数据拟合,调整模型参数使得模型预测值与实际观测值尽可能吻合的曲线拟合方法;遗传算法、粒子群优化等进化算法根据拟合结果,进一步优化参数,自动调整模型,达到满意的拟合精度和稳定性。器件模型参数提取是一项复杂耗时的工作,随着模型进一步复杂以及模型参数耦合度提升,参数提取愈发依赖于人的经验,使得一套器件模型的提参工作耗时数周。为了加快和提升提参的效率和自动化,人工智能技术开始引入进行全自动的参数提取,并获得了良好的效果。

本书中第三篇集成器件模型与模型参数(第 9~12 章)将介绍集成电路中器件代表性器件模型、模型参数含义,建模方法和模型参数提取方法,为电路仿真中器件模型知识奠定了基础。

习题

1.1　美国贝尔实验室的威廉·肖克利(William Shockley)、约翰·巴丁(John Bardeen)和沃尔特·布拉顿(Walter Brattain)组成的研究小组共同发明了晶体管,并获得诺贝尔物理学奖,他们各自的主要贡献是什么?

1.2　1965 年英特尔公司主要创始人之一的摩尔提出了著名的"摩尔定律(Moore's Law)",请详细阐述"摩尔定律(Moore's Law)"含义,以及对集成电路发展的影响。

1.3　半导体包含哪几种基础结构?请举例说明 BJT、MOSFET、MESFET、CCD 等器件是如何通过上述结构组合而成的。

1.4　请阐述集成电路制造主要工艺过程以及光刻基本步骤,解释为什么集成电路实现制造需要进行版图设计,说明版图在衔接集成电路设计与制造中的作用。

1.5　请结合本章中 CMOS 反相器的电路原理图、版图和横截面图,解释三者的映射关系。

1.6　根据半导体器件建模方法的不同,半导体器件模型可以分为哪些类型?这些类型有哪些特点?说明其适用范围。

第 2 章　PN 结

　　构成集成电路的核心是不同类型的半导体器件,通常都包含一个甚至多个 PN 结。常用的二极管就是一个 PN 结(PN junction)。因此 PN 结是各种半导体器件的重要组成单元,各种微电子器件的特性均与 PN 结密切相关,深入理解并熟练掌握 PN 结原理是学习其他半导体器件理论的关键,也是从事集成电路设计和制造的基础。

　　本章主要分析 PN 结工作的物理过程及其主要电学特性。同时以对比方式介绍异质结以及金属-半导体接触的结构与性能特点。

2.1　平衡 PN 结

2.1.1　PN 结的形成和杂质分布

　　1. PN 结的结构组成

　　电子线路中采用图 2-1-1(a)所示符号表示 PN 结二极管。实际 PN 结的结构组成如图 2-1-1(b)所示,就是在一块半导体材料中一个区域为 P 型,相邻区域为 N 型,就组成 PN 结,其中 P 区与 N 区的交界面称为冶金结。

　　为了分析问题方便,通常采用图 2-1-1(c)所示平面示意图描述 PN 结。

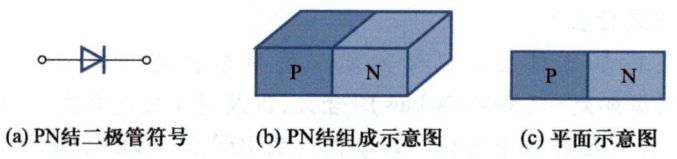

(a) PN结二极管符号　　　　(b) PN结组成示意图　　　　(c) 平面示意图

图 2-1-1　PN 结二极管符号和 PN 结结构

　　2. PN 结杂质分布

　　(1) 平面工艺 PN 结的结构特点

　　目前无论是集成电路还是其他类型半导体器件,通常都是采用平面工艺局部掺杂技术,使半导体中一部分区域为 P 型,另一部分为 N 型,就形成了 PN 结。图 2-1-2(a)是采用平面工艺生成的 PN 结的结构实例,其工艺流程参见 6.1.1 节分析。

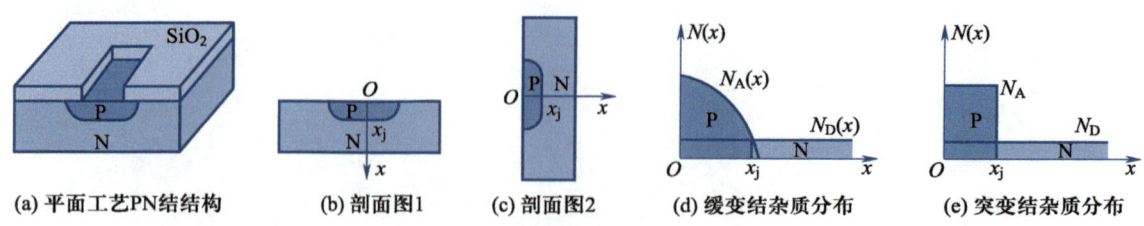

(a) 平面工艺PN结结构　　(b) 剖面图1　　(c) 剖面图2　　(d) 缓变结杂质分布　　(e) 突变结杂质分布

图 2-1-2　平面工艺 PN 结结构与一维杂质分布

　　为了方便起见,分析问题时均采用图 2-1-2(b)所示剖面图描述 PN 结。在分析 PN 结内部杂质分布特点时,通常将剖面图旋转 90 度,如图 2-1-2(c)所示。

　　针对图 2-1-2(c)所示 PN 结,采用一维方式描述的杂质分布如图 2-1-2(d)所示。整个衬底范围均存在掺杂浓度 N_D,而表面 P 型区域范围内,由于扩散掺杂的特点是杂质从浓度高的区域向浓度低的区域扩散,因此 P 型杂质分布呈现表面浓度高,随着深度增加掺杂浓度逐步降低的特点。

　　(2)缓变结

　　图 2-1-2 所示 PN 结实例中 N 区为均匀掺杂,P 区为非均匀掺杂。对实际 PN 结,只要 P 区与/或 N 区为非均匀掺杂,就称为缓变结(graded junction)。

　　平面工艺中由杂质扩散、离子注入-热退火等工艺制造的 PN 结基本上都是缓变结。

　　如果杂质分布随位置呈现线性变化关系,则称为线性缓变结。

　　(3)"合金"工艺与"突变结"

　　平面工艺发明前,早期 PN 结采用"合金"工艺制备,其特点是掺杂为均匀分布,如图 2-1-2(e)所示。

　　如果 PN 结的 P 区与 N 区均为均匀掺杂,则称为突变结(step junction)。

　　为了突出物理过程,简化分析的复杂程度,本章以突变结为对象介绍 PN 结的基本工作原理,即假设 PN 结的 P 区一侧为均匀掺杂,杂质浓度为 N_A,N 区一侧也是均匀掺杂,杂质浓度为 N_D。

2.1.2 平衡 PN 结物理过程分析

1. 假想试验

(1)杂质分布

　　为了直观分析平衡条件下 PN 结内部载流子分布的特点,设想一个假想试验:将一块掺杂浓度为 $N_A = 10^{16} \text{ cm}^{-3}$ 的 P 型半导体 Si 与一块掺杂浓度为 $N_D = 10^{16} \text{ cm}^{-3}$ 的 N 型半导体 Si[见图 2-1-3(a)]紧密接触形成 PN 结,如图 2-1-3(b)所示。

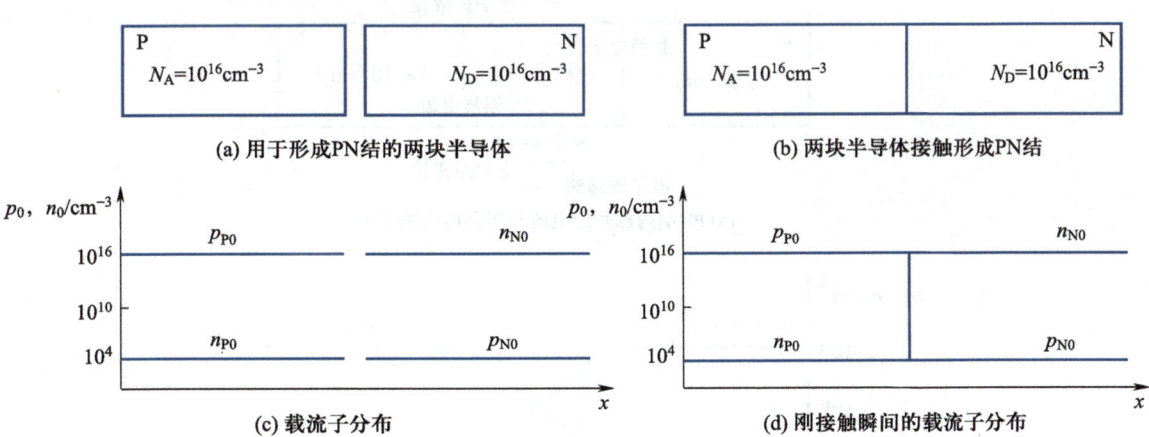

图 2-1-3　形成 PN 结的假想试验

　　(2)载流子浓度与离化杂质电荷

　　对图 2-1-3(a)中 P 型 Si,$N_A = 10^{16} \text{ cm}^{-3}$,则 $p_{P0} = 10^{16} \text{ cm}^{-3}$。若近似取 Si 中本征载流子浓度为 $n_i \approx 10^{10} \text{ cm}^{-3}$,则 $n_{P0} = n_i^2/N_A \approx 10^4 \text{ cm}^{-3}$,如图 2-1-3(c)所示。

说明:每个受主杂质原子提供一个空穴后,成为带负电的固定离化杂质离子,浓度为 $N_A^- = 10^{16}$ cm^{-3}。因此虽然 P 型 Si 中存在的带正电荷的空穴浓度为 $p_{P0} = 10^{16}$ cm^{-3},P 型 Si 还是保持电中性。但是,如果某种原因导致局部空间内空穴离开,而留下 N_A^- 为带负电的固定离化杂质离子,则该区域将存在负的空间电荷。

同理,对图 2-1-3(a)中 N 型 Si,$N_D = 10^{16}$ cm^{-3},则 $n_{N0} = 10^{16}$ cm^{-3},$p_{N0} = n_i^2/N_D \approx 10^4$ cm^{-3}。

每个施主杂质原子提供一个自由电子后,成为带正电的固定离化杂质离子,浓度为 $N_D^+ = 10^{16}$ cm^{-3}。因此虽然 N 型 Si 中存在的带负电荷的自由电子浓度为 $n_{N0} = 10^{16}$ cm^{-3},N 型 Si 还是保持电中性。但是,如果某种原因导致局部空间内自由电子离开,就留下 N_D^+ 为带正电的固定离化杂质离子,则该区域将存在正的空间电荷。

(3)采用半对数坐标描述的载流子分布

通常半导体材料中的多数载流子浓度比少数载流子浓度高若干个数量级。如图 2-1-3(a)所示实例中,多子浓度为 10^{16} cm^{-3} 量级,而少子浓度仅为 10^4 cm^{-3} 量级,相差超过 10 个数量级。显然,在通常的线性坐标系中不可能同时显示出相差若干个数量级的数值。

为了在同一个坐标系中同时显示出多子和少子浓度,应该采用半对数坐标,即表示浓度的纵坐标为对数坐标,而横坐标仍为线性坐标,如图 2-1-3(c)所示。

2. 形成 PN 结的物理过程

(1)物理过程分析

如图 2-1-3(a)所示两块半导体紧密接触形成如图 2-1-3(b)所示 PN 结时,载流子分布如图 2-1-3(d)所示。在接触界面(即冶金结)两侧,载流子空穴浓度从 P 型一侧 10^{16} cm^{-3} 跳变到 N 型一侧 10^4 cm^{-3},载流子电子浓度则从 N 型一侧 10^{16} cm^{-3} 跳变到 P 型一侧 10^4 cm^{-3}。结合图 2-1-4,从物理过程分析角度进行分析,载流子浓度存在如此巨大差别导致平衡条件下 PN 结具有如下特点。

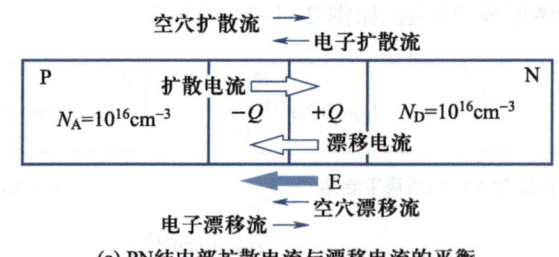

(a) PN结内部扩散电流与漂移电流的平衡

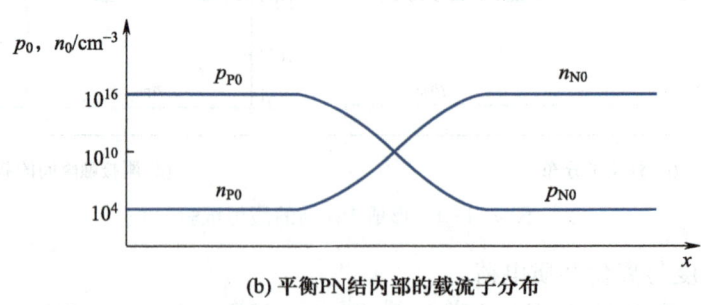

(b) 平衡PN结内部的载流子分布

图 2-1-4 形成 PN 结的假想试验

P 区和 N 区接触后,由于 P 区和 N 区之间电子和空穴均存在明显的浓度差,导致冶金结 P 区一侧空穴向 N 区扩散,形成从 P 区指向 N 区的扩散电流;同时 N 区一侧电子向 P 区扩散。由于电子带负电,因此电子扩散运动形成的扩散电流也是从 P 区指向 N 区,如图 2-1-4(a)所示。

随着冶金结两侧多子向对方区域扩散,相应区域多子浓度低于平衡浓度[见图 2-1-4(b)],导致冶金结 P 区一侧出现未被中和的带负电荷的固定离化杂质电荷 qN_A^-,该区域总的负电荷为 $-Q$。N 区一侧出现未被中和的带正电荷的 qN_D^+,该区域总的正电荷为 $+Q$。在正负空间电荷作用下,形成 N 区指向 P 区的电场 E,称为内建电场,如图 2-1-4(a)所示。

在内建电场作用下,N 区空穴将向 P 区漂移,P 区电子将向 N 区漂移。由于电子带负电,两种载流子的漂移电流方向都是从 N 区指向 P 区,与扩散电流方向相反,如图 2-1-4(a)所示。

随着扩散的继续,冶金结两侧"固定离化电荷"增多,电场增强,漂移电流随之增强。

在平衡情况下,扩散与漂移作用相平衡,从宏观来看,净载流子流动为零,不存在载流子净流动,冶金结两侧载流子分布不再变化,如图 2-1-4(b)所示。

(2)平衡 PN 结特点

形成 PN 结后,与图 2-1-3(a)所示两块单独的 P 型、N 型半导体材料相比,平衡条件下 PN 结内部,冶金结附近区域发生两点明显变化:

① 冶金结附近局部区域出现空间电荷,如图 2-1-5(a)所示。

② 在出现空间电荷的区域,载流子分布与 P 区内部以及 N 区内部明显不同,如图 2-1-5(b)所示。

可以从耗尽层、空间电荷区、势垒区三个方面进一步表征平衡 PN 结的特点。

2.1.3　平衡 PN 结特点的表征

1. 耗尽层(depletion layer)与耗尽层近似

(1)线性坐标系描述的载流子分布

平衡情况下冶金结附近局部区域出现空间电荷。该区域中载流子分布与 P 区内部以及 N 区内部明显不同,如图 2-1-5(b)所示。如果将载流子分布改为采用线性坐标表示,则成为图 2-1-5(c)所示形态。图中纵坐标一个小格为 10^{15} cm^{-3},而空间电荷区中大部分区域载流子浓度远小于 10^{15} cm^{-3},最低的只有 10^4 cm^{-3},因此空间电荷区中绝大部分范围内的载流子浓度已基本与图中横坐标重合,无论是载流子电子还是空穴,表现为在空间电荷区边界处载流子浓度从空间电荷区外侧的平衡多子浓度 10^{16} cm^{-3} 急剧变化到"看似为 0"。

(2)"耗尽层"的含义

对图 2-1-5 所示 PN 结实例,在空间电荷区中,P 区一侧带负电的离化受主杂质浓度仍为 $N_A^- = 10^{16}$ cm^{-3},N 区一侧带正电的离化施主杂质浓度仍为 $N_D^+ = 10^{16}$ cm^{-3},虽然空间电荷区中载流子浓度数值仍然达到 10^4 cm^{-3} 以上,但是远小于该区域中的离化杂质电荷,因此在分析与电荷相关的特性时,可以忽略载流子浓度对空间电荷的贡献,或者说近似认为空间电荷区中载流子已完全"耗尽",空间电荷区中电荷密度近似等于离化杂质浓度,因此通常又形象地将空间电荷区称为耗尽层。

(3)耗尽层近似

基于耗尽层特点,分析 PN 结电特性时通常采用图 2-1-5(d)所示的耗尽层近似,包含两个要点:

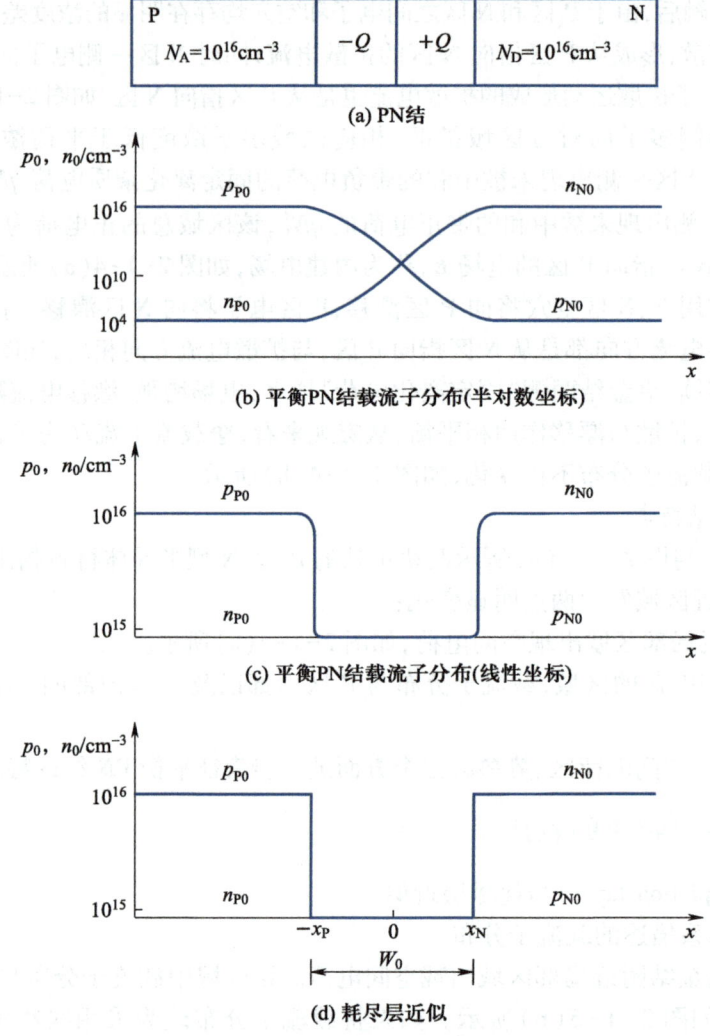

图 2-1-5　平衡 PN 结的载流子分布

①　耗尽层有确定的边界。若取冶金结处为坐标原点 $x=0$，耗尽层边界分别记为 $-x_P$ 和 x_N。则平衡条件下耗尽层宽度为

$$W_0 = (x_N + x_P) \tag{2-1-1}$$

式中下标 0 代表"平衡情况"。

②　耗尽层范围内，$n=p=0$，耗尽层范围外，载流子维持相应半导体材料的浓度不变。

2. 空间电荷区（space charge region）

按照耗尽层近似，在耗尽层范围内载流子浓度远低于离化杂质电荷，因此该区域存在净电荷，称为空间电荷区。

（1）突变结的空间电荷区电荷密度

若突变 PN 结的 P 区和 N 区掺杂浓度分别为 N_A 和 N_D，则按照耗尽层近似，空间电荷区中电荷近似等于离化杂质电荷，因此突变 PN 结的空间电荷密度分布为

$$\rho(x) = \begin{cases} +qN_D & (0 \leqslant x \leqslant x_N) \\ -qN_A & (-x_P \leqslant x \leqslant 0) \end{cases} \tag{2-1-2}$$

（2）电中性条件

按照电中性条件，空间电荷区中 P 区一侧的负电荷总数应该等于 N 区一侧的正电荷总数，在只考虑一维情况下，有

$$qN_Ax_P = qN_Dx_N \qquad (2-1-3)$$

（3）单边突变结（one-sided step junction）

在各类半导体器件和集成电路中，为了满足电特性的要求，通常 PN 结两侧掺杂浓度存在数量级的差别。对突变 PN 结，若一侧掺杂浓度远大于另一侧，则称为单边突变结。

若 $N_D \gg N_A$，由式（2-1-3），$x_N \ll x_P$，则 $W_0 = x_N + x_P \approx x_P$，即耗尽层宽度近似等于耗尽层在 P 区一侧的宽度。而 P 区一侧为轻掺杂，由此得到一个在以后分析 PN 结各种特性时经常引用的一个重要结论：PN 结的耗尽层宽度主要由轻掺杂一侧耗尽层宽度确定。

3. 内建电势 V_{bi} 与势垒区（potential barrier）

（1）自建电场

平衡条件下 PN 结空间电荷区中 N 区一侧存在正电荷 $+Q$，P 区一侧存在负电荷 $-Q$，必然形成从 N 区指向 P 区的电场，称为自建电场，如图 2-1-6（a）所示。

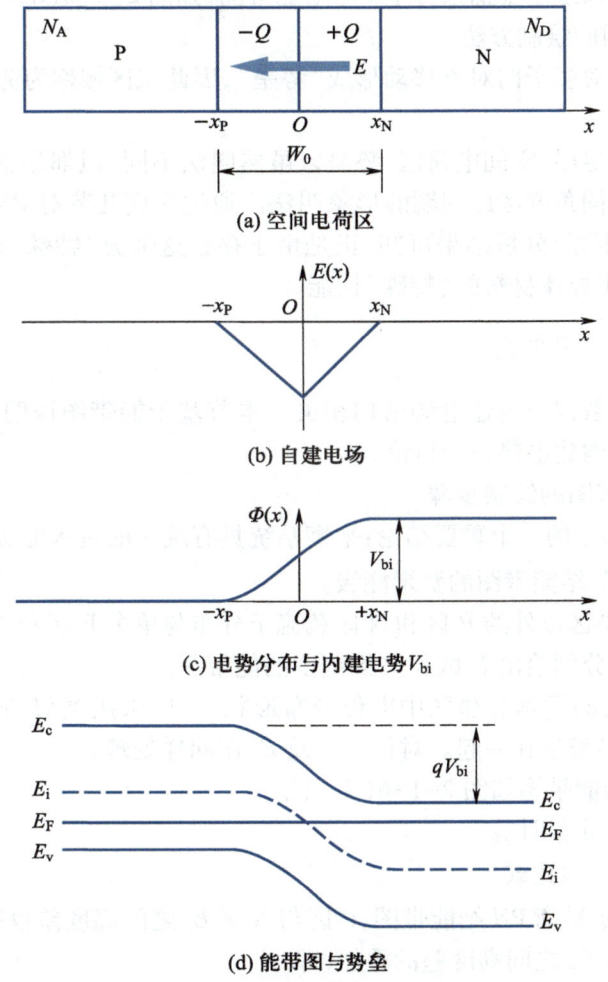

(a) 空间电荷区

(b) 自建电场

(c) 电势分布与内建电势 V_{bi}

(d) 能带图与势垒

图 2-1-6　平衡 PN 结的表征

基于大学物理中的静电场相关概念可以分析得知,由于突变结空间电荷区中 N 区和 P 区的空间电荷密度均为均匀分布,电场强度应该为线性分布。由于电场方向从 N 区指向 P 区,与 x 方向相反,因此电场为负,如图 2-1-6(b)所示。2.1.5 节将通过定量分析的方法给出同样的结论。

(2)内建电势(built-in potential)V_{bi}

随着自建场的建立,必然形成相应的电位分布。根据静电场原理,在有电荷分布的空间电荷区范围内,电位分布与位置有关。空间电荷区外侧的 N 区和 P 区为中性区,电位为常数。若取 P 区电位为参考点,则 N 区将呈现为正的电位。

由于突变结空间电荷区中电场强度为线性分布,基于大学物理中的静电场相关概念可以分析得知,对应的电位分布应为二次方分布,如图 2-1-6(c)所示。2.1.5 节将通过定量分析的方法给出同样的结论。

空间电荷区两侧中性区之间的电位差称为接触电势差。由于这种"电势差"不是外加电压作用的结果,而是由 PN 结本身产生的,因此称为"内建电势",记为 V_{bi}。

(3)势垒区

根据电势分布,可以绘制平衡条件下 PN 结能带图,如图 2-1-6(d)所示。2.1.4 节将具体介绍平衡 PN 结能带图的绘制方法。

由图可见,能带图对多子向对方移动形成"势垒",因此该区域称为势垒区。

4. 结论

由上分析可见,耗尽层、空间电荷区、势垒区虽然叫法不同,但都是指的 PN 结界面两侧的那一部分区域,是从不同角度考虑问题的形象叫法。通过后面几节对 PN 结特性(如单向导电性、交流特性、击穿电压等)分析结果可知,正是由于存在这部分"特殊"区域,才导致 PN 结呈现一系列不同于单个半导体材料的"特殊"性能。

2.1.4   内建电势 V_{bi} 定量分析

PN 结的多项电参数都与内建电势密切相关。本节基于能带图说明内建电势的定量计算表达式,并从多方面对内建电势进行讨论。

1. 平衡 PN 结能带图的绘制步骤

① 基于费米能级 E_F 的一个重要结论:平衡系统具有统一的费米能级 E_F,因此首先绘制一条水平线,作为平衡 PN 结能带图的费米能级。

② 由于 PN 结势垒区以外的 P 区和 N 区载流子分布与单个 P 区和 N 区相同,因此可以参照已绘制的费米能级,分别绘出 N 区和 P 区范围的能带图。

③ 参考图 2-1-6(c)所示势垒区中电位分布形状,可以采用类似的双弯曲线将每个区域的导带与相邻区域的导带连在一起。对价带以及 E_i 作同样处理。

绘制的平衡 PN 结能带图如图 2-1-6(d)所示。

2. 内建电势 V_{bi} 的定量计算

(1)突变 PN 结 V_{bi} 表达式

参看图 2-1-7 所示平衡 PN 结能带图,P 区与 N 区 E_i 之间高度差也等于势垒高度,并且等于 P 区与 N 区中 E_i 与 E_F 之间高度差的叠加,即

$$qV_{bi} = (E_i - E_F)_P + (E_F - E_i)_N$$

因此有

$$V_{bi} = \left[(E_i - E_F)_P + (E_F - E_i)_N \right] / q$$

根据半导体物理结论，P 区中 p_{P0} 表达式和 N 区中 n_{N0} 表达式

$$p_{P0} = n_i \exp\left[\frac{-(E_F - E_i)}{kT} \right],$$

$$n_{N0} = n_i \exp\left(\frac{E_F - E_i}{kT} \right)$$

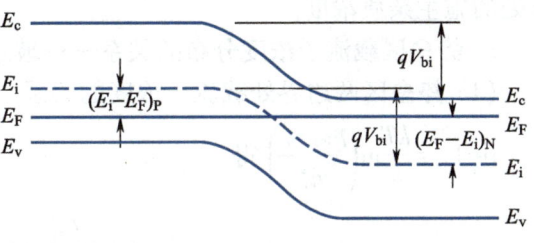

图 2-1-7　内建电势的计算

可得

$$(E_i - E_F)_P = kT\ln(p_{P0}/n_i), \quad (E_F - E_i)_N = kT\ln(n_{N0}/n_i)$$

代入 V_{bi} 表达式，得

$$V_{bi} = \frac{kT}{q}\ln\left(\frac{p_{P0} n_{N0}}{n_i^2} \right)$$

p_{P0} 和 n_{N0} 分别等于 P 区和 N 区的掺杂浓度：$p_{P0} = N_A$，$n_{N0} = N_D$。代入上式，得

$$V_{bi} = \frac{kT}{q}\ln\left(\frac{N_A N_D}{n_i^2} \right) \tag{2-1-4}$$

由上式可见，在一定温度下，内建电势的大小与两个因素密切相关：

① 不同半导体材料的本征载流子浓度 n_i；

② PN 结两侧掺杂浓度的高低。

由于内建电势与本征载流子浓度 n_i 以及掺杂浓度是对数关系，因此尽管不同半导体材料的本征载流子浓度 n_i 有数量级的差别，掺杂浓度也可以有数量级的不同，但内建电势变化并不太大。

（2）典型半导体材料突变 PN 结的数值实例

① 例一：室温下，$(kT/q) = 25.9$ mV。对硅 PN 结，n_i 为 1.5×10^{10} cm^{-3}，若 $N_D = 10^{15}$ cm^{-3}，$N_A = 10^{17}$ cm^{-3}，代入式（2-1-4），得 $V_{bi} = 0.7$ V。

② 例二：室温下，对锗材料 PN 结及砷化镓材料 PN 结，若掺杂浓度也是 $N_D = 10^{15}$ cm^{-3}，$N_A = 10^{17}$ cm^{-3}，代入式（2-1-4），得 $V_{bi}(\text{Ge}) = 0.32$ V、$V_{bi}(\text{GaAs}) = 1.15$ V。

注意：Si 二极管正向导通电压约为 0.7 V，Ge 二极管正向导通电压约为 0.35 V，GaAs 二极管正向导通电压约为 1.2 V，即半导体材料 PN 结的 V_{bi} 数值与该材料制作的二极管的"正向导通电压"基本相同，这绝不是巧合。在对 PN 单向导电性进行定量分析后将解读这一现象。

③ 例三：对例一所示 Si 材料 PN 结，若 N_D 减少至原来的 1/10，成为 10^{14} cm^{-3}，N_A 保持不变，则 $V_{bi} = 0.635$ V，仅减小 0.065 V。

对比例一和例三可见，如果掺杂浓度扩大为原来的 10 倍，V_{bi} 只增加 59.6 mV，相对变化不到 10%。

（3）非均匀掺杂 PN 结的内建电势

内建电势的计算公式（2-1-4）适用于均匀掺杂的突变节。非均匀掺杂情况下的内建电势计算公式为

$$V_{bi} = \frac{kT}{q}\ln\left[\frac{N_A(-x_P) N_D(x_N)}{n_i^2} \right] \tag{2-1-5}$$

式中 $N_A(-x_P)$ 和 $N_D(x_N)$ 分别是耗尽层在 P 区一侧边界处的受主杂质浓度和 N 区一侧边界处的施主杂质浓度。

3. 势垒区载流子浓度分布的关系——玻尔兹曼分布

（1）势垒区两边界处载流子浓度的关系

由 $V_{bi} = \dfrac{kT}{q}\ln\left(\dfrac{p_{P0}n_{N0}}{n_i^2}\right)$ 得

$$\frac{n_i^2}{p_{P0}(-x_P)n_{N0}(x_N)} = \exp\left(-\frac{qV_{bi}}{kT}\right)$$

又由 $n_{P0}(-x_P) = \dfrac{n_i^2}{p_{P0}(-x_P)}$，所以得

$$n_{P0}(-x_P) = n_{N0}(x_N)\exp\left[-(qV_{bi})/kT\right] \tag{2-1-6}$$

对势垒区两个边界处的空穴浓度，同样可得

$$p_{N0}(x_N) = p_{P0}(-x_P)\exp\left[-(qV_{bi})/kT\right] \tag{2-1-7}$$

综合上述两个表达式的含义，可以得出下述重要结论：

$$势垒区一侧边界平衡少子浓度 = 另一侧边界平衡多子浓度 \times \exp\left(-\frac{qV_{bi}}{kT}\right) \tag{2-1-8}$$

上式表明，内建电势 V_{bi} 越大，势垒区一侧边界处平衡少子浓度比另一侧边界处同一种类型载流子平衡浓度小得越厉害。这一结论对应大学物理中介绍的玻尔兹曼关系式。

（2）有外加电压时势垒区两侧边界处载流子浓度的关系

理论分析和实验结果均表明，只需将式（2-1-8）中各变量做下述两点变化，就可以将其推广应用到有外加电压作用的情况，得到的结果在推导 PN 结单向导电性中起着关键作用。

由于存在外加电压作用，结上电压应该由内建电势变为内建电势与外加电压的代数和。在实际应用中，外加电压 V_a 指 PN 结 P 区一侧相对于 N 区一侧的电压。而内建电势 V_{bi} 是 N 区相对于 P 区的电势，定义方向与 V_a 相反。因此在有外加电压作用的情况下，结上电压应该由 V_{bi} 变为 $(V_{bi}-V_a)$。若外加正偏电压，P 区接正，N 区接负，则 V_a 为正值，结上总电压低于 V_{bi}。若外加反偏电压，N 区接正，P 区接负，则 V_a 为负值，结上总电压大于 V_{bi}。

在有外加电压作用的情况下，PN 结不再处于平衡状态，应该将式（2-1-8）中的"平衡"一词去掉。因此在有外加电压作用的情况下，由式（2-1-8）可得势垒区两侧边界处载流子浓度的关系为

$$p_N(x_N) = p_P(-x_P)\exp\left[-\frac{q(V_{bi}-V_a)}{kT}\right]$$

$$n_P(-x_P) = n_N(x_N)\exp\left[-\frac{q(V_{bi}-V_a)}{kT}\right]$$

（3）有外加电压时势垒区边界处少数载流子边界条件

在小注入情况下，即非平衡载流子浓度比平衡多子浓度小得多，则上式中

$$p_P(-x_P) = p_{P0}(-x_P) + \Delta p \approx p_{P0}(-x_P)$$

代入前面表达式中，并代入式（2-1-7）所示的玻尔兹曼关系式，则得

$$p_N(x_N) = p_{P0}(-x_P)\exp\left(-\frac{qV_{bi}}{kT}\right)\exp\left(\frac{qV_a}{kT}\right) = p_{N0}(x_N)\exp\left(\frac{qV_a}{kT}\right)$$

即
$$p_N(x_N) = p_{N0}(x_N)\exp\left(\frac{qV_a}{kT}\right) \tag{2-1-9a}$$

同理可得
$$n_P(-x_P) = n_{P0}(-x_P)\exp\left(\frac{qV_a}{kT}\right) \tag{2-1-9b}$$

上述两个表达式描述了存在外加电压情况下,势垒区边界处少数载流子浓度与结上外加电压的关系式,又称为玻尔兹曼关系式。

若外加正向偏压,V_a 大于 0,则势垒区边界处少子浓度大于平衡浓度。而且,随着 V_a 的增大,势垒区边界处少子浓度指数增加。

若外加反向偏压,V_a 小于 0,则势垒区边界处少子浓度小于平衡浓度。而且,随着反偏电压 V_a 绝对值增大到一定程度,势垒区边界处少子浓度将趋于 0,不再随着反偏电压 V_a 绝对值的增大而变化。

上述结论在定量分析和定性解读 PN 结的单向导电性特点时将起着关键作用。

2.1.5　突变 PN 结势垒区电场、电位分布定量分析

本节通过解泊松方程定量分析突变 PN 结势垒区内的电场分布和电位分布,并从多方面对结果进行解读。

1. 高斯定理与泊松方程

根据大学物理电场部分的高斯定理,可以得到描述空间电场、电位分布与空间电荷之间关系的泊松方程

$$\frac{d^2V(x)}{dx^2} = -\frac{\rho(x)}{\varepsilon} = -\frac{dE(x)}{dx} \tag{2-1-10}$$

2. 突变 PN 结势垒区电场分布定量分析

(1) 数学模型

对图 2-1-8(a)所示突变 PN 结,势垒区空间电荷密度分布如图 2-1-8(b)所示,电荷密度表达式见式(2-1-2)。由于势垒区中 P 区一侧与 N 区一侧电荷密度分布不同,导致相应区域电场分布互不相同。因此,记 P 区一侧电场为 $E_1(x)$,N 区一侧电场为 $E_2(x)$。

将式(2-1-2)所示电荷密度表达式代入泊松方程(2-1-10),得

$$\frac{dE(x)}{dx} = \frac{\rho(x)}{\varepsilon} \begin{cases} \dfrac{dE_1(x)}{dx} = -\dfrac{qN_A}{\varepsilon} & (-x_P \leqslant x \leqslant 0) \\[2mm] \dfrac{dE_2(x)}{dx} = \dfrac{qN_D}{\varepsilon} & (0 \leqslant x \leqslant x_N) \end{cases} \tag{2-1-11}$$

(2) 边界条件

根据电场的连续性,$x = 0$ 处,$E_1(x)$ 与 $E_2(x)$ 应该相等。而势垒区以外,没有空间电荷,则电场为 0。因此得边界条件

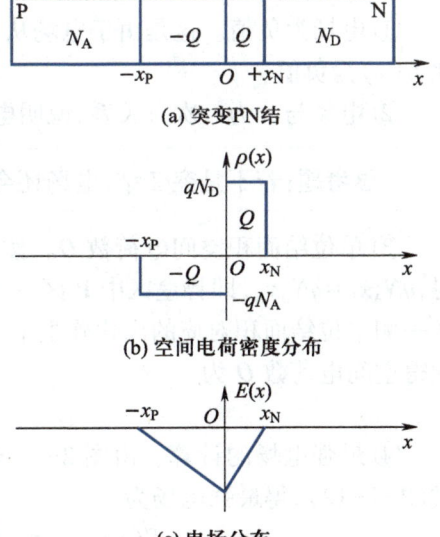

(a) 突变PN结

(b) 空间电荷密度分布

(c) 电场分布

图 2-1-8　突变 PN 结空间电荷与自建电场

$$E_1(0) = E_2(0)$$
$$E_1(-x_P) = 0, \quad E_2(x_N) = 0$$

（3）电场分布求解

在势垒区中 P 区范围，对方程(2-1-11)中第一个方程两边积分，得

$$E_1(x) = \int \frac{\rho(x)}{\varepsilon}\mathrm{d}x = -\int \frac{qN_A}{\varepsilon}\mathrm{d}x = \frac{-qN_A}{\varepsilon}x + C_1 \quad (-x_P \leqslant x \leqslant 0)$$

其中 C_1 为积分常数。

代入边界条件 $E_1(-x_P) = 0$，得 $C_1 = -qN_A x_P/\varepsilon$，因此势垒区中 P 区一侧电场为

$$E_1(x) = \frac{-qN_A}{\varepsilon}(x + x_P) \quad (-x_P \leqslant x \leqslant 0)$$

在势垒区中 N 区范围，对方程(2-1-11)中第二个方程两边积分，得

$$E_2(x) = \int \frac{\rho(x)}{\varepsilon}\mathrm{d}x = \int \frac{qN_D}{\varepsilon}\mathrm{d}x = \frac{qN_D}{\varepsilon}x + C_2 \quad (0 \leqslant x \leqslant x_N)$$

其中 C_2 为积分常数。

代入边界条件 $E_2(x_N) = 0$，得 $C_2 = -qN_D x_N/\varepsilon$，因此势垒区中 N 区一侧电场为

$$E_2(x) = \frac{-qN_D}{\varepsilon}(x_N - x) \quad (0 \leqslant x \leqslant x_N)$$

综上分析，得突变 PN 结势垒区中电场分布为

$$E(x) = \begin{cases} E_1(x) = \dfrac{-qN_A}{\varepsilon}(x + x_P) & (-x_P \leqslant x \leqslant 0) \\[3mm] E_2(x) = \dfrac{-qN_D}{\varepsilon}(x_N - x) & (0 \leqslant x \leqslant x_N) \end{cases} \quad (2-1-12)$$

（4）结果讨论

按照式(2-1-12)绘制的突变 PN 结电场分布如图 2-1-8(c)所示，呈现下述特点：

① 电场为负值。这是由于电场从 N 区正电荷指向 P 区负电荷，电场方向与 x 方向相反，因此 $E(x)$ 为负值。

② 电场与 x 为一次方关系，说明电场为线性分布，与 2.1.3 节分析结果一致。

思考题：若不是突变结，电场还会是线性分布吗？

③ 单位结面积空间电荷数 Q。按照电场连续性要求，$E_1(0) = E_2(0)$。则由式(2-1-12)得，$qN_A x_P = qN_D x_N$，即势垒区中 P 区一侧单位结面积对应的离化受主杂质负电荷数($-Q$)与 N 区一侧单位结面积对应的离化施主杂质正电荷数 Q 相等，这也是电中性条件的必然结果。因此得空间电荷数 Q 为

$$Q = qN_A x_P = qN_D x_N \quad (2-1-13)$$

④ 最强电场的计算。由图 2-1-8(c)可见，电场最强位置为冶金结处，即 $x = 0$ 处。代入式(2-1-12)，得最强电场为

$$|E(x)|_{\max} = |E(0)| = qN_A x_P/\varepsilon = qN_D x_N/\varepsilon = Q/\varepsilon \quad (2-1-14)$$

即势垒区中最强电场与空间电荷数成正比。在分析 PN 结击穿特性时将要应用这一重要结论。

3. 突变 PN 结势垒区电势分布定量分析

(1) 数学模型

根据电场与电位之间的关系,得到电场分布后可以采用下式计算电势分布

$$\varphi(x) = -\int E(x)\,\mathrm{d}x \qquad (2\text{-}1\text{-}15)$$

由于势垒区中 P 区一侧与 N 区一侧电场分布互不相同。因此记 P 区一侧电势为 $\varphi_1(x)$,N 区一侧电势为 $\varphi_2(x)$。

(2) 边界条件

取 P 区为电势参考点,因此 $\varphi_1(-x_P) = 0$

N 区相对 P 区之间电势差就是内建电势,因此 $\varphi_2(x_N) = V_{bi}$

根据电势的连续性,$x=0$ 处,$\varphi_1(x)$ 与 $\varphi_2(x)$ 应该相等,即 $\varphi_1(0) = \varphi_2(0)$

(3) 电势分布求解

在势垒区中 P 区范围,将式(2-1-12)所示 $E_1(x)$ 表达式代入方程(2-1-15),计算积分,得

$$\varphi_1(x) = \int E_1(x)\,\mathrm{d}x = \int \frac{qN_A}{\varepsilon}(x + x_P)\,\mathrm{d}x = \frac{qN_A}{\varepsilon}\left(\frac{x^2}{2} + x_P x\right) + C_3 \quad (-x_P \leqslant x \leqslant 0)$$

其中 C_3 为积分常数。

代入边界条件 $\varphi_1(-x_P) = 0$,得 $C_3 = qN_A x_N^2/2\varepsilon$,因此势垒区中 P 区一侧电势为

$$\varphi_1(x) = \frac{qN_A}{2\varepsilon}(x + x_P)^2 \quad (-x_P \leqslant x \leqslant 0)$$

在势垒区中 N 区范围,将式(2-1-12)所示 $E_2(x)$ 表达式代入方程(2-1-15),计算积分,得

$$\varphi_2(x) = -\int E_2(x)\,\mathrm{d}x = \int \frac{qN_D}{\varepsilon}(x_N - x)\,\mathrm{d}x = \frac{qN_D}{\varepsilon}\left(x_N x - \frac{x^2}{2}\right) + C_4 \quad (0 \leqslant x \leqslant x_N)$$

其中 C_4 为积分常数。

代入边界条件 $\varphi_2(x_N) = V_{bi}$,得 $C_4 = V_{bi} - qN_D x_N^2/2\varepsilon$,因此势垒区中 N 区一侧电势为

$$\varphi_2(x) = V_{bi} - \frac{qN_D}{2\varepsilon}(x - x_N)^2 \quad (0 \leqslant x \leqslant x_N)$$

综上分析,得突变 PN 结势垒区中电势分布为

$$\varphi(x) = \begin{cases} \varphi_1(x) = \dfrac{qN_A}{2\varepsilon}(x + x_P)^2 & (-x_P \leqslant x \leqslant 0) \\[2mm] \varphi_2(x) = V_{bi} - \dfrac{qN_D}{2\varepsilon}(x - x_N)^2 & (0 \leqslant x \leqslant x_N) \end{cases}$$

$$(2\text{-}1\text{-}16)$$

(4) 结果讨论

按照式(2-1-16)绘制的突变 PN 结电势分布如图 2-1-9(b)所示,呈现下述特点:

① 在势垒区内,电势表达式与 x 为二次方关系,电势曲线形状由两个抛物线曲线组合而成。其中在 P 区范围,$\varphi_1(x)$ 是顶点位于 $x = -x_P$

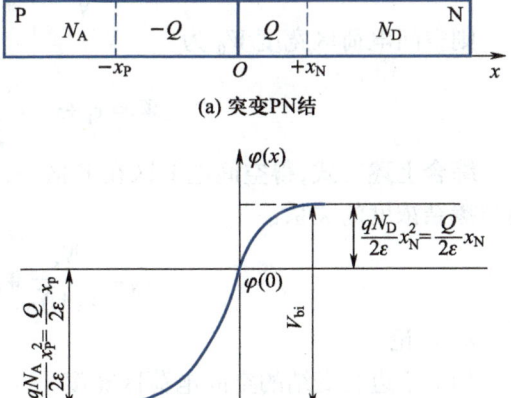

(a) 突变PN结

(b) 电势分布

图 2-1-9　突变 PN 结电势分布

处的开口向上的抛物线。在N区范围,$\varphi_2(x)$是顶点位于$x=x_N$处的开口向下的抛物线。

② 由$\varphi(0)$引出的重要结论一

根据电势的连续性,$x=0$处,$\varphi_1(0)=\varphi_2(0)$。由式(2-1-16),得

$$\varphi_1(0)=\frac{qN_A}{2\varepsilon}x_P^2, \quad \varphi_2(0)=V_{bi}-\frac{qN_D}{2\varepsilon}x_N^2$$

因此得V_{bi}的另一种表达形式

$$V_{bi}=\frac{q}{2\varepsilon}(N_Dx_N^2+N_Ax_P^2) \tag{2-1-17}$$

在推导势垒宽度计算公式时将要应用这一结论。

③ 单边突变结的电势分布特点

对单边突变结,若$N_D\gg N_A$,则$x_P\gg x_N$,由于$N_Dx_N=N_Ax_P$,因此由式(2-1-17)得

$$V_{bi}\approx\frac{q}{2\varepsilon}(N_Ax_P^2)$$

由此得到与单边突变结相关的又一个重要结论:对单边突变结,V_{bi}主要降落在轻掺杂一侧。

2.1.6 空间电荷区宽度 W 的定量分析

PN结的电特性,例如电容、击穿电压等都与空间电荷区宽度W密切相关。本节对空间电荷区宽度W进行定量分析,并从多方面对结果进行解读。

1. 定量分析

由式(2-1-17)所示V_{bi}表达式:$V_{bi}=\frac{q}{2\varepsilon}(N_Dx_N^2+N_Ax_P^2)$

以及式(2-1-13)所示电中性条件:$qN_Ax_P=qN_Dx_N$

由这两个方程可联立求解得两个未知数x_P和x_N(取有意义的解)得

$$x_N=\sqrt{V_{bi}\left(\frac{2\varepsilon}{q}\right)\left(\frac{N_A}{N_D}\right)\left(\frac{1}{N_A+N_D}\right)} \tag{2-1-18}$$

$$x_P=\sqrt{V_{bi}\left(\frac{2\varepsilon}{q}\right)\left(\frac{N_D}{N_A}\right)\left(\frac{1}{N_A+N_D}\right)} \tag{2-1-19}$$

则空间电荷区宽度W_0为

$$W_0=x_P+x_N=\sqrt{V_{bi}\left(\frac{2\varepsilon}{q}\right)\left(\frac{N_A+N_D}{N_AN_D}\right)} \tag{2-1-20}$$

综合上述三式,得空间电荷区在P区一侧宽度x_P以及在N区一侧宽度x_N在W_0中所占比例与掺杂浓度的关系:

$$x_N=\frac{N_A}{N_A+N_D}W_0, \quad x_P=\frac{N_D}{N_A+N_D}W_0 \tag{2-1-21}$$

2. 讨论

(1)单边突变结的空间电荷区宽度

由(2-1-21)可见,对突变结,掺杂较多一侧的掺杂浓度是掺杂较轻一侧掺杂浓度的多少倍,则耗尽层宽度在较轻掺杂一侧的宽度就是在较重掺杂一侧宽度的多少倍。

对单边突变结,重掺杂一侧掺杂浓度远大于轻掺杂一侧掺杂浓度,则耗尽层宽度在轻掺杂一

侧的宽度就远大于在重掺杂一侧的宽度。因此,单边突变结的势垒区宽度主要在轻掺杂一侧。

若 $N_D \gg N_A$,得

$$W_0 = \sqrt{V_{bi} \frac{2\varepsilon}{q} \frac{N_A + N_D}{N_A N_D}} \approx \sqrt{V_{bi} \frac{2\varepsilon}{q} \frac{1}{N_A}} \propto \sqrt{\frac{1}{N_A}} \qquad (2-1-22)$$

本例中 N_A 为轻掺杂一侧杂质浓度,因此可以确定下述结论:

单边突变结的势垒区宽度主要在轻掺杂一侧,而且与轻掺杂一侧的掺杂浓度开方成反比。

(2)外加偏置电压情况下的空间电荷区宽度

内建电势 V_{bi} 是 N 区相对于 P 区的电势差。记 V_a 为 P 区相对于 N 区的外加电压,则 N 区相对于 P 区的电势差为 $(V_{bi} - V_a)$

工程计算中,用 $(V_{bi} - V_a)$ 代替式中 V_{bi},就可以将式(2-1-20)所示平衡情况下空间电荷区宽度 W_0 表达式近似用于计算有外加偏置电压作用情况下的 W

$$W \approx \sqrt{(V_{bi} - V_a) \frac{2\varepsilon}{q} \frac{N_A + N_D}{N_A N_D}} = W_0 \sqrt{1 - \frac{V_a}{V_{bi}}} \qquad (2-1-23)$$

由上式可以得到下述重要结论。这些结论在分析器件特性,无论是双极晶体管还是 MOS 场效应晶体管特性,都很重要。

正偏情况,$V_a > 0$,则 $W < W_0$,空间电荷区宽度变窄,空间电荷总数 Q 减小。

反偏情况,$V_a < 0$,则 $W > W_0$,空间电荷区宽度变宽,空间电荷总数 Q 增加。

随着反偏电压绝对值的增加,表达式中可以忽略 V_{bi},则得

$$W = \sqrt{(V_{bi} - V_a) \frac{2\varepsilon}{q} \frac{N_A + N_D}{N_A N_D}} \propto \sqrt{V_{bi} - V_a} \approx \sqrt{-V_a}$$

反偏情况下,V_a 本身为负值,因此空间电荷区宽度近似与反偏电压绝对值的开方成正比,也就是说,增加趋势慢于反偏电压绝对值的增加。

3. 计算实例

$T = 300$ K 下的 Si-PN 结,$N_A = 10^{15}$ cm^{-3},$N_D = 10^{16}$ cm^{-3},计算得

$W_0 = 0.95$ μm,其中 $x_N = 0.086$ μm,$x_P = 0.864$ μm,即 N 区一侧掺杂浓度是 P 区一侧掺杂浓度的 10 倍,则耗尽层宽度在轻掺杂 P 区一侧的宽度就是在 N 区一侧宽度的 10 倍。

若外加反向偏置,$V_a = -10$ V,计算得 $W = 3.89$ μm,远大于平衡情况下的势垒区宽度。

由上述实例数据可见,通常势垒区宽度为微米量级。

说明:上面结合突变结情况进行定量分析,是为了突出物理过程,说明分析原理,而且结论所反映的趋势性变化关系具有普遍性(如空间电荷区的形成、耗尽层近似、反偏电压绝对值增大导致耗尽层变宽等)。当然如果 PN 结两侧杂质分布不是突变结,具体定量关系会有所不同。例如,对线性缓变结,耗尽层宽度与外加电压的指数关系不再是 0.5,而是 0.33。

2.2 理想 PN 结直流伏安特性

单向导电性是 PN 结二极管最突出的一项电特性。为了突出物理过程,简化分析计算复杂性,本节在分析单向导电性物理过程的基础上,对"理想 PN 结"的单向导电性进行定量分析和多方面的解读。2.3 节再结合实际 PN 结中的非理想效应,对理想模型结果进行修正。

2.2.1   PN 结单向导电性物理过程分析

本节从物理过程分析的角度解读为什么 PN 结具有单向导电性。2.2.2 节再进行定量分析。

1. PN 结直流伏安特性

典型的 PN 结直流伏安特性如图 2-2-1 所示。

PN 结的 P 区接外加电压 V_a 的正极，N 区接负极的情况为正向偏置。在正向偏置情况下，不但流过 PN 结的电流较大，而且外加电压稍有增加，电流将急剧增大。而在反向偏置时，流过 PN 结的电流数值很小，而且改变外加电压，电流值几乎不变，呈现"饱和"状态，表现出明显的单向导电性。

当反向电压增大到一定值时，流过的电流突然急剧增大，这一现象称为二极管的"击穿"。这时加在二极管上的电压 V_B 称为二极管击穿电压。

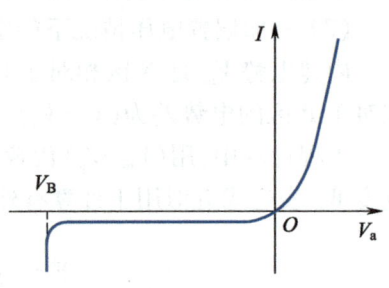

图 2-2-1   PN 结直流伏安特性

不但 PN 结的许多特性都与单向导电性物理过程密切相关，而且在电子线路中广泛采用的整流二极管、检波二极管等器件都是直接利用了 PN 结的单向导电性。

本节分析 PN 结的单向导电性。PN 结的击穿特性将在 2.4 节介绍。

2. 正向偏压作用下的 PN 结电流

如 2.1.2 节分析，平衡情况下，载流子的扩散作用与漂移作用相平衡，不存在载流子净流动，净电流为零。但是在有外加电压的情况下，平衡状态被打破，导致 PN 结呈现出单向导电性特点。

（1）电注入

正向偏置下，$V_a > 0$，如图 2-2-2（a）所示。由于空间电荷区中载流子已基本全部耗尽，该区域为高阻区，外加正向偏压 V_a 几乎全部降落在空间电荷区上。由于正偏外加电压极性与原先 PN 结内部接触电势方向相反，因此空间电荷区上的总压降就从 V_{bi} 下降为 $(V_{bi}-V_a)$，导致空间电荷区中的总电场减小，势垒高度从 qV_{bi} 下降为 $q(V_{bi}-V_a)$，如图 2-2-2（b）中正偏能带图所示。

空间电荷区中电场减小，就削弱了载流子漂移运动，而扩散作用不受影响，因此，打破了原先载流子扩散运动和漂移运动之间的平衡，使扩散电流大于漂移电流。这样在外加正向电压时就产生了空穴从 P 区向 N 区以及电子从 N 区向 P 区的净扩散流，如图 2-2-2（a）所示。此时进入 P 型区的电子流和进入 N 区的空穴流都是相应区域中的少数载流子，使得这些区域中少子浓度高于平衡时数值，因此称之为非平衡少数载流子。由于进入半导体中的非平衡载流子是外加电压作用的结果，因此称为电注入。

（2）注入载流子的扩散

注入 N 区中的非平衡载流子空穴首先积累在边界 (x_N) 处，使得边界 (x_N) 处少子空穴浓度 $p_N(x_N)$ 大于 N 区平衡少子空穴浓度 p_{N0}，因此 (x_N) 处空穴与 N 区内部空穴之间存在浓度差，导致这些空穴继续向 N 区内部扩散，形成从 P 区向 N 区的电流。$x = x_N$ 处空穴电流 $I_P(x_N)$ 就是从 P 区注入 N 区的少子空穴扩散电流。

在扩散过程中,少子空穴一边扩散一边与 N 区中多子电子复合,因此 N 区中少子空穴浓度将随着距离 x 的增加不断减少,经过一段距离后非平衡少子空穴将全部被复合掉,直到下降为 N 区内部的平衡浓度 p_{N0},如图 2-2-2(c)所示。这一段有少子扩散运动的区域称为扩散区。

同样,N 区也要向 P 区注入电子。注入 P 区中的非平衡载流子电子首先积累在边界 $(-x_P)$ 处,其值大于 P 区平衡少子电子浓度,导致这些电子继续向 P 区内部扩散,形成从 N 区向 P 区的电子流。$x = -x_P$ 处电子电流 $I_N(-x_P)$ 就是从 N 区注入 P 区的少子电子扩散电流。

最终,经过一段距离后,注入的非平衡少子电子全部被复合掉,如图 2-2-2(c)所示。

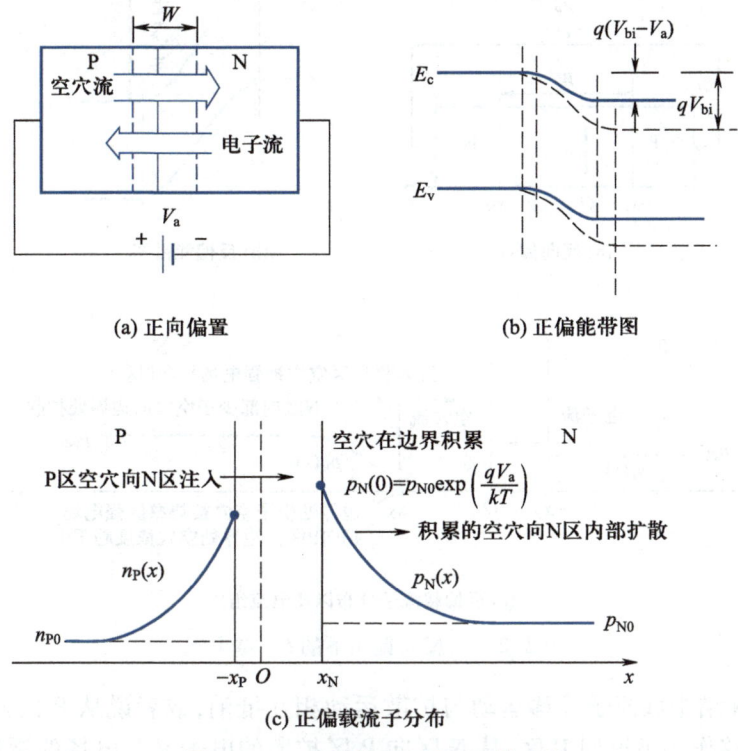

(a) 正向偏置

(b) 正偏能带图

(c) 正偏载流子分布

图 2-2-2 正向偏压下的 PN 结电流

(3)正向偏置下的 PN 结电流

根据理想 PN 结模型(参见 2.2.2 节),流过 PN 结的总电流等于流过空间电荷区两个边界处的少子电流之和。

空穴从 P 区通过 PN 结 N 区边界注入 N 区,形成从 P 区指向 N 区的电流。电子虽然是从 N 区通过 P 区边界注入 P 区,但因电子带负电,因此形成的电流方向也是从 P 区指向 N 区。这样,在正向电压作用下,流过 PN 结的总电流是空穴电流和电子电流之和,其方向由 P 区指向 N 区。

随着外加正向电压的增加,势垒高度进一步减小。如式(2-1-9)所示,势垒区在 N 区一侧边界处的少子空穴浓度随外加电压指数增加,这就是说,P 区中能越过势垒注入 N 区的空穴急剧增加,必然导致从 P 区注入 N 区的空穴电流随着正偏电压的增大而急剧增大。同样,从 N

区注入 P 区的电子流也随着正偏电压的增大而急剧增大,导致通过 PN 结的总电流随着正偏电压的增大而迅速增加。

3. 反向偏压作用下的 PN 结电流

(1) 少数载流子的"抽出"

记反向偏压的绝对值为 V_R,如图 2-2-3(a)所示。与正向偏压时情况类似,外加反向偏压几乎全都降落在空间电荷区上。由于反偏外加电压极性与原先 PN 结内部接触电势方向相同,因此空间电荷区上的总压降就从 V_{bi} 增大为 $(V_{bi}+V_R)$,导致空间电荷区中的总电场增强,相应势垒高度也由 qV_{bi} 增高为 $q(V_{bi}+V_R)$,如图 2-2-3(b)所示。

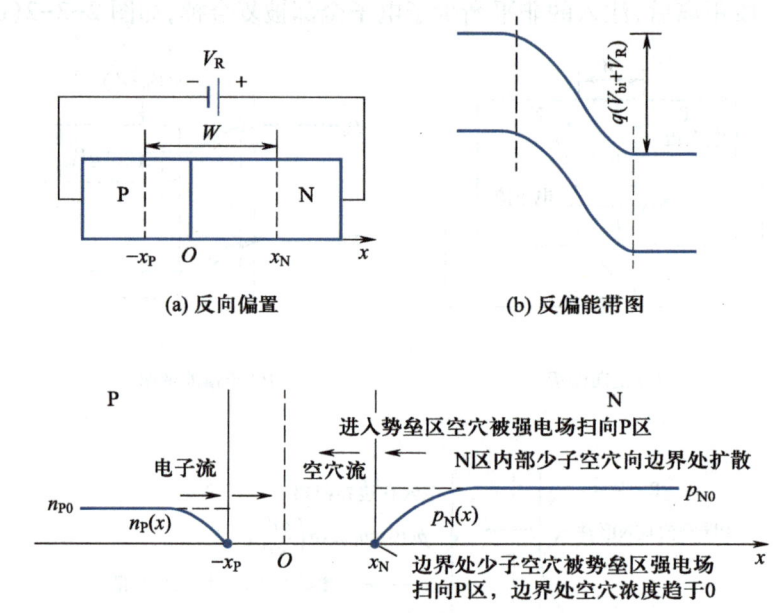

(a) 反向偏置　　　　　　　(b) 反偏能带图

(c) 反偏载流子分布以及电流组成

图 2-2-3　反向偏压下的 PN 结电流

平衡状态 PN 结中载流子漂移运动与扩散运动相互抵消,或者说从 P 区向 N 区扩散的空穴又在电场的漂移作用下返回 P 区,从 N 区向 P 区扩散的电子又在电场的漂移作用下返回 N 区。但是在反向偏置情况下,空间电荷区中电场增强,漂移运动作用增大,而扩散作用并不受影响,这样就打破了原先已达成的扩散电流和漂移电流之间的平衡。这时,不但从 P 区向 N 区扩散的空穴又在电场的漂移作用下全部返回 P 区,而且,由于空间电荷区中电场增强,使得空间电荷区中 N 区一侧边界 x_N 处的少子空穴也被强电场拉向 P 区,称为少子抽出。

(2) 内部少子向势垒区边界处扩散

由于"少子抽出",使得势垒区在 N 区一侧边界 x_N 处少子空穴浓度 $p_N(x_N)$ 趋于 0,低于 N 区内部的平衡少子空穴浓度 p_{N0},形成浓度差,因此 N 区内部少子空穴就会通过扩散运动前来补充。但一旦空穴扩散到 x_N 处又立即被强电场拉向 P 区,形成从 N 区抽出流向 P 区的空穴电流,如图 2-2-3(c)所示。$x=x_N$ 处空穴电流 $I_P(x_N)$ 就是从 N 区抽出流向 P 区的少子空穴电流。

实际上,由式(2-1-9)可见,反偏情况下,V_a 为负,则势垒区边界处少子浓度为 0,与上述物理过程分析的结论一致。

（3）反向 PN 结电流

对 P 区中的电子情况类似。因此可以得到反偏情况下 PN 结少子分布如图 2-2-3（c）所示。

空穴从 N 区拉向 P 区，形成从 N 区指向 P 区的电流。电子虽然是从 P 区拉向 N 区，但因电子带负电，形成的电流方向也是从 N 区指向 P 区，因此在反向电压作用下，就形成了一个从 N 区流向 P 区的电流。$x=-x_P$ 处电子电流 $I_N(-x_P)$ 就是从 P 区被抽出流向 N 区的少子电子电流。

根据理想 PN 结模型（参见 2.2.2 节），流过 PN 结的总电流等于流过耗尽层两个边界处的少子电流之和，因此总电流 $I=I_P(x_N)+I_N(-x_P)$。由于构成反向电流的是分别从 N 区和 P 区被"抽出"的少数载流子，少子浓度很低，相应反向电流也较小。随着反向电压绝对值的增大，只是使得势垒区宽度有所增加，而空间电荷区边界处少子浓度趋向于零后不再变化，图 2-2-3（c）所示组成电流的空穴流及电子流的大小也就基本不再变化，反向电流趋向于饱和。所以，反偏时流过 PN 结的电流又称为反向饱和电流。

2.2.2 理想 PN 结直流伏安特性定量分析

本节基于"理想 PN 结模型"对 PN 结直流伏安特性进行定量分析。2.2.3 节将从多方面对定量分析结果进行解读。

1. 关于电流、电压极性约定

定量分析中 PN 结电流、电压极性采用图 2-2-4 所示约定。图中 W_P 和 W_N 分别是 P 区和 N 区在 x 方向的长度（不包括耗尽层）。

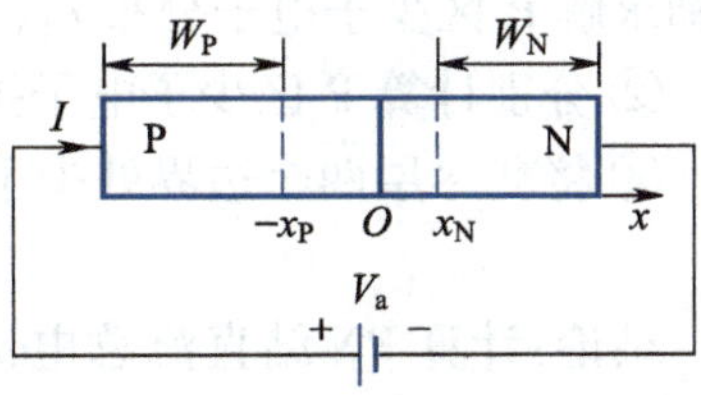

外加电压 V_a 正极连接 P 端，负极连接 N 端。电流 I 定义方向为从 P 流向 N 区。

图 2-2-4 PN 结电流、电压极性约定

若 $V_a>0$，则为正向偏置，$I>0$。若 $V_a<0$，则为反向偏置，$I<0$。

2. 理想 PN 结模型

直流情况下，若只考虑一维情况，PN 结内部不同 x 处空穴电流和电子电流之和都应等于总电流。而每种载流子电流又存在扩散电流和漂移电流两种形式。若按照这一思路计算总电流，为了计算漂移电流，不但需要计算载流子分布，还需要计算电场分布，使得计算总电流的过程相当繁杂。

基于理想 PN 结的下述四点近似，可以明显简化总电流的计算问题。

近似条件一：不考虑耗尽层中的载流子产生和复合作用

基于这一假设，电子和空穴电流在通过耗尽层过程中将保持不变，因此有

$$I_P(-x_P)=I_P(x_N), \quad I_N(x_N)=I_N(-x_P)$$

近似条件二：PN 结是采用耗尽层近似的突变 PN 结

基于这一假设，耗尽层为高阻区，外加电压几乎全部降落在耗尽层上，耗尽层以外的 P 区和 N 区电场近似为 0。

近似条件三：小注入

基于这一假设，注入的少子浓度比相应各区域中平衡多子浓度小得多。因此，在 N 区中，$\Delta p \ll n_{N0}$，在 P 区中，$\Delta n \ll p_{P0}$。n_{N0} 和 p_{P0} 分别为 N 和 P 区的平衡多子电子浓度和空穴浓度。

结合近似条件二,耗尽层以外的 P 区和 N 区电场近似为 0,因此 P 区和 N 区中少数载流子的漂移运动可以忽略不计,即少子只需考虑扩散运动,因此耗尽层以外的 P 区和 N 区又称为扩散区。

近似条件四:采用玻尔兹曼近似

在有外加电压作用的情况下,耗尽层边界处载流子浓度分布满足玻尔兹曼分布式,如式(2-1-9)所示。这一结果将作为求解连续性方程定量计算 PN 结电流时的边界条件。

3. 理想 PN 结直流伏安特性分析思路

直流情况下,PN 结内部不同 x 处,空穴电流和电子电流之和都应等于总电流

$$I = I_P(x) + I_N(x)$$

在耗尽层边界处,例如耗尽层在 N 区一侧边界处,$x = x_N$,则有

$$I = I_P(x_N) + I_N(x_N)$$

由近似条件一,$I_N(x_N) = I_N(-x_P)$,代入上式,得 $I = I_P(x_N) + I_N(-x_P)$

即总电流也等于耗尽层两个边界处少子电流之和。

由近似条件二和近似条件三,少子电流只需要考虑扩散电流。因此计算 PN 结直流总电流只需要按照下述步骤,计算耗尽层两个边界处少子扩散电流,极大地简化了计算过程。

① 基于少子连续性方程,并采用近似条件四确定的耗尽层边界处少子浓度作为边界条件,分别求解 P 区少子电子分布 $n_P(x)$ 和 N 区的少子空穴分布 $p_N(x)$。

② 分别计算 P 区少子电子扩散电流分布 $I_N(x)$ 和 N 区少子空穴扩散电流 $I_P(x)$

③ 将耗尽层两个边界处少子电流相加即得总电流

$$I = I_P(x_N) + I_N(-x_P) \tag{2-2-1}$$

结论:计算 PN 结直流总电流得到伏安特性的关键是分别求解 P 区和 N 区的少子浓度分布。

4. N 区少子空穴分布和 P 区少子电子分布的求解

分别在 N 区和 P 区求解少子连续性方程,就可以得到 N 区少子空穴浓度分布和 P 区少子电子浓度分布。

由于 N 区和 P 区少子浓度分布求解过程完全相同,下面以求解 N 区的少子浓度空穴分布为例详细介绍定量分析求解的过程。

(1)求解 N 区少子空穴浓度分布的数学模型

① 基本方程

N 区少子空穴连续性方程为

$$\frac{\partial p_N(x,t)}{\partial t} = -\frac{1}{q}\frac{\partial J_P(x,t)}{\partial x} + G_P \quad (x \geqslant x_N) \tag{2-2-2}$$

对直流情况,电流和少子分布均与时间无关,因此方程(1-2-3)中

$$p_N(x,t) = p_N(x), \quad \frac{\partial p_N(x,t)}{\partial t} = 0$$

根据理想近似条件二和近似条件三,对 N 区少子空穴只需考虑扩散电流,因此有

$$J_P(x) = -qD_P\frac{\mathrm{d}p_N(x)}{\mathrm{d}x}$$

少子空穴的净产生率为

$$G_P(x) = -R_P(x) = -\frac{p_N(x) - p_{N0}}{\tau_P} = -\frac{\delta p_N(x)}{\tau_P}$$

将上述关系式代入连续性方程(2-2-2),得

$$D_P \frac{\mathrm{d}^2 p_N(x)}{\mathrm{d}x^2} - \frac{\delta p_N(x)}{\tau_P} = 0 \quad (x \geqslant x_N)$$

可改写为

$$\frac{\mathrm{d}^2 p_N(x)}{\mathrm{d}x^2} - \frac{\delta p_N(x)}{L_P^2} = 0 \quad (x \geqslant x_N) \tag{2-2-3}$$

式中 $L_P = \sqrt{D_P \tau_P}$ 为空穴扩散长度,其中 D_P 和 τ_P 分别是 N 区少子空穴的扩散系数和少子寿命。

由此可见,直流情况下少子连续性方程为二阶常微分方程。

② 边界条件(长二极管)

对 N 区,求解二阶常微分方程(2-2-3)需要知道 N 区两个边界处的少子空穴浓度。

由理想模型条件四,再结合近似条件三,可以得到外加偏置情况下,耗尽层边界处($x = x_N$)少子空穴浓度边界条件。由式(2-1-9)得

$$p_N(x_N) = p_{N0}(x_N) \exp(qV_a/kT) \tag{2-2-4}$$

N 区另一侧的边界条件与 N 区范围长短密切相关。下面讨论一种简单的"长二极管"情况。

"长二极管"是指 P 区和 N 区长度[参见图(2-2-4)]均较长,远大于相应区域少子扩散长度,即 $W_P \gg L_N$、$W_N \gg L_P$。从 P 区注入 N 区的空穴在进入 N 区后成为 N 区中的非平衡少数载流子,将以扩散方式继续沿着 x 方向运动。在运动过程中非平衡少子空穴必然不断地与 N 区中的多子(电子)复合。由于 N 区长度远大于少子(空穴)扩散长度,即 $W_N \gg L_P$,少子空穴扩散经过几个扩散长度距离后,非平衡少子空穴将几乎被完全复合掉。

从数学角度描述,可以引出式(2-2-5)所示边界条件,相当于经过很长距离后,非平衡少子空穴被完全复合掉,少子空穴浓度恢复为平衡浓度 p_{N0}。

$$p_N(x \rightarrow \infty) = p_{N0} \tag{2-2-5}$$

③ 求解 N 区少子空穴分布的数学模型

式(2-2-3)~式(2-2-5)组成求解直流条件下 N 区少子分布的数学模型,包括方程和边界条件。

方程:
$$\frac{\mathrm{d}^2 \delta p_N(x)}{\mathrm{d}x^2} - \frac{\delta p_N(x)}{L_P^2} = 0 \quad (x \geqslant x_N)$$

边界条件:
$$p_N(x_N) = p_{N0} \exp(qV_a/kT) \quad 即 \quad \delta p_N(x_N) = p_{N0}[\exp(qV_a/kT) - 1]$$
$$p_N(x \rightarrow \infty) = p_{N0} \quad 即 \quad \delta p_N(x \rightarrow \infty) = 0$$

(2) N 区少子空穴分布

方程(2-2-3)是二阶常微分方程,其通解为

$$\delta p_N(x) = p_N(x) - p_{N0} = A e^{x/L_P} + B e^{-x/L_P} \quad (x \geqslant x_N) \tag{2-2-6}$$

式中 A 和 B 为待定系数,需要按照边界条件确定。

根据边界条件式(2-2-5),式(2-2-6)中系数 A 必然为 0。

代入边界条件式(2-2-4),得系数

$$B = p_{N0} \left[\exp\left(\frac{qV_a}{kT} \right) - 1 \right]$$

因此得 N 区非平衡少子空穴浓度分布为

$$\delta p_N(x) = p_N(x) - p_{N0} = p_{N0} \left[\exp\left(\frac{qV_a}{kT} \right) - 1 \right] \exp\left(\frac{x_N - x}{L_P} \right) \quad (x \geqslant x_N) \qquad (2-2-7)$$

由式(2-2-7)可见,对长二极管,N 区中,随着 x 的增加,少子空穴浓度 p_N 从势垒区边界处 x_N 的 $p_N(x_N) = p_{N0}\exp(qV_a/kT)$ 指数下降,直到恢复为平衡浓度 p_{N0}。

说明:对于 N 区长度为有限长这种一般情况,式(2-2-6)中系数 A 将不为 0,N 区非平衡少子空穴浓度分布形式不再像式(2-2-7)那样为简单的指数下降,而是需要采用双曲函数描述。

双极晶体管中将出现长度远小于少子扩散长度这种特殊情况,在 3.2.1 节详细介绍。

(3) P 区少子电子浓度分布

采用类似方法可得求解直流条件下 P 区少子电子浓度分布的方程和边界条件。

方程:
$$\frac{\mathrm{d}^2 \delta n_P(x)}{\mathrm{d}x^2} - \frac{\delta n_P(x)}{L_N^2} = 0 \quad (x \leqslant -x_P) \qquad (2-2-8)$$

边界条件:
$$n_P(-x_P) = n_{P0}\exp(qV_a/kT) \quad \text{即} \quad \delta n_P(-x_P) = n_{P0}\left[\exp(qV_a/kT) - 1 \right] \qquad (2-2-9)$$
$$n_P(x \to -\infty) = n_{P0} \quad \text{即} \quad \delta n_P(x \to -\infty) = 0 \qquad (2-2-10)$$

式中 $L_N = \sqrt{D_N \tau_N}$ 为电子扩散长度,其中 D_N 和 τ_N 分别是 P 区少子电子的扩散系数和少子寿命。

按照边界条件式(2-2-9)和式(2-2-10),求解方程(2-2-8),得 P 区非平衡少子电子分布

$$\delta n_P(-x) = n_P(x) - n_{P0} = n_{P0} \left[\exp\left(\frac{qV_a}{kT} \right) - 1 \right] \exp\left(\frac{x_P + x}{L_P} \right) \quad (x \leqslant -x_P) \qquad (2-2-11)$$

5. N 区少子空穴电流密度和 P 区少子电子电流密度的求解

按照理想 PN 结近似条件,对少子只需考虑扩散电流。

由式(2-2-7)少子空穴分布,得 N 区中少子空穴扩散电流密度分布为

$$J_P(x) = -qD_P \frac{\mathrm{d}p_N(x)}{\mathrm{d}x} = \frac{qD_P p_{N0}}{L_P} \left[\exp\left(\frac{qV_a}{kT} \right) - 1 \right] \exp\frac{x_N - x}{L_P} \quad (x \geqslant x_N) \qquad (2-2-12)$$

由式(2-2-12)可见,与少子空穴分布情况类似,对长二极管,N 区中,随着 x 的增加,少子空穴电流密度从势垒区边界处 x_N 指数下降,直到减少为 0,与少子空穴分布情况类似。

2.2.3 节将对少子电流的分布特点做进一步解读。

在式(2-2-12)中代入 $x = x_N$,得势垒区在 N 区一侧边界处的少子空穴扩散电流密度分布为

$$J_P(x_N) = \frac{qD_P p_{N0}}{L_P} \left[\exp\left(\frac{qV_a}{kT} \right) - 1 \right] \qquad (2-2-13)$$

同理,由式(2-2-11)所示 P 区少子电子分布,得 P 区中少子电子扩散电流密度分布为

$$J_N(x) = qD_N \frac{\mathrm{d}n_P(x)}{\mathrm{d}x} = \frac{qD_N n_{P0}}{L_N} \left[\exp\left(\frac{qV_a}{kT} \right) - 1 \right] \exp\left(\frac{x_P + x}{L_P} \right) \quad (x \leqslant -x_P) \qquad (2-2-14)$$

在式(2-2-14)中代入 $x = -x_P$,得势垒区在 P 区一侧边界处的少子电子扩散电流密度分布为

$$J_N(-x_P) = \frac{qD_N n_{P0}}{L_N}\left[\exp\left(\frac{qV_a}{kT}\right) - 1\right] \tag{2-2-15}$$

6. 理想 PN 结直流伏安特性

由式(2-2-1)可见,理想 PN 结直流电流等于势垒区两个边界处少子扩散电流之和 $I = I_P(x_N) + I_N(-x_P)$。代入式(2-2-13)和式(2-2-15),可得流过理想 PN 结直流伏安特性如式(2-2-16)所示。该表达式定量描述了流过 PN 结的电流 I 与加在 PN 结上的电压 V_a 之间的关系。其中 V_a 是 P 区相对于 N 区的外加电压,电流 I 的定义方向是从 P 区流向 N 区,如图 2-2-4 所示。

$$I = I_P(x_N) + I_N(-x_P) = A\left(\frac{qD_P p_{N0}}{L_P} + \frac{qD_N n_{P0}}{L_N}\right)\left[\exp\left(\frac{qV_a}{kT}\right) - 1\right] \tag{2-2-16}$$

式中 A 为 PN 结的结面积。上式又称为二极管方程。

通常将二极管方程记为

$$I = I_S\left[\exp\left(\frac{qV_a}{kT}\right) - 1\right] \tag{2-2-17}$$

式中 I_S 称为饱和电流

$$I_S = A\left(\frac{qD_P p_{N0}}{L_P} + \frac{qD_N n_{P0}}{L_N}\right) \tag{2-2-18}$$

说明:在电路模拟仿真软件中,I_S 是表征实际 PN 结二极管的一个模型参数(参见 10.4 节)。只要知道 PN 结的 I_S,就可以采用二极管方程(2-2-17)计算得到理想情况下流过 PN 结的电流。

实际应用中,作为模型参数,I_S 是通过实际测量数据提取确定的,并不是采用式(2-2-18)计算得到的。模型参数提取原理和方法将在 10.3 节介绍。

2.2.3　理想 PN 结直流伏安特性的进一步讨论

本节从多方面对式(2-2-17)和式(2-2-18)所示理想 PN 结直流伏安特性进行讨论。

1. 单向导电性与 I-V 特性曲线

(1) 二极管方程表现的 PN 结单向导电性

外加电压为正偏时,V_a 大于零。在室温下,$(kT/q) = 0.026$ V,即 26 mV。若外加正向偏压 V_a 大于 0.1 V,则 $\exp(qV_a/kT)$ 比 1 大得多,由式(2-2-17),近似有

$$I = I_S e^{\frac{qV_a}{kT}} \tag{2-2-19}$$

说明正偏时,电流随外加电压呈 V_a 指数增加。

反偏时 V_a 为负值。若外加反偏电压 V_a 的绝对值大于 0.1 V,$\exp(qV_a/kT)$ 比 1 小得多,由式(2-2-17)得

$$I \approx -I_S \tag{2-2-20}$$

负号说明反偏情况下流过 PN 结的电流方向与正偏时相反。其数值不随电压变化,近似为常数,呈饱和状态,因此 I_S 又称为反向饱和电流。

上述分析结果表明,在正向偏置和反向偏置两种情况下,流过 PN 结的电流大小存在明显的差别,这就是 PN 结的单向导电性。

（2）不同坐标系下的 $I\text{-}V$ 特性曲线

下面结合一个实例说明 PN 结 $I\text{-}V$ 特性曲线的特点。若一个实际硅二极管的 I_S 为 10^{-14} A。图 2-2-5 是不同坐标系及不同刻度下显示的该二极管 $I\text{-}V$ 特性曲线。

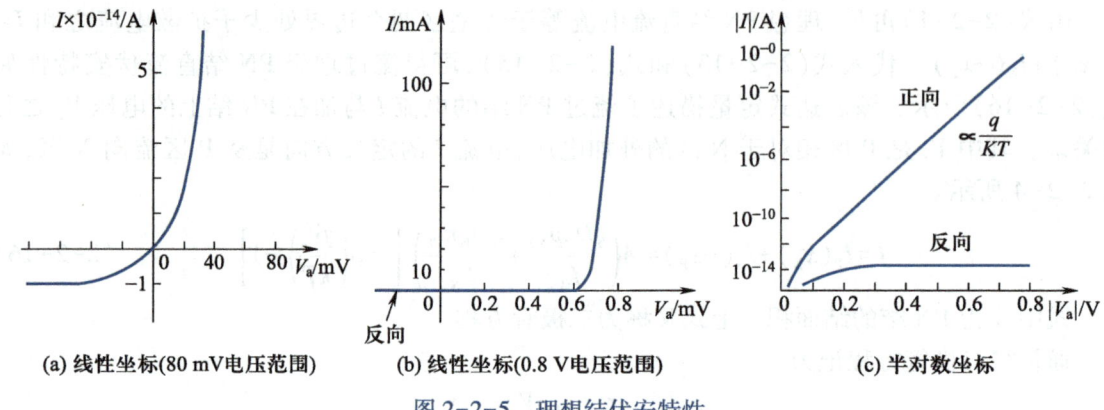

(a) 线性坐标(80 mV电压范围)　　(b) 线性坐标(0.8 V电压范围)　　(c) 半对数坐标

图 2-2-5　理想结伏安特性

图 2-2-5（a）采用线性坐标描绘式（2-2-17）所示 PN 结二极管的单向导电性。注意图中只显示了正向电压在几十毫伏范围内的特性。这时正向电流非常小，电流坐标一格只代表 10^{-14} A，但是正向电流随电压指数增加的趋势非常明显，反向饱和电流也能显示。

图 2-2-5（b）也是采用线性坐标描绘式（2-2-17）所示 PN 结二极管的单向导电性。由于图中表示了正向电压从 0 到 0.8 V 范围的伏安特性曲线，电流变化范围较大，达到 100 mA 以上，因此图中电流坐标一格代表 10 mA。虽然该曲线也明显反映出单向导电性，但是在外加电压 V_a 小于 0.5 V 的范围，流过 PN 结二极管的电流小于 1 μA，在该刻度线性坐标上几乎显示不出，特性曲线几乎与横轴重合，反向电流也几乎与横轴重合。

图 2-2-5（c）是采用半对数坐标描绘式（2-2-17）所示 PN 结二极管的单向导电性，可以清晰地显示出整个范围电流随外加电压的变化规律。

若外加电压大于 0.1 V，则 PN 结直流伏安特性近似为式（2-2-19）。对表达式两边取对数，得

$$\ln I = \ln I_S + (q/kT)V_a$$

这就是说，若外加电压大于 0.1 V 后，在纵坐标为对数刻度、横坐标为 $|V_a|$ 的半对数坐标中，PN 结正向直流伏安特性近似为一条斜率为 (q/kT) 的斜直线，如图 2-2-5（c）所示，图中还同时显示了式（2-2-20）所示的反偏特性。

半对数坐标将有利于 2.3 节 PN 结非理想效应对直流特性影响的分析。

> **思考题**：有关"电子线路"的教材中，讲解二极管特性时提到"正向导通电压"或者"正向阈值电压"的概念。但是从图 2-2-5（c）所示 PN 结二极管特性曲线可见，在整个正偏电压范围内，电流一直随正偏电压增加而指数增加，又似乎不存在"阈值"问题。对此应该如何理解？

2. $I\text{-}V$ 特性与温度的关系

无论是正偏还是反偏情况，温度对 PN 结直流特性均有明显影响。

（1）反偏情况

反偏情况下流过 PN 结的电流近似为 I_S。由式（2-2-18）可见，I_S 表达式中包含有平衡少

子浓度 n_{P0}、p_{N0},他们均与本征载流子浓度平方(n_i^2)成正比。代入半导体物理中描述本征载流子浓度与温度关系的关系式,可得

$$I \approx -I_S = -A\left(\frac{qD_N n_{P0}}{L_N} + \frac{qD_P p_{N0}}{L_P}\right) \propto n_i^2 \propto T^3 e^{(-E_g/kT)} \tag{2-2-21}$$

这就表明,由于本征载流子浓度随着温度增加而指数增加,就导致反向饱和电流随着温度增加而急剧增大。

对硅 PN 结二极管,室温下,温度增加 10 ℃,反向饱和电流 I_S 约扩大 10 倍。

（2）正偏情况

正偏情况下,将描述反向饱和电流与温度关系的表达式（2-2-21）代入正偏电流表达式（2-2-19）,可得

$$I = I_S e^{\frac{qV_a}{kT}} \propto T^3 e^{[-(E_g - qV_a)/kT]}$$

式中,V_a 为加在结上的外加电压。由于 qV_a 小于禁带宽度 E_g（例如,对硅二极管,结上电压 V_a 一般为 0.7 V 左右,而 E_g 为 1.21 eV）,即式中（$E_g - qV_a$）大于 0。因此随着温度的增加,流过的电流也随之指数增大。

从另一个角度说,为了保持流过 PN 结的电流 I_0 不变,若温度增加,则需要的外加电压 V_a 减小,或者说 PN 结的正向压降将减小。在特性曲线上表现为随着温度增加,特性曲线左移,如图 2-2-6 所示。

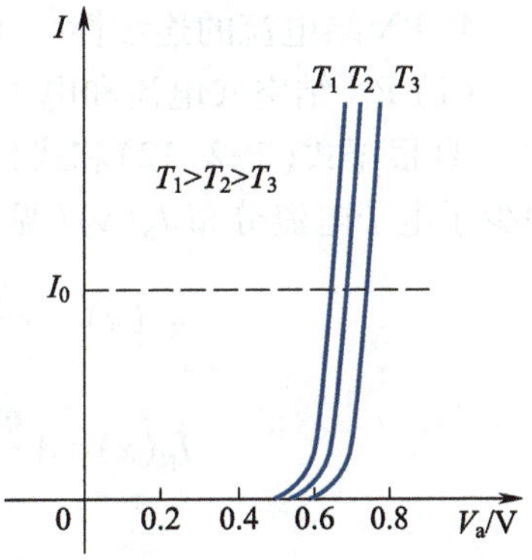

由此可见,PN 结二极管的正向压降具有负的温度系数。对硅二极管来说,其正向压降的温度系数约为[$-(15 \sim 20)$ mV/10 ℃]。

PN 结二极管正向压降具有负温度系数这一特点,在集成电路设计中得到广泛应用。

图 2-2-6　正偏 PN 结伏安特性随温度的变化

3. 电流分量与掺杂浓度的关系

（1）正偏情况

式（2-2-16）所示理想 PN 结正偏电流密度等于式（2-2-13）所示 P 区向 N 区注入的空穴电流密度 $J_P(x_N)$ 和式（2-2-15）所示 N 区向 P 区注入的电子电流密度 $J_N(-x_P)$ 之和

$$J_P(x_N) = \frac{qD_P p_{N0}}{L_P}\left[\exp\left(\frac{qV_a}{kT}\right) - 1\right] \qquad J_N(-x_P) = \frac{qD_N n_{P0}}{L_N}\left[\exp\left(\frac{qV_a}{kT}\right) - 1\right]$$

在半导体器件中,单边突变结是一种常见的也是一种重要的 PN 结。例如,一般的 NPN 晶体管中,作为发射区的 N 区掺杂浓度远大于作为基区的 P 区掺杂浓度,记这种结为 N^+P 结。在这种情况下,N 区中的多子电子浓度 n_{N0} 远大于 P 区多子空穴浓度 p_{P0},因此 N 区中的平衡少子浓度 p_{N0} 远小于 P 区平衡少子浓度 n_{P0},则式（2-2-16）可简化为

$$I \approx A\left(\frac{qD_N n_{P0}}{L_N}\right)(e^{\frac{qV_a}{kT}} - 1) \tag{2-2-22}$$

即流过 N^+P 结的电流主要是 N^+ 区向 P 区注入的电子电流。

这就是说,正偏情况下流过单边突变结的电流主要是由高掺杂一边向低掺杂一边注入的电流,这一结果在理解晶体管放大原理中有很大应用,是提高双极晶体管电流放大系数的重要

依据之一。

（2）反偏情况

由式（2-2-21）

$$I_S = A\left(\frac{qD_P p_{N0}}{L_P} + \frac{qD_N n_{P0}}{L_N}\right) = Aqn_i^2\left(\frac{D_P}{N_A L_P} + \frac{D_N}{N_D L_N}\right)$$

若采用不同半导体材料构成的两种突变 PN 结具有相同的结构尺寸和掺杂浓度，如果不考虑不同材料中电子、空穴的扩散系数和少子寿命的差别，则 I_S 与本征载流子浓度平方成正比。

因此，对 Ge、Si、GaAs 三种材料构成的 PN 结，Ge-PN 结的 I_S 最大，而 GaAs-PN 结的 I_S 最小，通常相差几个数量级。

对单边突变结，例如若 $N_D \gg N_A$，则

$$I_S \approx Aqn_i^2 \frac{D_P}{N_A L_P} \propto \frac{1}{N_A}$$

即反向饱和电流主要取决于轻掺杂一侧的掺杂浓度，而且轻掺杂一侧掺杂浓度越低，反向饱和电流呈反比关系增大。

4. PN 结电流的连续性

（1）PN 结空穴电流和电子电流分布曲线的绘制步骤

① 根据式（2-2-12）和式（2-2-14），分别绘制出 N 区中少子空穴电流分布 $I_P(x)$ 和 P 区中少子电子电流分布 $I_N(x)$（见图 2-2-7）。

$$I_P(x) = A\frac{qD_P p_{N0}}{L_P}\left[\exp\left(\frac{qV_a}{kT}\right) - 1\right]\exp\left(\frac{x_N - x}{L_P}\right) \quad (x \geqslant x_N)$$

$$I_N(x) = A\frac{qD_N n_{P0}}{L_N}\left[\exp\left(\frac{qV_a}{kT}\right) - 1\right]\exp\left(\frac{x_P + x}{L_P}\right) \quad (x \leqslant -x_P)$$

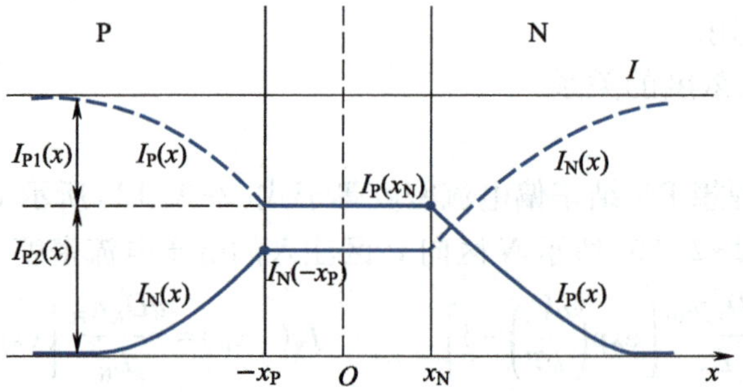

图 2-2-7　正偏 PN 结电流连续性分析

② 按照理想 PN 结近似条件，势垒区中空穴电流和电子电流均保持不变，因此将势垒区 N 区一侧边界处 x_N 的少子空穴电流值 $I_P(x_N)$ 和 P 区一侧边界（$-x_P$）处中少子电子电流 $I_N(-x_P)$ 水平延伸，就绘制出势垒区中空穴电流分布和电子电流分布（见图 2-2-7）。

③ 按照理想 PN 结近似条件，流过 PN 结的总电流等于势垒区两个边界处少子电流之和，因此将势垒区中空穴电流和电子电流相加，就绘制出 PN 结直流电流 I（见图 2-2-7）。

④ 直流情况下任何位置电子电流与空穴电流之和都等于总电流 I，因此总电流 I 减去 P 区中少子电子电流 $I_N(x)$ 就得到 P 区中多子空穴电流分布曲线 $I_P(x)$，总电流 I 减去 N 区中少子空穴电流 $I_P(x)$ 就得到 N 区中多子电子电流分布曲线 $I_N(x)$。

由此绘制出 PN 结范围内空穴电流和电子电流,每种电流分布都是连续的,如图 2-2-7 所示。

(2) PN 结电流连续性的深入讨论

从图 2-2-7 所示 PN 结电流连续性可以得到下面三点重要结论:

① 直流情况下,虽然每一个 x 位置空穴电流与电子电流之和等于常数,但是不同位置电子电流与空穴电流并不是不变,而是随着 x 的变化而不同。

② 任何一个位置空穴电流和电子电流中必然有一个是多子电流,一个为少子电流。但是同一个位置处的多子电流不一定必然大于少子电流。

③ 对多子电流分布的讨论:以 P 区多子空穴电流为例,在 P 区按照 $I_P(x_N)$ 电流值绘制一条虚线,则 P 区中的多子空穴电流 $I_P(x)$ 等于 $I_{P1}(x)$ 与 $I_{P2}(x)$ 两部分叠加。其中 $I_{P2}(x)$ 为常数,对应 P 区向 N 区注入的电流。$I_{P1}(x)$ 则对应与注入 P 区的电子电流进行复合的电流分量。

2.3 非理想效应对 PN 结直流伏安特性的影响

式(2-2-17)所示二极管方程是基于理想 PN 结模型的四点近似条件得到的。与实际 PN 结直流特性存在一定的偏离。本节针对实际存在的非理想因素,从物理过程分析和定量表征两方面对二极管方程进行修正,得到基本符合实际特性的直流伏安特性实用表达式,满足电路模拟仿真计算对器件模型精度的要求。

反向特性出现的击穿现象将在 2.4 节详细分析。

2.3.1 实际 Si 二极管直流伏安特性与理想模型的偏离

1. 正向特性与理想模型的偏离

图 2-3-1 采用半对数坐标描述了正偏情况实际 PN 特性与理想模型结果的偏离,在中等电流范围内符合较好(见图 2-3-1 中 B 段特性曲线),总体存在三点差别:

① 很小电流范围,实际电流大于理想模型结果,如图 2-3-1 中 C 段特性曲线所示;

② 大电流范围,实际电流小于理想模型结果,如图 2-3-1 中 A 段特性曲线所示;

③ 在很小电流范围和大电流范围,电流与外加电压关系指数关系不是 $\exp(qV_a/kT)$,而是 $\exp(qV_a/2kT)$。

2. 反向特性与理想模型的偏离

实际 PN 结反向特性与理想模型存在下述偏离:

① 实际反向电流大于理想模型结果;

② 实际反向电流不饱和,即漏电流随着反偏电压绝对值的增大而增大;

③ 当反偏电压绝对值增大到一定值时,反向电流急剧增大,即"击穿"现象。

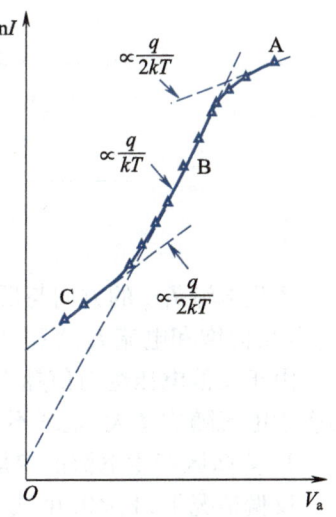

图 2-3-1　实际 PN 结正偏直流特性与理想模型的偏离

2.3.2 势垒区产生电流对 PN 结反向电流的影响

1. 关于"非平衡载流子产生–复合效应"的两个结论

本节与 2.3.3 节从物理过程角度分析实际 PN 结特性与理想模型偏离原因时需要引用关于"非平衡载流子产生–复合效应"的两个结论。

(1) 非平衡载流子复合率 R

根据半导体物理中的间接复合理论,记 N_t 为复合中心浓度。若复合中心位于禁带中央,假设复合中心对电子的俘获截面 C_N 以及对空穴的俘获截面 C_P 相等,记为 C,则得

$$R(x) = \frac{n(x)p(x) - n_i^2}{\tau_0 [n(x) + p(x) + 2n_i]} \tag{2-3-1}$$

式中 n_i 为本征载流子浓度,$\tau_0 = 1/(CN_t)$,为载流子寿命。由于假设复合中心对电子的俘获截面 C_N 以及对空穴的俘获截面 C_P 相等,相当于近似取空穴寿命与电子寿命相等。

(2) 非平衡情况下势垒区中的载流子

在有外加电压 V_a 作用情况下,虽然势垒区中空穴浓度以及电子浓度均不是常数,但是势垒区中每个位置 x 处,空穴浓度与电子浓度乘积为常数,等于

$$n(x)p(x) = n_i^2 \exp(qV_a/kT) \tag{2-3-2}$$

2. 物理过程分析

按照理想模型,不考虑势垒区中的载流子产生和复合作用,反偏情况下,P 区和 N 区的少子被抽出构成反向电流 I_S,如图 2-2-3(c) 所示。由于反偏时耗尽层中载流子"耗尽",由式 (2-3-1) 得 $R(x)$ 为负值。按照半导体物理中描述的载流子"净产生"原理,耗尽层中实际存在产生效应。在势垒区强电场作用下,产生的空穴向 P 区漂移,产生的电子向 N 区漂移,构成势垒产生电流,记为 I_{Gen},反偏势垒产生电流如图 2-3-2 所示。

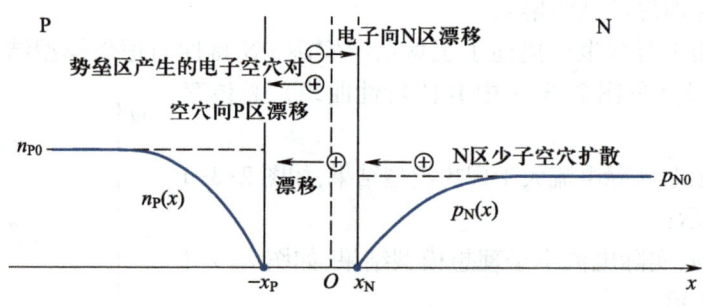

图 2-3-2 反偏势垒产生电流

产生电流 I_{Gen} 的方向与反向饱和电流 I_S 的方向相同,因此实际反向电流 $I_{反}$ 等于产生电流 I_{Gen} 与反向饱和电流 I_S 之和:$I_{反} = I_{Gen} + I_S$,导致实际反向电流 $I_{反}$ 大于饱和电流 I_S。

由于反偏电压绝对值越大,势垒区宽度就越大,势垒区中产生的电子–空穴对就越多,形成的产生电流随之增大,呈现不"饱和"情况。

3. 势垒区产生电流的定量分析

反偏情况下,$V_a < 0$,由式 (2-3-2),势垒区中电子浓度和空穴浓度乘积 np 近似为 0,由式 (2-3-1),得势垒区载流子复合率为 $R = -n_i/(2\tau_0)$。

复合率为负,表示势垒区实际上存在产生率。得势垒区中产生率 $G = n_i/(2\tau_0)$,为常数。

产生率代表单位时间内势垒区中单位体积内产生的电子-空穴对数目。产生的载流子电荷在势垒区电场作用下形成电流 I_{Gen},因此得

$$I_{Gen} = qGWA = \frac{qn_i WA}{2\tau_0} \tag{2-3-3}$$

式中:q 为电子电荷,A 为 PN 结的结面积,W 为势垒区宽度。

由于 $I_反 = I_{Gen} + I_S$,使得反偏条件下实际反向电流 $I_反$ 大于理想模型确定的反向饱和电流 I_S。又由于产生电流 $I_{Gen} = qGWA$,与势垒宽度 W 成正比,随着反偏电压绝对值的增大,势垒区宽度 W 随之增大,使得 I_{Gen} 增大,因此实际反向电流随着反偏电压绝对值的增大而增大,并不"饱和"。

> **思考题**:产生的是"电子-空穴对",为什么式(2-3-3)中 $I_{Gen} = qGWA$,而不是 $2qGWA$?

2.3.3 势垒区复合电流对正向小电流特性的影响

1. 物理过程分析

按照理想模型,不考虑势垒区产生-复合效应,正偏情况下电流为 $I_{理想} = I_P(x_N) + I_N(-x_P)$,其中 $I_P(x_N)$ 是从 P 区注入 N 区的空穴电流,$I_N(-x_P)$ 是从 N 区注入 P 区的电子电流。

实际情况下,正偏时 $V_a > 0$,由式(2-3-2),势垒区中电子浓度和空穴浓度乘积 np 大于 n_i^2,由式(2-3-1),得势垒区载流子复合率 R 大于 0,说明势垒区中出现净复合,因此,从 P 区注入 N 区的空穴电流中有一部分与 N 区注入 P 区的电子电流在势垒区复合,形成复合电流 I_{Rec},正偏势垒区复合电流如图 2-3-3 所示,使得从 P 区注入到 N 区的空穴电流小于从 P 区进入势垒区的空穴电流。对于从 N 区注入 P 区的电子电流情况类似。

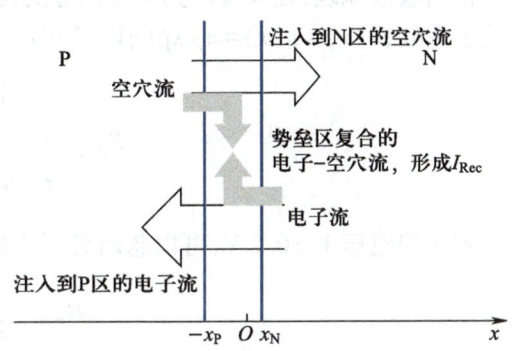

图 2-3-3 正偏势垒区复合电流

注意:图中绘制的是"载流子流"。其中电子电流的方向与电子流的方向相反。

直流情况下任一点 x 处的空穴电流和电子电流相加就是总的正向电流。取 $x = -x_P$,得

$$I_正 = I_N(-x_P) + I_P(-x_P)$$

如图 2-3-3 所示,$-x_P$ 处的多子空穴电流 $I_P(-x_P)$ 等于注入 N 区的空穴电流 $I_P(x_N)$ 与势垒区复合电流 I_{Rec} 之和,因此得

$$I_正 = I_N(-x_P) + I_P(-x_P) = I_N(-x_P) + [I_P(x_N) + I_{Rec}] = [I_N(-x_P) + I_P(x_N)] + I_{Rec} = I_{理想} + I_{Rec}$$

因此,正偏情况下,正向电流 $I_正$ 等于理想模型正向电流 $I_{理想}$ 与势垒区复合电流 I_{Rec} 之和,导致实际正向电流 $I_正$ 大于理想模型的正向电流 $I_{理想}$。

2. 势垒区复合电流定量分析

(1)复合电流计算

单位时间内势垒区中复合掉的载流子电荷形成复合电流 I_{Rec},因此有

$$I_{Rec} = qA \int_W R(x) \, dx \tag{2-3-4}$$

式中 A 为 PN 结的结面积。

由式(2-3-1),正偏情况下势垒区中复合率 $R(x)$ 不是常数,势垒区不同位置复合率与该位置载流子浓度大小密切相关,结果如图 2-3-4 所示。

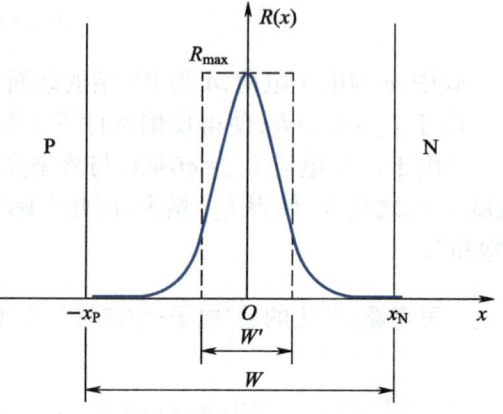

图 2-3-4 正偏情况势垒区中的复合率

根据定积分几何意义,式(2-3-4)中所示积分为势垒区中 $R(x)$ 曲线下方的面积,可等效为一个矩形面积:

$$I_{Rec} = qAR_{max}W' \qquad (2-3-5)$$

式中:W' 为"等效"势垒区宽度,R_{max} 为势垒区复合率最大值,如图 2-3-4 所示。

(2) 势垒区中最大复合率 R_{max}

式(2-3-1)所示的复合率 $R(x)$ 表达式中,分母中有 $n(x)$ 与 $p(x)$ 相加项,而分子上出现 $n(x)$ 与 $p(x)$ 相乘项。又由式(2-3-2),势垒区中 $n(x)$ 与 $p(x)$ 乘积为常数

$$n(x)p(x) = n_i^2 \exp(qV_a/kT)$$

根据极值原理,在 $n(x)$ 与 $p(x)$ 相等的位置复合率最大,因此由式(2-3-2)得,在复合率最大的位置处,$n(x) = p(x) = n_i \exp(qV_A/2kT)$。代入式(2-3-1)所示复合率 $R(x)$ 表达式中,得

$$R_{max} = \frac{n_i^2 \left[\exp\left(\dfrac{qV_a}{kT}\right) - 1 \right]}{\tau_0 2n_i \left[\exp\left(\dfrac{qV_a}{2kT}\right) + 1 \right]}$$

若正偏电压 $V_a > 0.2$ V,可以忽略分子上的"-1"以及分母中的"+1",则得

$$R_{max} \approx \frac{n_i}{2\tau_0} \exp\left(\frac{qV_a}{2kT}\right) \qquad (2-3-6)$$

(3) I_{Rec} 的计算

将式(2-3-6)代入势垒区复合电流表达式(2-3-5),得

$$I_{Rec} = A\frac{qn_iW'}{2\tau_0} \exp\left(\frac{qV_a}{2kT}\right)$$

记表达式中只与 PN 结本身参数有关而与外加电压无关的系数部分为

$$I_{SR} = A\frac{qn_iW'}{2\tau_0} \qquad (2-3-7)$$

则得实用的势垒区复合电流表达式

$$I_{Rec} = I_{SR} \exp\left(\frac{qV_a}{2kT}\right) \qquad (2-3-8)$$

3. 讨论

(1) 势垒区复合电流对正偏电流的影响

正偏情况下实际 PN 结电流应该等于理想模型电流与势垒区复合电流之和 $I_{正} = I_{理想} + I_{Rec}$,导致实际正向电流大于理性模型结果。

　　按照前面物理过程分析,只要是正偏情况,必然存在势垒区复合电流,就应该导致正偏情况下实际 PN 结电流都要大于理性模型结果。但是为什么 2.3.1 节指出,只是在正偏小电流范围,实际 PN 结电流大于理性模型结果,或者说势垒区复合只对正向小电流产生明显影响?

　　下面是正偏情况下理想模型电流和势垒区复合电流的表达式

$$I_{理想} = I_{S}\exp\left(\frac{qV_{a}}{kT}\right), \quad I_{Rec} = I_{SR}\exp\left(\frac{qV_{a}}{2kT}\right)$$

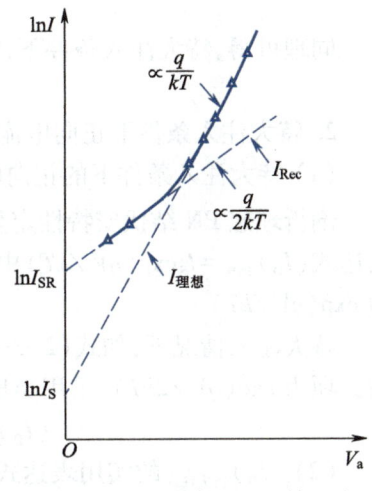

图 2-3-5　正偏情况 PN 结电流

　　在半对数坐标中,随 V_{a} 的增加,$I_{理想}$ 的增加斜率为 q/kT,是 I_{Rec} 增加斜率 $q/2kT$ 的 2 倍。而实际 PN 结,特别是 Si 材料 PN 结,I_{SR} 通常比 I_{S} 大得多。例如某型号 Si 材料 PN 结二极管,$I_{S} = 1.1$ nA,而 $I_{SR} = 14.2$ nA,是 I_{S} 的十几倍。同一个半对数坐标中 $I_{理想}$ 和 I_{Rec} 随 V_{a} 的变化曲线如图 2-3-5 所示。

　　V_{a} 较小时,总电流主要由 I_{Rec} 确定,斜率为 $q/2kT$。随着 V_{a} 的增加,$I_{理想}$ 增加更加迅速,I_{Rec} 的影响逐渐可以忽略,使得总电流近似等于 $I_{理想}$,电流曲线斜率变为 q/kT。正偏总电流斜率从 $q/2kT$ 变为 q/kT 有一段过渡,正偏情况,PN 结电流如图 2-3-5 所示。

　　(2)势垒区复合电流分析结果在集成电路设计、制造中的应用

　　按照定量分析结果,得到的势垒电流表达式(2-3-8)解释了为什么半对数坐标中小电流下正向电流曲线的斜率为 $q/2kT$。

　　在电路模拟仿真软件工具中,与理想模型结果中 I_{S} 的处理方式一样,式(2-3-8)中 I_{SR} 是作为表征实际 PN 结二极管的一个模型参数(参见 11.1.2 节)。只要知道 PN 结的 I_{SR},就可以采用式(2-3-8)计算得到外加电压 V_{a} 作用下 PN 结中势垒区复合电流。

　　虽然 I_{SR} 表达式如式(2-3-7)所示,其中包含的"等效"势垒区宽度 W' 仍然未知。实际应用中,作为模型参数,I_{SR} 是通过实际测量数据提取确定的,并不是采用式(2-3-7)计算得到的。但是在分析集成电路工艺问题时还是需要应用式(2-3-7)。3.3.3 节将结合小电流下双极晶体管电流放大系数偏低原因的分析和解决途径说明式(2-3-7)的应用。

2.3.4　大注入对 PN 结正向大电流特性的影响

　　理想 PN 结模型的第三个近似条件是小注入,即注入的少子浓度比相应区域中平衡多子浓度小得多。显然,当流过 PN 结的电流密度很大导致注入的少子浓度较高时,将不再满足"小注入"条件。定量分析大注入对正偏 PN 结大电流特性影响的过程比较复杂。本节采用类比的方法给出正偏 PN 结大电流特性的定量描述。虽然类比过程不够严谨,但是能够解读正偏 PN 结的大电流特性,并且给出的定量表达式能够满足电路模拟仿真的计算要求。

　　1. 特大注入条件下少子浓度边界条件

　　特大注入指注入的非平衡少子浓度远大于平衡多子浓度。下面以 N 区出现特大注入为例,分析特大注入条件下少子边界浓度发生什么变化。

　　若 N 区出现特大注入,即注入的非平衡少子空穴浓度 $\Delta p(x_{N})$ 远大于 N 区平衡多子电子浓度 n_{N0},则势垒区靠 N 区一侧边界 x_{N} 处的多子电子浓度为

$$n_N(x_N) = n_{N0}(x_N) + \Delta n(x_N) \approx \Delta n(x_N), \quad p_N(x_N) = p_{N0}(x_N) + \Delta p(x_N) \approx \Delta p(x_N)$$

由电中性条件: $\Delta n(x_N) = \Delta p(x_N)$,因此得 x_N 处: $n_N(x_N) = p_N(x_N)$,即特大注入条件下,x_N 处的少子浓度近似等于多子浓度。

代入式(2-3-2),得特大注入条件下,势垒区 N 区一侧边界 x_N 处少子空穴边界条件为

$$p_N(x_N) = n_i \exp(qV_a/2kT) \tag{2-3-9}$$

同理可得,特大注入条件下,势垒区 P 区一侧边界 $-x_P$ 处少子电子的边界条件为

$$n_P(-x_P) = n_i \exp(qV_a/2kT) \tag{2-3-10}$$

2. 特大注入条件下正向电流表达式

(1) 特大注入条件下的正向电流 $(I_D)_{特大注入}$

剖析理想 PN 结伏安特性定量分析过程可知,PN 结正向电流与外加电压 V_a 之间电流关系表达式 $(I_D)_{理想} = I_S \exp(qV_a/kT)$ 中,指数项来自耗尽层边界处少子浓度与 V_a 之间的指数关系为 $\exp(qV_a/kT)$。

特大注入情况下,如式(2-3-9)和式(2-3-10)所示,耗尽层边界处少子浓度与 V_a 关系的指数项为 $\exp(qV_a/2kT)$,采用类比的方式,可将特大注入下正向电流表示为

$$(I_D)_{特大注入} = (I_S)_{特大注入} \exp(qV_a/2kT) \tag{2-3-11}$$

(2) $(I_D)_{特大注入}$ 的实用表达式

在半对数坐标中 $(I_D)_{特大注入}$ 是斜率为 $q/2kT$ 的斜线,绘制的曲线如图 2-3-6 所示,其延长线与纵坐标的交点对应 $(I_S)_{特大注入}$。图中还同时显示有理想模型电流及势垒区复合电流。

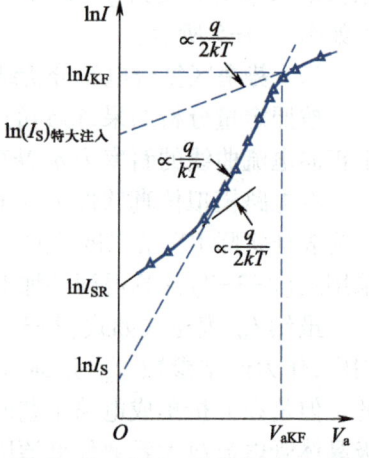

记 $(I_D)_{特大注入}$ 与理想特性 $(I_D)_{理想}$ 交点的纵坐标为 I_{KF},横坐标为 V_{aKF},I_{KF} 和 V_{aKF} 应该同时满足理想模型电流关系式和特大注入电流关系式。因此得

$$I_{KF} = I_S \exp(qV_{aKF}/kT)$$

$$I_{KF} = (I_S)_{特大注入} \exp(qV_{aKF}/2kT)$$

若将 I_{KF} 作为已知量,联立求解上述两个方程,得 $(I_S)_{特大注入} = (I_S I_{KF})^{1/2}$

图 2-3-6 正偏情况 PN 结电流

代入式(2-3-11),得特大注入电流表达式

$$(I_D)_{特大注入} = \sqrt{I_S I_{KF}} \exp(qV_a/2kT) \tag{2-3-12}$$

3. 膝点电流 I_{KF}

随着正向偏置电压 V_a 增大,正向电流从 $(I_D)_{理想}$ 转为 $(I_D)_{特大注入}$,因此 I_{KF} 代表从理想模型向特大注入过渡的转折点电流。或者说当正向电流达到 I_{KF} 时,大注入效应影响明显。当然,实际 I-V 正向特性从 $(I_D)_{理想}$ 转为 $(I_D)_{特大注入}$ 存在一个过渡区。

I_{KF} 称为膝点电流(knee current),是表征 PN 结直流伏安特性的重要参数。实际应用中,I_{KF} 作为 PN 结的一个模型参数。实际 PN 结的 I_{KF} 值不是通过计算确定的,而是通过端电流特性的测量数据提取得到的。

2.3.5 串联电阻 R_S 对 PN 结正向大电流的影响

按照理想 PN 结模型的近似假设,外加电压 V_a 几乎全部加在耗尽层两端。但是在流过 PN

结电流较大情况下,由于 PN 结串联电阻的影响,不再满足这一假设条件。本节分析串联电阻的影响及处理方法。

1. PN 结串联电阻 R_S 的影响

按照理想 PN 结模型,不考虑 P 区和 N 区中串联电阻 R_S 的影响,外加电压全部加在耗尽层两端,电流表达式中的 V_a 就是外加电压。

尽管 R_S 通常较小,一般为欧姆量级。但是若流过 PN 结的电流较大,则 R_S 上的压降就不能忽略。

例如硅 PN 结正向偏置电压通常为 0.7 V 左右。若 $R_S = 2\ \Omega$,如果流过 PN 结的电流为 1 mA,则压降只有 2 mV,可以忽略不计。如果电流大到 100 mA,则串联电阻上压降达到 200 mV,就不能忽略不计。

2. 外加电压 V_{App} 与 PN 结耗尽层压降 V_a

图 2-3-7 是考虑 PN 结内部串联电阻的情况。PN 结串联电阻 R_S 等于 P 区内部串联电阻 $(R_S)_P$、N 区内部串联电阻 $(R_S)_N$ 以及引出端处金属一半导体接触电阻 R_{Con} 之和,即 $R_S = (R_S)_P + (R_S)_N + R_{Con}$。

如果考虑 PN 结串联电阻 R_S 的影响,则 PN 结耗尽层两端压降 V_a 就不等于外加电压。

记外加电压为 V_{App},则耗尽层两端电压 V_a 为

$$V_a = V_{App} - I_D R_S \qquad (2-3-13)$$

为了考虑串联电阻 R_S 的影响,不需要改变前面定量分析得到的各种电流 I_D 表达式形式,只需要将表达式中的 V_a 改为 $(V_{App} - I_D R_S)$。

> **思考题:**考虑 R_S 的作用,说明为什么外加电压 V_{App} 可以大于内建电势 V_{bi},但是图 2-3-8 所示正偏情况下势垒高度 $q(V_{bi} - V_a)$ 不会降低到 0。

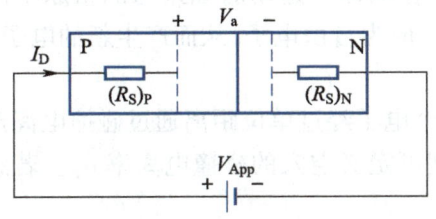

图 2-3-7　PN 结的串联电阻

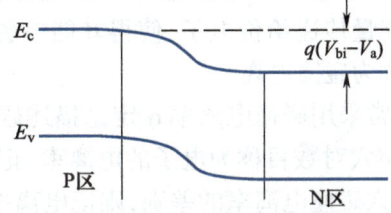

图 2-3-8　正偏条件下的势垒高度

2.4 PN 结击穿特性

实际应用中,如果发生击穿,则流过 PN 结电流剧增,可能导致 PN 结烧毁。但是如果采取合适的控制措施,就可以利用 PN 结击穿特性制作稳压二极管。

本节介绍 PN 结的击穿现象、物理机理、击穿电压与 PN 结结构参数及温度的关系,并总结提高 PN 结击穿电压的技术措施。

2.4.1 PN 击穿

1. PN 结击穿现象

根据 2.3 节定量分析结果,反偏情况下流过 PN 结的电流是很小的反向饱和电流 I_S。但实

际情况是,若反偏电压达到一定值,反向电流突然急剧增大,并且趋于无穷大,则称之为击穿。

发生击穿时的反偏电压称为击穿电压,记为 V_B,如图 2-4-1 所示。

2. 击穿电压的实际测量

(1)"硬击穿"与"软击穿"

如果实际 PN 结击穿时反向电流像图 2-4-1 所示那样几乎是"垂直"趋于无穷大的,则这是一种比较理想的情况,称为"硬击穿"。

由于多种实际因素的影响,实际 PN 结反向电流特性通常达不到图 2-4-1 所示"硬击穿"情况,反向电流较快增加的过程对应一定的反向电压范围,通常称之为"软击穿"。

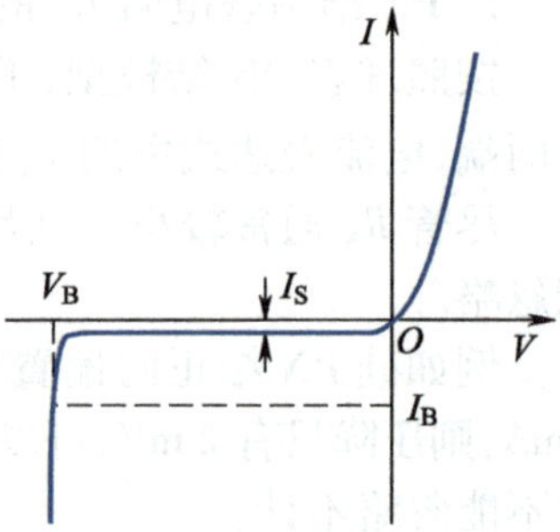

图 2-4-1　PN 结击穿电压

(2)击穿电压的测量

在实际应用中,一般规定一个确定的电流值 I_B(不是无穷大),当反向电流增加到该值时的反向电压即作为击穿电压,如图 2-4-1 所示。这也是生产中测量击穿电压实际采用的方法,即测量的击穿电压 V_B 是指反向电流增大到规定值 I_B 时的反偏电压。因此,表征 PN 结二极管器件的击穿特性时,在标明击穿电压 V_B 数值的同时还应该说明测量该击穿电压采用的电流 I_B 值。电路模拟仿真软件中 V_B 和 I_B 是表征 PN 结二极管击穿特性的两个模型参数。

引起 PN 结击穿的机理主要有雪崩击穿、隧道击穿和热电击穿三种。

2.4.2　雪崩击穿(avalanche breakdown)

1. 雪崩击穿物理过程

(1)碰撞电离和碰撞电离率

引起雪崩击穿的物理原因是碰撞电离。载流子在晶体中运动时如果与晶格原子产生碰撞,将能量传递给价电子,使得其能够脱离晶格原子,成为自由电子,从而产生新的电子-空穴对,则称为碰撞电离。

通常采用碰撞电离率 α 定量描述碰撞电离。一个电子经过单位距离通过碰撞电离产生的电子-空穴对数目称为电子的电离率,记为 α_N。同理可定义空穴的碰撞电离率 α_P。若忽略电子和空穴碰撞电离率的差别,则记电离率为 α。

按照固体物理结论,碰撞电离率 α 大小与电场强度 $E(x)$ 密切相关

$$\alpha \propto E(x)\,\mathrm{e}^{-\left[\frac{B}{E(x)}\right]^{m}}$$

显然,若电场强度较低,则碰撞电离率 α 趋于 0。只有当电场强度达到一定值时,才可能出现明显的碰撞电离。

(2)雪崩倍增和雪崩击穿物理过程分析

在反向偏置下,流过 PN 结的反向饱和电流是由从 P 区抽出通过势垒区到达 N 区的电子,以及从 N 区抽出通过势垒区到达 P 区的空穴两部分组成。如果反向偏压足够大,势垒区中电场会变得很强,使得从 P 区抽出的电子以及 N 区抽出的空穴通过势垒区时,在如此强的电场加速作用下具有足够大的动能,与势垒区内原子发生碰撞电离,把价键上的电子碰撞出来成为导电电子,与此同时产生一个空穴。

在势垒区中强电场的作用下,新产生的电子-空穴被分别扫向 N 区和 P 区,使得反向电流

增大,称为雪崩倍增,如图 2-4-2 所示。

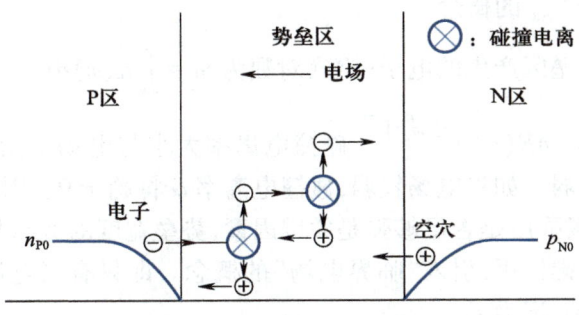

图 2-4-2 碰撞电离与倍增

如果势垒区电场足够强,新产生的电子、空穴在强电场加速作用下又会与晶格原子碰撞轰击出新的电子和空穴……如此连锁反应好比雪崩一样,使电流急剧增加,表现为"击穿"。这一现象就称为雪崩击穿。因此,碰撞电离形成的倍增效应是导致最终发生雪崩击穿的物理机理。

2. 雪崩击穿条件

(1) 倍增因子 M(multiplication factor)

离开势垒区的电流 $I_出$ 与进入势垒区的电流 $I_入$ 之比称为倍增因子,记为 M。即

$$M = I_出 / I_入$$

按照电离率的定义,进入势垒区的一个载流子通过势垒区的过程中新产生的电子-空穴对数目为

$$m = \int_W \alpha(x) \, dx \tag{2-4-1}$$

由进入势垒区的载流子通过碰撞电离产生的电子-空穴对称为新产生的第一代载流子。在势垒区强电场作用下,新产生的第一代载流子在势垒区中作漂移运动也会通过碰撞电离新产生第二代载流子……例如,若进入势垒区的空穴电流为 $I_{P入}$,由于雪崩倍增作用,流出势垒区的电流 $I_{P出}$ 为

$$I_{P出} = I_{P入} + m I_{P入} + m(m I_{P入}) + \cdots$$

式中 $m I_{P入}$ 为新产生的第一代载流子空穴形成的电流,$m(m I_{P入})$ 是由新产生的第一代载流子空穴又通过碰撞电离新产生的第二代载流子空穴形成的电流……。

由上式得 $M = I_出 / I_入 = 1 + m + m^2 + \cdots$

若 $m < 1$,并代入式(2-4-1)所示的 m 表达式,则得倍增因子与电离率的关系为

$$M = \frac{1}{1 - m} = \frac{1}{1 - \int_W \alpha(x) \, dx} \tag{2-4-2}$$

(2) 击穿条件

发生击穿表示 M 趋于无穷大。由式(2-4-2)可见,击穿条件为 $m \rightarrow 1$,即

$$m = \int_W \alpha(x) \, dx \rightarrow 1 \tag{2-4-3}$$

这就是说,只要单个载流子在通过势垒区时能够产生一个电子-空穴对就导致击穿。

思考题:从碰撞电离导致的倍增效应解读,为什么 $m \rightarrow 1$ 就能导致击穿?

3. 雪崩击穿电压 V_B

(1) 关于临界电场 E_{crit} 的概念

一个载流子通过势垒区产生的电子-空穴对数为 $m = \int_W \alpha(x)\,dx$

由固体物理结论：$\alpha = AE(x)\,e^{-\left[\frac{B}{E(x)}\right]^m}$，碰撞电离率大小与电场呈指数关系，即碰撞电离率高低强烈依赖于电场强弱。如果电场较弱，碰撞电离率 α 将趋于 0。因此能否满足式(2-4-3)积分所示击穿条件，电场强度是否足够强是关键因素，势垒宽度的宽窄起次要作用。

为了突出电场的关键作用，引入"临界电场"的概念。即只有当电场达到一定值时才可能发生击穿，称为临界电场，记为 E_{crit}。

(2) 击穿电压 V_B 的计算

基于临界电场的概念，只有当势垒区中 E_{max} 达到 E_{crit} 时才会击穿。因此击穿电压就是使得势垒区最大电场达到 E_{crit} 时的反偏电压。可以按照这一思路分析击穿电压与 PN 结结构参数之间的关系。

下面以突变 P⁺N 结为例介绍击穿电压的计算。

如式(2-1-14)所示，突变 PN 结最强电场为 $E_{max} = (qN_Dx_N)/\varepsilon$。记反偏电压的绝对值为 V_R。若反偏电压 V_R 增大到使得 $E_{max} = E_{crit}$，则满足击穿条件。此时的 V_R 即为击穿电压 V_B。

突变 P⁺N 结中 $N_A \gg N_D$，通常击穿电压 V_B 远大于内建电势 V_{bi}，由式(2-1-23)，反偏电压达到 V_B 时，势垒区宽度 W 为

$$W = \sqrt{(V_{bi} - V_a)\left(\frac{2\varepsilon}{q}\right)\left(\frac{N_A + N_D}{N_A N_D}\right)} \approx \sqrt{V_B \frac{2\varepsilon}{q}\frac{1}{N_D}}$$

突变 P⁺N 结中 $W = x_N + x_P \approx x_N$，因此击穿时突变 P⁺N 结的 x_N 为

$$x_N \approx W \approx \sqrt{V_B \frac{2\varepsilon}{q}\frac{1}{N_D}}$$

代入击穿时最大电场表达式 $E_{crit} = E_{max} = (qN_Dx_N)/\varepsilon$，得

$$V_B = \frac{\varepsilon E_{crit}^2}{2q}\frac{1}{N_D}$$

显然，击穿电压与轻掺杂一侧的掺杂浓度密切相关，若要求提高击穿电压，则应该降低轻掺杂一侧的掺杂浓度。集成电路设计中就是按照击穿电压要求，确定轻掺杂一侧的掺杂浓度。

生产中为了提高击穿电压就需要降低掺杂浓度，提高材料电阻率，这是保证击穿电压最基本的工艺控制因素。

(3) 实用的雪崩击穿电压表达式

基于大量数据总结的单边突变结雪崩击穿电压经验表达式为

$$V_B \cong 60\left(\frac{E_g}{1.1}\right)^{3/2}\left(\frac{N_B}{10^{16}}\right)^{-3/4} \tag{2-4-4}$$

式中 N_B 为轻掺杂一侧的掺杂浓度，单位为 cm^{-3}。

显然，禁带宽度 E_g 越宽，则发生碰撞电离所需能量越大，因此击穿电压就越高。

若轻掺杂一侧的掺杂浓度越低，则势垒宽度越宽，为了达到碰撞电离所需的临界电场，需要更高的反偏电压，因此击穿电压越高。

单边突变 Si 平面 PN 结雪崩击穿电压与轻掺杂一侧掺杂浓度的关系如图 2-4-3 所示。

说明:平面 PN 结指 P 区与 N 区交界面(即冶金结面)为平面的 PN 结。

4. 平面工艺 PN 结的雪崩击穿电压

(1) 平面工艺 PN 结冶金结面的形状特点

目前集成电路芯片制造基本都是采用平面工艺。采用平面工艺制作的 PN 结立体示意图如图 2-4-4(a)所示。P 区与 N 区交界面的特点是并不完全为平面。

正对掺杂窗口的下方为平面结,与掺杂窗口四边对应的为柱面结,与掺杂窗口四个顶角对应的则为球面结,如图 2-4-4(b)所示。

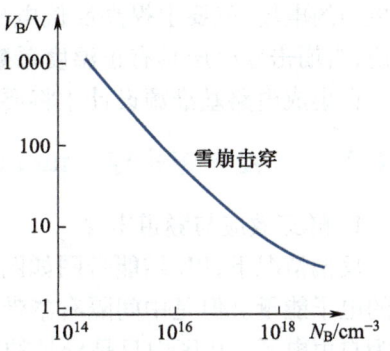

图 2-4-3　单边突变 Si 平面 PN 结的 V_B 与轻掺杂一侧掺杂浓度 N_B 的关系

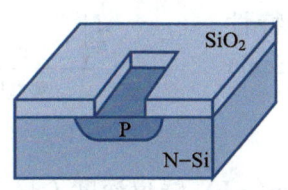
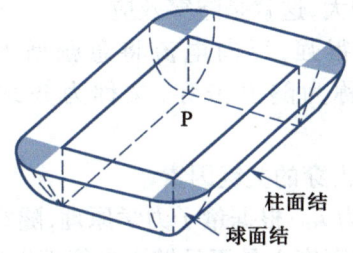

(a) 平面工艺制作的 PN 结　　(b) 平面工艺 PN 结的结面形状特点

图 2-4-4　平面工艺 PN 结

(2) 平面工艺 PN 结的击穿电压

根据尖端放电原理,在同一个反偏电压作用下,球面结耗尽层中的电场最集中,因此球面结面处电场较强。很可能反向电压还未达到使得理想平面结产生雪崩击穿,球面结面处因电场集中就已强到出现了雪崩击穿,因此降低了 PN 结的雪崩击穿电压值。

球面结的曲率半径对应掺杂结深,因此结深越浅,击穿电压下降得越多。

分别采用常规坐标、柱坐标以及球坐标求解泊松方程,可以计算在同一个外加电压作用下不同形状界面中最大场强,进一步计算击穿电压大小,结果如图 2-4-5 所示。由图可见,与平面 PN 结击穿电压相比,结深越浅,实际击穿电压下降越厉害。对某一个结深,球面结的击穿电压小于柱面结的击穿电压。

在制定集成电路工艺时,就需要考虑 PN 结深浅对击穿电压的影响。

5. 雪崩击穿电压的温度系数

根据固体物理结论,温度升高,晶格振动强度增强,载流子与晶格发生碰撞的概率增大,则平均自由程下降。为了在较短的自由程中积累到能够发生碰撞电离的能量,需

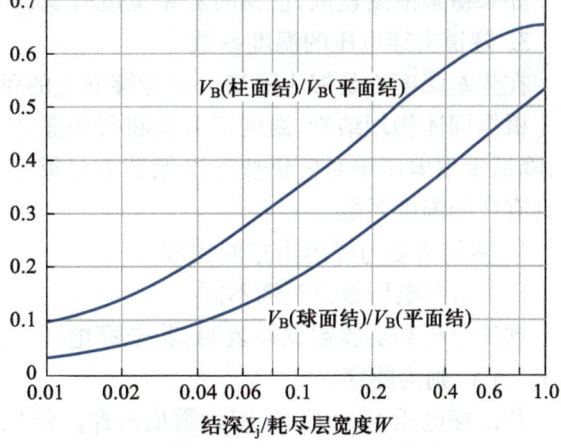

图 2-4-5　结深对平面工艺 PN 结击穿电压的影响

要更强的电场,就要求提高反偏电压绝对值。因此雪崩击穿电压随着温度的升高而增大。或者说,雪崩击穿电压具有正温度系数。

在集成电路基准源设计中将要应用雪崩击穿电压正温度系数这一重要特性。

2.4.3 PN结隧道击穿（tunnel breakdown）

1. 隧穿效应与隧道击穿

反偏情况下,PN结能带图如图2-4-6所示。P区中价带顶电子的能量可能高于N区导带底的电子能量。但是中间隔有禁带,按照经典物理结论,P区价带电子不能直接到达N区导带成为自由电子。P区中只是导带的少子电子被扫向N区导带,构成反向饱和电流。

但是根据量子力学中的隧穿机理,P区价带电子具有一定概率穿过禁带到达N区导带,成为自由电子,构成电流,使反向电流增大,这就是隧穿效应。

若隧穿效应很强,反向电流将急剧增大,从端特性上表现为击穿,称为隧道击穿,又称为齐纳击穿（zener breakdown）。

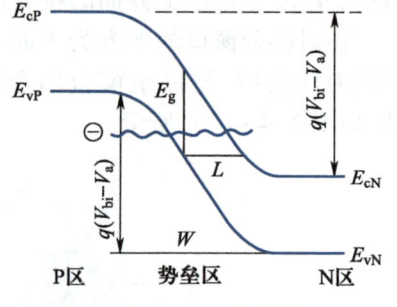

图2-4-6 PN结能带图

2. 发生隧道击穿的关键因素

记隧道深度为L。根据量子力学原理,隧穿率$\propto \exp(-L)$,隧道深度L越小,则隧穿率将指数增大,因此隧道深度L是否足够小是能否发生隧道击穿的关键。

由图2-4-6所示能带图

$$\frac{L}{W} = \frac{E_g}{q(V_{bi}-V_a)}$$

得隧道深度为

$$L = \frac{E_g W}{q(V_{bi}-V_a)}$$

为了使隧穿效应明显,就要求隧道深度L足够短,对应要求势垒宽度W足够窄。而根据势垒宽度与掺杂浓度的关系可知,势垒宽度W足够窄就要求掺杂浓度足够高。

因此只有掺杂浓度很高的PN结,对Si-PN结要求掺杂浓度在10^{20} cm^{-3}以上,才可能发生隧道击穿。相应击穿电压很低,只有几伏。

如果掺杂浓度较低,反偏时势垒宽度较宽,L较大,隧穿概率几乎为0,不可能发生隧穿。

3. 隧道击穿电压的温度系数

在势垒深度L足够小隧道击穿能够发生的条件下,分析隧道击穿电压与温度的关系。

根据固体物理结论,温度T升高将导致禁带宽度E_g变窄,则由前面隧道深度L表达式可见,降低反偏电压绝对值仍然可以保证L足够小,这就表现为击穿电压降低,因此隧道击穿电压具有负的温度系数。

4. 雪崩击穿与隧道击穿的比较

（1）击穿电压数值范围不同

理论分析和实验数据均表明,若击穿电压$V_B < 4E_g/q$,则为隧道击穿。例如,对Si-PN结,若$V_B < 5$ V,则为隧穿。

若击穿电压$V_B > 6E_g/q$,则为雪崩击穿。例如,对Si-PN结,若$V_B > 8$ V,则为雪崩击穿。

若击穿电压介于两者之间,则表示两种击穿机理同时存在。

（2）击穿电压温度系数不同

雪崩击穿电压的温度系数为正，隧道击穿电压的温度系数为负。

2.4.4 热电击穿

1. 热电击穿现象

对于功率器件中的 PN 结，由于反向功率损耗较大，发热会引起 PN 结温度升高。温升又引起载流子本征激发增强，促使反向电流增大。电流增大又会导致功率损耗较大，进一步引起结温继续上升。如果器件散热不良，这种连锁反应会导致电流的急剧增加，从端特性上表现为击穿，导致 PN 结损坏。这种击穿称为热电击穿。

2. 预防热电击穿的主要措施

可以从三方面采取措施，防止发生热电击穿。

① 改进工艺，防止 PN 结内部出现晶格缺陷导致电流局部集中，形成局部过热。

② 改善封装设计，提高 PN 结二极管的散热能力。

③ 改善使用条件，包括使用散热片，防止散热不良。

2.4.5 提高击穿电压的技术措施

击穿电压是 PN 结二极管及集成电路的一个重要特性参数，也是器件设计和制造中需要重点保证的一个参数。提高击穿电压的主要技术途径有三个方面。

① 降低 PN 结轻掺杂一侧的掺杂浓度 N_B，同时保证轻掺杂一侧的厚度。

这是提高击穿电压的主要途径。无论是单个二极管器件还是集成电路芯片制造，都是按照击穿电压的要求确定轻掺杂区域的掺杂浓度。

② 增加 PN 结的结深 x_j，降低球面结对击穿电压的影响。

对于要求击穿电压较高的 PN 结二极管，在降低轻掺杂一侧掺杂浓度的同时通常还要增加 PN 结的结深 x_j，满足击穿电压要求。例如对于击穿电压为几百伏的高反压二极管，结深可能要超过 10 μm，采用的扩散工艺需要进行若干小时。

③ 采用"台面结构"PN 结。

工作电压特别高的 PN 结二极管，例如要求击穿电压超过 1 000 V 的高反压二极管，为了消除柱面结和球面结对击穿电压的影响，可以采用沟槽刻蚀或者台面腐蚀工艺，将平面工艺 PN 结［图 2-4-7(a)所示］的柱面结和球面结全部腐蚀掉，只保留平面结部分，则形成台面结构。台面结构 PN 结如图 2-4-7(b)所示。

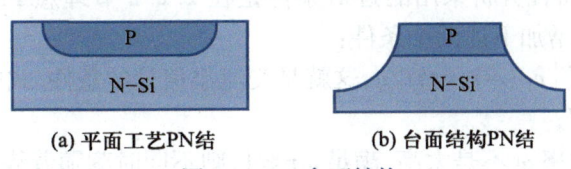

(a) 平面工艺PN结　　　　(b) 台面结构PN结

图 2-4-7　台面结构

由于外形呈平台状，则称之为台面二极管。

④ 防止发生热电击穿。

> **思考题：** 对 PN 结，雪崩击穿电压的温度系数为正，隧道击穿电压的温度系数为负，正向压降具有负温度系数（参见 2.2.3 节）。如何利用上述特点，构成温度系数极小的稳压二极管？

2.5 PN结交流小信号特性

前几节全面分析了 PN 结的直流特性。本节讨论 PN 结的交流"小信号"特性。

本节首先求解交流连续性方程对 PN 结的交流"小信号"特性进行理论分析,然后通过物理过程分析,对小信号电导、扩散电容进行详细解读。同时介绍 PN 结中还存在的另外一种电容,即势垒电容,并对比分析扩散电容与势垒电容的作用特点。

2.5.1 理想 PN 结小信号特性的理论分析

1. PN 结交流小信号特性分析思路

(1) 交直流信号描述

同时受到交直流信号作用的 PN 结如图 2-5-1(a) 所示,直流偏置电压为 V_0,交流正弦信号电压为 $v_{ac}(t)$,则 PN 结两端的电压为

$$V_a = V_0 + v_{ac}(t)$$

其中交流正弦信号可表示为 $v_{ac}(t) = \hat{v}_1 e^{j\omega t}$。

式中 $\hat{v}_1$ 称为相位复矢量,描述了正弦信号的振幅和相位,ω 为信号的角频率。

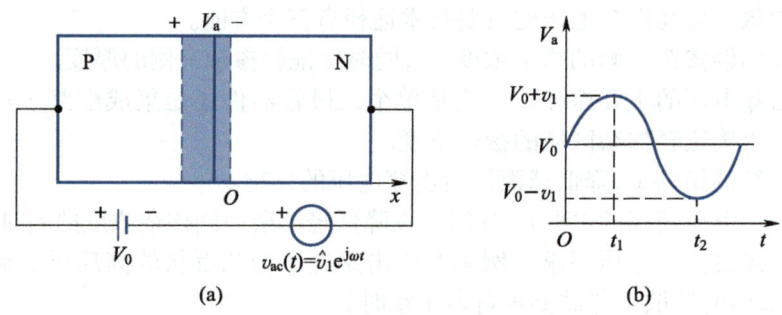

图 2-5-1 施加在 PN 结的交直流信号

由于外加电压包括直流和交流两个分量,如图 2-5-1(b) 所示,使得 N 区少子空穴分布以及 P 区少子电子分布不但与位置有关,而且还与时间有关,涉及空间和时间两个自变量。

(2) 理想 PN 结小信号近似条件

理想 PN 结小信号特性分析采用的近似条件是在 2.2.2 节理想 PN 结直流特性分析采用的四个近似条件基础上增加下述两个条件:

① 交流信号的振幅 $|\hat{v}_1| = v_1 \ll kT/q$,这就是交流小信号的条件,式中 kT/q 为"热电势",室温下 kT/q 等于 25.9 mV;

② 交流信号的角频率 ω 不是太高,满足 $\omega\tau \ll 1$,则不同时刻随着势垒区少子边界浓度发生变化,N 区少子空穴分布以及 P 区少子电子分布均来得及发生相应变化。

(3) 理想 PN 结交流小信号特性分析的思路

总体分析过程与理想 PN 结直流特性分析的思路基本相同。

为了分析交流小信号特性,首先应该从直流偏置和交流正弦信号共同作用下的 P 区和 N 区少子连续性方程(同时包括时间和空间两个变量)中分离出与时变量相关的方程和边界条件,求解过剩少子分布中的时变部分,然后采用扩散电流公式分别计算耗尽层两个边界处的少

子交流电流。按照理想 PN 结模型,将耗尽层两个边界处的少子交流电流相加就是流过 PN 结的交流电流。

因此分析交流小信号特性的关键是:对包括有时间和空间两个变量的少子连续性方程,分离出与时变量相关的方程和边界条件。

2. 交流小信号特性分析的数学模型

下面以 N 区为例,介绍一维情况下求解交流小信号特性采用的数学模型。为了方便起见,将势垒区在 N 区一侧边界位置取为 x 坐标原点,如图 2-5-1(a)所示。

①N 区少子空穴连续性方程

N 区少子空穴连续性方程的一般形式为

$$\frac{\partial p_N(x,t)}{\partial t} = -\frac{1}{q}\frac{\partial J_P(x,t)}{\partial x} + G_P \quad (x \geq 0)$$

按照理想 PN 结模型,对少子空穴只需考虑扩散电流,即

$$J_P(x,t) = -qD_P\frac{\partial p_N(x,t)}{\partial x}$$

少子空穴产生率为

$$G_P(x,t) = -\frac{p_N(x,t)-p_{N0}}{\tau_P} = -\frac{\delta p_N(x,t)}{\tau_P}$$

代入连续性方程,得

$$\frac{\partial p_N(x,t)}{\partial t} = D_P\frac{\partial^2 p_N(x,t)}{\partial x^2} - \frac{\delta p_N(x,t)}{\tau_P} \quad (x \geq 0) \tag{2-5-1}$$

②边界条件

$x=0$ 处边界条件:

$$p_N(x=0,t) = p_{N0}\exp(qV_a/kT)$$
$$= p_{N0}\exp\{q[V_0+v_{ac}(t)]/kT\}$$

记为

$$p_N(x=0,t) = p_{dc}\exp[qv_{ac}(t)/kT] \tag{2-5-2}$$

式中
$$p_{dc} = p_{N0}\exp(qV_0/kT)$$

显然,p_{dc} 就是直流偏置电压 V_0 作用下耗尽层边界处的少子空穴边界条件。

考虑长二极管情况,得 N 区另一个边界处的边界条件

$$p_N(x\to\infty,t) = p_{N0} \tag{2-5-3}$$

式(2-5-1)、式(2-5-2)和式(2-5-3)就是描述交流作用情况下 PN 结中 N 区少子空穴的数学模型。

同理可以得到描述 P 区少子电子的数学模型。

3. PN 结交流小信号特性定量分析结果

采用分离变量法可以从上述数学模型中分离出描述过剩少子浓度中交流分量的数学模型。求解交流部分的偏微分方程,代入相应的交流边界条件,可以得出交流载流子分布,与求解直流的电流类似,可以求出交流分量的电流密度。下面给出定量分析结果。

通常采用导纳 Y 描述 PN 结交流小信号特性。导纳 Y 等于外加交流电压作用下流过 PN 结的交流电流与交流电压之比

$$Y = \frac{\hat{I}}{\hat{v}_1}$$

若近似取少子空穴寿命 τ_P 与少子电子寿命 τ_N 相等，记为 τ，则求解方程得到 PN 结等效交流导纳 Y 为

$$Y = \frac{qI_{DQ}}{kT} + j\omega \frac{qI_{DQ}}{2kT}\tau$$

上式描述的 PN 结等效交流导纳相等于由一个电阻和一个电容并联电路的导纳，可记为

$$Y = g_d + j\omega C_d$$

上式中

$$g_d = \frac{qI_{DQ}}{kT} \tag{2-5-4}$$

称为微分电导，又称为扩散电导（diffusion conductance）

$$C_d = \frac{qI_{DQ}}{2kT}\tau \tag{2-5-5}$$

称为微分电容，又称为扩散电容（diffusion capacitance），

其中 I_{DQ} 为直流偏置电流，τ 为少子寿命。

对给定的 PN 结加上交流电压，与交流导纳相乘就是流过 PN 结的交流电流。

2.5.2 交流小信号电导的简化分析

为了加深对交流小信号条件的理解，下面采用简化分析的方法计算小信号电导。

1. 小信号电导的简化分析

（1）电流增量表达式

若正偏电压由 V_0 增加到 $V_0 + \Delta V$，则由 PN 结直流伏安特性方程可得电流增量为

$$\Delta I = I_S \exp[q(V_0 + \Delta V)/kT] - I_S \exp(qV_0/kT) = I_S \exp(qV_0/kT)[\exp(q\Delta V)/kT - 1]$$
$$= I_{DQ}[\exp(q\Delta V)/kT - 1]$$

注意：不管增量 ΔV 是多大，上式都成立。

（2）由电流增量计算小信号电导

若 $\Delta V \ll kT/q$，可将指数项展开为 $\exp\left(\dfrac{q\Delta V}{kT}\right) = 1 + \dfrac{q\Delta V}{kT}$，代入前面 ΔI 表达式，得 $\Delta I = I_{DQ}(q/kT)\Delta V = g_d \Delta V$。由此得小信号电导为 $g_d = \dfrac{\Delta I}{\Delta V} = I_{DQ}\dfrac{q}{kT}$。

注意：推导该表达式过程中采用了小信号条件 $\Delta V \ll kT/q$。

2. 小信号电导的几何意义

由上述简化推导过程可见，小信号电导是在 V_0 处，当 ΔV 趋于 0 时 ΔI 与 ΔV 之比，显然，这就是 PN 结伏安特性曲线上直流工作点处切线的斜率，如图 2-5-2 所示。

实际上正偏 PN 结 I-V 特性可表示为 $I_D = I_S \exp[q(V_a)/kT]$，

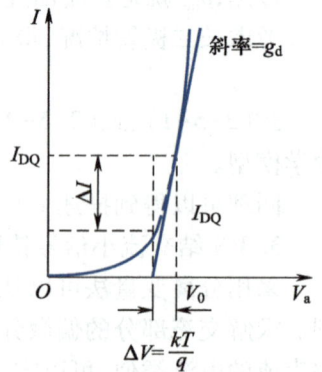

图 2-5-2 小信号电导的几何意义

在直流偏置电压 V_0 处直接对 I-V 特性求导数得

$$g_d = \frac{dI_D}{dV}\bigg|_{V_a=V_0} = \frac{q}{kT}I_S \exp[q(V_0)/kT] = \frac{q}{kT}I_{DQ}$$

这就是小信号电导。

3. 讨论

(1) 小信号条件的进一步解读

定量分析过程中采用的小信号近似条件是 $v_1 \ll kT/q$。

在室温下，kT/q 约等于 25.9 mV，因此只有信号幅度至少小于 5 mV 的交流信号才是"小信号"。

注意：是否能看作为"小信号"，即交流"小信号"应该满足的条件与直流偏置大小没有关系。不能将小信号条件理解为交流信号幅度比直流偏置小得多的交流信号。

例如，若直流偏置电压为 0.7 V，交流信号幅度为 20 mV，虽然比 0.7 V（即 700 mV）小得多，但是由于 20 mV 并不远小于 25.9 mV，因此不能视为"小信号"。

如果不管小信号条件是否满足，对于给定的 ΔV，都采用 $\Delta I = g_d \Delta V$ 来计算对应的 ΔI，将会产生错误的结果。

由于 $g_d = \frac{dI_D}{dV}\bigg|_{V_a=V_0} = \frac{q}{kT}I_{DQ}$，因此在特性曲线上以切线为斜边组成的直角三角形，底边为 kT/q，垂直边就是 I_{DQ}，如图 2-5-2 所示。

若取 $\Delta V = kT/q$，如果采用小信号电导表达式计算电流变化量，由 $\Delta I = g_D \Delta V$ 得到的 ΔI 就等于 I_{DQ}。

但是对照图 2-5-2，对于给定的 $\Delta V = kT/q$，采用图解法可以从特性曲线上得到实际的 ΔI，如图所示。显然实际 ΔI 明显小于 I_{DQ}。

(2) 小信号电导与直流工作点电流的关系

由小信号电导 g_d 表达式可见，g_d 与直流工作点电流成正比。因此，在一定的交流小信号电压作用下，流过 PN 结的交流电流则随着直流工作点电流增加而线性增加，或者说随着直流偏置电压的增加而指数增加，因此小信号电导与直流工作点密切相关。

2.5.3 扩散电容

为了加深对扩散电容的理解，下面通过物理过程分析的方法解读扩散电容。

1. 扩散电容的定性分析

下面以 N 区为例，分析少子空穴分布变化对应的扩散电容。

(1) N 区中正负电荷随结电压的变化

根据 2.2.1 节分析，正偏时 PN 结两侧分别向对方注入少子。以图 2-5-3 所示的 N 区为例，从 P 区注入来的空穴在 N 区内成指数衰减分布。在交流信号作用下，不同时刻外加电压信号幅度发生改变，导致 N 区中少子空穴分布必然随之发生变化。

$t=0$ 时，正偏电压为 V_0，N 区中少子空穴分布如虚线所示，N 区出现过剩少子空穴 $\delta p_N(x)$，对应 N 区出现正电荷 $+\Delta Q_0$，如图 2-5-3(a) 所示。由电中性原理，N 区电子电荷必然随之变化 $-\Delta Q_0$，使得 N 区保持电中性。

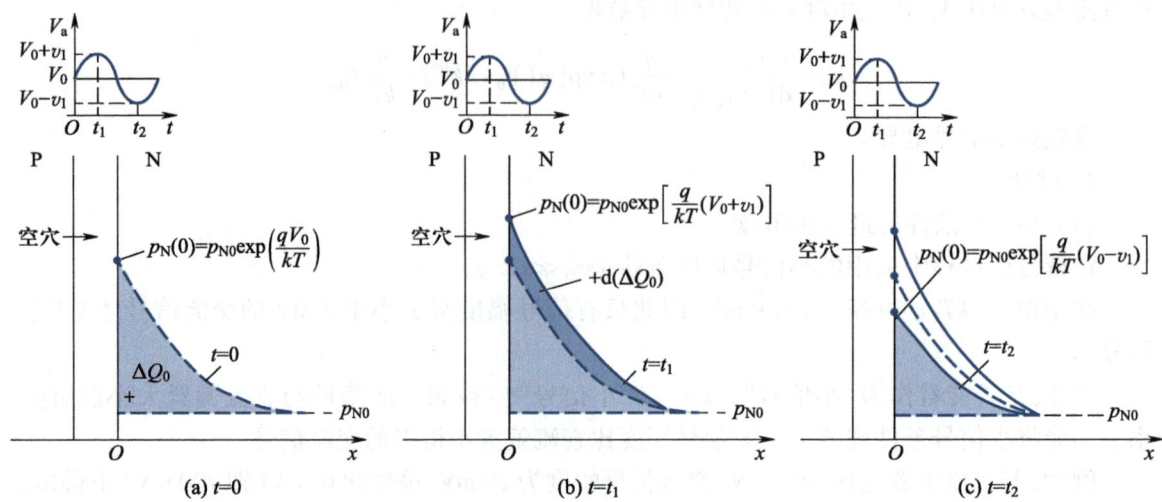

图 2-5-3　交流信号作用下 N 区少子空穴分布的变化

$t=t_1$ 时，正偏电压增加，x_N 处少子边界浓度随之增大，导致 N 区中少子空穴分布发生变化，使得 N 区中积累的空穴数增加了一部分，相应空穴正电荷增加量为 $+\mathrm{d}(\Delta Q_0)$，如图 2-5-3（b）所示。需要说明的是，一旦 N 区中少子空穴分布变化导致正电荷增加量为 $+\mathrm{d}(\Delta Q_0)$，则 N 区中多子电子必然随之变化，保持电中性。

$t=t_2$ 时，正偏电压 V_a 减小，x_N 处少子边界浓度随之减少，N 区少子空穴分布随之发生变化，导致 N 区少子空穴正电荷减少，N 区中积累的空穴数也随之减少，成为 $\Delta Q_0-\mathrm{d}(\Delta Q_0)$，如图 2-5-3（c）所示。

同理，P 区中"正、负电荷"也随着正偏电压 V_a 的变化而变化。

（2）扩散电容

由上述物理过程分析可见，随着外加电压变化，扩散区中储存电荷的数量也随之变化，相当于是一种电容效应。

这种由扩散区中少子电荷分布变化表现出的电容效应称为扩散电容，记为 C_d。

注意：通常的平行板电容器中正负电荷分别存放在两个极板上，而对扩散电容，正负电荷位于同一个物理空间。

2. 扩散电容的定量分析

（1）分析思路

首先基于过剩少数载流子分布与偏置电压 V_a 的关系，计算得到过剩少子电荷 ΔQ 与偏置电压 V_a 的关系。再根据电容的定义，在直流偏置电压 V_0 处计算 $\mathrm{d}\Delta Q/\mathrm{d}V_a$，就是扩散电容。因此，扩散电容又称为微分电容。

（2）N 区扩散电容 C_{dP}

在外加电压 V_a 作用下，N 区非平衡少子空穴分布为

$$\delta p_N(x) = p_{N0}\left[\exp\left(\frac{qV_a}{kT}\right) - 1\right]\exp\left(\frac{-x}{L_P}\right) \quad (x \geqslant 0)$$

则 N 区非平衡少子空穴总电荷为

$$\Delta Q_0 = \int_0^\infty q\delta p_N(x)\,\mathrm{d}x = qL_P p_{N0}\left[\exp\left(\frac{qV_a}{kT}\right) - 1\right]$$

因此 N 区扩散电容为

$$C_{dP} = \frac{d(\Delta Q_0)}{dV_a}\bigg|_{V_a = V_0} = \frac{q}{kT} I_{P0}(x_N)\tau_{P0}$$

说明：下标 d 代表扩散（diffusion）。P 代表空穴，因此 C_{dP} 表示少子空穴扩散电容。不要将 P 误解为 P 型区域。

（3）P 区扩散电容

同理可得，P 区扩散电容为

$$C_{dN} = \frac{q}{kT} I_{N0}(-x_P)\tau_{N0}$$

（4）总扩散电容

势垒区上电压 V_a 变化导致 P 区和 N 区存储的电荷同步变化，即同时增加或者减少，因此 P 区扩散电容和 N 区扩散电容为并联关系，PN 结扩散电容 C_d 等于 P 区扩散电容 C_{dP} 和 N 区扩散电容 C_{dN} 相加

$$C_d = C_{dP} + C_{dN} = \frac{q}{kT}(I_{P0}\tau_{P0} + I_{N0}\tau_{N0})$$

若假设 $\tau_{P0} = \tau_{N0} = \tau$，则得

$$C_d = \frac{q}{kT}(I_{P0} + I_{N0})\tau = \frac{q}{kT} I_{DQ}\tau \tag{2-5-6}$$

（5）扩散电容的实用表达式

由式（2-5-5）和式（2-5-6）可见，扩散电容理论分析结果是 $C_d = \frac{q}{2kT} I_{DQ}\tau$，而物理过程定量分析结果是 $C_d = \frac{q}{kT} I_{DQ}\tau$，两者相差系数 1/2。这是由于两种方法的分析过程都采用了一些近似条件，分析方法以及近似条件的不同带来了 1/2 的差别。

需要说明的是无论哪种结果都反映了影响扩散电容的主要因素是直流工作点电流 I_{DQ} 以及少子寿命，并且均表明扩散电容与这两个参数成正比，明确指出了控制扩散电容的途径。

同时应该说明的是这一差别并未给实际应用带来影响。电路模拟仿真软件工具（例如 SPICE）中采用的扩散电容计算公式是

$$C_d = TT(q/kT)I_D = TTg_d \tag{2-5-7}$$

式中 TT 是描述扩散电容的一个模型参数，测量 PN 结二极管瞬态特性数据后通过优化提取的方法确定。

3. 讨论

（1）扩散电容与 τ 的关系

由扩散电容表达式可见，扩散电容随着载流子寿命的提高而增大。这是因为载流子寿命越高，则载流子扩散长度就越长，P 区以及 N 区中非平衡少子分布的范围就越宽，导致势垒区两端电压变化时非平衡少子电荷变化量越大，因此扩散电容也越大。

（2）扩散电容与工作点电流的关系

由扩散电容表达式可见，扩散电容随着直流工作点偏置电流 I_{DQ} 的增大而增大。这是因为 I_{DQ} 越大，意味着直流偏置电压 V_0 就越大，P 区以及 N 区中势垒区边界非平衡少子浓度就越

高,导致势垒区两端电压变化时 P 区以及 N 区中非平衡少子电荷变化量越大,因此扩散电容也越大。

（3）单边突变结的扩散电容

例如对 N^+P 结,由于 $I_{N0} \gg I_{P0}$,则 $C_{dN} \gg C_{dP}$,因此 $C_d \approx C_{dN}$（轻掺杂一侧的扩散电容）。

这就是说,对单边突变结,扩散电容大小主要取决于轻掺杂一侧的扩散电容。

（4）扩散电容表达式适用条件 $\omega\tau \ll 1$ 的物理理解

信号变化的频率不是太高,少子分布的变化才能跟得上 PN 结上交流电压的变化,前面的定量分析结果才成立。

2.5.4 势垒电容

在交流信号作用下,势垒区宽度随着结上电压变化而变化,导致势垒区中正负电荷数随之变化,表现出电容效应。

1. 势垒电容的定性分析

如 2.1.6 节分析所述,随着正向偏压的增加,势垒区宽度变窄。在反偏情况下,随着反偏电压绝对值的增大,势垒区宽度随之变宽。

例如,对图 2-5-4 所示反偏电压,$t=0$ 时在直流偏置 V_0 作用下,势垒区边界位置分别为 x_N 和 $-x_P$,势垒区中冶金结两侧分别存在空间电荷 $+Q_0$ 和 $-Q_0$。

$t=t_1$ 时,反偏电压绝对值增大,P 区中势垒区增宽 dx_P,N 区中势垒区增宽 dx_N,则势垒区中 P 型一侧负空间电荷总数变化 $-dQ$,N 型一侧正空间电荷总数增加 $+dQ$,如图 2-5-4 所示。

$t=t_2$：反偏电压绝对值减小,势垒区宽度变窄,导致空间电荷减少。

这样,随着偏置电压变化,势垒区中正负电荷也随之分别变化,这一效应对应于电容效应。这种与势垒区相联系的电容效应称为势垒电容,又称为结电容,记为 C_J。

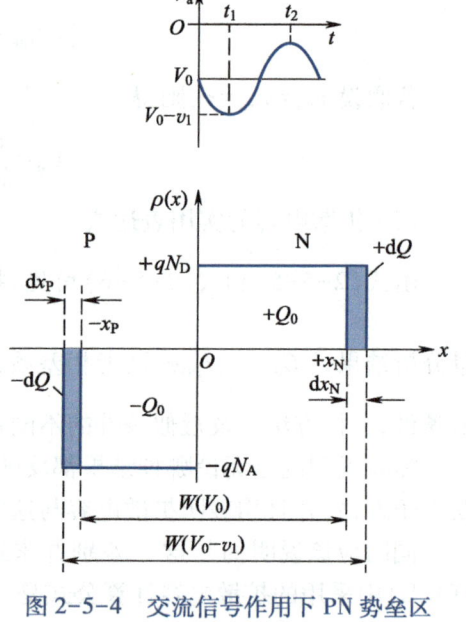

图 2-5-4　交流信号作用下 PN 势垒区
宽度的变化

2. 势垒电容的定量分析（以突变结为例）

（1）分析思路

基于势垒区宽度与偏置电压 V_a 的关系,计算得到势垒区电荷 Q 与偏置电压 V_a 的关系。再根据电容的定义,在直流偏置电压 V_0 处计算 dQ/dV_a,就是势垒电容 C_J。因此,势垒电容又称为微分势垒电容。

（2）势垒电容的定量分析

按照耗尽层近似,结合式（2-1-21）,势垒区中 P 区一侧以及 N 区一侧单位结面积的电荷量为

$$Q = qN_A x_N = qN_D x_P = q\frac{N_A N_D}{N_A + N_D}W$$

由式(2-1-23),外加偏置电压 V_a 作用下势垒区宽度为

$$W = \sqrt{(V_{bi} - V_a)\frac{2\varepsilon}{q}\frac{N_A + N_D}{N_A N_D}}$$

因此单位结面积的势垒电容为

$$C_J = \frac{dQ}{dV_a}\Big|_{V_a = V_0} = \sqrt{\left(\frac{q\varepsilon}{2}\right)\left[\frac{N_A N_D}{(V_{bi} - V_0)(N_A + N_D)}\right]} \qquad (2\text{-}5\text{-}8)$$

对照势垒区宽度表达式,得单位结面积的势垒电容为

$$C_J = \frac{\varepsilon}{W(V_0)}$$

记 PN 结结面积为 A,则势垒电容为

$$C_J = A\frac{\varepsilon}{W(V_0)} \qquad (2\text{-}5\text{-}9)$$

3. 讨论

(1) 与平行板电容器的比较

对照平行板电容器的计算公式 $C = A(\varepsilon/d)$,其中 A 和 d 分别是平行板电容器的极板面积和极板之间的间距。因此势垒电容相当于是平行板电容器。

但是势垒电容表达式中的 $W = W(V_0)$,因此势垒电容不是常数,而是与直流偏置电压 V_0 密切相关。

(2) 单边突变结的势垒电容及其应用

① 单边突变结势垒电容的特点

由于单边突变结的势垒宽度主要取决于轻掺杂一侧的掺杂浓度,因此势垒电容也就取决于轻掺杂一侧的掺杂浓度。

例如对 N^+P 结, $N_D \gg N_A$,由式(2-5-8)得

$$C_J = \sqrt{\frac{q\varepsilon N_A}{2(V_{bi} - V_0)}}$$

因此单边突变结的势垒电容主要与轻掺杂一侧的掺杂浓度有关。

② 单边突变结势垒电容的应用

由上述单边突变结势垒电容表达式可得

$$\left(\frac{1}{C_J}\right)^2 = \frac{2(V_{bi} - V_0)}{q\varepsilon N_A} = \frac{2V_{bi}}{q\varepsilon N_A} + \frac{2}{q\varepsilon N_A}(-V_0)$$

反偏时直流偏置电压 V_0 为负值,若记 $(-V_0) = V_R$,则 V_R 为正值,表示反偏电压的绝对值。

如果测量不同反偏电压下的势垒电容值,可按照上式描述的关系绘制曲线,如图 2-5-5 所示。显然,由直线斜率可以得到轻掺杂一侧的掺杂浓度值。由直线与横坐标的交点可以得到内建电势 V_{bi}。

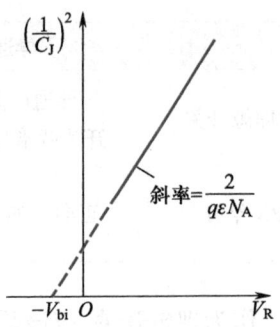

图 2-5-5　单边突变结势垒电容关系曲线

2.5.5   势垒电容与扩散电容的比较

随着外加偏置电压的变化,扩散电容与势垒电容上的电压同步变化,因此扩散电容与势垒电容为并联关系,PN 结电容等于势垒电容和扩散电容之和。

对突变结 PN 结,势垒区宽度随偏置电压的开方发生变化[见式(2-1-23)]。正向偏压时,随着正偏电压增大,势垒宽度减小缓慢,即势垒电容增加缓慢。而正向电流 I_{DQ} 随着正偏电压指数增加,导致扩散电容随着正偏电压增大而急剧增加,因此正偏情况下 PN 结电容主要取决于扩散电容 C_D。

反偏时,流过 PN 结的是很小的反向饱和电流,扩散电容也就很小,这时势垒电容 C_J 起主要作用。

基于上述特点,集成电路设计中可以利用 PN 结反偏势垒电容作为电路中的一个电容器,因为这时流过 PN 结的电流是很小的反向饱和电流,相当于该电容器漏电流很小。

虽然正偏扩散电容比反偏势垒电容大得多,但是正偏扩散电容伴随有较大的偏置电流,相当于电容具有较大的漏电流,因此集成电路设计中不能使用扩散电容。

此外,由于 PN 结反偏势垒电容的大小随反偏电压变化而变化,利用这一特点可以设计制造一种通过改变偏压调整电容量的"变容二极管"。

2.6   PN 结瞬态特性

2.5 节讨论了外加交流电压幅度远小于 kT/q 情况下的 PN 结交流"小信号"特性。本节讨论外加交变信号幅度较大情况下的 PN 结的大信号瞬态特性,采用的分析方法是 PN 结电流传输物理过程与电路相关定律(包括基尔霍夫定律、欧姆定律)的综合应用。

2.6.1   PN 结开关的特点

1. PN 结开关与理想开关

下面通过与理想开关的对比,说明 PN 结开关的特点。表 2-6-1 以列表方式对比了 PN 结开关与理想开关之间的差距。

表 2-6-1   理想开关与 PN 结开关

	导通	断开	导通↔断开之间的切换
理想开关	导通电阻＝0 开关两端压降为 0	电阻趋于∞ 通过的电流为 0	及时切换 转换时间＝0
PN 结开关	正向导通压降 V_f	反向饱和电流 I_s	需要一定转换时间 特别是从导通转换为断开的时间较长

作为理想开关,应该是接通时呈现的电阻为 0,等效为开关端压降为 0。而断开时电阻为无穷大,等效为流过的电流为 0。并且实现导通与断开之间的及时切换,或者说转换时间为 0。

利用 PN 结二极管的单向导电性特点在电路中也可以使 PN 结二极管在电路中起开关作

用。但是 PN 结二极管正偏导通时存在正向导通压降 V_f,等效为导通电阻不等于 0。反偏 PN 结存在反向饱和电流 I_S,等效为断开电阻不是无穷大。而且导通与断开之间的切换需要一定转换时间,特别是从导通转换为断开的时间较长。

为了突出说明如何综合应用 PN 结电流传输的物理过程与电路相关定律(包括基尔霍夫定律、欧姆定律定律)分析开关过程的方法,本节重点针对从导通转换为断开的过程,介绍物理过程和分析方法。

第 3 章双极晶体管部分将对开关的全过程进行分析。

2. PN 结瞬态特性分析方法要点

(1) 分析 PN 结瞬态特性的原理电路

为了便于理解,将结合图 2-6-1 所示电路,采用电路原理与 PN 结内部物理过程相结合的方法分析 PN 结瞬态特性。

在开关应用中,代表正负脉冲幅度的电压 V_F 和 V_R 值通常比内建电势 V_{bi} 大得多;外接电阻 R_F 和 R_R 比 PN 结内部的串联电阻 R_S 大得多。

(2) PN 结瞬态特性分析方法要点说明

在采用电路原理与 PN 结内部物理过程相结合方法分析 PN 结瞬态特性过程中,应该注意流过 PN 结的电流、PN 结势垒区偏置电压的正负以及少子分布特点这三个要素。

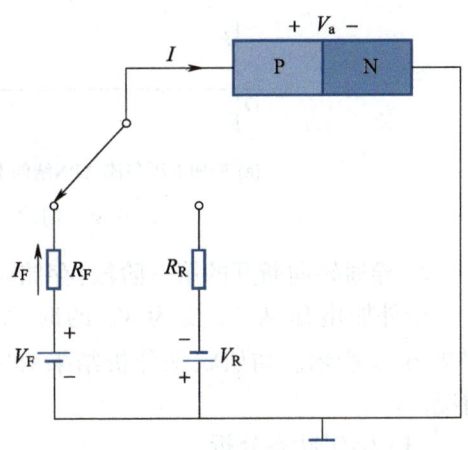

图 2-6-1 分析 PN 结瞬态特性的原理电路

同时注意分析方法的下面三个要点:

① 基于电路回路方程和欧姆定律确定流过 PN 结的电流大小和方向;

② 按照势垒区边界处少子浓度大于还是小于平衡少子浓度,确定势垒区两端电压 V_a 为正偏还是反偏,例如,只要势垒边界少子浓度大于平衡少子浓度,说明 PN 结必然处于正偏状态;

③ 按照少子扩散电流大小和方向确定少子分布的斜率,例如,若电流改变方向,则说明少子分布增减方向发生变化;如果少子扩散电流不变,则少子分布的斜率大小和方向均不变。

2.6.2 PN 结从导通转换为断开的瞬态响应

1. 初始状态

从图 2-6-1 所示情况开始分析。这时 PN 结外加电压为 V_F,PN 结呈现开关的稳定"导通"状态。

下面从三方面表征稳定"导通"状态下的 PN 结电流和状态特点。

(1) PN 结势垒区偏置状态

PN 结受到正偏电压 V_F 作用,处于导通状态(ON)。结电压 V_a 等于 PN 结正向导通电压 V_f。对硅 PN 结,约为 0.7 V。

(2) 流过 PN 结的电流 I_F

由图 2-6-1 可见外接电阻 R_F 两端电压降为 (V_F-V_f),因此回路电流为

$$I=I_F=\frac{V_F-V_f}{R_F}\approx\frac{V_F}{R_F}$$

这也是流过 PN 结的电流,如图 2-6-2(a)所示。

(3) 少子分布(以 N 区为例)

对正偏 PN 结,N 区少子空穴分布如图 2-6-2(b)所示。

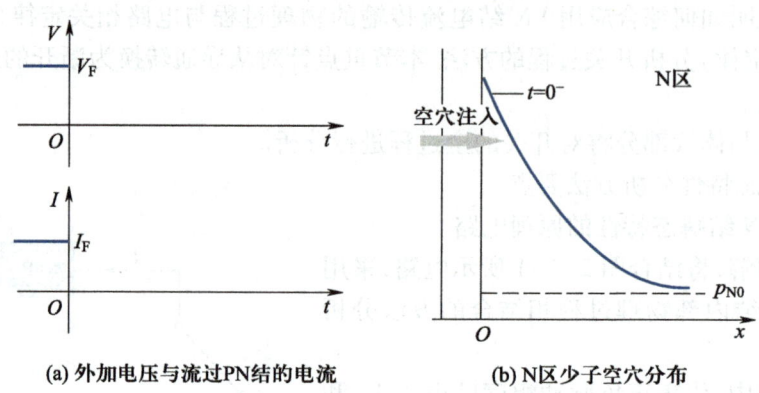

(a) 外加电压与流过PN结的电流　　　(b) N区少子空穴分布

图 2-6-2　初始导通状态 PN 结电流以及少子分布

2. 导通转向断开的第一阶段:存储时间

记外加电压从 V_F 变为 V_R 的时刻为 $t = 0$,如图 2-6-3 所示。初始状态分析结果对应 $t = 0^-$ 之前情况。

(1) $t = 0^+$ 状态分析

① 流过 PN 结的电流 I 方向: $t = 0^+$ 时外加电压为 V_R,正端接 N 区,负端接 P 区,根据 KVL 定律,实际电流方向为图 2-6-3 中 I_R 方向。因此与外加电压为 V_F 情况相比,流过 PN 结的电流方向发生了变化。或者说图 2-6-3 中 I 值应该为负。

② PN 结的偏置状态:图 2-6-3 中 I 值为负对应 PN 结内部电流从 N 区流向 P 区,说明 N 区少子空穴被抽出流向 P 区,如图 2-6-4(b)所示。

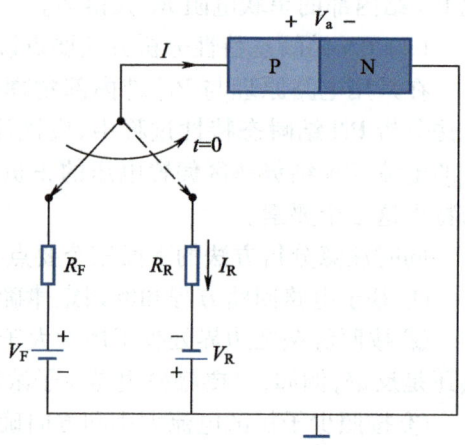

图 2-6-3　$t=0$ 时刻外加电压从 V_F 变为 V_R

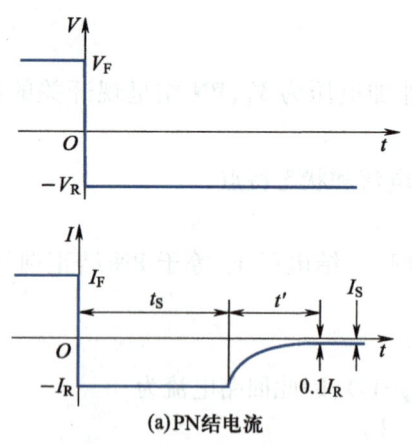

(a)PN结电流

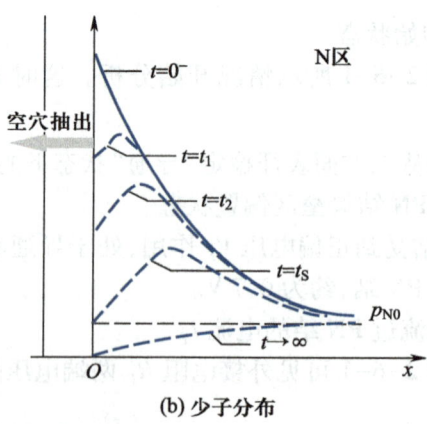

(b) 少子分布

图 2-6-4　$t=0$ 以后的 PN 结电流与 N 区少子分布

少子空穴被抽向 P 区,导致 $p_N(x=0)$ 下降。但是只要 $p_N(x=0)$ 大于 p_{N0},说明势垒区两端电压 V_a 仍然大于 0,PN 结仍然维持正偏状态。

注意:现在外加电压为 V_R,正端接 N 区,负端接 P 区,对 PN 结而言,外加的是"反偏"电压,但是 PN 结内部却仍然维持正偏状态。

③ 流过 PN 结的电流 I 定量计算

由图 2-6-3 所示电路,外接电阻 R_R 两端电压降为 (V_R+V_a)。由于这时 PN 结仍然为正偏,势垒区两端正向压降远小于 V_R,因此回路电流为

$$I=-I_R=-\frac{V_R+V_a}{R_R}\approx -\frac{V_R}{R_R} \tag{2-6-1}$$

④ 少子分布(以 N 区为例)

N 区少子空穴被抽出流向 P 区,导致 $x=0$ 处少子空穴浓度开始下降。

这时回路电流 I 方向发生变化,N 区少子空穴扩散电流方向必然随之改变,如图 2-6-4(a)所示。由于少子空穴浓度下降方向对应扩散电流方向,因此 $x=0$ 处少子空穴浓度梯度方向也随之改变,如图 2-6-4(b)所示。

(2) $t>0$ 后状态分析

$t>0$ 后外加电压维持为 V_R。随着 I_R 的继续流动,N 区少子空穴不断被抽出流向 P 区,导致 $p_N(x=0)$ 不断下降。

只要 $p_N(x=0)$ 还大于 p_{N0},说明 PN 结维持正偏,按照式(2-6-1)计算的反向电流 I_R 基本不变。因此流过 PN 结的电流基本不变,则 $x=0$ 处少子空穴浓度梯度也就基本不变。

$t>0$ 后的回路电流 I 以及 N 区少子空穴分布的变化情况分别如图 2-6-4(a)和(b)所示。

(3) $t=t_S$ 情况

这时外加电压维持为 V_R,随着 I_R 的继续流动,$p_N(x=0)$ 不断下降。若 $p_N(x=0)$ 下降到等于 p_{N0},说明 $V_a=0$,PN 结成为零偏,脱离正偏状态。记这时的时刻为 t_S。

显然在 $t=0$ 到 $t=t_S$,按照式(2-6-1)计算的反向电流 I_R 基本不变,如图 2-6-4(a)所示。

(4) 存储时间 t_S(storage time)

在 $t=0$ 到 $t=t_S$ 这段时间,外加电压维持"反偏电压 V_R",但势垒区两端仍然维持正偏。流过 PN 结电流虽然成为"反向电流",但电流值维持在较高的数值,PN 结并未起到开关的"断开"作用。

从 PN 结内部物理过程分析,这段时间内是将正偏电压 V_F 作用下在 PN 结导通阶段存储在 N 区和 P 区中的过剩少数载流子抽出,因此 t_S 称为存储时间。

3. 导通转向断开的第二阶段:恢复阶段

(1) $t>t_S$ 后流过 PN 结的电流

$t>t_S$ 后外加电压仍然维持为 V_R。

在 I 作用下,N 区少子空穴继续被抽出,使得 $p_N(0)<p_{N0}$,表示势垒区两端电压小于 0,PN 结真正进入反偏,呈现"高阻"。

随着 N 区少子空穴进一步被抽出,势垒区上反偏压降不断增加,电阻 R_R 上压降不断减少,因此回路电流下降,小于按照式(2-6-1)计算的反向电流 I_R。

随着 N 区少子空穴继续被抽出,$p_N(0)\to 0$,回路电流就是 PN 结的反向饱和电流 I_S。如图 2-6-4 所示。

自外加电压从 V_F 变为 V_R 的时刻开始,经历上述过程,PN 结才呈现稳定"断开"状态。

(2) 衰减时间(decay time)

从工程应用角度考虑,当回路电流 I 大小从 I_R 下降到 $0.1I_R$,才认为 PN 结呈现一个开关的"断开"状态。从 t_S 开始,到电流 I 下降到 $0.1I_R$ 所需要的时间称为衰减时间,记为 t',如图 2-6-4 所示。

4. 断开时间 t_{OFF}(turn-off time)

PN 结从导通转向断开所需时间称为断开时间,记为 t_{OFF}。

断开时间等于存储时间与衰减时间之和,即

$$t_{OFF} = t_S + t' \tag{2-6-2}$$

2.6.3   影响断开时间的主要因素

1. 断开时间的定量分析结论

求解与时间有关的电流连续性方程,可得存储时间和衰减时间。

分析可得,对单边突变 P^+N 结

存储时间为

$$t_S \approx \tau_P \ln\left(1 + \frac{I_F}{I_R}\right) \tag{2-6-3}$$

衰减时间 t' 满足下述关系式

$$\mathrm{erf}\sqrt{\frac{t'}{\tau_P}} + \frac{\exp(-t'/\tau_P)}{\sqrt{\pi t/\tau_P}} = 1 + 0.1\left(\frac{I_F}{I_R}\right) \tag{2-6-4}$$

式中,erf 为误差函数;I_F 为稳定导通电流;I_R 为外加电压从 V_F 转为 V_R 后的抽出电流;τ_P 为轻掺杂一侧 N 区的少子空穴寿命。

2. 减小断开时间的主要途径

结合物理过程分析以及存储时间和衰减时间表达式可见,减小断开时间提高开关速度的主要途径有三个方面。

(1) 减小少子寿命 τ

结合 2.5.3 节扩散电容的物理过程分析,导通阶段使得扩散电容充电,存储时间对应将导通阶段扩散电容存储电荷抽出所需要的时间。按照 2.5.3 节分析,减小少子寿命 τ 将减小扩散电容,随之就减小了存储时间。

(2) 减小导通电流 I_F

同样,根据 2.5.3 节分析,减小导通电流将减小扩散电容,存储时间随之减小。

(3) 增大"反偏"阶段的抽出电流 I_R

增大"反偏"阶段的抽出电流 I_R 将增加导通阶段存储电荷的抽出速率,随之就减小了存储时间。

2.7   PN 结噪声特性

PN 结二极管在工作过程中会产生不希望的噪声,对器件工作,特别是微弱信号带来严重影响。本节介绍器件噪声的概念和表征、PN 结中主要噪声类型以及降低噪声的技术途径。

2.7.1　器件噪声与噪声系数

本节介绍的"噪声"概念适用于所有器件,包括第3章介绍的双极晶体管以及第4章介绍的场效应晶体管。

1. 器件噪声

任何器件工作时都会产生噪声,使得信号波形不会像图 2-7-1(a)所示的信号波形,而是像图 2-7-1(b)所示带有噪声的信号。噪声的存在,将对器件正常工作,特别是对放大微弱信号的前置放大器采用的器件正常工作带来严重影响。因为器件噪声决定了能处理的微弱信号的下限。

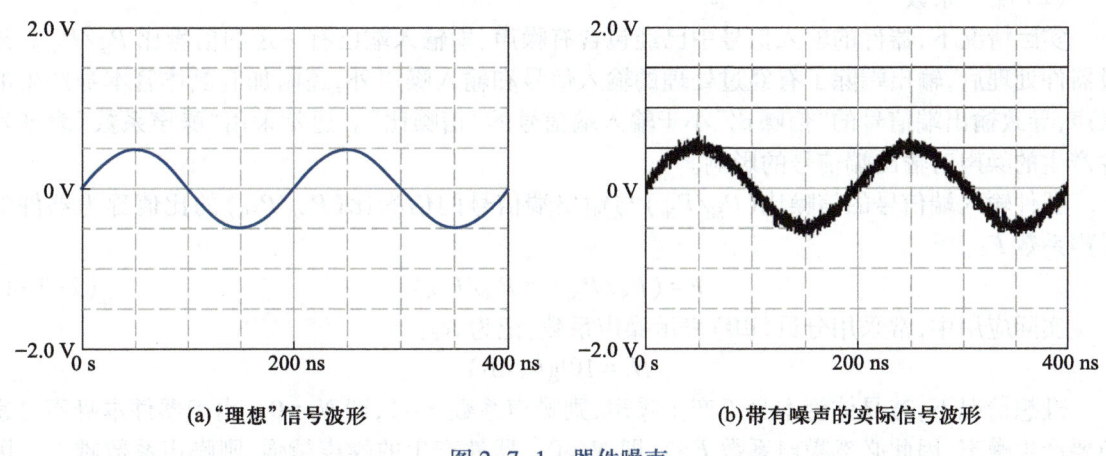

(a)"理想"信号波形　　　　　　　(b)带有噪声的实际信号波形

图 2-7-1　器件噪声

从内部机理分析是由于导电载流子运动过程存在随机波动,而随机波动是不可避免的,因此即使工作于直流状态,也会伴随产生噪声。

2. 噪声的定量表征

由于噪声是导电载流子运动过程存在随机波动的结果,随机波动的物理量是一种随机变量,因此噪声信号无论是噪声电压 $v(t)$ 或者噪声电流 $i(t)$ 都是随机变量,可以统一记为 $x(t)$。对随机变量,不能确定某一特定瞬间的数值,但是作为随机变量的器件噪声则遵循一定的统计分布规律。

（1）均方值与均方根值

由于噪声信号平均值通常为 0,因此通常采用式(2-7-1)所示均方值表征噪声的大小

$$\overline{X^2} = \lim_{T \to \infty} \frac{1}{T} \int_0^T x^2(t)\,\mathrm{d}t \tag{2-7-1}$$

在电路中噪声源则采用均方根值表征噪声的大小

$$X = \sqrt{\overline{X^2}} \tag{2-7-2}$$

（2）噪声功率谱密度 $S_x(f)$ 与噪声频谱

由于噪声信号 $x(t)$ 实际上包含有不同频率的分量,因此分布成为很广的谱。频率 f 附近单位频宽内的噪声均方值就是噪声功率谱密度,记为 $S_x(f)$。分析可得,噪声均方根值就是整个噪声谱范围内不同频率功率谱密度 $S_x(f)$ 之和

$$\overline{X^2} = \int_0^\infty S_x(f)\,\mathrm{d}f \qquad\qquad (2\text{-}7\text{-}3)$$

噪声功率谱密度 $S_x(f)$ 随频率变化的曲线称为噪声频谱。

3. 噪声系数

（1）信噪比

显然，噪声影响程度的大小既与噪声本身大小有关，也与受影响的信号强弱有关。通常采用"信噪比"综合表征信号和噪声的相对大小。

顾名思义，"信噪比"定义为信号功率 P_S 与噪声功率 P_N 之比。显然，信噪比越大，表示相对信号而言，噪声越弱。

（2）噪声系数

实际情况下，器件的输入信号中已经包含有噪声，即输入端已有一定的信噪比 P_{Si}/P_{Ni}。经过器件处理后，输出端除了有经过处理的输入信号和输入噪声外，还附加有晶体管本身产生的噪声，导致输出端信号的"信噪比"小于输入端信号的"信噪比"。通常采用"噪声系数"表征器件产生的噪声对输出端信号的影响。

器件输入端信号的信噪比（P_{Si}/P_{Ni}）与输出端信号的信噪比（P_{S0}/P_{N0}）的比值称为器件的噪声系数 F：

$$F = (P_{Si}/P_{Ni})/(P_{S0}/P_{N0}) \qquad\qquad (2\text{-}7\text{-}4)$$

实际应用中，常采用分贝（dB）表示噪声系数，记为 N_F：

$$N_F = 10\lg F\ (\mathrm{dB})$$

理想情况下，若晶体管本身不产生噪声，则噪声系数 $F=1$，即 $N_F=0$。由于器件本身不可避免要产生噪声，因此必然噪声系数 $F>1$，即 $N_F>0$。器件产生的噪声越强，则噪声系数越大。因此噪声系数大小直接表征了器件的噪声特性。

4. 等效输入噪声

由于器件噪声的存在，即使未加输入信号，电路工作时，电路输出端也会出现由内部元器件产生的噪声，即存在噪声输出。为了表征放大电路的噪声特性，电路模拟仿真软件通常提供噪声分析功能，模拟计算等效输入噪声。首先计算由于电路内部元器件存在的噪声在放大电路输出端产生的总噪声，然后根据电路的增益，将输出端出现的噪声等效为输入端噪声信号源噪声的作用结果。

2.7.2　噪声类型

基于噪声产生机理的不同，半导体器件中主要存在下述四类噪声。

1. 热噪声

电阻中载流子在电场作用下进行的定向漂移运动构成电流。而从载流子运动物理过程看，漂移运动是在电场作用下叠加在载流子随机热运动基础上的定向运动，漂移运动之外的载流子随机热运动的波动必然产生噪声，称之为热噪声。

由于热噪声产生于载流子随机热运动的波动，因此实际上热噪声与绝对温度成正比，若温度 T 趋于 0，则热噪声也趋于 0。

对电阻，与电阻并联式（2-7-5）所示噪声电流源 $\mathrm{Ave}(i^2)$ 就可以代表热噪声的作用：

$$\overline{i^2} = S_i(f)\Delta f = \frac{4kT}{R}\Delta f \qquad\qquad (2\text{-}7\text{-}5)$$

显然热噪声与频率无关,或者说不同频率分量的噪声功率相等,因此热噪声又称为白噪声。

PN 结内部的串联电阻产生热噪声。进行噪声分析时,需要在 PN 结串联电阻上并联式(2-7-5)所示噪声电流源 $Ave(i^2)$。

2. 散粒噪声/闪粒噪声(shot noise)

散粒噪声来源于载流子越过势垒的随机波动。下面结合正偏 PN 结器件内部电流输运微观过程解读散粒噪声的产生机理。

正偏 PN 结中 N 区多子电子需要越过势垒 $q(V_{bi}-V_a)$ 才能到达 P 区构成正偏电流。向 N 区注入的 P 区多子空穴也同样需要克服势垒。这就是说单个载流子能否越过势垒构成正偏电流是一个随机事件,取决于载流子是否具有足够的能量和速度。因此对于宏观来说的直流"稳态"电流,实际上是大量相互独立的载流子运动"脉冲"组合的结果。由这一机理导致的电流 I 的起伏波动称为散粒噪声,也称为闪粒噪声。

分析可得散粒噪声电流均方值为

$$\overline{i^2} = S_i(f)\Delta f = 2qI\Delta f \tag{2-7-6}$$

显然散粒噪声与热噪声一样,与频率无关,也是白噪声。

半导体器件直流电流流动都伴随有载流子跨越势垒的过程,因此都伴随产生散粒噪声。

3. 闪烁噪声/(1/f)噪声

所有有源器件及部分分立无源元件,如碳电阻都存在闪烁噪声。

不同器件中闪烁噪声产生机理不完全相同。PN 结闪烁噪声主要产生于势垒区中由于沾污以及晶格缺陷形成的陷阱。这些陷阱俘获以及释放载流子过程的随机波动是产生闪烁噪声的原因。而且产生的噪声信号能量主要集中在低频范围。

闪烁噪声总是与直流电流联系在一起。结合机理分析和实用性考虑,电路模拟仿真软件中采用的闪烁噪声谱密度为

$$\overline{i^2} = S_i(f)\Delta f = k_f \frac{f^{a_f}}{f^b}\Delta f \tag{2-7-7}$$

式中 I 为直流电流。k_f 是与特定器件相关的常数,其值取决于沾污和晶格缺陷的程度。a_f 为常数,其值在 0.5~2 范围;b 是接近 1 的常数。

如果式(2-7-7)中 $b=1$,则噪声谱密度与 $1/f$ 成正比,因此闪烁噪声又称为 $1/f$ 噪声。

4. 猝发噪声/g-r 噪声

猝发噪声又称突发噪声,通常与半导体器件中复合中心杂质处载流子产生-复合过程的随机波动有关,又称为 g-r 噪声。掺金器件具有较高的猝发噪声。

结合机理分析和实用性考虑,电路模拟仿真软件中采用的猝发噪声功率谱密度为

$$\overline{i^2} = S_i(f)\Delta f = k_b \frac{I^c}{1+(f/f_c)^2}\Delta f \tag{2-7-8}$$

式中,k_b 是与特定器件相关的常数;I 为直流电流;c 为常数,其值在 0.5~2 范围;f_c 是表征噪声过程的特定频率。

2.7.3 降低器件噪声的途径

针对噪声产生的物理机理,结合考虑适用性,可以通过下述途径降低器件噪声:

① 加强工艺控制,减少材料中的缺陷,防止引入起复合中心作用的重金属沾污,减少氧化层缺陷及界面陷阱,都可以减小散粒噪声和猝发噪声;

② 改进器件结构,减小串联电阻,可以减小热噪声;

③ 设计电路确定工作点时,要兼顾改善电路特性和减小噪声的要求。

2.8 金属-半导体接触

金属-半导体接触不但可以具有类似 PN 结那样的单向导电性功能,称为整流接触,而且也可以起欧姆接触作用,在半导体集成电路中得到广泛应用。本节不是对金属-半导体接触的全面分析,而是通过与 PN 结的对比,重点介绍肖特基整流接触和欧姆接触的作用原理和功能特点。

2.8.1 金属-半导体接触能带特点

分析金属-半导体接触结构的肖特基整流作用和欧姆接触作用的基础是要求清晰理解金属-半导体接触的能带图结构特点。

1. 从功函数的角度解读 PN 结内建电势

第 2 章 2.1 节基于载流子输运物理过程分析,剖析了平衡情况下 PN 结内建电势的形成。如果引入功函数的概念,可以从能带图的角度,分析不同材料接触后产生的内建电势,或者称为接触电势。

(1) 功函数(work function)

将某种材料中的电子从费米能级 E_F 移至"真空能级 E_0"成为自由状态所需的能量称为该材料的功函数,记为 W。或者说,功函数 W 就是真空能级 E_0 与费米能级 E_F 之间的能量差:$W = E_0 - E_F$。

功函数的单位是 eV,因此通常将功函数记为 $q\phi$。例如,金属功函数 W_m 记为 $q\phi_m$,半导体功函数 W_s 记为 $q\phi_s$,如图 2-8-1 所示。

(2) 电子亲和势(electron affinity)

对同一种半导体材料,例如 Si,费米能级位置与掺杂情况密切相关,因此功函数不是常数。为此引入"电子亲和势"的概念。

"电子亲和势"是将电子从导带底 E_c 移至"真空能级"所需的能量,记为 $q\chi$,如图 2-8-1 所示。

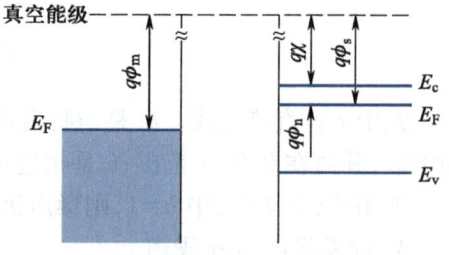

图 2-8-1   金属功函数与半导体功函数

对同一种半导体材料,具有确定的"电子亲和势"。由于掺杂不同,功函数则不相同。由图 2-8-1 可见,功函数与电子亲和势之间的关系为

$$W_s = q\phi_s = q\chi + q\phi_n \tag{2-8-1}$$

式中 $q\phi_n$ 为 N 型半导体费米能级与导带底之间的能量差,ϕ_n 称为费米势。

(3) 接触电势差与功函数的关系

PN 结内建电势 V_{bi} 是 N 区相对 P 区的电势差。如图 2-1-7 所示,对应的势垒高度为 N 区费米能级与 P 区费米能级之差:

$$q(V_{bi})_{N-P} = (E_F)_N - (E_F)_P$$

由功函数的定义,费米能级等于真空能级减去功函数,因此得

$$q(V_{bi})_{N-P} = (E_F)_N - (E_F)_P = (W_s)_P - (W_s)_N$$

即 N 区与 P 区之间势垒高度等于 P 区与 N 区的功函数差。

上述关系式可推广到一般情况。若两种材料功函数不相同,则费米能级不相等。如果使得这两种材料接触成为一个系统,则接触界面附近形成内建电势,又称为接触电势差。

记材料 1 与材料 2 接触后产生的材料 1 相对于材料 2 之间接触电势差为 ϕ_{1-2},则

$$\phi_{1-2} = (W_2 - W_1)/q \tag{2-8-2}$$

式中 W_1 和 W_2 分别是材料 1 与材料 2 的功函数。

> **思考题**:如何理解由式(2-8-2)可以引出下述结论:
>
> 若 1、2、…、n 种材料依次相接触,则 1、n 材料之间的接触电势为
>
> $$\phi_{1-n} = (W_n - W_1)/q$$
>
> 即几种材料串接后总的接触电势差只与头尾两端材料功函数有关,而与中间材料无关。

2. 金属与 N 型半导体接触的能带图

金属-半导体接触起肖特基整流作用还是欧姆接触作用,与半导体的导电类型以及金属功函数 W_m 与半导体功函数 W_s 的相对大小密切相关,表现为能带图也明显不同。应用较多的整流接触是金属与 N 型半导体的接触。下面重点分析两种不同情况下的金属与 N 型半导体接触能带图。

(1)情况一:$W_m > W_s$

图 2-8-2(a)是金属-N 型半导体接触前的能带图。如图所示,金属功函数 W_m 大于半导体功函数 W_s。紧密接触后成为一个统一的电子系统。由于 $W_m > W_s$,即半导体费米能级 $(E_F)_n$ 高于金属费米能级 $(E_F)_m$,金属-半导体接触面半导体一侧导带中电子就要移向能量低的金属中,则半导体一侧留下带正电的固定离化施主杂质离子,成为"空间电荷区",又称为"耗尽层"。这些固定正电荷产生的电场阻止接触面半导体一侧导带中电子向金属中的移动。电场形成的电位分布使得耗尽层范围能带发生弯曲,构成了势垒,因此又称为"阻挡层"。

上述过程与平衡 PN 结中发生的情况类似。平衡状态下,没有电子的净移动。平衡状态能带图如图 2-8-2(b)所示。

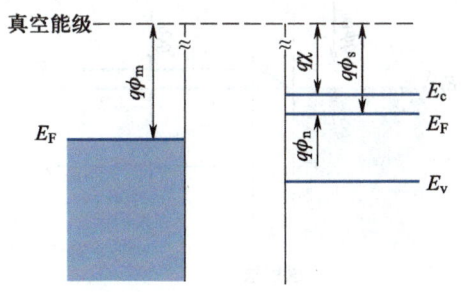

(a) 金属-N型半导体接触前的能带图

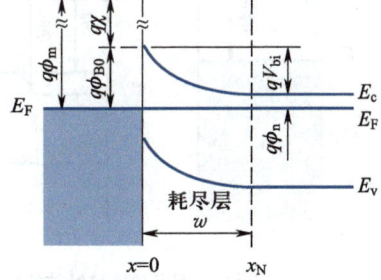

(b) 金属-N型半导体平衡状态能带图

图 2-8-2　金属-N 型半导体接触前和平衡状态能带图($W_m > W_s$)

与图 2-1-6(d)所示 PN 结能带图相比,图 2-8-2(b)所示金属-N 型半导体接触能带图($W_m > W_s$)具有下述明显特点:

① 由于金属层导电能力很强,金属层中为等电位,因此阻挡层全部在 N 型半导体一侧,导致内建电势 V_{bi} 也全部降落在 N 型半导体一侧。而 PN 结中耗尽层以及内建电势则跨越在接触界面两侧。

② 由图 2-8-2(b)所示能带图可见,接触界面处存在有阻止两侧电子向对方移动的"势垒",但是势垒高度不同。

对于半导体一侧电子,向金属一侧移动面临的势垒高度是与内建电势对应的 qV_{bi},等于金属功函数 $q\phi_m$ 与半导体功函数 $q\phi_s$ 之差

$$qV_{bi} = q\phi_m - q\phi_s \qquad (2-8-3)$$

在有外加电压作用的情况下,势垒高度成为 $q(V_{bi}-V_a)$,其中 V_a 是金属相对半导体的外加电压。势垒高度随着外加电压的变化而变化,与 PN 结情况类似。

对于金属层一侧电子,向半导体一侧移动所面临的势垒高度 $q\phi_{B0}$ 等于金属功函数 $q\phi_m$ 与半导体亲和势 $q\mathcal{X}_s$ 之差。$q\phi_B$ 又称为理想肖特基势垒高度

$$q\phi_{B0} = q\phi_m - q\mathcal{X}_s \qquad (2-8-4)$$

理想肖特基势垒高度不会随着外加电压的变化而变化。

半导体一侧势垒高度随着外加电压的变化而变化,而金属一侧理想肖特基势垒不会随着外加电压的变化而变化,这一特点是金属-半导体接触具有整流特性的物理原因,将在 2.8.2 节详细分析。

说明:由于实际存在的非理想效应,包括半导体表面存在表面态和界面态,以及势垒的镜像力降低效应(又称为肖特基效应)等,导致实际肖特基势垒高度 $q\phi_B$ 不等于式(2-8-4)所示理想值 $q\phi_{B0}$。

(2) 情况二:$W_m < W_s$

W_m 小于 W_s 情况下金属-N 型半导体接触前的能带图如图 2-8-3(a)所示。金属与半导体紧密接触后,由于 $W_m < W_s$,即金属费米能级 $(E_F)_m$ 高于半导体费米能级 $(E_F)_s$,金属-半导体接触面金属一侧电子就要移向能量低的半导体中,使得半导体表面电子浓度增加,对应表面处导带底向下弯曲,如图 2-8-3(b)所示。这种情况下表面处电子浓度较高的薄"累积层",又称为"反阻挡层"。

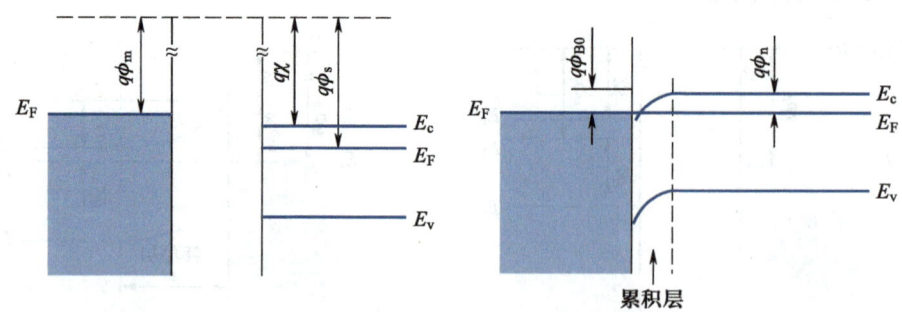

(a) 金属-N型半导体接触前的能带图   (b) 金属-N型半导体接触能带图

图 2-8-3   金属-N 型半导体接触前和接触能带图($W_m < W_s$)

由于不存在势垒,这种结构可以成为实现欧姆接触的模式之一,将在 2.8.3 节分析。

3. 金属与 P 型半导体接触的能带图

参照金属与 N 型半导体接触能带图的分析方法,可以分析 $W_m < W_s$ 以及 $W_m > W_s$ 两种情况

下金属与 P 型半导体接触的能带图结构特点。

4. 金属与 N 型半导体接触以及金属与 P 型半导体接触的特点对比

如上分析,对可能存在的 $W_m<W_s$ 以及 $W_m>W_s$ 两种情况,金属-半导体接触能带图呈现"阻挡层"还是"反阻挡层",金属-N 型半导体接触与金属-P 型半导体接触情况正好相反,如表 2-8-1 所示。

表 2-8-1　金属-半导体接触形成"阻挡层""反阻挡层"的条件

	金属-N 型半导体接触	金属-P 型半导体接触
$W_m>W_s$	阻挡层	非阻挡层
$W_m<W_s$	非阻挡层	阻挡层

2.8.2　肖特基整流接触

具有"阻挡层"的金属-半导体接触将呈现单向导电特性。本节在分析单向导电性物理机理的基础上给出肖特基整流特性表达式,并与 PN 结二极管导电性特点进行对比。

1. 单向导电性物理分析

下面以图 2-8-2 所示($W_m>W_s$)情况下金属-N 型半导体接触能带图为例,分析单向导电性物理机理。对同样具有肖特基整流接触功能的($W_m<W_s$)情况下金属-P 型半导体接触情况类似。

(1)平衡情况

由图 2-8-4(a)所示能带图可见,平衡情况下,N 型半导体导带中少部分能量较高的多子电子能够越过由内建电势 V_{bi} 形成的势垒 qV_{bi} 到达金属层中,同时金属层中也有少部分能量较高的电子能够越过肖特基势垒 $q\phi_{B0}$ 到达半导体层中。平衡情况下这两部分电子流大小相等,方向相反,因此总电流为零。实际上这也是平衡条件下金属与半导体中费米能级相等导致的必然结果。

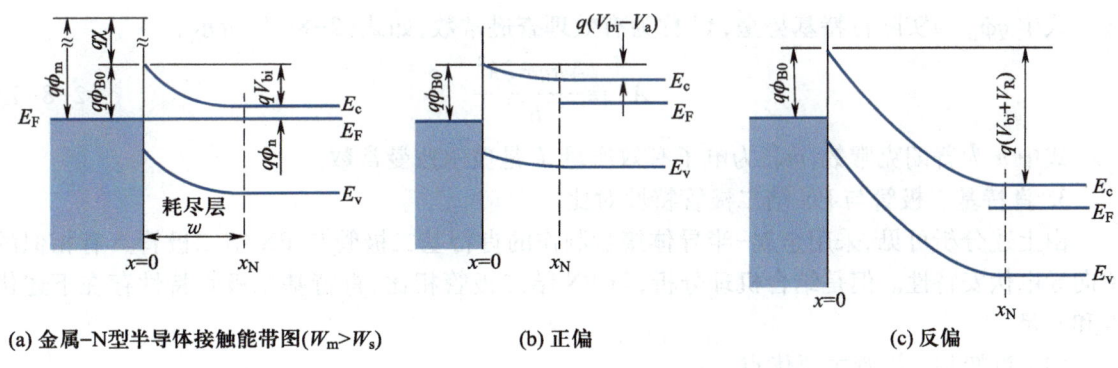

(a) 金属-N型半导体接触能带图($W_m>W_s$)　　(b) 正偏　　(c) 反偏

图 2-8-4　正偏、反偏情况金属-N 型半导体接触能带图($W_m>W_s$)

(2)正偏情况

若金属与半导体两端施加金属端为正的外加电压 V_a,则称为正向偏置。与 PN 结情况类似,阻挡层为高阻区,外加电压几乎全部加在阻挡层上。阻挡层两端内建电势是半导体一侧为正,外加电压 V_a 极性与内建电势相反,因此阻挡层两端总电势差降为($V_{bi}-V_a$),低于平衡情况

电势差 V_{bi}，导致势垒高度从 qV_{bi} 降低为 $q(V_{bi}-V_a)$，如图 2-8-4(b)所示。

势垒高度的降低，导致 N 型半导体导带中能够越过势垒到达金属层的电子数指数增加。而肖特基势垒高度 $q\phi_{B0}$ 并不因为施加正偏电压发生变化，也就是说金属层能够越过肖特基势垒 $q\phi_{B0}$ 到达半导体层的电子数还是与平衡情况一样。因此正偏情况下总效果是大量电子从半导体到达金属层，形成的电流方向从金属指向半导体。而且该电流随着正偏电压的增加而指数增加，与正偏 PN 结情况类似。

(3) 反偏情况

若金属与半导体两端施加半导体端为正的外加电压 V_R，称为反向偏置。由于阻挡层为高阻区，外加电压 V_R 几乎全部加在阻挡层上，而且 V_R 极性与阻挡层两端内建电势相同，阻挡层两端总电势差增加为$(V_{bi}+V_R)$，高于平衡情况电势差 V_{bi}，导致势垒高度从 qV_{bi} 提升为 $(V_{bi}+V_R)$，如图 2-8-4(c)所示。

势垒高度的提升，导致 N 型半导体导带中能够越过势垒到达金属层的电子数呈指数减少，趋于零。而肖特基势垒高度 $q\phi_{B0}$ 并不因为施加反偏电压发生变化，也就是说金属层能够越过肖特基势垒 $q\phi_{B0}$ 到达半导体层的电子数还是与平衡情况一样。因此反偏情况下总效果是只有少量能够越过肖特基势垒从金属层到达半导体的电子，形成从半导体到金属的电流。而且该电流基本不会随着反偏电压 V_R 的增加而增加，表现为反向饱和电流，与反偏 PN 结情况类似。

2. 单向导电性 I-V 特性定量分析

"热电子发射模型"可以很好描述 Si、Ge、GaAs 等半导体材料肖特基势垒中的电流传输机理。采用"热电子发射模型"得表征肖特基二极管单向导电性的 I-V 特性如式(2-8-5)所示，与理想 PN 结 I-V 特性基本相似。

$$J=J_{sT}\left[\exp\left(\frac{qV_a}{kT}\right)-1\right] \qquad (2\text{-}8\text{-}5)$$

其中 J_{sT} 为反向饱和电流，如式(2-8-6)所示。

$$J_{sT}=A^*T^2\exp\left(\frac{-q\phi_B}{kT}\right) \qquad (2\text{-}8\text{-}6)$$

式中 $q\phi_B$ 为实际肖特基势垒，A^* 称为有效理查逊常数，如式(2-8-7)所示。

$$A^*\equiv\frac{4\pi qm_N^*k^2}{h^3} \qquad (2\text{-}8\text{-}7)$$

式中 h 为普朗克常数，m_N^* 为电子有效质量，k 是玻尔兹曼常数。

3. 肖特基二极管与 PN 结二极管特性对比

由上述分析可见，采用金属-半导体接触制作的肖特基二极管与 PN 结二极管具有相似的单向导电伏安特性。但是结合机理分析，与 PN 结二极管相比，肖特基二极管特性存在下述优点和不足。

(1) 肖特基二极管主要优点

① 开关特性与频率特性优于 PN 结二极管

无论是正偏还是反偏，在金属层以及半导体中构成电流的都是多数载流子，不涉及少数载流子问题。而 PN 结中，正偏情况下越过势垒区注入对方的载流子成为该区域少数载流子，首先在边界处积累，再向内部扩散，伴随少子积累和扩散运动存在"扩散电容"(参见 2.5.3 节)。

扩散电容的存在，一方面影响器件频率特性。在开关应用过程中，导致存在较长的"存储时间"（参见 2.6 节），严重影响器件的开关特性。

而肖特基二极管中基本不存在"扩散电容"，因此肖特基二极管的开关特性和频率特性明显优于 PN 结二极管。

②正向导通电压低

通常肖特基二极管反向饱和电流比 PN 结反向饱和电流大得多，导致肖特基二极管正向导通电压明显比 PN 结二极管低。例如，Si-PN 结二极管正向导通电压为 0.7 V 左右，而 Al-Si 肖特基二极管正向导通电压一般在 0.2~0.5 V 之间，如图 2-8-5 所示。利用这一特性，在起开关作用的双极晶体管中，BC 结并联一个肖特基二极管，可以大幅度提高晶体管开关速度（参见 3.6.3 节）。

（2）肖特基二极管主要缺点

在下述两方面肖特基二极管不如 PN 结二极管。

①反向漏电流大

通常肖特基二极管反向饱和电流比 PN 结二极管大 3~4 个数量级，不适用于要求泄漏电流很小的应用场合。

②工艺要求高

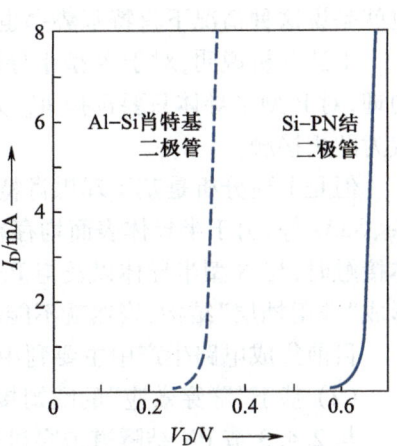

图 2-8-5　肖特基二极管与
PN 结二极管

由于肖特基二极管位于金属-半导体两种不同材料之间的界面，因此肖特基势垒质量与半导体表面质量密切相关。如果半导体表面质量不能得到保证，就不可能制作满足要求的肖特基二极管，这就对工艺加工质量提出了高要求。而 PN 结位于器件内部，受半导体表面质量影响不大。

因此肖特基二极管与 PN 结二极管各有不同的应用场合。

2.8.3　欧姆接触

半导体器件和集成电路中所有器件电极都是利用金属-半导体的欧姆接触功能制作的。良好的欧姆接触要求接触处正反向电流-电压之间呈现良好的线性关系，而且要求接触电阻尽量小。

本节分析金属-半导体接触起到欧姆接触的条件及工作机理。

1. 欧姆接触机理分析

从物理机理分析，金属-半导体接触可以通过两种机理实现欧姆接触。

（1）非阻挡层接触

如图 2-8-3 所示，W_m 小于 W_s 情况下金属-N 型半导体紧密接触后，半导体表面处不存在阻挡层，只是出现电子浓度较高的薄累积层，如图 2-8-6 所示。

如果外加电压是金属端为正，由于能带图中对于从半导体流向金属层的电子不存在势垒，因此电子可以很顺利地从半导体流向金属层。

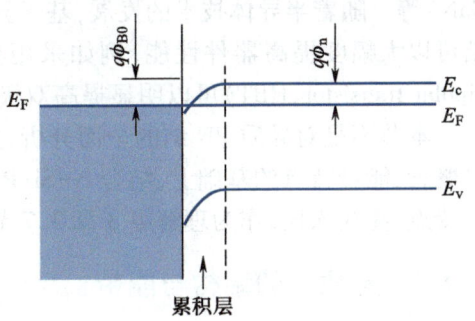

图 2-8-6　金属-N 型半导体接触
能带图（$W_m < W_s$）

如果外加电压是半导体端为正,由能带图可见,对于从金属层流向半导体的电子虽然存在肖特基势垒高度$q\phi_{B0}$,但是如图2-8-6所示,这种情况下肖特基势垒高度近似为半导体中费米能级E_F与导带底E_c之间能量差。对于掺杂浓度不是特别低的N型半导体,E_F非常靠近E_c,也就是说这种情况下肖特基势垒也很低,因此电子同样可以很顺利地从金属层流向半导体。

上述分析说明,对于N型半导体只要选择W_m小于W_s的金属,就能够起到欧姆接触作用。同理,对P型半导体只要选择W_m大于W_s的金属,构成的"非阻挡层"金属-半导体接触也可以成为欧姆接触。

但是上述分析是基于理想肖特基接触的结论。目前制造晶体管的主要半导体材料,如Si、Ge、GaAs等,由于半导体表面均存在一定的界面态密度,无论选择什么金属,在构成金属-半导体接触时,与N型半导体以及与P型半导体之间实际上形成的几乎都是肖特基整流接触,不会形成"非阻挡层"结构,当然就不能起欧姆接触作用。

目前集成电路生产中主要利用"隧穿效应"制作欧姆接触。

(2) 基于"隧穿效应"的欧姆接触

与2.4.3节PN结隧道击穿机理类似,对于金属-半导体接触,如果半导体中掺杂浓度足够高,则阻挡层厚度将很薄,电子就能以隧穿方式顺利通过势垒区,因此势垒区呈现的"电阻"很小,而且对正反向电流都一样,势垒区实际上起到欧姆接触作用。

2. 集成电路中的欧姆接触

目前集成电路中实现欧姆接触的基本方法就是基于隧穿效应,采用金属与重掺杂的半导体接触。无论是N型或者P型区域,只要掺杂浓度较高(对Si器件要求掺杂浓度超过$10^{18}\ cm^{-3}$),都可以很方便实现欧姆接触。金属的选用比较灵活,形成金属层的工艺也可以有多种选择,包括蒸发、溅射甚至电镀等均可采用。如果某一层半导体中掺杂浓度较低,例如集成电路中双极晶体管的集电区通常掺杂浓度较低,为了形成欧姆接触,就需要在发射区重掺杂时,在集电区表面制作集电极电极处也同时进行重掺杂(参见6.2.2节分析)。

2.9 异质PN结

前几节介绍的PN结是采用同一种半导体材料构成的,称为同质PN结。如果P型和N型为不同的半导体材料,则称为异质PN结。目前,应用较多的异质结材料主要有Si基材料(如SiGe/Si)、GaAs基材料(如AlGaAs/GaAs、InGaAs/GaAs)、GaN基材料(如AlGaN/GaN、InGaN/GaN)等。随着半导体技术的发展,基于异质结的现代半导体器件种类在不断增加。采用异质结可以大幅度提高器件性能,例如采用异质PN结构成的异质结双极晶体管(heterojunction bipolar transistor,HBT)可以明显提高双极晶体管的特性参数。

本节不是对异质PN结的全面分析,主要通过与同质PN结的对比,在介绍异质PN结的基本概念、能带特点的基础上,结合N-Si/P-SiGe异质PN结,重点分析这类异质PN结的一个突出特点:高注入比,作为理解第3章3.7节HBT原理和功能特点必须掌握的物理基础。

2.9.1 异质结的结构与能带

1. 异质交界面

组成异质结的两种不同材料具有不同的晶格常数,因此采用异质结构成器件的关键是如何保证交界面的晶格完整性。

界面晶格不匹配很容易产生位错,明显减小载流子的迁移率、扩散系数、寿命等参数,对器件特性产生不利影响。因此制作异质结器件时应控制工艺,防止出现晶格严重失配导致产生大量位错的情况。

在采用外延技术制备多层异质结材料时,如果两层材料的晶格常数差距不是太大,晶格失配小于 10%,并且新生长的外延层厚度未超过临界厚度 h_c,则薄外延层本身可以通过应变来适应晶格失配,使新生长的外延层的晶格常数采用相邻半导体层的晶格常数,如图 2-9-1(a)所示。

若薄外延层厚度大于临界厚度,则外延层本身不能通过应变来适应晶格失配,必然产生大量位错,如图 2-9-1(b)所示。

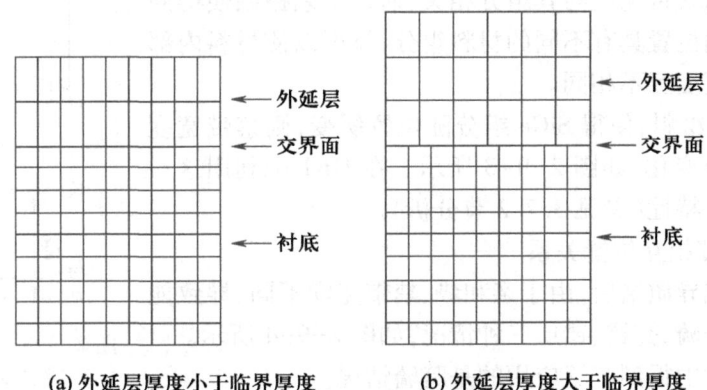

(a) 外延层厚度小于临界厚度　　　　(b) 外延层厚度大于临界厚度

图 2-9-1　异质材料交界面

随着以分子束外延为代表的外延生长技术的进步,能够生长出晶格匹配、厚度在 100 Å 甚至更薄的异质结构。

实用的异质结系统是由晶格常数比较接近的材料组成的。例如,从 GaAs 到 AlAs 的整个组成范围内,AlGaAs-GaAs 系统的晶格失配都很小,因此它是首先被开发和利用的异质结系统。

目前,Si-SiGe 异质结在双极器件中也得到实际应用。

2. SiGe 半导体能带特点

组成异质 PN 结时通常会利用材料能带的下述基本特点。

(1) 改变组分可以改变禁带宽度

随着组分不同,同一种材料的能带将随之发生变化。例如,单晶 Si 的禁带宽度约为 1.12 eV,单晶 Ge 的禁带宽度约为 0.66 eV。半导体材料 $Si_{1-x}Ge_x$ 的禁带宽度在 0.66~1.12 eV 之间。Ge 组分越高,SiGe 材料禁带宽度越窄。禁带宽度的调节为电子器件的设计和性能优化带来了极大的便利。

对 SiGe 材料,$Si_{1-x}Ge_x$ 和 Si 材料的导带底能量差很小,禁带宽度的变化主要是价带位置的变化。图 2-9-2 对比描述了 Si 以及 $Si_{0.8}Ge_{0.2}$ 和 $Si_{0.5}Ge_{0.5}$ 两种不同组分 SiGe 材料的能带图,Ge 组分越高,禁带宽度越窄,主要是价带顶能量变化量越大。

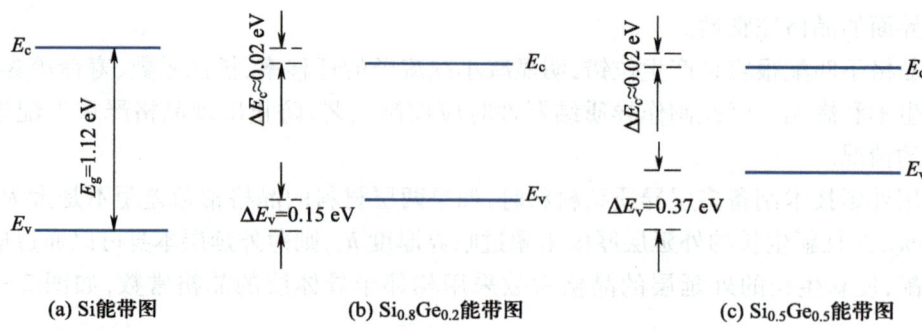

(a) Si 能带图   (b) Si$_{0.8}$Ge$_{0.2}$能带图   (c) Si$_{0.5}$Ge$_{0.5}$能带图

图 2-9-2   SiGe 禁带宽度与 Ge 组分的关系

（2）可以控制禁带宽度随位置的变化

由于半导体的禁带宽度与其组分相关,通过工艺控制使得同一种材料内部不同位置具有不同的材料组分,就可以使材料内部不同位置的禁带宽度互不相同。

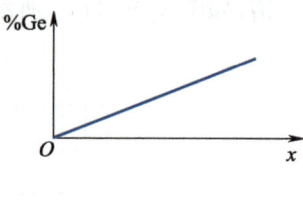

例如,对 SiGe 材料,使得 SiGe 组分随位置缓变,则禁带宽度也随位置发生相应变化,如图 2-9-3 所示。在 HBT 中利用这一特点可以改善器件特性(参见 3.7.2 节分析)。

3. 异质结能带相互位置关系

两种材料组成异质结后,由于亲和势、禁带宽度不同,导致能带相互关系存在跨骑、交错、错层三种情况,如图 2-9-4 所示。

在异质结器件中得到广泛应用的是跨骑情况。

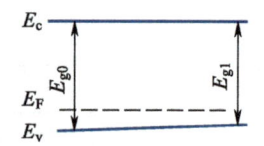

图 2-9-3   P-SiGe 材料禁带宽度随位置的变化

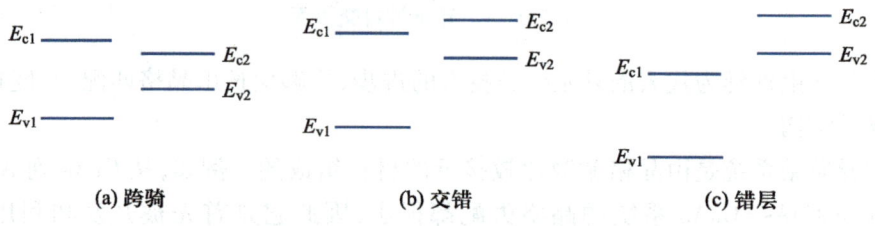

(a) 跨骑   (b) 交错   (c) 错层

图 2-9-4   异质结能带相互位置关系

4. 同型异质结与反型异质结

组成异质结的两种材料如果导电类型相同,称为同型异质结。如果导电类型不同,则称为反型异质结。例如在双极集成电路中采用的 N-Si/P-SiGe 异质 PN 结,两种材料分别是 N 型和 P 型,导电类型不同,因此是反型异质结。

本节主要讨论在 HBT 中得到应用的反型异质结。

2.9.2   平衡 N-Si/P-SiGe 异质结耗尽层分析

目前在集成电路中采用较多的是 N-Si 与 P-SiGe 组成的异质 PN 结器件。本节基于 2.1 节对同质 PN 结的分析结果,以对比方式分析平衡条件下 N-Si/P-SiGe 异质 PN 结特性,突出说明与同质结不同的特点。

1. N-Si/P-SiGe 异质结的结构描述

为了方便分析,假设 N-Si/P-SiGe 异质 PN 结为均匀掺杂的突变结。两种材料为理想界面接触,不存在界面态。

图 2-9-5 显示了均匀掺杂的 N-Si 与 P-SiGe 能带图。Si 的禁带宽度比 SiGe 的宽,为"跨骑"模式。

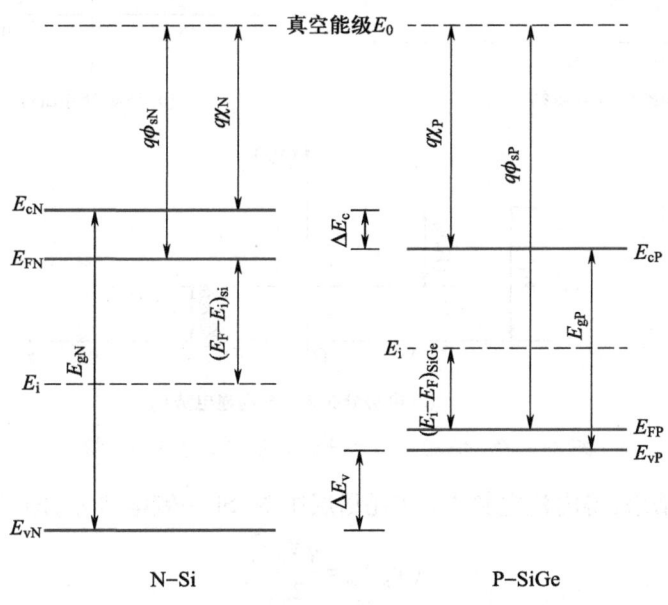

图 2-9-5　N-Si 以及 P-SiGe 能带图

材料的亲和能 $q\chi$ 等于真空能级与导带底之间的能量差。Si 与 SiGe 两种材料的亲和能不相等,说明导带底能量不相等,导带底能量差等于两种材料的亲和能之差

$$\Delta E_c = q\chi_N - q\chi_P \tag{2-9-1}$$

导带底能量差与价带顶能量差之和就是两种材料禁带宽度之差 ΔE_g,因此价带顶能量差为

$$\Delta E_v = \Delta E_g - \Delta E_c \tag{2-9-2}$$

2. 平衡 N-Si/P-SiGe 异质结耗尽层参数定量分析

均匀掺杂的 N-Si 与 P-SiGe 组成突变异质 PN 结后,平衡条件下内建电势的计算以及耗尽层分析与 2.1 节介绍的同质 PN 结情况基本一样。下面是几个相关结论。

(1) 电场分布

与 2.1.5 节同质 PN 结势垒区电场分布定量分析的方法一样,采用耗尽层近似,解泊松方程,可以解得突变 N-Si/P-SiGe 异质结耗尽层电场分布为线性分布,与同质 PN 结相同。但是根据静电场相关结论,N-Si/P-SiGe 异质结界面处电位移矢量 D 应该连续,由于两侧材料介电常数不相同,SiGe 的介电常数大于 Si 的介电常数,因此界面处电场出现断续情况,如图 2-9-6(b)所示。

(2) 电势分布与内建电势 V_{bi}

与 2.1.5 节同质 PN 结势垒区电位分布定量分析的方法一样,对电场分布表达式积分,可以解得电位分布。按照耗尽层近似,耗尽层以外电场为 0,则电位为常数。取 P-SiGe 中性区为电位参考点,即 $x=x_P$ 处电位为 0,N-Si 中性区电位,即 $x=-x_N$ 处电位就是内建电势 V_{bi}。耗尽层范围内,电位分布呈现二次方抛物线形状,如图 2-9-6(c)所示。

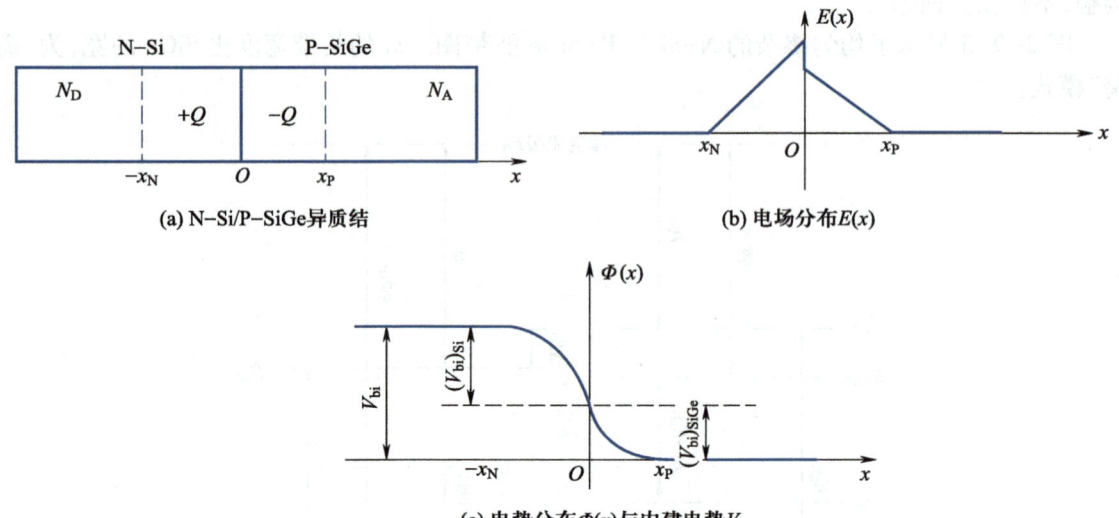

图 2-9-6 平衡 N–Si/P–SiGe 异质结电场与电势

根据电势计算结果,得内建电势 V_{bi} 在耗尽层中 N–Si 一侧电势差,即 $(V_{bi})_{Si}$ 为

$$(V_{bi})_{Si} = \frac{qN_D x_N^2}{2\varepsilon_N} \tag{2-9-3}$$

内建电势 V_{bi} 在耗尽层中 P–SiGe 一侧电势差,即 $(V_{bi})_{SiGe}$ 为

$$(V_{bi})_{SiGe} = \frac{qN_A x_P^2}{2\varepsilon_P} \tag{2-9-4}$$

将 $(V_{bi})_{Si}$ 和 $(V_{bi})_{SiGei}$ 相加,得到内建电势 V_{bi} 的又一种表达形式:

$$V_{bi} = (V_{bi})_{Si} + (V_{bi})_{SiGe} = \frac{qN_D x_N^2}{2\varepsilon_N} + \frac{qN_A x_P^2}{2\varepsilon_P} \tag{2-9-5}$$

式中 ε_P 和 ε_N 分别是 P 区和 N 区材料的介电常数。N_A 和 N_D 分别是 P 区和 N 区材料的掺杂浓度。

与同质结情况一样,内建电势在耗尽层中分布与掺杂浓度的关系非常密切。

根据电中性原理,空间电荷区中 N 型一侧正电荷与 P 型一侧负电荷的电荷量相等,均为 Q:

$$Q = qN_D x_N = qN_A x_P \tag{2-9-6}$$

则由式(2-9-3)和式(2-9-4)得

$$\frac{(V_{bi})_{Si}}{(V_{bi})_{SiGe}} = \frac{\varepsilon_P}{\varepsilon_N} \frac{x_N}{x_P} = \frac{\varepsilon_P N_A}{\varepsilon_N N_D} \tag{2-9-7}$$

通常介电常数 ε_P 和 ε_N 数值为同一个数量级,N 区掺杂浓度与 P 区掺杂浓度通常相差几个数量级。若 N–Si 掺杂浓度远高于 P–SiGe 掺杂浓度,则 $(V_{bi})_{Si}$ 远小于 $(V_{bi})_{SiGe}$。一般情况下,内建电势主要降落在轻掺杂一侧,与同质结情况相同。

异质结不同于同质结的最突出情况是,对同质结,对应内建电势形成的势垒,对电子以及对空穴的势垒高度相等。而对异质结,由于冶金结位置 N–Si 与 P–SiGe 的导带底存在能量差 ΔE_c,价带顶存在能量差 ΔE_v,导致对电子的势垒高度 qV_N 与对空穴的势垒高度 qV_P 不相等,可能相差很大。

在 2.9.3 节详细分析 N-Si/P-SiGe 异质结能带图特点后,再详细解读势垒高度不相等的问题。

(3) 耗尽层宽度

与 2.1.6 节同质结情况分析方法一样,将式(2-9-5)所示 V_{bi} 表达式以及式(2-9-6)所示电中性条件两个方程可联立求解,得两个未知数 x_P 和 x_N:

$$x_N = \left[V_{bi}\left(\frac{2}{q}\right)\left(\frac{N_A}{N_D}\right)\frac{\varepsilon_N\varepsilon_P}{(\varepsilon_N N_D+\varepsilon_P N_A)} \right]^{1/2} \tag{2-9-8}$$

$$x_P = \left[V_{bi}\left(\frac{2}{q}\right)\left(\frac{N_D}{N_A}\right)\frac{\varepsilon_N\varepsilon_P}{(\varepsilon_N N_D+\varepsilon_P N_A)} \right]^{1/2} \tag{2-9-9}$$

则平衡条件下耗尽层宽度 W_0 为

$$W_0 = x_N+x_P = \left[V_{bi}\left(\frac{2}{q}\right)\frac{(N_D+N_A)^2}{N_D N_A}\frac{\varepsilon_N\varepsilon_P}{(\varepsilon_N N_D+\varepsilon_P N_A)} \right]^{1/2} \tag{2-9-10}$$

与同质结情况一样,耗尽层中 x_P 和 x_N 相对大小关系与 P 区以及 N 区掺杂浓度的高低密切相关。

由式(2-9-8)和式(2-9-9)得

$$\frac{x_N}{x_P} = \frac{N_A}{N_D}$$

这就说明,突变结的一边掺杂浓度越高,则耗尽层宽度在这一边的范围越窄,或者说,突变结的耗尽层宽度主要在轻掺杂一侧。这一结论与同质结情况相同。

2.9.3　N-Si/P-SiGe 异质结能带特点

本节结合集成电路中采用的 N-Si/P-SiGe 异质结,详细分析其能带图特点。这是理解这类异质 PN 结导电性特点的基础,也是进一步理解 HBT 具有优异特性的物理基础。

1. N-Si/P-SiGe 异质结能带图

基于 PN 结基本原理以及异质 PN 结特点,可以按照下述步骤绘制平衡状态异质 PN 结能带图。

(1) 绘制费米能级

N-Si 与 P-SiGe 组成异质 PN 结后成为一个系统。由于平衡系统具有统一的费米能级 E_F,因此首先绘制一条水平线,作为平衡异质 PN 结能带图的费米能级 E_F。

(2) 绘制异质结势垒区范围以外区域的能带图

平衡条件下异质 PN 结只在势垒区内成为空间电荷区,形成电场和电位分布。势垒区以外的 N-Si 区域及 P-SiGe 区域与单个 N-Si 及 P-SiGe 相同,因此可以参照已绘制的费米能级,分别绘出势垒区以外的 N-Si 区域及 P-SiGe 区域的能带图。如图 2-9-7(a)所示。

图中取 N-Si 和 P-SiGe 交界面即冶金结位置为坐标原点,$x=0$。耗尽层在 N 区一侧坐标为 $x=-x_N$,在 P 区一侧坐标为 $x=x_P$,即势垒区在 N 区一侧以及 P 区一侧的范围分别为 x_N 和 x_P。

(3) 绘制势垒区范围内 N-Si 区一侧能带图

根据图 2-9-7(c)所示势垒区内从 $x=-x_N$ 到 $x=0$ 范围内电势分布,可以绘制势垒区中 N-Si 区一侧能带图的导带以及价带变化情况。由于平衡异质结在 N-Si 区一侧电势差为 $(V_{bi})_{Si}$,因此这段范围导电底和价带顶的能量变化量均为 $q(V_{bi})_{Si}$，如图 2-9-7(b)所示。

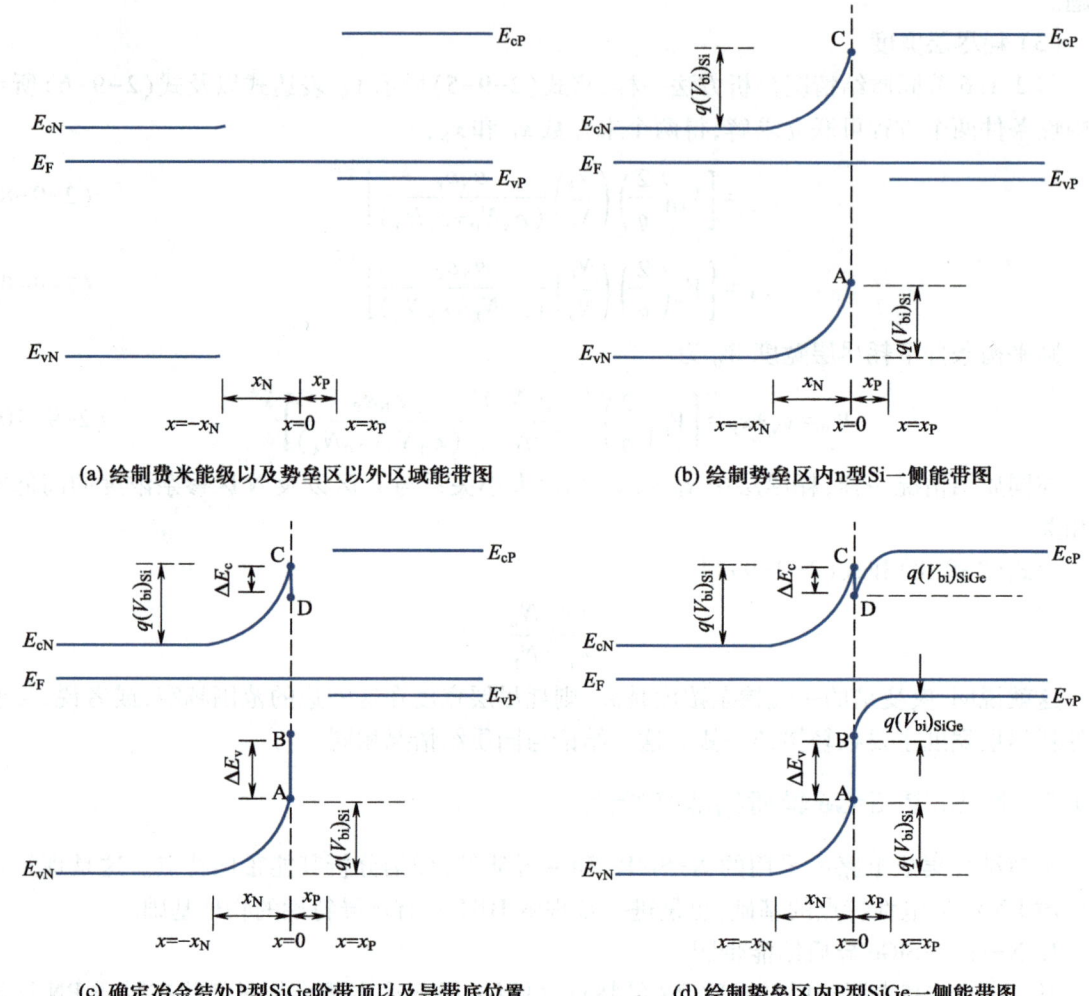

(a) 绘制费米能级以及势垒区以外区域能带图

(b) 绘制势垒区内n型Si一侧能带图

(c) 确定冶金结处P型SiGe阶带顶以及导带底位置

(d) 绘制势垒区内P型SiGe一侧能带图

图 2-9-7　N-Si/P-SiGe 异质结能带图绘制步骤

记冶金结处 N-Si 区价带顶位置为 A，导带底位置为 C。

（4）确定冶金结处 P-SiGe 的价带顶以及导带底位置

由于 P-SiGe 价带顶与 N-Si 价带顶能量差为 ΔE_v，因此从 A 点向上增加 ΔE_v 就是冶金结处 P-SiGe 区价带顶位置，记为 B。

同样，P-SiGe 导带底与 N-Si 导带底能量差为 ΔE_c，因此从 C 点向下减少 ΔE_c 就是冶金结处 P-SiGe 区导带底位置，记为 D。如图 2-9-7(c) 所示。

（5）绘制势垒区范围内 P-SiGe 区一侧能带图

根据图 2-9-6(c) 所示势垒区在 P-SiGe 区一侧从 $x=0$ 到 $x=x_P$ 范围内电势分布趋势，将冶金结处 B 点所示 P-SiGe 区价带顶与势垒区边界 $x=x_P$ 处 P-SiGe 区价带顶相连，将冶金结处 D 点所示 P-SiGe 区导带底与势垒区边界 $x=x_P$ 处 P-SiGe 区导带底相连，完成整个能带图的绘制，如图 2-9-4(d) 所示。

如图所示，能带图中冶金结位置导带底不连续，从 N-Si 一侧的尖峰跳变为 P-SiGe 一侧的凹谷,高度为 ΔE_c。

如图 2-9-2 所示,对 SiGe 材料,Ge 组分变化导致的禁带宽度变化主要是价带,ΔE_c 只有 0.02 eV 左右,因此尖峰凹谷之差不大。但是有些材料的 ΔE_c 很大,导致尖峰凹谷之差很大。

> **思考题:**如果采用 P 型 Si 与 N-SiGe 组成异质 PN 结,平衡情况下能带图与图 2-9-4 结果相比有什么不同?能带图中尖峰凹谷出现在导带还是价带?尖峰凹谷之差与什么相关?

2. N-Si/P-SiGe 异质结能带图特点

如图 2-9-8 所示,由具有不同禁带宽度的 N-Si 与 P-SiGe 组成 NP 异质结,势垒区以外区域 N-Si 价带顶与 P-SiGe 价带顶之间的能量差,即对空穴的势垒高度 qV_P 为

$$qV_P = q(V_{bi})_{SiGe} + q(V_{bi})_{Si} + \Delta E_v = qV_{bi} + \Delta E_v \tag{2-9-11}$$

由于能带图中冶金结处 N-Si 与 P-SiGe 导带底不连续,出现尖峰和凹谷,势垒区以外区域 P-SiGe 导带底与 N-Si 导带底之间的能量差,即对电子的势垒高度 qV_N 为

$$qV_N = q(V_{bi})_{SiGe} + q(V_{bi})_{Si} - \Delta E_c = qV_{bi} - \Delta E_c \tag{2-9-12}$$

这就是说,由 N-Si 与 P-SiGe 组成的 NP 异质结,势垒区对空穴的势垒高度 qV_P 明显大于对电子的势垒高度 qV_N。两者势垒高度之差为 $(\Delta E_v + \Delta E_c) = \Delta E_g$。

> **思考题:**根据上述分析能否得到下述结论:对能带图呈现"跨骑"模式的异质结,势垒区对窄禁带宽度中多子呈现的势垒高度高于对宽禁带宽度材料中多子呈现的势垒高度?

这一特点在现代双极晶体管 HBT 中得到广泛应用。

说明:如图 2-9-8 所示,在交界面 SiGe 一侧导带底形成了"电子势阱",这是异质结能带图的又一个特点。有些异质结"电子势阱"比较明显。例如由 N⁺-AlGaAs 和 N⁻-GaAs 组成的同型异质结在交界面 GaAs 一侧导带底形成了"电子势阱",如图 2-9-9 所示。不但电子势阱较深,而且势阱底在费米能级下方,因此势阱中束缚大量电子,将形成二维电子气,是高电子迁移率晶体管(high electron mobility transistor,HEMT)器件工作的物理基础。

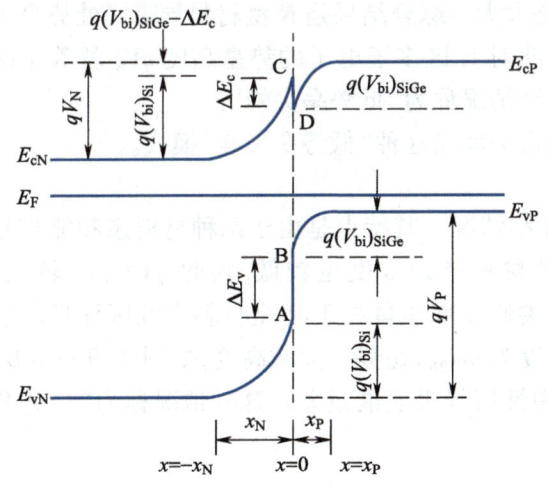

图 2-9-8　N-Si/P-SiGe 能带图特点

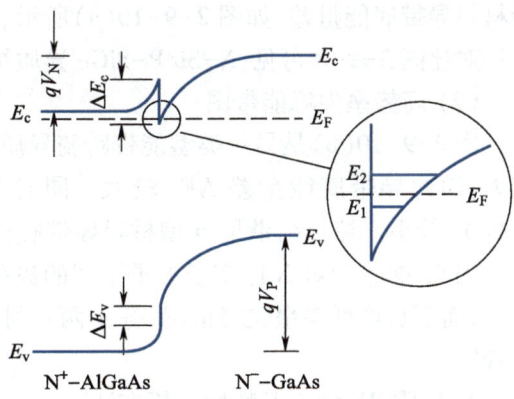

图 2-9-9　N⁺-AlGaAs/N⁻-GaAs 异质结能带图

2.9.4　N-Si/P-SiGe 异质 PN 结 *I-V* 特性

目前集成电路中的 HBT 采用 N-Si/P-SiGe 异质结作为发射结,是因为正偏条件下 N-Si/P-SiGe 异质 PN 结具有同质结不具备的特点。本节结合 N-Si/P-SiGe 异质结,说明异质结*I-V* 特性分析方法,并重点分析 N-Si/P-SiGe 异质 PN 结 *I-V* 特性的突出特点:高注入比。

1. 低势垒尖峰能带图与高势垒尖峰能带图

由于两种材料的亲和能和禁带宽度不同,导致异质 PN 结冶金结面处导带底和价带顶不连续,出现能量差。而且能带相互关系存在跨骑、交错、错层不同情况,如图 2-9-4 所示。即使对于 HBT 中常用的跨骑情况,由于掺杂浓度的影响,平衡条件下能带图中呈现的载流子势垒也可能出现不同特点。这些情况导致目前对异质 PN 结 *I-V* 特性没有一种统一适用的分析方法,需要针对能带图的不同特点,采用不同的电流特性分析方法。

下面结合 HBT 中常见的跨骑能带图情况,说明两种不同模式的势垒尖峰高低产生的不同影响。

（1）低势垒尖峰能带图

图 2-9-10(a)是一种典型的能带跨骑异质 PN 结情况。

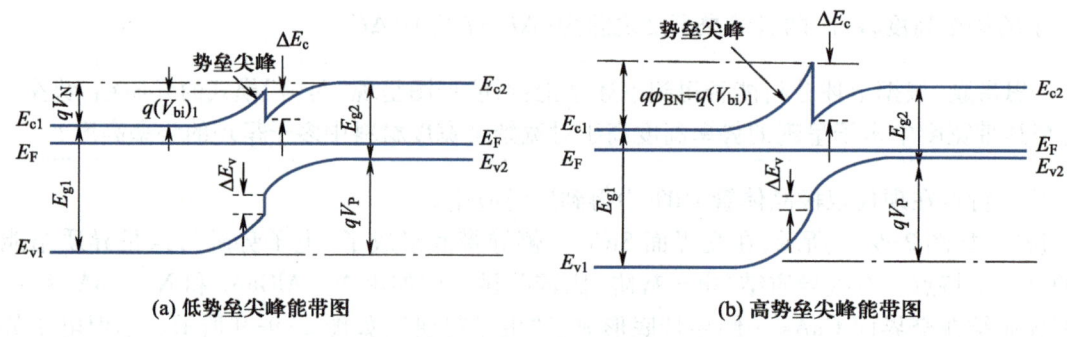

(a) 低势垒尖峰能带图　　　　　　　　　　　(b) 高势垒尖峰能带图

图 2-9-10　按照势垒尖峰高低划分的两类异质结能带图

这类能带图特点是由于两种材料亲和能相差不大,因此导带底能量差 ΔE_c 较小。同时 N 型材料掺杂浓度也不是特别低,因此 $q(V_{bi})_1$ 不是太大。综合结果是 N 型材料导带底处势垒尖峰顶部能量低于 P 型材料中性区导带底能量,因此对 N 区多子电子的势垒高度 qV_N 就等于两种材料导带底能量差,如图 2-9-10(a)所示。这种情况称为“低势垒尖峰”。

对比图 2-9-8 可见,N-Si/P-SiGe 异质结能带图就是这种“低势垒尖峰”模式。

（2）高势垒尖峰能带图

图 2-9-10(b)是另一类型能带跨骑异质 PN 结情况。其特点是由于两种材料亲和能相差较大,因此导带底能量差 ΔE_c 较大。同时 N 型材料掺杂浓度也较低,因此 $q(V_{bi})_1$ 较大,$q(V_{bi})_2$ 较小。综合结果是 N 型材料导带底势垒尖峰顶部能量高于 P 型材料中性区导带底能量。因此,能带图对 N 区多子电子呈现的势垒高度为 $q\phi_{BN}$,是势垒尖峰高度,如图 2-9-10(b)所示,而不是像低势垒尖峰情况,等于两种材料中性区导带底能量差。这种情况称为“高势垒尖峰”。

2. 异质 PN 结 *I-V* 特性分析方法

针对图 2-9-10 所示两种不同类型能带图,需要采用两种不同的 *I-V* 特性分析方法。

(1)"注入-扩散"分析模型

本章 2.2 节关于同质 PN 结 I-V 特性载流子输运的物理过程是:N 区多子电子越过势垒注入 P 区,然后作为 P 区少子,这些注入的电子以扩散方式通过 P 区。同样,P 区多子空穴向 N 区注入然后扩散通过 N 区。这种输运过程又称为"注入-扩散"模式。

本章 2.2 节详细介绍了针对这种"注入-扩散"模式 PN 结的 I-V 特性定量分析思路和详细步骤。剖析定量分析全过程发现,其中一个关键步骤是采用玻尔兹曼分布近似,确定耗尽层边界处少子浓度。为此要求 PN 结对多子电子的势垒高度等于 P 区导带底与 N 区导带底能量差,对多子空穴的势垒高度等于 N 区价带顶与 P 区价带顶能量差。

由图 2-9-10(a)可见,若异质 PN 结能带图为低势垒尖峰模式,则对多子电子的势垒高度等于 P 区导带底与 N 区导带底能量差,对多子空穴的势垒高度等于 N 区价带顶与 P 区价带顶能量差,与同质 PN 结相同,就能满足采用玻尔兹曼分布近似确定耗尽层边界处少子浓度所要求的条件,因此可以采用"注入-扩散"分析模型定量分析具有低势垒尖峰能带的异质 PN 结 I-V 特性。

(2)"热发射"分析模型

由图 2-9-10(b)可见,若异质 PN 结能带图为高势垒尖峰模式,对多子电子的势垒高度不等于 P 区导带底与 N 区导带底能量差,不满足采用 2.2 节方法进行 I-V 特性定量分析的要求,因此不能采用"注入-扩散"分析模型定量分析存在高势垒尖峰的异质 PN 结 I-V 特性。

对照 2.8.2 节肖特基整流接触的分析过程,图 2-9-10(b)高势垒尖峰异质 PN 结能带图对多子电子的势垒与图 2-8-4(a)所示 $W_m > W_s$ 情况金属-N 型半导体接触能带图中对电子的势垒类似,因此可以采用 2.8 节"热电子发射模型"分析具有高势垒尖峰能带的异质 PN 结 I-V 特性。

说明:对于图 2-9-10(a)所示低势垒尖峰能带异质 PN 结,可以采用"注入-扩散"模型定量分析得到其 I-V 特性。但是,如果异质结 $[q(V_{bi})_2 - \Delta E_c]$ 较小,随着正偏电压 V_a 增加,可能出现 P 型材料导带底能量低于 N 型材料导带底势垒尖峰顶部能量的情况,能带图从低势垒尖峰模式转为高势垒尖峰模式能带图,异质结 I-V 特性将从"注入-扩散"分析结果转为"热发射"模型结果。

3. 突变 N-Si/P-SiGe 异质 PN 结 I-V 特性分析

由图 2-9-8 可见,N-Si/P-SiGe 是低势垒尖峰能带异质结,因此可以按照 2.2 节介绍的"注入-扩散"模型定量分析 N-Si/P-SiGe 异质结 I-V 特性。由于分析步骤与 2.2.2 节介绍的过程完全相同,这里不再重复,只是给出与"异质结"相关的两个重要结论。

(1)异质结势垒区边界处少子浓度

若外加偏置电压 V_a,势垒区对空穴的势垒高度由 qV_P 成为 $q(V_P - V_a)$。根据玻尔兹曼近似,势垒区 N-Si 一侧边界处($x = -x_N$)少子空穴浓度边界条件为

$$p_N(-x_N) = p_P(x_P) \exp\left[-\frac{q(V_P - V_a)}{kT}\right]$$

小注入条件下,$p_P(x_P) \approx p_{P0}(x_P)$。代入式(2-9-11)所示 qV_P 表达式:$qV_P = qV_{bi} + \Delta E_v$,得

$$p_N(-x_N) = p_{P0}(x_P) \exp\left(-\frac{qV_{bi} + \Delta E_v}{kT}\right) \exp\left(\frac{qV_a}{kT}\right) = N_A \exp\left(-\frac{qV_{bi}}{kT}\right) \exp\left(-\frac{\Delta E_v}{kT}\right) \exp\left(\frac{qV_a}{kT}\right)$$

代入式(2-9-5)所示 V_{bi} 表达式,得式(2-9-13)所示势垒区 N-Si 一侧边界处($x = -x_N$)少

子空穴浓度边界条件:

$$p_N(-x_N) = \frac{(n_i)_{Si}(n_i)_{SiGe}}{(N_D)_{Si}} \exp\left(-\frac{\Delta E_v}{kT}\right) \exp\left(\frac{qV_a}{kT}\right) \tag{2-9-13}$$

同理可得式(2-9-14)所示势垒区 P-SiGe 一侧边界处($x=x_P$)少子电子浓度边界条件:

$$n_P(x_P) = \frac{(n_i)_{Si}(n_i)_{SiGe}}{(N_A)_{SiGe}} \exp\left(\frac{\Delta E_c}{kT}\right) \exp\left(\frac{qV_a}{kT}\right) \tag{2-9-14}$$

(2) 异质 PN 结 I-V 特性

参照 2.2.2 节定量分析方法,对"长二极管"情况,即 N 区以及 P 区范围均远大于该区域少子扩散长度,可得突变 N-Si/P-SiGe 异质 PN 结势垒区 N-Si 一侧边界处($x=-x_N$)少子空穴电流密度 $J_P(-x_N)$ 为

$$J_P(-x_N) = \frac{qD_P}{L_P} \frac{(n_i)_{Si}(n_i)_{SiGe}}{(N_D)_{Si}} \exp\left(-\frac{\Delta E_v}{kT}\right) \left[\exp\left(\frac{qV_a}{kT}\right)-1\right] \tag{2-9-15}$$

同样可得突变 N-Si/P-SiGe 异质 PN 结势垒区 P-SiGe 一侧边界处($x=x_P$)少子电子电流密度 $J_N(x_P)$ 为

$$J_N(x_P) = \frac{qD_N}{L_n} \frac{(n_i)_{Si}(n_i)_{SiGe}}{(N_A)_{SiGe}} \exp\left(\frac{\Delta E_c}{kT}\right) \left[\exp\left(\frac{qV_a}{kT}\right)-1\right] \tag{2-9-16}$$

按照理想 PN 结模型,流过 PN 结的总电流密度等于势垒区两个边界处少子电流密度之和 $J = J_P(-x_N)+J_N(x_P)$。代入式(2-9-15)和式(2-9-16),得突变 N-Si/P-SiGe 异质 PN 结直流 I-V 特性如式(2-9-17)所示

$$J = q\left[\frac{D_P}{L_P} \frac{(n_i)_{Si}(n_i)_{SiGe}}{(N_D)_{Si}} \exp\left(-\frac{\Delta E_v}{kT}\right) + \frac{D_N}{L_N} \frac{(n_i)_{Si}(n_i)_{SiGe}}{(N_A)_{SiGe}} \exp\left(\frac{\Delta E_c}{kT}\right)\right] \left[\exp\left(\frac{qV_a}{kT}\right)-1\right]$$
$$\tag{2-9-17}$$

4. N-Si/P-SiGe 异质 PN 结特性的突出特点:高注入比

目前集成电路中采用 N-Si/P-SiGe 异质 PN 结作为发射结构成 HBT 的主要原因是因为 N-Si/P-SiGe 异质 PN 结具有极高的注入比。

(1) 注入比定量分析结果

通常电子的扩散系数以及扩散长度与空穴为同一个数量级,而 N 区掺杂浓度与 P 区掺杂浓度则可能相差几个数量级。因此可以不考虑电子与空穴扩散系数以及扩散长度的差别,则由式(2-9-15)和式(2-9-16)可得,从异质 PN 结宽禁带宽度的 N-Si 一侧向窄禁带宽度的 P-SiGe 一侧注入的电子电流 $J_N(x_P)$ 与反方向注入的空穴电流 $J_P(-x_N)$ 之比(又称为注入比)为

$$\frac{J_N(x_P)}{J_P(-x_N)} \approx \frac{(N_D)_{si}}{(N_A)_{SiGe}} \frac{\exp\left(\dfrac{\Delta E_c}{KT}\right)}{\exp\left(-\dfrac{\Delta E_v}{KT}\right)} = \frac{(N_D)_{Si}}{(N_A)_{SiGe}} \exp\left(\frac{\Delta E_g}{KT}\right) \tag{2-9-18}$$

采用 N-Si/P-SiGe 异质 PN 结作为发射结构成的 HBT 中,实际情况 ΔE_g 在 0.17~0.18 eV 范围,这样 $\exp(\Delta E_g/kT)$ 为 1000 左右,就是说使得注入比扩大了 1000 倍。提高注入比不但可以明显提高双极晶体管的电流放大系数,更重要的是为改进晶体管设计提供了更大的余地,能够全面改善双极晶体管的特性。采用 N-Si/P-SiGe 异质结作为发射结构成 HBT 的突出特点

将在 2.7 节详细讨论。

（2）高注入比的物理解读

由图 2-9-8 可见，N-Si/P-SiGe 异质 PN 结，对空穴的势垒高度 qV_P 如式（2-9-11）所示

$$qV_P = q(V_{bi})_{SiGe} + q(V_{bi})_{Si} + \Delta E_v = qV_{bi} + \Delta E_v$$

对电子的势垒高度 qV_N 如式（2-9-12）所示：

$$qV_N = q(V_{bi})_{SiGe} + q(V_{bi})_{Si} - \Delta E_c = qV_{bi} - \Delta E_c$$

这就是说，N-Si/P-SiGe 异质结势垒区对空穴的势垒高度 qV_P 明显大于对电子的势垒高度 qV_N，两者势垒高度之差为 $(\Delta E_v + \Delta E_c) = \Delta E_g$。在 N-Si 和 P-SiGe 掺杂相同的情况下，从 N-Si 一侧向 P-SiGe 注入的电子流必然明显大于反方向注入的空穴流。两者势垒高度之差为 ΔE_g，导致式（2-9-18）所示注入比表达式中出现指数项 $\exp(\Delta E_g/kT)$。

习题

2.1　已知 Si 材料突变 PN 结，P 区一侧掺杂浓度 $N_A = 5 \times 10^{15}$ cm^{-3}，N 区一侧掺杂浓度 $N_D = 2 \times 10^{18}$ cm^{-3}。计算：

① 内建电势 V_{bi}；

② 平衡情况下势垒区宽度 W_0；

③ 分别计算势垒区在 P 区一侧的宽度 x_P 以及在 N 区一侧的宽度 x_N。

2.2　对 GaAs 材料突变 PN 结，掺杂情况与 2.1 题相同，完成 2.1 题题给出的计算要求。

2.3　如果 PN 结的 N 区长度远大于 L_P，但是 P 区长度为 W_P，而且 P 区引出端处少数载流子电子的边界浓度一直保持为 0。

① 请采用理想模型推导该 PN 结电流-电压关系式的表达形式（采用双曲函数表示）。

② 若 P 区长度 W_P 远小于 L_N，该 PN 结电流-电压关系式的表达形式将简化为什么形式？

③ 推导这种条件下 $I_N(-x_P)$ 和 $I_P(x_N)$ 这两个电流分量之比的表达式，并说明如果希望提高比值 $I_N(-x_P)/I_P(x_N)$，应该如何调整 P 区和 N 区掺杂浓度 N_A 和 N_D 的大小。

2.4　对突变 PN 结，若 N_D 大于 N_A，绘制正偏和反偏情况下 P 区和 N 区中少数载流子分布以及少子电流分布示意图。

2.5　已知描述二极管直流特性的三个电流参数是：$I_S = 10^{-14}$ A，$I_{SR} = 10^{-11}$ A，$I_{KF} = 0.1$ A。请采用半对数坐标纸，绘制正偏情况下理想模型电流、势垒区复合电流和特大注入电流这三种电流表达式的 I-V 曲线，并在此基础上绘制实际二极管正向电流随电压变化的曲线。

2.6　若 P$^+$N 结二极管的 P 区和 N 区均远大于相应区域的少子扩散长度，PN 结的结构参数 $N_A = 10^{19}$ cm^{-3}，$N_D = 5 \times 10^{16}$ cm^{-3}，$n_i = 1.4 \times 10^{10}$ cm^{-3}，$D_P = 4$ cm^2/s，$D_N = 20$ cm^2/s，$\tau_P = 10^{-8}$ s，$\tau_N = 10^{-6}$ s，结面积 $A = 10^{-4}$ cm^2。分别计算 300 K 下正偏电压为 0.1 V、0.3 V、0.5 V 以及 0.7 V 四种情况下从重掺杂 P 区向 N 区注入的空穴注入电流，以及从 N 区向 P 区注入的电子电流。

2.7　如果习题 2.6 所述 P$^+$N 结二极管的 P 区范围改为 $W_P = 5 \times 10^{-5}$ cm，N 区范围改为 $W_N = 10^{-3}$ cm，其他参数不变，重新计算 300 K 下正偏电压为 0.1 V、0.3 V、0.5 V 以及 0.7 V 四种情况下，从重掺杂 P 区向 N 区注入的空穴注入电流，以及从 N 区向 P 区注入的电子电流。

2.8　分别采用 Ge、Si、GaAs 三种材料制作的 P$^+$N 结二极管的结构参数，除本征载流子浓度，其他参数均与习题 2.7 所述 P$^+$N 结二极管相同，计算 300 K 下正偏电压为 0.1 V、0.3 V、

0.5 V 以及 0.7 V 四种情况下流过 PN 结的直流电流。

已知 300 K 下 Ge、Si、GaAs 三种材料的本征载流子浓度分别为 2.5×10^{13} cm^{-3}、1×10^{10} cm^{-3} 和 1×10^{6} cm^{-3}。

2.9   已知单边突变结的结面积为 $A = 100$ μm^2，P 区一侧掺杂浓度 $N_A = 1 \times 10^{17}$ cm^{-3}，N 区一侧掺杂浓度 $N_D = 1 \times 10^{19}$ cm^{-3}，$\tau_N = 3 \times 10^{-6}$ s，$D_N = 20$ cm^2/s。分别计算正偏（$V_a = +0.75$ V）以及反偏（$V_a = -5$ V）情况下势垒电容和扩散电容的大小。

2.10   已知 300 K 情况下 PN 结的 $I_S = 10^{-14}$ A，计算正向直流偏置为 $V_0 = 0.5$ V 的小信号电导 g；

若在直流偏置 $V_0 = 0.5$V 的基础上，电压增量为 $\Delta V = 1$ mV、5 mV、10 mV、26 mV，请分别采用下面两种方法，计算电流的变化量，并且根据计算的结果说明"小信号"的条件。

方法一：采用小信号电导公式 $\Delta I = g_d \Delta V$；

方法二：直接采用计算电流增益的表达式：

$$\Delta I = I_S \exp\left[q(V_0 + \Delta V)/(kT) \right] - I_S \exp\left[(qV_0)/kT \right]$$

2.11   如题图 2.11 所示的脉冲信号 V_{App} 通过电阻加在 PN 结两端，请绘制 PN 结上的电压 V_a 以及流过 PN 结的电流随时间变化的曲线示意图（设脉宽远大于开关时间）。

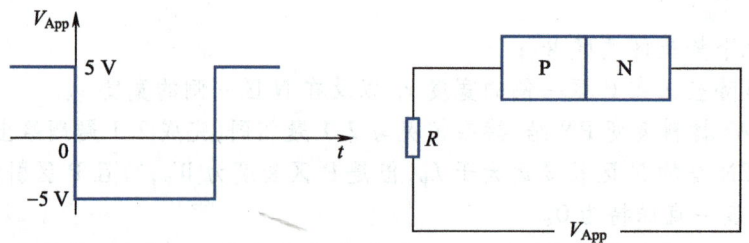

题图 2.11

第3章　双极晶体管（BJT）

"双极晶体管"（bipolar junction transistor，BJT）指电子和空穴这两种极性载流子都参与电流输运的晶体管。本章主要分析 BJT 工作的物理过程及其主要电学特性。最后通过与 BJT 对比的方法简要介绍"异质结双极晶体管"（heterojunction bipolar transistor，HBT）的结构和性能特点。

3.1　BJT 载流子输运过程与电流放大系数

本节在分析 BJT 内部载流子输运过程的基础上，剖析晶体管电流的组成，分析直流电流放大系数与晶体管的结构、材料、工艺参数之间的关系。

3.1.1　BJT 结构

1. 双极晶体管结构组成及特点

（1）BJT 结构与代表符号

BJT 由两个背靠背的 PN 结构成，因此存在 P−N−P 和 N−P−N 两种构成方式，分别称为 PNP 和 NPN 晶体管，如图 3−1−1（a）所示。图中还给出了在电子线路中这两种晶体管的电路符号。

晶体管内部的三个区域分别称为发射区、基区和集电区，晶体管三个引出端分别称为发射极、基极和集电极，如图 3−1−1（b）所示。

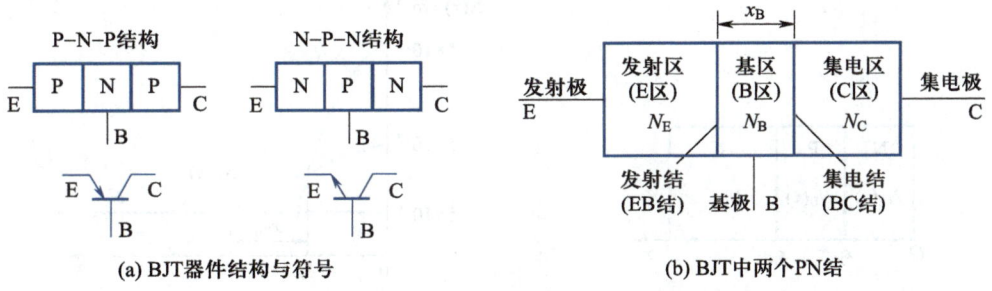

(a) BJT器件结构与符号　　　　　　　　(b) BJT中两个PN结

图 3−1−1　BJT 结构与符号

说明：发射区和发射极的英文名称均为 emitter；基区和基极的英文名称均为 base；集电区和集电极的英文名称均为 collector。

（2）BJT 的结构特点

采用平面工艺制作的 BJT（制造工艺流程参见 6.1 节和 6.2 节），无论是分立 BJT 器件还是双极集成电路中的 BJT，器件结构具有下述两个特点：

① 基区宽度远小于基区少子扩散长度，即 $x_B \ll L_B$；

② $N_E \gg N_B \gg N_C$。其中 N_E、N_B、N_C 分别是发射区、基区和集电区的掺杂浓度。因此有时又将 NPN 晶体管表示为 N^+PN^-；

为了保证晶体管具有一定的电流放大系数,发射区掺杂浓度 N_E 必须远大于基区掺杂浓度 N_B,但是并不要求 N_B 必须远大于集电区掺杂浓度 N_C。只是平面工艺制作的 BJT 实际上 $N_B \gg N_C$。

（3）集成电路中的 BJT

后面几节分析表明,影响双极晶体管特性的主要因素是基区中少数载流子的输运。由于电子扩散系数比空穴高,使得 NPN 晶体管特性优于 PNP 晶体管,因此集成电路设计中尽量采用 NPN 晶体管。

此外,双极集成电路的基本工艺流程是针对 NPN 晶体管设计的,在形成 NPN 晶体管的同时生成 PNP 晶体管,因此双极集成电路中 NPN 晶体管特性明显优于 PNP 晶体管(参见 7.2 节)。

本章以 NPN 晶体管为对象介绍双极晶体管的工作原理。

2. 平面工艺集成电路(IC)中 BJT 结构和杂质分布

（1）平面工艺 IC 中的实际 BJT 结构

BJT 由两个背靠背的 PN 结构成。采用平面工艺进行两次选择性掺杂就可以形成 BJT(参见 6.2 节)。图 3-1-2(a)为平面工艺 IC 中的 BJT 剖面结构示意图。图中标识了起晶体管作用的 N^+PN^- 结构。

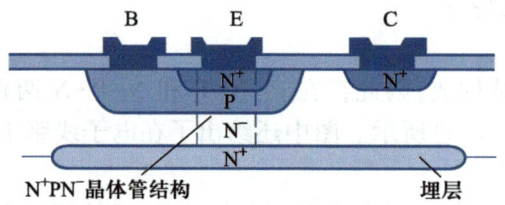

(a) 平面工艺IC中NPN晶体管剖面图

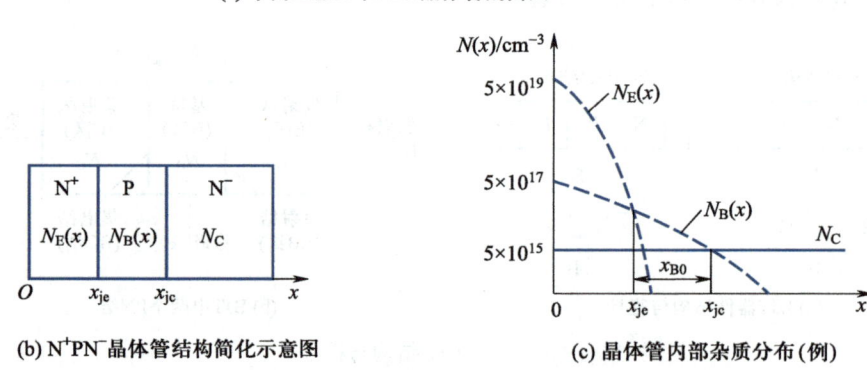

(b) N^+PN^-晶体管结构简化示意图

(c) 晶体管内部杂质分布(例)

图 3-1-2   平面工艺 IC 中 NPN 晶体管剖面图与杂质分布(例)

说明:对平面工艺 IC,BJT 剖面结构图中 N^+ 埋层区域以及 C 极下方 N^+ 区域并不是 NPN 晶体管的基本组成结构,只是为了保证 C 极欧姆接触,减少集电区串联电阻。

本章分析 BJT 特性时,为了突出主要物理过程,只考虑一维情况,取发射区表面处为坐标原点,从表面垂直向下为 x 方向。为了方便起见,将 N^+PN^- 结构水平排列,如图 3-1-2(b)所示。

（2）BJT 内部杂质分布

对一维情况,可以绘制平面工艺 BJT 中沿 x 方向从发射区到集电区的杂质分布。图 3-1-3(c)为典型的杂质分布实例。

平面工艺制作的 BJT 内部杂质分布具有下述特点:通常三个区域的杂质浓度依次相差两个数量级。其中,集电区杂质浓度最低,但是为均匀分布。基区和发射区杂质均为缓变分布,从表面处浓度最高,向内部缓变下降。在 $N_B(x) = N_C$ 处为基区掺杂结深,记为 x_{jc}。$N_B(x) = N_E(x)$ 处为发射区掺杂结深,记为 x_{je}。基区掺杂结深 x_{jc} 与发射区掺杂结深 x_{je} 之差就是基区宽度 x_{B0}。

平面工艺 BJT 基区杂质分布不是均匀掺杂,称为缓变基区晶体管。而早期的 BJT 采用合金工艺,每个区均为均匀掺杂,称为均匀掺杂基区晶体管。

为了突出物理过程,本章以均匀掺杂基区晶体管为对象介绍 BJT 基本工作原理。然后针对缓变基区晶体管对结果进行修正。

3. BJT 的四种偏置状态

BJT 包含两个 PN 结,每个 PN 结又可以处于正偏和反偏,因此 BJT 一共有四种偏置状态,如图 3-1-3 所示。

① 正向放大状态:对应发射结正偏、集电结反偏。

② 反向放大状态:对应发射结反偏、集电结正偏。

③ 饱和状态:对应发射结和集电结均为正偏。

④ 截止状态:对应发射结和集电结均为反偏。

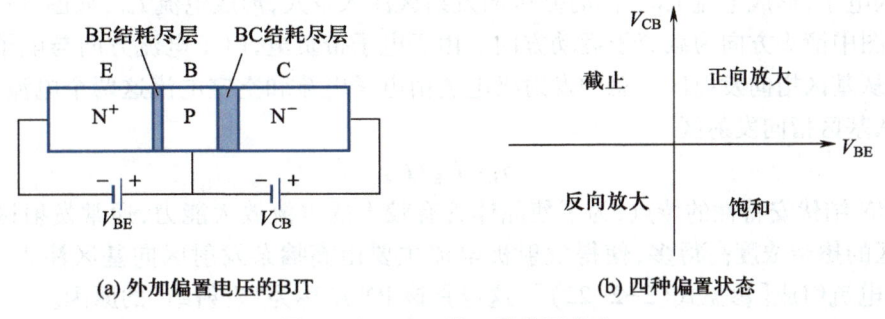

(a) 外加偏置电压的BJT　　　　　(b) 四种偏置状态

图 3-1-3　BJT 的四种偏置状态

放大电路中主要采用正向放大。本节结合正向放大状态介绍 BJT 的放大原理。在理解正向放大特性基础上就能对比分析理解反向放大特性的特点。饱和与截止两种状态将在 3.6 节 BJT 开关特性部分进行分析。

4. BJT 的三种连接方式

BJT 有三根引出端。在电路应用中,主要采用下述三种输入、输出组合方式:

① 共基极(common-base):将基极作为公共端,发射极为输入,集电极为输出。

② 共射极(common-emitter):将发射极作为公共端,基极为输入,集电极为输出。

③ 共集电极(common-collector):将集电极作为公共端,基极为输入,发射极为输出。

其中共基极情况物理过程最直观,在电路应用中,共射极放大特性最佳。本章以共基极为对象介绍 BJT 的放大原理,再将结果扩展到常用的共射极情况。

3.1.2　BJT 中的电流传输过程

1. 电压极性和电流方向约定

本章分析中,采用下述关于电压极性和电流方向的约定:

电压符号下标两个字母描述该电压极性为下标第一个字母代表的电极与第二个字母代表的电极之间的电压。例如 V_{BE} 代表基极相对发射极之间的电压。对 NPN 晶体管，若 V_{BE} 为正值，说明发射结为正偏；若 V_{BE} 为负值，说明发射结为反偏。

图 3-1-4 所示为晶体管内部载流子输运过程，各个电极电流定义方向如图 3-1-4 所示。

本节以共基极连接、正向放大偏置状态下均匀掺杂基区的 NPN 晶体管为对象，分析 BJT 内部电流传输的物理过程。

对正向放大偏置 NPN 晶体管，$V_{BE}>0$，发射结正偏；$V_{CB}>0$，集电结反偏。按图示电流方向，I_E、I_B、I_C 均大于 0，且 $I_E=I_B+I_C$。

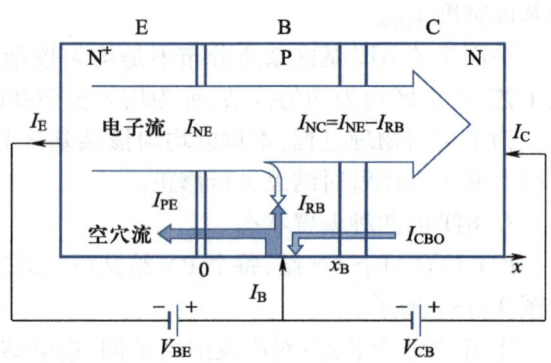

图 3-1-4　NPN 晶体管内部载流子输运过程

2. 电流传输过程

晶体管中载流子的传输过程基本分为三个阶段。基于 PN 结基本原理很容易理解 BJT 内部载流子输运过程。

（1）阶段一：发射区向基区注入

对正向放大偏置情况，发射结为正向偏置。根据正偏 PN 结工作原理，N 型发射区将向 P 型基区注入电子，形成电流 I_{NE}。同时基区向发射区注入空穴，形成电流 I_{PE}，如图 3-1-4 所示。

注意：图中箭头方向为载流子运动方向。由于电子带负电，电子电流方向与电子运动方向相反，也是从基区指向发射区。总的发射极电流由电子电流和空穴电流这两个电流分量组成，电流方向从基区指向发射区

$$I_E=I_{NE}+I_{PE}$$

根据 PN 结伏安特性的特点，为了使晶体管有较大的电流放大能力，通常发射区的掺杂浓度要比基区的掺杂浓度高得多，使得发射极电流主要由高掺杂发射区向基区注入（或称为发射）的电子电流组成［参见式(2-2-22)］，这也是该 PN 结称为"发射结"的原因。

注意：图 3-1-4 中箭头宽度代表载流子流的大小。描述电子流的箭头宽度远大于描述空穴流的箭头宽度，是为了表示电子电流比空穴电流大得多。

（2）阶段二：基区少子输运

发射区向 P 型基区注入大量电子，比基区中的平衡少子电子多得多，因此在 EB 结耗尽层的基区一侧边界处就有非平衡少子电子的积累，其浓度 $n_B(x=0)$ 大于基区平衡少子浓度 n_{B0}，由此形成的浓度梯度使得注入的非平衡少子电子通过扩散的方式继续沿着 x 方向向基区靠集电结一侧的边界运动。

这些注入基区的电子在扩散通过基区的过程中有一部分将与基区的多子空穴复合，形成复合电流 I_{RB}。其余部分则能扩散通过基区，记为 I_{NC}。显然有

$$I_{RB}=I_{NE}-I_{NC}$$

为了使晶体管有较大的电流放大能力，基区宽度 x_B 必须比非平衡少子在基区的扩散长度小得多，因此电子在基区的复合就很少，即 I_{RB} 很小，大部分均能扩散通过基区，到达集电结。

（3）阶段三：反偏集电结收集

基区中电子扩散到达基区靠集电结一侧的边界时，立即被反偏集电结中的强电场扫至集

电区,成为集电极电流。另外,在反偏的集电结上,有一个反向饱和电流 I_{CBO} 从集电极流向基极,因此总的集电极电流为

$$I_C = I_{NC} + I_{CBO}$$

根据上述分析,在发射结正偏、集电结反偏的正向放大偏置情况下,可得如图 3-1-4 所示双极晶体管内部电流传输示意图。

3. BJT 端电流的分量组成

由上述分析结果可得,发射极电流为发射区注入基区的电子形成的电子电流 I_{NE} 与基区注入发射区的空穴电流 I_{PE} 之和

$$I_E = I_{NE} + I_{PE} \tag{3-1-1}$$

集电极电流 I_C 为发射区注入基区的电子电流 I_{NE} 中顺利通过基区到达集电结的那部分电流 I_{NC} 与反偏 BC 结的反向饱和电流 I_{CBO} 之和

$$I_C = I_{NC} + I_{CBO} \tag{3-1-2}$$

I_B 包括三个组成部分:通过发射结从基区注入发射区的空穴电流 I_{PE}、基区复合电流 I_{RB} 以及从集电区流向基区的反向饱和电流 I_{CBO}。由于 I_{CBO} 的方向与 I_B 相反,因此基极电流 I_B 为

$$I_B = I_{PE} + I_{RB} - I_{CBO} \tag{3-1-3}$$

式(3-1-1)~式(3-1-3)定量表示了工作于正向放大状态下晶体管端电流与晶体管内部各个电流分量之间的关系。

实际上,只要 BE 结正偏,BC 结反偏,无论晶体管是共基极连接还是共射极连接,上述端电流的组成关系均成立。

3.1.3 BJT 的直流电流放大系数

下面以 NPN 晶体管为对象,讨论双极晶体管直流电流放大系数。对 PNP 晶体管,情况类似,只要改变载流子的极性即可。

1. 共基极直流电流放大系数

共基极连接情况下,基极为公共端。输入端为发射极,输出端为集电极。

共基极直流电流放大系数描述的是输出端集电极电流 I_C 与输入端发射极电流 I_E 之间的关系。

(1) BJT 输入到输出的电流传输效率

如图 3-1-4 所示,对共基极连接正向放大偏置情况下的晶体管,输入总电流 I_E 中只有 I_{NC} 传输到达集电结成为输出电流。因此将 I_{NC} 与 I_E 之比称为 BJT 输入到输出的电流传输效率 α_0,又称为共基极直流电流放大系数,即

$$\alpha_0 = I_{NC}/I_E \tag{3-1-4}$$

从放大角度考虑,希望 α_0 越大越好。但是,显然 $\alpha_0 < 1$。设计良好的 BJT,α_0 大于 0.99。

说明:α_0 另一种定义方式为　　　　　　$\alpha_0 = I_C/I_E$

由于 $I_C = I_{NC} + I_{CBO}$,两种定义只相差很小的 I_{CBO},因此对 α_0 实际数值几乎没有影响。

(2) 输出端电流的组成

将式(3-1-4)代入式(3-1-2),得

$$I_C = I_{NC} + I_{CBO} = \alpha_0 I_E + I_{CBO} \tag{3-1-5}$$

说明输出端电流 I_C 包括两部分：从输入端电流 I_E 传输到输出端的 $\alpha_0 I_E$ 以及流过反偏 CB 结输出端的反向饱和电流。

（3）电流 I_{CBO} 的含义

由式（3-1-5），对共基极情况，若输入端开路（open）则 $I_E=0$，得 $I_C=I_{CBO}$。

因此 I_{CBO} 是输入端开路（open）情况下流过输出端 CB 间的电流，这也是该电流符号 I_{CBO} 的下标三个字母 CBO 的含义。

（4）中间变量

由定义式（3-1-4），得

$$\alpha_0=\frac{I_{NC}}{I_E}=\frac{I_{NE}}{I_E}\cdot\frac{I_{NC}}{I_{NE}}\xrightarrow{\text{记为}}\gamma_0\alpha_{T0} \tag{3-1-6}$$

① 注入效率（发射效率）

由于 I_E 中只有 I_{NE} 才可能传输到集电结，因此 I_E 中注入基区的电流分量 I_{NE} 在发射极总电流 I_E 中所占的比例称为注入效率，也称为发射效率，记为 γ_0。

将式（3-1-1）代入 γ_0 表达式，得

$$\gamma_0=I_{NE}/I_E=I_{NE}/(I_{NE}+I_{PE})=1/[1+(I_{PE}/I_{NE})] \tag{3-1-7}$$

由上式可见，注入效率 γ_0 永远小于 1。要增大 γ_0，应该使 $I_{PE}\ll I_{NE}$。根据 PN 结伏安特性的特点[参见式（2-2-22）]，器件制造工艺中，为了保证双极晶体管具有一定的电流放大系数，必须保证发射区的掺杂浓度比基区的掺杂浓度高得多。

② 基区输运系数 α_{T0}

如前分析，注入基区的电流分量 I_{NE} 有一部分 I_{RB} 在基区因复合成为基极电流，传输到集电结的电流为 $I_{NC}=(I_{NE}-I_{RB})$。式（3-1-6）中 I_{NC} 与 I_{NE} 的比值反映了向基区注入的电流在基区的输运效率，称为基区输运系数，记为 α_{T0}。由式（3-1-6）得

$$\alpha_{T0}=I_{NC}/I_{NE}=(I_{NE}-I_{RB})/I_{NE}=1-(I_{RB}/I_{NE}) \tag{3-1-8}$$

由上式可见，基区输运系数 α_{T0} 永远小于 1。要增大 α_{T0}，应该使 $I_{RB}\ll I_{NE}$，即要求在基区传输过程中复合电流尽量小。这就要求基区宽度尽量小，而基区中非平衡少子的寿命则应该尽量大，才能使得基区中复合掉的少子电流尽量小。

深入思考题：① BJT 三层结构中，若基区宽度远大于少子扩散长度，还能起晶体管作用吗？

② 如果发射区和/或集电区的宽度远大于少子扩散长度，还能起晶体管作用吗？

---

2. 共射极直流电流放大系数

实际电路应用中，晶体管通常采用图 3-1-5 所示共射极连接方式。发射极为公共端。输入端为基极，输出端为集电极。共射极直流电流放大系数描述的是输出端集电极电流 I_C 与输入端基极电流 I_B 之间的关系。

共射极连接情况下，晶体管内部 BE 结受到 V_{BE} 作用，为正偏。输出端 C 与公共端 E 之间偏置电压

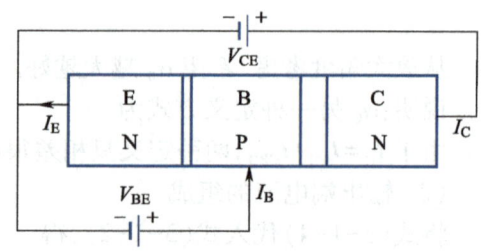

图 3-1-5 共射极连接的 BJT 偏置

$V_{CE}>0$，通常明显大于 V_{BE}。则 $V_{CB}=(V_{CE}-V_{BE})>0$，使得 CB 结处于反偏。因此，虽然晶体管为图 3-1-5 所示共射极连接，但是，晶体管内部还是处于正向放大偏置状态，则图 3-1-4 所描述的晶体管内部电流传输物理过程以及相应的端电流组成关系式(3-1-1)~式(3-1-3)都是成立的。

下面分析共射极电流放大系数与共基极直流电流放大系数的关系。

(1) 电流 I_C 和 I_B 关系分析

对晶体管，端电流之间有关系式 $I_E=I_C+I_B$，将其代入式(3-1-5)，得

$$I_C=\alpha_0 I_E+I_{CBO}=\alpha_0(I_C+I_B)+I_{CBO}$$

经简单数学运算，由上式得

$$I_C=[\alpha_0/(1-\alpha_0)]I_B+[1/(1-\alpha_0)]I_{CBO}\xlongequal{\text{记为}}\beta_0 I_B+I_{CEO}$$

即

$$I_C=\beta_0 I_B+I_{CEO} \qquad (3-1-9)$$

式中

$$\beta_0=\alpha_0/(1-\alpha_0) \qquad (3-1-10)$$

$$I_{CEO}=[1/(1-\alpha_0)]I_{CBO} \qquad (3-1-11)$$

(2) β_0 的含义

由式(3-1-10)得

$$\beta_0=\frac{\alpha_0}{1-\alpha_0}=\frac{\alpha_0 I_E}{(1-\alpha_0)I_E}=\frac{I_{NC}}{I_{PE}+I_{RB}}$$

即 β_0 是发射极电流 I_E 中传输到输出端的那部分电流 I_{NC} 与不能传输到输出端而成为 I_B 电流的那部分电流($I_{PE}+I_{RB}$)之比，因此 β_0 称为共射极直流电流放大系数。

虽然 α_0 小于 1，但是对于设计和制造良好的晶体管，α_0 非常接近 1，一般大于 0.99，则由式(3-1-10)可得，β_0 一般比 1 大得多，通常在几十到几百之间。对电流放大系数有特殊要求的超 β 晶体管，β_0 可能达到 1 000 以上。

(3) I_{CEO} 的含义

由式(3-1-9)可见，I_{CEO} 是 $I_B=0$(即输入端 B 极开路，如图 3-1-6 所示)情况下流过输出端(即 CE 之间)的电流，这也是下标三个字母 CEO 表达的含义。

由式(3-1-11)得

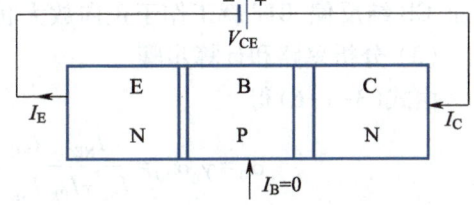

图 3-1-6　基极开路情况下的 BJT 偏置

$$I_{CEO}=[1/(1-\alpha_0)]I_{CBO}=(1+\beta_0)I_{CBO} \qquad (3-1-12)$$

由上式可见，I_{CEO} 是 I_{CBO} 的($1+\beta_0$)倍，即 I_{CEO} 比共基极情况下流过输出端的反向饱和电流 I_{CBO} 大得多。

深入思考题：从载流子输运过程推导 I_{CEO} 和 I_{CBO} 的关系：$I_{CEO}=(1+\beta_0)I_{CBO}$

提示一：$I_B=0$，输入端开路，但在 V_{CE} 作用下 BJT 内部仍然工作于正向放大状态，端电流组成关系式(3-1-1)~式(3-1-3)仍成立。

提示二：$I_B=0$，则由式(3-1-3)，$I_{CBO}=I_{PE}+I_{RB}$。

3.2　理想 BJT 直流电流放大特性

本节定量分析"理想 BJT"直流电流放大系数与器件结构参数的关系。非理性因素对电流放大系数的影响将在 3.3 节讨论。

3.2.1　理想 BJT 直流电流放大系数定量分析

1. 理想 BJT 直流电流放大系数定量分析思路

(1) 理想 BJT 条件

BJT 是由两个 PN 结组成的,理想 BJT 条件就是理想 PN 结的四个条件再加上 BJT 的一个条件:基区宽度远小于基区少子扩散长度,$x_B \ll L_B$。

(2) 坐标系

为了便于分析,定量分析中发射区、基区、集电区分别采用各自的坐标系,如图 3-2-1 所示。其中 x_B、x_E 和 x_C 分别是基区、发射区和集电区的范围。

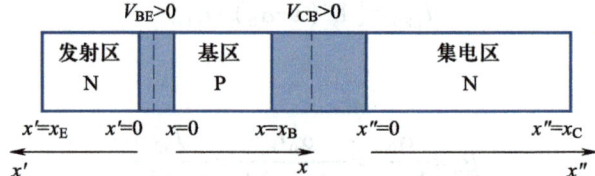

图 3-2-1　BJT 定量分析采用的坐标系

平面工艺 BJT 中,通常发射区宽度 $x_E \ll L_E$(参见 6.2.3 节分析),基区宽度 $x_B \ll L_B$,集电区宽度 $x_C \gg L_C$。

按照 3.1.2 节分析,无论哪种连接方式,对 NPN 晶体管,只要 $V_{BE} > 0$ 保证 BE 结正偏,$V_{CB} > 0$ 保证 CB 结反偏,BJT 就工作于正向放大状态。

(3) 分析思路和计算步骤

由式(3-1-6)得

$$\alpha_0 = \gamma_0 \alpha_{T0} = \frac{I_{NE}}{I_{NE} + I_{PE}} \frac{I_{NC}}{I_{NE}} = \frac{I_{NE}(x=0)}{I_{NE}(x=0) + I_{PE}(x'=0)} \frac{I_{NC}(x=x_B)}{I_{NE}(x=0)} \qquad (3-2-1)$$

因此,为了定量分析电流放大系数 α_0,需要求三个电流:$I_{PE}(x'=0)$、$I_{NE}(x=0)$、$I_{NC}(x=x_B)$,分别对应 N 型发射区靠 BE 结势垒区边界处少子空穴电流 $I_{PE}(x'=0)$、P 型基区靠 BE 结势垒区以及靠 BC 结势垒区两个边界处的少子电子电流 $I_{NE}(x=0)$ 和 $I_{NC}(x=x_B)$。显然,计算势垒区边界处少子电流的方法和步骤与 PN 结情况相同。

参照 2.2.2 节 PN 结直流特性分析思路,BJT 直流电流放大系数包括下述步骤:

步骤一:在每个区建立数学模型,包括少子连续性方程以及少子在势垒区边界处的边界条件;

步骤二:求解少子连续性方程,得到少子分布;

步骤三:根据少子分布计算少子扩散电流分布,并计算势垒区边界处少子电流;

步骤四:计算电流放大系数,包括将势垒区边界处少子电流计算结果代入式(3-2-1),分

别计算注入效率 γ_0、基区输运系数 α_{T0}、共基极电流放大系数 α_0。再用式(3-1-10)计算共射极电流放大系数 β_0。

2. 耗尽层边界处少子扩散电流 $I_{PE}(x'=0)$、$I_{NE}(x=0)$ 和 $I_{NC}(x=x_B)$

步骤一到步骤三包括的定量分析计算过程与第 1 章 PN 结直流特性定量分析计算过程相同。参照 2.2.2 节方法,计算得到电流密度后,再乘以结面积 A 就是耗尽层边界处少子扩散电流 $I_{PE}(x'=0)$、$I_{NE}(x=0)$ 和 $I_{NC}(x=x_B)$,用于计算电流放大系数。电流密度为

$$J_{PE}(x'=0)=-qD_E\frac{\mathrm{d}[\,p_E(x')\,]}{\mathrm{d}x'}\bigg|_{x'=0}=\frac{qD_E p_{E0}}{L_E}\left[\exp\left(\frac{qV_{BE}}{kT}\right)-1\right]\cdot\frac{1}{\tanh(x_E/L_E)} \quad (3\text{-}2\text{-}2)$$

$$J_{NE}(x=0)=qD_B\frac{\mathrm{d}[\,n_B(x)\,]}{\mathrm{d}x}\bigg|_{x=0}=\frac{qD_B n_{B0}}{L_B}\left[\frac{1}{\sinh(x_B/L_B)}+\frac{\exp(qV_{BE}/kT)-1}{\tanh(x_B/L_B)}\right] \quad (3\text{-}2\text{-}3)$$

$$J_{NC}(x=x_B)=qD_B\frac{\mathrm{d}[\,n_B(x)\,]}{\mathrm{d}x}\bigg|_{x=x_B}=\frac{qD_B n_{B0}}{L_B}\left[\frac{\exp(qV_{BE}/kT)-1}{\sinh(x_B/L_B)}+\frac{1}{\tanh(x_B/L_B)}\right] \quad (3\text{-}2\text{-}4)$$

3. 计算注入效率 γ_0

(1) 基本表达式

将式(3-2-2)所示 $I_{PE}(x'=0)$ 表达式和式(3-2-3)所示 $I_{NE}(x=0)$ 表达式代入注入效率 γ_0 定义式(3-1-7),并采用 $x_B\ll L_{NB}$ 以及 BE 正偏情况下($V_{BE}>0$)给出的下述两个近似条件

$$\exp\left(\frac{qV_{BE}}{kT}\right)\gg 1 \quad \text{和} \quad \frac{\exp(qV_{BE}/kT)}{\tanh(x_B/L_B)}\gg\frac{1}{\sinh(x_B/L_B)}$$

推导得到

$$\gamma_0=\frac{I_{NE}}{I_{NE}+I_{PE}}=\frac{1}{1+\dfrac{I_{PE}}{I_{NE}}}\approx\frac{1}{1+\dfrac{p_{E0}D_E L_B}{n_{B0}D_B L_E}\dfrac{\mathrm{th}(x_B/L_B)}{\mathrm{th}(x_E/L_E)}}$$

对双曲正切函数 $\mathrm{th}(y)$,若自变量 $y\ll 1$,则 $\mathrm{th}(y)\approx y$

实际平面工艺 BJT 中,$x_B\ll L_{NB}$,$x_E\ll L_{PE}$ 得

$$\gamma_0\approx\frac{1}{1+\dfrac{p_{E0}D_E x_B}{n_{B0}D_B x_E}} \quad (3\text{-}2\text{-}5)$$

(2) 采用 Gummel 数描述的 γ_0 表达式

由于发射区平衡少子浓度 $p_{E0}=\dfrac{n_i^2}{N_E}$,基区平衡少子浓度 $n_{B0}=\dfrac{n_i^2}{N_B}$,代入式(3-2-5),得

$$\gamma_0\approx\frac{1}{1+\dfrac{p_{E0}D_E x_B}{n_{B0}D_B x_E}}=\frac{1}{1+\dfrac{D_E N_B x_B}{D_B N_E x_E}}$$

通常电子与空穴的扩散系数相差不大,为同一个数量级,而发射区与基区的掺杂浓度存在数量级的差别,因此上式可记为

$$\gamma_0\approx\frac{1}{1+\dfrac{D_E G_B}{D_B G_E}}\approx 1-\frac{G_B}{G_E} \quad (3\text{-}2\text{-}6)$$

式中 $G_B = N_B x_B$ 和 $G_E = N_E x_E$ 分别为基区和发射区单位结面积对应的掺杂总数，分别称为基区 Gummel 数和发射区的 Gummel 数。

为了使得注入效率 γ_0 尽量趋于 1，应该使 $G_E \gg G_B$，即要求 $N_E \gg N_B$，因此平面工艺 BJT 中发射区掺杂浓度应该比基区掺杂浓度高得多。

说明：采用 Gummel 数描述的注入效率表达式是从均匀掺杂 BJT 情况引入的，该表达式同样适用于非均匀掺杂的 BJT。

对均匀掺杂发射区，$G_E = N_E x_E$。对均匀掺杂基区，$G_B = N_B x_B$。

若发射区和基区为非均匀掺杂，则采用积分计算 Gummel 数：

$$G_E = \int_0^{x_E} N_E(x')\,\mathrm{d}x'$$

$$G_B = \int_0^{x_B} N_B(x)\,\mathrm{d}x$$

（3）讨论：Gummel 数与相应区域掺杂方块电阻的关系

平面工艺中采用方块电阻描述掺杂区中对应单位表面积掺入的杂质总数多少，对照 Gummel 数与方块电阻的定义，注入效率可以直接用工艺参数方块电阻表示。但是需要强调的是，根据平面工艺 BJT 的结构特点，发射区 Gummel 数 G_E 与发射区掺杂方块电阻成反比（参见 6.1.1 节），但是基区 Gummel 数 G_B 不是与基区掺杂方块电阻成反比，而是与有源基区方块电阻成反比，因此采用方块电阻描述的注入效率表达式如下式所示

$$\gamma_0 \approx 1 - \frac{G_B}{G_E} = 1 - \frac{R_{\text{发射区掺杂方块电阻}}}{R_{\text{有源基区方块电阻}}} \tag{3-2-7}$$

4. 计算基区输运系数 α_{T0}

将式（3-2-3）所示 $J_{NE}(x=0)$ 表达式和式（3-2-4）所示 $J_{NC}(x=x_B)$ 表达式代入式（3-1-8）所示基区输运系数 α_{T0} 定义式，得

$$\alpha_{T0} = \frac{I_{NC}}{I_{NE}} = \frac{J_{NC}}{J_{NE}} \approx \frac{\exp(qV_{BE}/kT) + \cosh(x_B/L_{NB})}{1 + \exp(qV_{BE}/kT) + \cosh(x_B/L_{NB})} \tag{3-2-8}$$

实际平面工艺 BJT 中，基区宽度 $x_B \ll L_{NB}$

对双曲余弦函数 $\cosh(y)$，若自变量 $y \ll 1$，则

$$\cosh(y) \approx 1 + \frac{1}{2}y^2$$

又 BE 结正偏情况下（$V_{BE} > 0$）近似有

$$\exp(qV_{BE}/kT) \gg 1$$

代入（3-2-8）式，得

$$\alpha_{T0} \approx \frac{1}{\cosh(x_B/L_{NB})} \approx \frac{1}{1 + \frac{1}{2}\left(\dfrac{x_B}{L_{NB}}\right)^2} \approx 1 - \frac{1}{2}\left(\frac{x_B}{L_{NB}}\right)^2 \tag{3-2-9}$$

为了使基区输运系数 α_{T0} 尽量趋于 1，应该使 $x_B \ll L_{NB}$，因此平面工艺 BJT 中基区宽度应该比基区少子扩散长度小得多。

5. 计算共基极电流放大系数 α_0

由式（3-2-6）所示注入效率 γ_0 表达式和式（3-2-9）所示基区输运系数 α_{T0} 表达式代入

式(3-1-6)所示 α_0 表达式,得

$$\alpha_0 = \gamma_0 \alpha_{T0} = \left(1 - \frac{D_E G_B}{D_B G_E}\right)\left[1 - \frac{1}{2}\left(\frac{x_B}{L_{NB}}\right)^2\right]$$

实际晶体管中,基区 Gummel 数 G_B 远小于发射区 Gummel 数 G_E,基区宽度远小于基区少子扩散长度,上述 α_0 表达式可近似为

$$\alpha_0 = 1 - \frac{D_E G_B}{D_B G_E} - \frac{1}{2}\left(\frac{x_B}{L_{NB}}\right)^2 \tag{3-2-10}$$

6. 计算共射极电流放大系数 β_0

由于实际晶体管 α_0 通常大于 0.99,由式(3-1-10)所示 β_0 定义可近似得

$$\beta_0 = \frac{\alpha_0}{1-\alpha_0} \approx \frac{1}{1-\alpha_0}$$

代入式(3-2-10)所示 α_0 表达式,得到采用下述形式描述的共射极电流放大系数:

$$\frac{1}{\beta_0} \approx 1 - \alpha_0 = \frac{D_E G_B}{D_B G_E} + \frac{1}{2}\left(\frac{x_B}{L_{NB}}\right)^2 \tag{3-2-11}$$

7. 计算实例

若要求 β_0 不小于 99,应如何确定 BJT 的结构参数?

解:为了保证 β_0 不小于 99,则 α_0 应不小于 0.99。

由于 $\alpha_0 = \gamma_0 \alpha_{T0}$,根据水桶原理,为了保证乘积达到 0.99,最"经济"的方法是取 $\gamma_0 \approx \alpha_{T0} = 0.995$。

由 γ_0 表达式,考虑到发射区和基区少子扩散系数相差不大,为了使得 γ_0 达到 0.995,则要求 $G_E/G_B \geqslant 198$,即要求发射区重掺杂,保证发射区 Gummel 数 G_E 达到基区 Gummel 数 G_B 的 200 倍。

由 α_{T0} 表达式,为了使得 α_{T0} 达到 0.995,要求 $x_B/L_{NB} \leqslant 0.1$,即要求基区很薄,基区宽度 x_B 不能大于基区少子扩散长度的 1/10。

> **深入思考题**:超 β 晶体管的 β_0 要求达到 1 000 以上,则晶体管的发射区 Gummel 数 G_E、基区 Gummel 数 G_B 以及基区宽度 x_B 这三个参数应该满足什么要求?

3.2.2　缓变基区 BJT 的电流放大系数

前面 BJT 放大特性分析是针对基区掺杂为均匀分布的 BJT。但是,实际平面工艺 BJT 基区是通过两次扩散或者离子注入工艺形成的(如图 3-1-2 所示),基区杂质分布 $N_B(x)$ 不是常数,为非均匀掺杂,是一种缓变基区晶体管(如图 3-2-2 所示)。与均匀掺杂基区 BJT 相比,缓变基区 BJT 的最大特点是基区掺杂不均匀将导致基区产生自建电场,对电流放大系数产生明显影响。

1. 缓变基区 BJT 的基区自建场

(1)基区自建电场的形成过程

由于 P 型基区中受主杂质 $N_B(x)$ 分布不均匀,则基区平衡多子浓度分布 $p_{B0}(x)$ 也随之不均匀,导致空穴从 $x=0$ 处沿 x 方向扩散,这样基区 $x=0$ 附近多子空穴浓度 $p_{B0}(x)$ 将小于掺杂

浓度 $N_B(x)$，在 $x=0$ 附近就出现了未被中和的带负电荷（$-Q$）的离化受主杂质，如图 3-2-2 所示。

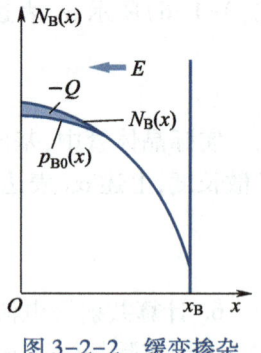

图 3-2-2 缓变掺杂基区自建电场

基区出现净电荷就在基区产生电场 E，称为自建场，其方向与 x 方向相反。

在基区自建电场的作用下，空穴就要沿着电场方向进行漂移运动，漂移运动的方向与基区多子空穴的扩散运动方向相反。当扩散和漂移作用达到平衡时，基区就形成了稳定的自建场。

（2）自建电场与基区杂质分布的关系

基区扩散和漂移作用平衡时，基区空穴扩散电流和漂移电流的代数和为 0，即

$$J_P = \left[-qD_P \frac{\mathrm{d}p_{B0}(x)}{\mathrm{d}x} \right] + q\mu_p p_{B0}(x)E(x) = 0$$

解得

$$E(x) = \frac{D_P}{\mu_p} \frac{1}{p_{B0}(x)} \frac{\mathrm{d}p_{B0}(x)}{\mathrm{d}x} = \frac{kT}{q} \frac{1}{p_{B0}(x)} \frac{\mathrm{d}p_{B0}(x)}{\mathrm{d}x}$$

其中 $\dfrac{D_P}{\mu_p} = \dfrac{kT}{q}$ 为爱因斯坦关系。

实际情况下，基区形成稳定的自建电场时，基区多子空穴浓度与基区施主杂质分布的差别并不大，因此在 $E(x)$ 表达式中可以近似取 $p_{B0}(x) \approx N_B(x)$，则得

$$E(x) = \frac{kT}{q} \frac{1}{N_B(x)} \frac{\mathrm{d}N_B(x)}{\mathrm{d}x} \tag{3-2-12}$$

（3）自建电场与基区杂质分布关系的解读

由式（3-2-12）可见，基区杂质分布从两个方面影响自建电场的强弱。

基区杂质分布越陡峭，即 $\mathrm{d}N_B(x)/\mathrm{d}x$ 越大，则自建电场越强。这是因为基区杂质分布越陡峭，多子扩散作用就越明显。为了形成能够与扩散电流平衡的漂移电流，需要更强的自建场。因此自建场大小与基区杂质浓度梯度成正比。

若基区杂质浓度 $N_B(x)$ 较高，则自建电场越弱。这是因为基区杂质浓度越高，则多子空穴浓度 $p_{B0}(x)$ 就越高，只需要较低的自建场就能形成与扩散电流平衡的漂移电流。因此自建场大小与基区杂质浓度成反比。

2. 基区自建场对基区少子电流的影响

基区自建电场方向为负 x 方向，因此对于注入基区的电子起加速作用，有利于电子通过基区到达集电区，减少在基区的复合，提高电流放大系数。

3. 缓变基区晶体管的电流放大系数

（1）注入效率

均匀掺杂情况下采用 Gummel 数表示的注入效率表达式（3-2-6）也适用于缓变基区 BJT

$$\gamma_0 \approx \frac{1}{1 + \dfrac{D_E G_B}{D_B G_E}} \approx 1 - \frac{G_B}{G_E}$$

（2）基区输运系数

分析可得，对缓变基区，基区输运系数为

$$\alpha_{T0} = 1 - \frac{1}{\lambda} \frac{x_B^2}{L_{NB}^2} \tag{3-2-13}$$

式中参数 $\lambda \geqslant 2$，反映基区自建电场加速作用对 α_{T0} 的影响。对均匀掺杂基区，$\lambda = 2$。

（3）共基极电流放大系数 α_0

由上述注入效率和基区输运系数表达式可得 α_0 为

$$\alpha_0 = \gamma_0 \alpha_{T0} = \left(\frac{1}{1 + \frac{D_E G_B}{D_B G_E}} \right) \left(1 - \frac{1}{\lambda} \frac{x_B^2}{L_{NB}^2} \right) \approx 1 - \frac{D_E G_B}{D_B G_E} - \frac{1}{\lambda} \frac{x_B^2}{L_{NB}^2} \tag{3-2-14}$$

（4）共射极电流放大系数 β_0

由共基极电流放大系数 α_0 表达式（3-2-14）得

$$\frac{1}{\beta_0} = \frac{D_E G_B}{D_B G_E} + \frac{1}{\lambda} \frac{x_B^2}{L_{NB}^2} \tag{3-2-15}$$

深入思考题: 若 BJT 的 BC 结正偏，BE 结反偏，则称为反向放大状态。请分析，对图 3-2-3 所示平面工艺 BJT 实际结构，为什么反向放大状态的 $(\beta_0)_R$ 远小于正向电流放大系数 $(\beta_0)_F$。

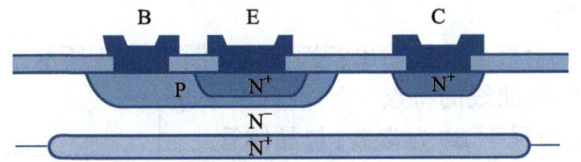

图 3-2-3　平面工艺 BJT 剖面结构示意图

提示一:分析"发射结"两侧杂质浓度差别，比较两种状态下的"G_B / G_E"大小；

提示二:分析两种工作状态下基区自建场对基区少子输运的不同影响；

提示三:平面工艺 BJT 中"发射结面积 A_E"与"集电结面积 A_C"不相等，两种工作状态下"集电区"收集来自"发射区"的载流子的充分程度不同。

3.2.3　BJT 直流放大特性讨论

1. 提高 BJT 电流放大系数的主要技术途径

由式（3-2-14）和式（3-2-15）可见，提高共基极直流电流增益 α_0 与提高共射极直流电流增益 β_0 对晶体管结构参数的要求是一致的。在设计和制作晶体管过程中通常采取下述几条主要措施:

① 减少基区宽度 x_B，这是提高电流放大系数最有效的方法；

② 增加发射区掺杂浓度，减少基区掺杂浓度，提升发射区 Gummel 数与基区 Gummel 数 "G_E / G_B" 的比值。或者从工艺角度说，应该减小 R_E 同时增大 R_B，使得发射区方块电阻 << 有源基区方块电阻；

需要注意的是，如果基区掺杂浓度过低，将导致许多不良作用，例如，使基区宽变效应严重、基区串联电阻增大（参见 3.5 节）等，因此基区掺杂浓度要适度；

③ 使基区杂质分布尽量陡峭，增大基区杂质分布梯度，增大 λ；

④ 加强工艺控制，减少工艺缺陷，尽量减少起复合中心作用的重金属原子、表面沾污以及

晶格缺陷，通过提高 D_B 和 τ_B 增大 L_{NB}。

2. 理想 BJT 输出特性曲线的特点

（1）理想 BJT 输出特性曲线

晶体管特性曲线表示了晶体管端电流和端电压之间的关系，也是晶体管内部物理过程的综合反映。对于广泛使用的共射极，输出特性以输入端基极电流 I_B 为参变量，表示输出端集电极电流 I_C 与输出端电压 V_{CE} 之间的关系。

由式(3-1-9) $I_C = \beta_0 I_B + I_{CEO}$，若 $I_B = 0$，输出端电流为 $I_C = I_{CEO}$。$I_B = 0$ 对应输入端基极开路，没有输入电流。特性曲线上 $I_B = 0$ 下方区域称为截止区。

随着 I_B 的增加，I_C 随之增大。如果 I_B 等间距增大，由于理想情况下 β_0 只与器件结构参数有关，与工作电流大小无关，是常数，因此输出特性曲线上各条曲线之间的间距相等。输出特性曲线上这一部分区域称为放大区。

对于一定的输入电流 I_B，在 V_{CE} 大于 1 V 的范围，集电结保持反偏。理想情况下 β_0 与集电结反偏电压大小无关，为常数，因此随着 V_{CE} 的增加，I_C 不变，特性曲线保持水平。

当 V_{CE} 减小到小于 1 V 以下，晶体管脱离正常放大状态，输出电流 I_C 迅速下降。输出特性曲线上这一部分区域对应于两个结均为正偏的情况，称为饱和区。饱和区对应的晶体管电流输运过程将在 3.6 节分析。

理想情况下典型的共射极晶体管输出特性曲线如图 3-2-4 所示。

（2）理想 BJT 输出特性曲线的特点

如上分析，由于理想情况下 β_0 为常数，与晶体管工作点电流、电压无关，表现为晶体管输出特性曲线放大区具有下述两个明显特点：

① 与同一个 I_B 对应的特性曲线为水平线，与 V_{CE} 无关；

② 在放大区，对不同的 I_B，如果 I_B 等间距增大，则输出特性曲线上各条曲线之间的间距相等。

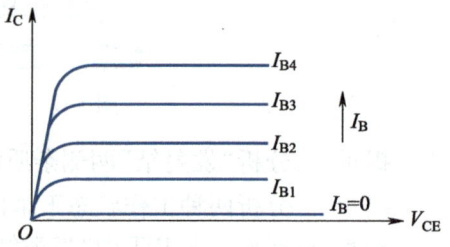

图 3-2-4   理想 BJT 的 i_C-v_{CE} 特性曲线

实际情况下，由于非理想效应的影响，使得 BJT 输出特性曲线与理想情况相比存在明显差别。3.3 节将进行详细分析。

3.3   影响 BJT 直流 β_0 的非理想因素

采用理想 BJT 模型得到的电流放大系数 β_0 为常数，与晶体管工作点电流、电压无关。但是由于非理想效应的影响，使得实际 BJT 的 β_0 不是常数，与偏置条件相关。本节从物理过程和定量分析的角度剖析非理想因素对 β_0 的影响及应对措施。

3.3.1   实际 BJT 的 β_0 与工作点（I_C、V_{CE}）的关系

由于 BJT 非理想因素的影响，实际的 β_0 与偏置条件相关，使得 BJT 输出特性曲线与图 3-3-1(a) 所示理想情况相比存在明显差别。

1. 实际 BJT 的 β_0 与 V_{CE} 的关系

随着 V_{CE} 增加，实际 BJT 的 β_0 随之增大。表现为 I_C-V_{CE} 特性曲线不再是水平线，而是随

着 V_{CE} 增加略有上翘,如图 3-3-1(b)所示。这是在设计或者应用中必须要考虑的因素。

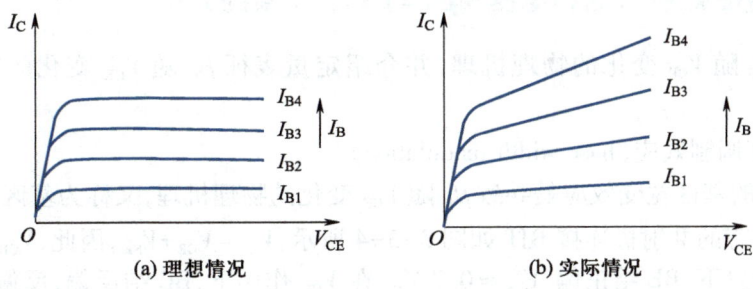

(a) 理想情况　　　　　　(b) 实际情况

图 3-3-1　理想 BJT 与实际 BJT 的输出特性

2. 实际 BJT 的 β_0 与 I_C 的关系

实际 BJT 的 β_0 的大小与工作点电流 I_C 有关。在 I_C 较小以及 I_C 较大的范围,β_0 均下降,如图 3-3-2 所示。显然实际应用中希望 β_0 随 I_C 变化尽量小。

> **深入思考题:**对实际 BJT,β_0 随工作点电流 I_C 变化的现象导致 I_C-V_{CE} 特性曲线的放大区曲线形态呈现什么特点?

3. 采用 Gummel 曲线描述的 β_0-I_C 关系

采用 Gummel 曲线描述的 β_0-I_C 关系将有利于对 β_0 随 I_C 变化现象的直观理解。

由 $I_C=\beta_0 I_B+I_{CEO}$ 得 $\beta_0=(I_C-I_{CEO})/I_B\approx I_C/I_B$。两边取对数,得 $\lg(\beta_0)=\lg(I_C)-\lg(I_B)$

由于是理想模型,$I_C=I_{NC}+I_{CBO}\approx I_{NC}\propto\exp(qV_{BE}/kT)$,则 $\lg(I_C)\propto(q/kT)V_{BE}$,在描述 $\lg(I_C)\sim V_{BE}$ 关系的半对数坐标系中是斜率为 (q/kT) 的斜直线。

同理,$I_B=I_{PE}+I_{RB}-I_{CBO}\approx I_{PE}+I_{RB}\propto\exp(qV_{BE}/kT)$。两边取对数,得 $\lg(I_B)\propto(q/kT)V_{BE}$,在描述 $\lg(I_B)\sim V_{BE}$ 关系的半对数坐标系中是斜率为 (q/kT) 的斜直线。

采用半对数坐标描述的 $I\sim V_{BE}$ 关系曲线称为 Gummel 曲线。

由 $\lg(\beta_0)=\lg(I_C)-\lg(I_B)$,因此在半对数坐标中,$I_C\sim V_{BE}$ 以及 $I_B\sim V_{BE}$ 关系曲线之间的垂直间距反映电流放大系数 β_0 的大小,如图 3-3-3 所示。

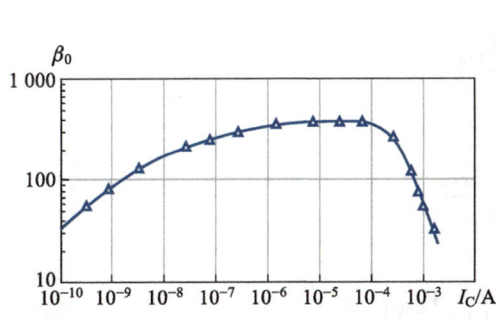

图 3-3-2　实际 BJT 的 β_0 与 I_C 的关系

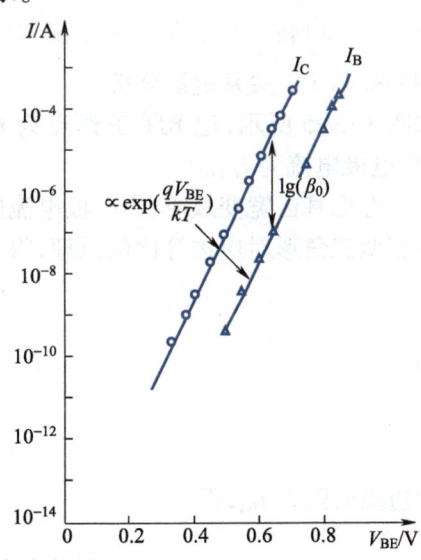

图 3-3-3　Gummel 曲线描述的 BJT 电流放大系数 β_0

3.3.2　基区宽变效应与厄利电压：β_0 与 V_{CE} 关系的分析

本节分析 β_0 随 V_{CE} 变化的物理机理，并介绍定量表征 β_0 随 V_{CE} 变化的特征参数：厄利电压。

1. 基区宽度调制效应（base width modulation）

BJT 中存在的基区宽变效应是导致 β_0 随 V_{CE} 变化的物理机理，又称为基区宽度调制效应。

正向放大状态的共射极连接 BJT 如图 3-3-4 所示，$V_{CE} = V_{CB} + V_{BE}$，因此，$V_{CB} = V_{CE} - V_{BE}$。

正向放大偏置下，BE 结正偏，$V_{BE} \approx 0.7$ V。在 V_{CE} 作用下，BC 结反偏，反偏电压 $V_{CB} = V_{CE} - V_{BE}$，将随着反偏电压 V_{CE} 增大而增大，则 CB 结势垒宽度也增宽，导致基区宽度 x_B 减小。

有效基区宽度随着反偏电压变化而变化的现象称为基区宽度调制效应，也称为基区宽变效应。

2. 基区宽变效应对 β_0 影响的定量表征

（1）基区宽变效应对 β_0 影响的定性分析

根据 3.1 节的分析，x_B 减小直接导致基区输运系数 α_{T0} 增加。此外 x_B 减小使得基区 Gummel 数 G_B 减小，导致注入效率 γ_0 增加。这两种因素均使得 β_0 随着 V_{CE} 的增加而增加。

（2）厄利电压 V_A（Early voltage）

在考虑基区宽变效应的 $I_C \sim V_{CE}$ 特性曲线上，将不同 I_B 对应的特性曲线反向延长，与水平轴基本交于一点。交点与原点距离记为 V_A，称为厄利电压，如图 3-3-5 所示。

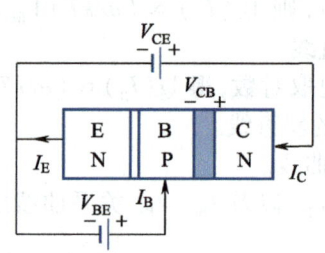

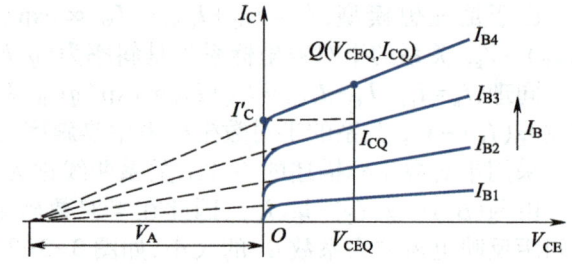

图 3-3-4　正向放大状态的共射极连接 BJT   图 3-3-5　厄利电压

（3）β_0 与 V_{CE} 关系定量分析

如图 3-3-5 所示，记 BJT 工作点为 $Q(V_{CEQ}, I_{CQ})$。即如果偏置电压为 V_{CEQ}，输入电流为 I_{B4}，则集电极电流为 I_{CQ}。

若不考虑基区宽变效应，集电极电流应该为 I'_C。

由相似三角形对应边等比例原理，得

$$\frac{I_{CQ}}{I'_C} = \frac{V_A + V_{CEQ}}{V_A}$$

则

$$I_{CQ} = I'_C \frac{V_A + V_{CEQ}}{V_A}$$

两边同时除以 i_{B4}，得

$$(\beta_0)_Q = (\beta_0)_{理想}\left(1 + \frac{V_{CEQ}}{V_A}\right)$$

一般情况下

$$\beta_0 = (\beta_0)_{理想}\left(1+\frac{V_{CEQ}}{V_A}\right) \tag{3-3-1}$$

由式（3-3-1）可见，参数 V_A 定量表征了 V_{CE} 对 β_0 的影响程度。V_A 越大，V_{CE} 对 β_0 的影响越小。若 $V_A \to \infty$，则 $\beta_0 = (\beta_0)_{理想}$。因此希望 V_A 越大越好。通常 BJT 的 V_A 为 100 多伏。

3. 提高 V_A 的技术途径

参数 V_A 描述了 V_{CE} 对 β_0 的影响程度，也就描述了基区宽变效应的程度。在 BJT 模型中参数 V_A 也是一个重要的模型参数。

希望 V_A 越大越好，也就是希望 V_{CE} 对基区宽变的影响越小越好。基于基区宽变效应的物理机理分析，可以通过下述途径提高厄利电压 V_A：

① 增加基区掺杂浓度 N_B，使得 BC 势垒区宽度尽量向集电区一侧扩展；

② 增加基区宽度 x_B，减少基区宽度的相对变化量。

需要注意的是，上述两项措施与提高电流放大系数相矛盾，需要权衡考虑。

> **深入思考题：** 超 β 晶体管的 V_A 只有 10 V 左右，相应的 $I_C - V_{CE}$ 特性曲线形态有什么特点？

3.3.3 BE 势垒区复合与小电流下 β_0 的下降

本节分析小电流下 β_0 下降的物理机理和定量表征方法。

1. 正偏 BE 结势垒区复合电流 $(I_R)_{BE}$

按照 2.3 节正偏 PN 结势垒区复合电流的分析结果式（2-3-8），对于 BJT，正偏 BE 结中存在的势垒复合电流 $(I_R)_{BE}$ 为

$$(I_R)_{BE} = I_{SE}\exp\left(\frac{qV_{BE}}{2kT}\right) \tag{3-3-2}$$

式中 I_{SE} 为描述 BE 结势垒复合作用强弱的电流项，如式（3-3-3）所示。其中 x_{BE} 为发射结耗尽层宽度。

$$I_{SE} = A\frac{qn_i x_{BE}}{2\tau_0} \tag{3-3-3}$$

由上式可见，少子寿命 τ_0 越短，则势垒复合电流越大。

2. $(I_R)_{BE}$ 对 β_0 的影响

由于存在 $(I_R)_{BE}$，则流过 BE 结的总电流 $I_E = I_{NE} + I_{PE} + (I_R)_{BE}$。其中 $(I_R)_{BE}$ 只在 B-E 电极间流动。I_E 中只有 I_{NE} 为有效注入电流。

因此注入效率 γ_0 为

$$\gamma_0 = \frac{I_{NE}}{I_E} = \frac{I_{NE}}{I_{NE}+I_{PE}+(I_R)_{BE}} = \left(\frac{I_{NE}}{I_{NE}+I_{PE}}\right)\left[\frac{I_{NE}+I_{PE}}{I_{NE}+I_{PE}+(I_R)_{BE}}\right] = (\gamma_0)_{理想}\delta \tag{3-3-4}$$

式中 δ 称为复合因子（recombination factor）

显然 $\delta < 1$，因此势垒区复合导致注入效率 γ_0 下降，进而导致 β_0 下降。

3. 采用 Gummel 曲线描述 $(I_R)_{BE}$ 对 β_0 的影响

由于势垒区复合电流 $(I_R)_{SE}$ 只在基极和发射极之间流动，因此应该叠加在基极电流上，而集电极电流不受影响，如图 3-3-6 所示。

由于这时 $I_C \sim V_{BE}$ 以及 $I_B \sim V_{BE}$ 关系曲线之间的垂直间距明显减小，说明 β_0 下降。而且 I_C 越小，β_0 下降越严重。

4. 改善 BJT 小电流 β_0 特性的技术途径

为了保证在小电流下晶体管能正常工作，小电流下 β_0 不应下降过多。因此改善 BJT 小电流 β_0 特性的主要技术途径是加强工艺控制，降低起复合中心作用的杂质原子和晶格缺陷，提高少子寿命 τ_0。

实际生产中，也可以通过监测小电流下 β_0 的下降程度表征工艺控制状态是否正常。

3.3.4　大注入效应与大电流下 β_0 下降

本节分析大电流下 β_0 下降的物理机理和定量表征方法。

1. BJT 内部的大注入现象

基区平衡多子空穴浓度比发射区多子电子浓度低得多。而注入基区的少子电子电流比注入发射区的少子空穴电流高得多，因此随着发射极电流 I_E 的增加，首先可能发生大注入的是基区。

下面主要讨论基区发生大注入对电流放大系数 β_0 的影响。

2. 大注入影响之一

按照 2.3.4 节 PN 结大注入情况分析，特大电流时，半对数坐标中描述 PN 结电流与结电压 V_a 关系的斜直线斜率从 (q/kT) 转变为 $(q/2kT)$。

BJT 中如果基区出现大注入，I_{NC} 与 V_{BE} 的关系应采用大注入情况的表达式，则半对数坐标中描述 I_C 与 V_{BE} 关系的斜直线斜率从 (q/kT) 转变为 $(q/2kT)$，如图 3-3-7 所示。

$I_C \sim V_{BE}$ 以及 $I_B \sim V_{BE}$ 关系曲线之间的垂直间距明显减小，说明 β_0 下降。

类似 PN 结情况，引出参数膝点电流 I_{KF}。若 I_C 大于 I_{KF}，则大注入效应明显，β_0 下降严重。因此 I_{KF} 是表征 BJT 大电流特性的重要参数。

3. 大注入影响之二：基区电导调制效应

若基区出现大注入，基区多子浓度为 $p_B = p_{B0} + \Delta n_B$，比平衡多子浓度 p_{B0} 大得多。基区多子浓度增大等效为基区掺杂浓度 N_B 增加，称为基区电导调制效应。

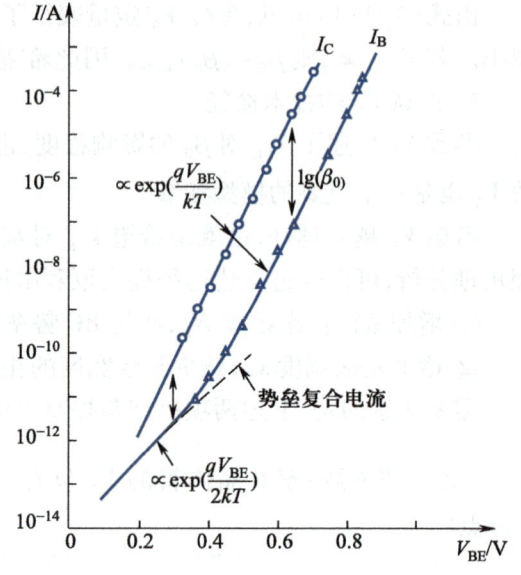

图 3-3-6　Gummel 曲线描述的小电流下 β_0 下降

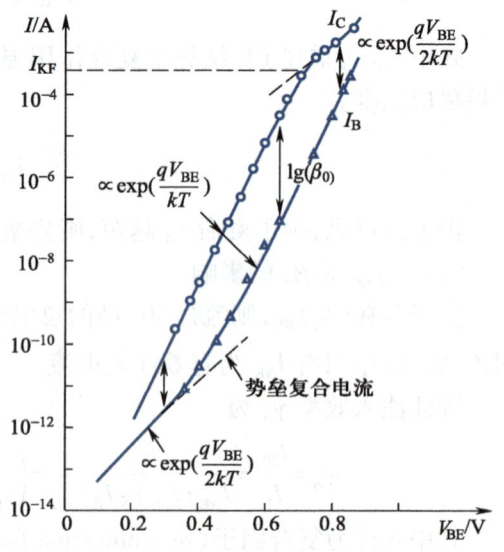

图 3-3-7　大注入情况下电流 I_C 与电压 V_{BE} 关系

基区等效掺杂浓度 N_B 增加,对应基区 Gummel 数增加,导致注入效率 γ_0 下降。最终导致电流放大系数 β_0 下降。

4. 大注入影响之三:基区展宽效应(base push-out)

(1) 基区展宽现象

BC 结势垒区中基区一侧负空间电荷密度为 $-qN_A$,集电区一侧正空间电荷密度为 $+qN_D$。虽然基区掺杂浓度 N_A 比集电区掺杂浓度 N_D 大得多,但是 $qN_A(x_{dc})_B = qN_D(x_{dc})_C$,使得势垒区呈现电中性,如图 3-3-8(a)所示。

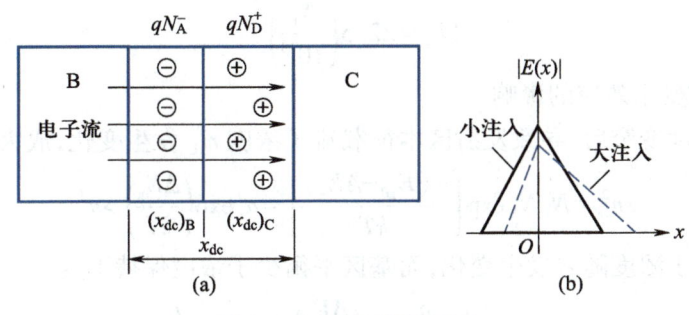

图 3-3-8 基区展宽效应

BJT 工作时通过基区的电流 I_{NC} 被 BC 势垒区强电场扫到集电区。I_{NC} 漂移通过 BC 势垒区等效为势垒区中存在一定的"动态"电子浓度 n。则 BC 势垒区中基区一侧等效电荷密度为 $-q(N_A+n)$,电荷量大于固定空间电荷密度 $-qN_A$,而集电区一侧等效电荷密度为 $+q(N_D-n)$,小于固定空间电荷密度 $+qN_D$。

小注入情况下,动态电子浓度 n 比掺杂浓度 N_B 和 N_C 小得多,n 的影响可以忽略不计,耗尽区中空间电荷密度由掺杂浓度确定。按照 2.1.5 节求解泊松方程,得到小注入情况下空间电荷区中电场分布如图 3-3-8(b)所示。但是大注入情况下,动态电子浓度 n 不能忽略不计,导致耗尽区中空间电荷密度必须计入 n 的影响。按照新的空间电荷分布,求解泊松方程,得到如图 3-3-8(b)所示大注入情况下空间电荷区中电场分布。

如图 3-3-8 所示,大注入情况下集电结空间电荷区在基区一侧范围变窄,对应基区宽度变宽,称为基区展宽效应。

(2) 基区展宽效应的极端情况

如果电流密度 J_{nc} 足够大,达到动态电子浓度 n 等于甚至大于集电区掺杂浓度 N_D 的程度,就使得耗尽区中集电区一侧部分区域转变为中性区,甚至成为负空间电荷区,相当于有效基区宽度 W_B 已经由基区拓展到了集电区,有效基区宽度甚至比 BJT 原来的基区宽度 x_{B0} 还要大,这是一种极端情况的基区展宽效应。

显然在 BJT 工作过程中不允许出现这种情况,为此要保证等效动态电子浓度 n 必须小于集电区掺杂浓度 N_C,这就要求 BJT 集电区掺杂浓度 N_C 不能太低,集电极工作电流密度 J_{nc} 不能太大。或者说,集电区掺杂浓度 N_C 的高低决定了可以采用的集电极工作电流密度 J_{nc} 的大小。

(3) 基区展宽的影响

根据 3.1 节分析,基区展宽导致 x_B 增大,使得基区输运系数 α_{T0} 减小。同时 x_B 增大还使得基区 Gummel 数 G_B 增大,导致注入效率 γ_0 减小。这两个因素均使得 β_0 减小。

根据上述分析,如果出现大注入,则产生多种效应,导致电流放大系数 β_0 下降。在 3.5 节将介绍如何在晶体管的设计中采取措施,使得器件工作过程中不要出现大注入现象。

3.3.5　发射区过重掺杂对 β_0 的影响

除了工作电流 I_C 大小会影响电流放大系数 β_0,发射区掺杂浓度过高也对 β_0 起负面影响。

1. 带隙变窄效应

根据固体物理能带理论,发射区掺杂浓度 N_E 过高将导致禁带宽度 E_g 变窄: $E_g = E_{g0} - \Delta E_g$。以 meV 为单位的带隙变窄量如下式所示。其中 N_E 的单位为 cm^{-3}。

$$\Delta E_g = 22.5 \left(\frac{N_E}{10^{18}} \right)^{1/2}$$

2. 发射区带隙变窄效应的影响

发射区禁带宽度变窄后,导致发射区本征载流子浓度 n_{iE}^2 发生变化,成为

$$n_{iE}^2 = N_C N_V \exp \left[\frac{-(E_{g0} - \Delta E_g)}{kT} \right] = n_i^2 \exp \left(\frac{\Delta E_g}{kT} \right) > n_i^2$$

发射区平衡少子浓度随之发生变化,而基区平衡少子浓度保持不变。

$$p'_{E0} = \frac{n_{iE}^2}{N_E} = \frac{n_i^2}{N_E} \exp \left(\frac{\Delta E_g}{kT} \right), \quad n_{B0} = \frac{n_i^2}{N_B}$$

发射区平衡少子浓度发生变化进而导致注入效率发生变化

$$(\gamma_0)_E = \cfrac{1}{1 + \cfrac{p_{E0} D_E x_B}{n_{B0} D_B x_E}} = \cfrac{1}{1 + \cfrac{D_E x_B N_B}{D_B x_E N_E} \exp \left(\cfrac{\Delta E_g N_E}{kT} \right)}$$

因此,带隙变窄效应使得 $(\gamma_0)_E < \gamma_0$,而且使得 γ_0 随 N_E 的变化趋势更加复杂。

若 N_E 增加,表达式中与 N_E 有关的两项对 γ_0 的影响相反。当 N_E 较低时,随着 N_E 的不断增加,注入效率不断增加。当 N_E 增高到 $10^{20}\ \text{cm}^{-3}$ 后,随着 N_E 的不断增加,注入效率反而会减小。因此发射区掺杂浓度不能过高,通常 N_E 不要超过 $10^{20}\ \text{cm}^{-3}$。

采用异质结作为发射结,可以解决上述问题。详细内容见 3.7 节分析。

3.4　BJT 频率特性

本节针对 BJT 在放大交流小信号方面的应用,从载流子输运物理过程分析影响 BJT 频率特性参数的主要因素,说明提高 BJT 频率特性的技术途径。

3.4.1　BJT 频率特性参数

1. 交流小信号电流放大系数 α 和 β

BJT 在用于放大交流小信号时,其电流放大系数随输入信号的频率而变化,这里首先分析其变化规律和表征。

（1）共基极交流小信号电流放大系数 α

α 的定义为

$$\alpha = \left. \frac{dI_c}{dI_e} \right|_{V_{CB} = \text{常数}} = \left. \frac{i_c}{i_e} \right|_{\text{输出端CB交流短路}} \tag{3-4-1}$$

注意,按照定义,α 是在输出端 CB 交流短路情况下的输出交流电流与输入电流之比。由于 α 是复数,平时说共基极交流小信号增益大小通常指 α 的模值 $|\alpha|$。

（2）共射极交流小信号增益 β

β 的定义为

$$\beta = \frac{\mathrm{d}I_\mathrm{c}}{\mathrm{d}I_\mathrm{b}}\bigg|_{V_\mathrm{CE}=\text{常数}} = \frac{i_\mathrm{c}}{i_\mathrm{b}}\bigg|_{\text{输出端CE交流短路}} \tag{3-4-2}$$

注意,β 定义中包括有输出端 CE 交流短路的条件。由于 β 是复数,共射极交流小信号增益大小通常指 β 的模值 $|\beta|$。

2. α、β 随频率变化的关系

实验和理论分析结果均表明,随着工作频率提升,BJT 的交流小信号增益 α 和 β 将下降。

α、β 随频率变化关系分别为

$$\alpha = \frac{\alpha_0}{1+\mathrm{j}(f/f_\alpha)} \tag{3-4-3}$$

$$\beta = \frac{\beta_0}{1+\mathrm{j}(f/f_\beta)} \tag{3-4-4}$$

α 和 β 的模值随频率变化关系如图 3-4-1 所示。

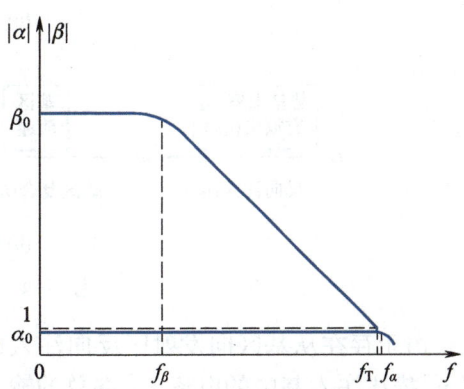

图 3-4-1　BJT 电流放大系数的频率特性

3. 表征 BJT 交流放大特性的频率参数

如图 3-4-1 所示,通常采用下述频率参数表征 BJT 的频率特性:

（1）α 截止频率（alpha cut-off frequency）f_α

α 模值从低频值 α_0 下降到 $\alpha_0/\sqrt{2}=0.707\alpha_0$ 的频率称为 α 截止频率 f_α。

（2）β 截止频率（beta cut-off frequency）f_β

β 截止频率 f_β 指 β 模值从低频值 β_0 下降到 $\beta_0/\sqrt{2}=0.707\beta_0$ 的频率。

（3）特征频率（cut-off frequency）f_T

通常 β_0 为几百,在信号频率为 f_β 时,BJT 的 β 模值仍然可能超过 100,具有相当的交流放大能力。为了表征共射极情况下 BJT 的交流放大频率特性,将 β 模值下降到 1 的频率称为特征频率,记为 f_T。

f_T 是表征 BJT 频率特性的一个重要而且实用的参数。

（4）最高振荡频率 f_m

如果工作频率高于特征频率 f_T,则共射极电流增益小于 1,晶体管不具有电流放大能力。但是,根据晶体管放大电路工作原理的分析,晶体管还可以具有电压放大能力,功率增益仍可能大于 1。为了表示晶体管具有功率放大作用的频率极限,引入最高振荡频率。

使晶体管功率增益下降为 1 的频率称为最高振荡频率,记为 f_max,或者简记为 f_m。

在频率 f_m 下,功率增益等于 1。如果用晶体管组成振荡器,将输出功率全部反馈到输入端,则能维持振荡状态。若频率再高,振荡将难以维持。因此称 f_m 为最高振荡频率。

3.4.2　交流小信号传输过程

本节通过载流子输运物理过程分析,说明 BJT 的交流小信号放大系数 α 和 β 随着工作频

率提升而下降的物理原因。

1. 共基极交流小信号传输过程

下面以共基极情况为例，对比说明交流情况下载流子输运过程与直流情况载流子输运过程的差别。

（1）直流情况载流子输运过程

根据 3.1 节分析，直流情况下，如图 3-4-2（a）所示，输入电流 I_E 中有一部分载流子经历两个输运过程到达输出端，成为输出电流 I_C。

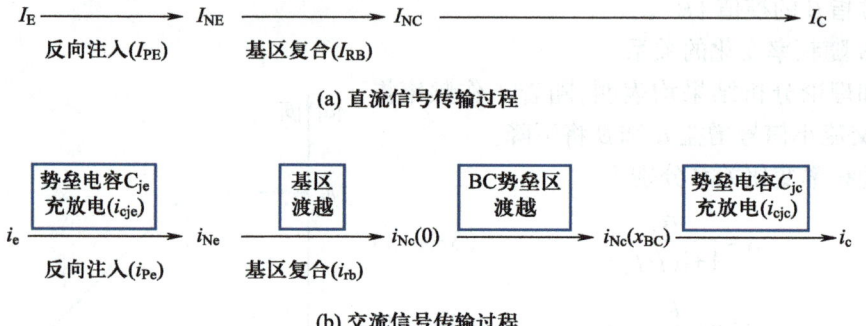

图 3-4-2　BJT 载流子输运过程

由于存在从基区向发射区反向注入的电流 I_{PE}，输入电流中只有 I_{NE} 注入基区。用注入效率 γ_0 描述注入基区的电流 I_{NE} 在总的输入电流 I_E 中所占的比例

$$\gamma_0 = I_{NE}/(I_{NE}+I_{PE})$$

由于存在基区复合，注入基区的电流中被复合掉 I_{RB}，只有剩余的 I_{NC} 电流能够顺利通过基区到达集电区成为输出电流 I_C。用基区输运系数 α_{T0} 描述顺利通过基区的电流 I_{NC} 在注入基区的电流 I_{NE} 中所占的比例

$$\alpha_{T0} = I_{NC}/I_{NE}$$

由于 γ_0 和 α_{T0} 均小于 1，导致共基极情况下输入电流中只有一部分能够输运到达输出端成为输出电流，因此共基极电流放大系数小于 1。

（2）交流情况载流子输运过程

显然，上述两个过程同样影响交流载流子的输运，只是相应的参数应该采用交流描述形式。

考虑反向注入电流 I_{PE} 影响的交流注入效率为

$$\gamma_0 = i_{Ne}/(i_{Ne}+i_{Pe})$$

考虑基区复合电流 I_{RB} 影响的交流基区输运系数为

$$\alpha_{T0} = i_{Nc}/i_{Ne}$$

但是，如图 3-4-2（b）所示，其中 $i_{Nc}(0)$ 表示顺利通过基区进入 BC 势垒区的电流。$i_{Nc}(x_{BC})$ 是流出 BC 势垒区进入集电区的电流。x_{BC} 代表 BC 势垒区宽度。对直流情况载流子输运没有影响的下述四个输运过程将影响交流情况载流子的输运：

① 发射结势垒电容充放电形成的充放电时常数 τ_e；

② 基区载流子渡越时间 τ_b；

③ 集电结势垒区载流子渡越时间 τ_d；

④ 集电结势垒电容充放电时常数 τ_c。

本节分析每个时常数反映的物理过程,并定量分析这几个时常数对交流电流放大系数的影响。

2. 共基极交流小信号传输过程定量分析

下面是交流情况下载流子输运四个过程时常数及其对交流电流输运影响的定量分析结果。

(1) BE 结势垒电容 C_{je} 充放电时常数及其对注入效率的影响

分析可得,BE 结势垒电容 C_{je} 充放电时常数 τ_e 为

$$\tau_e = r_e C_{je} \tag{3-4-5}$$

式中:C_{je} 为发射结势垒电容,r_e 为发射结微分电阻。注意 r_e 是发射结微分电阻,是微分电导的导数,不是发射区串联电阻。

由式(2-5-4),r_e 与发射极直流工作电流 I_E 关系如式(3-4-6)所示:

$$r_e = g_e = (kT/q)(1/I_E) \tag{3-4-6}$$

交流注入效率 γ 与 C_{je} 充放电时常数的关系为

$$\gamma = \frac{i_{Ne}}{i_e} = \frac{\gamma_0}{1+j\omega\tau_e} \tag{3-4-7}$$

式中:γ_0 为直流注入效率。

(2) 基区渡越对交流情况基区输运系数 α_T 的影响

分析可得,交流情况基区输运系数 α_T 为

$$\alpha_T = \frac{i_{Nc}(0)}{i_{Ne}} = \frac{\alpha_{T0}}{1+j\omega\tau_b} \tag{3-4-8}$$

式中 i_{Ne} 为从发射区注入基区的少子交流电流在基区靠 BE 结势垒区边界处的大小,$i_{Nc}(0)$ 为基区靠 CB 结势垒区边界处的少子交流电流。

τ_b 为基区渡越时间。

对均匀掺杂基区 BJT,τ_b 为

$$\tau_b = \frac{x_B^2}{2D_{NB}} \tag{3-4-9}$$

对缓变基区 BJT,τ_b 为

$$\tau_b = \frac{x_B^2}{\lambda D_{NB}} \tag{3-4-10}$$

式中 x_B 是基区宽度。λ 是与基区杂质分布情况相关的参数,参见 3.2.2 节分析。

(3) 集电结势垒渡越对交流信号传输的影响

输运通过基区的电子流进入 BC 势垒区后,在势垒区强电场作用下漂移通过 BC 势垒区所需时间又称为集电结势垒渡越时间 τ_d

$$\tau_d = \frac{x_{BC}}{v_d} \tag{3-4-11}$$

式中 x_{BC} 为 BC 结势垒区宽度,v_d 为少子漂移通过 BC 势垒区的漂移速度,其大小与势垒区中电场强度密切相关,将导致集电结势垒渡越时间 τ_d 与 BC 结反偏电压密切相关。

对照基区渡越时间 τ_b 对基区电流输运的影响,可以引入集电结势垒输运系数(记为 α_{dc}),并类比式(3-4-8),采用式(3-4-12)表示流出 BC 结势垒区的电流,记为 $i_{Nc}(x_{BC})$,与进入 BC

结势垒区的电流 $i_{Nc}(0)$ 之比,描述集电结势垒渡越时间对载流子输运的影响:

$$\alpha_{dc}=\frac{i_{Nc}(x_{BC})}{i_{Nc}(0)}=\frac{1}{1+j\omega\tau_d} \tag{3-4-12}$$

（4）集电结势垒电容 C_{jc} 充放电时常数及其影响

通过 CB 势垒区进入集电区的电流 $i_{Nc}(x_{BC})$ 一部分被 i_{cjc} 分流,其余部分才是到达输出端的电流 i_c,可以引入集电区衰减因子 α_c,描述 $i_{Nc}(x_{BC})$ 中到达输出端称为输出电流 i_c 所占的比例,即

$$\alpha_c=\frac{i_c}{i_{Nc}(x_{BC})} \tag{3-4-13}$$

分析可得

$$\alpha_c=\frac{1}{1+j\omega\tau_c} \tag{3-4-14}$$

式中 τ_c 为 BC 结势垒电容 C_{jc} 充放电时常数:

$$\tau_c=R_C C_{jc} \tag{3-4-15}$$

式中 C_{jc} 为集电结势垒电容,R_C 为集电区串联电阻。

3.4.3 共基极 α 频率特性（f_α）的定量分析

1. 共基极交流小信号电流放大系数 α

（1）α 表达式

由式(3-4-1)所示 α 定义式,得

$$\alpha=\frac{i_c}{i_e}=\frac{i_{Ne}}{i_e}\frac{i_{Nc}(0)}{i_{Ne}}\frac{i_{Nc}(x_{BC})}{i_{Nc}(0)}\frac{i_c}{i_{Nc}(x_{BC})}$$

将式(3-4-7)、式(3-4-8)、式(3-4-12)及式(3-4-14)代入上式,得

$$\alpha=\gamma\alpha_T\alpha_{dc}\alpha_c=\frac{\gamma_0\alpha_{T0}}{(1+j\omega\tau_e)(1+j\omega\tau_b)(1+j\omega\tau_d)(1+j\omega\tau_c)}$$

若频率不是太高,角频率 ω 与每个时常数的乘积均满足条件 $\omega\tau\ll1$,则

$$\alpha=\frac{i_c}{i_e}\approx\frac{\gamma_0\alpha_{T0}}{1+j\omega(\tau_e+\tau_b+\tau_d+\tau_c)}=\frac{\alpha_0}{1+j\omega(\tau_e+\tau_b+\tau_d+\tau_c)}$$

记为

$$\alpha=\frac{\alpha_0}{1+j\omega\tau_{ec}} \tag{3-4-16}$$

式中 $\tau_{ec}=\tau_e+\tau_b+\tau_d+\tau_c$ 是载流子从发射极到集电极输运过程中四个时常数之和。

（2）α 截止频率 f_α 表达式

对照式(3-4-3)所示 α 表达式

$$\alpha=\frac{\alpha_0}{1+j(f/f_\alpha)}$$

得

$$f_\alpha=\frac{1}{2\pi\tau_{ec}}=\frac{1}{2\pi(\tau_e+\tau_b+\tau_d+\tau_c)}$$

将式(3-4-5)、式(3-4-6)、式(3-4-10)、式(3-4-11)及式(3-4-15)代入上式,得

$$f_\alpha = \cfrac{1}{2\pi\left(\cfrac{kT}{qI_E}C_{je} + \cfrac{x_B^2}{\lambda D_{NB}} + \cfrac{x_{BC}}{v_d} + R_C C_{jc}\right)} \tag{3-4-17}$$

2. 共射极交流小信号电流放大系数 β

(1) β 表达式

由式(3-4-2)所示 β 定义式,得

$$\beta = \frac{i_c}{i_b} = \frac{i_c}{i_e - i_c} = \frac{i_c/i_e}{(i_e - i_c)/i_e} = \frac{\alpha}{1-\alpha}$$

将式(3-4-3)代入,得

$$\beta = \cfrac{\cfrac{\alpha_0}{1+j(f/f_\alpha)}}{1 - \cfrac{\alpha_0}{1+j(f/f_\alpha)}} = \frac{\alpha_0}{1+j(f/f_\alpha) - \alpha_0} = \frac{\alpha_0}{(1-\alpha_0) + j(f/f_\alpha)}$$

$$= \frac{\alpha_0/(1-\alpha_0)}{1+j[f/f_\alpha(1-\alpha_0)]} = \frac{\beta_0}{1+j[f/f_\alpha(1-\alpha_0)]}$$

(2) f_β 表达式

对照式(3-4-4)所示 β 表达式 $\beta = \cfrac{\beta_0}{1+j(f/f_\beta)}$

得

$$f_\beta = f_\alpha(1-\alpha_0) \approx f_\alpha/\beta_0 \tag{3-4-18}$$

3.4.4　特征频率 f_T

1. f_T 表达式

对式(3-4-4)所示 β 表达式取模值,得

$$|\beta| = \beta_0/\sqrt{1+(f/f_\beta)^2} \tag{3-4-19}$$

按照定义,若 $f = f_T$,则 $|\beta| = 1$,因此有 $1 = \beta_0/\sqrt{1+(f_T/f_\beta)^2}$

通常 $f_\beta \ll f_T$,则 $f_T/f_\beta \approx \beta_0$,得

$$f_T \approx \beta_0 f_\beta \approx f_\alpha$$

即

$$f_T \approx f_\alpha = \cfrac{1}{2\pi\left(\cfrac{kT}{qI_E}C_{je} + \cfrac{x_B^2}{\lambda D_{NB}} + \cfrac{x_{BC}}{v_d} + R_C C_{jc}\right)} \tag{3-4-20}$$

2. 关于 f_T 的讨论

(1) 增益带宽积

由式(3-4-19),若 $f \gg f_\beta$,则 $|\beta| \approx \beta_0/(f/f_\beta) = (\beta_0 f_\beta)/f = f_T/f$

因此得

$$f_T = |\beta|f \tag{3-4-21}$$

即特征频率等于频率 f 与该频率下的交流电流放大系数乘积,因此特征频率又称为增益带宽积。

（2）f_T 的实际测试方法

如果按照定义测试 f_T，需要测量使得 $|\beta|=1$ 时的输入信号频率，这就要求采用价格昂贵的高频信号源。

由式（3-4-21），可以在较低频率 f 下（要求 $f>5f_\beta$）测量器件的 $|\beta|$，则 $f_T=|\beta|f$

例如，若在 $f=80$ MHz 下，测得 $|\beta|=10$，则器件的 $f_T=|\beta|f=800$ MHz

因此，采用 80 MHz 信号源可以测量 800 MHz 的 f_T，无需 800 MHz 的信号源。

3. 提高器件特征频率 f_T 的主要技术途径

（1）提高 f_T 的基本思路

f_T 与 4 个时常数为"反比"关系，因此总体而言，为提高 f_T，应该减小 4 个时常数的值。

如果实际 4 个时常数之间数值相差较大，进一步减小数值较小的时常数对提高 f_T 的实际作用并不大，因此应该首先抓住重点，侧重减小数值较大的那个或者那几个时常数。

（2）提高 f_T 的主要途径

综合考虑不同因素对 BJT 其他特性参数的影响，提高的有效途径是

① 减小基区宽度 x_B

② 减小发射结的结面积 A_E

③ 减小集电结的结面积 A_C

如何尽量减小发射结的结面积 A_E 和集电结的结面积 A_C 是 BJT 版图设计中必须考虑的一条基本准则。例如，对工作电流较小的 BJT 可以采用 7.1.1 节介绍的最小尺寸晶体管。如果工作电流较大，采用 7.1.3 节介绍的交叉梳状结构晶体管可以兼顾频率特性和功率特性的要求。

4. BJT 特征频率 f_T 与器件偏置条件的关系

由于直流偏置电压 V_{CE} 和直流偏置电流 I_C 都影响交流小信号传输过程的四个时常数，必然导致晶体管的特征频率 f_T 数值与偏置条件密切相关，因此给出 BJT 的 f_T 值时应指明对应的直流偏置电压和电流值。在电路中应用 BJT 时，为了保证器件的频率特性，应设置合适的直流偏置点。

深入思考题：综合考虑前面分析的 4 个时常数与器件偏置条件的关系，说明为什么随着直流偏置电流 I_C 的增大，f_T 将如图 3-4-3（a）所示那样，先增加然后减小。随着直流偏置电压 V_{CE} 的增大，为什么 f_T 也是如图 3-4-3（b）所示那样，先增加然后减小？

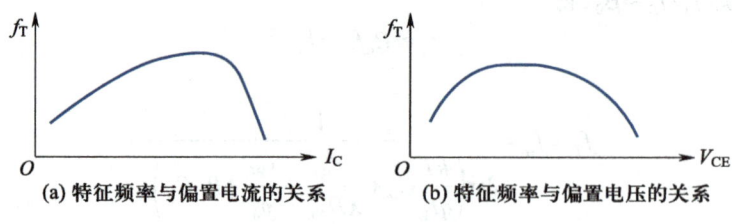

(a) 特征频率与偏置电流的关系　　　　(b) 特征频率与偏置电压的关系

图 3-4-3　特征频率与偏置条件的关系

---

5. BJT 最高振荡频率 f_m 与特征频率 f_T 的关系

分析可得，晶体管最高振荡频率 f_m 与特征频率 f_T 具有下述关系

$$f_m=\left(\frac{f_T}{8\pi R_B C_{BC}}\right)^{\frac{1}{2}} \tag{3-4-22}$$

式中 R_B 为基区串联电阻，C_{BC} 为集电结总电容。

因此,为了提高晶体管最高振荡频率 f_m,除了按照前面介绍的方法提高特征频率 f_T,减小基区电阻和结电容也是提高 f_m 的重要途径。关于基区电阻的详细讨论参见 3.5.1 节。

3.5 BJT 功率特性

功率晶体管要求能够输出较大的功率,通常工作于大电流、高电压状态,同时会产生较大的功耗。

本节介绍制约 BJT 工作电流的电流集边效应、BJT 中特殊的击穿问题、影响功耗的热阻以及可能发生的二次击穿。重点分析这些效应的物理机理以及解决问题的技术途径,最后总结功率晶体管的安全工作区。

3.5.1 基区串联电阻 R_B

基区串联电阻 R_B 对 BJT 特性特别是大电流特性有重大影响,设计晶体管时需要考虑如何减小 R_B。

1. 基区串联电阻 R_B 的组成特点

基区串联电阻 R_B 是一种比较特殊的电阻,下面分析 R_B 的组成特点。

(1) 平面工艺 BJT 中 R_B 的组成

R_B 的是 BJT 中对基极电流 I_B 呈现的电阻。下面以图 3-5-1 所示最小尺寸 BJT(见 7.1.1 节)为例,说明 R_B 的组成。

图 3-5-1(a) 是最小尺寸 BJT 的版图和剖面图。图中描述了基极电流的流动路径。图 3-5-1(b) 是将剖面图中与基极电流流动路径相关的局部放大图,图中还标出了发射极和基极电极。如图 3-5-1(b) 所示,基区串联电阻 R_B 包括三个区域的电阻。

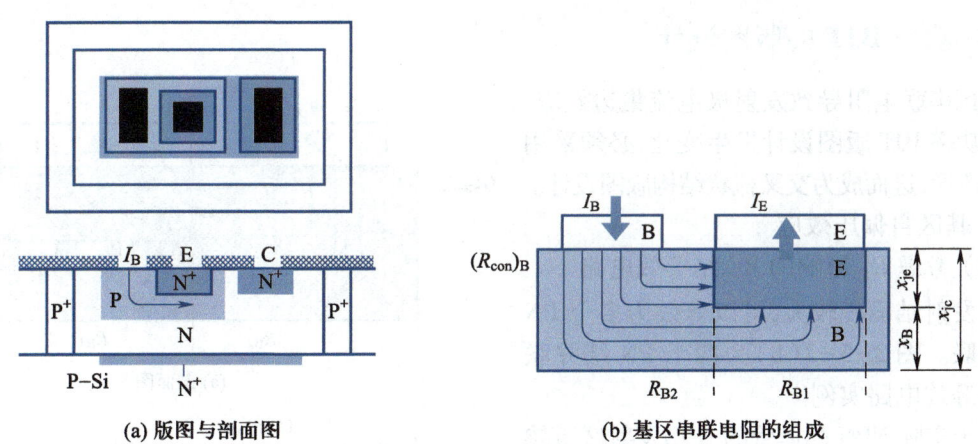

(a) 版图与剖面图　　　　　　(b) 基区串联电阻的组成

图 3-5-1　基区串联电阻

① R_{B1}:在发射区下方,称为有源基区(或者内基区)电阻。

② R_{B2}:称为无源基区(或者外基区)电阻。关于有源基区和无源基区的详细解读参见 6.2.2 节。

③ $(R_{con})_B$:基极引出端处的金属-半导体接触电阻。

（2）平面工艺 BJT 中 R_B 的特点

如图 3-5-1 所示，电流 I_B 流动方向的截面积较小，导致 R_B 较大。特别是由于基区很窄，即基区宽度 x_B 很小，因此 R_B 中有源基区电阻 R_{B1} 数值最大，影响也最明显。

但是由于 I_B 流动方向不同截面的电流不相等，因此不能采用 $R=\rho l/A$ 计算电阻。如果需要计算阻值，可以采用等效方法（例如压降等效）计算电阻阻值。

2. 基区串联电阻 R_B 的影响

R_B 对器件的功率特性、频率特性以及电路应用均有负面影响。

① 基区电阻产生的自偏压效应将严重影响 BJT 的大电流特性（将在 3.5.2 节详细分析）；

② 导致输入电阻增大，影响功率放大特性，使得最高振荡频率下降 [见式（3-4-22）]；

③ 在电路应用中形成反馈。

3. 减小 R_B 的主要技术途径

由于 R_B 只有负面影响，因此应通过器件设计和工艺改进，尽量减小 R_B。

① 增加基区宽度 x_B 可以减小有源基区电阻 R_{B1}，但是增加 x_B 与提高电流放大系数和特征频率有冲突，因此实际不可行。

② 减小基极和发射极电极条的宽度以及这两个电极条之间的间距可以减小无源基区电阻 R_{B2}，这两个尺寸的减小取决于光刻工艺的水平，由集成电路代工厂提供的版图设计规则确定而不能由器件设计人员决定。关于设计规则的内容详见 6.1.4 节分析。

③ 基区中影响"晶体管作用"的是有源基区，无源基区掺杂浓度高低对"晶体管作用"基本没有影响。因此采用无源基区重掺杂方法可以减小无源基区呈现的基区串联电阻 R_{B2}。现代双极集成电路制造过程中都包含有无源基区重掺杂工艺。详见 7.3.3 节分析。

④ 采用双基极条结构，基本可使等效 R_B 减少一半。因此要求基区电阻尽量小的 BJT 都采用双基极条结构。详见 7.1.2 节分析。

3.5.2　功率 BJT 的版图设计

基区串联电阻导致发射极电流集边效应，促使大功率 BJT 版图设计发生变化，必须采用长条形图形，进而成为交叉梳状结构版图设计。

1. 基区自偏压效应

（1）考虑 R_B 影响的 BE 结等效电路

若发射结面积较大，可以等效为多个 PN 结的并联。图 3-5-2（b）为四个 PN 结并联得到的等效电路实例。

由于实际 NPN 晶体管的 N 型发射区重掺杂，可视为等电位，因此并联的多个 PN 结 N 区连在一起。基极电流 I_B 流过基区电阻中接触电阻 $(R_{con})_B$ 和无源基区电阻 R_{B2}，但是有源基区电阻 R_{B1} 则分解为几个电阻的串联，分别连接在并联的多个 PN 结 P 区之间，如图 3-5-2（b）所示。

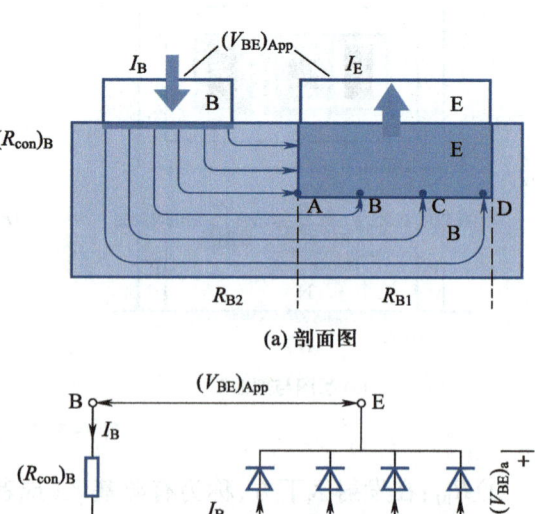

(a) 剖面图

(b) 等效电路

图 3-5-2　BE 结等效电路

（2）基区自偏压效应

若发射结外加端电压为$(V_{BE})_{App}$，由于基区电阻上的压降，发射结势垒区两侧的偏置电压$(V_{BE})_a$为

$$(V_{BE})_a = [(V_{BE})_{App} - (R_B 上压降)] < 外加电压(V_{BE})_{App}$$

发射区重掺杂，BE 结 E 区一侧可视为等电位。由于R_{B1}上压降的影响，导致 BE 结 B 区一侧不是等电位，因此 BE 结不同位置处电压$(V_{BE})_a$不相等。

对图 3-5-2 所示情况，BE 结 B 区一侧 A、B、C、D 四个位置的结电压不再相同。由等效电路得

A 点处 PN 结上结电压为$(V_{BE})_{aA} = (V_{BE})_{App} - [(R_{con})_B + R_{B2})]$上压降

B 点处 PN 结上结电压为$(V_{BE})_{aB} = (V_{BE})_{aA} - [(R_{B1})_A$上压降$]$

C 点处 PN 结上结电压为$(V_{BE})_{aC} = (V_{BE})_{aB} - [(R_{B1})_B$上压降$]$

D 点处 PN 结上结电压为$(V_{BE})_{aD} = (V_{BE})_{aC} - [(R_{B1})_C$上压降$]$

因此，不同位置结电压的大小关系为$(V_{BE})_{aD} < (V_{BE})_{aC} < (V_{BE})_{aB} < (V_{BE})_{aA} < (V_{BE})_{App}$。或者说，由于$R_B$上压降的影响，不但结上电压小于$(V_{BE})_{App}$，而且结面上不同位置处结电压也不同。距基极条越远，结电压$(V_{BE})_a$越小。这一现象称为基区自偏压效应。

2. 发射极电流集边效应

（1）发射极电流集边效应

由于基区自偏压效应，距基极条越远，结电压$(V_{BE})_a$越小。发射结电流密度与结电压呈指数关系，因此，发射结面上距基极条越远，发射结电流密度越小。对于功率器件采用的双基极条结构，发射结面上中心位置距两侧基极条最远，因此电流密度J_E最小，发射极条边缘处距两侧基极条最近，因此电流密度J_E最大。这一效应称为发射极电流集边效应。

（2）发射极电流集边效应的影响

① 由于发射结面积上发射结电流密度不相等，因此发射结总电流I_E并不与发射结面积成正比。

② 由于发射极条发射极电流集边效应，即发射结边缘处电流密度最大，则该处容易出现大注入效应，导致电流放大系数下降，特征频率下降。

③ 发射结面积A_E中心处对I_E贡献很小，但是A_E越大，则势垒电容C_{je}越大，导致特征频率下降，因此A_E"有害无益"，应该尽可能小。

3. （功率）晶体管发射区版图设计

由于存在发射极电流集边效应，为了满足I_E较大的要求，发射区边缘长度应足够长，保证电流密度足够小，不会出现大注入效应。为了保证频率特性，则要求A_E应尽量小。因此对发射区图形的要求是"周长面积比"应尽量大。显然，长条形发射区图形是较好的选择，广泛用于功率 BJT 版图设计中，并成为交叉梳状结构版图设计。

7.1.3 节将结合实例详细说明功率 BJT 交叉梳状结构版图的设计方法。

3.5.3　BJT 的击穿电压与外延层参数的确定

功率晶体管工作时偏置电压往往也较高。本节分析 BJT 中制约偏置电压的几种物理效应，以及相关参数的确定方法。

1. 双极晶体管的击穿电压特点

BJT 包含发射结和集电结两个 PN 结，但是分析 BJT 的"击穿电压"问题除了需要考虑单个 PN 结的击穿外，还要考虑 BJT 本身存在的几个特殊击穿现象。

（1）BJT 的单结击穿电压 BV_{EBO} 和 BV_{CBO}

BJT 中的单个 PN 结击穿电压包括发射结击穿电压 BV_{EBO} 和集电结击穿电压 BV_{CBO}。这两个击穿电压具有下述特点：

① 对比 BJT 不同区域掺杂浓度的高低，平面工艺 NPN 晶体管实际上是 N^+PN^- 结构。由于 PN 结击穿电压主要取决于轻掺杂一侧掺杂浓度，因此 BJT 中 CB 结击穿电压 BV_{CBO} 明显高于 EB 结击穿电压 BV_{EBO}。

② 由于 EB 结通常工作于正偏状态，因此 BV_{EBO} 较低影响并不大。

③ CB 结击穿电压主要取决于轻掺杂一侧掺杂浓度，即集电区的掺杂浓度 N_C。

击穿之前，倍增阶段的倍增因子 M 可表示为

$$M = \frac{1}{1-(V_{CB}/BV_{CBO})^n} \tag{3-5-1}$$

对 Si 材料，n 为 2~4。

（2）BJT 的特殊"击穿"问题

对平面工艺外延结构 BJT，除了单结击穿问题外，还存在下述三个特殊"击穿"问题。

① 共射极连接、输入端基极开路情况下集电极与发射极之间的 C-E 击穿；

② 基区穿通（base punch-through）；

③ 作为集电区的外延层出现"外延层穿通"。

本节重点分析这三种特殊击穿现象的物理机理，以及应对策略。

2. BJT 的特殊击穿电压 BV_{CEO}

（1）C-E 击穿现象

共射极连接情况下，如果输入端基极开路，在 V_{CE} 作用下，流过 BJT 的电流为较小的 I_{CEO}，基本不变。当 V_{CE} 增大到一定值时，I_{CEO} 突然急剧增大，趋于无穷大，表现为"击穿"。这时的 V_{CE} 称为 CE 击穿电压，记为 BV_{CEO}，如图 3-5-3（b）所示。

（2）击穿条件

在共射极连接并且输入端基极开路的情况下，V_{CE} 跨接于 CB 结和 BE 结两端，两个结上电压极性如图 3-5-3（a）所示。因此实际上 BJT 内部 CB 结反偏，而 BE 结正偏。或者说尽管输入端基极开路，但是 BJT 实际上处于正向放大状态。

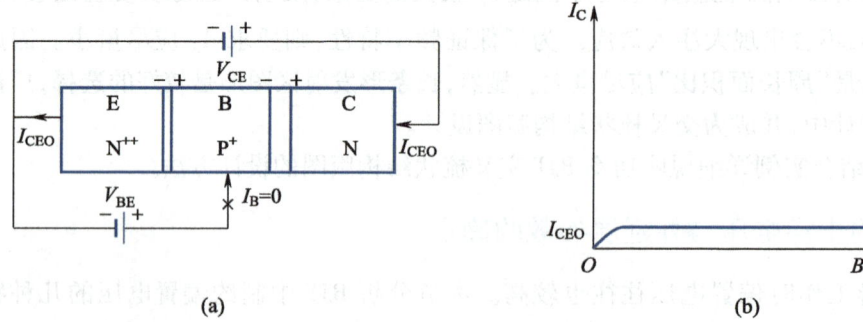

(a)   (b)

图 3-5-3　BJT 的 C-E 击穿

由于 BJT 处于正向放大状态,因此式(3-1-5)仍然成立,即流过 CB 结的电流为

$$I_C = \alpha_0 I_E + I_{CBO} \tag{3-5-2}$$

由于正偏 BE 结上正偏电压 V_{BE} 变化不大,随着 V_{CE} 增大,CB 结反偏电压 V_{CB} 随之增大。当 CB 结反偏电压达到一定值时,CB 结中将发生载流子碰撞电离导致的倍增效应,使得流出势垒区的电流 I_C 为流进势垒区电流的 M 倍

$$I_C = M(\alpha_0 I_E + I_{CBO}) \tag{3-5-3}$$

基极开路情况下流过 C-E 之间的电流为 I_{CEO},或者说 I_C 和 I_E 都等于 I_{CEO}

$$I_C = I_E = I_{CEO}$$

代入式(3-5-3)得

$$I_{CEO} = M(\alpha_0 I_{CEO} + I_{CBO})$$

解得

$$I_{CEO} = M I_{CBO} / (1 - \alpha_0 M) \tag{3-5-4}$$

若 $\alpha_0 M \to 1$,则 $I_{CEO} \to \infty$,表现为"击穿"。因此 C-E 击穿条件为 $\alpha_0 M \to 1$。也就是说,只要求 BC 结倍增因子 M 稍大于 1,就导致 C-E 间电流趋于无穷大。

> **深入思考题**:C-E 击穿条件是 BC 结倍增因子 M 稍大于 1,并不需要达到无穷大,如何理解这时 CE 流过的电流却趋于无穷大?

(3) 击穿电压 BV_{CEO} 的定量分析

由于正偏 BE 结上正偏电压基本为 0.7 V,因此 $V_{CE} = V_{CB} + V_{BE} \approx V_{CB}$,则式(3-5-1)所示 CB 结倍增因子可写为

$$M = \frac{1}{1 - (V_{CB}/BV_{CBO})^n} \approx \frac{1}{1 - (V_{CE}/BV_{CBO})^n}$$

C-E 击穿时,$\alpha_0 M = 1$,这时的 V_{CE} 即为击穿电压 BV_{CEO},因此有

$$M \alpha_0 = \frac{\alpha_0}{1 - (BV_{CEO}/BV_{CBO})^n} = 1$$

解得

$$BV_{CEO} = BV_{CBO} \sqrt[n]{(1 - \alpha_0)} \approx BV_{CBO} / \sqrt[n]{\beta_0} \tag{3-5-5}$$

对硅,式中 n 值为 2~4。

由于通常 β_0 远大于 1,式(3-5-5)表明,BV_{CEO} 明显小于 BV_{CBO}

例:若 BJT 的 $\beta_0 = 100$,取 $n = 3$。要求 $BV_{CEO} = 15$ V,则 BV_{CBO} 需要达到

$$BV_{CBO} \approx BV_{CEO} \sqrt[n]{\beta_0} = 15 \times \sqrt[3]{100} \text{ V} = 69.6 \text{ V}$$

设计晶体管时应按照 $BV_{CBO} = 70$ V 的要求确定集电区掺杂浓度 N_C 才能保证 BV_{CEO} 达到 15 V。

3. 基区穿通

(1) 基区穿通现象

随着反偏电压 V_{CB} 增大,则 CB 结势垒宽度增大,导致基区宽度 x_B 减小。若 V_{CB} 增大到尚未发生 C-B 结击穿,但是使得基区宽度 $x_B \to 0$,这一现象称为基区穿通(base punch-through)。

显然基区穿通与基区宽变效应物理过程类似,只是程度不同。

从基区少子扩散电流的计算关系可以直观理解基区穿通的后果。

由于基区宽度远小于基区少子扩散长度,基区少子分布近似为斜直线,则基区少子分布斜率近似为

$$\frac{\mathrm{d}n_B(x)}{\mathrm{d}x}\bigg|_{x=0} \approx \frac{n_B(0)}{x_B}$$

若接近基区穿通程度，导致基区宽度 $x_B \to 0$，则基区少子分布斜率急剧增大，使得 i_{NC} 急剧增大，导致集电极电流 I_C 随之急剧增大，表现为"击穿"，BJT 将不能正常工作。

（2）基区穿通电压 V_{PT}

使得基区宽度 $x_B \to 0$ 的 V_{CB} 称为穿通电压，记为 V_{PT}。

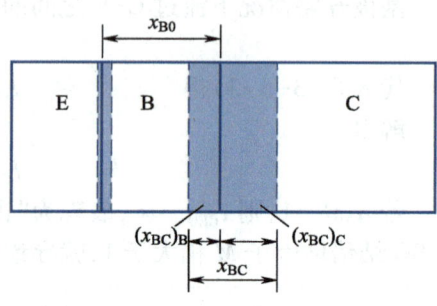

如图 3-5-4 所示，如果不考虑正偏 BE 结势垒区在基区一侧的宽度，若 $V_{CB} = V_{PT}$，则 CB 势垒区宽度（x_{BC}）在基区一侧的宽度（x_{BC}）$_B$ 等于基区宽度 x_{B0}。

x_{B0} 为基区掺杂结深 x_{jc} 与发射区掺杂结深 x_{je} 之差：$x_{B0} = x_{jc} - x_{je}$。

根据上述条件就可以计算 V_{PT} 的值。

（3）保证基区穿通电压 V_{PT} 的要求

为了保证器件正常工作，应该保证基区穿通电压 V_{PT} 不能小于 BV_{CB}。

图 3-5-4　基区穿通

显然，基区穿通物理过程是 3.3.2 节介绍的基区宽变效应的极端情况。与提高厄利电压要求一样，为了保证 V_{PT} 达到一定要求，就需要基区宽度 x_{B0} 不能太窄，基区掺杂浓度 N_B 不能太低。

在设计 BJT 时为了提高电流放大系数以及特征频率而减小基区宽度 x_{B0} 和降低基区掺杂浓度 N_B 时一定要适当，其前提条件是要保证 V_{PT} 达到要求。

4. 外延层穿通

（1）晶体管结构

① 早期晶体管存在的频率-功率特性矛盾

早期的平面晶体管中，衬底材料同时起集电区的作用。为了保证晶圆的强度，在工艺加工过程中不易破碎，衬底厚 300 μm 左右，而 BJT 核心部分只在表面几 μm 范围，如图 3-5-5(a) 所示。

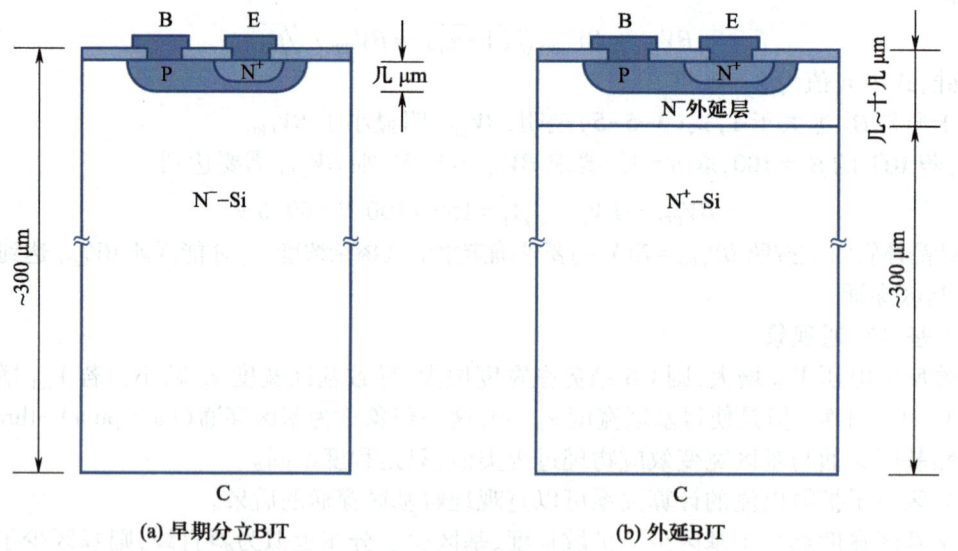

图 3-5-5　晶体管结构

要增大 BJT 输出功率,则电源电压较高,要求 BJT 具有较高的击穿电压,这就要求提高 ρ_c。由于采用低掺杂的衬底材料,则集电区串联电阻 R_C 偏大,导致特征频率 f_T 必然较低。因此早期大功率晶体管只能工作于较低频率。

为了提高 BJT 的 f_T,要求减小集电区串联电阻 R_C,为此要求降低集电区材料的电阻度 ρ_c,则 BC 结击穿电压必然偏低。因此早期高频晶体管的输出功率均较低。很难实现同时具有高频、大功率性能的 BJT。

② 外延晶体管结构

如果采用低电阻率材料衬底,在衬底上采用外延技术生长一层电阻率较高的薄外延层,然后在外延层上制作晶体管,这就称为外延晶体管结构。

早期晶体管结构为 N^+PN^-,而外延晶体管结构则为 $N^+PN^-N^+$。

高阻外延层作为集电区使得集电区掺杂浓度 N_C 较低,满足了对功率晶体管高击穿电压的要求;低电阻率的衬底则使得这一部分集电区掺杂浓度 N_C 较高,降低了集电区串联电阻 R_C,满足了高频晶体管提高特征频率的要求。

在半导体器件发展史上,随着外延技术的发明,出现了外延结构晶体管,解决了 BJT 高频与大功率要求之间的矛盾,明显提高了晶体管的功率-频率特性,出现了高频大功率晶体管。

现代双极晶体管,无论是分立 BJT 器件或者集成电路中的 BJT,基本都是采用外延结构 BJT。

(2) 外延层穿通

反偏 V_{CB} 增大将导致 CB 结势垒宽度增大。若 V_{CB} 增大到尚未发生 C-B 击穿,但是势垒区向集电区一侧的扩展已达到外延层与衬底界面,或者说 CB 势垒区已扩展整个外延层,称为外延层穿通。

外延层穿通后,CB 结从 $P-N^-N^+$ 结转变为 $P-N^+$ 结。若反偏 V_{CB} 进一步增大,由于这时集电区掺杂已是 N^+,使得 CB 结势垒向 C 区扩展很少,则势垒区电场迅速增强,导致 CB 结很快击穿。这种情况下击穿电压明显低于 $P-N^-$ 结的击穿电压。因此在 CB 结击穿之前不应该发生外延层穿通。

(3) 外延层参数的设计考虑

① 按照不发生穿通的要求确定外延层厚度

记 $P-N^-$ 结击穿时 CB 结势垒区宽度为 x_{dm},其中向集电区一侧扩展的范围为 $(x_{dm})_C$。为了在 CB 结击穿之前不发生外延层穿通,外延层厚度 d_{epi} 应满足下述要求:

$$d_{epi} \geq 0.44 d_{SiO2} + x_{jc} + (x_{dm})_C$$

式中 d_{SiO2} 为器件表面氧化层总厚度,生长 d_{SiO2} 厚度氧化层消耗的硅材料厚度为 $0.44 d_{SiO2}$。x_{jc} 为基区掺杂结深,即 CB 结冶金结面与硅表面之间的距离。

② 按照击穿电压要求确定外延层电阻率

首先由偏置电压 V_{CE} 确定对 BV_{CE} 的要求,再根据 BV_{CE} 和 BV_{CB} 的关系确定对 BV_{CB} 的要求,最终根据 PN 结穿电压与轻掺杂一侧掺杂浓度的关系,由 BV_{CB} 确定对外延层掺杂浓度 N_C 的要求,进而计算得到对外延层电阻率 ρ_{epi} 的要求。

目前集成电路代工厂已积累有根据 V_{CE} 直接确定外延层电阻率的实用工程数据。

3.5.4　BJT 安全工作区

功率 BJT 即使工作电流未超过发射极条长允许的最大电流值,工作电压也未超过击穿电

压 BV_{CEO}，但是如果功耗过大或者发生二次击穿，也会导致器件的烧坏。

最大功耗主要取决于芯片以及封装的热阻。热阻越大，散热不良，则结温升温严重，BJT 能承受的功耗就越低。

1. BJT 二次击穿（secondary breakdown）

（1）二次击穿现象

正常情况下，反偏 V_{CE} 增大达到接近 BV_{CE}，则 I_C 急剧增大。若 I_C 达到 A 点值（记为 I_{SB}）时，伴随着 I_C 的增大，V_{CE} 却在微秒-毫秒时间内突然减小很多，出现"负阻"。此现象称为"二次击穿"。相应电压称为二次击穿电压，记为 V_{SB}。

若工作电流 I_B 不同，则 V_{SB} 也不同，即 $V_{SB} = V_{SB}(I_B)$。I_B 越大，V_{SB} 越小，如图 3-5-6 所示。

（2）二次击穿限

将发生二次击穿的转折点 A、B、…连在一起，就构成了又一条限制 V_{CE} 和 I_C 取值的界限，称为二次击穿限。为了工作安全，实际工作电压 V_{CE} 应小于 $V_{SB}(I_B)$。

（3）二次击穿机理

一般认为，发生二次击穿的内在原因是 B 器件内部存在晶格缺陷导致工作时 I_C 局部集中。随着 I_C 增加导致功耗 P_C 增加，将出现严重的局部过热使得本征载流子浓度 n_i 急剧增加……，发生连锁反应，使得在微秒-毫秒时间内造成局部熔化，形成丝状局部短路区域，结果电流急剧增大的同时压降降低，表现为二次击穿。

2. BJT 安全工作区

按照前面分析，为了保证器件安全，器件工作时应该遵循由下述约束条件确定的安全工作区，如图 3-5-7 所示。注意，图中采用的是对数坐标刻度。

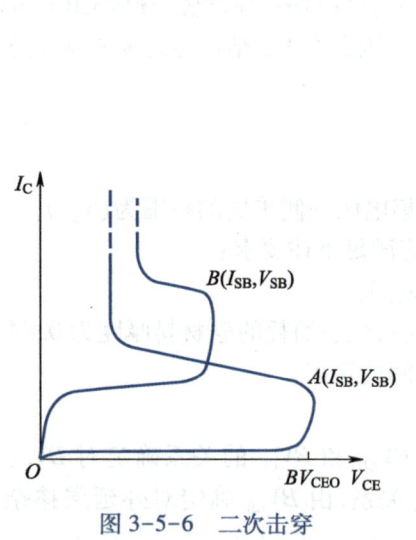

图 3-5-6　二次击穿

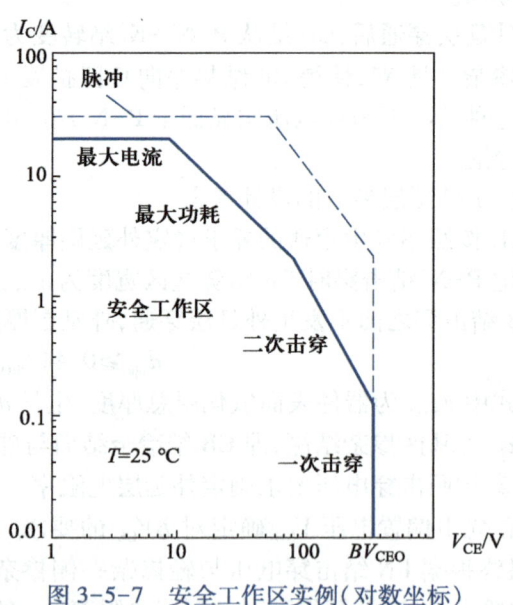

图 3-5-7　安全工作区实例（对数坐标）

① 工作电流 I_C 应小于由发射极条长确定的最大集电极电流 I_{CMAX}。

② 工作电压 V_{CE} 应小于 C-E 击穿电压 BV_{CEO}。

③ 工作电压 V_{CE} 还必须小于发生二次击穿的电压 $V_{SB}(I_C)$。

④ BJT 功耗 P_C 应小于最大功耗 P_{CMAX}。

3.6 晶体管的开关特性

在双极数字集成电路中,晶体管起开关作用。本节分析晶体管开关物理过程,说明提高晶体管开关速度的技术途径。

3.6.1 晶体管开关作用与开关电路

1. 晶体管开关作用与开关参数

表 3-6-1 以对比的方式说明共射极连接的晶体管开关与理想开关作用的差距。

表 3-6-1 晶体管开关与理想开关

	导通	关断	导通↔关断之间的切换
理想开关	导通电阻为 0,开关两端压降为 0	电阻为 ∞ ,通过的电流为 0	即时切换,转换时间为 0
晶体管开关	正向饱和压降 V_{CES}	截止电流 I_{CEO}	需要一定转换时间,特别是从导通转换为关断的时间较长

通常采用下述三个参数表征晶体管开关作用的特性。

(1)"关断"状态漏电流

稳定"关断"状态时的漏电流 I_{CEO} 应尽量小。

(2)"导通"状态饱和压降

稳定"导通"状态时 C-E 之间的饱和压降 V_{CES} 应尽量小。

(3) 开关速度

导通和关断之间的转换速度应尽量快,即开关时间应尽量短。

2. 典型开关电路

图 3-6-1(a)为典型共射极晶体管开关电路实例,其中负载电阻 $R_L = 1\ \text{k}\Omega$,直流偏置电压 $V_{CC} = 5\ \text{V}$。假设电路中 NPN 晶体管的电流放大系数 $\beta_0 = 100$,对应的晶体管输出特性曲线如图 3-6-1(b)所示。输入端基极施加正负 5 V 脉冲信号控制晶体管的导通和关断。

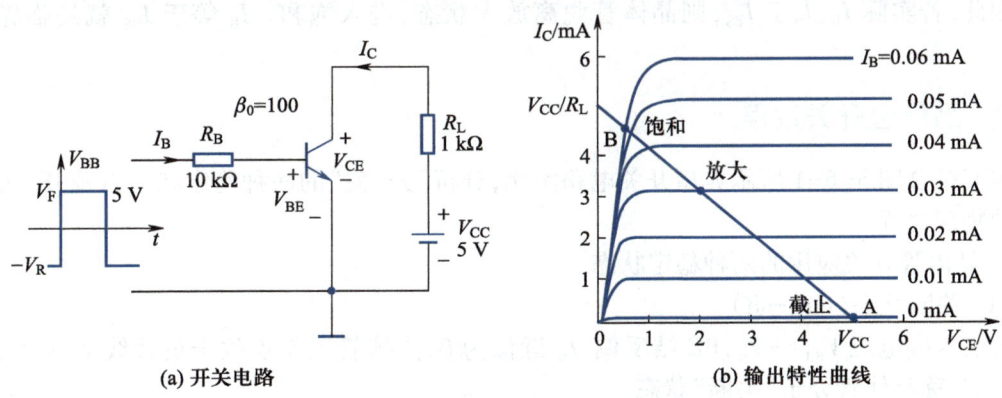

(a) 开关电路　　　　　　(b) 输出特性曲线

图 3-6-1 共射极晶体管开关电路及其输出特性曲线

本节针对该开关电路实例,分析导通、关断以及导通与关断之间的转换过程。

（1）负载线与工作点

在开关过程分析中,需要引用电子线路中关于"负载线"的概念以及晶体管不同工作状态的特点。

图 3-6-1（a）中,晶体管 C-E 端、负载电阻 R_L 以及偏置电压 V_{CC} 组成输出回路,相应的回路方程为

$$V_{CE} = V_{CC} - I_C R_L \tag{3-6-1}$$

在晶体管输出特性曲线上该方程对应一条斜直线,称为"负载线",如图 3-6-1（b）所示。负载线上对应输入端基极电流 I_B 的那一点就是晶体管的直流工作点。

例如,若 $I_B = 0.03$ mA,工作点对应为 $V_{CE} = 2$ V,$I_C = 3$ mA,晶体管处于放大状态。

若 $I_B = 0$,晶体管处于截止状态,若 $I_B = 0.06$ mA,晶体管处于饱和状态,如图 3-6-1（b）所示。

（2）晶体管的"临界放大"

① 临界放大状态

若晶体管处于正向放大状态,即 BE 结正偏、BC 结反偏,则 I_B 大于 0,$I_C = \beta_0 I_B$

I_C 随着 I_B 的增大而增大,晶体管工作点沿着负载线向左上方移动,对应晶体管输出端 C-E 两端电压 $V_{CE} = V_{CC} - I_C R_L$ 随之减小。

由于 $V_{CE} = V_{CB} + V_{BE}$,即 $V_{CB} = V_{CE} - V_{BE}$。若 I_B 增大到使得 V_{CE} 减小到等于 V_{BE},则 V_{CB} 等于 0,BC 结不再是反偏,晶体管就脱离了放大状态。I_B 增大到使 V_{CB} 等于 0 时的状态称为临界放大状态。

② 临界放大条件:临界驱动电流 I_{BS}

一般情况下,Si 晶体管正偏 BE 结的 V_{BE} 约为 0.7 V。处于临界放大状态时的 V_{CE} 等于 V_{BE},也约为 0.7 V。记临界放大状态时的基极电流为 I_{BS}。由于临界放大条件下,晶体管还基本维持电流放大系数,因此可得

$$I_{BS} = I_C/\beta_0 = [(V_{CC} - V_{CE})/R_L]/\beta_0 = (V_{CC} - V_{BE})/(R_L\beta_0) \approx V_{CC}/(R_L\beta_0) \tag{3-6-2}$$

对图 3-6-1（a）所示电路图实例,计算得临界驱动电流 $I_{BS} = 0.043$ mA,对应 $I_C = 4.3$ mA。

由图 3-6-1（b）特性曲线可见,若 I_B 继续增大,例如,I_B 为 0.05 mA、0.06 mA,工作点在负载线上位置与临界放大状态时基本一样,对应的 I_C 和 V_{CE} 变化很小,晶体管进入饱和状态。

因此,若实际 I_B 大于 I_{BS},则晶体管脱离放大状态,进入饱和。I_B 等于 I_{BS} 就是临界放大条件。

3.6.2   晶体管开关过程

本节结合图 3-6-1 所示典型开关电路实例,分析"开、关"的两种稳定状态以及开-关之间转换的物理过程。

1. 晶体管开关应用的两种稳定状态

（1）关断状态（turn-off）

若输入端电压 $V_{BB} = -V_R$,BE 结反偏,I_B 近似为 0,晶体管工作点位于负载线上 A 点,处于截止状态,称晶体管处于"关断"状态。

这时输出端 C、E 之间流过很小的漏电流 I_{CEO}。

（2）导通状态（turn-on）

若输入端电压 $V_{BB} = V_F = +5\,V$，从输入端回路分析，$I_B = (5\,V - 0.7\,V)/10\,k\Omega = 0.43\,mA$，远大于临界驱动电流 $I_{BS} = 0.043\,mA$，晶体管进入饱和，称为"导通"状态。

基极电流中超出临界驱动电流的那部分称为过驱动电流，记为 I_{BX}。

$$I_{BX} = I_B - I_{BS} \tag{3-6-3}$$

导通状态下输出端 C、E 之间存在很小的压降，称为饱和电压 V_{CES}。

（3）稳定关断、导通状态下基区少数载流子分布

稳定关断、导通状态下基区少数载流子分布是进行导通与关断之间转换物理过程分析的基础。

① "关断"状态下基区少子分布

"关断"状态下，晶体管 EB 结以及 BC 结均为反偏，则基区靠两个结的两个边界处少子浓度均应近似为 0，基区少子电子分布 $n_B(x)$ 如图 3-6-2 所示。实际上基区平衡少子浓度 n_{B0} 很小，为了描述少子分布形态，图中突出显示了 n_{B0} 值。

② "临界放大"状态下基区少子分布

临界放大状态下，BE 结正偏，基区中 $x=0$ 处正偏 PN 结少子浓度边界值远大于平衡少子浓度 n_{B0}。BC 结零偏，$x=x_B$ 处零偏少子浓度边界值等于 n_{B0}，可以忽略不计。由于基区很薄，基区少子分布近似为斜直线，如图 3-6-2 所示。

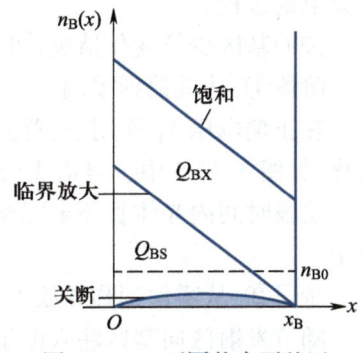

图 3-6-2　不同状态下基区少子分布

临界放大状态下基区少子电荷总数记为 Q_{BS}。

③ 稳定"导通"状态下基区少子分布

根据晶体管电流输运物理过程分析，I_C 主要分量 I_{NC} 为基区少子扩散电流，应该与基区少子分布斜直线的斜率成正比。I_B 中复合电流则与基区非平衡少子总数，即少子分布下方面积成正比。在稳定饱和状态下，I_B 大于临界驱动电流 I_{BS}，说明稳定饱和状态下基区少子分布曲线下方面积一定增大。但是参见图 3-6-1（b），I_C 基本不变，说明稳定饱和状态下基区少子分布曲线应该与临界放大状态的基区少子分布曲线平行。

所以基区少子分布必然是临界状态少子分布斜直线的平行上移，如图 3-6-2 所示。

④ 导通状态的特点：BC 结正偏

如图 3-6-2 所示，稳定"导通"状态下基区 $x=x_B$ 处少子浓度边界值明显大于 n_{B0}。根据少子边界浓度与结电压的关系（2-1-9）式，说明 BC 结已处于正偏。

⑤ 饱和深度

稳定"导通"状态下超出临界放大状态少子分布的那一部分少子电荷称为过饱和少子电荷，记为 Q_{BX}。显然，过驱动电流 I_{BX} 越大，Q_{BX} 就越多，则晶体管饱和深度越深。

为了描述饱和的程度，将 I_B 与 I_{BX} 之比称为饱和深度，也称为饱和因子，记为 S。

$$S = I_B / I_{BS} \tag{3-6-4}$$

对图 3-6-1 所示开关电路实例，临界放大基极电流 $I_{BS} = 0.043\,mA$，而稳定导通状态下，$I_B = 0.43\,mA$，饱和深度 S 达到 10。

2. 晶体管开关过程分析

下面结合基区少子分布的变化过程以及 BE 结和 BC 结的偏置情况，分析输出端电流 I_C 随

时间的变化特点，可以直观理解晶体管在关断和导通之间的转换过程。

（1）从关断到导通的过程分析

若图3-6-1(a)所示开关电路输入端施加图3-6-4(a)所示脉冲电压V_{BB}。记$t=0$时V_{BB}由反偏转为正偏电压V_F，则晶体管将由断开转向导通。

下面分析$t=0$以后输出端电流I_C的变化情况。

$t=0$时晶体管初始状态为截止。V_{BB}由反偏转为正偏电压V_F后，BE结受到正偏电压作用，应该转为导通，对应晶体管进入饱和状态。但是晶体管为了从截止转为饱和，基区中非平衡少子分布$n_B(x)$需要从图3-6-2中对应"截止（关断）"的$n_B(x)$曲线转变为对应"饱和"的$n_B(x)$曲线，显然这不是立即就能够实现的过程，而是需要一定的时间，相当于是对基区存在一个充电的过程。

按照基区少子变化情况，可以将晶体管从截止转为导通的过程划分为三个阶段。

阶段①：从反偏到零偏。

在正偏电压V_F作用下，首先基区中$x=0$处少子浓度从0变向n_{B0}，对应V_{BE}从反偏向零偏变化，如图3-6-3中①号箭头所示。

这段时间内晶体管还未完全脱离截止状态，因此I_C增加很小，如图3-6-4(b)中①号箭头所示。

阶段②：从零偏到临界放大。

随着发射区向基区注入电子的增加，基区中$x=0$处非平衡少子电子浓度$n_B(x=0)$大于n_{B0}后继续不断增加，EB结转为正偏，晶体管呈现放大状态。但是BC结仍然为反偏，基区中$x=x_B$处非平衡少子电子浓度$n_B(x=x_B)$近似为0，因此基区少子分布逐步变斜，I_C不断增大，同时基区少子总数也随之增加，直到进入临界放大状态。

这一阶段少子分布的变化以及集电极电流的变化分别如图3-6-3和图3-6-4(b)中②号箭头所示。

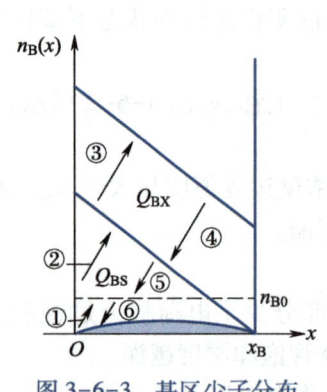

图3-6-3　基区少子分布

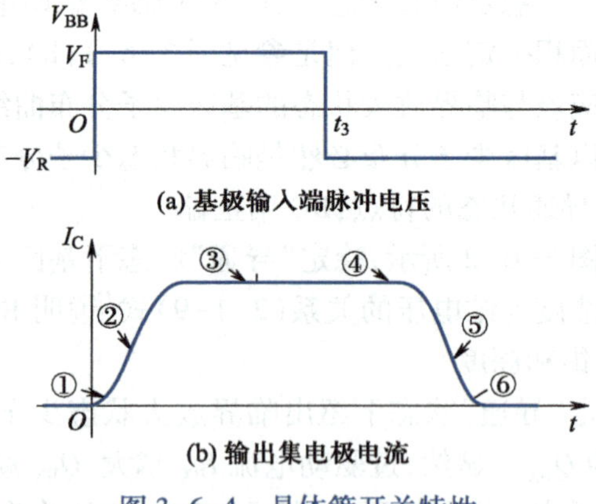

（a）基极输入端脉冲电压

（b）输出集电极电流

图3-6-4　晶体管开关特性

阶段③：过饱和

如图3-6-1(b)特性曲线所示，达到临界放大状态后，I_C电流基本不再增加，但是临界放大状态时基极电流才达到0.043 mA，远小于稳定导通时的0.43 mA，结果导致基区少子分布直线平行上移，斜率不变，对应I_C基本不变。而基区少子总数继续增加，对应基极电流不断增大，直到晶体管处于稳定导通状态。

这一阶段少子分布的变化以及集电极电流的变化分别如图 3-6-3 和图 3-6-4(b)中③号箭头所示。

这时存在过饱和少子电荷 Q_{BX}，BC 结转为正偏。

（2）从导通到关断的过程分析

如果 $t=t_3$ 时输入 V_{BB} 由高电平转为低电平（$-V_R$），BE 结受到反偏电压作用，应该转为截止，基区中少子分布 $n_B(x)$ 应该成为图 3-6-2 中对应"关断"的 $n_B(x)$ 曲线。但是，在 $t=t_3$ 之前，晶体管处于导通状态，基区中少子分布 $n_B(x)$ 为图 3-6-2 中对应"饱和"的 $n_B(x)$ 曲线形态，对应基区存储有较多的饱和电荷 Q_{BS} 以及过饱和电荷 Q_{BX}。因此在转向截止过程中，晶体管要经历抽走这些 Q_{BX} 以及 Q_{BS} 的过程，相当于是对基区存在一个放电的过程。

按照基区少子变化过程，可以将晶体管从饱和转为截止的过程划分为三个阶段，分别记为过程④、⑤、⑥。实际上这三个阶段与前面从截止转为饱和的过程相反。

阶段④：脱离过饱和状态

输入 V_{BB} 由高电平转为低电平（$-V_R$）后，首先抽出基区过饱和少子电荷 Q_{BX} 直到基区少子分布呈现临界放大状态，即 V_{BC} 从正偏变为零偏的过程中，基区少子分布的斜直线平行下移，集电极电流 I_C 基本不变。

这一阶段少子分布的变化以及集电极电流的变化分别如图 3-6-3 和图 3-6-4(b)中④号箭头所示。

注意：从 $t=t_3$ 开始的一段时间内，输入已经为低电平，但是输出电流 I_C 仍然较大，器件还是处于导通状态。这段时间称为存储时间。显然，过饱和电荷 Q_{BX} 越多，则存储时间越长。

经过阶段④，基区中少子电荷 Q_{BX} 被全部抽出，BC 结成为零偏。但是还存在临界放大状态对应的少子电荷 Q_{BS}，说明 BE 结仍然处于正偏。

阶段⑤：从临界放大状态到 BE 结零偏

随着基区少子电荷 Q_{BS} 不断被抽出，导致基区中位于 BE 结边界处少子电子浓度 $n_B(x=0)$ 不断减小，意味着 BE 结正偏电压不断减少，直到 $n_B(x=0)=n_{B0}$，对应 BE 结成为零偏。

阶段⑤中，$n_B(x=0)$ 不断减小，基区少子分布斜率也逐步变小，I_C 随之不断减少，如图 3-6-4(b)所示。

这一阶段少子分布的变化以及集电极电流的变化分别如图 3-6-3 和图 3-6-4(b)中⑤号箭头所示。

阶段⑥进入截止

随着基区少子电荷持续被抽出，$n_B(x=0)<n_{B0}$，BE 结转为反偏，基区少子分布最终成为图 3-6-2 中对应"关断"的 $n_B(x)$ 曲线，I_C 很小，器件呈现"断开"状态。

说明：上述过程重点围绕基区少子变化情况进行分析，这是主要影响因素。实际情况下，发射区和集电区少子分布也发生类似变化，同时 BE 结和 BC 结两个势垒区宽度也会发生变化，伴随有两个势垒电容的充放电。这些因素只是使得前面分析中各个阶段的转变过程更长，并不会影响输出电流的变化趋势。

3.6.3 晶体管的开关参数

（1）开关时间参数

图 3-6-4(b)描述了晶体管开关全过程集电极电流变化的特点。从工程应用角度考虑，通

常按照图 3-6-5 所示方式，以 $0.1I_{Cmax}$ 和 $0.9I_{Cmax}$ 为参照基准，定义开关时间参数，表征晶体管开关特性。

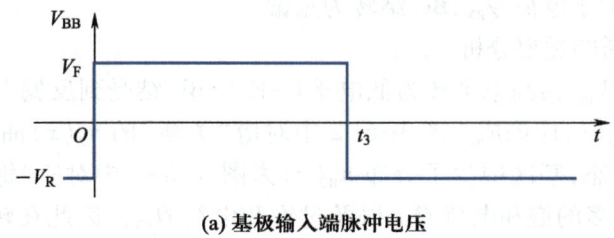

(a) 基极输入端脉冲电压

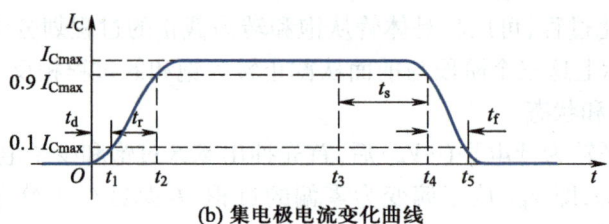

(b) 集电极电流变化曲线

图 3-6-5　晶体管开关时间参数

① 延迟时间 t_d：从输入端转为高电平开始到 I_C 达到 $0.1I_{Cmax}$ 所需的时间。基本对应图 3-6-4(b) 中阶段① 时间。

② 上升时间 t_r：I_C 从 $0.1I_{Cmax}$ 达到 $0.9I_{Cmax}$ 所需的时间。基本对应阶段② 时间。

③ 储存时间 t_s：从 $t=t_3$ 输入转为低电平开始到 I_C 下降到 $0.9I_{Cmax}$ 所需的时间。基本对应阶段④ 时间。

t_s 是几个开关时间参数中相对较大的一个，通常是影响晶体管开关速度最主要的因素。

④ 下降时间 t_f：I_C 从 $0.9I_{Cmax}$ 下降到 $0.1I_{Cmax}$ 所需的时间，基本对应阶段⑤ 。

⑤ 开启时间 t_{ON}：实际应用中，称 (t_d+t_r) 为开启时间 t_{ON}。

⑥ 关闭时间 t_{OFF}：实际应用中，称 (t_s+t_f) 为关闭时间 t_{OFF}。

⑦ 晶体管开关时间：开启时间 t_{ON} 与关闭时间 t_{OFF} 之和称为晶体管开关时间。

为了满足高速开关要求，开关时间应该为 ns 数量级甚至更小。因此数字集成电路设计和制造中如何减小开关时间提高开关速度是必须考虑的问题。

（2）正向压降 V_{BES}

V_{BES} 指共射极连接晶体管处于饱和状态时，输入端基极与公共端发射极之间的电压降。

V_{BES} 应该包括 BE 结压降 $(V_{BE})_J$、基区串联电阻 R_B 压降 I_BR_B 以及发射区串联电阻 R_E 压降 I_ER_E 三部分之和：$V_{BES}=(V_{BE})_J+I_BR_B+I_ER_E$

其中 R_B 和 R_E 分别是基区和发射区的串联电阻。

由于基极电流 I_B 较小，发射区重掺杂使 R_E 也很小，因此 $V_{BES}\approx(V_{BE})_J$，约 0.7 V 左右。

（3）饱和压降 V_{CES}

V_{CES} 指共射极连接晶体管处于饱和状态时输出端 C 与公共端 E 之间的电压降。

V_{CES} 应该包括 CB 结压降 $(V_{CB})_J$、BE 结压降 $(V_{BE})_J$、发射区串联电阻 R_E 压降 I_ER_E 以及集电区串联电阻 R_C 压降 I_CR_C 之和：

$$V_{CES}=[(V_{CB})_J+(V_{BE})_J]+I_CR_C+I_ER_E=[(V_{BE})_J-(V_{BC})_J]+I_CR_C+I_ER_E$$

由于发射区重掺杂使 R_E 很小，因此 $(I_E R_E)$ 项可以忽略不计。所以

$$V_{CES} \approx \left[(V_{BE})_J - (V_{BC})_J \right] + I_C R_C$$

在饱和状态，BE 和 BC 两个结均为正偏，由饱和时基区少子分布可见，$(V_{BE})_J$ 略大于 $(V_{BC})_J$，$\left[(V_{BE})_J - (V_{BC})_J \right]$ 约为 0.1~0.2 V。而集电区通常为轻掺杂，串联电阻 R_C 较大，对 V_{CES} 有很大影响。

实际生产中，V_{CES} 的大小能反映出集电区串联电阻是否控制在较小的范围。

（4）提高晶体管开关速度的主要途径

由晶体管开关过程分析可知，减小开关时间提高晶体管开关速度的主要技术途径是：

① 为了减小势垒电容充放电时间，应该减小结电容，主要是尽量减小两个结的面积 A_E 和 A_C，这与提高频率特性要求一致。

② 减小基区宽度：可以减小导通状态下基区积累的电荷，特别是减小过饱和的少子电荷总数 Q_{BX}，进而减小存储时间。

③ 减小少子寿命：其作用是加速基区积累少子的消失过程，缩短阶段④和阶段⑤时间。

注意，这一要求与 3.2 节说明的提高电流放大系数的要求相反。因此通常用于放大的晶体管制造工艺与开关晶体管的制造工艺加工要求存在差别。数字集成电路工艺专门采用掺金工艺，增加复合中心杂质浓度，减小少子寿命。而模拟集成电路工艺中需要采取措施，防止金等重金属原子进入器件，保证少子有较高的寿命。

④ 采用肖特基晶体管

过饱和电荷 Q_{BX} 是导致晶体管储存时间较长的原因。如果在通常的 NPN 晶体管 BC 之间并联一个肖特基二极管，如图 3-6-6(a) 所示，则可以较好地解决这个问题。这种结构晶体管又称为肖特基晶体管，电路符号如图 3-6-6(b) 所示。

如图 3-6-7 所示，Al-Si 肖特基二极管特点是正向导通电压只有 0.3 V 左右，比 Si-PN 结的 0.7 V 低得多。晶体管关断时，BC 结反偏，肖特基二极管也就处于反向偏置，电流很小，对 NPN 晶体管不起作用。当晶体管导通时，BC 结正偏，肖特基二极管也处于正向偏置，为导通状态。但是肖特基二极管正向导通电压只有 0.3 V 左右，使得 NPN 晶体管的 BC 结的正偏电压也就被钳位在只有 0.3 V 左右，比 Si-PN 结正向压降小得多，从而可以减少基区储存的过饱和电荷 Q_{BX}，因此明显减小从导通转向关断过程中的储存时间 t_s，大幅度提高开关速度。

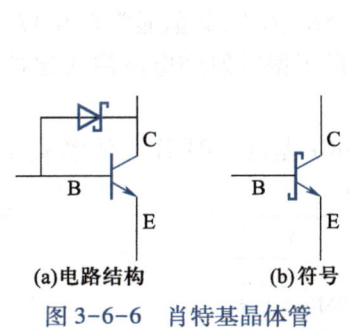

（a）电路结构   （b）符号

图 3-6-6   肖特基晶体管

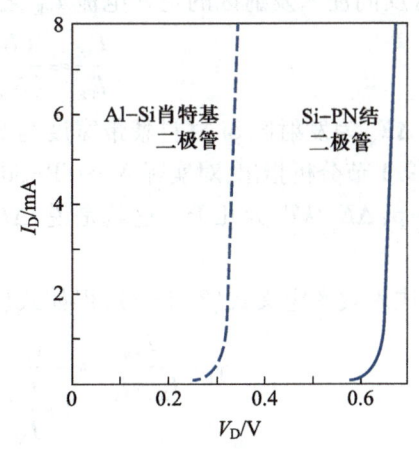

图 3-6-7   肖特基二极管与 PN 结二极管

肖特基晶体管的版图设计将在 7.1.4 节详细介绍。

3.7　异质结双极晶体管

如第 2 章 2.9 节分析指出，异质 PN 结具有注入比高的特点。又由于 $Si_{1-x}Ge_x$ 和 Si 材料的晶格失配率较小，且 $Si_{1-x}Ge_x$ 材料的制备与 Si 工艺兼容，因此在常规 Si 基 NPN 晶体管基础上，采用 $p\text{-}Si_{1-x}Ge_x$ 作为基区形成的异质结双极晶体管（heterojunction bipolar transistor，HBT）被广泛用于通信、微波等领域集成电路中。

本节不是对 HBT 的全面分析，主要结合 SiGe 基区 HBT，通过与常规 BJT 的对比，重点分析由于 HBT 中异质发射结高注入效率特点以及基区禁带宽度与 $Si_{1-x}Ge_x$ 中 Ge 组分关系，可以全面改善 HBT 器件特性的原因。

3.7.1　SiGe 基区 HBT 的基区结构参数特点

采用 $P\text{-}Si_{1-x}Ge_x$ 作为基区的 HBT，器件特性明显优于常规 Si 基 NPN 晶体管，是由于 HBT 具有基区重掺杂以及可以控制基区 $Si_{1-x}Ge_x$ 中 Ge 组分缓变这两大特点。

1. p-SiGe 基区 HBT 的基区重掺杂结构

（1）SiGe 基区 HBT 注入效率 γ_0 定量分析

第 2 章 2.9 节从定量分析和物理解读两方面指出，N-Si/P-SiGe 异质 PN 结具有注入比高的特点，如式（2-9-18）所示。显然，采用 $P\text{-}Si_{1-x}Ge_x$ 作为基区的 HBT，其发射结就是 N-Si/P-SiGe 异质 PN 结，因此 SiGe 基区 HBT 必然具有注入效率 γ_0 高的特点。

实际晶体管发射区宽度与基区宽度相差不大，均远小于少子扩散长度。为简化分析过程数学复杂度，突出物理过程，可近似取发射区宽度等于基区宽度，并假设晶体管为均匀掺杂，按照 3.2.1 节介绍的 BJT 直流电流放大系数定量分析方法，可以得到 SiGe 基区 HBT 注入效率 γ_0 表达式。由于分析步骤与 3.2.1 节介绍的过程完全相同，这里不再重复，只是给出分析结果结论。

定量分析结果表明，SiGe 基区 HBT 发射结电流注入比，即从发射区注入基区的电子电流 I_{NE} 与基区反向注入发射区的空穴电流 I_{PE} 之比，如式（3-7-1）所示：

$$\frac{I_{NE}}{I_{PE}} \approx \frac{(N_D)_{Si}}{(N_A)_{SiGe}}\exp\left(\frac{\Delta E_g}{kT}\right) \tag{3-7-1}$$

式中 ΔE_g 为发射区 Si 材料禁带宽度与 SiGe 基区禁带宽度之差。

如 2.9.1 节分析指出，对实际 N-Si/P-SiGe 异质 PN 结，ΔE_g 为正，其值通常在 $0.17 \sim 0.2$ eV 之间，则 $\exp(\Delta E_g/kT)$ 为几千。这就是说，ΔE_g 的作用是使得正偏发射结电流注入比扩大了数千倍。

代入注入效率定义式（3-1-7），得如式（3-7-2）所示 SiGe 基区 HBT 注入效率 γ_0 表达式：

$$\gamma_0 = \frac{I_{NE}}{I_{NE}+I_{PE}} = \frac{1}{1+\dfrac{I_{PE}}{I_{NE}}} \approx \frac{1}{1+\dfrac{(N_A)_{SiGe}}{(N_D)_{Si}}\dfrac{1}{\exp\left(\dfrac{\Delta E_g}{kT}\right)}} \tag{3-7-2}$$

显然 ΔE_g 使得正偏发射结电流注入比扩大了数千倍，则导致注入效率 γ_0 增加的效果是小数点后面增加了三个 9,使得 γ_0 更趋于 1。

（2）SiGe 基区 HBT 的基区重掺杂

常规 Si 基 NPN 晶体管 $\Delta E_g = 0$。为了保证注入效率 γ_0 大于 0.99,就要求 N 型发射区掺杂浓度 $(N_D)_E$ 比 P 型基区掺杂浓度 $(N_A)_B$ 高 2~3 个数量级。

对 SiGe 基区 HBT,如果将基区掺杂浓度 $(N_A)_B$ 提高 2~3 个数量级,与发射区掺杂浓度保持相同的量级,只是依靠 ΔE_g 的作用,仍然可以保证注入效率 γ_0 大于 0.99。因此现代集成电路中 HBT 采用重掺杂 P^+-SiGe 作为基区。

2. P^+-SiGe 基区 Ge 组分缓变分布

为了进一步改善 HBT 器件特性,对于采用 SiGe 作为基区的晶体管中,基区的 Ge 含量通常设计为缓变分布状态,例如 3-7-1(a)所示线性变化,使得基区中靠近集电结位置 Ge 含量最高,靠近发射极位置 Ge 含量最低,这样基区禁带宽度将从发射结处向集电结处不断减小,如 3-7-1(b)所示,导致基区中产生一个内建电场。

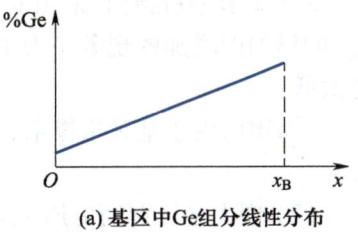

(a) 基区中 Ge 组分线性分布

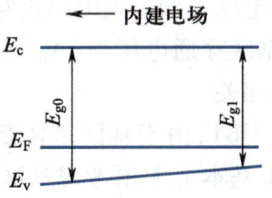

(b) 基区能带图与自建电场

图 3-7-1　基区中 Ge 组分线性分布与基区自建电场

3.7.2　SiGe 基区 HBT 器件性能特点

本节基于前面各节关于 BJT 特性的机理分析和定量分析结果,解读为什么异质发射结以及基区 Ge 组分缓变分布这两个因素使得 SiGe 基 HBT 的器件特性明显优于常规 Si 基 NPN 晶体管。

从机理上讲,SiGe 基区 HBT 优越的电学特性主要得益于异质发射结对电子以及对空穴势垒高度不相等的特点,控制 Ge 组分实现对 SiGe 材料禁带宽度的调控以及与成熟 Si 工艺的兼容,为器件设计的灵活度以及性能的提升提供了可能。

1. N-Si/P-SiGe 异质发射结对提高 HBT 电流放大系数的作用

实际 SiGe 基区 HBT 的发射结为 N-Si/P-SiGe 异质 PN 结,对电子的势垒高度比空穴势垒高度低 ΔE_g（参见 2.9.3 节分析和图 2-9-7）,使得正偏发射结电流注入比扩大了数千倍,明显提高了 SiGe 基区 HBT 注入效率 γ_0,使得 γ_0 在小数点后面增加了三个 9,如式（3-7-1）和式（3-7-2）所示。

γ_0 的提高必然大幅度提高电流放大系数。

2. HBT 基区重掺杂对提升 HBT 器件一系列特性的作用

如 3.7.1 节分析,对 SiGe 基区 HBT,如果将基区掺杂浓度 $(N_A)_B$ 提高 2~3 个数量级,与发射区掺杂为同一个量级,只是依靠 ΔE_g 的作用,注入效率 γ_0 仍然可以大于 0.99,能够保证 HBT 的电流放大系数满足要求。因此,根据需要,可以将 HBT 的基区掺杂浓度提高到 $10^{19} \sim 10^{20}\ \mathrm{cm}^{-3}$。而完全采用 Si 材料的 BJT,基区掺杂浓度通常在 $10^{16} \sim 10^{18}\ \mathrm{cm}^{-3}$ 范围内。

从器件物理考虑,提高基区掺杂浓度直接导致了双极晶体管一系列特性的改善,包括提高厄利电压 V_A,提高基区穿通电压 V_{PT},降低基区体电阻 R_B 等。

其中由于 R_B 的降低又带来器件其他多项特性的提升。

（1）增大厄利电压 V_A

3.3.2 节分析指出，采用厄利电压 V_A 可以表征基区宽变效应引起的电流放大系数 β_0 随着 V_{CE} 的增加而增加的现象。为了保证 β_0 变化不大，要求 V_A 足够大，为此要求基区掺杂浓度不能太低。

对 HBT，由于基区重掺杂，导致厄利电压 V_A 足够高，就明显减弱 V_{CE} 对电流放大系数 β_0 的影响。

（2）增大基区穿通电压 V_{PT}

3.5.3 节分析指出，为了防止基区宽变效应引起的基区穿通，保证晶体管正常工作，要求基区穿通电压不低于集电结击穿电压 BV_{CB}，这就要求基区掺杂浓度不能太低。对均匀掺杂基区情况，基区穿通电压与 $(N_B/N_C)(N_B+N_C)$ 成正比，基区穿通电压的高低与基区掺杂浓度 N_B 高低密切相关。

对 HBT，由于基区重掺杂，就大幅度提升了基区穿通电压 V_{PT}，通常明显大于 BV_{CB}，因此对 HBT 基本上无须考虑基区穿通的影响，只需根据工作电压要求确定集电区掺杂浓度（参见 3.5.3 节）。

（3）提高最高振荡频率 f_{max}

全部采用 Si 材料制造的常规 BJT，为了保证晶体管具有足够高的发射极注入效率 γ_0，要求基区掺杂浓度比发射区掺杂浓度低 2～3 个数量级。基区掺杂浓度不高导致基区体电阻 R_B 偏大，对 BJT 多个特性产生不利影响。由于 HBT 可以使得基区重掺杂，必将大幅度降低基区体电阻 R_B，克服 Si 材料 BJT 由于 R_B 偏大带来的各种问题，明显提高器件特性。

由下式所示最高振荡频率 f_{max} 表达式［参见式（3-4-22）］可见，出现在表达式分母的基区体电阻 R_B 对提高晶体管的最高振荡频率起负面作用。

$$f_{max}=\left(\frac{f_T}{8\pi R_B C_{BC}}\right)^{\frac{1}{2}}$$

显然，由于 HBT 基区重掺杂大幅度降低基区体电阻 R_B，有利于最高振荡频率的提高。

（4）改善器件大电流特性

HBT 基区重掺杂可以通过两方面改善晶体管的大电流特性。

由于基区重掺杂，大幅度增加了基区平衡多子浓度，就要求在更高的注入电流水平下才会出现大注入效应，因此提升了出现大注入效应的临界电流。此外，如 3.5.2 节分析，基区体电阻上压降起到基区自偏压效应，进而产生发射极电流集边效应，影响晶体管的大电流特性。显然，大幅度降低基区体电阻 R_B，将明显减小基区自偏压效应的影响，有利于改善器件大电流特性。

（5）降低器件的热噪声

如 2.7 节分析，器件工作时串联电阻会产生热噪声，而且串联电阻的阻值越大，热噪声强度越大。显然，HBT 基区重掺杂大幅度降低基区体电阻 R_B，将明显减小晶体管的热噪声。

3. 适当降低发射区掺杂对改善器件特性的作用

在保持发射结注入效率 γ_0 满足要求的前提下，HBT 可以大幅度提高基区掺杂浓度，也可以根据需要适当降低发射区掺杂浓度 N_E，改善晶体管特性。

（1）防止出现发射区带隙变窄效应的负面影响

如 3.3.5 节分析，对常规 Si 材料 NPN 晶体管，为了提高发射结注入效率 γ_0，需要提高发射

区掺杂浓度 N_E。但是如果 N_E 过高,可能导致发射区出现带隙变窄效应,反而对注入效率的提高带来负面影响。而 HBT 可以在 γ_0 满足要求的前提下适当降低发射区掺杂浓度 N_E,就不会出现发射区带隙变窄效应对注入效率提高的负面影响。

(2) 提高晶体管特征频率 f_T

降低 N_E 将使得发射结势垒区变宽,导致发射结势垒电容 C_{je} 减小,因此起到减小发射结时常数 τ_e[参见式(3-4-5)]进而提高晶体管特征频率 f_T[参见式(3-4-20)]的作用。

4. P^+-SiGe 基区 Ge 组分缓变分布对改善器件特性的作用

采用 SiGe 作为基区的 HBT,若基区的 Ge 含量为缓变分布状态,例如图 3-7-1(a)所示线性分布,基区中靠近集电结位置 Ge 含量最高,靠近发射极位置 Ge 含量最低,则基区禁带宽度将从发射结处向集电结处不断减小,导致基区中产生一个内建电场。

产生的基区自建电场对发射区注入基区的电子起加速作用,一方面提高电流放大系数,同时减小了基区渡越时间 τ_b,提高 BJT 的特征频率 f_T。

由于采用重掺杂 P^+-SiGe 作为基区的 HBT 特性明显优于常规 Si 材料 BJT,因此被广泛地应用于通信、微波等对晶体管性能要求较高的现代集成电路中。

习题

3.1 设计晶体管电流放大系数时,通常采用使注入效率等于基区输运系数的方案确定发射区和基区的结构参数。设均匀掺杂晶体管的发射区和基区少子扩散系数均等于 $10~\text{cm}^2/\text{S}$,少子寿命等于 10^{-7}S:

(1) 如果要求电流放大系数 β_0 不小于 100,则要求发射区 Gummel 数至少是基区 Gummel 数的多少倍?基区宽度不能大于多少?

(2) 如果要求电流放大系数 β_0 不小于 1 000,则要求发射区 Gummel 数至少是基区 Gummel 数的多少倍?基区宽度不能大于多少?

3.2 若均匀掺杂 NPN 晶体管的参数如下所示,请采用理想晶体管模型计算该晶体管的注入效率、基区输运系数和共射极电流放大系数 β_0:

发射区掺杂浓度 $N_E = 5 \times 10^{18}~\text{cm}^{-3}$,　　　基区掺杂浓度 $N_B = 1 \times 10^{16}~\text{cm}^{-3}$

发射区宽度 $x_E = 0.20~\mu\text{m}$,　　　基区宽度 $x_B = 0.10~\mu\text{m}$

发射区少子扩散系数 $D_E = 10~\text{cm}^2/\text{S}$,　　　基区少子扩散系数 $D_B = 25~\text{cm}^2/\text{S}$

发射区少子寿命 $\tau_{E0} = 1 \times 10^{-7}\text{S}$,　　　基区少子寿命 $\tau_{B0} = 5 \times 10^{-7}\text{S}$

3.3 实际生产中,工艺必然存在分散性。按照习题 3.2 参数生产出的一批晶体管,如果不考虑其他参数的分散性,只考虑基区宽度 x_B 分散范围在 0.08 μm 到 0.12 μm 之间,请计算这批晶体管共射极电流放大系数 β_0 值的分散变化范围。

3.4 对于基区为均匀掺杂的 NPN 晶体管,分别绘制在正向放大偏置、反向放大偏置、截止、过饱和这四种各种状态下发射区、基区、集电区的少子分布示意图。

3.5 根据下述均匀掺杂 NPN 晶体管的结构参数值,计算发射极工作电流 I_E 分别为 0.1 mA、1 mA 和 10 mA 情况下的特征频率 f_T,并说明直流工作电流对晶体管频率特性的影响(不考虑基区展宽效应)。

基区宽度 $x_B = 0.5~\mu\text{m}$,　　　基区电子扩散系数 $D_N = 25~\text{cm}^2/\text{s}$,

BC 结势垒区宽度 $x_{BC} = 2.4\ \mu m$，   集电区串联电阻 $R_C = 20\ \Omega$，

EB 结势垒电容 $C_{je} = 1\ pF$，   BC 结势垒电容 $C_{jc} = 0.2\ pF$

3.6   基于影响特征频率的四个时常数与器件偏置条件的关系，说明

① 为什么随着直流偏置电流 I_C 的增大，f_T 将如题图 3.6(a)所示那样，先增加然后减小。

② 随着直流偏置电压 V_{CE} 的增大，为什么 f_T 也是如题图 3.6(b)所示那样，先增加然后减小。

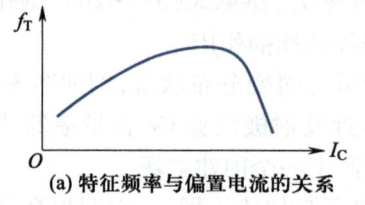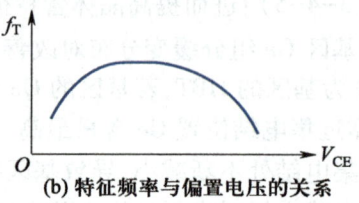

(a) 特征频率与偏置电流的关系   (b) 特征频率与偏置电压的关系

题图 3.6

3.7   如果一个分立双极功率晶体管以及一个 PN 结隔离的双极集成电路中的功率晶体管都采用三个发射极条的结构，请分别绘制出这两种晶体管的剖面结构示意图，并简要说明为什么工作电流较大的双极晶体管要采用多发射极条结构。

3.8   已知均匀掺杂 NPN BJT 的掺杂浓度为：$N_E = 9 \times 10^{19}\ cm^{-3}$、$N_B = 4 \times 10^{17}\ cm^{-3}$、$N_C = 6 \times 10^{16}\ cm^{-3}$。为了保证基区穿通电压大于 6 V，确定允许的最窄原始基区宽度 x_{B0}。（假设 $V_{BE} = 0.75\ V$）

3.9   以均匀掺杂基区 BJT 为例，解释饱和状态下基区少子分布的特点。

3.10   绘制 PN 结隔离双极集成电路中的肖特基双极晶体管剖面结构示意图，并简要说明为什么这种结构能提高晶体管的开关速度。

第4章 场效应晶体管（FET）基础

场效应晶体管（field effect transistor,FET）是与双极型器件不同的另一类重要的微电子器件,是电压控制型器件,因为只有一种载流子参与导电,要么是电子要么是空穴,也称为单极型晶体管。利林菲尔德（Lilienfeld）早在1925年就提出了场效应晶体管的概念,这种场效应器件利用垂直于沟道的电场调制半导体表面的沟道电导,从而调制沟道电流。但是因为工艺技术不够成熟,对半导体表面特性的认识也不够,所以直到20世纪的60年代,才制备出有效的场效应晶体管。自此,随着金属-氧化物-半导体场效应晶体管（metal-oxide-semiconductor FET,MOSFET）器件技术的成功,MOSFET逐渐成为集成电路的核心器件。

结型场效应晶体管（PN-junction FET,JFET）和金属-半导体场效应晶体管（metal-semiconductor FET,MESFET）都是目前集成电路中采用的半导体器件。JFET很容易与双极晶体管兼容,在模拟电路中应用广泛,可用作恒流源、差分放大器等单元电路。而MESFET是目前GaAs微波单片集成电路广泛采用的器件结构。高电子迁移率晶体管（high-electron-mobility-transistor,HEMT）也可采用MESFET结构。

本章在介绍场效应晶体管概念的基础上,首先简要介绍了结型场效应晶体管和金属-半导体场效应晶体管,然后详细给出了MOSFET的基本原理。

4.1 FET的结构和种类

4.1.1 场效应晶体管概述

1."场效应晶体管"的含义

无论哪种场效应晶体管,实质上就是一个阻值受控的导电通道（称为"沟道:channel"）,或者说就是一种特殊的"可变电阻"。控制沟道阻值的方法是通过一个"控制栅（gate）"电极形成与沟道方向垂直的"电场"调制导电通道,因此称为"场效应"。基于场效应工作原理的器件称为场效应晶体管（FET）。

FET器件包括三个引出电极。工作时导电沟道两端电极分别称为漏（drain）和源（source）。器件工作时,载流子从"源"流出,经过沟道,流入"漏"。施加电场调制沟道的电极称为栅极。

器件工作时,通常源为公共端,栅为输入端,漏为输出端。通过控制栅调制沟道,在漏源电压 V_{DS} 作用下,流过可变电阻沟道的电流,即 I_D,与 V_{DS} 之间呈现出一种不同于常规电阻 I-V 的特殊关系,使得场效应晶体管在电路中可以起开关、放大等有源器件的作用。

2. FET器件结构类型

（1）按照调制方式划分可以分为两类

① JFET

通过"结（junction）耗尽层"调制沟道,按采用结的类型不同,又分为

（a）PN-JFET：通过PN结调制沟道，通常所说的JFET就是PN-JFET；

（b）MESFET：其全称为MEtal-Semiconductor FET，是通过金属-半导体接触形成的肖特基结调制沟道。

② MOSFET

全称为metal-oxide-semiconductor FET，反映了传统的MOS结构为"金属-二氧化硅-半导体材料硅"。

MOSFET的栅极和导电沟道之间由绝缘层隔开，又称为绝缘栅场效应晶体管（insulator-gate FET，IGFET）。

（2）按照导电通道（沟道）类型可以分为两类

按照沟道以电子导电为主还是空穴导电为主，分为N沟道场效应晶体管和P沟道场效应晶体管两类。

由于电子迁移率大于空穴迁移率，使得N沟道器件特性优于P沟道，因此集成电路中优先使用N沟道场效应晶体管。

（3）按照栅极零偏时是否存在导电沟道可以分为两类

① 增强型（enhancement mode）：指栅极零偏时不存在导电沟道，需要施加栅极电压"增强"导电沟道的场效应晶体管，简称为E管。

② 耗尽型（depletion mode）：指栅极零偏时已存在导电沟道的场效应晶体管，施加栅源电压使得沟道导电能力减弱甚至使得沟道中载流子"耗尽"，简称为D管。

目前电路中采用较多的是增强型器件。

4.1.2 结型场效应晶体管（JFET）

本节JFET结合N沟道耗尽型JFET，重点分析工作原理，理解结型场效应晶体管工作的基本物理过程。

1. JFET结构与电流控制原理

（1）JFET结构

N沟道耗尽型JFET基本结构示意图如图4-1-1所示，包括下述几个部分：

栅极（gate，G）：又称为"控制栅"。图（a）中位于上下两侧的P型区称为栅极，工作时两个栅连在一起。由于器件中栅极是高掺杂P⁺，电学上可视为等电位。

沟道（channel）：位于上下栅之间的N型区域称为沟道，沿着漏源方向，长度为L，宽度为W。

上、下两个高掺杂栅区之间的距离为d，分析问题时，通常记为$2a$。栅极加反偏电压时，耗尽层向N型沟道区扩展，减去耗尽层厚度才是实际导电沟道。

漏极（drain，D）和源极（source，S）：位于

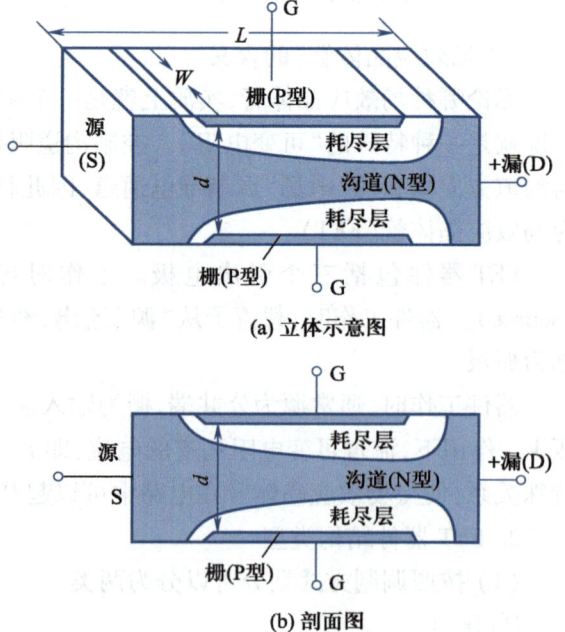

(a) 立体示意图

(b) 剖面图

图4-1-1 JFET晶体管结构示意图

沟道两端的欧姆电接触分别称为漏极和源极。

图 4-1-1 所示结构沟道为 N 型,因此称为 N 沟道 JFET。如果在上述结构中,将栅改为 N 型区域,而沟道采用 P 型,则成为 P 沟道 JFET。

为了方便起见,后面分析问题时将采用图 4-1-1(b)所示剖面图。

(2) JFET 导电沟道的形成与控制

图 4-1-1 所示增强型 N 沟道 JFET 在上下 P^+ 掺杂栅区之间已存在 N 型导电沟道。JFET 工作时,在导电沟道两端的漏极(D)和源极(S)之间加电压 V_{DS},因此在源漏之间就有电流 I_D 流过沟道。如果在栅(G)和源(S)极之间加一个使其间 PN 结反偏的电压 V_{GS},由于栅区为 P^+, 杂质浓度比沟道区高得多,因此 PN 结空间电荷区将主要向 N 型沟道区扩展,使沟道区变窄。 这样,在栅源之间加一个反偏电压或正偏电压,就可以改变栅区与沟道区之间耗尽层厚度,导 致沟道厚度随之变化,从而控制漏极(D)和源极(S)之间流过的电流 I_D。

(3) JFET 中沟道电流的控制特点

由上可见,JFET 中沟道电流的控制具有下面几个特点。

① 栅源电压 V_{GS} 控制沟道

JFET 工作时是通过栅源之间的外加栅电压 V_{GS} 控制沟道横截面积大小的,从而控制漏源 之间的电流 I_D,因此 JFET 是一个电压控制器件。

② 高输入阻抗

由于起控制作用的栅源电压 V_{GS} 是加在反偏的 PN 结上,相应的控制电流很小,输入阻抗 很高。

③ 单极器件

I_D 是沟道中由漏源之间电压 V_{DS} 产生的电场作用下的多数载流子漂移电流,与通常导体 中的电流相同。而不像双极晶体管那样,在工作中同时涉及多数载流子和少数载流子,而且电 流呈现漂移电流和扩散电流两种机理。

由于 JFET 导电过程只涉及一种载流子,又称为单极器件。

2. JFET 直流特性定性分析

图 4-1-2 是 N 沟道耗尽型 JFET 直流伏安特性曲线示意图,表示的是漏极电流 I_D 和漏源 电压 V_{DS} 之间的关系,以栅源之间控制电压 V_{GS} 为参变量。

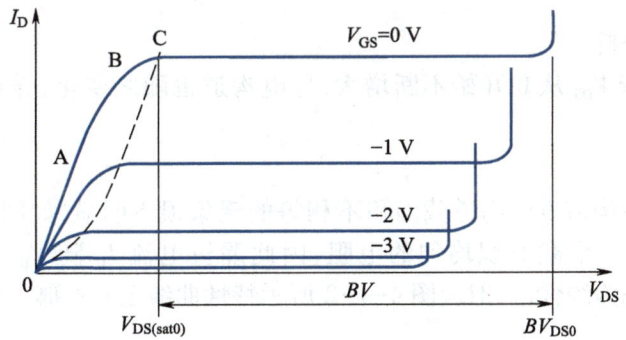

图 4-1-2　N 沟道耗尽型 JFET 直流伏安特性

下面从四个方面分析 JFET 的直流特性。

（1）$V_{GS}=0$ 情况下的漏源特性

① 偏置与导电沟道形状

器件工作时在导电沟道两端的漏源之间施加电压 $V_{DS} \geqslant 0$。

$V_{GS}=0$ 情况下，N 沟道 JFET 中沟道状态随漏源电压 V_{DS} 的变化情况如图 4-1-3 所示。

在实际应用中，一般源极接地。由于栅区为 P$^+$ 重掺杂，可以认为栅区等电位。$V_{GS}=0$，表示整个栅区均为零电位。

JFET 工作时，沟道两端所加电压为 V_{DS}，在沟道区漏端电位为正，沿着沟道方向电位逐步降低，到源端处电位为零。因此，对于栅和沟道之间的反偏 PN 结，在栅区一侧是等电位，而在沟道一侧不是等电位。

在 $V_{GS}=0$ 情况下，考虑 V_{DS} 的影响，靠近沟道区源端处 PN 结为零偏，而在靠近漏端处的那部分 PN 结为反偏，因此，栅和沟道之间的 PN 结在靠近源端和靠近漏端处的耗尽层宽度是不同的，或者说，沿着沟道方向，沟道的截面积是不相等的，靠近源端处沟道的截面积最大，沿着沟道从源向漏的方向，沟道的截面积逐步减小，靠近漏端处的沟道截面积最小。

图 4-1-3 显示了不同 V_{DS} 电压作用下的 JFET 沟道的变化状态。

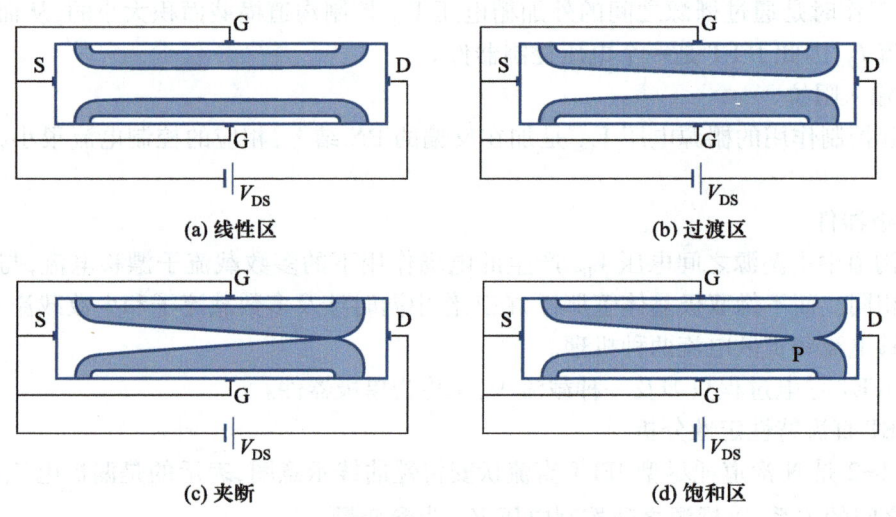

(a) 线性区　　　　　　　　　　　(b) 过渡区

(c) 夹断　　　　　　　　　　　　(d) 饱和区

图 4-1-3　$v_{GS}=0$ 时 JFET 的沟道变化状态

② I_D-V_{DS} 关系分析

固定 $V_{GS}=0$，随着 V_{DS} 从 0 开始不断增大，导电沟道也随之变化，导致器件特性呈现不同特点。

（a）线性区

若 V_{DS} 很小，则沿沟道方向沟道截面积不相等的现象很不明显，如图 4-1-3（a）所示。这时可近似将沟道视为一个截面积均匀的电阻，因此漏极电流 I_D 随 V_{DS} 几乎是线性增加，称 JFET 的这种工作状态为线性区，对应图 4-1-2 所示特性曲线上 0 A 那一段范围。

（b）过渡区

随着 V_{DS} 的增加，沿沟道方向沟道截面积不相等的现象逐步表现出来，如图 4-1-3（b）所示。而且随着 V_{DS} 的增加，漏端 PN 结耗尽层加宽，沟道变窄，沟道电阻增大，使 I_D 随 V_{DS} 增加的趋势减慢，偏离直线关系，对应图 4-1-2 特性曲线上 B 点附近那一段范围。

线性区与过渡区又统称欧姆区,也称为 triode 区。

(c) 夹断

随着 V_{DS} 继续增加,漏端沟道进一步变窄。当 V_{DS} 增加到使漏端沟道截面积减小到零时,我们称为沟道"夹断(pinchoff)",如图 4-1-3(c)所示,这时 JFET 的工作状态对应图 4-1-2 所示特性曲线上 C 点。

出现夹断时的 V_{DS} 称为饱和电压 V_{Dsat},将这时候的电流记为 I_{DSS}。通常用符号 $V_{DS(sat0)}$ 表示 $V_{GS}=0$ 情况下的夹断电压。

需要指出的是,"夹断"表示上下两个 PN 结耗尽层正好等于沟道厚度,从而使沟道厚度等于 0,因此,这时的漏源电压 $V_{DS(sat0)}$ 也就是使沟道刚夹断时夹断点与源之间的电位。此时 $V_{GS}=0$,因此 $V_{DS(sat0)}$ 也是夹断点与栅之间的电位差,也就是使上下两个 PN 结耗尽层之和正好等于沟道厚度 $2a$ 时夹断点与栅之间的电位差。

由此可以引申出下述重要结论:不管夹断点在什么位置,夹断点与栅之间的电位差都保持不变,为 $V_{DS(sat0)}$。这一结论对理解饱和区的"电流饱和"特性非常重要。

(d) 饱和区

如果 V_{DS} 继续增加,$V_{DS}>V_{DS(sat0)}$,由于这时漏端 PN 结耗尽层进一步扩大,使得夹断点 P 向源端方向移动,在夹断点与源之间还存在的沟道称为有效导电沟道。显然有效导电沟道的长度要小于原始的沟道长度,如图 4-1-3(d)所示。但是,如上所述,夹断点与栅之间的电位差一直保持不变,为 $V_{DS(sat0)}$。如果原来沟道较长(称为长沟器件),由于夹断点向源端移动导致的有效导电沟道长度减少可以忽略不计,则这时通过沟道区的电流就基本不变,维持为 I_{DSS}。

V_{DS} 大于 $V_{DS(sat0)}$ 后 I_D 基本保持不变,如图 4-1-2(a)特性曲线上 C 点右边一段所示,即这段特性电流呈现"饱和"特点,因此称这一区域为饱和区。

(e) 击穿区

若 V_{DS} 继续增加,使得漏端处栅极与漏极之间耗尽层上反偏电压过大,将导致栅极与漏极之间 PN 结击穿,使 JFET 进入击穿区。记这时电压 V_{DS} 为击穿 BV_{DS0}。

(2) $V_{GS}<0$ 情况下的 I_D-V_{DS} 特性

① 偏置与导电沟道形状

偏置情况为 $V_{GS}<0$、$V_{DS}\geqslant 0$ 的情况。

尽管 V_{GS} 为负,导电沟道形状特点还是与零偏时一样,即沟道区中源端沟道截面积最大,沿沟道方向从源到漏沟道截面积不断减小,漏端沟道截面积最小。

但是由于 P 型栅极电压 V_{GS} 已经为负,则沟道区靠源端处的栅源 PN 结也处于反偏,与前面分析的 $V_{GS}=0$ 情况相比,整个沟道截面积减小,沟道电阻增大。

② I_D-V_{DS} 关系分析

由于 $V_{GS}<0$ 情况下导电沟道形状特点还是与零偏时一样,因此 I_D 随 V_{DS} 变化的趋势与 $V_{GS}=0$ 情况相同。但是在线性区,因为沟道电阻变大,因此源漏电流 I_D 比零偏情况时候小,即斜率减小。

另外,由于现在沟道截面积较小,因此使沟道夹断的电压即夹断点电压 V_{Dsat} 较低,对应的饱和电流 I_{DSS} 也较小,如图 4-1-2 中 $V_G=-1$ V 那一条曲线所示。同时击穿电压 BV_{DS} 也随之减小,如图 4-1-2 所示。

随着 V_{GS} 绝对值的增大，即 V_{GS} 更负，则沟道区靠近源端处的栅源 PN 结反偏电压更大，耗尽层更宽，沟道截面积更窄，I_D 随 V_{DS} 变化的趋势保持不变，但是在源漏特性曲线上相应的 I_D-V_{DS} 曲线下移，击穿电压 BV_{DS} 也随之减小，如图 4-1-2 所示。

（3）截止区与夹断电压

① 截止区与夹断电压的含义

对于 N 沟道 JFET，在 $V_{DS}=0$ 的情况下，如果 $V_{GS}<0$，源端栅源之间 PN 结已处于反偏，而且耗尽层宽度比 $V_{GS}=0$ 时更宽。如果 V_{GS} 很负，也会使得源端的耗尽层扩展到整个沟道区，沟道被夹断，这时整个沟道区消失，漏源之间只有很小的 PN 结反偏漏电流流过，I_D 趋于 0，称 JFET 处于截止区。

这时的 V_{GS} 称为夹断电压（V_P）。当 $V_{GS}<V_P$ 时，源端的沟道处于夹断状态。

② 夹断电压表达式

对图 4-1-1 所示 N 沟道 JFET，P 型栅为重掺杂，栅源之间的 PN 结为单边突变结（P$^+$N 结），耗尽层宽度主要向轻掺杂的沟道区扩展。沟道夹断时上下两个耗尽层的宽度之和正好等于沟道厚度 $2a$，即夹断时，单个耗尽层宽度则等于 a。源端沟道刚被夹断时的栅源电压称为夹断电压 V_P。

按照定义，耗尽层宽度等于 a 时的栅源电压为夹断电压 V_P。代入耗尽层宽度与结电压的关系式，则有

$$a=\sqrt{\frac{2\varepsilon(V_{bi}-V_{GS})}{qN_D}}=\sqrt{\frac{2\varepsilon(V_{bi}-V_P)}{qN_D}} \tag{4-1-1}$$

解得

$$V_P=-\left(\frac{qN_Da^2}{2\varepsilon}-V_{bi}\right) \tag{4-1-2}$$

式中，V_{bi} 为 PN 结内建电势；ε 为半导体材料的介电常数；N_D 为沟道区的掺杂浓度。

显然，沟道 d 越厚，沟道区掺杂浓度 N_D 越高，则夹断电压 V_P 越负，即 V_P 的绝对值越大。因此，通过这两个参数可以控制 JFET 的夹断电压。

③ 饱和电压 V_{Dsat} 与夹断电压 V_P 的关系

由夹断电压的含义可知，不管夹断点位于何处，栅和夹断点之间的电位差就是 V_P。

在漏端，栅漏之间反偏电压 V_{GD} 可以表示为

$$V_{GD}=V_{GS}-V_{DS} \tag{4-1-3}$$

在漏端沟道刚刚被夹断的情况下，栅漏之间反偏电压 V_{GD} 也就是栅和夹断点之间的电压，就等于 V_P，同时，漏端沟道刚刚被夹断时漏源电压 V_{DS} 即为饱和电压 V_{Dsat}，因此上式又可表示为

$$V_P=V_{GS}-V_{Dsat} \tag{4-1-4}$$

由此可得，不同 V_{GS} 作用下饱和电压 V_{Dsat} 与夹断电压的关系为

$$V_{Dsat}=V_{GS}-V_P \tag{4-1-5}$$

对图 4-1-2 所示 N 沟道 JFET 源端特性曲线，$V_{GS}=0$ 曲线上夹断点对应的漏源电压就是 $V_{DS(sat0)}$，由上式可得 $V_{Dsat}(V_{GS}=0)=V_{GS}-V_P=-V_P$。

注意：N 沟道 JFET 的夹断电压 V_P 为负值，因此 $V_{GS}=0$ 曲线上饱和电压 $V_{Dsat}=-V_P$ 对应夹断电压 V_P 的绝对值。

（4）JFET 直流转移特性

前面描述的 JFET 漏极电流 I_D 随漏源电压 V_{DS} 变化的特性（以栅源电压 V_{GS} 为参变量）称为 JFET 的输出特性。JFET 直流转移特性描述的则是漏极电流 I_{DSS} 随栅源电压 V_{GS} 变化的情况。显然，由图 4-1-4（a）所示 N 沟道 JFET 的直流输出特性曲线可以得到直流转移特性，如图 4-1-4（b）所示。

图（b）中 $V_{GS}=0$ 时的漏源饱和电流记为 I_{DSS0}。与 $I_{DSS}=0$ 对应的电压 V_{GS} 即为夹断电压 V_P。

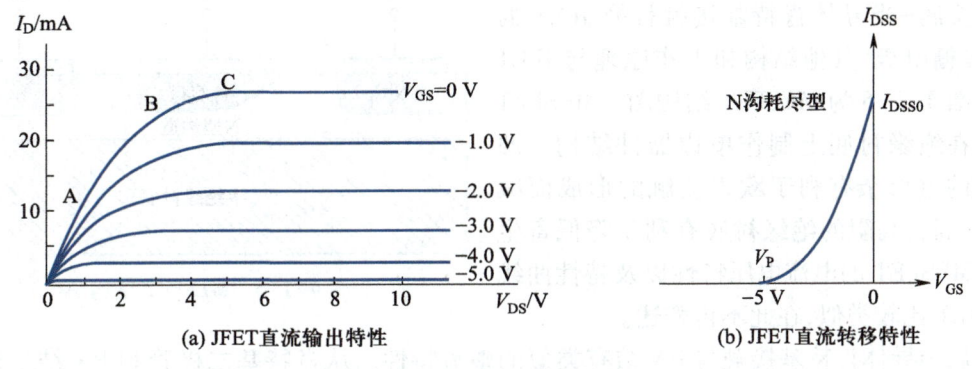

(a) JFET直流输出特性   (b) JFET直流转移特性

图 4-1-4   JFET 直流特性

3. JFET 直流特性定量表达式

由前面 N 沟道 JFET 导电物理过程分析可见，I_D 与 V_{DS} 之间的关系实际上反映的是流过沟道电阻的电流与沟道两端电压的关系。而沟道电阻受栅源电压 V_{GS} 的控制，是一个受控的"可变电阻"。分析沟道电阻与栅源电压的关系可得到描述 JFET 直流特性的定量表达式。这些表达式就是图 4-1-4 所示 JFET 直流特性的定量描述。

这种方法物理过程明确，但是采用该模型进行电路模拟时经常出现不收敛问题。本节介绍 SPICE 等电路模拟软件中采用的实用近似表达式。

（1）线性区和过渡区

对 N 沟道 JFET，夹断电压为负值。$V_{GS}>V_P$ 时，有沟道电流通过。

线性区和过渡区对应的漏源电压范围为 $V_{DS}<V_{Dsat}=V_{GS}-V_P$，分析可得该范围内直流伏安特性表达式为

$$I_D=\beta\left[2\left(V_{GS}-V_P\right)V_{DS}-V_{DS}^2\right] \tag{4-1-6}$$

式中，$\beta=(q\mu_N N_D)dW/L$ 就是冶金沟道（即由栅与沟道之间 PN 结冶金界面确定的沟道）电导，称为跨导因子。

其中 L、W 和 d 分别为沟道的长、宽和厚（见图 4-1-1）。N_D 为沟道掺杂浓度，μ_N 为沟道中的电子迁移率。

（2）饱和区

当 $V_{GS}>V_P$，$V_{DS}>V_{Dsat}$ 时，对应 JFET 的饱和区。分析可得该范围内直流伏安特性表达式为

$$I_D=\beta\left(V_{GS}-V_P\right)^2\left(1+\lambda V_{DS}\right) \tag{4-1-7}$$

式中，λ 为沟道长度调制系数。

如前所述，在饱和区，随着 V_{DS} 的增加，沟道长度稍有减少。

沟道长度调制系数 λ 可表示为 $\lambda=\Delta L/(LV_{DS})$，代表单位漏源电压引起的沟道长度的相对变化率，其中 ΔL 为沟道长度 L 的变化量。

（3）截止区

当 $V_{GS} < V_P$ 时，JFET 为截止区，沟道完全消失，因此有

$$I_D = 0$$

4.1.3 金属-半导体场效应晶体管（MESFET）

金属-半导体场效应晶体管（MESFET）是
一种用金属-半导体肖特基接触替换 JFET 的
PN 结作栅电极，其他结构和工作原理与 JFET
相仿。图 4-1-5 为 MESFET 结构图。MESFET
多采用在绝缘衬底上制作单边器件结构。源
漏区域的重掺杂有利于欧姆接触的形成而减
小串联电阻，高阻的绝缘衬底有利于降低寄生
电容。MESFET 的电流电压特性以及特性曲线
都和 JFET 比较类似，在此不再赘述。

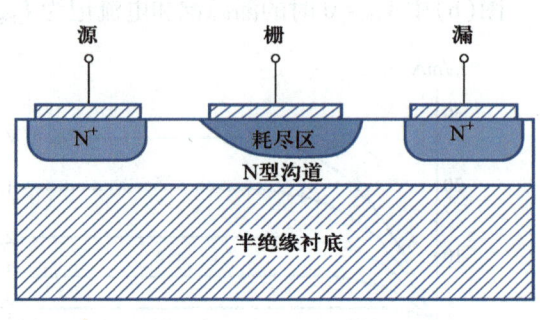

图 4-1-5   MESFET 结构图

金属半导体肖特基接触与 PN 结有类似的整流特性。从肖特基二极管和 PN 结二极管的
特性差异来看，由于肖特基二极管是多子器件，所以有更快的开关速度，适合应用于高频器件。
但是在同样材料和结构尺寸条件下，一般肖特基二极管比 PN 结二极管有更大的反向泄漏电
流。所以，MESFET 在高频器件方面应用更有优势，尤其采用更高迁移率的砷化镓材料制作的
MESFET，其最高频率可达到 80 GHz。而 JFET 有更小的栅反偏泄漏电流，所以具有更好的栅噪
声特性和击穿特性。

4.2 MOSFET 的基础

金属-氧化物-半导体场效应晶体管 MOSFET 的工艺比双极晶体管的简单，且集成度高、功
耗低，是目前数字集成电路、模拟集成电路和存储器电路的核心器件。MOSFET 的主要内容将
通过下面几节详细给出。

MOS 电容是 MOSFET 的核心结构，给 MOS 结构加偏置电压，半导体表面的状态将会随着
表面电荷的变化而变化，MOS 电容的电容-电压特性也会随之变化。分析 MOS 电容在外加电
压下的半导体表面电荷变化及其 C-V 特性，将有助于理解 MOSFET 的工作原理，本节重点介绍
MOS 电容的基础理论。

4.2.1 理想 MOS 结构的特性

MOS 结构是一个简单的两端器件，如图 4-2-1
所示，由半导体衬底和金属极板之间夹一薄层绝缘介
质组成，金属和衬底分别引出金属电极和衬底电极，
形成双端器件。MOS 结构具备存储电荷的能力，称为
MOS 电容。MOS 电容一般不单独作为电容器使用，
而是作为 MOSFET 的核心结构存在。

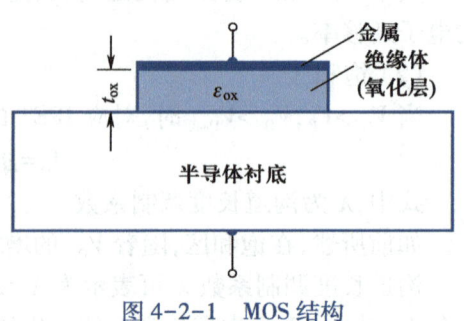

图 4-2-1   MOS 结构

MOS 电容的金属电极,借用 MOSFET 里的名称,称为栅电极;电容的衬底电极也可称为背电极。金属极板材料最初用的是铝,随着工艺技术的发展,到 20 世纪 70 年代后期,开始采用比铝性能更好的重掺杂多晶硅(poly-Si),进而采用硅化物(silicide),并发展为自对准金属硅化物工艺 salicide(self-aligned silicide)。尽管栅材料不是金属,但具有高电导率,所以依然沿用了金属一词。衬底材料通常是硅,绝缘介质材料对应的为 SiO₂。随着 MOSFET 器件发展到 2008 年,一些高性能的 MOSFET 开始采用高介电常数绝缘介质取代 SiO₂,栅材料也开始采用一些难熔金属,用以推动器件的发展。

1. 理想 MOS 结构的特点

理想 MOS 结构具有以下特点:

(1)金属栅的尺寸使得栅金属在直流或交流偏置下均可作为等电势区;

(2)氧化层是完美绝缘层,绝缘层内无任何电荷,且完全不导电;

(3)在氧化层-半导体界面无界面态电荷;

(4)半导体掺杂均匀,且半导体足够厚,到达衬底电极之前总存在电场为 0 的体区;

(5)金属和半导体功函数差为 0。

实际 MOS 结构的特点和上面理想情况的假设很接近,但是氧化层内和氧化层-半导体界面会存在电荷,金属和半导体的功函数差也往往不为 0,这两方面的影响会在后面章节讨论。

假设有一理想 MOS 结构,栅为金属铝(Al),氧化层为常见的二氧化硅(SiO₂),衬底为 P 型掺杂的半导体硅。0 栅压热平衡态下此 MOS 结构的能带图如图 4-2-2 所示。

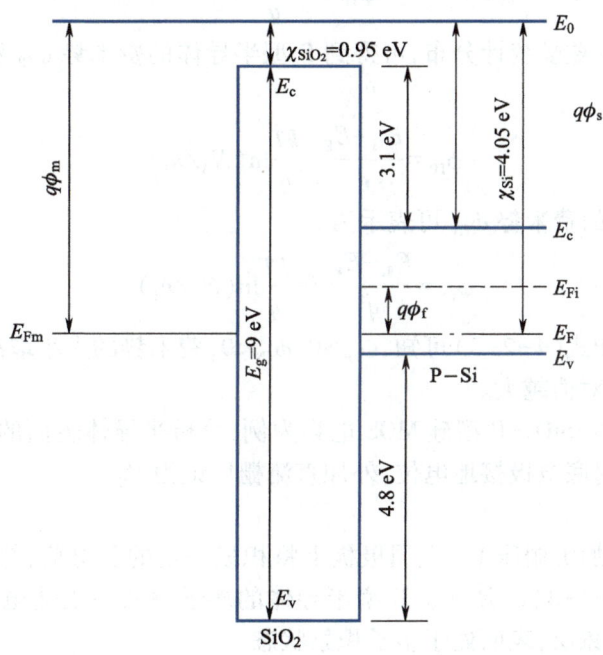

图 4-2-2　理想 MOS 结构平衡状态下的能带图

图 4-2-2 中从左到右依次是金属铝栅、二氧化硅和 P 型硅的能带图,图中横线终止的地方为材料的界面。金属导体的导带是部分被填充的,所以金属的费米能级 E_{Fm} 在导带内,可用 E_{Fm} 表示金属的能带图。绝缘体二氧化硅和半导体硅的能带结构相似,只是 SiO₂ 的禁带宽度

E_g 大,约为 9 eV,导电性能很差;Si 的禁带宽度 E_g 约为 1.12 eV,比 SiO_2 的 E_g 小得多,即使在室温下,也有一定量的电子从价带跃迁到导带,所以其导电能力明显高于绝缘体 SiO_2。由于 Si 的禁带宽度远小于 SiO_2 的禁带宽度,所以图 4-2-2 中并未按照能量比例关系给出。

图 4-2-2 中,真空能级 E_0 和导带底能级 E_c 之间的能量差为材料的电子亲和能。$q\chi_{SiO_2}$ 为 SiO_2 的电子亲和能,约为 0.95 eV;$q\chi_{Si}$ 为 Si 的电子亲和能,约为 4.05 eV。其中电子亲和势 χ 是一个基本的材料参数,与杂质或缺陷的存在无关,仅随原子类型的不同而变化。E_0 和费米能级 E_F 之间的能量差为功函数,其中,$q\phi_m$ 为金属功函数,$q\phi_s$ 为半导体功函数。

金属、SiO_2 层和 P 型 Si 半导体紧密接触成为一个理想的 MOS 电系统,0 栅压热平衡态下,MOS 系统具有统一的费米能级。理想的 MOS 结构,其金属半导体功函数差近似为 0,氧化层也近似无净电荷,因此 0 栅压热平衡态下半导体表面能带相对于体内是平的。

2. 半导体表面的状态

MOS 电容的金属栅电极和衬底电极之间的外加电压,常称为栅压。外加栅压给电容充电,会改变栅氧化层下方半导体表面的电荷分布,表面状态随之发生变化。

半导体表面状态变化的分析,需用到费米势的概念。半导体的费米势,指的是半导体本征费米能级 E_{Fi} 和费米能级 E_F 两者能量差的电势表示,如图 4-2-2 所示。费米势记为 ϕ_f,具体可表示为 ϕ_{fP} 和 ϕ_{fN},其中的 P 和 N 指的是半导体的掺杂类型。

根据上述费米势的定义,P 型半导体的费米势 ϕ_{fP} 可表示为

$$\phi_{fP} = \frac{E_{Fi} - E_F}{q} \tag{4-2-1}$$

根据载流子浓度的玻尔兹曼统计分布,可得到 P 型半导体的费米势 ϕ_{fP} 和半导体掺杂浓度 N_A 的关系,即

$$\phi_{fP} = \frac{E_{Fi} - E_F}{q} = \frac{kT}{q}\ln(N_A/n_i) \tag{4-2-2}$$

同理,N 型半导体的费米势 ϕ_{fN} 可表示为

$$\phi_{fN} = \frac{E_{Fi} - E_F}{q} = -\frac{kT}{q}\ln(N_D/n_i) \tag{4-2-3}$$

根据式(4-2-2)和式(4-2-3)可知,$\phi_{fP} > 0$,$\phi_{fN} < 0$,费米势的大小取决于半导体掺杂浓度,浓度越大,费米势的绝对值越大。

下面以理想的金属-SiO_2-P 型硅 MOS 电容为例,分析半导体表面的状态随外加栅压的变化过程。假定半导体衬底电极接地电位,外加直流栅压记为 V_G。

(1) 积累状态

首先给 MOS 电容加负栅压 V_G,金属极板上将积累一定的负电荷,并产生一个由半导体指向金属的电场,如图 4-2-3(a)所示。P 型半导体的多子空穴在上述电场的作用下被吸引到表面积累,形成空穴积累层,表面处于多子积累状态。

被吸引到表面的空穴在表面积累,不会进入氧化层。

图 4-2-3(b)所示的是加负栅压时 MOS 电容的能带图,从左到右的方向对应从半导体表面到体内。负栅压使 MOS 系统不再处于热平衡态,E_{FM} 相对于半导体 E_F 提高了 qV_G。表面空穴积累,浓度增加,使得半导体的能带靠近表面上弯。MOS 结构中的金属可看作一个等电势体,所以金属中能带没有发生弯曲。

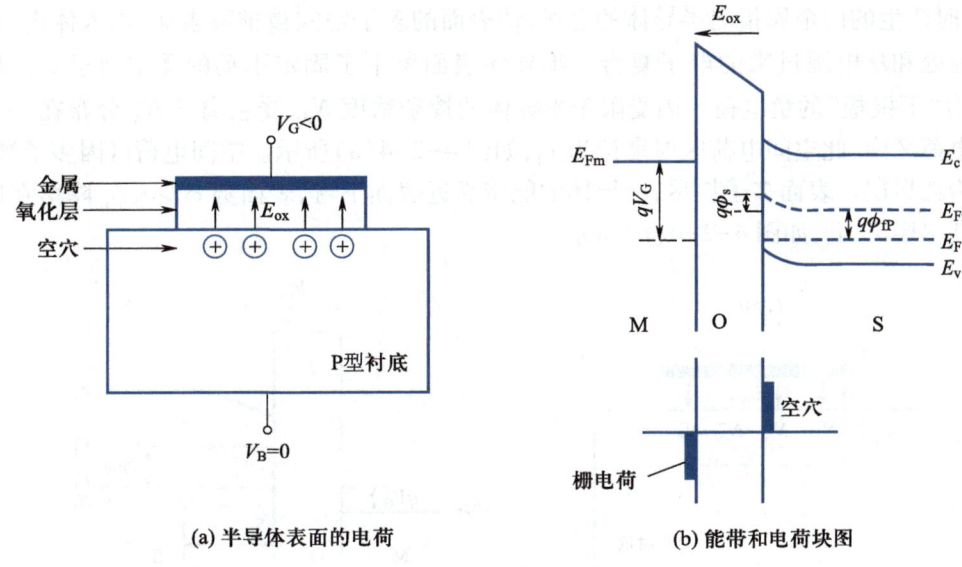

(a) 半导体表面的电荷　　　　　(b) 能带和电荷块图

图 4-2-3　负栅压下的 P 型硅 MOS 电容

半导体表面的能带弯曲量记为 $q\phi_s$，如图 4-2-3（b）上所示，其中 ϕ_s 为半导体表面相对于体内的电势差，称为表面势。$q\phi_s$ 表征了表面能带弯曲量的大小，因此 ϕ_s 为表面本征费米能级 E_{Fi}（表面）和体内本征费米能级 E_{Fi}（体内）能量差的电势表示，则有

$$\phi_s = \frac{\left[E_{Fi}（体内）-E_{Fi}（表面）\right]}{q} \tag{4-2-4}$$

多子积累状态下，表面的能带上弯，说明电子的电势能高，则表面电势低，即 $\phi_s<0$。

尽管负栅压使 MOS 系统不再处于热平衡态，但是硅表面与体内可近似处于热平衡态，因此表面层内经典统计仍能适用，根据载流子浓度的玻尔兹曼统计式，积累层内的空穴浓度 p_{P0} 可以表示为

$$\begin{aligned}
p_{P0} &= n_i \exp\left\{\left[E_{Fi}（表面）-E_F\right]/kT\right\} \\
&= n_i \exp\left[q(\phi_{fP}-\phi_s)/kT\right] \\
&= N_A \exp(-q\phi_s/kT)
\end{aligned} \tag{4-2-5}$$

从式（4-2-5）可知，表面多子空穴浓度 p_{P0} 随所在位置的能带弯曲量（$-q\phi_s$）指数变化。

另外，因为静态偏置条件下没有电流流过 MOS 电容，所以半导体的费米能级 E_F 从表面到体内保持为常数不变。

MOS 电容加负栅压后电荷的近似分布如图 4-2-3（b）所示。图中用块状图形定性表示电荷的近似分布，也称为电荷块图。块在 x 轴上方表示为正电荷，下方则表示为负电荷；块的大小表示电荷的多少。负栅压下的多子积累状态，积累层内的空穴正电荷相当于 MOS 电容"下极板"的正电荷，与金属上极板上的电荷量相同、极性相反。

（2）平带状态

0 偏置下，理想 MOS 电容的半导体表面处于平带状态，如图 4-2-2 所示。平带状态下半导体表面没有净的电荷存在，且 $\phi_s=0$。

（3）耗尽状态

给 MOS 电容加一小的正栅压 V_G，如图 4-2-4 所示，金属的费米能级相对于半导体的降低

qV_G。此时产生的由金属指向半导体的电场,使表面的多子空穴被推离表面,进入体内,在衬底欧姆接触处和从电源过来的电子复合。半导体表面留下了固定不动的受主离子 N_A^-,相当于MOS 电容"下极板"的负电荷。因受限于半导体的掺杂浓度 N_A,受主离子 N_A^- 分布在一定厚度的空间电荷区内,此空间电荷区厚度记为 x_d,如图 4-2-4(a)所示。空间电荷区因多子被耗尽,也可称为耗尽层。表面多子耗尽,半导体的能带靠近表面下弯,表面势 $\phi_s>0$,ϕ_s 降落在能带有弯曲的耗尽层 x_d 上,如图 4-2-4(b)所示。

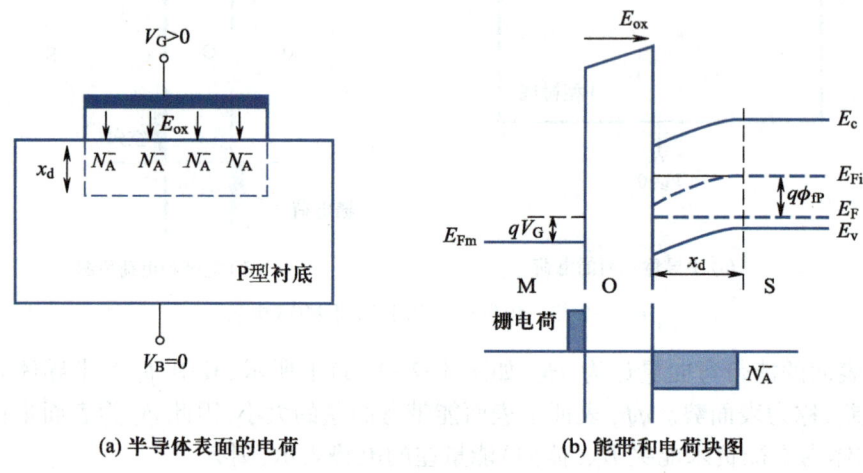

(a) 半导体表面的电荷   (b) 能带和电荷块图

图 4-2-4 小的正栅压下的 P 型硅 MOS 电容

假定半导体掺杂均匀,耗尽层内多子近似完全耗尽,则耗尽层厚度 x_d 可利用 PN 结的单边突变结耗尽层近似得到其表达式,即

$$x_d = \left(\frac{2\varepsilon_s\phi_s}{qN_A}\right)^{1/2} \tag{4-2-6}$$

从式(4-2-6)可以看出,x_d 大小主要取决于半导体的掺杂浓度,且与 ϕ_s 有一一对应关系。图 4-2-5 给出的是 $T=300$ K 时,最大空间电荷区宽度 x_{dT} 与半导体掺杂浓度的关系。受实际器件参数的限制,P 型衬底的实际掺杂范围在 $10^{15}\sim10^{17}$,因此 x_{dT} 大概在 0.1~1 μm。

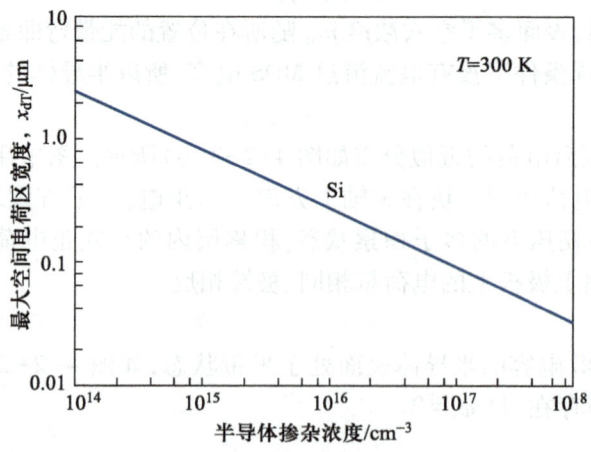

图 4-2-5 $T=300$ K 时最大空间电荷区宽度 x_{dT} 与半导体掺杂浓度的关系

和耗尽层厚度密切相关的一个参数是耗尽层电荷面密度,用 Q'_{SD} 表示,指的是耗尽层单位表面积体内的电荷。在耗尽层多子近似完全耗尽的假设下,有

$$Q'_{SD} = -qN_A x_d = -qN_A \left(\frac{2\varepsilon_s \phi_s}{qN_A} \right)^{1/2} = -\sqrt{2qN_A \varepsilon_s \phi_s} \qquad (4\text{-}2\text{-}7)$$

从式(4-2-7)可以看出 $Q'_{SD} \propto (\phi_s)^{1/2}$。

上述讨论表明,如果正栅压增加,则金属和半导体之间的电场增强,半导体表面更多的多子被耗尽,x_d 展宽,表面能带下弯程度增加,ϕ_s 增大。当表面的本征费米能级与费米能级刚好重合时,表面处于本征态。

(4) 反型状态

在上述本征态的基础上,继续增加正栅压 V_G,则金属和半导体之间的电场随之增强,表面能带进一步下弯,使得表面势 ϕ_s 大于费米势 ϕ_{fP},如图 4-2-6 所示,表面由原来的 P 型转变成了 N 型,处于反型状态。

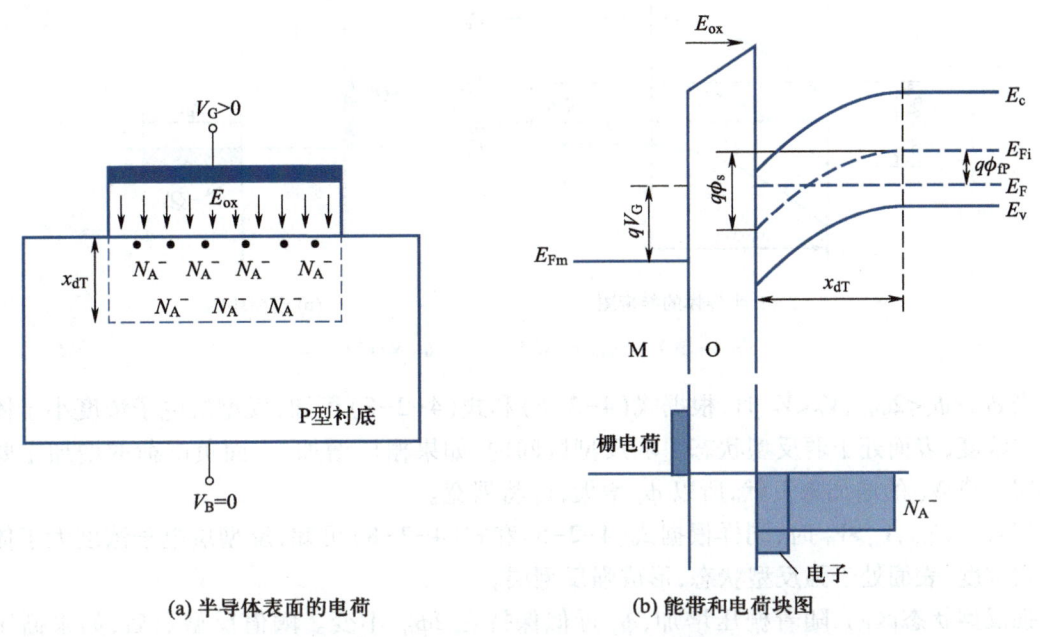

(a) 半导体表面的电荷　　　　(b) 能带和电荷块图

图 4-2-6　大的正栅压下的 P 型硅 MOS 电容

反型状态下,表面负电荷由两部分组成,一部分是表面更多的多子被耗尽留下的更多的 N_A,另一部分则是反型少子电子。反型少子的来源有两处,一处是耗尽层内热运动产生的少子,因耗尽层随着正栅压 V_G 的增加,反偏压增大,少子出现"净产生",产生的电子-空穴还没来得及复合,即被增强的电场作用,其中空穴被扫入体内,少子电子则被吸引到 Si-SiO$_2$ 表面,同PN 结的反偏产生电流。另一处,上述过程将导致耗尽层边缘处的少子减少,所以体内离耗尽层边界一个扩散长度内热运动产生的少子就会扩散至耗尽层边缘,然后被电场扫向表面,在表面积累,形成电子反型层。反型层厚度记为 t_{inv},一般比较薄,大约 3 nm。

随着正栅压增大,ϕ_s 也将增大,能带下弯更显著。根据玻尔兹曼统计式,反型层内少子浓度 n_s 可以表示为

$$n_s = n_i \exp\left[(E_F - E_{Fi}(\text{表面})) / kT \right]$$

$$= n_i \exp\left[q(\phi_s - \phi_{fP}) / kT \right] \qquad (4\text{-}2\text{-}8)$$

$$= N_A \exp\left[q(\phi_s - 2\phi_{fP}) / kT \right]$$

单位表面积反型层内的可动电荷电子，称为反型电荷面密度，记为 Q_N'，单位为（C/cm^2），则有

$$Q_N' = -q n_s t_{inv} = -q N_A \exp\left[q(\phi_s - 2\phi_{fP}) / kT \right] t_{inv} \qquad (4\text{-}2\text{-}9)$$

从式（4-2-9）可以看出，反型电荷面密度 Q_N' 随表面势 ϕ_s 呈指数关系。

当 $\phi_s = 2\phi_{fP}$ 时，根据式（4-2-5）和式（4-2-8），反型层少子电子浓度正好等于体内多子空穴浓度，此时表面处于阈值反型点，外加的栅压称为阈值电压，记为 V_T。阈值反型点时的能带图和电荷块图如图 4-2-7 所示。阈值电压对 MOSFET 而言是非常重要的一个参数，具体内容在 4.4 节详细给出。

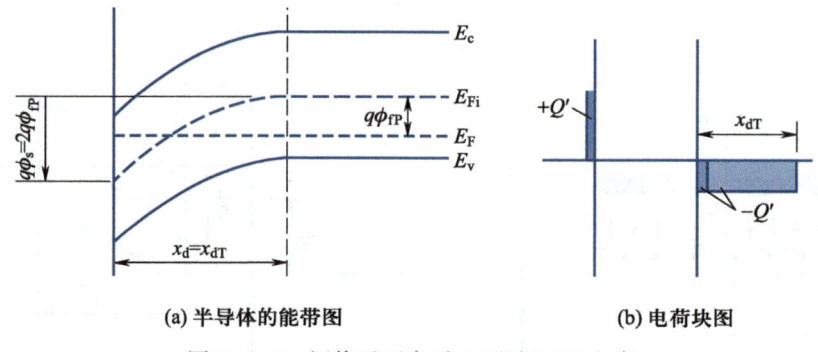

(a) 半导体的能带图   **(b) 电荷块图**

图 4-2-7   阈值反型点时 P 型硅 MOS 电容

当 $\phi_{fP} < \phi_s < 2\phi_{fP}$，$V_G < V_T$ 时，根据式（4-2-5）和式（4-2-8）可知，反型层电子浓度小于体内的空穴浓度，表面处于弱反型状态。弱反型区间内，如果栅压增加，表面负电荷的增加主要靠耗尽层电荷 N_A^- 的增加来贡献，所以 ϕ_s 增大，x_d 将展宽。

当 $\phi_s > 2\phi_{fP}$，$V_G > V_T$ 时，同样根据式（4-2-5）和式（4-2-8）可知，反型层电子浓度大于体内的空穴浓度，表面处于强反型状态，形成强反型层。

强反型状态区间，随着栅压增加，ϕ_s 近似保持在 $2\phi_{fP}$ 不变。阈值反型点后，如果栅压增加，则 ϕ_s 有所增加，根据式（4-2-7）和式（4-2-9）可知，ϕ_s 在 $2\phi_{fP}$ 基础上稍有增加，反型电荷的增加相比于耗尽层电荷的增加更迅速、量更大。反型层可看作栅氧化层电容的下极板，其中栅氧化层电容是一个以栅氧化层为绝缘介质，以金属为上极板的平行板电容，栅氧化层上的压降记为 V_{ox}。MOS 结构上的总压降 V_G 降落在栅氧化层上（V_{ox}）和半导体表面空间电荷区上（ϕ_s）。当下极板反型层电荷迅速增加，则意味着栅氧化层上的 V_{ox} 迅速增加，因此阈值反型点后栅压的增量主要用来增加 V_{ox}，而 ϕ_s 的增加微弱，近似保持在阈值反型点时的 $2\phi_{fP}$ 不变，相应的耗尽层电荷和耗尽层厚度也都近似保持在阈值反型点时的值不变，分别近似达到最大值 $Q_{SD}'(\max)$ 和 x_{dT}，因此有

$$x_{dT} = \left(\frac{4\varepsilon_s \phi_{fP}}{q N_A} \right)^{1/2} \qquad (4\text{-}2\text{-}10)$$

$$Q'_{SD}(\max) = -qN_Ax_{dT} = -qN_A\left(\frac{4\varepsilon_s\phi_{fP}}{qN_A}\right)^{1/2} = -\sqrt{4qN_A\varepsilon_s\phi_{fP}} \qquad (4-2-11)$$

总之,半导体表面达到阈值反型点进入强反型状态之后,强反型层一旦形成,它就屏蔽了栅压对耗尽层边缘处半导体的继续作用,从而使耗尽层上的压降和宽度都近似达到最大值。

在耗尽和反型状态下,栅压产生的垂直电场通过排斥表面多子空穴产生耗尽区,同时吸引少子电子到表面形成反型层,从而使表面的负电荷增加。只不过,耗尽状态下吸引到表面的电子数量少,可近似忽略。Q'_N 与 Q'_{SD} 的和可用 Q'_S 表示,称为硅的表面电荷面密度。

图 4-2-8 给出的是 $T=300$ K 时,半对数坐标系下表面处反型电荷电子浓度随表面势的变化曲线,其中 $N_A=1\times10^{16}$ cm^{-3},可计算得到 $\phi_{fP}=0.347$ V,则阈值反型点时,$\phi_s=2\phi_{fP}=0.695$ V,$n_s=1\times10^{16}$ cm^{-3}。从曲线可以看出表面势每增加 0.06 V,反型电荷浓度 n_s 就会增加一个数量级。

综上所述,对于 P 型衬底 MOS 电容,当栅压从负到正变化时,半导体表面先后出现多子积累、平带、多子耗尽、本征、弱反型、阈值反型点和强反型各种状态。表 4-2-1 总结了理想 P 型衬底 MOS 电容在不同栅压下,半导体表面的状态、电荷、能带弯曲和表面势的情况。

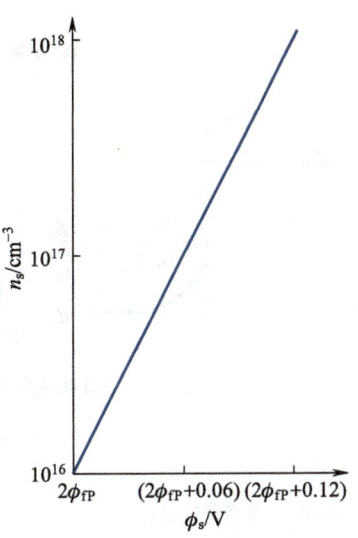

图 4-2-8　$T=300$ K 时表面反型电子随表面势的变化

表 4-2-1　理想 P 型衬底 MOS 电容的不同表面状态

V_G	负 V_G	0	小的正 V_G	某一正 V_G	大的正 V_G
表面状态	多子积累	平带	耗尽	本征	反型
表面电荷	多子空穴	无	受主离子	受主离子	受主离子+反型少子电子
表面能带	上弯	平带	下弯	下弯	下弯
ϕ_s 大小	$\phi_s<0$	$\phi_s=0$	$0<\phi_s<\phi_{fP}$	$\phi_s=\phi_{fP}$	$\phi_{fP}<\phi_s$

对理想的 N 型衬底 MOS 电容,可作类似分析,只不过半导体表面处于各状态下的栅压极性与 P 型衬底 MOS 电容相比是相反的。理想的 N 型衬底 MOS 电容不同状态下的能带图和电荷块图如图 4-2-9 所示。

当栅压为正,栅上积累正电荷,半导体表面感应出负电荷,即出现多子电子的积累;当栅压为负时,先是多子电子被电场耗尽,出现正的空间电荷区 x_d;随着负栅压更负,电场增强,一定量的少子空穴在半导体表面积累,空穴反型层形成。N 型衬底对应的最大耗尽层厚度 x_{dT} 为

$$x_{dT} = \left(\frac{4\varepsilon_s|\phi_{fN}|}{qN_D}\right)^{1/2} \qquad (4-2-12)$$

式中,ϕ_{fN} 为 N 型半导体衬底的费米势,$\phi_{fN}<0$。

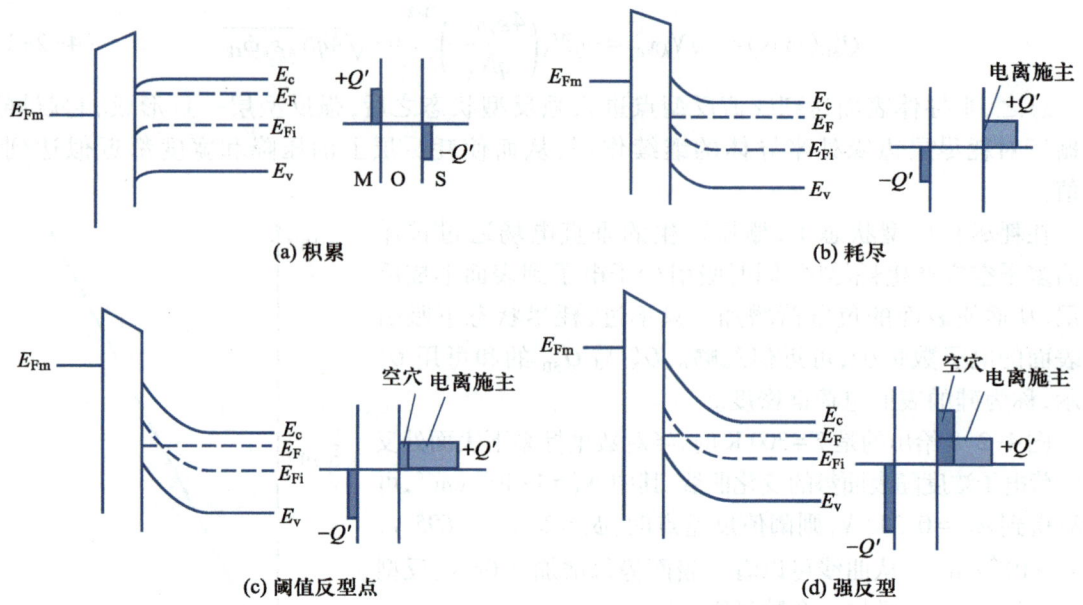

图 4-2-9　N 型硅 MOS 电容不同状态下的能带图和电荷块图

4.2.2　平带电压

4.2.1 节中理想 MOS 电容结构，0 栅压时半导体表面处于平带状态，对实际的 MOS 结构，由于金属半导体（简称金半）的功函数差不为 0，氧化层存在正电荷，二者对 MOS 系统产生影响，使半导体表面能带弯曲。要使半导体表面恢复平带状态，就需要给 MOS 电容加合适的栅压 V_G，此栅压称为平带电压。

1. 金半功函数差

（1）功函数差

根据半导体物理功函数的定义，真空能级 E_0 和费米能级 E_F 之间的能量差为材料的功函数 W，即 $W=E_0-E_F$。

根据图 4-2-2 给出的金属铝栅-二氧化硅-P 型硅 MOS 系统各材料的能带图，金属的功函数 W_m 为

$$W_m=E_0-E_{Fm}=q\phi_m \tag{4-2-13}$$

式中，ϕ_m 为金属势。常用的栅金属铝的功函数，约为 4.20 eV。

半导体的功函数 W_s 为

$$W_s=E_0-E_{Fs}=q\chi+E_g/2+q\phi_f \tag{4-2-14}$$

半导体的掺杂类型不同、浓度不同，则半导体的功函数不同。常用的半导体硅，掺杂浓度为 1×10^{16} cm^{-3} 时，N 型掺杂时的 W_s 约为 4.25 eV，P 型掺杂时的 W_s 约为 4.99 eV。

金属和半导体的功函数通常是不相同的，即金属和半导体存在功函数差，记为 W_{ms}，则有

$$W_{ms}=W_m-W_s=q\phi_{ms}=q\left[\phi_m-(\chi+E_g/2q+\phi_f)\right] \tag{4-2-15}$$

式中，ϕ_{ms} 为金半功函数差的电势表示，根据式（4-2-15），则有 $\phi_{ms}=\phi_m-(\chi+E_g/2q+\phi_f)$。多数器件专著为了表述简单，把 ϕ_{ms} 称为金半功函数差，本书后面所提到的金半功函数差均指 ϕ_{ms}，单位为 V。

MOS 系统的金属和半导体之间插入了氧化层,降低了金属和半导体的表面势垒,因此金属和半导体的功函数需要进行修正,修正为材料费米能级处的电子跃迁到氧化层的导带底所需的最小能量。修正后的金属功函数,记为 W'_m,则有

$$W'_m = q\chi_i - E_{Fm} = q(V_m - \chi_i) = q\phi'_m \qquad (4\text{-}2\text{-}16)$$

式中,χ_i 为绝缘层 SiO_2 的电子亲和势,大小为 0.95 V,ϕ'_m 为修正后的金属势。

修正后的半导体功函数,记为 W'_s,则有

$$W'_s = q\chi_i - E_{Fs} = q(\chi - \chi_i) + E_g/2 + q\phi_f = q\chi' + E_g/2 + q\phi_f \qquad (4\text{-}2\text{-}17)$$

式中,χ' 为修正后的半导体的亲和势。

修正后的金半功函数差,记为 ϕ'_{ms},则有

$$\begin{aligned}\phi'_{ms} = W'_{ms}/q &= (W'_m - W'_s)/q = (\phi_m - \chi_i) - \left[(\chi - \chi_i) + E_g/2q + \phi_f\right]\\ &= \phi_m - (\chi + E_g/2q + \phi_f)\end{aligned} \qquad (4\text{-}2\text{-}18)$$

从式(4-2-18)可以看出,尽管金属和半导体的功函数进行了修正,但金半功函数差和修正之前的表达式相比并没发生变化。

(2) 金半功函数差对 MOS 系统的影响

假定金属、绝缘层二氧化硅和半导体硅紧密接触,并有一根金属导线连接了金属和半导体,则金属、绝缘层二氧化硅和半导体硅成为一个统一的电子系统。实际 MOS 结构的金属和半导体可能不是金属线直接连接,但是可以存在其他的欧姆导通途径,比如栅电极和衬底电极都会和地电势有相应的电势差。

MOS 电系统由于存在金半功函数差,导致 0 栅压热平衡态下半导体表面和 SiO_2 的能带都发生弯曲,如图 4-2-10 所示。能带变化的物理过程可做如下解释:根据半导体物理里关于费米能级 E_F 的讨论,E_F 标志了电子填充能级的水平,一个统一的电系统,其电子趋于填充低能级。图 4-2-10(a) 所示的 MOS 系统,其金半功函数差 $\phi_{ms} < 0$,即金属的费米能级 E_{Fm} 相对高,所以金属一侧的电子会通过外部导线转移到半导体一侧,同时产生由金属指向半导体的电场,此电场使半导体表面的多子耗尽,若半导体轻掺杂,表面还可能会反型,出现电子的积累。综上所述,$\phi_{ms} < 0$ 使得表面的负电荷增加,表面能带下弯,直到达到热平衡状态,即金属和半导体的费米能级统一,此时不再有电子的净转移。

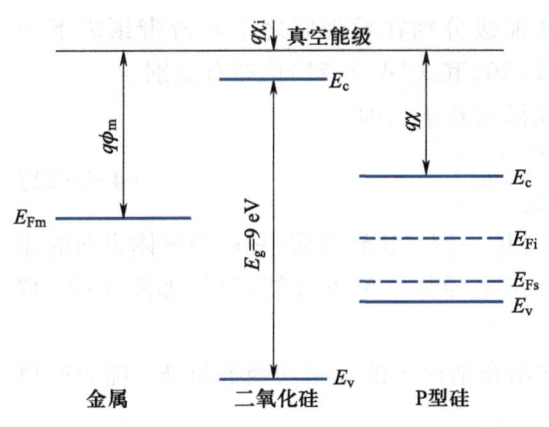

(a) 形成MOS结构的金属、SiO_2、Si的能带图

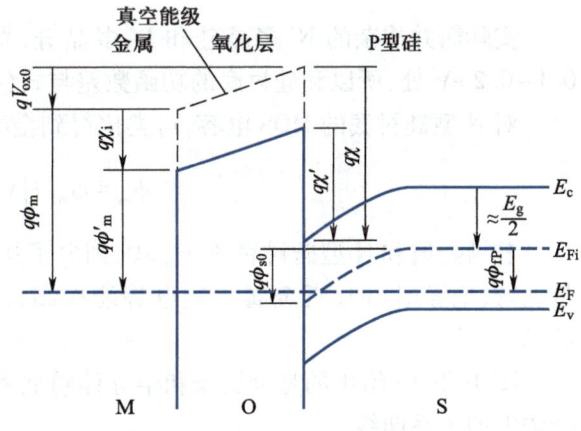

(b) 0栅压热平衡态下的能带图

图 4-2-10　P 衬底 MOS 电容的能带图

0 栅压热平衡态时，半导体表面能带的下弯量记为 $q\phi_{s0}$，其中 ϕ_{s0} 为 0 栅压时半导体的表面势；SiO_2 的能带弯曲量记为 qV_{ox0}，其中 V_{ox0} 为 0 栅压时 SiO_2 层上的电势差。则有

$$qV_{ox0}+q\phi_{s0}=-q\phi_{ms} \tag{4-2-19}$$

综上所述，金半功函数差 ϕ_{ms} 使 0 栅压热平衡态下的半导体表面和 SiO_2 的能带都发生弯曲，产生了 MOS 结构的内建电势差（$\phi_{s0}+V_{ox0}$），因此内建电势差为$-\phi_{ms}$。

MOS 电容的栅材料如果换成重掺杂的多晶硅，则和半导体同样存在功函数差，进而使能带变化。多晶硅栅重掺杂，接近于简并掺杂，即 N^+ 掺杂多晶硅的费米能级进入导带，E_F 可近似等于 E_c；而 P^+ 掺杂多晶硅的费米能级进入价带，E_F 可近似等于 E_v。

根据功函数差的定义，可得到 N^+ 多晶硅栅和 P 型硅衬底的功函数差为

$$\phi_{ms}=\chi'-\left(\chi'+\frac{E_g}{2q}+\phi_{fP}\right)=-\left(\frac{E_g}{2q}+\phi_{fP}\right) \tag{4-2-20}$$

同理，P^+ 多晶硅栅和 P 型硅衬底的功函数差为

$$\phi_{ms}=\left(\chi'+\frac{E_g}{q}\right)-\left(\chi'+\frac{E_g}{2q}+\phi_{fP}\right)=\left(\frac{E_g}{2q}-\phi_{fP}\right) \tag{4-2-21}$$

图 4-2-11 给出的是近似简并掺杂多晶硅栅和 P 型硅衬底的 MOS 系统 0 栅压热平衡态下的能带图。

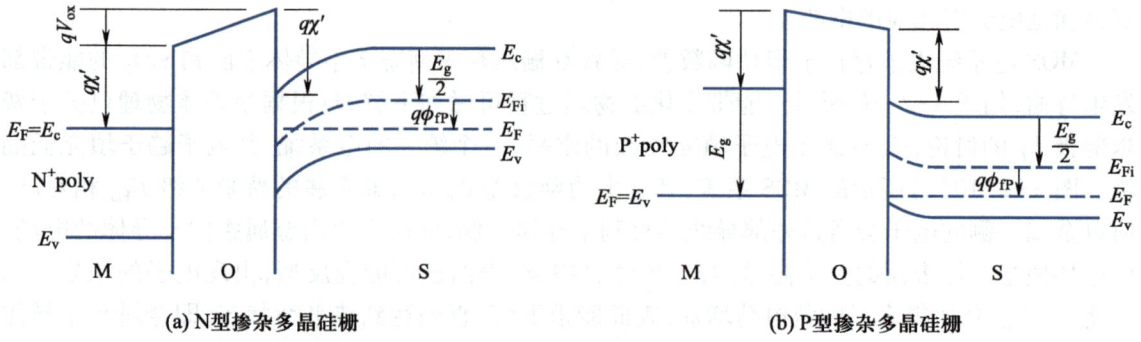

(a) N型掺杂多晶硅栅   **(b) P型掺杂多晶硅栅**

图 4-2-11   简并掺杂多晶硅栅和 P 型硅衬底 MOS 系统 0 栅压热平衡态下的能带图

实际简并掺杂的 N^+ 多晶硅和 P^+ 多晶硅，费米能级分别在导带底之上和价带顶之下的 0.1~0.2 eV 处，所以和硅衬底的功函数差与式（4-2-20）和式（4-2-21）值略有差别。

对 N 型硅衬底的 MOS 电容，可类比得到金半功函数差 ϕ_{ms}，即有

$$\phi_{ms}=\phi_m'-\left(\chi'+\frac{E_g}{2q}+\phi_{fN}\right) \tag{4-2-22}$$

若栅金属和 N 型硅衬底的 $\phi_{ms}>0$，则电子从半导体一侧转移到金属一侧，半导体表面的能带上弯，绝缘层 SiO_2 近金属一侧电势能提高，SiO_2 近半导体一侧电势能降低，如图 4-2-12 所示。

图 4-2-13 给出的是金属栅和半导体衬底不同组合情况下的金半功函数差 ϕ_{ms} 随衬底掺杂浓度的关系曲线。

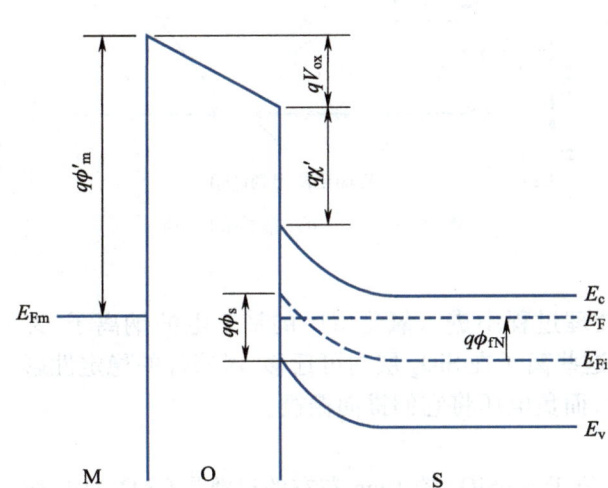

图 4-2-12 N 型硅衬底 MOS 电容零栅压热
平衡态的能带图

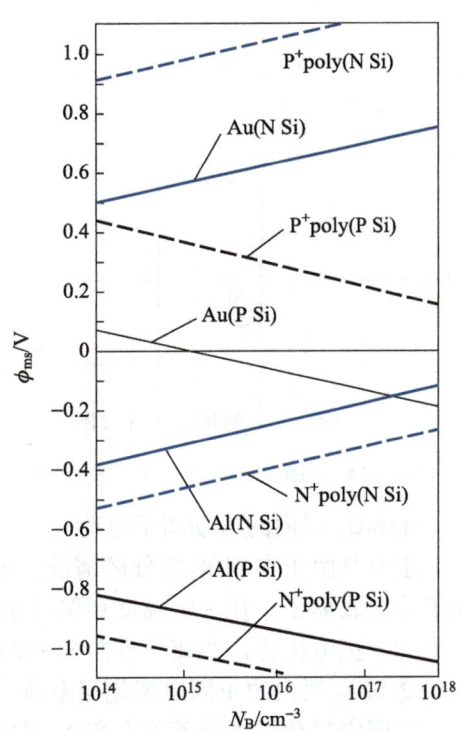

图 4-2-13 金属栅和半导体衬底材料的金半功
函数差 ϕ_{ms} 随衬底掺杂浓度的关系

（3）考虑金半功函数差的平带电压

综上所述，0 栅压下，金半功函数差使半导体表面能带弯曲，为了使半导体表面能带变平，需要外加一个栅压，此栅压就是平带电压，记为 V_{FB}。若只考虑金半功函数差的影响，则 $V_{FB} = \phi_{ms}$，此时外加栅压（ϕ_{ms}）和内建电势差（$-\phi_{ms}$）之和为 0，V_{FB} 消除了金半功函数差对 MOS 结构的影响，使得半导体表面势和二氧化硅层上的电势都为 0，二氧化硅层的能带和半导体表面能带都是平的。假定 $\phi_{ms} < 0$，则负的平带电压相当于把带正电的空穴拉向半导体表面，中和表面带负电的受主离子，使表面能带变平。图 4-2-14 为只考虑功函数差的平带时的能带图，外加 V_{FB} 打破了 MOS 系统的热平衡状态，金属和半导体的费米能级 E_F 发生分离，费米能级的差值等于 qV_{FB}。

2. 氧化层电荷

前面的讨论基于理想的 SiO_2 层没有任何电荷和玷污的假设，实际上，在氧化层生长过程或随后的集成电路制造工艺步骤中，一些杂质或缺陷会被无意地引入氧化层中，使氧化层被各种电荷和陷阱所玷污，对 MOS 系统的平带电压产生影响。

（1）氧化层电荷的种类

在硅表面热生长的氧化层中通常存在四种不同类型的电荷，如图 4-2-15 所示。这些电荷包括可动离子电荷 Q_m、固定氧化层电荷 Q_f、氧化层陷阱电荷 Q_{ot} 和界面陷阱电荷 Q_{it}。

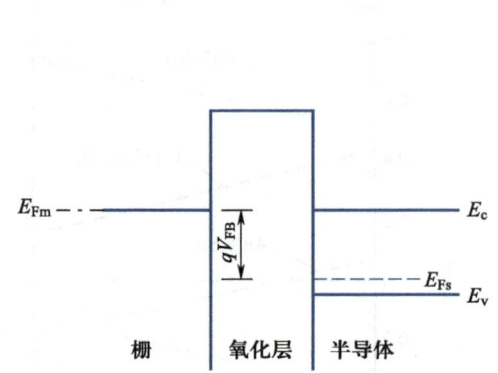

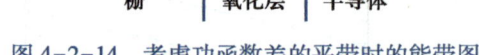

图 4-2-14　考虑功函数差的平带时的能带图

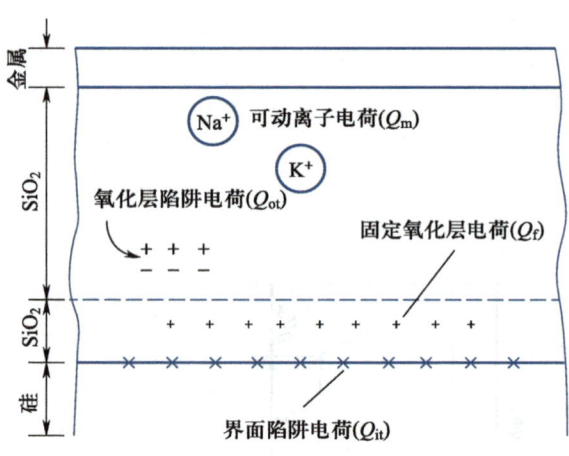

图 4-2-15　SiO_2 层内的电荷

① SiO_2 层内的可动离子电荷

主要是由于在 MOS 器件的清洗、加工和处理过程中进入氧化层中的带正电的钠离子、钾离子等金属离子。在一定温度和偏压条件下，这些离子在 SiO_2 层内可迁移，对器件的稳定性影响最大。正电压将这些离子推向 Si-SiO_2 界面，而负电压将它们推向栅极。

② SiO_2 层内的正固定氧化层电荷

正固定氧化层电荷不能在 SiO_2 层内迁移，位于 Si-SiO_2 的 1 nm 左右的过渡层（SiO_x）内，如图 4-2-15 所示，是由过渡层内没有和氧气发生氧化反应的过剩的硅离子形成，其多少与硅中掺杂类型和浓度、氧化层厚度和氧化时间无关，但是取决于氧化气氛、温度和退火条件，可通过在惰性气体中，例如氩气，在超过 900 ℃ 的温度下退火来最小化。

③ 界面态

存在于在 Si-SiO_2 界面处，主要由界面处未饱和的悬挂共价键引起，这些悬挂键在硅禁带中引入电子能级，可以在很短的时间内和半导体导带或价带交换电荷，也称为"快界面态"。除了未饱和的悬挂共价键外，硅表面的晶格缺陷和损伤以及界面处杂质也可引入界面态。同样控制适当的条件，在高温下惰性气体中进行退火，可使悬挂共价键更多地饱和，有效降低界面态密度。界面态电荷的正负和多少主要取决于费米能级在禁带中的位置，是表面势的函数。

④ SiO_2 层内的电离陷阱电荷

与 SiO_2 中的缺陷有关，分布于整个氧化层的陷阱中。氧化层陷阱通常是电中性的，但是通过 X 射线、电子束等电离辐射，会将电子和空穴引入氧化层中，从而使陷阱带电，其多少主要取决于辐照剂量和能量的大小以及辐照过程中氧化层上的电场。

上述 SiO_2 层内的电荷以正电荷为主，总的氧化层正电荷面密度用 Q'_{SS} 表示。因为 Q'_{SS} 为非理想因素，通过材料选择和工艺控制使得 Q'_{SS} 越小越好。需要说明的是，影响 Q'_{SS} 大小的因素除了材料和工艺控制，还包括衬底硅界面的晶向，因为氧化层正固定电荷和界面态电荷的多少都和硅界面的共价键密度（表面的原子密度）正相关。（111）面的硅共价键密度最大，（110）面的次之，而（100）面的最低，所以商用的硅 MOSFET 基本都制作在（100）面硅片上，氧化层正固定电荷和界面态电荷相对最少。经过工艺处理后的 Q'_{SS} 典型值在 $10^{-9} \sim 10^{-10}$ C/cm² 范围，这些正电荷会对半导体表面的状态产生影响。

（2）考虑氧化层正电荷的平带电压

假定氧化层内存在正电荷可用一薄层电荷表示，如图 4-2-16 所示，面密度为 Q'_{SS}，距离金属表面 x，即金属-氧化层界面为坐标原点，氧化层的厚度为 t_{ox}。MOS 结构在无外加栅压时，根据电荷平衡原理，Q'_{SS} 会在金属栅和半导体表面感应出等量负电荷，此时薄层电荷发出的电力线，一部分终止于半导体表面电荷，一部分终止于金属栅电荷，且有 $Q'_{SS}=-(Q'_m+Q'_s)$。其中，x 越接近 Si-SiO$_2$ 界面 t_{ox} 处，在硅中感应的电荷所占比重就越大。半导体表面感应出负电荷，表面能带就会下弯，即使不加栅压，SiO$_2$ 层内的正电荷也会使半导体表面脱离平带状态。

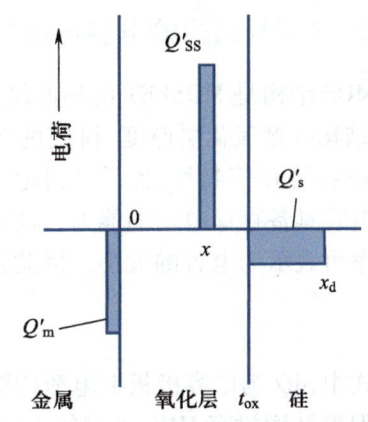

图 4-2-16　氧化层薄层正电荷的影响

如果给 MOS 结构加一个逐渐增大的负栅压，则由 Q'_{SS} 发出的电力线就会更多地终止于栅上的负电荷，半导体表面的负电荷就会减少。为了消除氧化层电荷对半导体表面的影响，应该使所有电力线终止于栅上负电荷，此时的栅压为平带电压 V_{FB}。金属、氧化层和薄层电荷可看作一个平行板电容，薄层电荷为下极板，所以有

$$V_{FB}=-\frac{xQ'_{SS}}{\varepsilon_{ox}} \tag{4-2-23}$$

从式（4-2-23）可以看出，x 越大，即距离半导体表面越近，对半导体表面的影响就越厉害，V_{FB} 的值越大。假定 Q'_{SS} 在 Si-SiO$_2$ 界面 t_{ox} 处，则有

$$V_{FB}=-\frac{t_{ox}Q'_{SS}}{\varepsilon_{ox}}=-\frac{Q'_{SS}}{C_{ox}} \tag{4-2-24}$$

3. 同时考虑金半功函数差氧化层正电荷影响的平带电压

当金半功函数差和氧化层中电荷两种因素都存在时，且假定 Q'_{SS} 在 Si-SiO$_2$ 界面，则平带电压可表示为

$$V_{FB}=\phi_{ms}-\frac{Q'_{SS}}{C_{ox}} \tag{4-2-25}$$

图 4-2-17 为金半功函数差和氧化层中电荷两种因素都存在时，半导体表面平带时的能带图和电荷块图，其中表面能带平，表面势为 0，且无空间电荷。

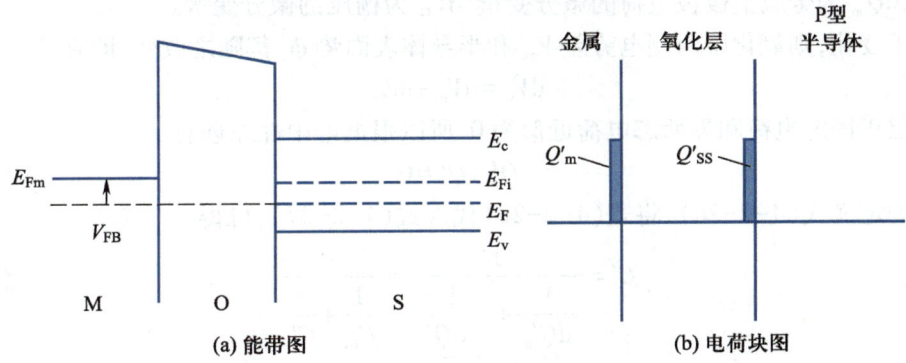

图 4-2-17　同时考虑金半功函数差和绝缘层中电荷影响的平带情况

4.2.3　MOS 结构的电容电压特性

MOS 结构是 MOSFET 的核心结构,通过测量 MOS 结构的电容-电压（C-V）特性,可以确定 MOS 结构的栅氧化层厚度、衬底的掺杂浓度、阈值电压和平带电压等参数。本小节给出理想 MOS 电容的 C-V 特性,然后又讨论了非理想因素对 C-V 特性的影响。

电容具备存储电荷的能力,极板电荷会随外加电压的变化而变化,所以极板电荷随电压的变化率可表示为电容的大小。因此器件电容 C 可用小信号电容来表示

$$C = \frac{\mathrm{d}Q}{\mathrm{d}V} \tag{4-2-26}$$

式中,$\mathrm{d}Q$ 为电容极板上电荷的微分变量,它是电容极板之间电压的微分变量 $\mathrm{d}V$ 的函数。

理想 P 型衬底 MOS 电容的电容-电压（C-V）特性如图 4-2-18 所示,可通过 C-V 测试仪测出。对典型的测量系统,给 MOS 电容加的电压由一个直流偏置 V_G,叠加一个频率为 f 的交流正弦小信号 v_g 组成。为了得到在不同直流偏置 V_G 下的电容,一般是把一定范围内的 V_G 设置成阶梯状增加的形式,缓慢变化,确定不同 V_G 下的半导体表面状态。叠加的交流小信号 v_g,使栅压变化 $\mathrm{d}V_\mathrm{G}$,同时极板电荷变化 $\mathrm{d}Q$,产生了容性电流;然后利用交流电流表测量通路中的容性电流,电容大小可通过 $i/v = \omega C$ 计算得到,

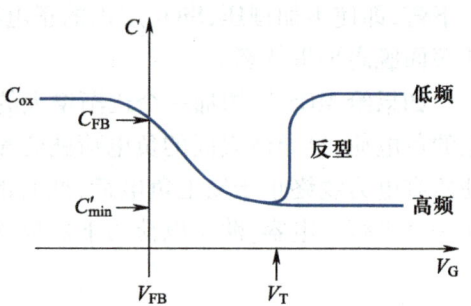

图 4-2-18　理想 P 型衬底 MOS 电容的
C-V 特性

计算出的 C 值就是对应直流偏压 $V = V_\mathrm{G}$ 时的微分电容。若要表示器件单位面积电容,$\mathrm{d}Q$ 变为单位面积极板电荷 $\mathrm{d}Q'$ 即可。

1. 理想 MOS 电容的 C-V 特性

首先讨论理想 P 型衬底 MOS 电容的 C-V 特性,此时金半功函数差和氧化层正电荷均为 0,即 $V_\mathrm{FB} = 0$。

（1）MOS 电容的定义式

根据式（4-2-26）,MOS 电容单位表面积电容 C' 为

$$C' = \frac{\mathrm{d}Q'}{\mathrm{d}V} = \frac{\mathrm{d}Q'_\mathrm{m}}{\mathrm{d}V_\mathrm{G}} \tag{4-2-27}$$

式中,$\mathrm{d}Q'_\mathrm{m}$ 为金属上极板电荷的微分变量,$\mathrm{d}V_\mathrm{G}$ 为栅压的微分变量。

若栅压变化,则氧化层两侧电势差 V_ox 和半导体表面势 ϕ_s 都随之改变,即有

$$\mathrm{d}V_\mathrm{G} = \mathrm{d}V_\mathrm{ox} + \mathrm{d}\phi_\mathrm{s}$$

因为氧化层正固定电荷和界面态电荷近似为 0,所以根据电中性原理有

$$Q'_\mathrm{m} + Q'_\mathrm{s} = 0 \tag{4-2-28}$$

结合电容的定义式（4-2-26）,将式（4-2-28）代入式（4-2-27）,可得

$$C' = \frac{1}{\dfrac{1}{\dfrac{\mathrm{d}Q'_\mathrm{m}}{\mathrm{d}V_\mathrm{ox}}} + \dfrac{1}{\dfrac{-\mathrm{d}Q'_\mathrm{s}}{\mathrm{d}\phi_\mathrm{s}}}} = \frac{1}{\dfrac{1}{C_\mathrm{ox}} + \dfrac{1}{C'_\mathrm{s}}} \tag{4-2-29}$$

式中,C'_s 体现的是半导体表面电荷随表面势的变化率,称为半导体电容。因为 Q'_s 和 ϕ_s 极性相反,所以 $C'_s = -dQ'_s/d\phi_s$。

根据式(4-2-29),MOS 电容为栅氧化层电容 C_{ox} 和半导体电容 C'_s 的串联,且电容越串越小,大小取决于小电容。其中,半导体电容为可变电容,因为表面状态不同,表面电荷随表面势的变化率会不同,因此 MOS 电容也会随栅压的变化而变化。

(2)C-V 特性的分析

下面根据半导体表面状态的变化对 C-V 特性进行讨论。

给理想 P 型衬底(简称 P 衬)MOS 电容加一负栅压叠加交流小信号电压,半导体表面多子积累,电荷块图如图 4-2-19(a)所示。交流小信号 v_g 使金属栅和空穴堆积层电荷产生微分变量 $+dQ'$ 和 $-dQ'$。堆积层在半导体表面的涨落距离非常小,而且表面的堆积程度越高,堆积层就越薄,可近似认为在 Si-SiO_2 的界面处,即变化的堆积层可看作栅氧化层电容的下极板。因此积累状态的 MOS 电容 $C'(acc)$ 可近似为栅氧化层电容,如图 4-2-18 所示,即有

$$C'(acc) \approx C_{ox} = \frac{\varepsilon_{ox}}{t_{ox}} \tag{4-2-30}$$

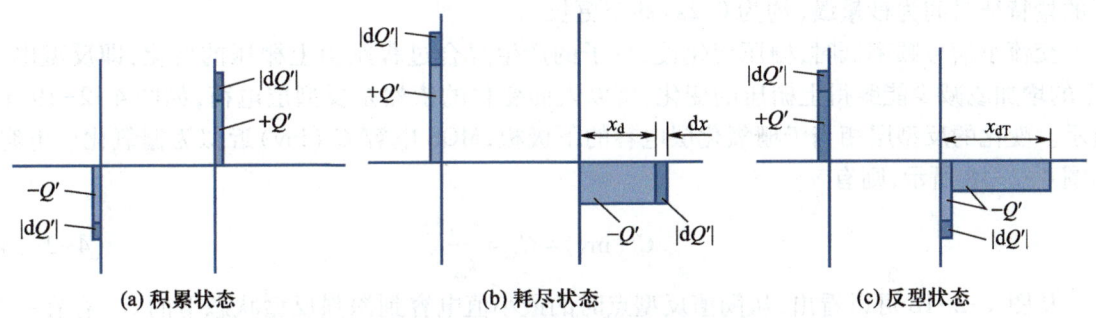

| (a) 积累状态 | (b) 耗尽状态 | (c) 反型状态 |

图 4-2-19   理想 P 衬 MOS 电容不同状态下的电荷变化

随着 V_G 越来越接近 V_{FB},表面势 ϕ_s 越来越接近 0,$dQ'_s/d\phi_s$ 的值越来越小,与 C_{ox} 串联后变得越来越不可忽略,所以靠近 V_{FB} 堆积状态下的 C' 比 C_{ox} 减小,如图 4-2-18 所示。

当 V_G 等于 0,即 V_{FB} 时,交流小信号的存在使 MOS 电容表现为平带电容,记为 C'_{FB}。

当 V_G 增大,大于平带电压时,表面处于耗尽状态,能带图和电荷块图如图 4-2-19(b)所示。表面空间电荷面密度 Q'_{SD} 和空间电荷区宽度 x_d 发生变化,因此半导体电容 C'_s 可等效为一势垒电容,单位面积势垒电容记为 C'_{SD},则有

$$C'_{SD} = \frac{\varepsilon_s}{x_d} \tag{4-2-31}$$

耗尽状态下,$+dQ'$ 和 $-dQ'$ 分别位于金属栅和硅中耗尽层的中性区边缘,相当于平板电容器的两极板被厚度为 t_{ox} 的氧化层和宽度为 x_d 的耗尽层隔开。总的 MOS 电容 $C'(depl)$ 为栅氧化层电容 C_{ox} 和半导体势垒电容 C'_{SD} 的串联,即

$$C'(depl) = \frac{1}{\dfrac{1}{C_{ox}} + \dfrac{1}{C'_{SD}}} = \frac{\varepsilon_{ox}}{t_{ox} + \left(\dfrac{\varepsilon_{ox}}{\varepsilon_s}\right)x_d} \tag{4-2-32}$$

从式(4-2-32)可以看出,总电容 $C'(depl)$ 会随着空间电荷区宽度 x_d 的增大而减小,如图 4-2-18

所示。在阈值反型点 x_d 达到最大值 x_{dT}，因此 MOS 电容在阈值反型点达到理论最小值，记为 C'_{min}，则有

$$C'_{min} = \frac{\varepsilon_{ox}}{t_{ox} + \left(\dfrac{\varepsilon_{ox}}{\varepsilon_s}\right) x_{dT}} \tag{4-2-33}$$

图 4-2-18 中 $V_G = V_T$ 时虚线对应的电容值即为 C'_{min}，可以看出实测 V_T 时的电容值大于 C'_{min}，这是因为理论计算值意味着阈值反型点时表面电荷只是耗尽层电荷在随栅压变化，而实际情况表面变化的电荷还包括反型层电荷，更接近栅氧化层，所以 $V_G = V_T$ 时实际上的 MOS 电容比 C'_{min} 大。

阈值反型点后，当 V_G 缓慢增加使半导体表面处于强反型状态，C-V 曲线会因为交流小信号频率的高低而不同，如图 4-2-18 所示。强反型状态下单位面积电容记为 $C'(inv)$，交流小信号频率低时，$C'(inv) \approx C_{ox}$，而频率高时，$C'(inv) \approx C'_{min}$，此不同和反型层电荷的来源相关。

MOS 电容的反型电荷来源于衬底体内的少子电子，而少子是通过热运动缓慢产生，其特点一是数量少，二是变化缓慢，需要足够的时间才能变化。实测表明，要形成强反型层所需的少子的量特征时间为秒量级（约为 0.2s）甚至更长。

交流小信号频率低时，栅压变化慢，少子的产生复合过程跟得上栅压的变化，即反型电荷 Q'_N 的增加或减少能跟得上栅压的变化，所以表面变化的依然是反型层电荷，如图 4-2-19（c）所示。变化的反型层相当于栅氧化层电容的下极板，MOS 电容 $C'(inv)$ 近似为栅氧化层电容，如图 4-2-18 所示，则有

$$C'(inv) = C_{ox} = \frac{\varepsilon_{ox}}{t_{ox}} \tag{4-2-34}$$

从图 4-2-18 可以看出，从阈值反型点时的最小值电容到深强反型状态下的 C_{ox} 存在一个过渡区。过渡区内，表面变化的电荷不只有表面的反型层电荷，还有远离表面的耗尽层边界处的耗尽层电荷，所以电容从 V_T 时的值逐渐地增大为 C_{ox}。

交流小信号频率高时，栅压变化快，少子的产生复合过程跟不上栅压的变化，即反型层电荷 Q'_N 的增加或减少跟不上栅压的变化，表面电荷 $-dQ'$ 只能是硅中远离表面的耗尽层边界处耗尽层电荷的变化，即 Q'_{SD} 和 x_d 跟随交流小信号在最大值附近小幅度地涨落。因此 MOS 电容仍为栅氧化层电容和耗尽层势垒电容的串联，其大小为 MOS 电容最小值 C'_{min}。当 V_G 进一步增加时，电容保持 C'_{min} 不变，即为图 4-2-18 给出的高频 C-V 曲线。

需要说明的是，在积累态和耗尽态，高频 C-V 曲线基本和低频 C-V 曲线重合，这是因为积累态和耗尽态区间内，表面电荷随栅压变化的是多子，而多子的变化不需要经历少子的产生复合过程，对外加信号的响应速度快。对半导体 Si，少子的产生-复合时间大约为几百微秒量级，而多子的响应只有 10^{-13} 秒量级。

综上所述，P 衬 MOS 电容的 C-V 特性曲线随着半导体表面的状态的变化而变化，并在阈值反型点之后变成了交流小信号频率的函数。

对 N 衬 MOS 电容的 C-V 特性曲线可作类似分析，只是半导体表面处于各状态的栅压极性发生了变化，此处不再详细讨论。

2. 非理想因素对 C-V 特性的影响

上述是理想 MOS 电容的 C-V 特性，实际情况并非完全如此，一是金半功函数差通常不为

0,即 $V_{FB} \neq 0$,因此 C-V 曲线需要根据 V_{FB} 的正负和大小平移。另外,氧化层内不可避免地存在多种电荷,比如,由于 Si-SiO$_2$ 界面存在未和氧气发生反应的硅离子,导致氧化层内靠近 Si-SiO$_2$ 界面处存在正的固定电荷,同样会改变 V_{FB},导致 C-V 曲线需要进一步根据氧化层正固定电荷平移;而由于 Si 半导体界面存在的界面态电荷的影响,C-V 曲线也会发生变化,但是由于界面态电荷的正负和多少与表面状态有关,是栅压的函数,所以 C-V 曲线的偏移方向和偏移量会随着栅压的变化而变化,表现为 C-V 曲线变缓。相关的物理过程可参考半导体物理内容,此处不再详细讨论。

需要特别说明的是,随着 MOSFET 器件尺寸的缩小,多晶硅栅的耗尽以及积累层和反型层厚度对 MOS 电容的 C-V 特性的影响越来越显著,使 C-V 特性偏离理想特性,如图 4-2-20 所示。下面具体分析多晶硅栅耗尽和电荷层厚度对 MOS 电容的影响。

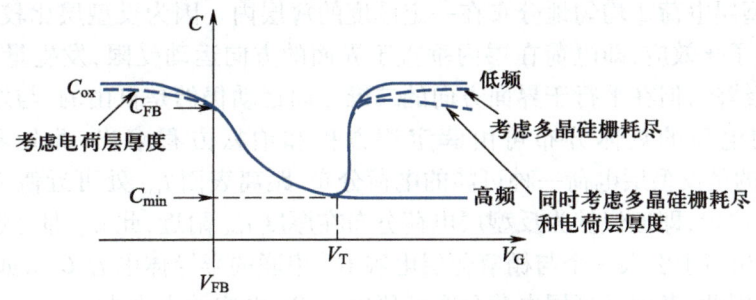

图 4-2-20   非理想的 C-V 特性曲线

（1）多晶硅栅耗尽的影响

栅材料如果是重掺杂多晶硅（NMOSFET 的多晶硅栅通常是 N 型掺杂），多晶硅栅耗尽使强反型状态下 MOS 电容相对理想值 C_{ox} 减小,如图 4-2-20 所示,具体原因分析如下。

尽管一直以来重掺杂多晶硅被看作良导体,但实际上即使重掺杂,其载流子浓度和金属也存在很大差异,性能和理想导体也不同。给 P 衬 MOS 电容外加正偏压,使半导体表面处于强反型,此外加正偏压产生的栅和衬底之间的电场,使多晶硅栅中靠近氧化层附近的多子电子被耗尽,即电子被栅电极吸引而移出栅,使得多晶硅栅靠近氧化层处的能带向上弯曲,即栅靠近氧化层处存在一个薄的耗尽层 t_{poly},如图 4-2-21(a) 和(b)所示。多晶硅栅耗尽层的厚度主要取决于栅的掺杂浓度,因为多晶硅栅通常都是重掺杂,t_{poly} 一般比较薄,大约在 1~2 nm 范围。t_{poly} 的存在,相当于引入一个与栅氧化层电容 C_{ox} 串联的多晶硅栅电容 C_{poly},如图 4-2-21(c) 等效电路所示。因此,栅 MOS 电容的大小为

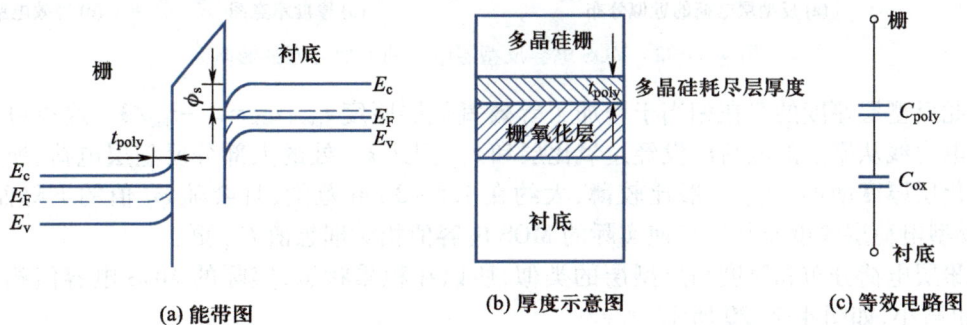

(a) 能带图   (b) 厚度示意图   (c) 等效电路图

图 4-2-21   多晶硅栅耗尽状态下的 MOS 电容

$$\frac{1}{C'_{MOS}} = \frac{1}{C_{poly}} + \frac{1}{C_{ox}} \tag{4-2-35}$$

式中,单位面积多晶硅栅电容 $C_{poly} = \varepsilon_{poly}/t_{poly}$,若等效为栅 SiO_2 层电容,则有 $C_{poly} = n\varepsilon_{ox}/t_{poly} = \varepsilon_{ox}/(t_{poly}/n)$,其中 n 是介电常数 ε_{poly} 和 ε_{SiO_2} 的比值。

因此,类似于绝缘层的多晶硅栅耗尽层相当于增大了等效栅氧化层的厚度 t_{oxe} , $t_{oxe} = t_{ox} + t_{poly}/n$ 。总之多晶硅栅耗尽使强反型状态下 MOS 电容相对于理想值 C_{ox} 减小。

（2）反型层和积累层厚度的影响

反型层或积累层电荷层厚度使 MOS 电容相对于理想值 C_{ox} 减小,如图 4-2-20 所示,具体原因分析如下。

根据 4.2.1 节的分析,近似认为反型层电荷分布在 Si-SiO_2 的界面处,即电荷层厚度无限薄,但是实际反型层电荷非均匀地分布在一定厚度的薄层内。因为反型层比较薄,在垂直于界面的方向存在量子化效应,即电荷在层内垂直于界面的方向运动受限,发生量子化,对应的电子能量成为不连续的,但在平行于界面方向的二维方向运动仍然是自由的,与之对应的能量仍连续。反型层内电荷的具体分布可由薛定谔方程和泊松方程求出,此处不再详细叙述。图 4-2-22 给出的是反型层电荷一种可能的电荷分布,距离表面 t_{inv} 处可近似为反型层电荷在表面的平均质心位置,即近似认为反型层电荷分布在厚度 t_{inv} 附近,此 t_{inv} 即可近似为反型层厚度。 t_{inv} 的存在,相当于引入一个与栅氧化层电容 C_{ox} 串联的半导体电容 C_{inv} ,如图 4-2-22（c）等效电路所示。因此,考虑反型层电荷分布的影响,MOS 电容的大小为

$$\frac{1}{C'_{MOS}} = \frac{1}{C_{ox}} + \frac{1}{C_{inv}} \tag{4-2-36}$$

式中,单位面积半导体电容 $C_{inv} = \varepsilon_{Si}/t_{inv}$,同样等效为栅 SiO_2 层电容可表示为 $C_{inv} = \varepsilon_{ox}/(t_{inv}/3)$,其中 3 是介电常数 ε_{Si} 和 ε_{SiO_2} 的比值。

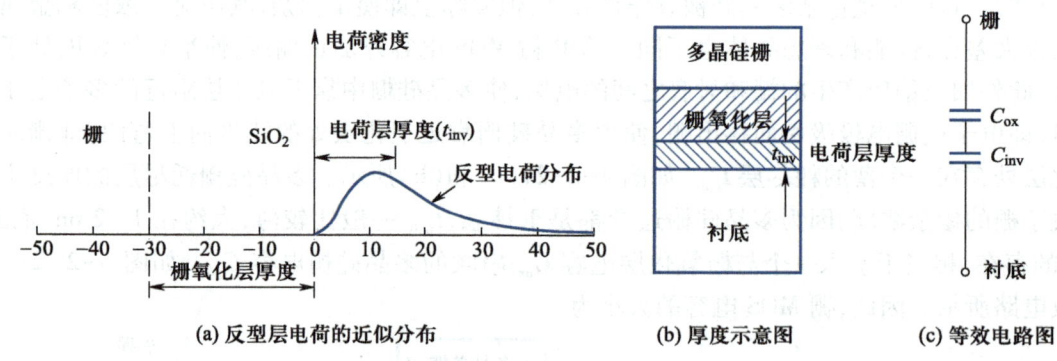

(a) 反型层电荷的近似分布　　(b) 厚度示意图　　(c) 等效电路图

图 4-2-22　MOS 电容反型层电荷的近似分布的影响

因此反型层厚度的存在相当于增加了等效氧化层厚度 t_{oxe} , $t_{oxe} = t_{ox} + t_{inv}/3$ 。这里可以近似理解为电力线从栅上的电荷出发经过氧化层和 t_{inv} 到达 t_{inv} 处的大部分反型层电荷,所以导致等效氧化层厚度增加。 t_{inv} 一般比较薄,大约在 $1.5 \sim 3$ nm 范围,且会随 ϕ_s 值的下降而增大。总之,反型电荷层厚度及其特点使实际的 MOS 电容值相对理想值 C_{ox} 更小。

积累层电荷分布和厚度与反型层的类似,所以在积累状态,实际的 MOS 电容值相对理想值 C_{ox} 也减小,如图 4-2-20 所示。

综合上述分析,若同时考虑多晶硅栅耗尽和反型层电荷分布影响,MOS 电容的大小为

$$\frac{1}{C'_{\text{MOS}}} = \frac{1}{C_{\text{poly}}} + \frac{1}{C_{\text{ox}}} + \frac{1}{C_{\text{inv}}} \tag{4-2-37}$$

当 $t_{\text{ox}} > 10$ nm 时,由于 t_{inv} 和 t_{poly} 相对于 t_{ox} 的值很小,对 MOS 电容的影响可以忽略,但是随着器件尺寸减小,t_{ox} 减薄,使得多晶硅栅耗尽和电荷层厚度对 MOS 电容的影响变得不可忽略。关于多晶硅栅耗尽的影响,一定程度上通过加重多晶硅栅的掺杂可以减薄 t_{poly},减小对 MOS 电容的影响,但是过重的掺杂会导致杂质由栅穿过氧化层进入衬底,使得杂质离子在硅的表面积聚,导致 V_{T} 的改变。

总之,多晶硅栅耗尽和电荷层厚度使有效栅电容下降,将导致器件的阈值电压上升,从而导致器件的各项性能参数退化。目前的一些高性能器件,已经采用一些薄层电阻更小的难熔金属取代重掺杂多晶硅来做栅,一方面可以避免多晶硅耗尽对 MOS 电容的影响,另一方面也可以进一步地减小栅电阻,有助于改善 MOSFET 的高频特性。另外,新型栅材料还需要满足稳定性好,与栅氧化层黏附性好,并与 CMOS 工艺相兼容等特点,目前典型的难熔栅金属有氮化钛(TiN)、钨(W)等。

4.3 MOSFET 结构及基本工作原理

金属-氧化物-半导体场效应晶体管 MOSFET 是现代超大规模集成电路最重要的电子器件。由于 MOSFET 的面积小、成本低、功耗低,被广泛应用于数字集成电路;而且随着 MOSFET 尺寸的不断缩小和越来越高的速度,MOSFET 也成为模拟集成电路的重要器件。本节以 N 沟道增强型 MOSFET 为例,首先介绍 MOSFET 的结构,然后分析器件的工作原理,最后给出不同类型器件的特点。

4.3.1 MOSFET 基本结构

增强型 MOSFET 是集成电路最常用的场效应晶体管,图 4-3-1(a) 是典型的 N 沟道增强型 MOSFET 结构的三维示意图和剖面示意图。N 沟道 MOSFET 做在轻掺杂的 P 型硅衬底上,先通过热氧化生成一层薄的 SiO_2,通常称为栅氧化层,厚度记为 t_{ox};然后在栅氧化层上淀积金属或重掺杂多晶硅作为栅;接下来通过离子注入或扩散工艺在栅两侧的半导体区制备出两个重掺杂的 N^+ 区,作为源漏区;再淀积金属,金属和源漏区半导体形成欧姆接触,引出源漏电极,同时栅上引出栅电极,衬底引出衬底电极。因此 MOSFET 是四端器件,分别为栅(gate,G)、源(source,S)、漏(drain,D)和衬底(bulk,B)。其中,栅是控制电极,外加栅源电压可控制沟道电导的大小;源区提供导电载流子;载流子流经沟道,被漏区收集,并从漏极流出器件。综上所述,MOSFET 中间部分为 MOS 电容结构,源区和漏区分别与衬底形成 PN 结,因此 MOSFET 可看作由中间的 MOS 电容结构和两侧两个背靠背的 PN 结组成。

对源端为公共端共源连接的 N 沟道增强型 MOSFET,存在三个偏置电压,分别为栅源电压 V_{GS}、漏源电压 V_{DS}、衬源电压 V_{BS}。假定 MOSFET 的源衬短接到地,如图 4-3-1(b) 所示,即 $V_{\text{BS}} = 0$,若 $V_{\text{DS}} = 0$,则栅源电压 V_{GS} 可看作中间 MOS 电容的外加栅压,根据 MOS 电容理论,如果 V_{GS} 大于阈值电压 V_{T} 时,栅氧化层下方的半导体表面将形成强反型层,此强反型层连接源区和漏区,就形成 MOSFET 的导电沟道。因此,栅氧化层下方沿着源区和漏区之间的半导体长度就是沟道长度 L,与沟道长度方向垂直的水平方向的沟道区尺寸就是沟道宽度 W,如

图 4-3-1(a)所示。由于 MOSFET 的制备过程源漏区杂质存在横向扩散，实际的沟道长度比 L 略小。MOSFET 的沟道长度、沟道宽度和栅氧化层厚度是对器件电特性影响较大的几个结构参数。其中，沟长 L 越短，器件的频率特性越好；栅氧化层厚度 t_{ox} 越薄，栅压对沟道的控制能力越强。L、t_{ox} 等尺寸的缩小，有效推动了器件和集成电路的快速发展。

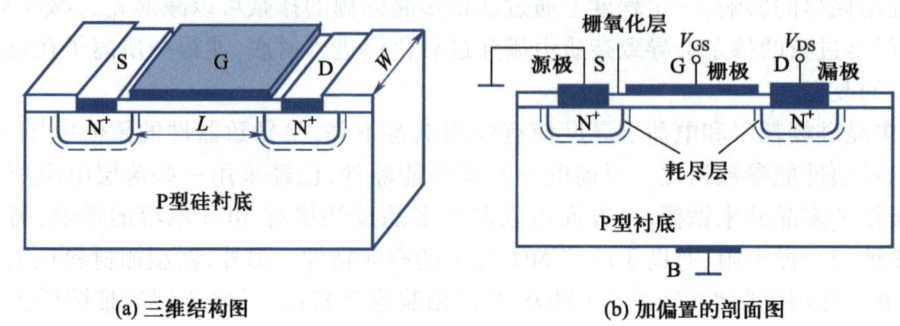

| (a) 三维结构图 | (b) 加偏置的剖面图 |

图 4-3-1　N 沟道增强型 MOSFET

综上所述，与 JFET 相比，MOSFET 结构具有下述四个特点：

① MOSFET 器件的控制栅为 MOS 结构，而 JFET 的控制栅是 PN 结。

② 源、漏区的掺杂类型与衬底相反。

③ 衬底作为一极，MOS 器件相当于四端器件。一般情况下，$V_{BS}=0$，则等效为三端器件。

④ 导电沟道位于栅氧化层下方的半导体表面。

4.3.2　MOSFET 基本工作原理

下面以共源连接的理想 N 沟道增强型 MOSFET 为例，分析 MOSFET 的工作原理。

给 N 沟道增强型 MOSFET 加偏置 $V_{GS} \geqslant V_T$，表面强反型沟道形成，MOSFET 的栅和沟道之间形成了一个平行板电容器，即栅氧化层电容，其中栅氧化层为电容器的绝缘介质；加偏置 $V_{DS}>0$，若忽略器件的源漏区串联电阻，则 V_{DS} 完全横向降落在漏源之间的表面沟道上，在沟道上产生平行于沟道长度的电场，载流子电子在此电场的作用下从源漂移到漏，被漏极收集，形成漏源漂移电流 I_D，此 I_D 也可称为漏极电流。漏极电流 I_D 随 V_{GS}、V_{DS} 的变化特性包括转移特性和输出特性。

1. 转移特性

MOSFET 的转移特性是指一定的 V_{DS} 下，漏极电流 I_D 随栅源电压 V_{GS} 的变化特性。N 沟道增强型 MOSFET 转移特性曲线如图 4-3-2 所示，图中曲线和横轴的交点（$I_D=0$ 时）对应的栅源电压 V_{GS} 即为理想的阈值电压 V_T。

转移特性反映了 V_{GS} 对 I_D 的控制能力。根据 MOS 电容理论，在 $V_{GS}<V_T$ 范围内，表面强反型沟道未形成，器件处于截止态，如图 4-3-3(a)所示。位于 N 型源区和 N 型漏区之间是 P 型杂质的衬底，形成了两个背靠背的 PN 结，漏源之间阻抗大，尽管 $V_{DS}>0$，也只有很小的泄漏电流 I_D，主要是漏衬 PN 结反偏泄漏电流和漏源之间可能存在的亚阈值电流。关于亚阈值电流将在后面章节详细给出。

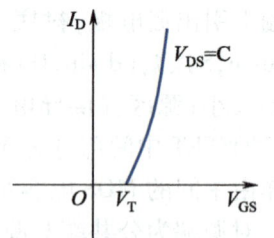

图 4-3-2　转移特性曲线

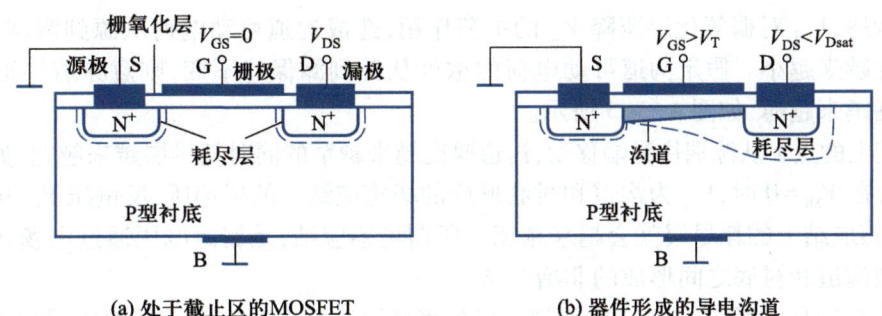

(a) 处于截止区的MOSFET　　　　(b) 器件形成的导电沟道

图 4-3-3　N 沟道增强型 MOSFET

在 $V_{GS} \geq V_T$ 范围内,强反型沟道形成,器件处于导通态,如图 4-3-3(b) 所示。V_{GS} 越大,反型层电子越多,沟道电导越大,同样的 V_{DS} 下产生的 I_D 越大。强反型沟道电荷为栅源电压 V_{GS} 通过栅氧化层电容在半导体表面感应出,理论上 $V_{GS} \geq V_T$ 时才开始出现。

2. 输出特性

MOSFET 的输出特性是指在一定的 V_{GS} 下,漏极电流 I_D 随漏源电压 V_{DS} 的变化特性。N 沟道增强型 MOSFET 的输出特性曲线如图 4-3-4 所示,该曲线与图 4-1-2 所示的 JFET 特性曲线非常类似,也分为线性区、过渡区、饱和点、饱和区和击穿区。

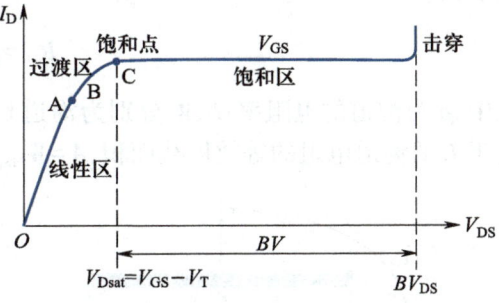

图 4-3-4　N 沟道增强型 MOSFET 的输出特性曲线

(1) 导电沟道的可动电荷面密度和等效沟道电阻

为了分析输出特性各个区域的特点,需要明确导电沟道的可动电荷面密度 Q'_N 和等效沟道电阻 R_{ch}。

① 导电沟道的可动电荷面密度 Q'_N

若 $V_{DS}=0$,从源到漏导电沟道的可动电荷面密度 Q'_N 均匀,由栅源电压 V_{GS} 中超出 V_T 的那部分电压即 $(V_{GS}-V_T)$ 产生,强反型沟道相当于栅氧化层电容 C_{ox} 的下极板,根据电容理论,则 MOS 结构表面沟道的可动面电荷密度 Q'_N 可表示为

$$Q'_N = -C_{ox}(V_{GS}-V_T) \qquad (4-3-1)$$

式中,$(V_{GS}-V_T)$ 称为有效栅压,在模拟集成电路里也称为"过驱动电压"。

需要说明一点,按照电容公式,半导体层表面总的面电荷密度为 $C_{ox}V_{GS}$,其中 $C_{ox}(V_{GS}-V_T)$ 为表面沟道可动面电荷密度,另一部分 $C_{ox}V_T$ 近似为半导体表面耗尽层中的固定离化杂质电荷。

若 $V_{DS}>0$,正的 V_{DS} 沿着沟长方向降落在沟道上,使沟道上任一点 x 相对于源端存在正的电势差 V_{xS},如图 4-3-5 所示。当沟道上的点 x 从源端往漏端移动,则 V_{xS} 越来越大,使得栅和 x 点处沟道之间的电势差 V_{Gx} 越来越小,进而使得栅氧化层上的压降 V_{ox} 越来越小,即 V_{DS} 抵消了一部分栅氧化层压降 V_{ox},从而导致 V_{ox} 通过栅氧化层电容在半导体表面感应出来的反型层可动电荷越来越少。沟道 x 点处,$V_{Gx} \geq V_T$ 时强反型沟道才形成,所以沟道 x 点处可动电荷面密度 $Q'_N(x)$ 近似为

$$Q'_N(x) = -C_{ox}(V_{Gx}-V_T) \qquad (4-3-2)$$

式中,$(V_{Gx}-V_T)$ 为沟道 x 点处的有效栅压。

综上所述，V_{DS} 对栅氧化层压降 V_{ox} 的抵消作用，造成沟道可动电荷从源到漏越来越少，即电荷面密度越来越小。假定沟道可动电荷的浓度从源到漏保持不变，则意味着沟道的几何厚度从源到漏越来越薄，如图 4-3-5 所示。

当沟道上的点 x 从源端往漏端移动，沟道厚度越来越窄的同时耗尽层越来越宽，如图 4-3-5 所示。因为在 $V_{SB}=0$ 时，V_{xS} 为沟道和衬底形成的场感应结上的反偏压，反偏压 V_{xS} 从源到漏越来越大，场感应结上的耗尽层就会越来越宽。所谓场感应结，是栅源电压通过电场在表面感应出的强反型沟道和衬底之间形成的非冶金结。

需要注意的是，如果 $V_{Gx}=V_T$，则沟道 x 点处表面可动面电荷密度近似为 0，导电沟道在 x 处刚好夹断。

② 导电沟道的等效电阻

图 4-3-6 给出的是器件沟道的三维示意图。电阻型沟道的等效电阻记为 R_{ch}，则 R_{ch} 可表示为

$$R_{ch}=\rho\frac{L}{A}=\rho\frac{L}{Wt_{inv}} \qquad (4-3-3)$$

式中，ρ 为沟道的电阻率；L、W 分别为沟道长度、沟道宽度；t_{inv} 为沟道的等效几何厚度；A 为垂直于 L 的沟道电阻的等效横截面积，$A=Wt_{inv}$。随着 V_{DS} 增大，t_{inv} 越来越小，A 也越来越小。

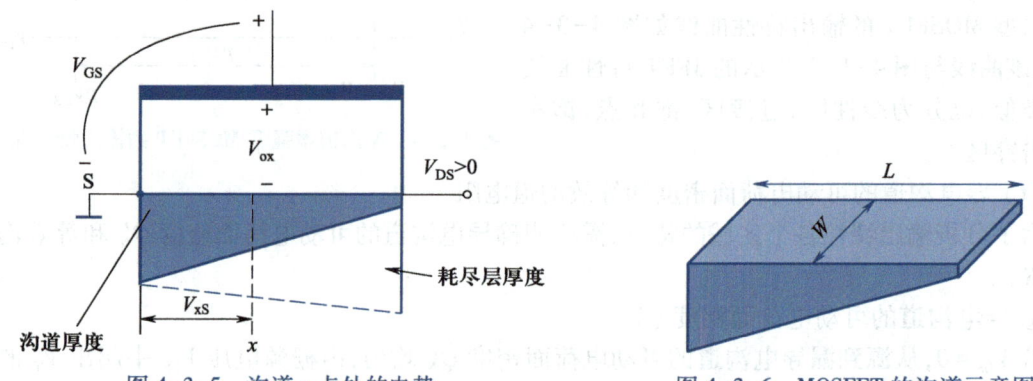

图 4-3-5　沟道 x 点处的电势　　　　图 4-3-6　MOSFET 的沟道示意图

V_{DS} 作用在沟道电阻上产生的漏极电流 I_D，可利用沟道等效电阻 R_{ch}，根据欧姆定律表示为

$$I_D=\frac{V_{DS}}{R_{ch}} \qquad (4-3-4)$$

（2）V_{GS} 为大于 V_T 的某一常数时 I_D-V_{DS} 关系

由于 V_{GS} 大于 V_T，表面已形成导电沟道。

① 线性区

V_{DS} 从零开始增大，在 V_{DS} 值较小的范围内，V_{DS} 对栅氧化层压降 V_{ox} 的抵消作用可以忽略，沟道相当于一个厚度均匀的电阻 R_{ch}，如图 4-3-7(a) 所示。因此 V_{DS} 范围内，R_{ch} 大小保持不变，I_D 随 V_{DS} 线性变化，如图 4-3-4 特性曲线的 OA 段直线近似所示。

② 过渡区

随着 V_{DS} 的增大，V_{DS} 对栅氧化层压降 V_{ox} 的抵消作用不能忽略，从源到漏沿沟道长度方向，沟道可动电荷的面密度越来越小的现象逐步表现出来，沟道厚度越来越薄，如图 4-3-7(b) 所示。因此随着 V_{DS} 的增大，沟道的等效横截面积 A 越来越小，使得沟道等效电阻 R_{ch} 越来越

大,进而使 I_D 随 V_{DS} 增加的趋势减缓,偏离直线关系,器件进入从线性区到饱和区的过渡区,如图 4-3-4 特性曲线的 B 点附近那一段范围所示。其中线性区和过渡区可统称为非饱和区。

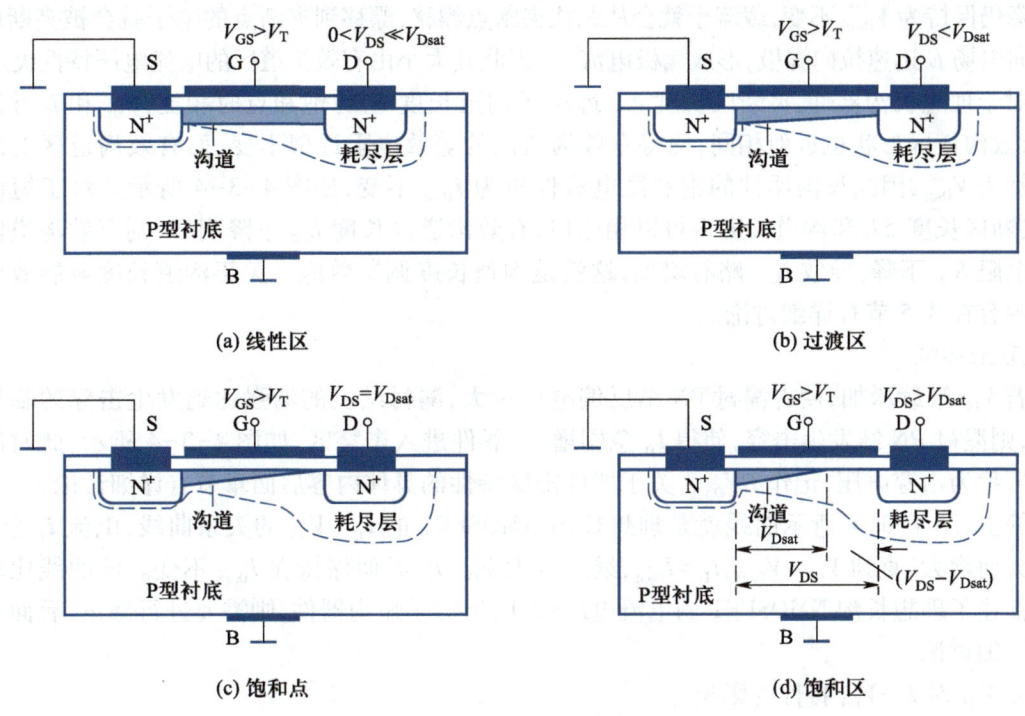

图 4-3-7　不同工作区下的器件结构图

③ 饱和点

因为忽略了源漏级串联电阻,栅和漏端沟道之间的电势差可记为 V_{GD},则有 $V_{GD} = V_{GS} - V_{DS}$。随着 V_{DS} 继续增大,V_{GD} 越来越小,漏端沟道进一步变窄。当 V_{GD} 减小到 V_T 时,漏端的反型沟道处于阈值反型点,此处的反型沟道电荷面密度 $Q'_N(x=L)$ 可近似为零,即沟道横截面积近似减小到零,可认为漏端沟道刚好夹断,如图 4-3-7(c)所示,此时漏端处于夹断点,器件状态记为饱和点,如图 4-3-4 特性曲线的 C 点所示。漏端沟道刚好夹断时的漏源电压称为饱和压降,记为 V_{Dsat},漏源电流称为饱和电流,记为 I_{Dsat}。饱和点时 V_{GD} 满足下式

$$V_{GD} = V_{GS} - V_{Dsat} = V_T \tag{4-3-5}$$

因此可得到

$$V_{Dsat} = V_{GS} - V_T \tag{4-3-6}$$

从式(4-3-6)可以看出,饱和压降是栅源电压 V_{GS} 的函数,即 V_{GS} 越大,漏端沟道刚好夹断时所需要的漏源电压越大,即 V_{Dsat} 越大。

需要说明的是,根据 $Q'_N(x) = -C_{ox}(V_{Gx} - V_T)$,若沟道 x 点为夹断点,则 x 点处于阈值反型点,即 $V_{Gx} = V_T$,则 $V_{xS} = V_{Dsat}$,另外尽管夹断点的 Q'_N 近似为 0,但是实际情况并不为 0。

④ 饱和区

沟道夹断后,如果 V_{DS} 继续增加,使得 $V_{DS} > V_{Dsat}$,漏衬结的反偏压增大,使得耗尽层向轻掺杂 P 区沟道一侧展宽,夹断点离开漏端向源端移动,原沟道区被分成了可导电的有效沟道区(长度记为 L_{eff})和耗尽层夹断区(长度记为 ΔL),如图 4-3-7(d)所示。电势差 $(V_{DS} - V_{Dsat})$ 沿沟

长方向横向降落在夹断区上,产生横向电场 E。夹断区是耗尽层,属于高阻区,但是为什么没有夹断电流? 这是因为有效沟道区 L_{eff} 提供了导电载流子,而夹断点相对于源端有效沟道区上的压降仍保持为 V_{Dsat} 不变,载流子就会从源往夹断点漂移,漂移到夹断点的电子就会被夹断区内的横向电场 E 迅速拉向漏极,形成漏极电流 I_D,因此其大小由有效沟道区的电流电压特性决定。

对于理想长沟器件,夹断区长度 ΔL 远小于沟道长度 L,与饱和点时相比,L_{eff} 和 L 近似相等,有效沟道区形状也近似相同,使得有效沟道区的等效电阻近似不变,而有效沟道区上的压降仍然为 V_{Dsat},因此长沟器件的饱和区电流保持为 I_{Dsat} 不变,如图 4-3-4 所示。对于短沟器件,夹断区长度 ΔL 和沟道长度 L 可以相比拟,有效沟道区长度 L_{eff} 下降明显,则有效沟道区的等效电阻 R_{ch} 下降,导致 I_{Dsat} 略有增加,这就是沟道长度调制效应。关于沟道长度调制效应的具体内容在 4.5 节有详细讨论。

⑤ 击穿区

若 V_{DS} 继续增加,使得漏衬 PN 结反偏电压过大,漏衬结上的场强达到发生击穿的临界场强时,则漏衬 PN 结发生击穿,使得 I_D 急剧增大,器件进入击穿区,如图 4-3-4 所示,此时的漏源电压称为击穿电压,记作 BV_{DS}。关于器件击穿特性的具体内容后面章节有详细讨论。

综上,图 4-3-4 所示曲线就是理想长沟 NMOSFET 的 $I_D \sim V_{DS}$ 的关系曲线,电流 I_D 随 V_{DS} 的增大而增大,直到 $V_{DS}=V_{Dsat}$,$I_D=I_{Dsat}$;继续增大 V_{DS},I_D 近似保持在 I_{Dsat} 不变。此曲线比较准确地描述了理想长沟 NMOSFET 的电流电压特性,但对于短沟器件,则需要进行修正,后面章节将有详细讨论。

3. V_{GS} 对 I_D-V_{DS} 特性的影响

图 4-3-8 给出的是 NMOSFET 以 V_{GS} 为参变量的输出特性曲线簇。从曲线可以看出:

(1) 线性区:V_{GS} 增大,沟道电阻减小,电流增大。线性区也可称为可变电阻区、欧姆区,V_{GS} 控制了曲线斜率大小,即控制了沟道电阻的大小,所以工作在线性区的器件可看作一个由 V_{GS} 控制的压控电阻。

(2) 饱和点:虚线和输出特性的交点为饱和点,饱和电压 V_{Dsat} 随 V_{GS} 增大而增大。

(3) 饱和区:V_{GS} 增大,饱和电流也增大。因为在 V_{GS} 恒定时,电流饱和恒定,所以饱和区为恒流区,也称为放大区,V_{GS} 控制了饱和区恒定电流的大小,因此工作在饱和区的器件可看作一个由 V_{GS} 控制的压控电流源。

(4) 截止区:若 $(V_{GS}-V_T)<0$,半导体表面非强反型,I_D 主要是反偏漏衬 PN 结泄漏电流和漏源之间可能存在的亚阈值电流。

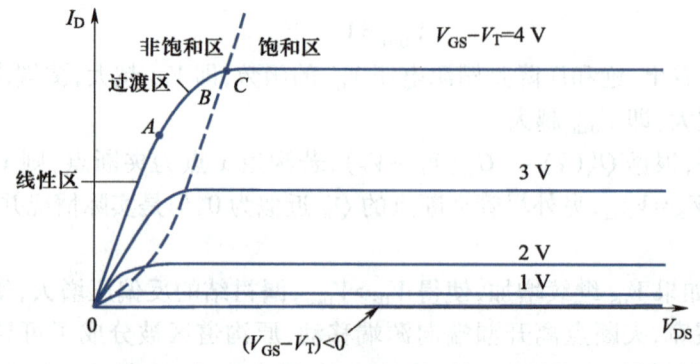

图 4-3-8　以 V_{GS} 为参变量的输出特性曲线簇

关于器件的直流特性,需要说明两点:

(1) MOSFET 的栅极电流 I_G 非常小

I_G 定义为在外加电压的作用下,流过栅极与沟道之间的电流。由于栅极与沟道之间隔着一层绝缘性良好的氧化层,所以 I_G 非常小,通常小于 10^{-14} A,因此当栅源为输入端时,MOSFET 有非常高的输入阻抗。

(2) 沟道载流子的迁移率为表面迁移率

I_D 是载流子的漂移形成的电流,其大小强烈依赖于载流子的迁移率。迁移率的大小反映了载流子在半导体材料中的运动难易程度,不但电子和空穴的迁移率互不相同,而且迁移率还与材料性质、掺杂浓度以及温度有关,是表征半导体材料特性的一个重要参数。

对于 MOSFET,载流子的漂移主要在表面反型沟道内,因为半导体界面特性的影响,沟道载流子漂移的过程中额外受到表面散射,因此载流子迁移率称为表面迁移率,记为 $\mu_{表面}$,小于体迁移率。关于载流子表面迁移率的特性在后续章节有详细分析。

4.3.3 MOSFET 基本类型

与 JFET 器件一样,如果按照导电沟道类型划分,MOSFET 可以分为 NMOSFET 和 PMOSFET 两类;如果按照 $V_{GS}=0$ 时是否存在导电沟道,每类 MOSFET 又分为耗尽型和增强型两类。因此一共有四种类型 MOSFET 器件。

(1) 器件的结构图和基本符号图

图 4-3-9 给出的是四种器件的简化结构图和电路符号图。

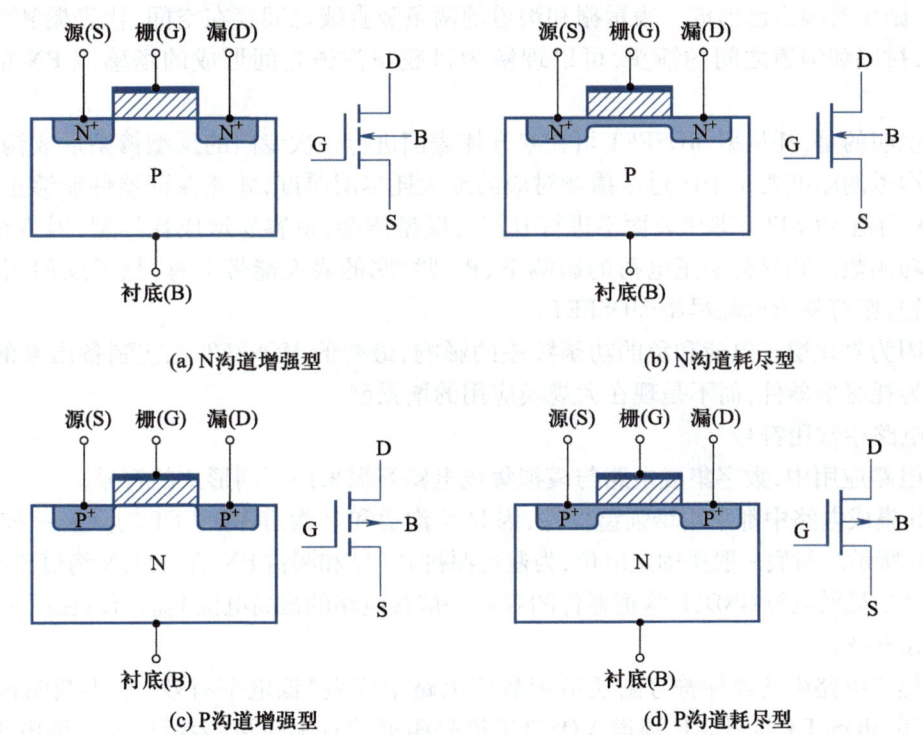

(a) N沟道增强型   (b) N沟道耗尽型

(c) P沟道增强型   (d) P沟道耗尽型

图 4-3-9 四种 MOSFET 的结构图和电路符号图

　　N 沟道 MOSFET 是在 P 型衬底上制作 N$^+$ 源漏区，如图 4-3-9（a）和（b）所示，其导电的载流子是电子，简称 NMOSFET。P 沟道 MOSFET 是在 N 型衬底上制作 P$^+$ 源漏区，如图 4-3-9（c）和（d）所示，导电的载流子是空穴，简称 PMOSFET。由上看出，一种 MOSFET 只有一种极性的载流子参与导电，或电子或空穴，而且是源漏区的多子，所以相对于双极型器件而言 MOSFET 也称为单极型多子器件。MOSFET 在工艺结构上源区和漏区是对称的，只有加上 V_{DS} 才能区分源和漏。因为载流子从源漂移到漏，所以 N 沟道 MOSFET 电势高的一端为漏端，电势低的一端则为源端，即 $V_{DS}>0$；而 P 沟道 MOSFET 是载流子空穴从源漂移到漏，所以 $V_{DS}<0$，即电势高的一端为源端。规定从漏到源的方向为电流的正方向，所以 NMOSFET 的 $I_D>0$，PMOSFET 的 $I_D<0$。

　　增强型 NMOSFET，$V_{GS}=0$ 时沟道未形成，$V_T>0$，只有加一个比 V_T 更正的栅源电压，即 $V_{GS}>V_T$ 时，才能在衬底表面感应出更多的电子形成 N 型强反型沟道；耗尽型 NMOSFET，$V_{GS}=0$ 时沟道形成，$V_T<0$，只有加一个比 V_T 更负的栅压，即 $V_{GS}<V_T$ 时，才能将表面沟道中带负电的电子耗尽，使沟道消失。

　　增强型 PMOSFET，$V_{GS}=0$ 时沟道未形成，$V_T<0$，只有加一个比 V_T 更负的栅源电压，即 $V_{GS}<V_T$ 时，才能在衬底表面感应出更多的空穴形成 P 型强反型沟道。耗尽型 PMOSFET，$V_{GS}=0$ 时沟道形成，$V_T>0$，只有加一个比 V_T 更正的栅源电压，即 $V_{GS}>V_T$ 时，才能将表面沟道中带正电的空穴耗尽，使沟道消失。

　　图 4-3-9 电路符号中，都有漏极 D、源极 S、栅极 G 和衬底电极 B。图中 D-S 之间连线代表沟道，如果是虚线，代表增强型器件，表示 0 栅压时沟道未形成；如果是实线，代表耗尽型器件，表示 0 栅压时沟道已形成。表示栅和沟道的两条竖直线之间存在空间，代表栅和沟道之间互相绝缘，衬底和沟道之间的箭头，可以理解为衬底与沟道之间形成的场感应 PN 结的正偏方向。

　　需要说明的是，耗尽型 MOSFET 可在半导体表面进行一次专门的反型掺杂形成沟道，这种器件要求沟道的厚度要小于沟道区掺杂对应的最大耗尽层厚度，才能保证器件能够正常截止。另外，对 N 沟道 MOSFET 即使表面不进行专门的反型掺杂，也容易形成耗尽型，因为在通常为负的金半功函数差和氧化层正电荷的影响下，P 型衬底的表面能带下弯，趋于反型，若衬底掺杂浓度较轻，则容易形成耗尽型 MOSFET。

　　正是因为氧化层正电荷和负的功函数差的影响，最初的 MOSFET 工艺制备出来的 NMOSFET 主要为耗尽型器件，而不是现在大规模应用的增强型。

　　（2）电路中常用符号

　　实际电路应用中，数字集成电路与模拟集成电路习惯采用不同形式的符号。

　　CMOS 集成电路中都采用增强型器件，因此 N 沟道和 P 沟道 MOSFET 均只需一种符号，如图 4-3-10 所示。衬底一般接固定电位，为避免源衬 PN 结和漏衬 PN 结正偏，N 沟道器件的 P 衬一般接电路的最低电位 GND，P 沟道器件的 N 衬一般接电路的最高电位 V_{DD}，所以在图 4-3-10 中未表示衬底电极。

　　数字集成电路中的器件符号图还借用数字电路中代表"低电平有效"的小圆圈区分 N 沟道和 P 沟道 MOSFET 符号。P 沟道 MOSFET 符号栅极带有小圆圈，表示栅极加低电平才能在半导体表面形成 P 型导电沟道。

　　模拟集成电路中则通常在源端加表示电流方向的箭头区分 N 沟道和 P 沟道 MOSFET 符

号。N 沟道 MOSFET 源端提供电子,对应电流方向流出源极。P 沟道 MOSFET 源端提供空穴,对应电流方向从源极流入,如图 4-3-10 所示。

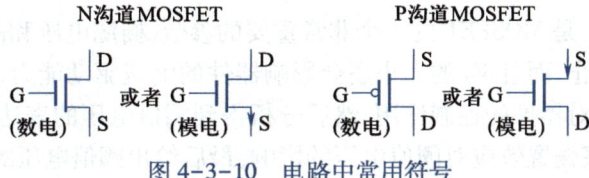

图 4-3-10 电路中常用符号

另外,PMOSFET 的源端为高电位端,所以电路中的符号图通常表示高电位的上端为源端。

（3）四种 MOSFET 电流电压特性的对比

基于前面增强型 NMOSFET 电流电压特性的分析以及器件类型的说明,可以得到四种器件的 I-V 特性曲线。

图 4-3-11 给出的是四种 MOSFET 的转移特性曲线,与 $I_D = 0$ 对应的栅源电压 V_{GS} 即为阈值电压 V_T,相应的横坐标为 $(V_{GS}/|V_T|) = 1$。耗尽型器件与增强型器件相比,在 $V_{GS} = 0$ 时,因沟道存在,所以存在较大的电流。需要注意的是,P 沟道器件 I_D 小于 0,转移特性曲线在第三、四象限。

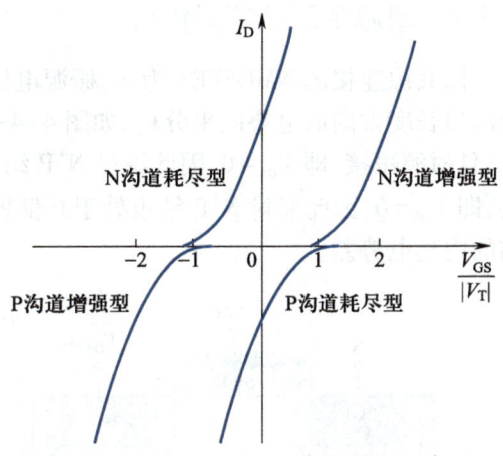

图 4-3-11 四种 MOSFET 的转移特性曲线

图 4-3-12 给出的是四种 MOSFET 的输出特性曲线簇。同样,因为 N 沟道器件的 V_{DS} 和 I_D 均大于 0,因此输出特性曲线在第一象限;而 P 沟道器件 V_{DS} 和 I_D 均小于 0,输出特性曲线则在第三象限。

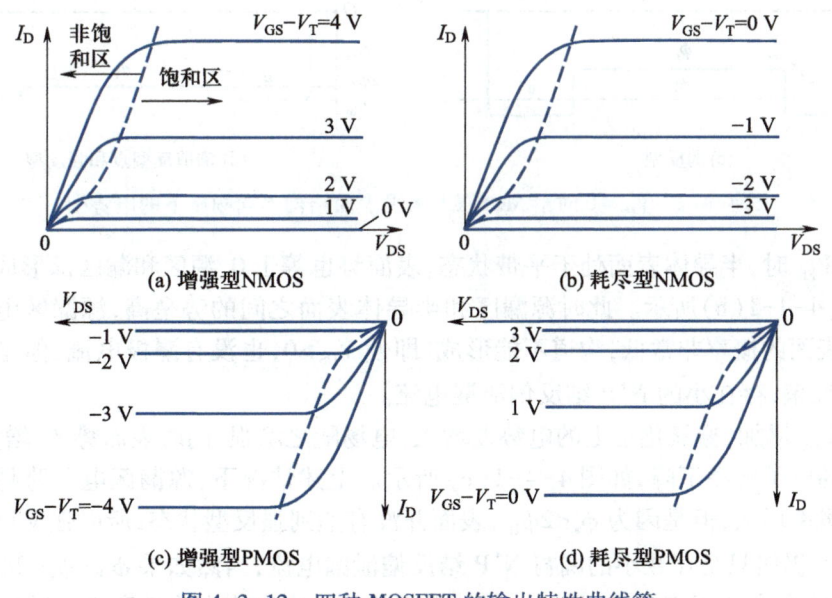

图 4-3-12 四种 MOSFET 的输出特性曲线簇

4.4　MOSFET 阈值电压

器件的阈值电压 V_T 是 MOSFET 的一个非常重要的参数,栅源电压和阈值电压的相对大小决定了器件是导通还是截止,而且 V_T 的大小还会影响器件的电流驱动能力、导通能力和放大能力。本节首先分析栅源电压对器件的控制作用,然后分析得到阈值电压的表达式,并讨论阈值电压的影响因素,接着分析衬底偏置效应对阈值电压的影响,最后给出阈值电压的离子注入调整技术。

4.4.1　栅源电压的控制作用

以共源连接的 NMOSFET 为例,栅源电压对器件沟道的控制作用,可借助器件半导体表面沿沟道长度方向的电势图来分析,如图 4-4-1 所示。图 4-4-1 中,以 P 衬体区为 0 电势参考点,且衬源短接,即 $V_{BS}=0$,因此源衬 N$^+$P 结处于 0 偏置状态。为便于理解,假定漏源电极也短接,即 $V_{DS}=0$,因此漏衬 N$^+$P 结也处于 0 偏置状态。电势图中的 V_{bi} 为源衬 N$^+$P 结和漏衬 N$^+$P 结的内建电势差。

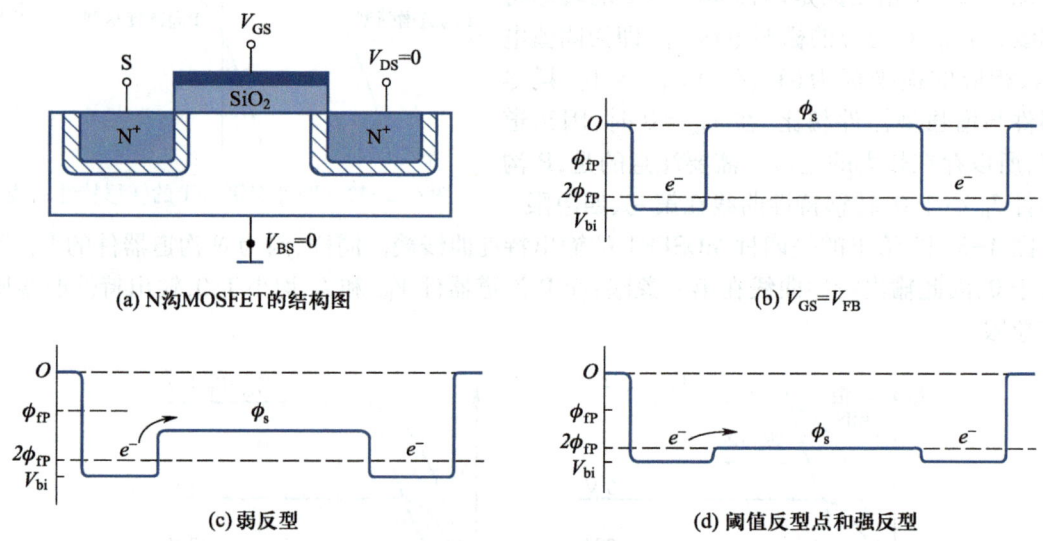

(a) N沟MOSFET的结构图   (b) $V_{GS}=V_{FB}$

(c) 弱反型   (d) 阈值反型点和强反型

图 4-4-1　$V_{DS}=0$ 时沿 MOSFET 水平表面结构不同栅压下的电势图

当 $V_{GS}=V_{FB}$ 时,半导体表面处于平带状态,表面势也等于 0,源区和漏区都形成了一样的电子势阱,如图 4-4-1(b)所示。此时源漏区和半导体表面之间的势垒高,源漏区电子跨越势垒进入半导体表面的概率非常低,沟道不能形成,即使 $V_{DS}>0$,也没有漏极电流,但是 $V_{DS}>0$ 将使漏衬 N$^+$P 结反偏,存在小的 N$^+$P 结反偏泄漏电流。

随着正 V_{GS} 增加,栅氧化层上的电势差增大,电场随之增强,同时表面势 ϕ_s 增大,源漏区和半导体表面的电子势垒下降,如图 4-4-1(c)所示。上述情况下,源漏区电子跨越势垒进入半导体表面的概率增大,但是因为 $\phi_s<2\phi_{fP}$,表面并没有达到强反型状态,所以强反型沟道没有形成。若 $V_{DS}>0$,仍然只是存在小的漏衬 N$^+$P 结反偏泄漏电流,当然如果 $\phi_{fP}<\phi_s<2\phi_{fP}$,表面处于弱反型状态,将存在亚阈值电流,相关的器件亚阈值特性内容将在第 5 章详细讨论。

当 V_{GS} 增大到阈值电压 V_T 时,使得 $\phi_s=2\phi_{fP}$,源漏区和半导体表面的电子势垒足够低,使得源漏区电子跨越势垒进入半导体表面的电子达到一定数值,此时半导体表面电子的浓度正好等于衬底体区多子空穴的浓度,器件处于阈值反型点,如图 4-4-1(d)所示。使 MOSFET 栅氧化层下方的半导体表面达到阈值反型点时的 V_{GS},就是阈值电压,仍然用 V_T 来表示,其中 NMOSFET 的阈值电压可记为 V_{TN},PMOSFET 的阈值电压则可记为 V_{TP},下标中的 N 和 P 表示沟道的导电类型。

当 NMOSFET 的 $V_{GS}>V_{TN}$ 时,表面势 ϕ_s 在等于 2 倍费米势的基础上稍有增加,跨越源漏和半导体之间势垒的电子将随表面势的增大而指数增加,使得表面反型电子浓度大于衬底多子浓度,表面强反型沟道形成。因此,在 $V_{GS}>V_{TN}$ 范围内,随着 V_{GS} 增大,沟道电导进一步增大。另外,根据 MOS 电容理论,反型电子随表面势 ϕ_s 的指数增加使栅氧化层上的压降 V_{ox} 增加显著,即 V_{GS} 的增量主要用于增加 V_{ox},则 ϕ_s 增加微弱,近似保持在阈值反型点时的值不变,即 $V_{GS}>V_{TN}$ 的范围内,$\phi_s \approx 2\phi_{fP}$,因此图 4-4-1(d)可表示 $V_{GS} \geqslant V_{TN}$ 范围内的电势分布。

综上所述,阈值电压 V_T 就是 MOSFET 强反型沟道是否形成的临界栅源电压。V_{GS} 的控制作用,可借助水库模型理解:MOSFET 的源区相当于一个水库,而源区和半导体表面的势垒就相当于一个坝,V_{GS} 控制了坝的高低。对 NMOSFET,V_{GS} 增加,则坝降低,当 V_{GS} 增加到大于等于 V_T 时,坝足够的低,因此水(载流子)就能从源区进入半导体表面,形成强反型沟道。

沟道形成后,给器件漏源偏压 $V_{DS}>0$,漏端电势提高,此电压降沿着沟长方向降落在沟道上,则器件的电势近似分布图如图 4-4-2 所示,沟道上的电势从源到漏逐渐升高,电势能将逐渐降低,从源区跨越低势垒到半导体表面的载流子电子就会往势能低的漏极方向漂移,被漏收集,形成漂移漏源电流,也可称为漏极电流,或者漏电流,用 I_D 表示。

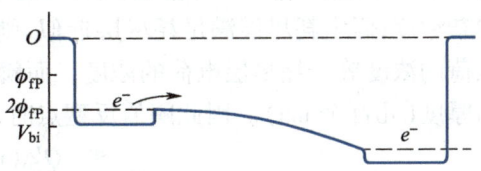

图 4-4-2 $V_{GS} \geqslant V_T$ 且 $V_{DS}>0$ 时沿 MOSFET 水平表面的电势近似分布图

需要说明的是,由于沟道可动电荷面密度从源到漏越来越小,则沟道的微分电阻越来越大,进而导致沟道内的电势分布不均匀,电势的变化从源到漏越来越剧烈,电场将越来越强,沟道上电势的变化就越来越快。

综上所述,V_{GS} 控制了源区和半导体表面的势垒,进而控制了沟道的开启和关闭,使器件实现开关作用;在器件导通的前提下,V_{GS} 可改变沟道电导的大小,进而可改变沟道电流的大小,使器件实现放大作用。因此,MOSFET 是电压控制型器件。

另外,从上述分析也可以看出,MOSFET 沟道反型层电荷在 $V_{DS}=0$ 时来源于源漏区。如果 $V_{DS}>0$,则漏区电子的势阱更深,沟道可动电荷则主要来源于源区。在 4.2 节给出的没有源漏区的 MOS 电容,其表面反型电荷则来源于衬底热运动产生的少子,少子的特点一是少子数量少,二是少子的产生和复合需要一定的时间;而 MOSFET 存在源漏区,源漏区提供了反型沟道可动电荷。

若 NMOSFET 的漏端和源端都和衬底短接为一端,则 NMOSFET 等效为两端 MOS 电容器件,此电容的 C-V 特性,在 $V_{GS} \geqslant V_{TN}$ 范围内高低频 C-V 曲线重合,这是因为反型层电荷来源于源漏区多子。

4.4.2   阈值电压的表达式

根据上述 MOSFET 阈值电压的定义,下面以 N 沟道 MOSFET 为例推导阈值电压 V_{TN} 的表达式。

1. 理想的阈值电压表达式

首先不考虑金半功函数差和氧化层正电荷影响的理想情况，并假定 $V_{DS} = 0$。外加栅源电压 V_{GS} 降落在栅氧化层和表面耗尽层上，即有

$$V_{GS} = V_{ox} + \phi_s \tag{4-4-1}$$

当 $V_{GS} = V_{TN}$ 时，$\phi_s = 2\phi_{fP}$，此时栅氧化层上电势差记为 V_{oxT}，则有

$$V_{TN} = V_{oxT} + 2\phi_{fP} \tag{4-4-2}$$

其中 V_{oxT} 可利用电容、电压和电荷的关系得到。设阈值反型点时栅极上的电荷面密度为 Q'_{MT}，半导体表面电荷面密度为 Q'_s，则单位面积的栅氧化层电容 C_{ox} 可表示为

$$C_{ox} = \frac{Q'_{MT}}{V_{oxT}} = -\frac{Q'_s}{V_{oxT}} \tag{4-4-3}$$

所以有

$$V_{oxT} = \frac{Q'_{MT}}{C_{ox}} = -\frac{Q'_s}{C_{ox}} \tag{4-4-4}$$

阈值反型点时，半导体表面的电荷 Q'_s 包括反型层中的电子（面密度 Q'_N）和耗尽层内的受主离子（面密度 Q'_{SD}），且 Q'_{SD} 达到最大值 $Q'_{SD}(\max)$。另外，反型层内电子的浓度正好等于衬底掺杂浓度；假定耗尽层满足耗尽层近似，则受主离子的浓度也等于衬底掺杂浓度，所以反型层电荷的浓度等于耗尽层电荷的浓度。而阈值反型点时反型层的厚度（几个 nm）远小于耗尽层的厚度（几百个 nm）。因此阈值反型点时，$Q'_{SD}(\max)$ 远大于 Q'_N，则 Q'_N 可近似忽略，所以有

$$V_{oxT} = -\frac{Q'_{SD}(\max) + Q'_N}{C_{ox}} \approx -\frac{Q'_{SD}(\max)}{C_{ox}} \tag{4-4-5}$$

将式（4-4-5）代入式（4-4-4），得到不考虑金半功函数差和氧化层正电荷的阈值电压 V_{TN}，即有

$$V_{TN} = -\frac{Q'_{SD}(\max)}{C_{ox}} + 2\phi_{fP} = \frac{|Q'_{SD}(\max)|}{C_{ox}} + 2\phi_{fP} \tag{4-4-6}$$

2. 金半功函数差和氧化层正电荷对阈值电压的影响

实际的 MOSFET，需要考虑金半功函数差和氧化层正电荷的影响，因此外加栅源电压首先使半导体表面达到平带状态，然后再使半导体表面达到阈值反型点，即耗尽层达到最大值，同时表面势等于 2 倍的费米势，所以阈值电压在式（4-4-6）的基础上加上 V_{FB} 即可。因此考虑金半功函数差和氧化层正电荷时的 NMOSFET 的阈值电压 V_{TN} 可表示为

$$V_{TN} = \frac{|Q'_{SD}(\max)|}{C_{ox}} + 2\phi_{fP} + V_{FB} = \frac{|Q'_{SD}(\max)|}{C_{ox}} + 2\phi_{fP} + \phi_{ms} - \frac{Q'_{SS}}{C_{ox}} \tag{4-4-7}$$

由式（4-4-7）可知，实际 MOSFET 的阈值电压是单位面积栅氧化层电容 C_{ox}、半导体的掺杂浓度、氧化层内正电荷 Q'_{SS} 和金半功函数差的函数。

4.4.3　阈值电压的影响因素

为了保证 MOSFET 在集成电路中正常工作，V_T 应该与电源电压 V_{DD} 相适应，即不同电源电压对应的 MOSFET 的阈值电压不同，当器件的 $V_{GS} = V_{DD}$ 时，要求远高于 V_T，器件可以处于良好的开态。表 4-4-1 给出了不同电源电压 V_{DD} 下 NMOSFET 的阈值电压典型值。

表 4-4-1　不同电源电压 V_{DD} 下 NMOSFET 的阈值电压

电源电压 V_{DD}/V	5	3.3	1.2
NMOSFET 阈值电压 V_{TN}/V	0.6~0.7	0.4~0.5	0.3~0.4

随着集成电路的发展,为了降低电路的功耗,需要减小电源电压 V_{DD},因此器件的阈值电压也需要相应减小。如何减小阈值电压,可从影响因素着手。从式(4-4-7)可以看出,影响阈值电压大小的因素有以下几点。

1. 单位面积栅氧化层电容 C_{ox}

增大单位面积栅氧化层电容 C_{ox} 可以减小器件的阈值电压。C_{ox} 越大,同样的栅源电压在半导体表面感应出的反型电荷越多。如果只有 C_{ox} 变化,阈值反型点时半导体表面负电荷的总量不变,因此 C_{ox} 越大达到阈值反型点时需要的栅压越小,即器件的阈值电压越小。

如何实现 C_{ox} 的增大? 早期的 MOSFET 器件一直使用 SiO_2 作栅氧化层,一直是通过减薄 SiO_2 层厚度以实现 C_{ox} 的提高。在 65 nm 特征工艺尺寸下,栅氧化层 SiO_2 层的厚度已经减薄到 1.2 nm 左右,随着器件尺寸缩小,若要再通过减薄 SiO_2 层实现 C_{ox} 的增大,将会因为栅氧化层隧穿导致存在泄漏电流的问题,其中栅氧化层隧穿主要是 Fowler-Nordheim 隧穿电流,当然,随着栅氧化层的继续减薄,还有可能发生直接隧穿;另外还会出现氧化工艺很难控制薄栅氧化层中的缺陷等问题,这些问题严重制约了栅氧化层尺寸的进一步缩小。

因此目前一些高性能的器件,选择使用介电常数比 SiO_2 大的材料做栅绝缘层,一般把这种材料称为高 K 介质,K 表示介电常数。如果采用高 K 介质作为栅绝缘层,与 SiO_2 相比,就可以在保持同样 C_{ox} 的情况下使栅绝缘层具有较厚的物理层厚度,因而可以减小栅隧穿电流以及和缺陷有关的工艺技术问题。

总之,单位面积栅氧化层电容 C_{ox} 越大,则栅压控制沟道的能力越强。器件的发展过程也是 C_{ox} 越来越大的过程。

2. 半导体的掺杂浓度

半导体的掺杂浓度 N_A 越小,达到阈值反型点所需耗尽的多子越少,即 $|Q'_{SD}(max)|$ 越小,同时费米势也将减小,使得半导体表面易反型,阈值电压也就越小,如图 4-4-3 所示。

从图 4-4-3 中可以看出,在 Q'_{SS} 一定时,随着衬底掺杂浓度增大,阈值电压可从负值变成正值,NMOSFET 的类型也就从耗尽型变成了增强型。即在衬底掺杂浓度不大时,容易形成耗尽型 NMOSFET。

3. 氧化层内正电荷 Q'_{SS}

氧化层正电荷面密度 Q'_{SS} 越大,其在半导体表面感应出的负电荷越多,则阈值反型

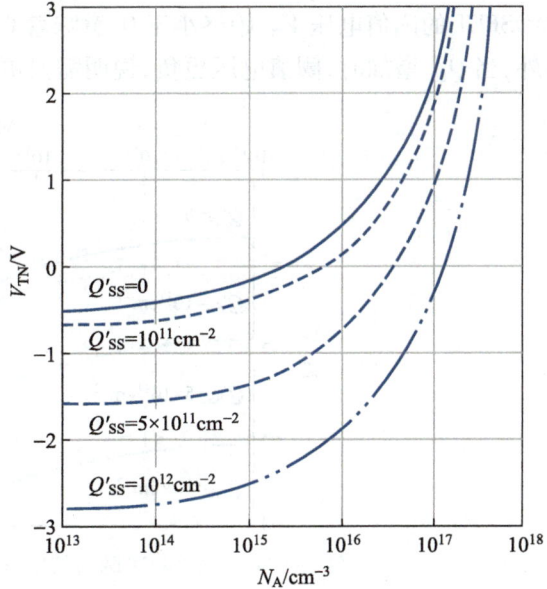

图 4-4-3　阈值电压随衬底浓度和氧化层电荷的变化

点时需要 V_{TN} 感应出的负电荷越少，即 V_{TN} 越小。需要说明的是，Q'_{ss} 是非理想因素，Q'_{ss} 越大，则栅压对半导体表面电荷的控制能力减弱。因此，需要减弱 Q'_{ss} 对 V_{TN} 的影响，一是可以通过材料选择和工艺控制尽量减小 Q'_{ss}，二是增大 C_{ox}，均可实现 Q'_{ss} 对 V_{TN} 影响的减弱。从图 4-4-3 还可以看出，Q'_{ss} 对 V_{TN} 影响的大小还与衬底掺杂浓度有关，N_A 越大，Q'_{ss} 的影响越小。

4. 金半功函数差

金半功函数差 ϕ_{ms} 的大小和金属半导体的材料相关，NMOSFET 的金半功函数差通常小于 0，ϕ_{ms} 越负，金属往半导体表面转移的负电荷越多，阈值反型点时需要 V_{TN} 产生的负电荷越少，所以 V_{TN} 越小。根据图 4-2-12 给出的功函数差的情况可知，对 NMOSFET 器件，多晶硅栅通常采用 N$^+$ 掺杂，可使器件的阈值电压减小。如果 NMOSFET 采用 P$^+$ 掺杂多晶硅栅，则阈值电压大，不符合器件发展的需求。相类似地，对 PMOSFET 器件，为使阈值电压的值较小，多晶硅栅通常采用 P$^+$ 掺杂。

综上所述，通过改变栅氧化层厚度和材料增大 C_{ox}，或是通过改变衬底 N_A 减小费米势和 $Q'_{SD}(\max)$，或是通过改变多晶硅栅的掺杂类型和掺杂浓度，选择合适的栅材料减小金半功函数差 ϕ_{ms}，最终可实现器件阈值电压的减小。当然，阈值电压不能太小，否则器件的开和关不好控制，导致亚阈值特性恶化，关于亚阈值特性将在后面章节详细给出。

上面讨论的是 NMOSFET 的阈值电压，对 PMOSFET 的阈值电压 V_{TP} 可作类似分析。金半功函数差和氧化层正电荷时的阈值电压 V_{TP} 可表示为

$$V_{TP} = -\frac{|Q'_{SD}(\max)|}{C_{ox}} - \frac{Q'_{ss}}{C_{ox}} + \phi_{ms} + 2\phi_{fN} \tag{4-4-8}$$

式中，$\phi_{fN} = -\dfrac{kT}{q}\ln(N_D/n_i)$，$|Q'_{SD}(\max)| = qN_D x_{dT}$，$x_{dT} = \left(\dfrac{4\varepsilon_s|\phi_{fN}|}{qN_D}\right)^{1/2}$。

图 4-4-4 给出了不同 Q'_{ss} 时 V_{TP} 和衬底掺杂浓度的关系曲线。从此图可看出，对应 PMOSFET 的阈值电压 V_{TP} 始终小于 0，意味着 0 栅压时沟道不存在，对应 PMOSFET 为增强型。另外，当 Q'_{ss} 增加时，阈值电压更负，说明需要更负的栅压半导体表面才能反型。

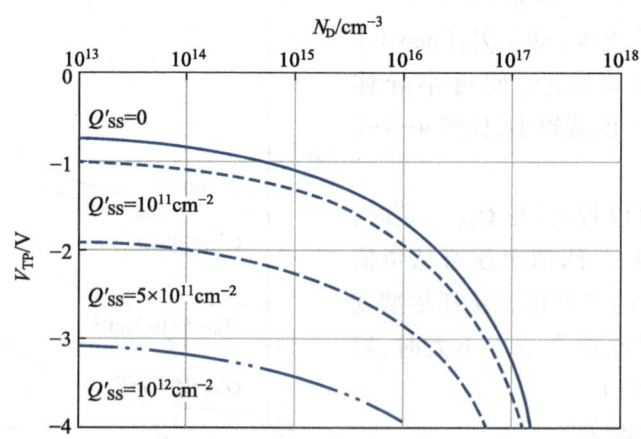

图 4-4-4　PMOSFET 的阈值电压随衬底浓度和氧化层电荷的变化

4.4.4 衬底偏置对阈值电压的影响

前面 MOSFET 的讨论,其衬底电极和源电极是短接的,即 $V_S = V_B$,但集成电路中会存在多个 NMOSFET 或多个 PMOSFET 串联的情况,同类型串联器件的衬底一般都是共用的,但是源极电势却不同,因此部分器件的衬底电极和源电极电势不同,存在源衬偏压 V_{SB}。通常情况下,NMOSFET 的 $V_{SB} \geq 0$,PMOSFET 的 $V_{SB} \leq 0$,以此保证器件的源衬 PN 结 0 偏或反偏,否则有可能产生不希望存在的源衬结正向大电流。不等于 0 的 V_{SB} 会改变器件的阈值电压,进而影响器件的漏电流、跨导等电参数,这种效应称为衬底偏置效应或体偏置效应。下面以 NMOSFET 为例分析器件的衬底偏置效应。

衬底偏置效应可借助 MOSFET 阈值反型点时半导体表面沿沟道长度方向的电势近似分布图来分析,如图 4-4-5 所示。图中 P 型衬底为 0 电势参考点,V_{bi} 为源衬 N^+P 结的内建电势差,V_{DS} 保持某一正值不变。

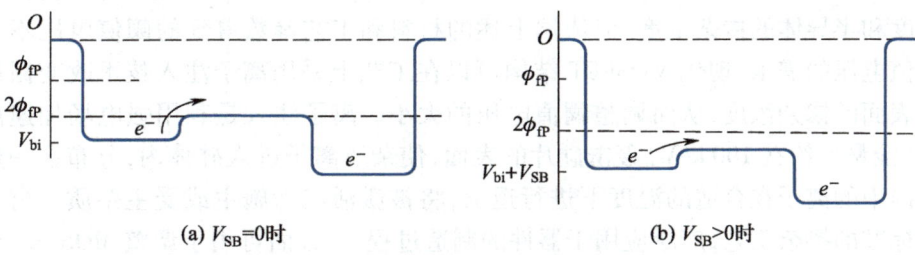

图 4-4-5 MOSFET 阈值反型点时器件的电势近似分布图

当 $V_{SB} = 0$ 时,源区电势提高为 V_{bi}。阈值反型点时表面势 $\phi_s = 2\phi_{fP}$,此时源区和半导体表面的势能差为 $q(V_{bi} - 2\phi_{fP})$,此势能差使源区电子跨越势垒到表面,使表面达到阈值反型点。

当 $V_{SB} > 0$ 时,大于 0 的 V_{SB} 打破了源衬 N^+P 结的热平衡状态,源区电势提高为 $(V_{bi} + V_{SB})$。如果栅源电压使表面势 $\phi_s = 2\phi_{fP}$,此时表面不会达到阈值反型点,因为 V_{SB} 使源端势能降低,即使表面有电子,电子也会流向电子势能更低的源区,流出源极。只有当栅源电压使表面势 $\phi_s = 2\phi_{fP} + V_{SB}$ 时,此时源区和表面势能差仍然为 $q(V_{bi} - 2\phi_{fP})$ 时,意味着源区电子跨越势垒到表面的量使表面达到阈值反型点。由于增加的表面势降落在耗尽层上,将使最大耗尽层厚度 x_{dT} 展宽,耗尽层电荷 $Q'_{SD}(\max)$ 增多,进而导致阈值电压增加。阈值电压的增加量 ΔV_T 可表示为

$$\Delta V_T = V_T(V_{SB} > 0) - V_{T0}(V_{SB} = 0) = \frac{\Delta Q'_{SD}(\max)}{C_{ox}} \tag{4-4-9}$$

式中,V_T 为 $V_{SB} > 0$ 时的阈值电压,V_{T0} 为 $V_{SB} = 0$ 时的阈值电压,$\Delta Q'_{SD}(\max)$ 为耗尽层电荷的增加量。根据耗尽层电荷面密度的定义式,$\Delta Q'_{SD}(\max)$ 可表示为

$$\Delta Q'_{SD}(\max) = \sqrt{2q\varepsilon_s N_A}\left(\sqrt{2\phi_{fP} + V_{SB}} - \sqrt{2\phi_{fP}}\right) \tag{4-4-10}$$

将式(4-4-10)代入式(4-4-9),可得

$$\Delta V_T = \frac{\sqrt{2q\varepsilon_s N_A}\left(\sqrt{2\phi_{fP} + V_{SB}} - \sqrt{2\phi_{fP}}\right)}{C_{ox}} \tag{4-4-11}$$

从式(4-4-11)可知,V_{SB} 越大,阈值电压的增加量越大,阈值电压就越大。

式(4-4-11)还可以表示为含有体效应系数 γ 的表达式

$$\Delta V_{\mathrm{T}} = \gamma \left(\sqrt{2\phi_{\mathrm{fP}} + V_{\mathrm{SB}}} - \sqrt{2\phi_{\mathrm{fP}}} \right) \qquad (4-4-12)$$

式中，$\gamma = \dfrac{\sqrt{2q\varepsilon_{\mathrm{s}}N_{\mathrm{A}}}}{C_{\mathrm{ox}}}$，称为体效应系数，是器件模型的一个重要参数，$\gamma$ 的单位为 $\mathrm{V}^{1/2}$，典型值为 $0.3 \sim 0.4\ \mathrm{V}^{1/2}$。从式(4-4-12)可以看出，$\gamma$ 越小，则 V_{SB} 对 V_{T} 的影响越小，因此增大单位面积栅氧化层电容 C_{ox}，减小衬底掺杂 N_{A}，可实现 γ 的减小，进而减小 V_{SB} 对 V_{T} 的影响。

综上所述，通过调整 V_{SB} 的大小可以改变阈值电压。从使用的要求考虑，希望阈值电压随 V_{SB} 的变化越小越好，这样意味着器件的栅压控制沟道的能力更强。但是在降低待机功耗方面，可通过给器件施加合适的 V_{SB} 提高 V_{T}，进而实现静态功耗的降低。

4.4.5 阈值电压的离子注入调整技术

上面分析了影响阈值电压的各种因素，包括正的氧化层电荷、金属半导体的功函数差、栅氧化层厚度和半导体的掺杂浓度，但依据上述的材料和工艺参数得到的阈值电压不一定满足器件对阈值电压的需求，现代 MOSFET 结构可以在工艺上采用离子注入技术改变栅氧化层下方半导体表面的掺杂浓度，从而调整阈值电压的大小。离子注入是利用强电场加速离化的杂质原子束(能量大约在 100 keV)轰击硅片的表面，使杂质离子进入硅体内，分布在一定的深度内。注入硅中的离子在合适的温度下进行退火，将被激活成为施主或受主杂质。离子注入工艺是一种标准的掺杂工艺，广泛应用于器件的制造过程，一方面可用于调整 MOSFET 沟道区的衬底掺杂浓度，还可用于掺杂形成器件的阱、源漏区等。

通过离子注入可以增加或减小(通过补偿的方式)半导体表面附近的杂质净掺杂浓度，从而改变阈值电压。注入半导体表面的如果是受主离子，则不管是 P 型衬底还是 N 型衬底，都使得阈值电压正方向移动，相反若是注入施主离子，则阈值电压会负方向移动。因此离子注入能改变器件的类型，可以把器件从耗尽型改变为增强型，或从增强型改变为耗尽型。对 NMOSFET，在芯片有源器件以外的场氧区通常注入大剂量的硼，用以提高场区寄生 MOSFET 的阈值电压，避免寄生 MOSFET 导通；在沟道区则通常进行小剂量注入，用以调整阈值电压或抑制穿通效应，具体内容在后续章节详细讨论。

高能量的离子注入半导体表面以后，与半导体表面的原子进行多次碰撞，碰撞会逐步削弱离子的能量，最后离子由于动能消失停止运动，所以离子注入的杂质在半导体中形成一定的分布。注入杂质在半导体表面的分布一般为高斯分布，如图 4-4-6(a)实线所示，即离子束能量居中的占多数。

假设注入 P 型杂质离子到 P 型衬底的表面，注入杂质对阈值电压的影响的分析，可利用注入杂质的两种近似分布(δ 函数和阶跃函数)来展开，如图 4-4-6(b)和(c)所示。

第一种为 δ 函数型近似分布。注入杂质分布在靠近氧化层和半导体的界面薄层 δ 距离内，在 δ 距离内注入杂质近似均匀分布。假设注入的受主杂质离子的面密度为 D_{I}，即 D_{I} 就是单位表面积注入的杂质离子数，单位为离子数 $\cdot \mathrm{cm}^{-2}$。在 δ 函数近似分布下，注入的杂质都会参与改变阈值电压，则阈值电压的改变量为

$$\Delta V_{\mathrm{T}} = + \frac{qD_{\mathrm{I}}}{C_{\mathrm{ox}}} \qquad (4-4-13)$$

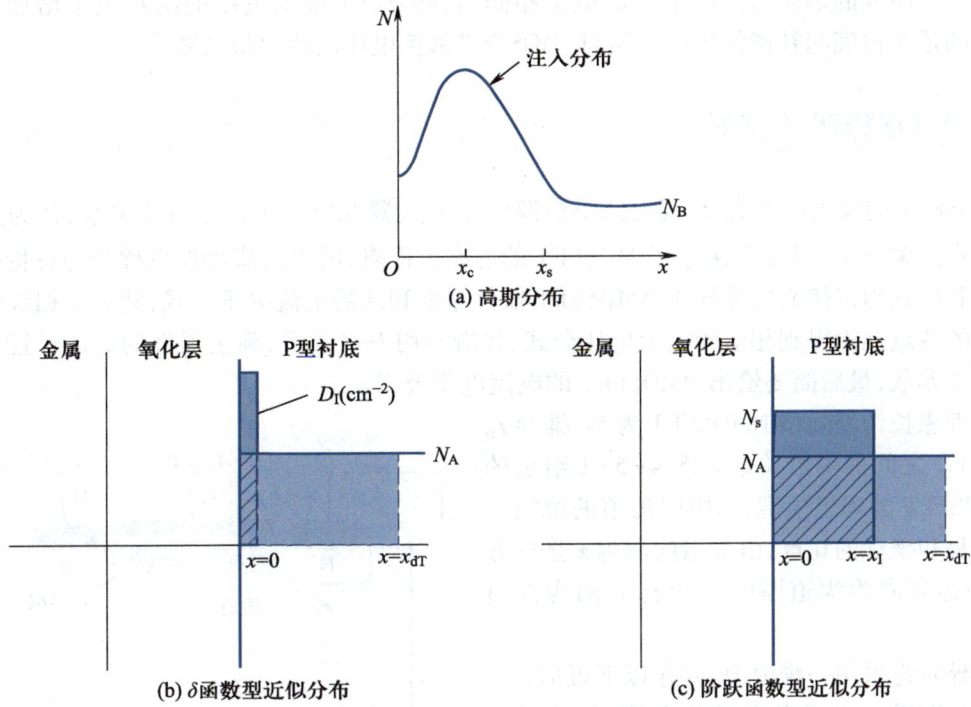

图 4-4-6　离子注入杂质的近似分布

第二种为阶跃函数型近似分布。注入表面的杂质分布在一定的厚度 x_I 内,在注入厚度 x_I 内注入杂质均匀分布。设注入的离子浓度为 N_{Ai},那么注入剂量 D_I 可以表示为 $N_{Ai}x_I$。假定衬底的掺杂浓度为 N_A,则厚度 x_I 内的平均掺杂浓度 $N_s = (N_{Ai}+N_A)$,$D_I = (N_s-N_A)x_I$。这种近似分布下,注入后的最大空间电荷区宽度 x_{dT} 的新表达式可利用泊松方程推导得到

$$x_{dT} = \sqrt{\frac{2\varepsilon_s}{qN_A} \left[2\phi_{fP}-\frac{qx_I^2}{2\varepsilon_s}(N_s-N_A) \right]^{1/2}} \tag{4-4-14}$$

计算离子注入后的阈值电压,需要考虑两种不同的情况。

(1) 如果杂质注入后的 x_{dT} 大于 x_I,则注入杂质都会参与改变阈值电压,则阈值电压改变为

$$V_T = V_{T0}+\frac{qD_I}{C_{ox}} \tag{4-4-15}$$

式中,V_{T0} 为离子注入前器件的初始阈值电压。

(2) 如果注入后的空间电荷区宽度 x_{dT} 小于 x_I,则只有 x_{dT} 内的注入杂质参与改变阈值电压,因此阈值电压的计算就由杂质注入后半导体表面的平均掺杂浓度 N_s 决定,则有

$$V_T = V_{FB}+2\phi_{fP}+\frac{qN_s x_{dT}}{C_{ox}} \tag{4-4-16}$$

需要注意的是,实际注入的杂质分布既不是 δ 函数型分布也不是阶跃函数分布,而是近似于高斯分布,半导体表面注入的杂质密度不均匀,阈值反型点定义中的 $\phi_s = 2\phi_{fP}$ 变得不确定,使阈值电压的计算变得更加复杂,此处关于高斯分布的注入杂质对阈值电压的影响不再详细讨论。

总之当注入的杂质与衬底杂质的类型相同时，MOSFET 阈值电压的绝对值会增加；反之，当注入的是对衬底起补偿作用的杂质时，MOSFET 阈值电压的绝对值会减小。

4.5　MOSFET 直流特性

MOSFET 的漏极电流 I_D 和直流偏压栅源电压 V_{GS}、漏源电压 V_{DS} 之间的关系，称为直流特性。而直流偏压 V_{GS}、V_{DS} 又决定了 MOSFET 的静态工作点，所以直流特性也称为静态特性。本节首先利用欧姆定律简要推导出 NMOSFET 器件非饱和区的电流电压公式，然后根据线性区和饱和区的特点推论得到相应的电流电压公式，接着利用 I–V 关系，确定器件的载流子迁移率和阈值电压参数，最后简要给出 PMOSFET 的电流电压公式。

以理想长沟增强型 NMOSFET 为例，推导 I_D 和 V_{GS}、V_{DS} 之间的函数关系。图 4–5–1 给出的是 NMOSFET 的理想模型，图中以沟道的源极一端为电势和坐标的 0 点，由源指向漏为 x 坐标方向，y 坐标方向为沟道厚度，z 坐标方向为沟道宽度。

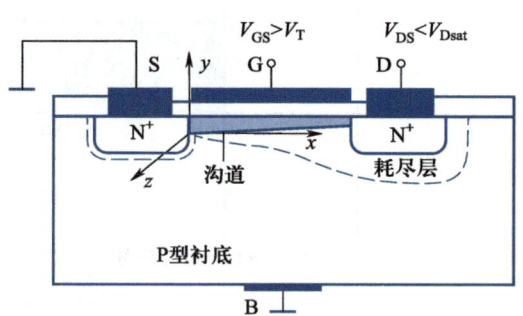

图 4–5–1　理想长沟 NMOSFET 定量
分析采用的坐标系

推导时将采用一维模型，并作以下近似：

（1）沟道电流只考虑漂移电流，忽略可能存在的扩散电流。此近似和实际情况基本相符。N 沟道器件，载流子电子在沟道内任一点 x 处的总电子电流密度 J_N 可表示为

$$J_N = J_{N,\text{drift}} + J_{N,\text{diff}} = q\mu_n nE + qD_N \nabla n \tag{4-5-1}$$

式中，$J_{N,\text{drift}}$ 为漂移电流，其大小与载流子的浓度 n 成正比；$J_{N,\text{diff}}$ 为扩散电流，其大小与载流子的浓度梯度成正比。强反型沟道电子的浓度大，而电子浓度从源到漏的分布可近似均匀，因此可能存在的扩散电流可近似忽略，即有 $J_N = J_{N,\text{drift}} = q\mu_n nE$。

（2）理想长沟器件满足缓变沟道近似（gradual channel approximation）。针对理想长沟器件，其沟道内任一点 x 处，V_{GS} 产生的垂直于沟道长度方向的电场 E_y 远大于 V_{DS} 产生的平行于沟道长度方向的电场 E_x，即沿沟道长度方向 E_x 变化缓慢。

（3）栅氧化层内的所有电荷，在位置上都近似分布在氧化层和半导体界面处，总的正电荷等效面密度为 Q'_{ss}。

（4）忽略源漏极串联电阻，即忽略源漏扩散区和金属电极的欧姆接触电阻以及源漏区各自的串联体电阻，则 V_{DS} 沿沟道长度方向近似完全降落在沟道上。

实际 MOSFET 器件存在源漏极串联电阻，会影响栅源电压和漏源电压对沟道电流的控制能力，具体内容将在后面章节详细讨论。

（5）沟道载流子的迁移率近似为常数。实际沟道载流子的迁移率为表面迁移率，会受到 V_{DS} 和 V_{GS} 产生的电场的影响，具体内容将在第 5 章详细讨论。

（6）强反型近似，即 $V_{GS} \geq V_T$ 时，强反型沟道才开始形成。实际半导体表面处于弱反型状态时，存在弱反型沟道，可形成亚阈值电流，具体内容将在第 5 章详细讨论。

4.5.1 非饱和区的电流-电压特性

对理想长沟 NMOSFET,当栅源电压 $V_{GS} \geqslant V_T$ 时,强反型沟道形成;大于 0 的 V_{DS} 降落在漏源之间的沟道电阻上,一是产生漂移漏极电流 I_D,二是在沟道 x 点处,产生相对于源端的电势 V_{xs},使沟道厚度从源到漏越来越薄。在反型沟道从源到漏都存在(沟道没被夹断)的前提下,即器件处于非饱和区的状态下,可利用欧姆定律推导器件电流和电压的关系式,但是由于器件沟道电阻从源到漏不均匀,因此需要用欧姆定律的微分形式来推导。

根据图 4-5-1 给出的模型,z 方向无外加电压,使得 z 方向沟道电荷浓度均匀,因此点 (x,y,z) 处的沟道电荷电子的浓度可表示为 $n(x,y)$;电子迁移率为 μ_n;沟道 x 点处,单位时间内通过垂直于电流方向的单位沟道横截面积上的电荷量为电流密度 $J(x)$。基于上面给出的假设,欧姆定律的微分形式可表示为

$$J(x)=qn(x,y)\mu_n E(x) \tag{4-5-2}$$

式中,$E(x)$ 为沟道 x 点处的电场,若 x 点相对于源端的电压表示为 $V(x)$,则有

$$E(x)=-\frac{dV(x)}{dx} \tag{4-5-3}$$

x 点处流过沟道横截面的电流记为 $I(x)$,将式(4-5-2)对 x 点处的沟道横截面(y-z 面)积分,即可得到 $I(x)$,则有

$$I(x)=\int_0^W\int_0^{t_{inv}}J(x)dydz=\int_0^W\int_0^{t_{inv}}\left[-qn(x,y)\mu_n\frac{dV(x)}{dx}\right]dydz \tag{4-5-4}$$

式中,t_{inv} 假定为 x 点处反型层沟道的厚度。因为 $J(x)$ 与 z 变量无关,则上式可化为

$$I(x)=-\mu_n W\frac{dV(x)}{dx}\int_0^{t_{inv}}qn(x,y)dy \tag{4-5-5}$$

根据面电荷密度的定义,x 点处沟道可动电荷电子的面密度 $Q'_N(x)$ 可表示为

$$Q'_N(x)=-\int_0^{t_{inv}}qn(x,y)dy \tag{4-5-6}$$

将式(4-5-6)代入式(4-5-5),可得

$$I(x)=\mu_n WQ'_N(x)\frac{dV(x)}{dx} \tag{4-5-7}$$

根据 4.3.2 节分析,x 点处 $Q'_N(x)$ 还可表示为

$$Q'_N(x)=-C_{ox}(V_{Gx}-V_T)=-C_{ox}[(V_{GS}-V(x))-V_T] \tag{4-5-8}$$

将式(4-5-8)代入式(4-5-7),可得

$$I(x)=-W\mu_n C_{ox}\frac{dV(x)}{dx}[(V_{GS}-V(x))-V_T] \tag{4-5-9}$$

根据电流连续性原理,$I(x)$ 在沟道长度方向各处相等,与 x 无关,式(4-5-9)左侧沿沟道从源区到漏区积分,即从 $x=0$ 到 $x=L$ 积分,右侧 $V(x)$ 则从 $V(0)=0$ 到 $V(L)=V_{DS}$ 积分,即有

$$\int_0^L I(x)dx=-W\mu_n C_{ox}\int_0^{V_{DS}}[(V_{GS}-V(x))-V_T]dV(x) \tag{4-5-10}$$

积分可得

$$I(x) = -\frac{W\mu_n C_{ox}}{2L}\left[2(V_{GS}-V_T)V_{DS}-V_{DS}^2\right] \tag{4-5-11}$$

MOSFET 的漏极电流 I_D，其正方向为从漏指向源的方向，与 $I(x)$ 相反，但是值相等，所以 I_D 可表示为

$$I_D = -I(x) = \frac{W\mu_n C_{ox}}{2L}\left[2(V_{GS}-V_T)V_{DS}-V_{DS}^2\right] \tag{4-5-12}$$

式（4-5-12），如果把 V_{DS} 看成变量，在不同的参变量 V_{GS} 下，$I_D \sim V_{DS}$ 就是一通过原点开口向下的抛物线，如图 4-5-2 所示。

上述抛物线存在最大值点，且满足 $\partial I_D/\partial V_{DS}=0$ 的特点。根据式（4-5-12），最大值点对应的 $V_{DS}=V_{GS}-V_T$，即为饱和压降 V_{Dsat}，因此抛物线的最大值点就是 MOSFET 的饱和点。如图 4-5-2 所示，当 V_{DS} 从 0 开始增加，I_D 随 V_{DS} 增加而增加，直到达到最大值点，即饱和点，此过程和 4.3 节定性分析给出的输出特性曲线非饱和区一致。但是图 4-5-2 所示电流-电压曲线在到达峰值饱和点进入饱和区后，I_D 随 V_{DS} 增加而下降，这和定性分析结果不一致，这是因为式（4-5-12）是通过欧

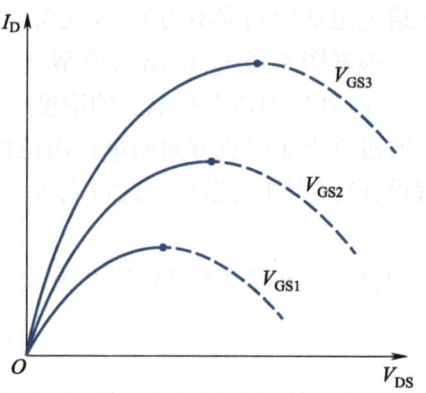

图 4-5-2　推导出的 MOSFET 的电流-电压特性

姆定律的微分形式推导出，其要求导电沟道从源到漏都存在，不能被夹断，因此式（4-5-12）成立的偏置条件为非饱和区，即 $0 \leqslant V_{DS} \leqslant V_{Dsat}$。综上所述，根据欧姆定律推导出的 NMOSFET 电流电压公式为非饱和区的公式：

$$I_D = \frac{W\mu_n C_{ox}}{2L}\left[2(V_{GS}-V_T)V_{DS}-V_{DS}^2\right] \quad (0 \leqslant V_{DS} \leqslant V_{Dsat})$$

线性区是非饱和区的一部分，且 $0 \leqslant V_{DS} \ll V_{Dsat}$，即 $V_{DS} \ll (V_{GS}-V_T)$，根据式（4-5-12），可忽略式中的二次方项，得到线性区的电流电压近似公式，即

$$I_D = \frac{W\mu_n C_{ox}}{L}(V_{GS}-V_T)V_{DS} \quad (0 \leqslant V_{DS} \ll V_{Dsat}) \tag{4-5-13}$$

式（4-5-13）对应输出特性曲线中的线性区部分，I_D 随 V_{DS} 线性增加。

4.5.2　饱和区的电流电压特性

当 $V_{DS} > V_{Dsat}$，器件进入饱和区后，沟道被耗尽层高阻区夹断，上述根据欧姆定律推导出的电流电压公式（4-5-12）不再适用。

1. 理想长沟 MOSFET 的电流电压特性

根据 4.3 节内容，当 $V_{DS} > V_{Dsat}$，理想长沟 NMOSFET 饱和区的漏电流保持饱和点时的漏电流 I_{Dsat} 不变，因此把 $V_{DS}=V_{Dsat}=(V_{GS}-V_T)$ 代入式（4-5-12），可得到理想长沟 NMOSFET 饱和区漏极电流 I_{Dsat}，即

$$I_{Dsat} = \frac{W\mu_n C_{ox}}{2L}(V_{GS}-V_T)^2 \tag{4-5-14}$$

由式（4-5-14）可知，I_{Dsat} 是栅源电压 V_{GS} 的函数，随 $(V_{GS}-V_T)^2$ 增加，因此 MOSFET 也称为

平方律器件。

综上所述,理想长沟增强型 NMOSFET,当 $V_{DS}<V_{Dsat}$ 时,器件处于非饱和区,电流电压关系满足式(4-5-12);当 $V_{DS}>V_{Dsat}$ 时,器件处于饱和区,电流电压关系满足式(4-5-14)。这就是经典的理想长沟 NMOSFET 的直流电流电压特性完整的分段模型,比较准确地描述了长沟(一般大于 10 μm)MOSFET 的电流电压特性,但是对于短沟器件公式则需要修正。需要说明的是,从式(4-5-8)可知,沟道可动电荷的面密度沿沟道从源到漏的方向是不断下降的,为了保持电流连续,则载流子的漂移速度越来越大。

由式(4-5-12)和式(4-5-14)可知,不管是非饱和区还是饱和区,漏极电流 I_D 都是器件沟道宽长比、载流子迁移率、单位面积栅氧化层电容、阈值电压以及器件偏置电压的函数。如果器件是耗尽型的,相应的阈值电压 V_T 变成负值。

I_D 表征了器件的电流驱动能力,影响电路的速度,因此提高器件的 I_D,可以提高电路的速度。要提高 I_D,根据式(4-5-12)和式(4-5-14),可以采取以下措施。

(1)提高载流子的表面迁移率

载流子的表面迁移率越大,器件的漂移电流 I_D 就会越大。要提高表面迁移率,一是尽量选用体迁移率高的衬底材料,二是选择悬挂键密度低的半导体界面制备器件,三是提高工艺水平使绝缘层-半导体界面尽量平整,用以降低载流子的表面散射概率,最终实现载流子表面迁移率的提高。

(2)提高单位面积栅氧化层电容

单位面积栅氧化层电容越大,同样栅源电压下的沟道载流子面电荷密度越大,器件的漂移电流 I_D 就会越大。可通过制备高质量的更薄的栅氧化层薄膜,或是选用高 K 介质做栅绝缘层来实现单位面积栅氧化层电容的提高。

(3)提高器件的沟道宽长比

器件的漂移电流 I_D 与沟道的宽长比(W/L)成正比,W/L 越大,I_D 就会越大。沟道长度 L 的最小值取决于器件制备的工艺水平,因此通常是通过增大器件的沟道宽度 W 实现 I_D 的提高。

(4)增加过驱动电压($V_{GS}-V_T$)

器件的漂移电流 I_D 与($V_{GS}-V_T$)正相关,可通过减小 V_T,工作范围内增大 V_{GS} 来实现。

2. 考虑沟长调制效应的饱和区电流电压特性

上述理想长沟 NMOSFET 饱和区的电流电压特性,是假设被夹断的导电沟道长度 L_{eff} 近似为 L 不变,但实际情况并非如此。当 MOSFET 工作在饱和区,即 $V_{DS}>V_{Dsat}$,随着 V_{DS} 的增大,漏衬 N^+P 结的空间电荷区向沟道方向扩展,如图 4-5-3 所示,夹断点离开漏端向源端移动,器件的有效沟道长度 L_{eff} 减小,使得沟道等效电阻下降,而夹断点相对于源端的电势差保持 V_{Dsat} 不变,结果将使饱和区电流 I_{Dsat} 随着 V_{DS} 的增大而不断增大,这一现象称为沟道长度调制效应(chanel length modulation,CLM),简称沟长调制效应。

图 4-5-3 中夹断区长度记为 ΔL,则有效沟道长度 $L_{eff}=L-\Delta L$。

假定考虑沟长调制效应后的电流为 I'_{Dsat},根据式(4-5-14)可知,饱和漏电流与沟道长度成反比,因此有

$$I'_{Dsat}=\left(\frac{L}{L-\Delta L}\right)I_{Dsat}=\left(\frac{1}{1-\Delta L/L}\right)I_{Dsat} \tag{4-5-15}$$

式中,I'_{Dsat} 为理想长沟模型下的饱和漏电流。夹断区长度 ΔL 取决于漏衬 N^+P 结反偏压 V_{DS},所

以 I'_{Dsat} 也是 V_{DS} 的函数，随着 V_{DS} 的增大，则 ΔL 增大，进而使 I'_{Dsat} 增大。因此沟长调制效应使得 MOSFET 出现饱和区电流不饱和的现象，如图 4-5-4 所示，实测数据和理论计算值都反映了沟长调制效应对器件饱和区电流电压关系的影响。

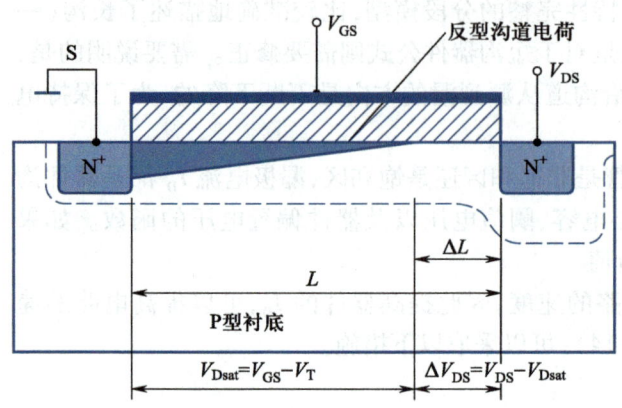

图 4-5-3　MOSFET 饱和区状态下的结构图

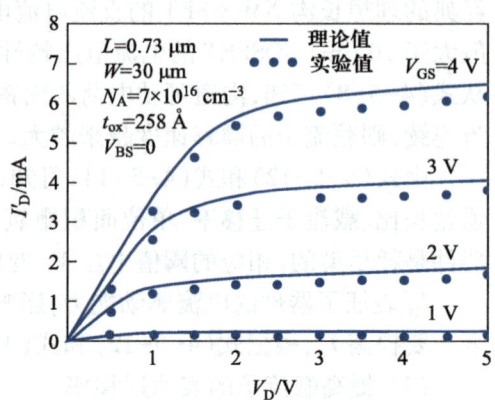

图 4-5-4　考虑沟长调制效应的 MOSFET 的电流电压特性

（1）ΔL 的模型

假定漏衬 N^+P 结为单边突变结，$V_{\text{DS}}=0$ 时，近似全部在 P 衬的耗尽层可用 x_{P0} 表示，则有

$$x_{\text{P0}} = \left(\frac{2\varepsilon_{\text{s}} V_{\text{bi}}}{qN_{\text{A}}} \right)^{1/2} \tag{4-5-16}$$

其中 V_{bi} 为漏衬 N^+P 结零偏时的内建电势差。

$V_{\text{DS}}>0$ 时，反偏压 V_{DS} 近似全部降落在轻掺杂一侧，因此漏衬 N^+P 结的空间电荷区宽度可用 x_{P1} 表示，则有

$$x_{\text{P1}} = \left[\frac{2\varepsilon_{\text{s}}(V_{\text{bi}}+V_{\text{DS}})}{qN_{\text{A}}} \right]^{1/2} \tag{4-5-17}$$

当 $V_{\text{DS}}>V_{\text{Dsat}}$ 才开始出现 ΔL，所以 ΔL 可近似为 $V_{\text{DS}}>V_{\text{Dsat}}$ 时的空间电荷区宽度减去 $V_{\text{DS}}=V_{\text{Dsat}}$ 的空间电荷区宽度，即有

$$\Delta L \approx \left(\frac{2\varepsilon_{\text{s}}}{qN_{\text{A}}} \right)^{1/2} \left[(V_{\text{bi}}+V_{\text{DS}})^{1/2} - (V_{\text{bi}}+V_{\text{Dsat}})^{1/2} \right] \tag{4-5-18}$$

式中 $V_{\text{DS}}>V_{\text{Dsat}}$。由于空间电荷区宽度 ΔL 由偏压 V_{DS} 决定，所以有效沟道长度 L_{eff} 也受 V_{DS} 的调制。

（2）含有 λ 的模型公式

考虑沟道长度调制效应的饱和区漏电流可表示成含有沟长调制系数 λ 的表达式。

根据式（4-5-15），若 $\Delta L \ll L$，利用一级近似，通过泰勒级数展开，取前两项，则有

$$I'_{\text{Dsat}} = \left(\frac{L}{L-\Delta L} \right) I_{\text{Dsat}} = \left(1+\frac{\Delta L}{L} \right) I_{\text{Dsat}} \tag{4-5-19}$$

假设 $\lambda = \dfrac{\Delta L}{LV_{\text{DS}}}$，则可得到含有 λ 的饱和区电流 I'_{Dsat}

$$I'_{\text{Dsat}} = (1+\lambda V_{\text{DS}}) I_{\text{Dsat}} \tag{4-5-20}$$

式中，λ 称为沟长调制系数，单位为 V^{-1}，是 MOSFET 器件重要的模型参数，反映了 V_{DS} 对 I_{D} 的影响程度，λ 越大，说明器件的沟长调制效应越明显。

随着器件小型化的发展,器件尺寸越来越小,沟道长度 L 越来越短,λ 越来越大,沟道长度调制效应越来越明显。

4.5.3 迁移率和阈值电压的提取

利用 MOSFET 的 I–V 关系,可以确定器件的载流子迁移率和阈值电压参数。

如果 V_{DS} 很小,器件处于线性区,根据式(4-5-13),如果把 V_{DS} 作为一个常量,V_{GS} 为变量,I_D 和 V_{GS} 的关系曲线如图 4-5-5(a)实线所示,也就是线性区的理想转移特性曲线,曲线上的黑点为对应器件的实测数据点。理论上,理想转移特性曲线在横坐标上的交点就是器件理想的阈值电压。载流子的迁移率可通过曲线的斜率来提取,因为转移特性曲线的斜率与迁移率成正比,根据实测数据计算出特性曲线的斜率,即可提取出迁移率。

从实测的黑点数据可以看出,栅源电压稍低于 V_T 时实际的电流不为 0,这是因为 MOSFET存在亚阈值电流。另外,V_{GS} 比较大时测试点 I_D 比理想值小,是因为强电场下载流子表面迁移率降低导致,具体在后续章节分析。

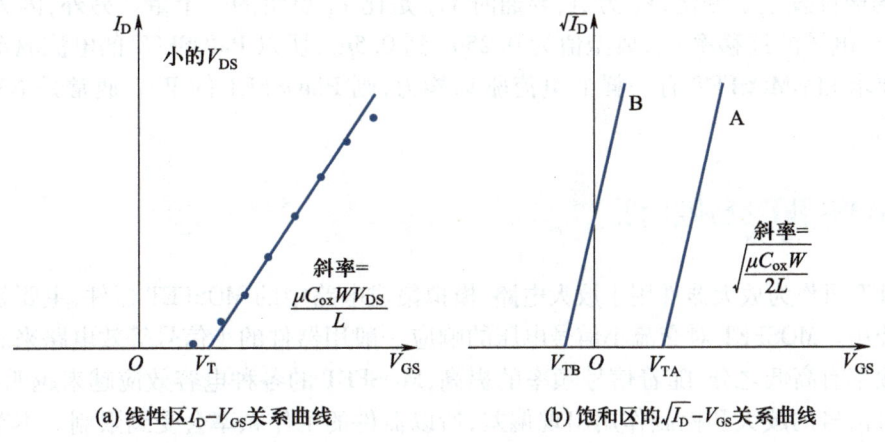

(a) 线性区 I_D–V_{GS} 关系曲线   (b) 饱和区的 $\sqrt{I_D}$–V_{GS} 关系曲线

图 4-5-5 NMOSFET 的 I_D–V_{GS} 关系

利用器件饱和区的电流电压曲线也可以提取载流子的迁移率和阈值电压,只不过为了得到线性曲线,需要把饱和区的电流开根方,又因为$(V_{GS}-V_T)>0$,所以有

$$\sqrt{I_{Dsat}} = \sqrt{\frac{W\mu_n C_{ox}}{2L}}(V_{GS}-V_T) \tag{4-5-21}$$

从式(4-5-21)可以看出,$\sqrt{I_{Dsat}}$ 与$(V_{GS}-V_T)$ 呈线性关系,如图 4-5-5(b)所示,同样根据曲线与横轴的截距提取器件的理想阈值电压,根据曲线斜率提取迁移率,得到的结果理论上应该与图 4-5-5(a)曲线得到的结果相同。但需要注意的是,对于短沟器件,V_{DS} 较大时,V_T 变得与 V_{DS} 相关,所以饱和区电流电压关系曲线下得到的阈值电压大小可能会和线性区电流电压关系曲线得到的值不同。一般情况下,线性区的电流-电压关系提取的数据更可靠些。

4.5.4 P 沟道 MOSFET 的电流电压关系

理想长沟 PMOSFET 的结构和偏置示意图如图 4-5-6 所示,其电压的极性和电流的方向均与 N 沟道器件的相反,电流和电压的函数关系可通过与 NMOSFET 相同的方法来推导分析,

可得到理想长沟 PMOSFET 非饱和区的电流电压关系式如下

$$I_D = -\frac{W\mu_p C_{ox}}{2L}\left[2(V_{GS}-V_T)V_{DS}-V_{DS}^2\right](V_{Dsat} \leqslant V_{DS} \leqslant 0)$$

$$(4\text{-}5\text{-}22)$$

式中，μ_p 为空穴迁移率，V_T 为 PMOSFET 的阈值电压。

如果 $V_{DS} < V_{Dsat}$，PMOSFET 工作在饱和区，电流电压关系如下

$$I_{Dsat} = -\frac{W\mu_p C_{ox}}{L}(V_{GS}-V_T)^2 \quad (4\text{-}5\text{-}23)$$

P 沟道增强型 MOSFET 的饱和压降 V_{Dsat} 仍可表示为

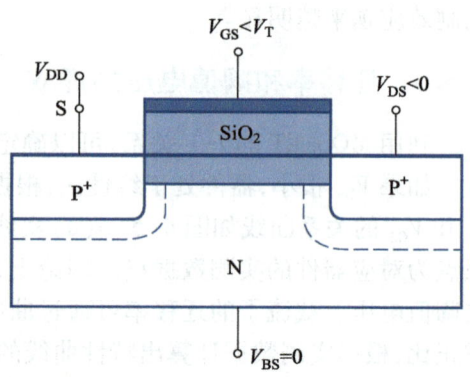

图 4-5-6   PMOSFET 的结构和偏置

$$V_{Dsat} = V_{GS} - V_T \tag{4-5-24}$$

只是电压的极性发生了变化，V_T 为负，导通时 V_{GS} 是比 V_T 更负的一个量。另外，因为空穴的迁移率 μ_p 小于电子的迁移率 μ_n，典型值为 $0.25\mu_n$ 到 $0.5\mu_n$，所以 PMOSFET 的电流驱动能力相对要低。若要求和 NMOSFET 有一样的电流驱动能力，则 PMOSFET 的 W/L 通常是 NMOSFET 的 (μ_n/μ_p) 倍。

4.6   MOSFET 交流特性

MOSFET 可作为放大器件用于放大电路，模拟集成电路中的 MOSFET 器件，主要就是作为放大器件来使用。MOSFET 对交流小信号电压的响应一般用器件的小信号等效电路来表示。交流小信号的频率有高低之分，随着信号频率的提高，MOSFET 的各种电容效应越来越明显，容易使 MOSFET 对信号的放大和控制作用出现偏差，所以器件的工作频率会受到限制。本节 MOSFET 的交流特性，首先简要分析典型的 NMOSFET 放大电路，接着给出器件的几个关键交流小信号参数，然后根据器件的结构分析给出器件的小信号等效电路，最后分析器件的频率限制特性。

4.6.1   NMOSFET 放大电路

图 4-6-1(a)给出的是增强型 NMOSFET 组成的典型放大电路。其中放大器件 NMOSFET 为共源连接，且衬源短接到地，其漏端串接负载电阻 R_D，电源 V_{DD} 通过 R_D 作用在 MOSFET 的漏源电极之间。电路的输入信号 V_{in} 即为器件的栅源电压 v_{GS}，v_{GS} 是直流偏置电压 V_{GS} 叠加交流小信号 v_{gs}，则有 $v_{GS}=V_{GS}+v_{gs}$。此处交流小信号为典型的频率为 f 的正弦交流小信号，其幅值较小，一般远小于 kT/q。输出端信号 V_{out} 即为器件的漏源电压 V_{DS}。图 4-6-1(b)为 NMOSFET 的输出特性曲线簇，其中的斜直线为负载电阻的 I-V 关系曲线，也称为负载线，根据负载电阻的电流电压关系 $I_R=(V_{DD}-V_{DS})/R_D$ 绘制出。

电路的放大过程简述如下：直流偏置电压 V_{GS} 和负载电阻 R_D 共同决定器件的静态工作点，如图 4-6-1(b)所示 Q 点。要放大的交流小信号电压叠加在直流电压 V_{GSQ} 上，使栅源电压变化，从而使漏电流变化，最终通过负载电阻实现输出电压变化，此过程小的 v_{GS} 变化量产生了大的 v_{DS} 变化量，从而实现了对输入信号的放大。如图 4-6-1(b)所示，v_{GS} 在其直流分量基础

上变化 0.25 V,v_{DS} 变化 1 V,则交流电压的放大倍数为 1/0.25＝4。

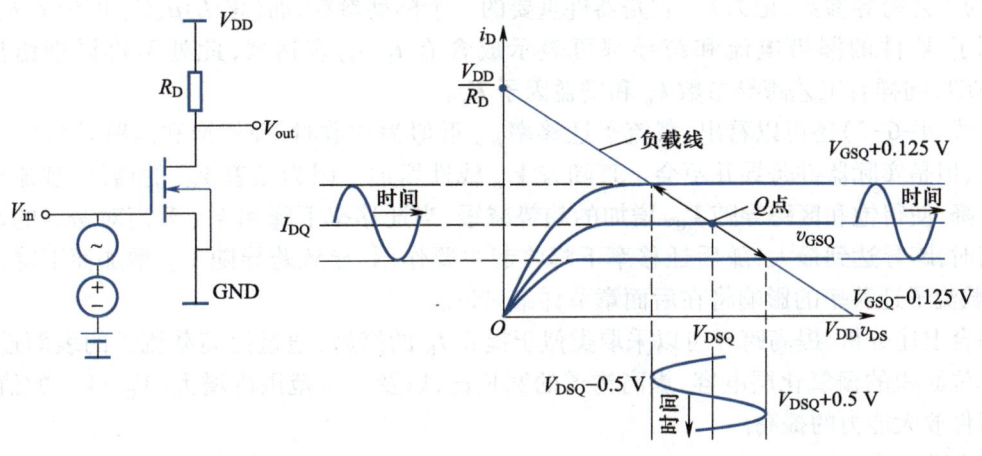

(a) NMOSFET放大电路 (b) NMOSFET放大电路的电流电压曲线

图 4-6-1 典型的增强型 NMOSFET 放大电路和电流电压曲线

器件放大应用,最好工作在放大能力强的饱和区。从器件的 I-V 特性曲线和负载线可进一步分析出,如果器件工作在非饱和区,即负载线和输出特性曲线相交于非饱和区,则同样的 v_{GS} 的变化产生的 v_{DS} 的变化量小,放大能力减弱。

4.6.2 交流小信号参数

1. 跨导

跨导,指在一定的漏源电压 V_{DS} 下,漏电流 I_D 随栅源电压 V_{GS} 的变化率,用 g_m 表示,单位为 A/V,也称西门子,用符号 S 表示。

$$g_m \equiv \frac{\partial I_D}{\partial V_{GS}}\bigg|_{V_{DS}=常数} \tag{4-6-1}$$

跨导是 MOSFET 基本的参数之一,反映了栅源电压对漏电流的控制能力,也称为晶体管增益,表征了 MOSFET 放大能力的大小,跨导越大,MOSFET 的放大能力越强。常规器件的跨导一般为几毫西(mS)。

根据前面推导的理想长沟 MOSFET 电流电压的函数关系,结合跨导的定义公式可得到理想长沟 NMOSFET 的跨导表达式。

如果器件工作在非饱和区,根据式(4-5-12)可得到非饱和区跨导 g_{ml},即有

$$g_{ml} = \frac{W\mu_n C_{ox}}{L} \cdot V_{DS} \tag{4-6-2}$$

从上式可以看出,非饱和区跨导 g_{ml} 随 V_{DS} 的增加而线性增大,且与 V_{GS} 无关。

如果器件工作在饱和区,根据式(4-5-14)可得到饱和区跨导 g_{ms},即有

$$g_{ms} = \frac{W\mu_n C_{ox}}{L} \cdot (V_{GS} - V_T) \tag{4-6-3}$$

从式(4-6-3)可以看出,饱和区的跨导与 V_{DS} 无关,结合式(4-6-2),可知饱和区的跨导比非饱和区的大,器件放大能力更强,所以器件放大应用,一般工作在跨导更大的饱和区。g_m 还与器

件的沟道宽长比、迁移率和单位面积栅氧化层电容成正比。式中，$\mu_n C_{ox}$ 由器件的制造工艺决定，称为工艺跨导参数，记为 k_n'，它是器件重要的一个模型参数，而 $(W/L)\mu_n C_{ox}$ 可记为 K_n，称为增益因子，器件的漏极电流和跨导都可表示成含有 K_n 的表达式，此处不再详细给出。对 PMOSFET，同样有工艺跨导参数 k_p' 和增益因子 K_p。

从式（4-6-3）还可以看出，载流子迁移率 μ_n 近似为常数时，理想饱和区跨导与 $(V_{GS}-V_T)$ 成正比，但是实际器件跨导并不会一直随着 V_{GS} 线性增加。因为随着 V_{GS} 的增加，载流子迁移率会下降，使得饱和区跨导随 V_{GS} 增加的趋势减缓，当迁移率下降和 V_{GS} 升高对跨导的影响完全抵消时，跨导达到最大，随后迁移率下降将起主要作用，导致跨导随 V_{GS} 增加而下降。关于 V_{GS} 对载流子迁移率的影响将在后面章节详细讨论。

综合上述分析，提高跨导可以采取类似于提高 I_D 的措施，通过提高载流子的表面迁移率、提高单位面积的栅氧化层电容、提高沟道的宽长比，以及一定范围内增大 $(V_{GS}-V_T)$ 的值，即可实现器件放大能力的提高。

2. 漏源电导

MOSFET 的漏源电导，指在一定的栅源电压 V_{GS} 下，漏电流 I_D 随漏源电压 V_{DS} 的变化率，用 g_d 表示，则有

$$g_d \equiv \frac{\partial I_D}{\partial V_{DS}}\bigg|_{V_{GS}=常数} \tag{4-6-4}$$

漏源电导也是 MOSFET 基本的参数之一，反映了漏源电压对漏电流的控制能力，也称为沟道电导或者漏导。

根据理想长沟 NMOSFET 电流电压的函数关系，结合漏源电导的定义可以得到理想长沟 NMOSFET 漏源电导的表达式。

非饱和区的 g_d，根据式（4-5-12）可得

$$g_d = \frac{W\mu_n C_{ox}}{L}\left[(V_{GS}-V_T)-V_{DS}\right] \tag{4-6-5}$$

线性区属于非饱和区的一部分，因为 $(V_{GS}-V_T)\gg V_{DS}$，根据式（4-6-5），线性区的漏源电导 g_{dl} 可表示为

$$g_{dl} = \frac{W\mu_n C_{ox}}{L}(V_{GS}-V_T) \tag{4-6-6}$$

从上式可以看出线性区的漏源电导 g_{dl} 与饱和区的跨导 g_{ms} 表达式一样。

在饱和区，因为理想长沟 I_D 与 V_{DS} 无关，所以根据式（4-5-14）的理想模型可得到饱和区的漏源电导为 0。对实际的 MOSFET，尤其是短沟器件，需要考虑沟长调制效应，I_D 变成 V_{DS} 的函数，根据式（4-5-20）可得饱和区漏源电导 $g_{ds}=\lambda I_{Dsat}$，变成了沟长调制效应系数 λ 的函数。

漏源电阻是和漏源电导密切相关的一个电参数，记为 R_{ds}。对理想 MOSFET，R_{ds} 可以表征为 g_d 的倒数。

线性区的 R_{ds}，又称为导通电阻，记为 R_{on}，则有

$$R_{on} = \frac{1}{g_{dL}} = \frac{L}{W\mu_n C_{ox}(V_{GS}-V_T)} \tag{4-6-7}$$

式（4-6-7）定量说明了工作在线性区的理想 MOSFET 相当于一个压控电阻，阻值大小受 V_{GS} 的控制，且与器件的沟道宽长比、迁移率和单位面积栅氧化层电容成反比。R_{on} 越小，漏源

电导越大,器件的导通能力就越强。

饱和区的 R_{ds},因为沟道夹断区的存在,R_{ds} 趋于无穷大。若考虑沟长调制效应,R_{ds} 变为有限大值。

MOSFET 器件可作为开关应用在电路中,如图 4-6-2 所示。一个理想的开关,关断时开路,开通时短路。当 $V_{GS} < V_T$,MOSFET 截止,开关断开;当 $V_{GS} > V_T$,MOSFET 导通,开关闭合,漏源之间等效为由 V_{GS} 控制的一个电阻,R_{ds} 越小越接近理想开关。因此器件开关应用时,通常稳态于线性区,R_{ds} 小,漏源电导大,导通能力强。

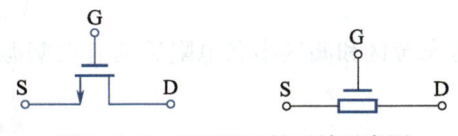

图 4-6-2   MOSFET 的开关示意图

综合上述分析,提高线性区漏源电导可以提高器件的导通能力。如何提高线性区漏源电导,可以采取类似于提高 g_{ms} 的措施,通过提高载流子的表面迁移率、单位面积的栅氧化层电容、器件的沟道宽长比和 $(V_{GS} - V_T)$ 的值来实现器件导通能力的提高。

3. 源漏串联 R_S 和 R_D 对跨导和漏源电导的影响

MOSFET 存在寄生的源极串联电阻 R_S 和漏极串联电阻 R_D,如图 4-6-3(a)所示,$R_S(R_D)$ 主要包括用于源漏电极引出的金属和源漏区半导体的欧姆接触电阻以及源漏区各自的串联体电阻。R_S 和 R_D 会对跨导、漏源电导产生影响。

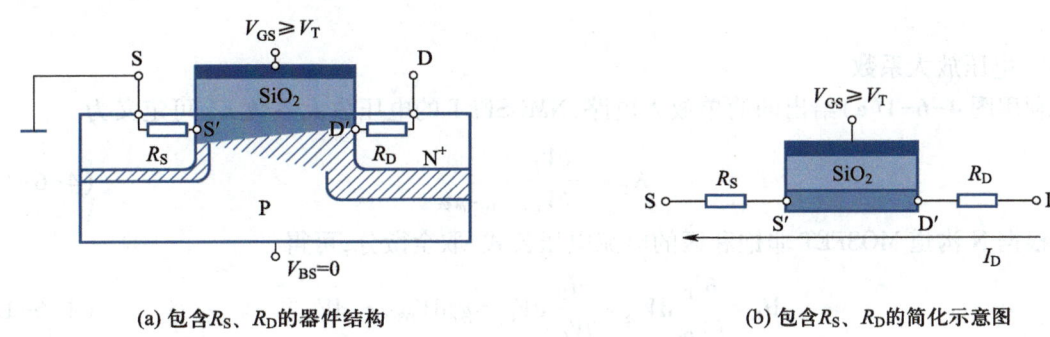

(a) 包含 R_S、R_D 的器件结构   (b) 包含 R_S、R_D 的简化示意图

图 4-6-3   包含 R_S、R_D 的器件结构

（1）对跨导的影响

当 MOSFET 的 I_D 流过电阻 R_S,产生电压降 $I_D R_S$,如图 4-6-3(b)所示,此电压降使得一部分栅源电压降落在 R_S 上,导致 V_{GS} 对沟道电流控制力减弱,跨导减小,受影响后的跨导称为有效跨导,记为 g_{meff}。

假定栅和沟道起始端 S′ 之间的电压为 V'_{GS},考虑源串联电阻 R_S,则有

$$V_{GS} = V'_{GS} + I_D R_S \tag{4-6-8}$$

则根据跨导定义,可得 g_{meff}

$$g_{meff} = \frac{g_m}{1 + R_S g_m} \tag{4-6-9}$$

从式(4-6-8)和式(4-6-9)可以看出,源极串联电阻 R_S 越大,降落在 R_S 上的压降越大,有效跨导 g_{meff} 就越小。

（2）对漏源电导的影响

当 MOSFET 的 I_D 流过电阻 R_S 和 R_D,产生电压降 $I_D(R_S + R_D)$,如图 4-6-3(b)所示,此电压

降使得一部分漏源电压 V_{DS} 会降落在 R_S 和 R_D 上，导致 V_{DS} 对沟道电流控制力减弱，漏源电导减小。

假定栅氧下方沟道终端 D′ 和沟道起始端 S′ 的电压记为 V'_{DS}，考虑源漏区串联电阻 R_S 和 R_D，有

$$V_{DS} = V'_{DS} + I_D(R_S + R_D) \tag{4-6-10}$$

考虑源区和漏区串联电阻后的有效漏源电导记为 g_{deff}，则有

$$g_{deff} = \frac{g_d}{1 + g_d(R_S + R_D)} \tag{4-6-11}$$

从式(4-6-10)和式(4-6-11)可以看出，R_S 和 R_D 越大，降落在 R_S 和 R_D 上的压降越大，有效漏源电导就越小。

综上所述，R_S、R_D 使跨导、漏源电导都减小，随着器件的尺寸缩小，源漏区的结深变浅，接触孔的尺寸也减小，会导致源漏串联电阻越来越大，跨导和漏源电导下降，影响器件的放大能力和导通能力。因此在设计和制造 MOSFET 时，要尽可能减小 R_S 和 R_D。减小源漏串联电阻常用的措施，一种是采用低电阻材料钛或钨覆盖在源漏区上，形成硅化物薄层（$TiSi_2$），可使电阻率降 1~2 个数量级，能有效降低源漏区体电阻和接触电阻；另外一种是采用源漏提升技术，一方面可以满足源漏区硅化（salicide）的最小厚度要求，另一方面还可进一步降低源漏区体电阻。

4. 电压放大系数

利用图 4-6-1(a)给出的简单放大电路，NMOSFET 的电压放大系数 K_V 可定义为

$$K_V \equiv -\frac{\partial V_{DS}}{\partial V_{GS}} \bigg|_{I_D = \text{常数}} \tag{4-6-12}$$

根据 N 沟道 MOSFET 非饱和区的电流电压公式，取全微分，可得

$$dI_D = \frac{\partial I_D}{\partial V_{DS}} dV_{DS} + \frac{\partial I_D}{\partial V_{GS}} dV_{GS} = g_d dV_{DS} + g_m dV_{GS} \tag{4-6-13}$$

要表示电压放大系数 K_V，则 I_D 为常数，即 $dI_D = 0$，所以根据式(4-6-13)可得到

$$K_V = \frac{g_m}{g_d} \tag{4-6-14}$$

K_V 也称为器件的本征电压增益，从式(4-6-14)可以看出，g_m 越大，g_d 越小，则 K_V 越大。器件处于饱和区时，跨导 g_m 大，考虑沟道长度调制效应的漏源电导 g_{ds} 为有限小值，因此与非饱和区相比，饱和区电压放大系数 K_V 更大，电压放大能力更强。

5. 衬底跨导 g_{mb}

源衬偏压 V_{SB} 增大使器件的阈值电压增大，根据式(4-5-13)和式(4-5-14)，在其他各项条件不变的情况下，阈值电压的增大将会导致导通漏电流减小，从而使器件的速度降低。表征源衬偏压对漏电流控制能力的参数为衬底跨导 g_{mb}，指的是一定的漏源电压和栅源电压下，漏电流随源衬电压的变化率。

$$g_{mb} \equiv \frac{\partial I_D}{\partial V_{SB}} \bigg|_{V_{DS} = \text{常数}, V_{GS} = \text{常数}} \tag{4-6-15}$$

利用含有 V_{SB} 的电流电压公式对 V_{SB} 求偏导，可得 g_{mb}

$$g_{mb} = g_m \frac{\gamma}{2\sqrt{2\phi_{fP} + V_{SB}}} \tag{4-6-16}$$

从式(4-6-16)可以看出,体效应系数 γ 越大,衬底跨导越小,源衬偏压对漏电流的影响就越小。

总之,在栅源电压不变时,V_{SB} 的增大导致 $Q'_{SD}(\max)$ 的值增大,Q'_N 的值减小,即 V_{SB} 的变化改变了耗尽层电荷和强反型沟道电荷的分配之比,从而控制了漏电流 I_D,说明衬底电极一定程度上起到了栅极对漏电流的控制作用,因此衬底电极也常称为"背栅"电极。

4.6.3 交流小信号等效电路

器件对交流小信号电压的响应一般用器件的小信号等效电路来表示。MOSFET 的小信号等效电路可通过 MOSFET 的结构示意图分析得到。图 4-6-4 所示的即是包含 MOSFET 本征电容、电阻和其他物理参数的示意图,其中衬源短接到地,即 $V_{SB}=0$。

图 4-6-4 包含和栅相关的两个本征电容 C_{gs} 和 C_{gd},分别表征栅和近源端沟道电荷、栅和近漏端沟道电荷的相互作用,体现了栅压对沟道电荷的控制作用,是器件的本征元件。C_{gs} 和 C_{gd} 大小与器件的偏置有关,在 V_{DS} 很小的线性工作区,栅源电压变化,引起的近源端沟道电荷和近漏端沟道电荷的变化量近似相同,因此线性工作区的 C_{gs} 和 C_{gd} 近似相等,约为 $C_{ox}WL/2$。在饱和区,近漏端的沟道电荷近似为 0,因此 C_{gd} 可近似为 0,而 C_{gs} 可近似为 $2(C_{ox}WL)/3$。

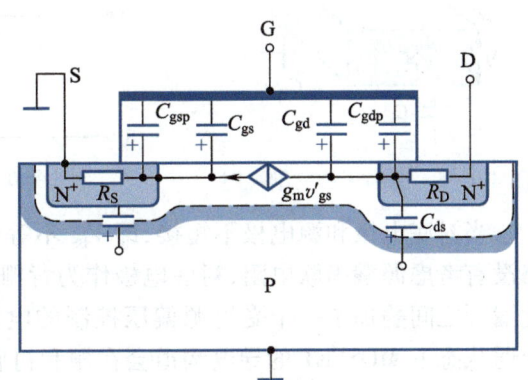

图 4-6-4　包含各等效元器件的 MOSFET 结构图

另外两个电容 C_{gsp} 和 C_{gdp},是栅和源漏区的交叠形成的交叠 MOS 电容,属于寄生参数,交叠区越大,C_{gsp} 和 C_{gdp} 就会越大。对用铝做栅的 MOSFET,为了避免源漏区掩模版和栅掩模版的套刻误差,要求栅和源漏区存在一定的交叠区,寄生交叠电容较大。重掺杂多晶硅做栅的 MOSFET,属于自对准工艺,即栅的边界和源漏区边界可自行对准,所以栅和源漏区的交叠电容只是由杂质的横向扩散形成,相对较小。

C_{db} 是漏区和衬底形成的 N^+P 结的势垒电容,C_{sb} 是源区和衬底形成的 N^+P 结的势垒电容,二者都属于寄生元件。可把 MOSFET 的源漏区单独绘制出来,如图 4-6-5 所示。其中 L_s 为源漏区的长度,x_j 为源漏区的结深,C_j 是底板单位面积电容,即 $C_j = \varepsilon_s/x_d$;C_{js} 是侧壁单位面积电容,即 $C_{js} = \varepsilon_s/x_d$。不考虑源漏区和沟道一侧的侧壁电容,则有

$$C_{db}(C_{sb}) = C_{底板} + C_{侧壁} = C_j * WL_s + C_{js}(2L_s + W)x_j \tag{4-6-17}$$

R_S 和 R_D 分别为源漏区的串联电阻,是金属和源漏区的形成的欧姆接触电阻以及源漏区体电阻的串联,属于寄生元件。

工作在饱和区的 MOSFET 等效为由栅源电压控制的电流源,此电流源的电流即沟道电流 i_d 由栅源电压 v_{gs} 通过本征跨导 g_m 来控制,控制能力的大小取决于跨导参数 g_m 大小,即 $i_d = g_m v'_{gs}$,v'_{gs} 为考虑源区串联电阻后器件的内部栅源电压,即栅和沟道起始端 S′ 之间的电压。

基于图 4-6-4 对 MOSFET 各电极之间等效元器件的分析,可得到图 4-6-6 所示的共源连

接的 MOSFET 的小信号等效电路图。其中，C_{gsT} 和 C_{gdT} 分别是总的栅源电容和总的栅漏电容，是本征电容和寄生交叠电容的并连。r_{ds} 为漏源之间的电阻，MOSFET 工作在线性区时，r_{ds} 大小正比于 i_D-v_{DS} 曲线斜率的大小；如果 MOSFET 工作在饱和区，在不考虑沟长调制效应的理想情况下，r_{ds} 趋于无穷大，若考虑沟长调制效应，尤其是短沟器件，饱和区的电流 i_D 变成 V_{DS} 的函数，r_{ds} 为一有限值。电容 C_{ds} 可看作漏衬 PN 结电容 C_{db} 和源衬 PN 结电容 C_{sb} 的串联。器件的寄生参数会降低器件的性能，因此要通过材料选择、工艺控制和版图设计等方法尽量减小这些寄生元件的数值。

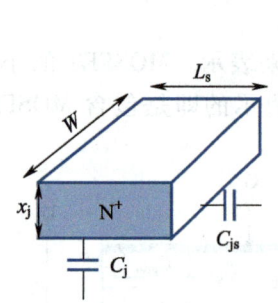

图 4-6-5   源漏区的三维视图

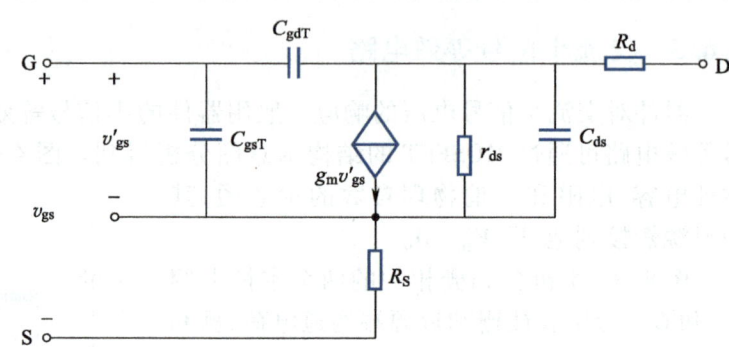

图 4-6-6 $V_{BS}=0$ 时 N 沟道 MOSFET 的小信号等效电路

当衬底电极和源电极不短接，即 V_{BS} 不等于 0 时，其等效电路如图 4-6-7 所示。此等效电路没有考虑源漏串联电阻，衬底电极作为背栅电极通过衬底跨导参数 g_{mb} 改变器件的电流，因此漏源之间叠加了一个受衬源偏压控制的电流源 $g_{mb}V_{BS}$。另外，C_{gb} 是栅和衬底之间的电容，导通状态下 MOSFET 的导电沟道会在栅和衬底之间起屏蔽作用，所以 C_{gb} 可忽略。

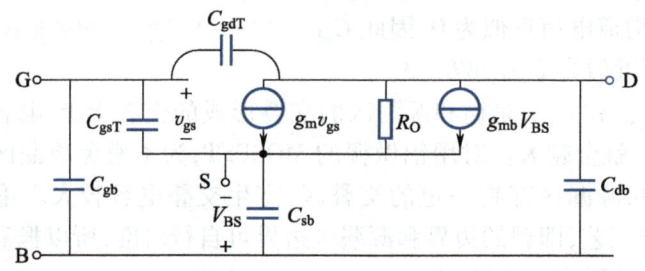

图 4-6-7 $V_{BS}>0$ 时 N 沟道 MOSFET 的小信号等效电路

如果交流小信号为低频信号，电容可等效为开路，所以图 4-6-6 的小信号等效电路可简化为图 4-6-8，图中没有考虑源漏区的串联电阻。

4.6.4   频率限制特性

MOSFET 用于放大时，其交流小信号的工作频率将受到限制，其工作频率限制因素理论上有两个。

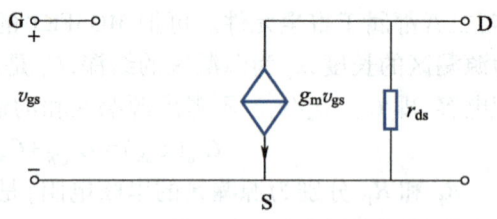

图 4-6-8 $V_{BS}=0$ 时 N 沟道 MOSFET 的低频小信号等效电路

一个是载流子的沟道输运时间，但此因素往往不是主要的频率限制因素。举例如下，假定沟长为 L 的 MOSFET，其载流子以饱和漂移速度 v_{sat} 漂移，则载流子的输运时间 $t=L/v_{sat}$。如果

$L = 1\ \mu m, \nu_{sat} = 10^7\ cm/s$，则沟道输运时间为

$$t = \frac{L}{\nu_{sat}} = 10\ ps \qquad (4\text{-}6\text{-}18)$$

对应的最大工作频率可以达到 100 GHz，远大于 MOSFET 实际工作时所需达到的频率，所以载流子的沟道输运时间通常不是 MOSFET 的主要频率限制因素。

第二个频率限制因素为栅电容的充放电时间，起主要的频率限制作用。器件输出要完成对输入信号的响应，要求沟道的电导要完成变化，即沟道的载流子数要完成变化，即栅源电压要完成对栅电容的充放电。因此栅电容的充放电时间限制了器件放大应用时的工作频率。在此频率限制因素下，可定义器件的截止频率，即器件电流增益为 1 时的工作频率，记为 f_T。

利用图 4-6-9 给出的共源连接的 MOSFET 交流小信号等效电路，可推导 f_T 表达式。图中，忽略了 R_S、R_D、r_{ds} 和 C_{ds}，其中 R_L 为负载电阻，v_d 为负载电阻上的电压，即器件的漏源电压 v_{ds}。

输入电流 i_i 为器件的栅电容充放电电流，输入交流信号的频率越高，输入端的容抗越小，输入电流越大，电流增益越小，所以若信号频率 $f > f_T$，器件将会失去电流放大能力，即电流增益小于 1。

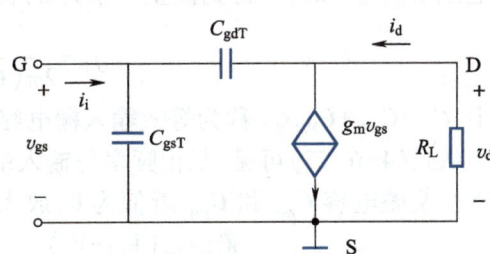

图 4-6-9 忽略源漏极串联电阻的 NMOSFET 的小信号等效电路

根据电流、容抗和电压的关系，输入漏电流 i_i 可表示如下

$$i_i = j\omega C_{gsT} v_{gs} + j\omega C_{gdT}(v_{gs} - v_d) \qquad (4\text{-}6\text{-}19)$$

同理，输出漏电流 i_d 可表示如下

$$i_d = -\frac{v_d}{R_L} = j\omega C_{gdT}(v_d - v_{gs}) + g_m v_{gs} \qquad (4\text{-}6\text{-}20)$$

联立式（4-6-19）和式（4-6-20），可得

$$i_i = j\omega \left[C_{gsT} + C_{gdT}\left(\frac{1 + g_m R_L}{1 + j\omega R_L C_{gdT}} \right) \right] v_{gs} \qquad (4\text{-}6\text{-}21)$$

一般情况下，器件的 $\omega R_L C_{gdT}$ 远小于 1，因此式（4-6-21）可以忽略 $j\omega R_L C_{gdT}$ 这一项，变为

$$i_i = j\omega \left[C_{gsT} + C_{gdT}(1 + g_m R_L) \right] v_{gs} \qquad (4\text{-}6\text{-}22)$$

式（4-6-22）中，与输入电容 C_{gsT} 并联的是 $C_{gdT}(1 + g_m R_L)$，记为密勒电容 C_M，即有

$$C_M = C_{gdT}(1 + g_m R_L) \qquad (4\text{-}6\text{-}23)$$

密勒电容的物理意义即跨越输入输出端的电容 C_{gdT}，其电容值扩大到 $(1 + g_m R_L)$ 倍后，等效到输入端与输入电容 C_{gsT} 并联，成为输入阻抗的一部分。图 4-6-10 是含有密勒电容的小信号等效电路。密勒电容 C_M 使 MOSFET 等效输入电容增加，容抗减小，由于 MOSFET 增益 g_m 的影响，C_M 对输入阻抗的影响较大。

利用含有密勒电容的等效电路，可推导出截止频率的表达式。输入电流 i_i 为

$$i_i = j\omega \left[C_{gsT} + C_{gdT}(1 + g_m R_L) \right] v_{gs} \qquad (4\text{-}6\text{-}24)$$

输出电流 i_d 为

$$i_d = g_m v_{gs} \qquad (4\text{-}6\text{-}25)$$

结合式（4-6-24）和式（4-6-25），电流增益可表示为

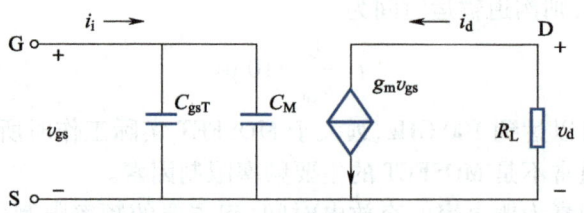

图 4-6-10　含有密勒电容的小信号等效电路

$$\left|\frac{I_d}{I_i}\right|=\frac{g_m}{2\pi f[\,C_{gsT}+C_{gdT}(1+g_mR_L)\,]}=\frac{g_m}{2\pi f(C_{gsT}+C_M)} \tag{4-6-26}$$

当电流增益为 1 时，可得到截止频率 f_T 的表达式如下

$$f_T=\frac{g_m}{2\pi(C_{gsT}+C_M)}=\frac{g_m}{2\pi C_G} \tag{4-6-27}$$

式中，$C_G=C_{gsT}+C_M$，C_G 称为等效输入栅电容。

从式（4-6-27）可见，截止频率与输入端总电容成反比，与跨导成正比。对理想 MOSFET，其寄生交叠电容 C_{gsp} 和 C_{gdp} 近似为 0，放大应用器件工作在饱和区，C_{gd} 近似为 0，C_{gs} 近似为 $\frac{2}{3}C_{ox}WL$，饱和区跨导为 $\dfrac{W\mu_n C_{ox}(V_{GS}-V_T)}{L}$，代入式（4-6-27）可得

$$f_T=\frac{g_m}{2\pi C_G}=\frac{3\mu_n(V_{GS}-V_T)}{4\pi L^2} \tag{4-6-28}$$

从式（4-6-28）可以看出，f_T 与载流子的迁移率成正比，与沟长 L^2 成反比，随 L 的依赖关系强。

如果考虑 MOSFET 的寄生交叠电容，则等效栅电容 C_G 会增加，截止频率 f_T 会减小。

综上所述，提高 MOSFET 的截止频率可采取以下措施：

① 通过选择衬底材料和晶向提高载流子的表面迁移率；

② 缩短器件的沟道长度；

③ 采用硅栅取代铝栅，用以减小寄生交叠电容。

4.7　MOSFET 开关特性

MOSFET 除了作为放大器件用于放大电路，还可作为开关器件用于各种开关电路。数字集成电路中的 MOSFET 器件，主要就是作为开关器件来使用。本节首先分析典型的 NMOSFET 开关电路，然后讨论开关过程和开关时间，并简要分析 CMOS 反相器，最后给出器件的传输特性。

4.7.1　NMOSFET 开关电路

图 4-7-1 给出的是典型的增强型 NMOSFET 组成的开关电路。其中开关器件 NMOSFET 为共源连接，且衬源短接到地，漏端串接负载电阻 R_D，电源 V_{DD} 通过 R_D 作用在 MOSFET 的漏源电极之间，C_{LT} 为输出端对地的集总电容，C_{LT} 包括 MOSFET 的漏衬 PN 结寄生电容，被驱动的下一级电路的负载电容，以及输出端到下一级负载的金属互连线寄生电容。输入信号 V_{in}，即

为开关器件的栅源电压 V_{GS}。输出端信号 V_{out}，即为开关器件的漏源电压 V_{DS}。与 4.6 节放大电路不同的是，开关电路的输入信号 V_{in} 是高低电平转换的矩形脉冲信号，**0** 为低电平，一般接地电位，**1** 为高电平，一般接电源 V_{DD}。

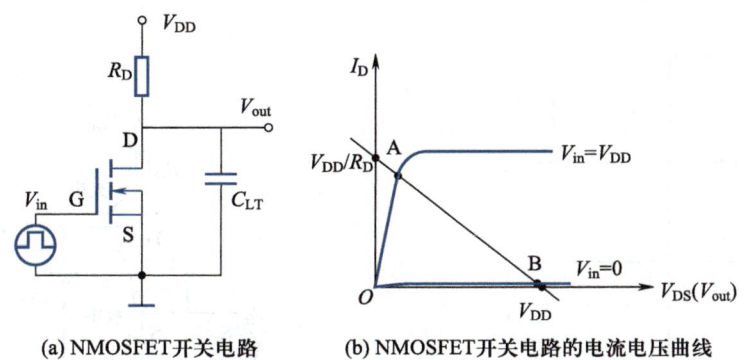

(a) NMOSFET开关电路　　　　(b) NMOSFET开关电路的电流电压曲线

图 4-7-1　典型的增强型 NMOSFET 开关电路

增强型 NMOSFET 在 V_{in} 分别为 0 和 V_{DD} 时的输出特性曲线如图 4-7-1(b) 所示，图中的斜直线仍为负载电阻的电流电压关系曲线。输出特性曲线和负载线的交点即为开关电路的稳态点，此时可近似认为已经完成了对 C_{LT} 的充放电，流过电阻 R_D 的电流等于器件的漏极电流。在 $V_{in} = V_{DD}$ 时，即 $V_{GS} = V_{DD} > V_T$，器件处于导通态，开关闭合，电路稳态于 A 点；在 $V_{in} = 0$ 时，即 $V_{GS} = 0 < V_T$，器件处于截止态，开关断开，电路稳态于 B 点。当 V_{in} 在 0 和 V_{DD} 间跳变，器件在 A 点闭合和 B 点断开之间变化，实现开和关。

4.7.2　开关过程

图 4-7-2 给出 V_{in} 和 V_{out} 随时间的变化曲线，假定 V_{in} 在高低电平之间理想跳变，NMOSFET 的开关过程如下。

（1）NMOSFET 从截止到导通的过程

NMOSFET 从截止到导通的过程对应图 4-7-1 中稳态点从 B 点变化到 A 点，即 V_{in} 从 0 变化到 V_{DD}，可对应图 4-7-2 输入瞬态特性曲线的 t_1 时刻。在输入脉冲变化的前沿，即 t_1^- 时，输出电压 V_{out} 等于 V_{DD}。在 t_1^+ 时刻，输入脉冲跳变，V_{in} 上升到 V_{DD}，假设 MOSFET 的 V_{GS} 理想跳变到 V_{DD}，则 NMOSFET 导通，开关闭合，C_{LT} 通过导通的 NMOSFET 对地放电，如图 4-7-3 所示。随着放电过程的进行，V_{out} 从 V_{DD} 开始下降，器件从饱和区逐渐进入非饱和区。理论上放电结束时，电路稳态于 A 点，如图 4-7-1(b) 所示，此时流过电阻的电流 I_R 等于 NMOSFET 的漏极电流 I_D，降落在器件漏源之间的电压 V_{DS} 记为 V_{on}，也可以用 V_{OL} 表示，为最小输出电压，V_{OL} 的理想值为 0，因此 V_{OL} 越小，越接近理想值 0，器件的开关特性越好。

（2）NMOSFET 从导通到截止的过程

NMOSFET 从导通到截止的过程对应图 4-7-1(b) 中稳态点从 A 点变化到 B 点，即 V_{in} 从 V_{DD} 变化到 0，可对应图 4-7-2 输入瞬态特性曲线的 t_2 时刻。在输入脉冲变化的前沿，即 t_2^- 时，输出电压 V_{out} 等于 V_{on}。在 t_2^+ 时刻，输入脉冲跳变，V_{in} 下降到 0，假定 MOSFET 的 V_{GS} 理想跳变到 0，则 NMOSFET 截止，开关断开，V_{DD} 通过负载电阻 R_D 对 C_{LT} 充电，如图 4-7-3 所示。随着充电过程的进行，V_{out} 从 V_{on} 开始升高。理论上充电结束时，电路稳态于 B 点，如图 4-7-1

（b）所示，此时流过电阻的电流 I_R 等于 NMOSFET 的漏极电流 I_D，降落在器件漏源之间的电压 V_{DS} 记为 V_{off}，也可以用 V_{OH} 表示，为最大输出电压，V_{OH} 的理想值为 V_{DD}，因此 V_{off} 越大，越接近理想值 V_{DD}，器件的开关特性越好。

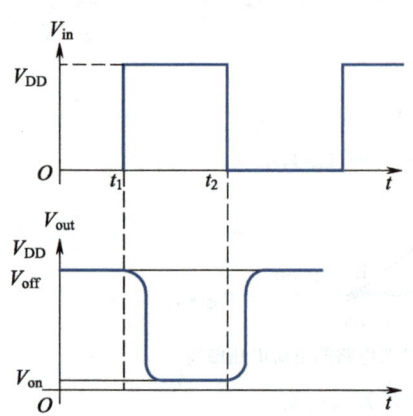

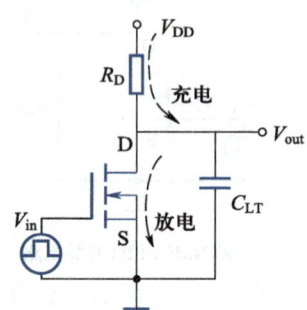

图 4-7-2　输入输出信号变化曲线　　　　图 4-7-3　NMOSFET 开关电路的充放电示意图

通过分析发现，当 $V_{in} = V_{DD}$（对应高电平）时，电路稳态于 A 点，$V_{out} = V_{on} \approx 0$ V（对应低电平），当 $V_{in} = 0$ V（对应低电平）时，电路稳态于 B 点，$V_{out} = V_{off} \approx V_{DD}$（对应高电平），因此 NMOSFET 开关电路相当于一个反相器。对 PMOSFET 组成的开关电路，分析过程相同，只不过电压极性相反，此处不再详细分析。

4.7.3　开关时间

图 4-7-4 给出的是电路的输入 V_{in} 和输出 V_{out} 随时间的变化曲线。为简化讨论，假设电路的输入信号为理想的脉冲信号，并忽略掉输入信号对开关器件 NMOSFET 栅电容的充放电时间，即假设 NMOSFET 的 V_{GS} 理想跳变。从图 4-7-4 可以看出，输出相对于输入的变化有一定的时间延迟，此时间延迟就是电路的开关时间。开关时间包括导通时间 t_{on} 和关断时间 t_{off}。假定输入信号 V_{in} 在高低电平之间理想地转换，如图 4-7-4 所示，导通时间可近似为 V_{in} 变为高电平的 t_1 时刻到 V_{out} 达到 $0.1V_{DD}$ 所需的时间；关断时间可近似为 V_{in} 变为低电平的 t_2 时刻到 V_{out} 达到 $0.9V_{DD}$ 所需的时间。

开关电路的开关时间有两个来源，一个是载流子的沟道渡越时间，由器件本身决定，称为本征延迟；另一个是输出端对地总电容的充放电时间，主要由负载决定，称为负载延迟。其中，延迟时间的长短决定了电路的开关速度。

本征延迟主要取决于沟道的长度和载流子的平均漂移速度。在沟道长度为 L 的器件沟道 x 点处取一微分单元 dx，x 点处载流子的平均漂移速度为 v，则本征延迟 t_{ch} 为

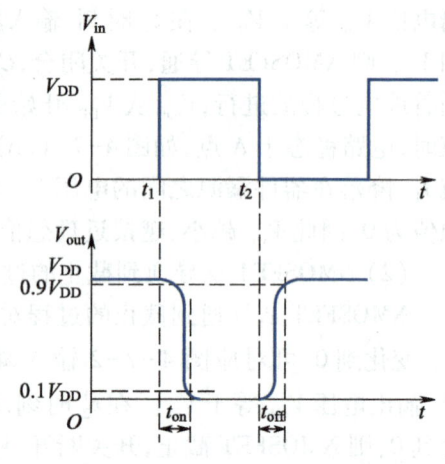

$$t_{ch} = \int_0^L \frac{dx}{v} \qquad (4\text{-}7\text{-}1)$$

图 4-7-4　NMOSFET 开关时间

结合公式 $v=\mu E_x = -\mu_n \mathrm{d}V(x)/\mathrm{d}x$ 和 $I_D = \mu_n W Q'_N(x)\dfrac{\mathrm{d}V(x)}{\mathrm{d}x}$，则有

$$t_{ch} = \frac{W}{I_D}\int_0^L Q'_N(x)\,\mathrm{d}x = \frac{Q_N}{I_D} \tag{4-7-2}$$

式中，Q_N 为沟道内的总电荷。

器件的工作区不同，沟道渡越时间不同。线性区时，沟道电荷 Q_N 近似为 $WLC_{ox}(V_{GS}-V_T)$，结合线性区电流电压公式，有

$$t_{ch} = \frac{L^2}{\mu_n V_{DS}} \tag{4-7-3}$$

饱和区时，沟道电荷 Q_N 近似为 $2WLC_{ox}(V_{GS}-V_T)/3$，结合饱和区电流电压公式，有

$$t_{ch} = \frac{4L^2}{3\mu_n(V_{GS}-V_T)} \tag{4-7-4}$$

根据上式可知，随着器件尺寸的缩小，L 减小，则本征延迟也越来越小。一般 MOSFET 的沟道长度小于 5 μm 时，本征延迟对开关时间的影响不大，主要由负载延迟决定。

负载延迟，即输出端对地总电容的充放电时间，其大小主要由输出端对地总电容以及充放电回路的电阻 R 决定。

开关时间决定了电路的开关速度，开关时间越短，开关速度越快。提高开关速度，主要就是减小负载延迟。减小负载延迟的主要途径，一是减小输出端对地的总电容，即减小下一级负载电容、MOSFET 的漏衬 PN 结寄生电容以及互连线寄生电容，可通过减小器件和互连线的尺寸来实现；二是减小充放电回路的电阻，可通过提高器件的沟道电导来实现。

4.7.4 CMOS 电路

1. 负载电阻

关于开关电路的负载电阻 R_D，两种稳态下对 R_D 大小要求不一样。

$V_{in}=V_{DD}$ 时，电路稳态后处于 A 点，$R_{on}\ll R_D$，R_D 越大越好。如图 4-7-1(b) 所示，R_D 大，负载线斜率越小，A 点对应的 V_{on} 越接近理想的"0"。

$V_{in}=0$ V 时，电路稳态后处于 B 点，R_D 越小越好。一是 V_{DD} 对电容的充电速度快；二是 R_D 越小，曲线斜率大，B 点对应的 V_{off} 越大，越接近理想的"1"，即 V_{DD}。

综上所述，两种不同的稳态下对 R_D 大小要求不一样，而且在工艺上，电阻很难做精确，所占面积也大。集成电路里往往采用增强型 PMOSFET 作为 NMOSFET 开关电路的有源负载电阻，如图 4-7-5 所示。一个增强型 PMOSFET 与一个增强型 NMOSFET 串接，其中 PMOSFET 的源接高电位电源 V_{DD}，NMOSFET 的源接低电位地，两个 MOSFET 的栅共接作为输入端 V_{in}，漏共接作为输出端 V_{out}，一般情况下，输出端接到下一级电路输入器件的栅极。

有源器件 PMOSFET 的漏源电阻 R_{DSP} 即是负载电阻，此电阻大小受 PMOSFET 的栅源电压 V_{GSP} 的控制，其中 $V_{GSP}=V_{in}-V_{DD}$，即 R_{DSP} 受 V_{in} 的控制。$V_{in}=V_{DD}$ 时，$V_{GSP}=0$，PMOSFET 截止，R_{DSP} 趋于无穷大；$V_{in}=0$ 时，$V_{GSP}=-V_{DD}$，PMOSFET 导通，稳态于线性区，线性区的 R_{DSP}（即导通电阻 R_{on}）小。因此增强型 PMOSFET 作为负载，满足 NMOSFET 开关电路对负载电阻的要求。

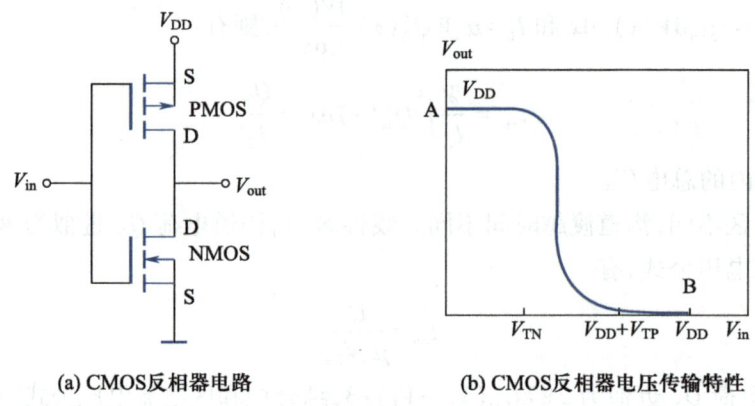

(a) CMOS反相器电路   (b) CMOS反相器电压传输特性

图 4-7-5　PMOSFET 作负载的 CMOS 反相器

2. CMOS 反相器

上述增强型 PMOSFET 作负载的 NMOSFET 开关电路,采用了 NMOSFET 和 PMOSFET 两种极性的器件,称为互补 MOS 电路,即 CMOS(complementary MOS)电路技术。增强型 PMOSFET 作负载的 NMOSFET 开关电路同样具有反相器的功能,是数字集成电路最典型的单元电路,即 CMOS 反相器。

当输入电压 $V_{in} = 0$ V 时,PMOSFET 的栅源电压 $V_{GSP} = -V_{DD}$,小于其阈值电压 V_{TP},即栅源电压的绝对值大于阈值电压的绝对值,使得 PMOSFET 处于导通态,输出端近似与 PMOSFET 接电源 V_{DD} 的源端短接,输出电压近似为高电平 V_{DD},对应图 4-7-5(b)所示电压传输曲线上的 A 点。此时 NMOSFET 的栅源电压 $V_{GSN} = 0$,NMOSFET 处于截止态。

当输入电压 $V_{in} = V_{DD}$ 时,NMOSFET 的栅源电压 $V_{GSN} = V_{DD}$,大于其阈值电压 V_{TN},使得 NMOSFET 处于导通态,输出端近似与 NMOSFET 接地的源端短接,输出电压近似为低电平 0,对应图 4-7-5(b)所示电压传输曲线上的 B 点。此时 PMOSFET 的栅源电压 $V_{GSP} = 0$,PMOSFET 处于截止态。

综上所述,CMOS 电路的电源和地之间串接的 MOSFET 总有一个处于截止态,除了处于截止态的泄漏电流,没有直接从电源到地的其他电流通路,因此静态功耗非常低。同时 CMOS 电路输出摆幅近似为($V_{DD} - 0$),即近似为全电平摆幅。CMOS 电路利用增强型 NMOSFET 和 PMOSFET 两种器件导通电压和导通电流极性相反的互补特点,实现了非常低的静态功耗和近似为全电平输出摆幅的优点,这使得 CMOS 电路基本上已经完全取代了基于 NMOSFET 的设计,既适用于数字集成电路也适用于模拟集成电路,在现代集成电路中占据了主导地位。

关于 CMOS 反相器电路详细的工作原理,在数字集成电路里会有相关内容的介绍,此处不再详细叙述。

4.7.5　传输管

利用 MOSFET 的源端和漏端的双向导通特性,MOSFET 可作为传输门使用,如图 4-7-6(a)所示,这时 MOSFET 又称为传输管。作为传输门,使用方式和一般的 MOSFET 有所不同,其输入信号不是加在栅极,而是加在源极或者漏极,只是在栅极加控制信号,控制 MOSFET 的关断和导通来传输信号。需要说明的是,当单独使用 NMOSFET 或者 PMOSFET 作为传输管,若采用 NMOSFET 传输高电平,或是采用 PMOSFET 传输低电平,输出都会有一个阈值电压的损失。

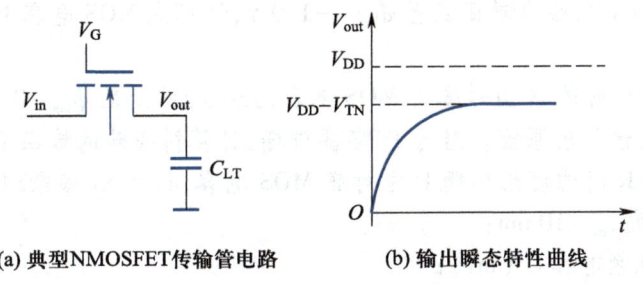

(a) 典型NMOSFET传输管电路　　　　　(b) 输出瞬态特性曲线

图 4-7-6　NMOSFET 传输高电平的特性

以 NMOSFET 传输高电平 V_{DD} 为例分析,输出的最大值为 $V_{DD}-V_{TN}$,损失了一个 V_{TN} 值,如 4-7-6(b)所示。具体原因分析如下,NMOSFET 传输高电平,即 V_{in} 端为 V_{DD},输出端 V_{out} 初始为低电平 0 V,则 V_{in} 端为漏端,V_{out} 端为源端。栅压 V_G 也为脉冲信号,若 V_G 从 0 V 上升到 V_{DD} 时,此时 NMOSFET 的栅源电压 V_{GS} 等于 V_G-V_{out},即等于 V_{DD},使得 NMOSFET 导通,输入 V_{in} 通过导通的 NMOSFET 对输出端的总电容 C_{LT} 充电,随着充电过程的进行,输出电压 V_{out} 逐渐上升,则导致 V_{GS} 逐渐下降,当 V_{GS} 下降到 V_{TN} 时,NMOSFET 由导通变为截止,传输过程结束,此时 $V_{out}=V_G-V_{TN}$,与理想值 V_{DD} 相比,损失了一个 V_{TN} 的值。

PMOSFET 传输低电平 0 的过程可作类似的分析,输出同样会有一个阈值电压 V_{TP} 的损失,即 V_{out} 的最小值是 $|V_{TP}|$,而不是 0。

综上所述,单独 NMOSFET 传输高电平或者单独 PMOSFET 传输低电平,输出都会有一个阈值电压的损失,所以在集成电路中将 NMOSFET 和 PMOSFET 并联组合起来作为 CMOS 传输门来使用,可避免输出的损失。关于 CMOS 传输门工作原理在数字集成电路里会有相关内容的详细介绍,此处不再详细叙述。

习题

4.1　有 $T=300$ K 时的 SiO_2-Si 的 MOS 电容,衬底 Si 掺杂浓度 $N_A=3\times10^{16}$ cm^{-3},本征载流子浓度 $n_i=1.5\times10^{10}$ cm^{-3},计算此半导体 Si 的最大空间电荷区宽度。

4.2　有 $T=300$ K 时的 N^+ 多晶硅栅 P 型衬底的 MOS 电容,衬底 Si 掺杂浓度 $N_A=1\times10^{16}$ cm^{-3},本征载流子浓度 $n_i=1.5\times10^{10}$ cm^{-3},栅氧化层 SiO_2 厚度 $t_{ox}=10$ nm,假定 $Q'_{SS}=2\times10^{-9}$ C/cm^{-2},位置上近似认为在氧化层内 SiO_2-Si 界面处,并假定 $E_g=1.12$ eV,计算此 MOS 电容的平带电压。

4.3　有 $T=300$ K 时的 N^+ 多晶硅栅 P 型衬底的 MOS 电容,衬底 Si 掺杂浓度 $N_A=1\times10^{14}$ cm^{-3},本征载流子浓度 $n_i=1.5\times10^{10}$ cm^{-3},氧化层 SiO_2 厚度 $t_{ox}=10$ nm,假定 $Q'_{SS}=2\times10^{-9}$ C/cm^{-2},位置上近似认为在氧化层内 SiO_2-Si 界面处,并假定 $E_g=1.12$ eV,计算此 MOS 电容的阈值电压。

4.4　有 $T=300$ K 时的 P^+ 多晶硅栅 N 型衬底的 MOS 电容,衬底 Si 掺杂浓度 $N_D=1\times10^{14}$ cm^{-3},

氧化层 SiO_2 厚度 $t_{ox}=10$ nm，假定 $Q'_{SS}=8\times10^{-9}$ C/cm^{-2}，位置上近似认为在氧化层内 SiO_2-Si 界面处，并假定 $E_g=1.12$ eV，计算此 MOS 电容的阈值电压。

4.5　有 $T=300$ K 时的 N$^+$ 多晶硅栅 P 型衬底的 MOS 电容，衬底 Si 掺杂浓度 $N_A=1\times10^{16}$ cm^{-3}，假定 $Q'_{SS}=8\times10^{-9}$ C/cm^{-2}，金半功函数差 $\phi_{ms}=-1.0$ V，计算此 MOS 电容 $V_T=0.5$ V 时的栅氧化层 SiO_2 的厚度。

4.6　有 $T=300$ K 时的 N 型衬底的 MOS 电容，金半功函数差 $\phi_{ms}=0.907$ V，试说明栅材料能否为 N$^+$ 多晶硅栅，请给出原因。若为 P$^+$ 多晶硅栅，计算衬底硅的掺杂浓度。

4.7　有 $T=300$ K 时的理想铝栅 P 型衬底 MOS 电容，衬底 Si 掺杂浓度 $N_A=3\times10^{16}$ cm^{-3}，栅氧化层 SiO_2 的厚度 $t_{ox}=10$ nm：

（1）计算理想低频电容 $C'(\text{inv})$；

（2）计算理想 MOS 电容的 C'_{min}；

（3）画出 MOS 电容在理想低频和理想高频的 C-V 曲线示意图。

4.8　有一理想的 NMOSFET，其参数如下：$W=10$ μm，$L=1$ μm，$\mu_n=500$ cm^2/Vs，栅氧化层 SiO_2 厚度 $t_{ox}=10$ nm，$V_T=0.5$ V，器件的偏置范围 $0\leqslant V_{GS}\leqslant3$ V，且 $0\leqslant V_{DS}\leqslant3$ V：

（1）画出器件的输出特性曲线簇，并给出 V_{Dsat} 的值。其中 V_{GS} 分别等于 0 V、1.0 V、1.5 V、2.5 V；

（2）画出器件的转移特性曲线，其中 $V_{DS}=1$ V，且 $0\leqslant V_{GS}\leqslant3$ V；

（3）计算 $V_{GS}=1.5$ V，$V_{DS}=0.1$ V 时的 I_D；

（4）计算 $V_{GS}=1.5$ V，$V_{DS}=2.5$ V 时的 I_D。

4.9　有一理想的 PMOSFET，其参数如下：$W=20$ μm，$L=2$ μm，$\mu_p=210$ cm^2/Vs，栅氧化层 SiO_2 厚度 $t_{ox}=10$ nm，$V_T=-0.5$ V，器件的偏置范围 $-3\leqslant V_{GS}\leqslant0$ V，且 $-3\leqslant V_{DS}\leqslant0$ V：

（1）画出器件的输出特性曲线簇，并给出 V_{Dsat} 的值。其中 V_{GS} 分别等于 0 V、-1.0 V、-1.5 V、-2.5 V；

（2）画出器件的转移特性曲线，其中 $V_{DS}=-0.2$ V，且 $-3\leqslant V_{GS}\leqslant0$ V；

（3）计算 $V_{GS}=-1.5$ V，$V_{DS}=-0.1$ V 时的 I_D；

（4）计算 $V_{GS}=-1.5$ V，$V_{DS}=-2.5$ V 时的 I_D。

4.10　有一理想的 NMOSFET，$W=20$ μm，$L=2$ μm，其源衬短接到地，若有 $I_{Dsat}=2\times10^{-3}$ A，$V_{Dsat}=2$ V，且 $V_{GS}=2.5$ V：

（1）确定器件的 V_T；

（2）计算器件的工艺跨导值；

（3）计算 $V_{GS}=2.5$ V，$V_{DS}=2.5$ V 时的 g_m；

（4）计算 $V_{GS}=2.5$ V，$V_{DS}=0.5$ V 时的 g_d。

4.11　有一理想的 NMOSFET，源衬短接到地，其参数如下 $\mu_n=500$ cm^2/Vs，$V_T=0.5$ V，栅氧化层 SiO_2 厚度 $t_{ox}=10$ nm。若器件偏置在饱和区，且 $V_{GS}=2$ V，饱和电流为 $I_{Dsat}=4$ mA。

（1）计算器件的工艺跨导值；

（2）计算上述条件下沟道的宽长比。

4.12　有一理想的 PMOSFET，源衬短接到地，其参数如下 $\mu_p=210$ cm^2/Vs，$V_T=-0.5$ V，栅氧化层 SiO_2 厚度 $t_{ox}=10$ nm。若器件偏置在饱和区，且 $V_{GS}=-2$ V，饱和电流为 $I_{Dsat}=-4$ mA。

（1）计算器件的工艺跨导值；

（2）计算上述条件下沟道的宽长比。

4.13　有 $T=300$ K 时一理想的 N^+ 多晶硅栅 NMOSFET，栅氧化层 SiO_2 厚度 $t_{ox}=10$ nm，衬底 Si 掺杂浓度 $N_A=1\times10^{16}$ cm^{-3}，氧化层电荷面密度 $Q'_{SS}=8\times10^{-9}$ C/cm^2：

（1）计算阈值电压 V_T；

（2）若通过给器件加偏压 V_{BS}，使 $V_T=0$，计算 V_{BS}。

4.14　有一理想的 NMOSFET，其参数如下 $W=10$ μm，$L=1$ μm，$\mu_n=500$ cm^2/Vs，栅氧化层 SiO_2 厚度 $t_{ox}=10$ nm，$V_T=0.5$ V。器件应用于典型的放大电路，负载电阻为 10 kΩ。若 $V_{GS}=2$ V，且器件偏置在饱和区：

（1）计算上述偏置下的理想截止频率；

（2）若源漏区和栅氧化层有 0.5 μm 的交叠，计算非理想截止频率。

第 5 章　MOSFET 进阶

前面章节是针对"长沟道"情况介绍 MOS 器件基本工作原理。按照摩尔定律的发展规律，集成电路的集成度不断提高而器件尺寸不断缩小，MOS 器件沟道长度缩短到微米以下甚至只有几纳米，一些长沟理论中未考虑的因素对器件特性的影响越来越明显。本章将介绍几种非理想因素对 MOSFET 特性的影响。

5.1　MOSFET 亚阈特性

在讨论理想的 MOSFET 时，假定栅压低于阈值电压后沟道会立刻关断而沟道电流趋近于无穷小，实际情况下需要对栅压低于阈值电压后沟道的变化状态做更加深入的讨论。

5.1.1　亚阈值电流

当 MOSFET 所加栅源电压达到阈值电压时，MOS 电容表面势等于 2 倍费米势，沟道达到强反型状态而导通，而栅压低于阈值电压时器件沟道关闭，理想的沟道电流应该几乎为 0，如图 5-1-1(a)所示。但在实际测试曲线中，栅源电压低于阈值电压时沟道也存在一定的电流，如图 5-1-1(b)中虚线显示。这是因为，在表面势大于 1 倍费米势而小于 2 倍费米势的情况下，沟道处于弱反型状态，这时沟道中已经出现了一定量的反型电荷，这些反型电荷也会产生一定的沟道电流，当 MOSFET 处于弱反型时存在的沟道电流称为亚阈值电流。弱反型态下，由于源区和半导体表面的势垒较低，电子有一定概率越过势垒，形成弱反型沟道。弱反型时，沟道源端和漏端的电子浓度梯度较大，所以形成了以扩散电流为主的亚阈值电流。一定条件下，亚阈值电流会引起器件关态漏电和静态功耗的增加。虽然单个器件的亚阈电流很小，可能只是 nA 量级，但在现代大规模 IC 中包含有上千万甚至超过 100 亿个器件，即使这些器件栅源电压低于阈值电压，都处于关断状态，亚阈值电流构成的整个芯片的关态电流也会相当大，从而产生较大无用功耗。然而，在低压低功耗的电路应用中，可以对亚阈值电流加以应用，在获得足够电流开关比的同时应用亚阈值电流可以降低功耗。对于要求工作电流非常小的微功耗应用领域，如植入人体的器件等，就可以使晶体管工作于亚阈区。目前利用亚阈特性进行微弱信号放大的应用研究正得到越来越多的重视。

分析可得，在亚阈范围，电流与偏置电压的关系为式(5-1-1)，可以看出，在长沟器件下，沟道亚阈值电流与栅源电压呈指数关系，而在漏压大于 3 倍的 kT/q 时，亚阈值电流与漏压几乎无关。但在短沟效应影响下，漏电压也会影响亚阈值电流的大小，这将在漏致势垒降低效应中专门讨论。

$$I_D = I_0 \exp\left[q(V_{GS} - V_T)/kT \right]\left[1 - \exp(-qV_{DS}/kT) \right] \tag{5-1-1}$$

若 V_{DS} 大于 0.1 V，上式右边第二个中括号部分将近似等于 1，则 I_D 只与 V_{GS} 有关，而且随 V_{GS} 增大呈指数增加，在半对数坐标下，亚阈值电流与 V_{GS} 之间呈现直线，如图 5-1-1(c)所示。

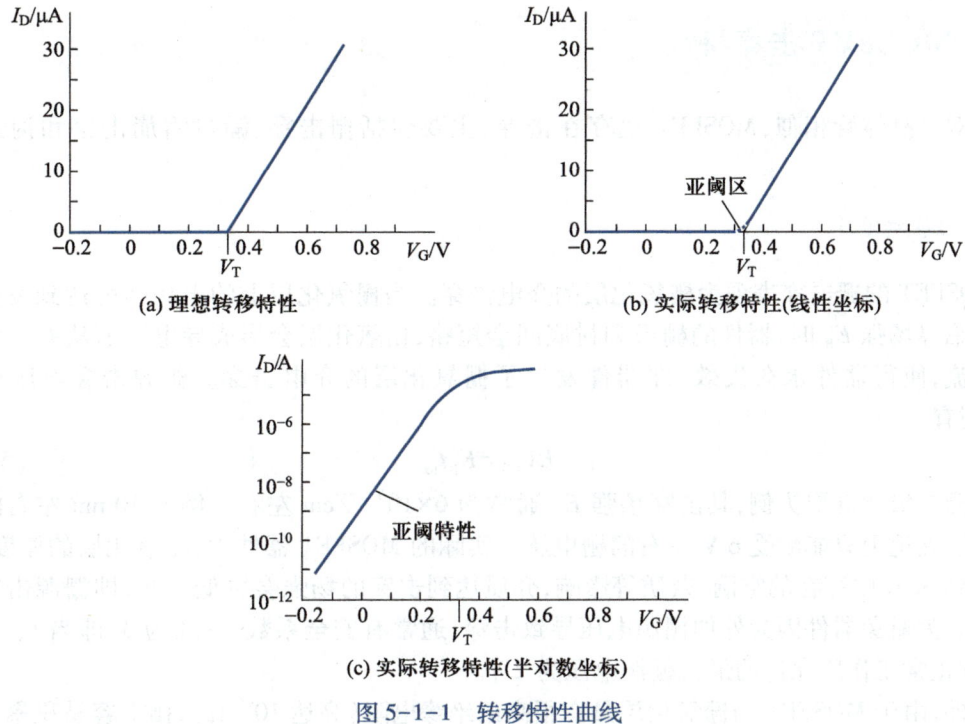

(a) 理想转移特性　　　(b) 实际转移特性(线性坐标)

(c) 实际转移特性(半对数坐标)

图 5-1-1　转移特性曲线

5.1.2　亚阈摆幅

由于 MOSFET 亚阈值电流和栅源电压呈指数关系,可以在转移特性的半对数坐标中分析亚阈值电流的变化情况。表征 MOSFET 开启与关断状态之间相互转换速率的性能参数称为亚阈摆幅 S,即亚阈斜率的倒数,其定义为

$$S = \mathrm{d}(V_{GS}) / \mathrm{d}(\lg I_{D}) \tag{5-1-2}$$

由定义可见,亚阈摆幅就是亚阈值电流变化一个数量级所需的栅压变化量。理想情况下栅压改变 60 mV,亚阈值电流变化一个数量级。图 5-1-2 为半对数坐标下的 A 与 B 器件转移特性对比,A 器件亚阈值电流曲线斜率更大,A 器件的栅极能更好地控制器件开到关的状态。显然,亚阈摆幅越小,亚阈值电流变化越陡峭,越有利于提高器件关断能力,减小无用功耗。界面态的存在会降低栅压对表面势的控制,所以实际器件中亚阈值电流变化一个数量级所需的栅压会大于 60 mV。亚阈摆幅与栅氧化层电容、半导体表面耗尽层电容、界面陷阱等效电容等因素相关,因此减薄栅氧厚度、降低衬底掺杂、减小表面陷阱密度均有利于降低亚阈摆幅。

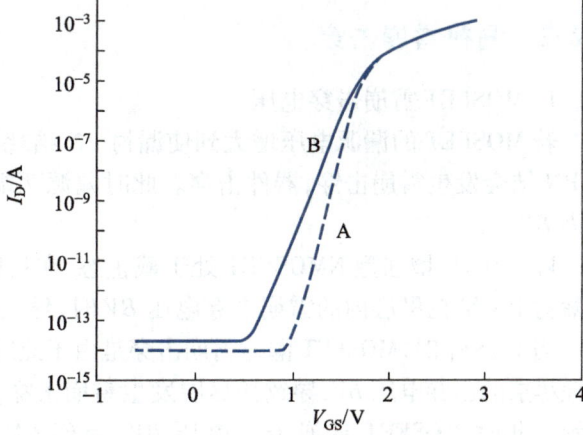

图 5-1-2　器件亚阈特性比较

5.2 MOSFET 击穿特性

与双极晶体管相似，MOSFET 也存在击穿，主要包括栅击穿、漏衬雪崩击穿和沟道雪崩击穿。

5.2.1 栅击穿

MOSFET 的栅击穿表现为栅氧化层的介电击穿。当栅氧化层上的电场强度达到发生介电击穿的临界场强 E_B 时，器件的栅极和衬底间会短路，栅氧化层会形成导电通道从而发生较大的栅电流，使得器件永久失效，即器件发生了栅氧化层的介电击穿。栅源击穿电压可记为 BV_{GS}，则有

$$BV_{GS} = E_B t_{ox} \tag{5-2-1}$$

以栅二氧化硅层为例，其击穿场强 E_B 通常为 6×10^6 V/cm 左右。例如 10 nm 左右的栅二氧化硅层理论上只能耐受 6 V 左右的栅电压。实际的 MOSFET 器件中，栅氧化层的厚度较薄，而且受到 SiO_2 中存在的空洞、杂质等影响，介质达到击穿的场强会更低一些，即栅源击穿电压也更低。为避免器件因为外加栅源电压导致击穿，通常有安全系数，一般为 3，即当 $t_{ox} = 10$ nm 时，器件正常工作所允许的最大栅源电压为 2 V。

另外，由于 MOSFET 的栅氧化层具有很高的绝缘电阻（高达 10^{15} Ω），栅上容易积累一定量的静电荷 Q_S。静电荷在栅氧化层产生的电场 E 可表示为

$$E = \frac{Q_S}{C_{ox} t_{ox}} \tag{5-2-2}$$

MOSFET 器件栅氧化层厚度较薄，栅氧化层电容 C_{ox} 也较小，因此栅上积累少量的静电荷就很容易在栅氧化层产生较大的电场，使得栅氧化层发生介电击穿。例如，若 $E_B = 6 \times 10^6$ V/cm，$t_{ox} = 10$ nm，$C_{ox} = 10$ pF，则当栅上的静电荷 Q_S 为 6×10^{-11} C 时，就会导致栅氧化层发生介电击穿。

因此器件的存放和使用过程要避免把静电荷引入栅极，做好静电防护，避免器件因静电造成栅氧化层击穿。

5.2.2 漏衬雪崩击穿

1. MOSFET 雪崩击穿电压

若 MOSFET 的漏源电压增大到使漏衬 PN 结耗尽层内的电场达到雪崩击穿临界电场时，漏衬 PN 结会发生雪崩击穿，器件击穿。此时漏源两端之间的电压称为 MOSFET 雪崩击穿电压，记为 BV_{DS}。

$V_{GS} = 0$ 时，增强型 NMOSFET 处于截止态，在衬底电极和源极短接的情况下，当漏源电压达到漏衬 PN 结耗尽层内的雪崩击穿电压 BV 时，导致耗尽层发生雪崩击穿。

当 $V_{GS} > V_T$ 时，MOSFET 漏衬雪崩击穿是由于此时漏端与沟道夹断点之间的压降达到漏衬 PN 结耗尽层的击穿电压 BV，导致耗尽层发生雪崩击穿，使 I_D 随电压的增大急剧上升，如图 5-2-1 所示。此时 MOSFET 雪崩击穿电压 $BV_{DS} = BV + V_{Dsat}$。对实际的 MOSFET 结构，BV 一定，而 $V_{Dsat} = (V_{GS} - V_T)$ 随着 V_{GS} 的增大而增大，所以随着 V_{GS} 的增大，BV_{DS} 也增大。

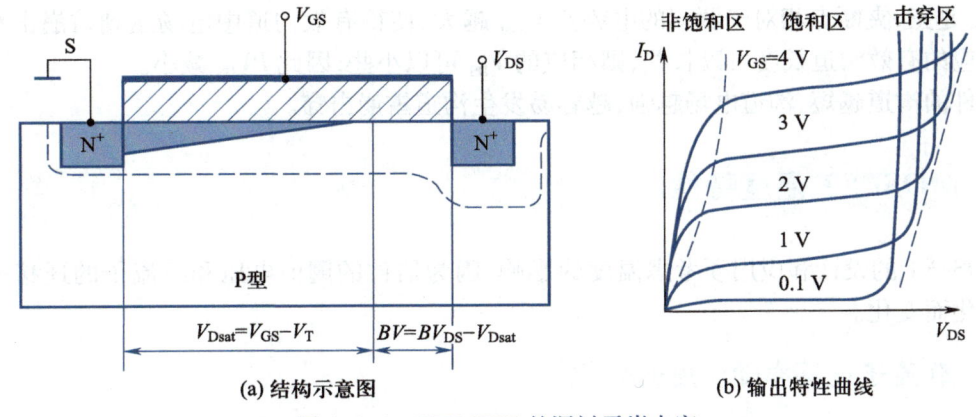

(a) 结构示意图　　　　　　　　　(b) 输出特性曲线

图 5-2-1　NMOSFET 的漏衬雪崩击穿

2. 栅调制对击穿电压的影响

若 MOSFET 的栅极和漏极存在一定交叠,如图 5-2-2 所示,栅压会对漏衬 PN 结的雪崩击穿电压产生一定的影响。当栅压小于漏压时,在被栅极覆盖的漏极边缘部分会产生从漏极指向栅极的电场,此电场使栅极下方漏衬 PN 结耗尽层内的电力线更集中,电场增强,容易最先达到漏衬 PN 结的雪崩击穿临界电场,诱发雪崩击穿。栅压越小,漏极和栅极之间的电场越强,使得栅极下方漏衬 PN 耗尽层内的电场更强,越容易发生雪崩击穿,即漏衬 PN 结的雪崩击穿电压受栅压的调制而减小,称为栅调制击穿。另外,栅氧化层的厚度越薄,栅极和漏极之间的电场越强,则栅调制击穿越明显。

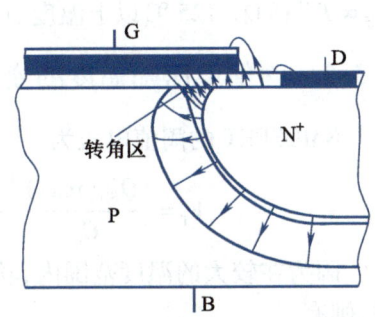

图 5-2-2　NMOSFET 漏衬 PN 结
栅调制击穿

5.2.3　沟道雪崩击穿

短沟 MOSFET 则可能发生沟道雪崩击穿。当 $V_{GS} > V_T$,NMOSFET 导通,沟道载流子被沟道电场加速,往漏端漂移。随着 V_{DS} 增大,器件进入饱和区后沟道夹断,有效沟道两端电压为 $(V_{GS} - V_T)$。V_{DS} 增大,有效沟道更短,则有效沟道中电场增强。若 V_{DS} 增大到使得有效沟道中电场达到雪崩击穿临界电场,则沟道中发生沟道雪崩击穿,如图 5-2-3 所示。

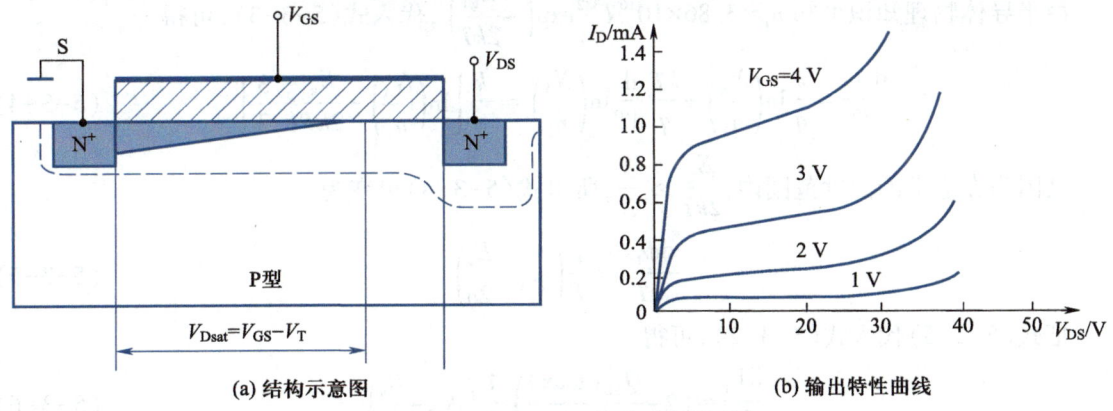

(a) 结构示意图　　　　　　　　　(b) 输出特性曲线

图 5-2-3　NMOSFET 的沟道雪崩击穿

V_{GS} 越正,夹断点相对于源端的电势差 V_{Dsat} 越大,使得有效沟道中电场达到雪崩击穿临界电场对应的有效沟道长度可以长些,则相应的 V_{DS} 可以小些,因此 BV_{DS} 减小。

器件的沟道越短,沟道电场越强,越容易发生沟道雪崩击穿。

5.3   MOSFET 温度特性

MOSFET 的设计和应用须考虑温度的影响,因为器件的阈值电压和载流子的迁移率会随温度变化而变化。

5.3.1   载流子迁移率随温度的变化

MOSFET 在反型层中感应电荷密度较小时,载流子表面迁移率是体内迁移率的一半,随着温度上升,载流子受到的各种散射增强,沟道中载流子有效迁移率下降,实验发现在 $-55 \sim 125 \ ℃$ 内, $\mu_{eff} \propto T^{-1}$;而在 $125 \ ℃$ 以上温度时, $\mu_{eff} \propto T^{-3/2}$,因此器件的迁移率具有负温度系数。

5.3.2   阈值电压随温度的变化

NMOSFET 的阈值电压为

$$V_T = \frac{|Q'_{SD}(\max)|}{C_{ox}} + 2\phi_{fP} + \phi_{ms} - \frac{Q'_{SS}}{C_{ox}} = \frac{\sqrt{4qN_A\varepsilon_s\phi_{fP}}}{C_{ox}} + 2\phi_{fP} + \phi_{ms} - \frac{Q'_{SS}}{C_{ox}} \tag{5-3-1}$$

因为在较大的温度范围内,功函数差 ϕ_{ms}、氧化层电荷 Q'_{SS} 以及电容 C_{ox} 几乎都与温度无关,则有

$$\frac{dV_T}{dT} \approx \frac{\sqrt{4qN_A\varepsilon_s}}{C_{ox}} \frac{d(\phi_{fP})^{1/2}}{dT} + 2\frac{d\phi_{fP}}{dT} \approx \frac{d\phi_{fP}}{dT}\left[2 - \frac{Q'_{SD}(\max)}{2C_{ox}\phi_{fP}}\right] \tag{5-3-2}$$

式中, $Q'_{SD}(\max)$ 为耗尽层电荷, $Q'_{SD}(\max) = -\sqrt{4qN_A\varepsilon_s\phi_{fP}}$。

N 沟道 MOSFET 的费米势 $\phi_{fP} = \frac{kT}{q}\ln\left(\frac{N_A}{n_i}\right)$,因此有

$$\frac{d\phi_{fP}}{dT} = \frac{kT}{q}\ln\left(\frac{N_A}{n_i}\right) + \frac{kT}{q}\frac{d}{dT}\ln\left(\frac{N_A}{n_i}\right) \tag{5-3-3}$$

由半导体物理知识可知 $n_i = 3.86 \times 10^{16} T^{3/2} \exp\left(-\frac{E_{g0}}{2kT}\right)$,代入式(5-3-3),可得

$$\frac{d\phi_{fP}}{dT} = \frac{k}{q}\ln\left(\frac{N_A}{n_i}\right) + \frac{kT}{q}\frac{d}{dT}\ln\left(\frac{N_A}{n_i}\right) \approx \frac{k}{q}\left[\ln\left(\frac{N_A}{n_i}\right) - \frac{E_g}{2kT} - \frac{3}{2}\right] \tag{5-3-4}$$

又因为在通常的温度范围内, $\frac{E_g}{2kT} \gg \frac{3}{2}$,所以式(5-3-4)可变为

$$\frac{d\phi_{fP}}{dT} \approx \frac{1}{T}\left(\phi_{fP} - \frac{E_g}{2q}\right) \tag{5-3-5}$$

把式(5-3-5)代入式(5-3-2),可得

$$\frac{dV_T}{dT} \approx \left(2 - \frac{Q'_{SD}(\max)}{2C_{ox}\phi_{fP}}\right)\frac{1}{T}\left(\phi_{fP} - \frac{E_g}{2q}\right) \tag{5-3-6}$$

从式(5-3-6)可以看出,阈值电压与温度近似为线性反比关系,衬底的掺杂浓度增大,耗尽层电荷增多,阈值电压随温度变化的变化率就随之增大。对 NMOSFET,$(\phi_{fP}-E_g/2q)<0$,所以 $\dfrac{dV_T}{dT}<0$,即 NMOSFET 的阈值电压具有负的温度系数,即 V_{TN} 随着温度的升高而减小。

对 PMOSFET 的阈值电压随温度的变化可作类似分析,$\dfrac{dV_T}{dT}>0$,即 PMOSFET 的阈值电压具有正的温度系数,即 V_{TP} 随着温度的升高而增大。

5.3.3 电参数随温度的变化

综上所述,MOSFET 的阈值电压和载流子的迁移率随温度变化而变化,而器件的漏极电流、跨导以及漏电导都和阈值电压以及载流子的迁移率密切相关,因此一定程度上也与温度相关。

1. 漏极电流随温度的变化

(1) 非饱和区漏极电流随温度的变化

将 NMOSFET 非饱和区电流 I_D 表达式(4-5-13)对温度 T 求导,则有

$$\frac{dI_D}{dT}=\frac{I_D}{\mu_n}\frac{d\mu_n}{dT}-\frac{W\mu_nC_{ox}}{L}V_{DS}\frac{dV_T}{dT} \qquad (5-3-7)$$

从式(5-3-7)可以看出,当 $(V_{GS}-V_T)$ 较小时,I_D 也较小,此时 I_D 的温度特性主要由 V_T 随温度变化的变化决定,因此有 $\dfrac{dI_D}{dT}>0$;当 $(V_{GS}-V_T)$ 较大时,I_D 也较大,此时 I_D 的温度特性主要由迁移率随温度变化的趋势决定,因此有 $\dfrac{dI_D}{dT}<0$。综上所述,在合适的工作条件下,I_D 的温度系数可为 0。

(2) 饱和区漏极电流随温度的变化

将 NMOSFET 饱和区电流 I_D 表达式(4-5-14)对温度 T 求导,则有

$$\frac{dI_D}{dT}=\frac{WC_{ox}}{2L}(V_{GS}-V_T)^2\frac{d\mu_n}{dT}-\frac{W\mu_nC_{ox}}{L}(V_{GS}-V_T)\frac{dV_T}{dT} \qquad (5-3-8)$$

从式(5-3-8)可以看出,饱和区电流 I_D 随温度的变化与非饱和区的特点类似。

2. 跨导、漏电导随温度的变化

NMOSFET 非饱和区跨导随温度的变化,可将式(4-6-2)的跨导对温度求导,得

$$\frac{dg_{ml}}{dT}=\frac{WC_{ox}}{L}V_{DS}\frac{d\mu_n}{dT} \qquad (5-3-9)$$

从式(5-3-9)可以看出,非饱和区跨导随温度的变化取决于迁移率随温度的变化,具有负温度系数。

NMOSFET 饱和区跨导随温度变化的变化,可将式(4-6-3)的跨导对温度求导,得

$$\frac{dg_{ms}}{dT}=\frac{WC_{ox}}{L}(V_{GS}-V_T)\frac{d\mu_n}{dT}-\frac{W\mu_nC_{ox}}{L}\frac{dV_T}{dT} \qquad (5-3-10)$$

从式(5-3-10)可以看出,饱和区跨导随温度变化的变化与线性区漏电流的相似,也是由迁移率和阈值电压的温度特性决定,合适的工作条件下温度系数可以为 0。

理想 MOSFET 线性区的漏电导等于饱和区的跨导,则温度的影响具有相同形式。

5.4   MOSFET 噪声特性

噪声相对于有效信号而言,会限制电路对微弱信号的放大和检测,噪声对于小信号放大器等模拟电路设计至关重要。本节主要分析 MOSFET 器件的噪声,即热噪声和闪烁噪声。

5.4.1   热噪声

MOSFET 的热噪声主要来源于沟道电阻,由沟道载流子的无规则热运动造成。沟道中的热噪声源可以产生两种噪声电流,一种是直接在漏源之间产生的沟道热噪声;另一种是通过栅和沟道电容的耦合在栅源之间产生的感应栅噪声。

1. 沟道热噪声

MOSFET 器件的沟道可看作很多串联的小电阻,如图 5-4-1 所示。当 $T>0$,沟道载流子无规则热运动叠加在载流子的有规则运动之上,就导致电流出现偏离平均值的起伏,产生热噪声电流。电流的起伏通过沟道任一小电阻引起电压的起伏,产生热噪声电压。由此产生的噪声为沟道电阻热噪声。因噪声电压的起伏是随机的,而随机参量的平均值近似等于 0,所以用噪声电压的均方值来表示其大小。沟道热噪声可以用一个连接在漏源两端的电流源或是输出端的电压来模拟,如图 5-4-2 所示。

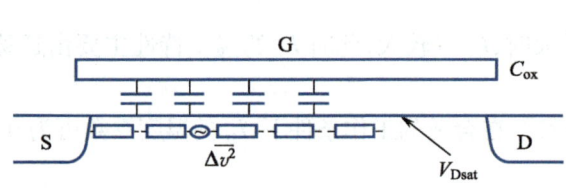

图 5-4-1   NMOSFET 的沟道电阻分布

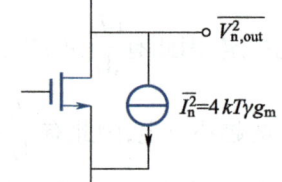

图 5-4-2   NMOSFET 的噪声等效电路

沟道任一小电阻可用线性区的均匀电阻 R 来近似,根据 4.5 节内容,$R=\mathrm{d}V_{DS}/\mathrm{d}I_D=1/g_{ds}$。因此沟道电阻热噪声的等效热噪声电压 $\overline{v_{ds}^2}$ 和热噪声电流的均方值 $\overline{i_{ds}^2}$ 可表示如下

$$\overline{v_{ds}^2}=\frac{4\gamma kT\Delta f}{g_{ds}}$$

$$\overline{i_{ds}^2}=4\gamma kT\Delta f g_{ds} \tag{5-4-1}$$

式中,上画线表示平均值,Δf 是给定的频带宽度,因为沟道电阻热噪声包含很多频率成分,所以等效热噪声电压和噪声电流的均方值是 Δf 的函数,但是与 f 无关;k 是玻尔兹曼常数;γ 是一个经验值,反映偏置 V_{DS} 和 V_{GS} 对 MOSFET 沟道热噪声的影响,当器件处于饱和区时,γ 取饱和值 2/3。

沟道电阻热噪声与 Δf 成正比,但是与频率无关,具有这样一个特性的噪声称为白噪声。

2. 感应栅噪声

感应栅噪声同样是由上述沟道载流子无规则热运动导致。如果沟道内的热噪声使沟道电荷产生了 ΔQ_n 的起伏,通过栅源电容 C_{gs} 的耦合,在栅极上会感应出大小相等符号相反的电荷变化,使栅电流产生起伏,产生栅噪声电流 $\overline{i_{ng}^2}$,这种通过栅源电容耦合感应出的噪声,称为感应栅噪声。感应栅噪声使栅电压也发生起伏,进而引起漏源电流的起伏,在输出端形成另外一部分沟道噪声电流 $\overline{i_{\mathrm{nd}}^2}$。

感应栅噪声的噪声电流的均方值有

$$\overline{i_{\mathrm{ng}}^2} = (\mathrm{j}\omega\Delta Q_{\mathrm{n}})^2 = \omega^2\overline{(\Delta Q_{\mathrm{n}})^2} \tag{5-4-2}$$

$\overline{i_{\mathrm{nd}}^2}$ 和 $\overline{i_{\mathrm{ng}}^2}$ 是由沟道内同一电压起伏诱生的,所以 $\overline{i_{\mathrm{nd}}^2}$ 和 $\overline{i_{\mathrm{ng}}^2}$ 是相关的,在计算总的输出噪声电流时,必须考虑两者之间的相关性,使得表达式比较复杂。若忽略 $\overline{i_{\mathrm{ng}}^2}$ 和 $\overline{i_{\mathrm{nd}}^2}$ 两个噪声源的相关性,求出沟道电荷的增量 ΔQ_{n} 后而得出感应栅噪声电流的均方值的一个简单表达式即为

$$\overline{i_{\mathrm{ng}}^2} = 0.12\times 4kT\Delta f\frac{\omega^2 C_{\mathrm{g}}^2}{g_{\mathrm{ms}}} \tag{5-4-3}$$

式中,$C_{\mathrm{g}} = C_{\mathrm{ox}}WL$,为总的栅氧化层电容。由式(5-4-3)可知,$\overline{i_{\mathrm{ng}}^2}\propto\omega^2$,即栅噪声电流随频率的提高而增大,栅噪声电流是栅极输入回路中的噪声源。

另外,图 5-4-3 所示的栅电极和源漏串联电阻也会贡献热噪声。源漏串联电阻往往可以通过结构改进和工艺控制来减小。其中对噪声影响大的是栅电极电阻,因为此电阻会经过 g_{m} 放大而影响 I_{D}。栅电阻可以通过把一根长条栅分解成多条栅并联的版图设计来减小,具体见第 6 章版图介绍。

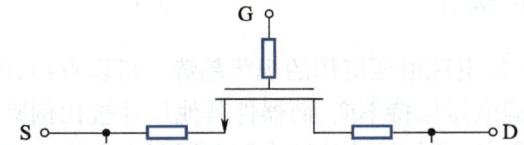

图 5-4-3 包含源漏串联电阻和栅电阻的 NMOSFET 示意图

5.4.2 闪烁噪声

闪烁噪声是由于载流子被界面陷阱随机地捕获或释放而产生的。MOSFET 的载流子在沟道内从源往漏漂移时,会被氧化层和半导体界面处界面陷阱捕获或释放,导致载流子的数量会产生涨落;同时由于陷阱捕获电荷后带电,通过库仑散射降低了沟道载流子的迁移率,因此器件载流子的数量和迁移率都会由于电荷被陷阱捕获和释放而发生波动,最终导致漏电流受影响而波动,从而产生闪烁噪声。远离氧化层和半导体界面的陷阱,需要较长的时间可以捕获或释放电子,它们主要贡献低频噪声;在氧化层和半导体界面处的陷阱则可以在短时间内捕获或释放电子,它们主要贡献高频噪声。

假定界面陷阱均匀分布,噪声电流的均方值 $\overline{i_{\mathrm{ds}}^2}$ 可表示为

$$\overline{i_{\mathrm{ds}}^2} = \frac{KFW}{fL^2 C_{\mathrm{ox}}}\left(\frac{I_{\mathrm{DS}}}{W}\right)^{\mathrm{AF}}kT\Delta f \tag{5-4-4}$$

式中,KF 是正比于与工艺相关的氧化层陷阱密度的常数;常数 KF 介于 $1\sim 2$ 之间,由库仑散射对迁移率的影响决定。

从式(5-4-4)可以看出闪烁噪声与频率成反比,也称为 $1/f$ 噪声。频率越低,闪烁噪声越明显。在频率低于 20 kHz 的范围内,MOSFET 的噪声主要是 $1/f$ 噪声。如果频率高于 100 MHz,

则可以忽略闪烁噪声,MOSFET 的噪声以热噪声为主。

另外,闪烁噪声正比于界面态电荷密度,因此在 Si(100)面制作器件闪烁噪声最低。

由 MOSFET 组成的集成电路,如何获得小的噪声系数 N_F 是低噪声电路设计的一个重要目标。

5.5   按比例缩小理论

单位面积上的晶体管数量不断增多,使得集成电路的集成度不断提高,这就需要不断地缩小器件尺寸。多年来,集成电路的发展大致按照摩尔定律的预测,每 18~24 个月单位面积的器件数量增加一倍,集成度不断提高。器件的各尺寸缩小须遵循一定的规律,而且器件的尺寸缩小后,整个芯片占用的面积也减少,芯片成本降低。电源电压也要相应缩小,以降低功耗,提高集成电路的性能。晶体管技术节点的发展大致按照 130 nm、90 nm、65 nm、45 nm、32 nm、22 nm、14 nm、10 nm、7 nm、5 nm、3 nm 不断缩小,缩小的比例系数大约为 0.7。但是在 22 nm 节点之后,晶体管的实际尺寸,或者说沟道的实际长度,是大于对应节点尺寸的,这是由于三维器件结构的使用有效提高了器件性能和集成度,虽然技术节点的数字仍然在缩小,但是已然不再等同于晶体管的尺寸,而是代表一系列构成这个技术节点的指标的技术和工艺的总和。

5.5.1   恒定电压按比例缩小

图 5-5-1 为实际 CPU 的电源电压应用的规律趋势。可以看出,电源电压在早期的较长一段时间内都保持不变。电源电压保持不变,而器件其他尺寸按比例减小,这种缩小规律遵循恒定电压按比例缩小规则。但是,器件尺寸的缩小而电压不变会带来电场快速增加,使得集成电路的耐压以及可靠性等受到影响,功耗密度快速增加。虽然在早期的数字集成电路设计中,为了保持标准的电源电压,常常使用恒定电压按比例缩小规则,但是随着尺寸缩小到亚微米以后,由于强电场和过高功耗密度等引起的各种问题而限制了该规则的使用。因此,恒定电压按比例缩小规则一般只能用于沟道长度大于 1 μm 的 MOSFET,不能用于短沟器件。

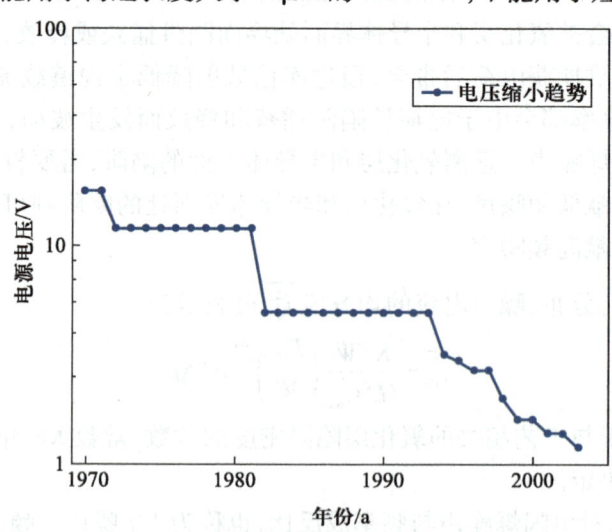

图 5-5-1   实际 CPU 的电源电压随时间的变化

5.5.2 恒定电场按比例缩小

另一类按比例缩小规则被称为恒定电场按比例缩小规则,该规则要求器件尺寸和电压等比例缩小,而电场保持不变,这样就避免了器件的强电场带来的可靠性问题,同时功耗密度也不再快速增大。定义 k 为缩小比例因子,k 大约为 0.7。器件关键尺寸如栅长、栅宽、氧化层厚度、结深等都按照 k 进行缩小,耗尽层厚度也需要按照 k 缩小,这就需要衬底掺杂浓度增大 $1/k$ 倍。在恒定电场按比例缩小规则下,电压、电流均按照 k 缩小,而器件面积按照 k^2 缩小,所以功耗密度保持不变。电压按比例缩小的同时也希望阈值电压按照同样比例缩小,以满足两者合理的匹配关系。但是从阈值电压的公式中可以计算得出,阈值电压近似正比于 $\sqrt{k}$,所以阈值电压不能随着电源电压按照同样比例缩小,器件亚阈特性也不能按照同样比例缩小。完全按照恒定电场按比例缩小规则缩小器件尺寸也遇到了挑战。

实际应用中采用了一种称为准恒定电场法的缩小规则,电源电压不完全按照 k 缩小,引入修正因子来减缓电源电压的缩小比例,其他参数基本按照比例因子 k 缩小。所以实际情况下,减缓了电源电压的缩小比例,将电源电压的缩小匹配阈值电压的缩小。

5.6 阈值电压的修正

在理想的长沟和宽沟 MOSFET 器件的讨论中,阈值电压与沟道长度和沟道宽度的变化无关。但在短沟道和窄沟道条件下,阈值电压会随着沟道长度和宽度的进一步减小而变化。

5.6.1 阈值电压的短沟效应

在理想的长沟器件中,我们假定栅下方空间电荷区完全由栅压控制,忽略了源衬结和漏衬结空间电荷区进入有效沟道区造成的影响。但在短沟道情况下,源漏空间电荷区对栅实际控制的空间电荷的影响不可忽略,栅实际控制的电荷变少。从图 5-6-1 可以看出,由于源漏空间电荷区的影响,栅氧化层下方有一部分空间电荷区为源漏和栅共享电荷区,若近似等效共享电荷区域两者各控制一半,则栅实际控制空间电荷区由矩形的区域变为倒梯形的区域,相当于栅实际控制电荷少了两个三角形区域。

通过几何计算,我们可以得到在短沟道下阈值电压的公式修正为式(5-6-1):

$$V_T = V_{FB} + 2\phi_{fP} + \frac{|Q'_{Bmax}|}{C_{ox}} = V_{FB} + 2\phi_{fP} + \frac{qN_A x_{dT}}{C_{ox}}\left[1 - \frac{r_j}{L}\left(\sqrt{1 + \frac{2x_{dT}}{r_j}} - 1\right)\right] \quad (5\text{-}6\text{-}1)$$

$$\Delta V_T \equiv V_T(\text{短沟}) - V_T(\text{长沟}) = -\frac{qN_A x_{dT}}{C_{ox}}\left[\frac{r_j}{L}\left(\sqrt{1 + \frac{2x_{dT}}{r_j}} - 1\right)\right] < 0 \quad (5\text{-}6\text{-}2)$$

从式(5-6-2)中可以看出,结深 r_j 和衬底掺杂浓度 N_A 都会影响阈值电压的变化量。同时沟道长度 L 越短,阈值电压的变化量越大。当有衬底偏压时,栅下方空间电荷区展宽,源衬和漏衬空间电荷区对栅下方空间电荷区的影响比例增大,所以衬底偏压越大阈值电压的短沟道效应越明显。当漏电压增大时,漏衬空间电荷区逐渐向源方向展宽,漏衬空间电荷区对栅下方控制的空间电荷区的影响增大,这样加剧了阈值电压的短沟效应。图 5-6-2 显示了在栅长不断减小时,阈值电压的变化情况,当栅长 L 较短时阈值电压的变化更加明显。当衬底掺杂浓度越高,根据式(5-6-2)可知,阈值电压随沟道长度减小变化越明显。

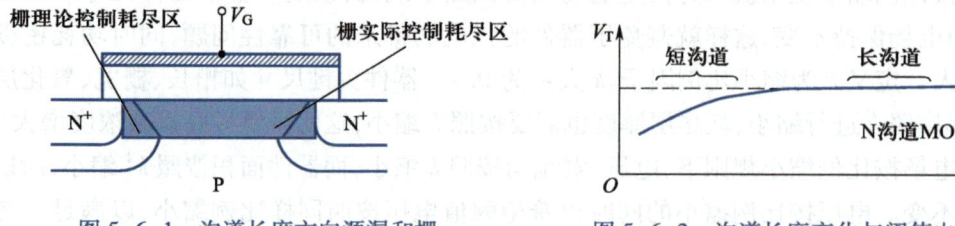

图 5-6-1　沟道长度方向源漏和栅
　　　　　共享电荷区示意图

图 5-6-2　沟道长度变化与阈值电压的关系

5.6.2　阈值电压的窄沟效应

在理想的沟道宽度较大的器件中,我们假定只有栅宽下方空间电荷区完全由栅压控制,并未考虑沟道宽度方向两侧的附加体电荷,但由于栅边缘电场的作用,栅宽两侧的附加体电荷也由栅压控制产生,在窄沟道条件下这部分附加体电荷的比例会变得不可忽略。在窄沟道条件下,考虑栅宽两侧附加体电荷后,计算栅实际控制的电荷会比理想情况下更多。图 5-6-3 可以看出,理想情况仅考虑了栅正下方电荷,但实际情况下栅控制的电荷除了栅正下方的电荷,还有栅宽两侧两个大致的四分之一圆柱体中的电荷。

经过几何计算,我们可以得到在窄沟道下阈值电压的公式近似修正为

$$V_T = V_{FB} + 2\phi_{fP} + \frac{qN_A x_{dT}}{C_{ox}}\left(1 + \frac{\pi x_{dT}}{2W}\right) \tag{5-6-3}$$

$$\Delta V_T \equiv V_T(\text{窄沟}) - V_T(\text{宽沟}) = \frac{qN_A x_{dT}}{C_{ox}}\left(\frac{\pi x_{dT}}{2W}\right) > 0 \tag{5-6-4}$$

从式(5-6-4)可以看出,沟道宽度 W 越小阈值电压的变化量越大。如果半导体非均匀掺杂,栅边缘电场作用下的各个方向耗尽层的扩展不等,式(5-6-4)中 $\pi/2$ 可以换成修正因子 ζ 进行更精确定义。

图 5-6-4 显示了沟道宽度不断变窄时阈值电压的变化情况,当 MOS 器件沟道宽度较窄时,阈值电压随沟道宽度的变化愈发明显。

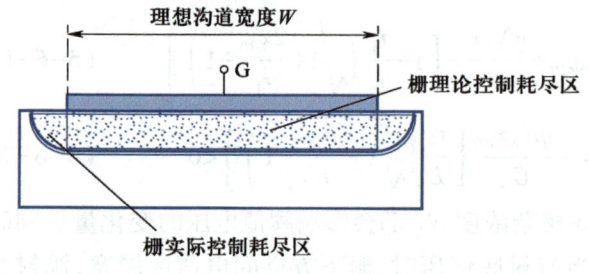

图 5-6-3　栅宽方向两侧附加体电荷示意图

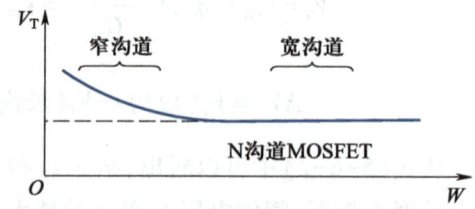

图 5-6-4　沟道宽度变化与阈值电压的关系

5.7 漏致势垒降低效应与寄生晶体管效应

漏致势垒降低效应(drain induced barrier lowering,DIBL):当 MOSFET 的沟道长度不断变小,栅对沟道的控制能力会有所下降,漏压的变化会逐渐影响到沟道的关断特性。同时,MOSFET 中寄生的双极晶体管在短沟道强电场的情况下会对器件的正常特性产生较大影响。

5.7.1 漏致势垒降低效应

在短沟 MOSFET 中,漏压不断增加使得漏耗尽区不断接近源耗尽区,如图 5-7-1 所示。漏电压形成的电场可以从漏区达到源区,导致源极载流子进入沟道区的势垒降低,因而源端进入沟道的载流子数量增加。由于源衬空间电荷区非常接近漏极,源端进入沟道的载流子较容易进入漏衬耗尽层,进一步在耗尽层电场的作用下被扫向漏极,形成较大漏电流造成沟道电流的增加。从图 5-7-2 可以看出,在长沟 MOSFET 中漏电压的增大对源端进入沟道的载流子影响较小,源端载流子进入沟道的势垒高度由栅源电压决定。但在短沟 MOSFET 中,漏电压的增大明显降低了载流子从源端进入沟道需要越过的势垒高度,当漏电压增大使得漏耗尽区正好和源耗尽区相连时,发生沟道穿通,这时源端载流子进入沟道的势垒几乎消失,载流子会大量进入沟道形成较大的与栅压无关的沟道电流,即使在栅压低于阈值电压沟道本应该为关断时,由于源漏穿通也会引发沟道出现较大电流,器件关态特性恶化。

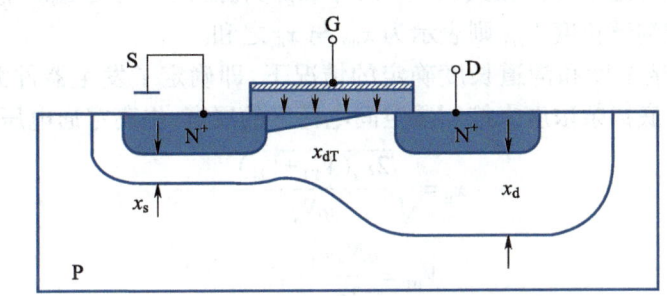

图 5-7-1 沟道空间电荷情况示意图

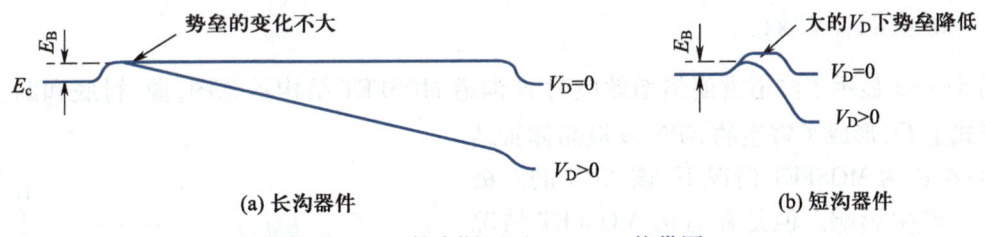

(a) 长沟器件   (b) 短沟器件

图 5-7-2 较大漏压下 MOSFET 能带图

如图 5-7-3 所示,发生漏致势垒降低效应后,进一步引起源漏穿通,造成 MOSFET 亚阈特性恶化,表现为关态特性恶化,器件输出特性曲线不饱和而发生明显上翘,器件的亚阈摆幅增大。在前面的学习中,长沟下亚阈电流在漏压大于 3 倍 kT/q 后与漏压几乎无关,但在短沟道下,由于漏致势垒降低效应的影响,亚阈电流也与漏压紧密相关。漏致势垒降低效应在器件应用中会带来阈值电压降低及功耗增大,输出电阻下降等影响。图 5-7-4 显示了不同沟道长度下漏致势垒降低效应的对比,可以看出沟道长度越短该效应越明显,亚阈特性恶化更严重。所以,漏致势垒降低效应是限制器件沟道长度缩小的重要因素。

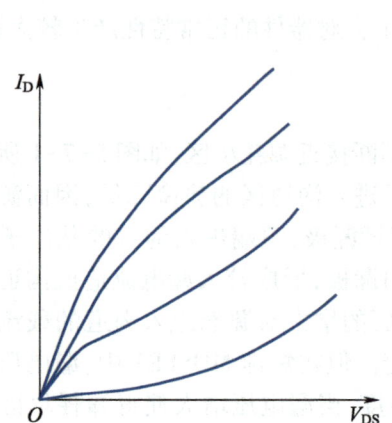

图 5-7-3   漏致势垒降低效应输出特性变化

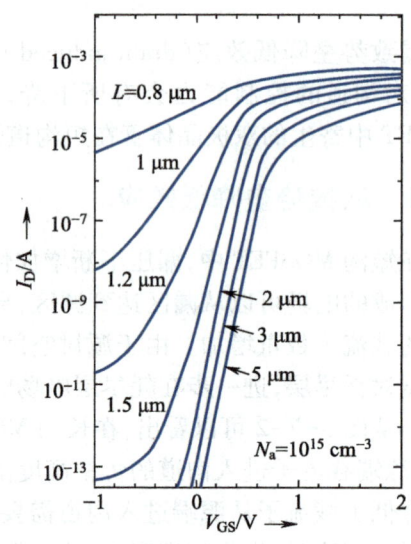

图 5-7-4   不同栅长器件的亚阈特性对比

在式(5-7-1)和式(5-7-2)中,x_d 表示穿通时漏衬 PN 结耗尽层厚度,V_{bi} 表示漏衬 PN 结内建电势差,V_{PT} 表示穿通电压。在式(5-7-3)中,x_{d0} 为源衬 PN 结零偏时的耗尽层厚度,避免源漏穿通的最小沟道沟道长度 L_{min} 则表示为 x_{d0} 与 x_d 之和。

同时,在衬底掺杂浓度和沟道长度确定的情况下,即确定了发生器件源漏穿通的穿通电压。可以通过增大衬底掺杂浓度来抑制漏空间电荷区的展宽,提高穿通电压。

$$x_d = \sqrt{\frac{2\varepsilon_s(V_{PT}+V_{bi})}{qN_A}} \tag{5-7-1}$$

$$V_{PT} = \frac{qN_A x_d^2}{2\varepsilon_s} - V_{bi} \tag{5-7-2}$$

$$x_{d0} + x_d = L_{min} \tag{5-7-3}$$

5.7.2   寄生晶体管效应

图 5-7-5 显示了沟道雪崩倍增效应时 N 沟道 MOSFET 结构示意图,源、衬底和漏三个部分从形式上看,形成了寄生的 NPN 双极晶体管结构,一般在长沟 MOSFET 情况下,该 NPN 的双极晶体管不产生影响。但是在短沟 MOSFET 情况下,由于沟道中电场较强,会产生沟道雪崩电流,该雪崩电流会触发寄生晶体管产生对器件不利的影响,下面详细讨论短沟 MOSFET 的寄生晶体管效应。

图 5-7-6 显示了包含寄生晶体管的 MOSFET 等效电路图,从图中可以看出,寄生晶体管的发射

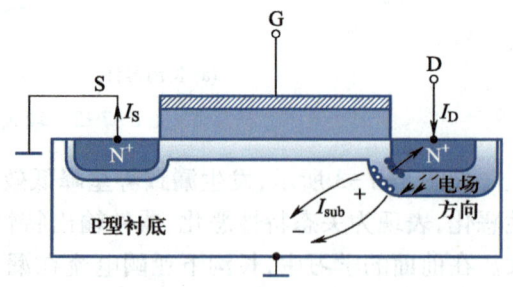

图 5-7-5   沟道雪崩效应时 N 沟道
MOSFET 结构示意图

结即为 MOSFET 的源和衬底,源和衬底是零偏或者反偏状态,一般情况下寄生晶体管的发射结达不到正偏,而寄生的 NPN 晶体管也无法导通。但是在短沟道情况下,漏电压在沟道中产生了较强的电场,该电场接近沟道雪崩效应的临界电场时沟道会产生一定的沟道雪崩电流。沟道电场没有完全达到雪崩临界电场时,就会产生一定的沟道雪崩电流,而并不是必须在某特定电压瞬间产生沟道雪崩电流。沟道雪崩效应引起碰撞电离产生了电子空穴对,并形成了电子电流和空穴电流,电子流从漏极流出,而部分空穴电流会流向衬底形成衬底电流。由于衬底电阻不为零,当衬底电流流过衬底电阻会产生衬底压降,该衬底压降等效为寄生 NPN 晶体管的基极电位升高而寄生 NPN 晶体管发射结逐渐向正偏转变。发射结逐渐正偏情况下更有利于大量电子从源进入沟道,而沟道中电子数量的增加也更有利于沟道雪崩效应的产生。当衬底压降接近 0.7 V 时,寄生 NPN 双极晶体管接近发射结完全正偏而寄生晶体管完全导通,完全导通的寄生晶体管产生了更大的沟道电流进一步触发寄生晶体管导通电流增大,这样就形成了正反馈效应。

在 MOSFET 的输出特性曲线中,当触发寄生晶体管效应引发正反馈时,源漏间的击穿电压从漏衬 PN 结的击穿电压转变为寄生 NPN 晶体管的基极开路的击穿电压,从前面的学习中可知,NPN 晶体管基极开路的击穿电压会比 PN 结的反偏击穿电压明显下降,所以在 MOSFET 的输出特性曲线中出现了基极开路的 NPN 晶体管本身的击穿引发的特性曲线负阻现象,如图 5-7-7 所示。通过提高衬底掺杂浓度而降低衬底电阻,能降低衬底压降,抑制寄生晶体管效应的发生。

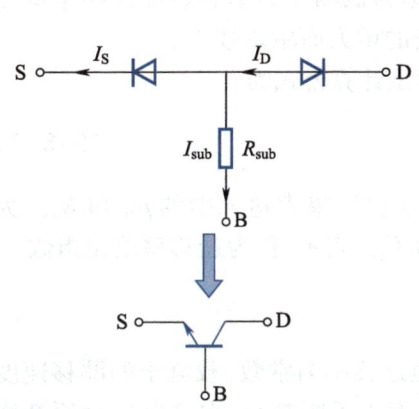

图 5-7-6 寄生晶体管示意图

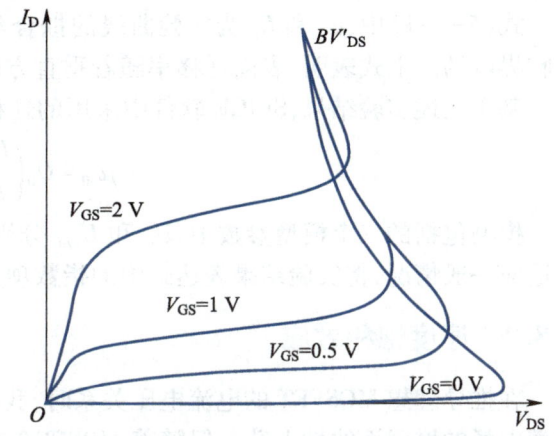

图 5-7-7 寄生晶体管效应发生后器件输出特性变化

5.8 电场对迁移率的影响

在理想 MOSFET 的讨论中,假定沟道迁移率为常数,实际情况下迁移率还受到栅源电压与漏源电压的影响。

5.8.1 表面迁移率现象

MOSFET 表面形成沟道后,偏置电压在沟道中形成的电场实际包括由 V_{DS} 形成的沿沟道方向的电场分量,以及由 V_{GS} 形成的与沟道方向垂直的电场分量。因此,载流子除了在沟道方向电场作用下做漂移运动形成电流 I_D 外,还会受到与沟道方向垂直的电场作用,使得载流子更趋近于表面的空间从源向漏漂移运动。载流子在漂移的过程中,与体内相比额外受到表面散射,包括表面不平整引起的散射以及界面态电荷引起的库伦散射等,导致其平均自由程明显小于半导体内部载流子的平均自由程。因此,沟道中的载流子迁移率(又称为表面迁移率)明显低于半导体内部载流子的迁移率。

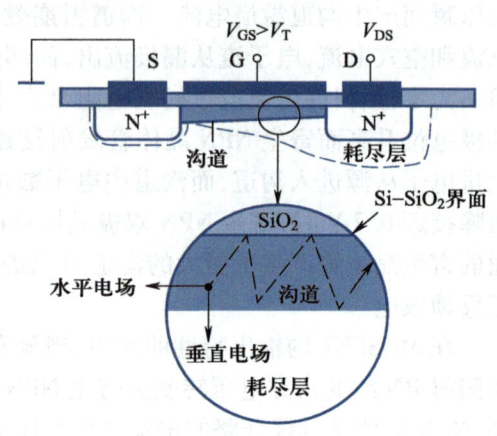

图 5-8-1   载流子运动轨迹

由于表面上方是栅介质绝缘层,所以载流子只会在表面与栅介质的界面处发生碰撞,改变运动方向。因此,载流子在从源向漏运动的实际轨迹如图 5-8-1 所示。由于载流子在表面沟道运动过程中频繁受到碰撞,必然导致其平均自由程明显小于半导体内部载流子的平均自由程,显然,由 V_{GS} 形成的沿沟道垂直方向的电场分量越强,载流子越趋近于表面,表面散射概率更大,表面迁移率就越低。因此表面迁移率与沟道垂直方向的电场分量大小密切相关。实验测量结果表明,表面迁移率(记为 μ_{eff})与垂直方向电场平均值 E_{eff} 的关系可以表示为

$$\mu_{eff} = \mu_0 \left(\frac{E_0}{E_{eff}} \right)^{\frac{1}{3}} \tag{5-8-1}$$

式(5-8-1)中,μ_0 和 E_0 为实验曲线的拟合参数,分别称为低场迁移率和表征迁移率退化的临界电场。上式表明,表面迁移率随着垂直方向平均电场的增大而单调减小。

基于上述实验结果,SPICE 软件中采用的迁移率退化模型计算公式为

$$\mu_{eff} = U_0 \left(\frac{U_{crit}}{E_{eff}} \right)^{U_{exp}} \tag{5-8-2}$$

模型包括的三个模型参数中,U_0 和 U_{crit} 分别对应前面实验结果表达式中的 μ_0 和 E_0。为了适应一般情况,将实验结果表达式中的指数项用模型参数 U_{exp} 表示,称为迁移率退化指数。

5.8.2   速度饱和效应

在推导理想 MOSFET 的电流电压关系时,我们假定沟道迁移率为常数,载流子的漂移速度随着电场的增强而线性上升。但随着 MOSFET 器件沟道长度 L 不断减小,沟道电场会逐渐增强。根据实验测试结果,当沟道电场达到载流子速度与电场关系的临界电场 E_c 后,继续增大沟道电场,沟道载流子速度将不再增大而发生速度饱和。以在硅材料中的电子为例,临界电场 E_c 大约为 $5 \times 10^4 \ V \cdot cm^{-1}$,对于 $1 \ \mu m$ 沟道长度的器件,漏电压达到 $5 \ V$ 左右就会发生速度饱和。也就是说,只能在低场下保持常数迁移率,而在高电场下载流子漂移速度随场的上升速率变慢,相当于沟道迁移率随电场的增加而下降,最终在电场达到临界电场后载流子速度发生饱和,沟道载流子速度不再随着沟道电场的增加而变化。

图 5-8-2 为两端为欧姆接触电极的 N 型半导体材料结构,欧姆接触电极之间所加的电压不断增大,半导体材料上的电流不断增大。若所加电压一直增大下去,电流也会一直增大下去吗?实际测试中,该电流达到一定值后会发生饱和而不再继续增大,此时并无沟道夹断引起电流饱和的可能,而电流饱和的机理为速度饱和。

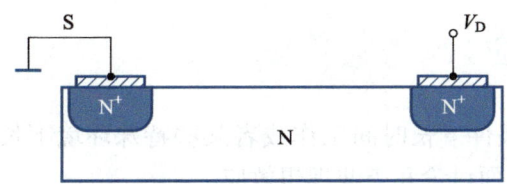

图 5-8-2 两端为欧姆接触电极的 N 型半导体材料结构

图 5-8-3(a)和(b)为 MOSFET 器件漏电流与漏电压的关系曲线在常数迁移率和速度饱和发生时的对比情况。在 MOSFET 器件的线性区和过渡区，I_{DS} 随着 V_{DS} 的增大而增大。但是如果在这区域的某个 V_{DS} 下，载流子漂移速度达到饱和，则 I_{DS} 将随之达到饱和，不再随着 V_{DS} 的增大而增大。使得这时实际的饱和电压低于不考虑速度饱和时的饱和电压（$V_{GS}-V_T$），相应的饱和电流也必然减小。

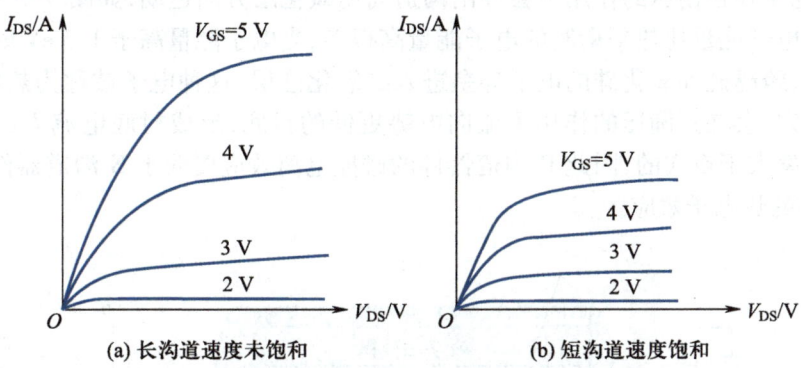

(a) 长沟道速度未饱和

(b) 短沟道速度饱和

图 5-8-3 长沟道速度未饱和与短沟道速度饱和 MOSFET 输出特性曲线

速度饱和效应发生后等效为沟道迁移率下降，器件跨导和频率特性也会下降。定义饱和速度为 ν_{sat}，则发生速度饱和后沟道电流修正为

$$I_{Dsat} = WC_{ox}(V_{GS}-V_T)\nu_{sat} \tag{5-8-3}$$

跨导和截止频率分别表示为式（5-8-4）和式（5-8-5）。可以看出速度饱和时器件跨导变为常数，忽略寄生参数时，截止频率主要与饱和速度和栅长相关。

$$g_{ms} = \frac{\partial I_{Dsat}}{\partial V_{GS}} = WC_{ox}\nu_{sat} \tag{5-8-4}$$

$$f_T = \frac{g_m}{2\pi C_G} = \frac{WC_{ox}\nu_{sat}}{2\pi(C_{ox}WL)} = \frac{\nu_{sat}}{2\pi L} \tag{5-8-5}$$

目前有多种模型描述表面漂移速度与沟道方向电场的关系。式（5-8-6）是使用较多的一种，适用于较大电场范围内的迁移率大小，即

$$\mu = \mu_{eff} \bigg/ \left[1+\left(\frac{\mu_{eff}E}{\nu_{sat}}\right)^2\right]^{\frac{1}{2}} \tag{5-8-6}$$

采用上述迁移率表达式，则任何电场下的载流子漂移速度均表示为 $\nu = \mu E$。

例如，若电场较弱，$\mu_{eff}E \ll \nu_{sat}$，则 $\mu = \mu_{eff}$，漂移速度 $\nu = \mu_{eff}E$，即漂移速度与电场成正比。若电场较强，使得 $\mu_{eff}E \gg \nu_{sat}$，则 $\mu = \nu_{sat}/E$，即漂移速度 $\nu = \mu E = \nu_{sat}$，为饱和漂移速度。

5.9   其他非理想效应

MOSFET 在某些偏置条件下长时间工作或者某些特殊环境下长时间工作后,器件的参数会发生不同程度的退化,下面讨论几类非理想效应。

5.9.1   热载流子效应(hot carrier injection,HCI)

在短沟 MOSFET 中沟道电场较强,有载流子从源往漏漂移,载流子电子被沟道内的电场加速,在夹断区强电场的作用下加速成为沟道热载流子。由于热载流子能量较大,可在夹断区与晶格原子碰撞产生自由电子和空穴,进而诱发雪崩倍增,产生雪崩热电子和雪崩热空穴。以 N 沟道 MOSFET 为例,碰撞电离产生的电子空穴对中的一部分电子会在漏电压的作用下从漏极流出,另一些电子在正栅压的作用下会穿出沟道向栅氧化层方向运动,如图 5-9-1 所示。这些跃迁出沟道的电子能量比热平衡时的电子能量高很多,当电子能量高于 1.5 eV 时,电子将很容易跃迁出沟道,跨越硅和氧化硅的电子势垒进入二氧化硅层,这种电子被称为热电子。而碰撞电离产生的空穴,会在正漏压的作用下流向电势更低的衬底,形成衬底电流 I_{sub}。因为电子造成的碰撞电离率大于空穴的,因此 P 沟道器件的碰撞电离效应要弱于 N 沟道器件,所以主要关注 N 沟道器件的热电子效应。

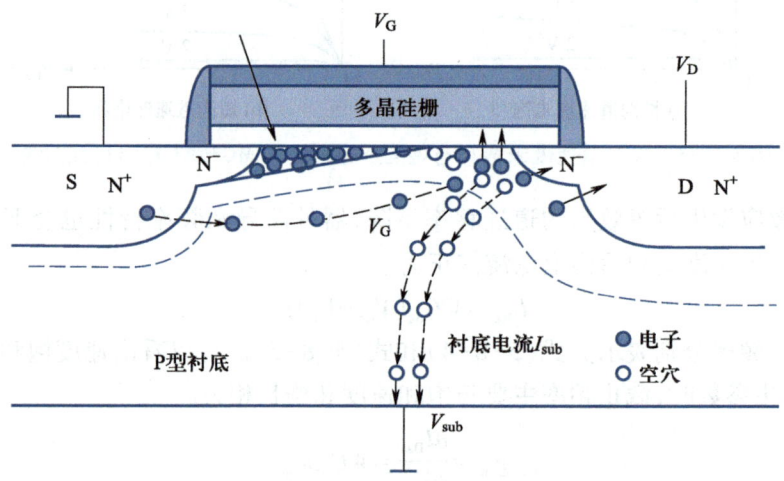

图 5-9-1   MOSFET 发生热载流子效应示意图

下面讨论 MOSFET 发生热电子效应的物理过程。当碰撞电离产生的电子在栅源电压作用下变为热电子跃迁出沟道后,会进入栅氧化层中。当大量热电子经过硅和栅氧化层界面时,高能量电子会破坏一些界面的化学键从而产生界面态。当热电子进入栅氧化层中,由于栅氧化层中存在一定量的电子陷阱,热电子被电子陷阱俘获带负电。虽然在氧化层中电子的迁移率远高于空穴的迁移率,被氧化层中的陷阱俘获的概率低于空穴,但是热电子不断地进入会产生积累效应,较长时间的电子充电效应也会产生明显的栅氧化层负电荷。未被电子陷阱俘获的电子会进一步穿过栅氧化层形成栅电流,栅电流的量级大约为 $10^{-15} \sim 10^{-12}$ A。

短沟 MOSFET 发生热电子效应后,会对器件特性产生较为明显的影响。当热电子通过硅和栅氧化层界面会产生界面态,引起阈值电压的漂移,同时由于界面态的散射效应会引起沟道载流子迁移率的下降,进而引起器件电流、跨导和频率特性的下降。当热电子被氧化层中的陷阱俘获带负电,使得器件等效的氧化层正电荷的面密度下降,导致阈值电压正向漂移。穿过氧化层的热电子形成了栅电流,引起器件噪声特性下降和功耗的增大。碰撞电离产生的空穴会流向衬底形成衬底电流,通过测量衬底空穴电流可以监控热电子效应的影响。热电子效应是一个持续长时间的效应,通过研究器件参数在长时间热电子效应的变化规律,可以预测器件的寿命。

图 5-9-2 为轻掺杂漏(lightly doped drain,LDD)结构的 MOSFET 结构示意图,通过引入轻掺杂的漏区,降低空间电荷区中的电场峰值,降低碰撞电离效应的发生。图 5-9-3 为 LDD 结构 MOSFET 漏区域的电场分布情况,电场分布与半导体掺杂浓度有关,在传统器件的 N^+ 重掺杂漏区与衬底边界电场强度较强,电场在漏衬 PN 结处达到峰值后快速下降。在 LDD 结构 MOSFET 中,漏区引入的 N^- 区域分担了电场,从而降低了电场峰值。在 LDD 器件结构中的轻掺杂区域,会引起串联电阻的增大,也会引起一定的寄生电容,可以通过设计和工艺的改进弥补 LDD 器件特性的下降。

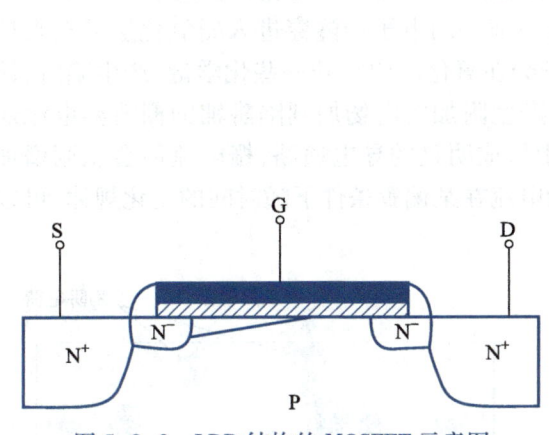

图 5-9-2 LDD 结构的 MOSFET 示意图

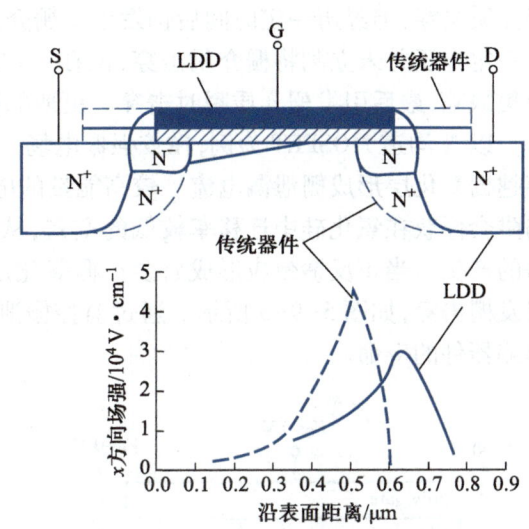

图 5-9-3 LDD 结构 MOSFET 漏区域的电场分布

5.9.2 温度偏置不稳定性(bias temperature instability,BTI)

随着器件尺寸的不断缩小,MOSFET 的氧化层厚度也不断减薄,垂直方向的电场也会不断增强。大规模集成电路中由于集成度的不断提高,功耗密度也变得越来越大,器件工作时的温度也在不断升高。当 MOSFET 在某个栅偏置电压下同时具有较高的工作温度(80~200 ℃)保持一定时间后,会发生由于栅压和温度联合作用导致的器件参数的不稳定,该现象被称为 BTI 效应。BTI 效应中,栅偏置电压可以是负压也可以是正压,与热载流子效应不同,BTI 效应主要考虑与氧化层垂直方向电场的影响,温度越高该效应越容易发生,垂直于氧化层方向电场越强该效应也更容易发生。负偏置电压的温度不稳定性(negative bias temperature instability,NBTI),主要考虑对 P 沟道 MOSFET 器件的影响,而 N 沟道器件在负偏置电压下沟道载流子向栅的反方向运动,对器件的影响较小。正偏置电压的温度不稳定性(positive bias temperature instability,PBTI),主要考虑对 N 沟道 MOSFET 器件的影响,电子在正栅压作用下进入氧化层中,产生界面态的影响明显小于空穴的影响,同时电子在氧化层中被俘获产生电子陷阱的概率较低,所以 N 沟道器件的 PBTI 效应对器件影响较小。

当 P 沟道 MOSFET 在负栅压偏置下并存在较高的温度时,在负栅压电场的作用下载流子空穴会向硅和氧化层界面运动,在界面打开一些硅-氢的化学键产生界面态,同时被打开的硅-氢键的氢会进入氧化层中产生正的氧化层电荷,如图 5-9-4 所示。产生的界面态会造成沟道迁移率下降,引起器件饱和电流和跨导的下降,界面态还会造成器件亚阈特性的恶化及关态漏电增大。氧化层中正电荷的增加也会引起器件阈值电压的负方向漂移。氧化层的氮化工艺可以降低器件界面态,从而改善 P 沟道 MOSFET 的 NBTI 效应。随着氧化层厚度不断减小和外加电压 V_{DD} 的降低,NBTI 引起的退化超过 HCI 的影响,成为影响器件寿命的主要因素。

5.9.3　栅介质的经时击穿

前面讨论过的 MOSFET 的栅击穿是指栅介质上所加电压达到击穿场强后引发的栅介质瞬时击穿,另一种栅击穿是指栅介质上所施加的电场低于栅介质的本征击穿场强,并未引起瞬时栅介质击穿,但经历一定时间后仍发生了栅介质击穿,这种击穿被称为栅介质的经时击穿。虽然一定电压并未立刻将栅介质击穿,但在一定时间内,由于电应力的影响,在栅介质中不断地聚集缺陷,最后引发栅介质瞬时击穿。更薄的栅氧化层下,更容易发生栅介质的经时击穿。

以 N 沟道 MOSFET 为例,在较强栅电场下有一部分的电子会隧穿进入栅氧化层甚至直接穿越栅氧化层形成栅泄漏电流。较高能量的电子会在氧化硅中打开一些化学键,产生陷阱,该陷阱会俘获在氧化硅中迁移率较低的空穴,从而产生附加的电场加剧陷阱辅助栅泄漏电流通路的产生。当正反馈效应形成后会在栅氧化层中形成明显的导电通路,栅电流便会急剧增加引发栅击穿,如图 5-9-5 所示。通过监控栅泄漏电流在某偏置条件下随时间的变化规律,可以预测器件的寿命。

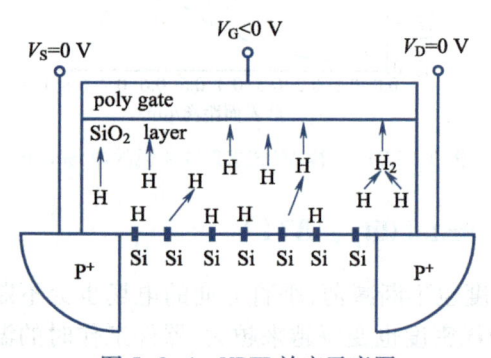

图 5-9-4　NBTI 效应示意图

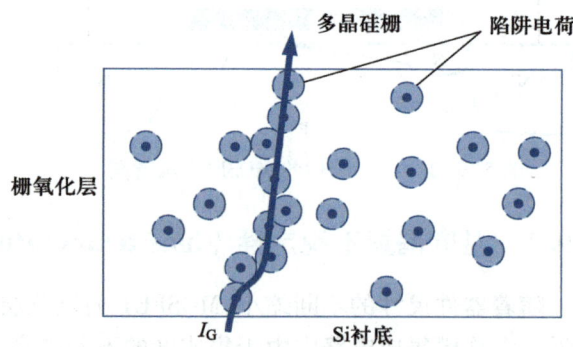

图 5-9-5　TDDB 效应引起介质击穿示意图

5.9.4　辐射效应

微电子系统在航空航天环境工作时,不可避免地会受到外太空的各种辐射射线的影响。这些辐射环境会对器件产生一定影响从而引起电路与系统失效。太阳风暴、宇宙射线、范艾伦辐射带等都会对器件产生辐射影响。按照辐射对器件的影响机理不同,主要分为电离辐射和位移辐射两种。电离辐射一般由 γ 射线、X 射线等射线照射半导体器件电离产生额外的电子空穴对,从而影响器件的参数。而位移辐射一般由质子或中子等重粒子对半导体材料的晶格原子位置产生较大影响,产生空位和间隙原子,引起器件损伤。还可以按照辐射产生的影响不同分为总剂量效应、剂量率效应和单粒子辐射效应。高能电子、γ射线等电离射线较长时间辐射会使 MOS 器件或电路的参数发生永久性的变化甚至导致器件及电路失效,该效应称为总剂量效应。由 γ 射线、X 射线等导致大的瞬态辐射电流,引起 MOS 器件或电路的瞬时工作状态发生变化,该效应称为剂量率效应。空间环境中的高能质子、重粒子等辐射造成器件与电路的状态发生翻转,引起信息的位错而导致电路失效,该效应称为单粒子辐射效应。

这里我们主要讨论电离辐射的总剂量效应对 MOSFET 产生的影响,它是空间飞行器如卫星等的主要辐射效应之一。当长时间辐射积累效应后,电离辐射产生的氧化层电荷和界面态是对 MOSFET 特性产生影响的主要原因。

以图 5-9-6 为例,当 N 沟道 MOSFET 受到电离辐射时,辐射会在栅氧化层中产生额外的电子空穴对。N 沟道 MOSFET 工作状态下施加正栅压,辐射产生的电子在正栅压的吸引下向栅方向运动,而辐射产生的空穴向衬底方向运动。电子在氧化硅中的迁移率能达到 $20\ \mathrm{cm}^2/(\mathrm{V\cdot s})$ 左右,远高于空穴在氧化硅中的迁移率 $10^{-11}\sim10^{-4}\ \mathrm{cm}^2/(\mathrm{V\cdot s})$。辐射产生的电子会较快地从栅极流出,而辐射产生的空穴由于较低的迁移率会较缓慢地向衬底方向运动。由于氧空位和硅缺陷的存在,氧化硅中存在一定的空穴陷阱,尤其在硅和氧化硅的界面附近的氧化硅层内具有较多的空穴陷阱。当辐射产生的空穴在正栅压的影响下向衬底方向运动时,部分空穴会被空穴陷阱俘获成为正的氧化层电荷。电离辐射效应在应用环境中表现为长时间的积累效应,辐射产生的氧化层正电荷不断增多,会使器件阈值电压负向移动。对于 P 沟道器件,通常工作时栅压加负压,所以电离辐射产生的空穴向栅方向运动,空穴被陷阱俘获的概率降低,对阈值电压的影响也较小。

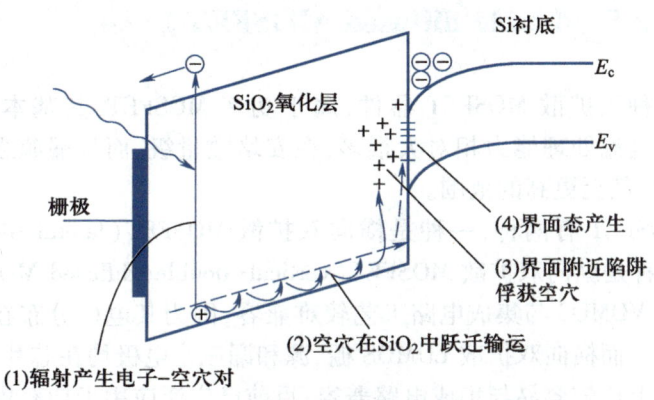

图 5-9-6　N 沟道器件电离辐射效应示意图

MOSFET 受到电离辐射时,会在硅和氧化硅界面打开一些化学键,从而产生额外的界面态。界面态的产生会对沟道载流子迁移率产生负面影响,引起器件饱和电流和跨导及频率特性的下降,界面态的产生也会使器件的亚阈特性恶化,如图 5-9-7 所示,在辐射剂量逐渐增大后,器件亚阈值摆幅逐渐增大,关态漏电增大。在不同沟道类型器件的不同工作状态下,界面态的带电性也不同,N 沟道 MOSFET 加正栅压工作时,辐射产生的界面态带负电,所以会引起器件阈值电压的正向移动。图 5-9-8 显示了 MOSFET 受到辐射后阈值电压的变化情况,在较低的辐射剂量下,无论哪种沟道类型,辐射产生的空穴引起的氧化层正电荷都是造成器件阈值电压负向移动的主要原因。但随着辐射剂量的增强,辐射产生的界面态对阈值电压的影响变得更加重要,在 N 沟道器件中,较强辐射时产生带负电界面态的影响超过了辐射产生的正氧化层电荷的影响,阈值电压的变化方向反转。而在 P 沟道器件中辐射产生的界面态和氧化层电荷都带正电,所以 P 沟道器件的阈值电压始终保持负方向移动。

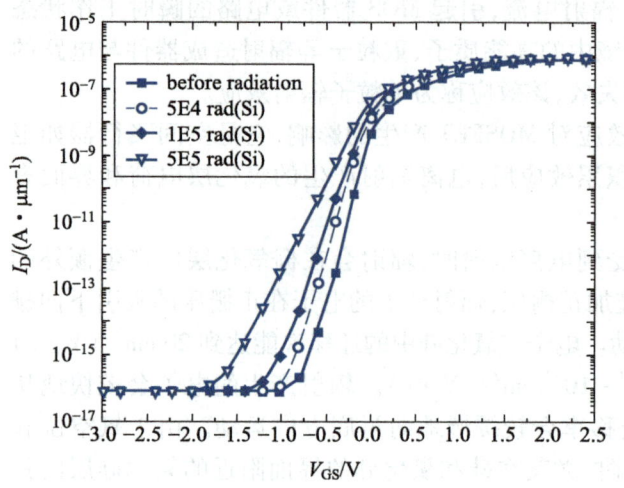
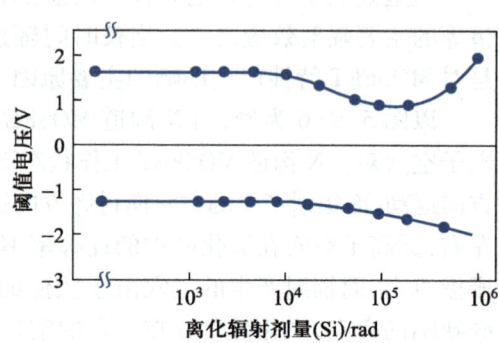

图 5-9-7　电离辐射后器件亚阈值特性的变化　　　图 5-9-8　电离辐射后器件阈值电压的变化

MOSFET 受到 γ 射线辐射后,产生了氧化层电荷和界面态,会引起器件阈值电压的移动,造成饱和电流、跨导、亚阈值摆幅和截止频率等参数恶化。在实际的抗辐射应用要求下,需要对器件进行抗辐射加固设计,来提高器件的辐射耐受度,从而提高器件和电路的可靠性。

5.10　DMOSFET（double diffused MOSFET）

DMOSFET 是一种双扩散 MOSFET 器件,属于功率 MOSFET,其基本工作原理与一般的 MOSFET 一样,但是电流处理能力相对大很多,在安培数量级,而且漏源之间的耐压也可以很大,一般在 50~100 V 甚至更高的范围。

典型的功率 MOSFET 有两种,一种是横向双扩散 MOSFET（lateral-double-diffused MOSFET,LDMOS）,另一种是纵向双扩散 MOSFET（vertical-double-diffused MOSFET,VDMOS）。一般情况,纵向双扩散 VDMOS 与集成电路工艺较难兼容,因为其电极分布在芯片的表面和衬底底部,电流纵向流动。而横向双扩散 LDMOS 栅、源和漏三个电极均在芯片的表面,电流横向流动,其在结构和工艺上比较容易与集成电路兼容,目前已广泛应用于功率集成电路中。

5.10.1　LDMOSFET 的器件结构

LDMOSFET 的类型,与 MOSFET 一样,按照导电沟道类型划分,可以分为 N-LDMOS 和 P-LDMOS 两类;按照 $V_{GS}=0$ 时是否存在导电沟道,LDMOS 器件又分为耗尽型和增强型两类。在集成电路中常用的 LDMOSFET 为增强型 N-LDMOS 和 P-LDMOS。

典型的 N 沟道增强型 LDMOSFET 的结构如图 5-10-1 所示,与标准的 MOSFET 相比,一样的是都有栅源漏和衬底四端,不同的主要有两点:一是该结构利用硼（P-body）和磷（N⁺）两种杂质的两次扩散差形成沟道,沟道长度 L 通过两次注入的再分布温度和时间来精确控制,不受光刻精度的限制,可以做得很小;二是在沟道和漏极之间增加了一个浓度较低、长度较长的 N 型漂移区。漂移区起到主要的抑制器件击穿的作用,P 型体区和轻掺杂 N 型漂移区形成 PN 结,当漏源电压增大时,耗尽区主要向低浓度的 N⁻ 漂移区延伸,漂移区轻掺杂为高阻区,可以承受高压。

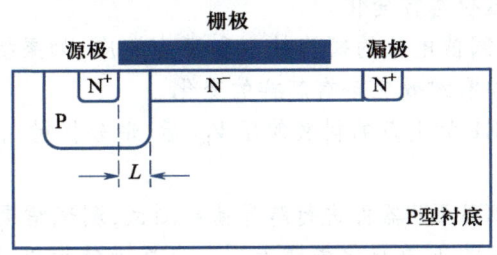

图 5-10-1　典型 LDMOSFET 的结构

5.10.2　LDMOSFET 的基本工作原理

LDMOS 器件在功率集成电路中一般作为开关器件使用,因此有关态和开态这两种状态。

1. $V_{GS}<V_T$ 时的关态

V_{GS} 小于阈值电压 V_T 时,栅氧化层下方的 P 型体区的表面不能形成强反型沟道,器件截止,处于关态。这时 V_{DS} 降落在 N⁻ 漂移区和 P 型体区形成的 PN 结上,耗尽区主要向低浓度的 N⁻ 漂移区延伸,漂移区轻掺杂为高阻区,大部分的漏源电压降落在 N⁻ 漂移区,而且漂移区浓度降低、长度增大,能够承受的漏源电压更高。因而只要选择合适的漂移区长度和浓度以及其他一些参数,就可以灵活调节器件的击穿电压(breakdown voltage,BV)。另外,在接近漏区处表面存在场氧,连接两个 N⁺ 源漏区的多晶硅栅覆盖到场氧上,形成场板结构,可以降低 PN 结棱角处的电场强度,有利于提高器件耐压。

2. $V_{GS}>V_T$ 时的开态

V_{GS} 大于阈值电压 V_T 时,N⁺ 源区和栅氧化层下方的 P 型体区之间的势垒低,使源区电子到达 P 型体区的表面形成强反型沟道,且沟道可动电荷随着 V_{GS} 的增大而增加。沟道形成后,漏源之间的正电压 V_{DS} 在沟道上产生的沿沟道长度方向的电场使得载流子电子从源极 N⁺ 区出发,通过栅氧化层下方的反型沟道,经过 N⁻ 漂移区,最终被漏极收集,形成漏源漂移电流 I_D。作为开关器件,稳态时的 V_{DS} 通常很小。

3. LDMOSFET 的导通电阻和击穿电压

LDMOSFET 的技术指标主要是导通电阻 R_{on} 和击穿电压 BV,一个具有小的导通电阻的 DMOS,导通能力强,具有很好的开关特性,也意味着同样电压下的输出电流更大,驱动能力更强。导通电阻 R_{on} 和击穿电压 BV 二者主要取决于漂移区的浓度和长度,但是对漂移区的浓度和长度的要求是矛盾的。高的击穿电压要求长的轻掺杂漂移区,而低的导通电阻要求短的重掺杂漂移区。因此,器件设计时需要在器件的耐压和导通电阻二者之间进行折中。

习题

　5.1　某个 N 沟增强型 MOSFET 器件在半对数坐标下测试了亚阈值区域的转移特性曲线,当栅源电压在 0.31 V 时测试得到沟道电流 I_D 为 1.6×10^{-9} A,当栅源电压在 0.52 V 时测试得到

沟道电流 I_D 为 $4.57×10^{-6}$A,请计算该器件的亚阈值摆幅。

5.2   按照 MOSFET 恒定电场按比例缩小规则,请计算器件尺寸按照比例因子 k 缩小后器件电流、导通电阻、功耗延迟积怎样变化。

5.3   当 MOSFET 发生阈值电压的短沟效应和窄沟效应,如果提高衬底掺杂浓度,请分别分析阈值电压的短沟效应和窄沟效应会有怎样的变化。

5.4   当 N 沟道 MOSFET 加上负的衬底偏压 V_{BS} 后,请分析衬底偏置效应对 MOSFET 阈值电压的短沟效应的影响。

5.5   某 N 沟增强型 MOSFET 器件进行跨导曲线测试,测试结果显示跨导值在栅源电压大于阈值电压后随着栅源电压的正向变化先增大到一个最大值后再逐渐减小,请分析跨导达到最大值后逐渐减小的物理机理。

5.6   将 MOSFET 发生漏致势垒降低效应的输出特性曲线和沟道长度调制效应的输出特性曲线进行比较,分析这两种效应对输出特性曲线影响的不同。

5.7   N 沟道 MOSFET 发生最强热载流子效应的电压偏置条件为 $V_{GS}=V_{DS}/2$,请从载流子数量和电场的角度分析,为何该偏置条件下器件的热载流子退化效应最强。

5.8   当 MOSFET 的栅绝缘介质从二氧化硅换为高 K 的栅介质,请分析对 MOSFET 的 TDDB 效应的影响。

5.9   当 N 沟道 MOSFET 被 γ 射线照射较长时间后发生了阈值电压的漂移,结合氧化层中空穴陷阱的位置特点分析,为何加正栅压下的辐照退化效应强于加负栅压。

第6章 IC器件结构与工艺实现

制备高性能集成电路要求电路中每个半导体器件具有满足电路要求的优异特性。本章在前几章半导体器件物理基本原理基础上,介绍集成电路中的实际器件结构以及器件结构参数对器件特性的影响,并说明如何采用集成电路平面工艺流程实现要求的器件结构。

学习本章内容需具有"集成电路制造技术"课程基础,了解平面工艺主要工艺的基本原理。

6.1 分立半导体器件结构-版图-工艺流程

分立半导体器件也可以作为一种产品。由于其结构组成和工艺流程均比集成电路中的半导体器件简单,但是能够体现半导体器件的核心要点,因此本节结合分立半导体器件,介绍平面工艺制作分立半导体器件的工艺流程,解读实际的器件结构,分析"版图"在工艺流程中的作用以及与实际器件结构的对应关系。

6.1.1 "版图"与器件核心工艺"选择性掺杂"

实际半导体器件都包含一个或者多个PN结。形成PN结的基本原理是半导体物理中介绍的"掺杂"与"杂质补偿"。基本工艺方法是"选择性掺杂",这也是制作分立半导体器件和半导体集成电路的平面工艺的核心。

1. 从选择性掺杂理解"版图"

(1)选择性掺杂的基本步骤

制备PN结的选择性掺杂工艺过程包括氧化、光刻、掺杂三步,这也是平面工艺中的三道重要工序。

下面以N-Si材料中局部区域形成PN结为例,说明实现选择性掺杂的工艺步骤。

步骤一:氧化。在图6-1-1(a)所示原始材料N-Si表面生成一层SiO_2,如图6-1-1(b)所示。

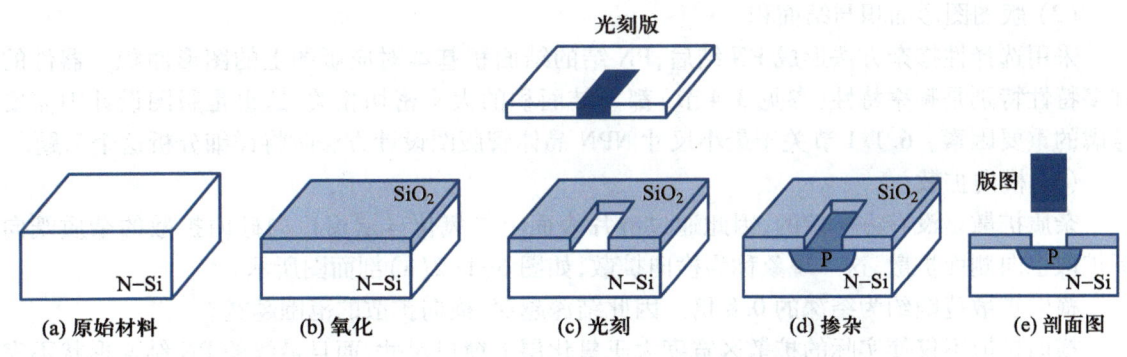

图6-1-1 选择性掺杂工艺步骤与器件结构剖面图

步骤二:光刻。在SiO_2层上采用光刻工艺刻蚀出一个窗口,如图6-1-1(c)所示。

图中上方同时显示了光刻中采用的光刻版图形,其中深色条状图形就是确定在SiO_2层上刻蚀的窗口图形。

步骤三:掺杂。采用扩散或者离子注入工艺,通过窗口向 N-Si 内部局部区域掺入浓度高于 N-Si 中原有 N 型杂质的 P 型杂质(例如三价元素 B),由于杂质补偿作用,改变了窗口下方局部区域导电类型,形成 PN 结,如图6-1-1(d)所示。

(2)版图的作用——半导体器件设计和工艺加工之间的桥梁

光刻工艺中在 Si 表面 SiO_2 层上刻蚀出的窗口范围就对应版图中的图形。

集成电路设计人员在完成"电路设计"后,还需要将电路设计转化为版图。版图中不同图形的作用就是确定选择性掺杂窗口以及电路中其他层次(如引线孔、互连线)的图形位置、形状和尺寸。因此版图实际上起到设计和工艺加工之间的桥梁作用。

(3)版图与剖面图

分析问题时,不再绘制类似图6-1-1(d)描述的器件实际结构立体示意图,而是像图6-1-1(e)那样,采用剖面图显示器件内部结构。通常还同时给出光刻工序确定选择性掺杂窗口采用的版图图形,用于反映器件结构与版图图形之间的对应关系,如图6-1-1(e)所示。

实际上集成电路设计包括电路设计、将电路转为版图两个阶段。完成集成电路设计后,提交给代工厂的是集成电路版图数据文件。代工厂首先生成光刻用的光刻版,再采用光刻版进行工艺加工,制造芯片。

因此对于集成电路设计人员,应该熟悉理解版图-剖面图之间的对应关系,并了解实现的工艺过程。

2. 选择性掺杂主要参数

在分析器件结构和器件特性以及设计版图时,经常涉及下面几个与选择性掺杂有关的参数:

(1)生成 SiO_2 层耗用的 Si 材料

通过氧化工艺在 Si 表面生成 SiO_2 层的过程中要消耗一部分 Si。按照 SiO_2 的组成比例关系,消耗掉的 Si 层厚度 x_{Si} 与生成的 SiO_2 厚度 x_{SiO_2} 之间的关系为

$$x_{Si} = 0.44 x_{SiO_2}$$

即生成 1 μm 厚度的 SiO_2 需要消耗 0.44 μm 厚度的 Si。在确定外延结构晶体管的外延层厚度时需要引用这个结论(参见 3.5.3 节)。

(2)版图图形面积与结面积

采用选择性掺杂方法形成 PN 结后,PN 结的结面积基本对应版图上的图形面积。器件的许多特性特别是频率特性(参见 3.4 节)都与结面积的大小密切相关,这也是版图设计中需要考虑的重要因素。6.1.1 节关于最小尺寸 NPN 晶体管版图设计方法时将详细分析这个问题。

(3)横向扩散

杂质扩散是没有方向性的,因此通过硅片表面上二氧化硅层窗口向硅内扩散的杂质既向下扩散也向侧面扩散,这一现象称为横向扩散,如图6-1-2(a)剖面图所示。

横向扩散范围约为结深的 0.8 倍。因此结深越深,横向扩散的范围越宽。

横向扩散不仅使实际的扩散区宽度大于氧化层上窗口尺寸,而且最终的 PN 结面形状不完全是平面,其中只是底部是平面结面,与侧边对应的是四个柱面,与四个顶点对应的是四个球面,如图6-1-2(b)所示。

横向扩散以及非平面的结面对器件特性、版图尺寸设计均产生负面影响。

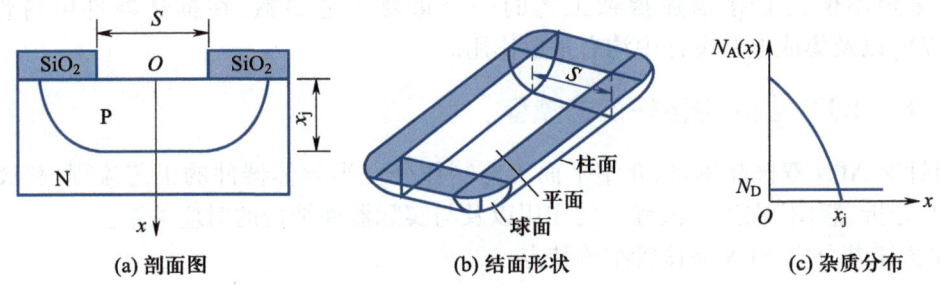

(a) 剖面图　　　　　(b) 结面形状　　　　　(c) 杂质分布

图 6-1-2　选择性掺杂结面形状与杂质分布

（4）杂质分布与结深

对图 6.1.1 所示选择性掺杂实例，N-Si 材料中施主杂质浓度为 N_D。掺杂过程掺入受主杂质 N_A。基于扩散原理，杂质从浓度高的位置向浓度低的位置进行扩散运动，因此掺杂区中杂质分布不均匀，记为 $N_A(x)$。表面处杂质浓度最高，向内部逐渐降低。通常取表示深度的 x 坐标原点在硅片表面位置，x 方向垂直向下。

描述选择性掺杂结果的一个重要参数是结深。结深指掺入杂质浓度等于衬底掺杂浓度的位置与表面之间的距离，也就是选择性掺杂形成的 PN 结的 N 区与 P 区界面（即冶金结面）与半导体表面之间的距离，记为 x_j，如图 6-1-2(a) 所示。

在采用坐标曲线描述杂质分布时，通常取 x 坐标为水平方向，如图 6-1-2(c) 所示。图中同时显示有 N-Si 材料中均匀掺杂的施主杂质浓度 N_D、随 x 增加而不断减小的掺入受主杂质浓度 $N_A(x)$ 以及结深的位置 x_j：$N_A(x_j) = N_D$。

（5）方块电阻

表征扩散层中掺入杂质总量的参数叫方块电阻，记为 $R_□$。方块电阻不但用于表征掺杂情况，而且也是集成电路设计中的一个重要的参数，但却是其他专业未涉及的一个参数。

对浓度为 N 的均匀掺杂薄层导电材料，电阻为 $R = \rho l / S = (1/\sigma) l / S$

其中 $\sigma = 1/\rho$ 为材料的电导率。一般情况下，半导体材料中的载流子浓度近似等于掺杂浓度 N，则 σ 与 N 的关系为 $\sigma = (q\mu N)$。

若一块导电材料，表面为正方形，边长为 l，厚度为结深 x_j，假设掺杂层中杂质为均匀分布，浓度为 N，如图 6-1-3 所示，该导电材料对于从其侧面流过的电流所表现的电阻为

$$R = [1/(q\mu N)] l/(l x_j) = 1/(q\mu N x_j)$$

通常将这种表面为方块形状的材料对于从侧面流过的电流所呈现的电阻称为方块电阻，记为 $R_□$。

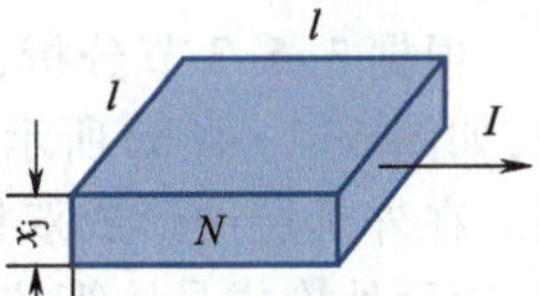

因此方块电阻为

图 6-1-3　方块电阻示意图

$$R_□ = 1/(q\mu N x_j)$$

上式表明，方块电阻的突出特点是其阻值与方块的大小无关，只取决于导电薄层中与单位表面面积对应的掺杂总数 $(N x_j)$，其中 N 为掺杂浓度，x_j 为导电薄层厚度。

对于非均匀掺杂情况，这一结论不变，只是表达式中的 $(N x_j)$ 应该改为积分

$$R_□ = 1 / \left[q\mu \int_0^{x_j} N(x) \, dx \right] \tag{6-1-1}$$

因此，方块电阻的大小直接表征了掺入杂质总数的多少。

方块电阻不但是直接描述掺杂工艺的一个重要工艺参数,在描述器件电特性[参见式(3-2-7)]以及集成电路设计中均有重要作用。

6.1.2   分立 BJT 结构-版图-工艺流程

本节针对 NPN 双极晶体管,介绍平面工艺制作分立半导体器件的工艺流程,解读实际的器件结构,分析"版图"在工艺流程中的作用以及与实际器件结构的对应关系。

1. 平面工艺分立 NPN 晶体管结构特点

如 6.1.1 节所述,采用平面工艺选择性掺杂方法可以形成 PN 结。双极晶体管包括两个 PN 结。因此,只要在 N-Si 衬底上进行两次选择性掺杂就可以形成 NPN 双极晶体管结构,如图 6-1-4(a)所示。

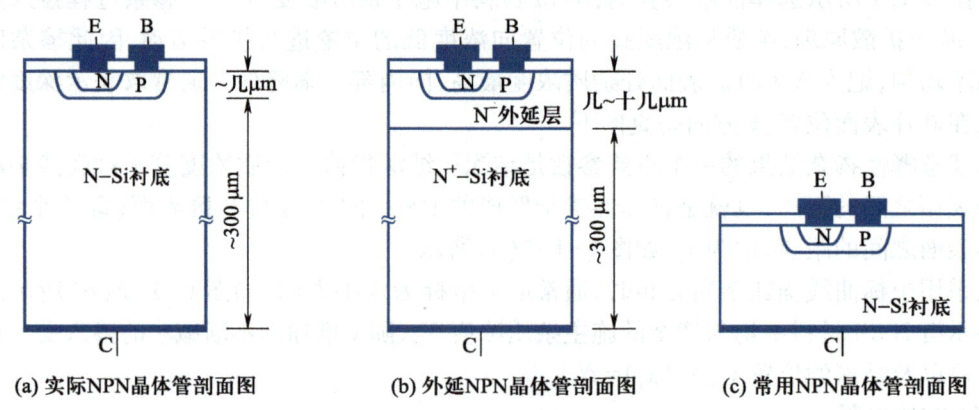

(a) 实际NPN晶体管剖面图   (b) 外延NPN晶体管剖面图   (c) 常用NPN晶体管剖面图

图 6-1-4   NPN 晶体管剖面结构图

为了保证晶圆具有一定强度,加工过程中不会出现碎片问题,用于制作晶体管的晶圆厚度约为 300 μm。但是其中起晶体管作用的这两个 PN 结只是位于芯片表面区域几微米范围内,如图 6-1-4(a)所示。实际上芯片的大部分区域只是起衬底支撑作用。

如图 6-1-4(a)所示,分立晶体管芯片的发射极和基极从表面引出,集电极则从衬底材料背面引出。

根据 3.5.3 节分析,为了同时兼顾频率和功率特性,目前双极晶体管基本都采用外延结构,如图 6-1-4(b)所示。其工艺过程是:在 N+-Si 衬底上生长几到十几微米厚度的 N⁻ 外延层。在外延层中形成双极晶体管的核心部分:两个 PN 结。因此,除了增加一道外延生长工序,表面处构成晶体管核心部分的两个 PN 结结构、电极的引出及工艺流程都与分立器件相同。图 6-1-4(b)是按照实际纵向尺寸比例显示的外延结构分立器件 NPN 晶体管内部结构剖面图。

分析问题时通常只需要绘制两个 PN 结所在的这部分表面区域。为了说明方便起见,通常以图 6-1-4(c)所示的剖面结构示意图介绍 NPN 晶体管的制造工艺流程。

2. NPN 晶体管管芯制作工艺流程

分立 NPN 晶体管管芯结构虽然比集成电路简单得多,但是其加工工艺流程基本反映了平面工艺的情况。

生成 NPN 晶体管管芯的工艺流程如图 6-1-5 所示。为了描述不同层次版图图形之间的相互关系,图中每步光刻中给出的是包括各个层次图形的 NPN 晶体管版图总图。其中阴影区域是该步光刻中采用的版图图形。

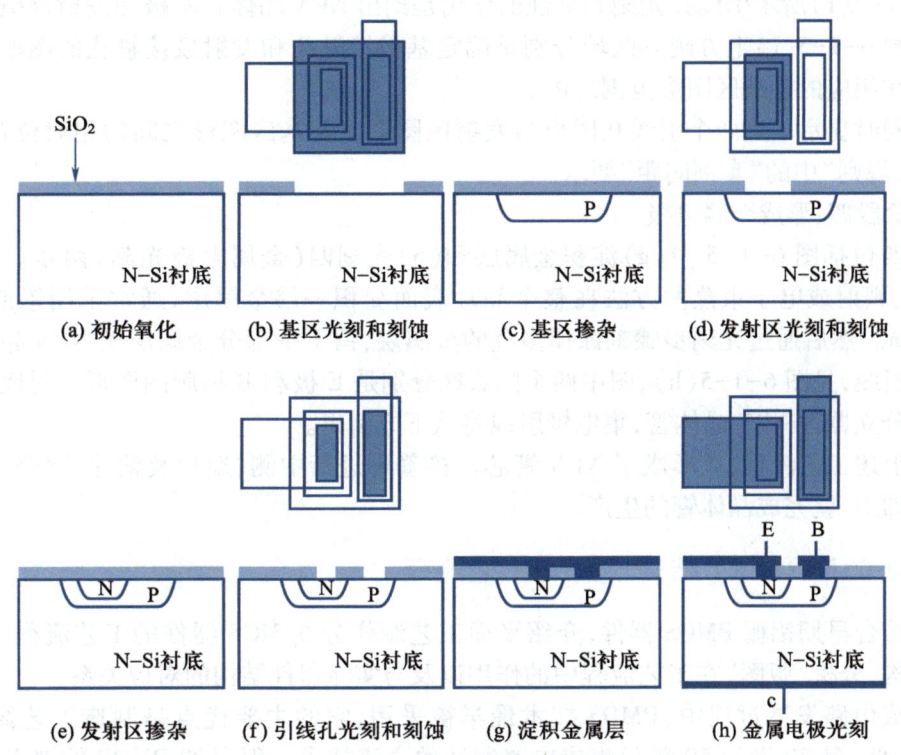

图 6-1-5 制作 NPN 晶体管管芯的工艺流程

对从事集成电路设计、制造的技术人员,应该清晰理解并且能够快速分析、推测版图-工艺流程-管芯剖面结构图这三者之间的对应关系。例如,根据给定的版图就应该能够分析推测相关的工艺流程及制作完成的管芯剖面结构图。

下面简要说明形成 NPN 管芯结构的工艺流程。

按工艺步骤划分,NPN 晶体管管芯工艺流程包括八个步骤,如图 6-1-5 所示。分析问题时通常按照"光刻和刻蚀"将平面工艺制作芯片的过程分为几个阶段。本例中按照 NPN 版图包括的四个层次,一共进行四次光刻,因此可以将工艺流程划分为生成基区、生成发射区、形成引线孔、制作电极四个阶段。

(1)阶段一:选择性掺杂形成基区

如图 6-1-5 所示,此阶段包括(a)初始氧化、(b)光刻一(基区光刻和刻蚀)、(c)基区掺杂三步。这是典型的选择性掺杂过程。

(2)阶段二:选择性掺杂形成发射区

通常基区掺杂的同时也在表面生长一层 SiO_2 层。因此发射区选择性掺杂包括图 6-1-5 中(d)光刻二(发射区光刻和刻蚀)和(e)发射区掺杂,同时在表面生长一层 SiO_2 层。

注意:描述发射区光刻的图 6-1-5(d)中同时显示了发射区图形与基区图形的相对位置。显然,发射区图形应该在基区图形范围之内。考虑到不同层次光刻之间存在"套刻误差",因此在发射区图形与基区图形之间留有称为"套刻间距"的间距,这也是 6.1.4 节介绍的"版图设计规则"中的主要规则之一。

（3）阶段三：引线孔光刻和刻蚀

图6-1-5(f)所示引线孔光刻和刻蚀的作用是刻出 NPN 晶体管基极和发射极引线用的接触窗口。图6-1-5(f)上方阴影区域分别是确定基极接触孔和发射极接触孔的图形。引线孔图形应该在相应的掺杂区图形范围之内。

图中同时显示了这两个引线孔图形与发射区图形以及基区图形之间的相对位置，这也是"版图设计规则"中的"套刻间距"要求。

（4）阶段四：形成金属电极

阶段四包括图6-1-5中(g)淀积金属层和(h)光刻四（金属电极光刻）两步。首先采用真空蒸发、溅射或电子束蒸发方法在整个晶片表面淀积一层金属层，通常采用铝或者铜，厚约1~2 μm。然后通过光刻步骤刻蚀掉多余的金属层，留下一部分金属层做 NPN 晶体管基极和发射极引线，见图6-1-5(h)，图中两个阴影区分别是 E 极和 B 极版图图形。衬底起集电极作用。对分立器件 NPN 晶体管，集电极引线将从下方引出。

经过上述工艺流程，就形成了 NPN 管芯。接着再进行中测、划片及粘片、键合、封装测试等后工序加工，就完成晶体管的生产。

6.1.3　分立 MOSFET 结构-版图-工艺流程

本节结合早期铝栅 PMOS 器件，介绍平面工艺制作分立 MOS 器件的工艺流程，解读实际的器件结构，分析"版图"在工艺流程中的作用以及与实际器件结构的对应关系。

在集成电路发展过程中，PMOS 技术最早被采用，它的主要优点是制造工艺简单、技术成熟，成本低，是20世纪60年代集成电路制造的主流技术。但早期 PMOS 的缺点是工作速度低、电源电压高，单纯的 PMOS 器件产品早已淘汰，但目前 PMOS 仍然作为 CMOS 重要组成部分。

1. 平面工艺铝栅 PMOS 晶体管结构特点

如6.1.1节所述，采用平面工艺选择性掺杂方法可以形成 PN 结，MOS 晶体管工艺中采用选择性掺杂工艺对特定的源漏区进行掺杂，形成与衬底掺杂类型不同的源漏区，和衬底分别形成两个 PN 结。因此，只要在 N 型衬底上两个位置同时进行选择性掺杂（P^+）就可以形成 PMOS 晶体管的源漏区。接着在源漏区之间生长非常薄的 SiO_2 绝缘层，并在其上方形成栅电极，即可与衬底一起构成最简单的 MOSFET 器件结构，如图6-1-6所示。

需要注意的是，实际的 MOS 晶体管是一个四端器件，分别为栅（G）、源（S）、漏（D）和衬底（B），在分立 MOS 器件工艺中，衬底电极一般从衬底材料背面引出。下面以图6-1-6所示的剖面结构示意图为例简要介绍铝栅 PMOS 晶体管的制造工艺流程。为了简化，忽略了衬底电极引出工艺步骤。

2. 铝栅 PMOS 晶体管制作工艺流程

图6-1-7给出了制作铝栅 PMOS 晶体管的主要流程。

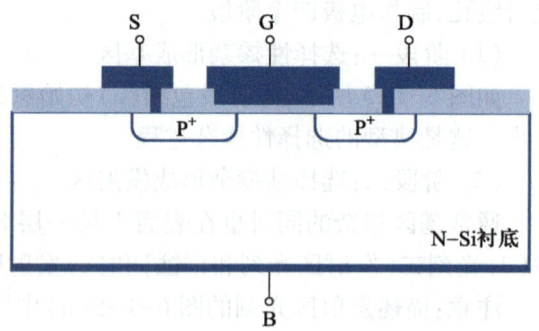

图6-1-6　MOS 晶体管剖面结构图

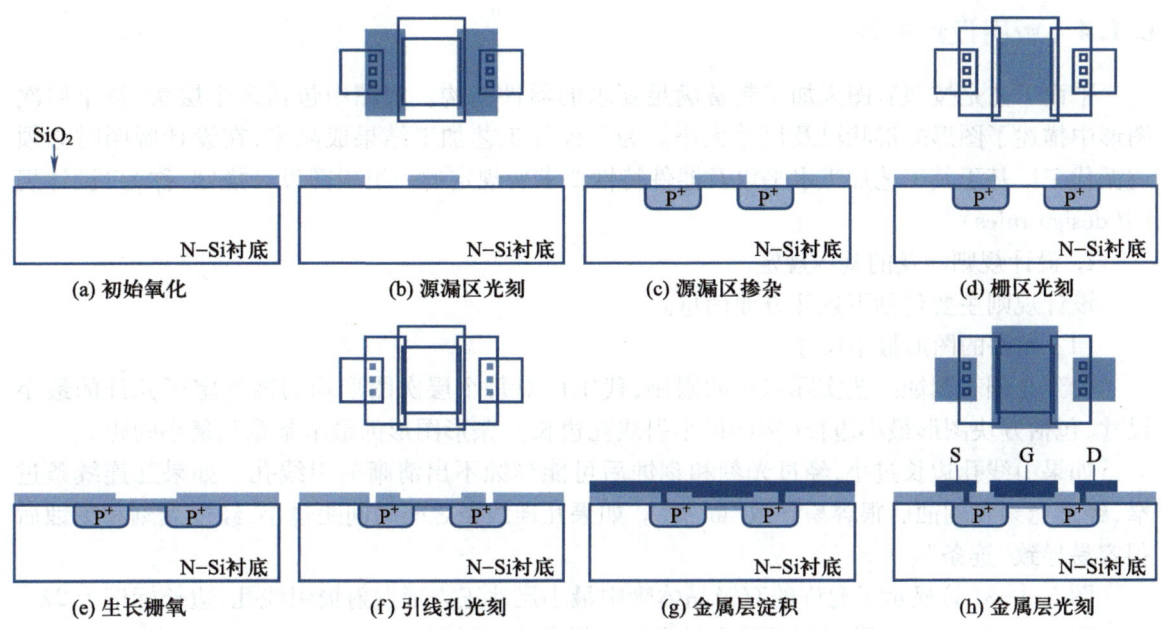

图 6-1-7 制作铝栅 PMOS 晶体管的主要工艺流程

如图 6-1-7 所示,按工艺步骤划分,铝栅 PMOS 晶体管工艺流程主要包括八个步骤。本例中按照铝栅 PMOS 版图包括的四个层次,共进行四次光刻,因此可以将工艺流程划分为生成源漏区(源漏区光刻)、生成栅区(栅区光刻)、形成引线孔(引线孔光刻)、制作电极(金属层光刻)四个阶段。

(1)阶段一:选择性掺杂形成源漏区

此阶段包括初始氧化、源漏区光刻、源漏区掺杂,如图 6-1-7(a)、(b)、(c)所示。

(2)阶段二:形成栅区

栅电极和沟道之间用非常薄的二氧化硅层进行隔离,二氧化硅层的厚度决定了栅电容的大小,二氧化硅层的质量也决定了 MOS 器件的性能,该阶段的主要工艺包括:栅区光刻,栅区氧化层生长,如图 6-1-7(d)、(e)所示。

(3)阶段三:引线孔光刻

图 6-1-7(f)所示引线孔光刻的作用是刻出 MOS 晶体管源漏区引线用的接触窗口。图 6-1-7(f)上方左、右边各三个小方块阴影区域分别是确定源区和漏区接触孔的图形。引线孔图形应该在相应的掺杂区图形范围之内。

(4)阶段四:形成金属电极

阶段四包括图 6-1-7 中(g)金属层淀积和(h)金属层光刻(刻蚀形成金属电极)两步。首先采用真空蒸发、溅射或电子束蒸发方法在整个晶片表面淀积一层金属层,通常采用铝或者铜。然后通过光刻步骤刻蚀掉多余的金属层,留下一部分金属层做 MOS 晶体管源极、漏极和栅极的引线,见图 6-1-7(h)。

经过上述工艺流程,就形成了最简单的 MOS 晶体管。接着再进行中测、划片及粘片、键合、封装测试等后工序加工,就完成分立的 MOS 晶体管的生产。

6.1.4   版图设计规则

平面工艺是按照版图来加工制备满足要求的器件结构。版图中包括多个层次,每个层次图形中描述了图形的形状以及尺寸大小。为了保证工艺加工结果成品率,在设计版图时必须遵循代工厂基于其工艺加工水平以及器件特性要求所规定的一组版图设计规则,称为"设计规则(design rules)"。

1. 设计规则涉及的基本规定

设计规则主要包括下述几方面信息。

(1) 允许的图形最小尺寸

受到光刻和刻蚀工艺实际水平的限制,代工厂对每个层次图形均明确规定了允许的最小尺寸,包括方块图形最小边长(例如最小引线孔边长)、条形图形的最窄条宽和最小间距。

如果引线孔边长过小,经过光刻和刻蚀后可能刻蚀不出清晰的引线孔。如果互连线条过窄,经过光刻和刻蚀后很容易导致"断条"。如果互连线条之间的间距过小,经过光刻和刻蚀后很容易导致"连条"。

图 6-1-8(a)显示了允许的双极晶体管中最小尺寸正方形发射极引线孔,边长标记为 2λ。

图 6-1-8(b)显示了 MOSFET 中最窄多晶栅条宽,标记为 2λ。

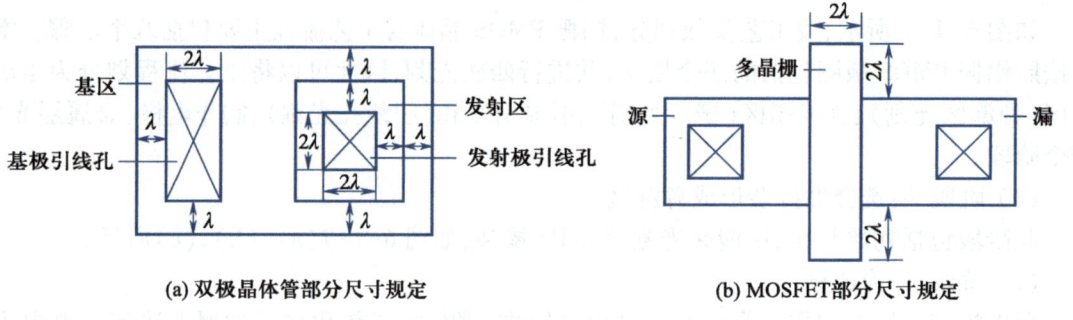

(a) 双极晶体管部分尺寸规定   (b) MOSFET部分尺寸规定

图 6-1-8   设计规则(例)

(2) 不同层次图形相互关系的尺寸规定

关于不同层次图形相互关系的尺寸规定,涉及多种不同情况。

① 不同层次图形之间的包围与覆盖尺寸要求

受到代工厂光刻和刻蚀工艺"套刻"水平的限制,代工厂对不同层次图形之间的包围与覆盖尺寸均明确规定了要求,如金属层覆盖引线孔每边的最小尺寸、发射区包围发射极引线孔的最小尺寸等。

图 6-1-8(a)中显示了双极晶体管中允许的发射区每边包围发射极引线孔的最小间距为 λ,基区覆盖基极引线孔的最小间距也是 λ。

② 不同层次图形之间的间距要求

除了考虑"套刻"水平,还需要从器件特性不会受到不良影响的角度规定不同层次图形之间允许的最小间距。

图 6-1-8(a)中显示了双极晶体管中允许的基区与发射区之间的最小间距为 λ。

③ 不同层次图形之间的外伸尺寸

典型情况是 MOSFET 的栅极图形。由于不同层次光刻之间存在套准误差,为了保证源漏之间不会出现直接连接的通道,MOSFET 源漏之间的栅极图形必须外伸一定长度。图 6-1-8 (b)所示实例中标注的栅极图形外伸尺寸为 2λ。

2. 设计规则的描述方式

目前集成电路设计中常用的版图设计规则描述方式有两类,即相对尺寸设计规则(也称比例设计规则或者 λ 设计规则)和绝对尺寸设计规则(也称微米设计规则或纳米设计规则)。

(1) 相对尺寸设计规则

相对尺寸设计规则是版图图形以 λ 为基本单位,不同尺寸表示为 λ 的整数倍,因此又称 λ 设计规则,或者比例设计规则。λ 通常取工艺特征尺寸的二分之一,因此版图中最小的图形尺寸为 2λ,例如图 6-1-8 中的最小引线孔边长、最窄多晶条宽均为 2λ。表征引线孔与相关图形之间的最小套刻间距则为 λ,如图 6-1-8 所示。

图形真实尺寸取决于对 λ 数值的定义。修改 λ 基准尺寸大小,就可以获得不同尺寸的设计规则定义,因此,采用 λ 设计规则设计的集成电路版图,可以通过修改 λ 的定义值方便地对版图图形进行缩放,实现在不同工艺节点之间的版图移植。

但是 λ 设计规则的缺点是版图设计中需要把设计尺寸凑成 λ 整数倍,从而会带来不必要的图形放大,影响版图设计灵活性,导致性能面积损失。

在 7.1.1 节将结合最小尺寸双极晶体管实例,说明如何按照 λ 设计规则的规定完成器件的版图设计。

(2) 绝对尺寸设计规则

集成电路工艺进步过程中,一些加工尺寸如接触孔、通孔和压焊块等并不是持续等比例缩小,同时图形的尺寸之间也难以保证固定的倍数关系,此时简单套用 λ 设计规则,无法充分挖掘工艺的加工能力,会造成较大的面积浪费和性能损失。为了获取更好的性能和面积,工艺工程师根据工艺特性给出每层图形设计时需要遵循的绝对尺寸要求,精确定义版图图形尺寸的容差限定,这样的设计规则称为绝对尺寸设计规则。依据特征尺寸的尺度大小,又称为微米设计规则或纳米设计规则。

绝对尺寸设计规则对所有容差都有合理的、精确的限定,版图设计更灵活,其所规定的尺寸之间没有必然的比例关系,相互之间可以独立选择,能够充分发挥工艺的潜力,达到较好的性能、面积效果。因此,在亚微米以后工艺,绝对尺寸设计规则是版图设计的主流规则,现阶段工艺厂商所提供的设计规则多以绝对尺寸设计规则为主。

绝对尺寸设计规则的缺点是当工艺发生变化时,通常需要重新探索并给出相对应的设计规则。

6.2　双极 IC 晶体管结构-版图-工艺流程

双极集成电路中的基本器件是 NPN 双极晶体管。实际上双极集成电路工艺流程主要就是围绕 NPN 晶体管结构而设计的。双极集成电路中的其他元器件,如 PNP 晶体管、二极管、电阻等基本都是在制造 NPN 晶体管的过程中形成的。因此本节以典型的 NPN 晶体管为例,介绍双极集成电路工艺流程,剖析晶体管器件结构-版图与工艺流程之间的相互关系,重点说明晶体管结构的实现过程。不同类型双极晶体管的版图设计特点将在第 7 章详细介绍。

6.2.1   双极 IC 晶体管结构特点

目前集成电路制造工艺也是"平面工艺"。由于集成电路是在同一个芯片内制作多个元器件,并按照电路拓扑关系实现元器件之间的互连,因此与分立双极晶体管相比,集成电路中的晶体管在结构以及工艺流程方面还需要解决与"集成电路"相关的几个特殊问题。

1. 隔离

(1) 集成电路中的"元器件隔离"问题

如图 6-1-5(h) 所示,采用常规平面工艺制作的分立 NPN 晶体管,硅片衬底即为集电区。因此,如果在同一硅片上制作多个 NPN 晶体管,集电区将连在一起,而实际电路中不可能所有 NPN 晶体管的集电极是连接在一起的。因此,为了以平面工艺为基础制作集成电路,首先要解决的第一个问题是"隔离"问题,即采用隔离技术,将同一个集成电路中不同元器件相互之间电学隔开。

(2) PN 结隔离工艺流程

集成电路生产中采用有不同隔离方法(详见 7.3.1 节)。其中使用最早也是工艺最简单的一种是 PN 结隔离技术,将不同的元器件之间用背靠背的 PN 结隔开,并将其中的 P 区接至电路中的最低电位,使得这些起隔离作用的 PN 结处于反偏状态。采用这种隔离方法制备双极集成电路的平面工艺又称为 PN 结隔离双极集成电路工艺。

实现 PN 结隔离的基本原理仍然是"选择性掺杂",包括四步,如图 6-2-1 所示。

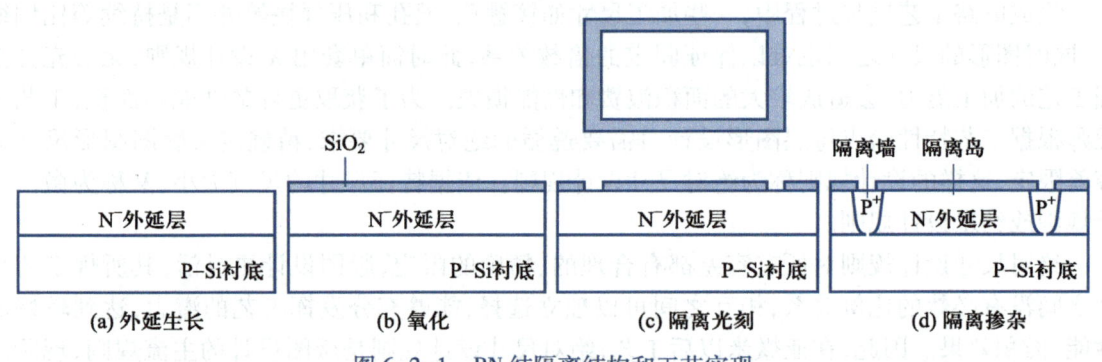

图 6-2-1   PN 结隔离结构和工艺实现

步骤一:外延生长。在 P-Si 衬底上外延生长方法生长一层 N 型硅,如图 6-2-1(a) 所示。外延层将作为集成电路中 NPN 晶体管的集电区。

步骤二:氧化。在外延层表面生长一层二氧化硅,如图 6-2-1(b) 所示。

步骤三:隔离光刻。采用环状图形的隔离光刻版,在氧化层上刻蚀出一个环状窗口,如图 6-2-1(c) 所示。

步骤四:隔离掺杂。通过氧化层上的环状窗口,掺入浓度较高的三价元素 P 型杂质(例如硼),通过补偿作用使隔离窗口下方的 N 型硅变为 P 型硅,并且控制 P^+ 掺杂层结深,穿透整个外延层,与 P-Si 衬底相连,如图 6-2-1(d) 所示。

通过上述工艺过程,就在晶片中形成了多个周边被 P^+ 型重掺杂区包围的 N^- 型区域,通常称为隔离岛。隔离岛四周的 P^+ 型区称为隔离墙。外延层中每个 N^- 型"隔离岛"与 P^+ 型隔离墙以及 P-Si 衬底之间构成 PN 结。如果将 P 型区域接至电路中的最低电位,相邻的隔离岛之间就是两个背靠背的反向偏置 PN 结,比较好地实现了电隔离。

以后在这些相互隔开的 N 型岛上生成 NPN 晶体管等各种器件。

2. NPN 晶体管集电区 N⁺埋层的引入

(1)埋层的作用

如图 6-1-5(h)所示,采用常规平面工艺制作的分立器件 NPN 晶体管,硅片本身为集电区,集电极从芯片背面引出。但是,在集成电路中,元器件的连接关系由芯片表面的互连线实现,因此集电极就必须从上表面引出,构成 NPN 晶体管集电极电流的电子需要沿着与结面积平行的方向流过集电区再从位于表面的集电极流出。这个电流通道窄长,而且集电区电阻率又较高,导致集电区串联电阻变大,给器件特性带来不良影响。

如果采用图 6-2-2 所示结构,在生长外延层之前,增加一个低电阻率的 N⁺型埋层,就使集电极电流沿着低电阻率的埋层通过集电区,起到减小集电区串联电阻的作用。

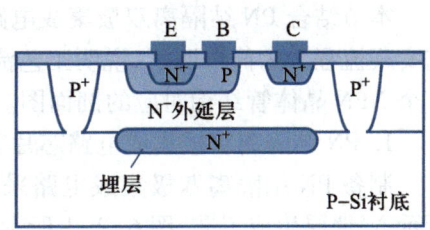

图 6-2-2 所示 PN 结隔离双极集成电路中的 NPN晶体管,除了增加埋层,在集电极引出端的下方还生成一个 N⁺的局部高掺杂区域,这是因为考虑击穿电压的要求,集电区掺杂浓度较低,在金属铝与轻掺杂 N 型硅

图 6-2-2　PN 结隔离双极集成电路中的 NPN 晶体管结构图

之间形成的是肖特基整流接触,而不是欧姆接触。为了保证集电极引出端与集电区之间良好的欧姆接触,必须形成局部高掺杂 N⁺区域。实际上,这一区域可以在发射区掺杂的时候同时形成,不需要增加附加工艺。

(2)N⁺埋层的工艺实现

显然,只要在外延生长之前,进行一次包括氧化、埋层光刻、埋层掺杂三道工序的选择性掺杂,就可生成埋层,如图 6-2-3 所示。图中埋层光刻采用的版图图形为图中蓝色矩形,图中环形图形对应图 6-2-1 中隔离图形,描述了埋层与隔离两个层次的图形包含关系。

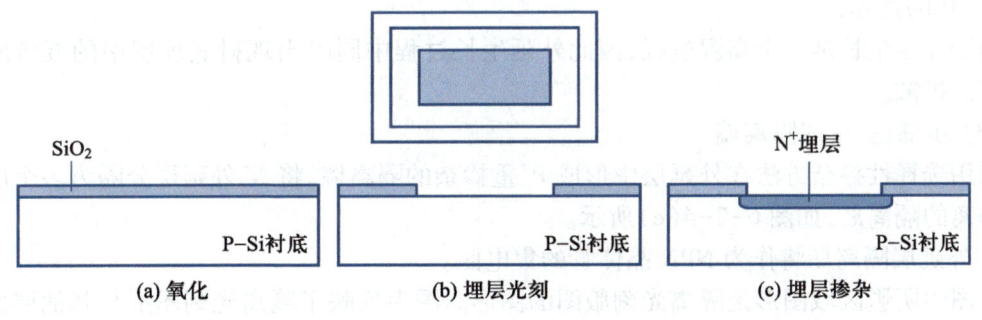

(a) 氧化　　　　　　　　　　(b) 埋层光刻　　　　　　　　　　(c) 埋层掺杂

图 6-2-3　N⁺埋层的工艺实现

由实现 N⁺埋层的工艺过程可见,采用选择性掺杂的方法生成埋层只是增加工艺步骤,并不增加工艺类型。

3. 元器件之间的互连

显然,在 NPN 晶体管工艺中通过淀积金属、光刻和刻蚀工艺形成晶体管电极时,只要保留起互连作用的那部分金属,就可以同时实现集成电路内部不同元器件之间的互连。因此集成电路中的互连要求并未对工艺过程提出新的要求。

4. 集成电路中的其他元器件

对于双极集成电路,其工艺流程基本是围绕 NPN 晶体管的要求设计的。集成电路中的其他元器件,例如电阻、电容、PNP 晶体管等,除非对其特性有特殊要求而采取部分特殊工艺措施,一般情况下,在形成 NPN 晶体管的同时,生成集成电路中的其他元器件。7.2 节详细讨论双极集成电路中的 PNP 晶体管结构与版图。

由上分析可见,对 PN 结隔离双极集成电路,基本制作工艺与制作 NPN 晶体管的基本工艺相比变化不大,只是工艺步骤要增加不少,当然集成电路版图的层次也要随之增加。

6.2.2   PN 结隔离双极 IC 中晶体管结构-版图-工艺流程

本节结合 PN 结隔离双极集成电路芯片制造过程,介绍双极集成电路中的晶体管结构和工艺实现流程。为简单明了,说明工艺流程的示意图只画出与图 6-2-2 所示集成电路芯片内部一个 NPN 晶体管结构对应的剖面图。

1. PN 结隔离双极集成电路芯片工艺流程

制备 PN 结隔离双极集成电路采用的是 P-Si 衬底硅片,又称为晶片。显然,将图 6-2-3 所示 N^+ 埋层生成工艺、图 6-2-1 所示 PN 结隔离墙生成工艺以及图 6-1-5 所示生成 NPN 管芯工艺这三部分组合在一起,就构成典型 PN 结隔离双极集成电路管芯工艺流程,如图 6-2-4 所示,包括八个步骤。

(1) 步骤一:生成埋层

包括氧化、光刻、掺杂三道工序组成的选择性掺杂,在 P-Si 衬底表面局部区域形成 N^+ 重掺杂的埋层,如图 6-2-4(a)所示。

为了描述不同层次版图图形之间相互关系,图中给出了包括各个层次图形的版图总图。埋层光刻采用的版图图形为版图中的阴影矩形图形。

(2) 步骤二:外延生长

埋层掺杂后,除去表面氧化层,采用外延生长技术在表面生长一层轻掺杂 N^- 外延层,如图 6-2-4(b)所示。

由于外延生长是一个高温过程,因此外延生长过程中同时出现衬底埋层中的五价原子向外延层的扩散。

(3) 步骤三:生成隔离墙

采用选择性掺杂方法在外延层中形成 P^+ 重掺杂的隔离墙,将 N^- 外延层分隔为多个电学上相互隔离的隔离岛,如图 6-2-4(c)所示。

N^- 外延层隔离岛将作为 NPN 晶体管的集电区。

版图中阴影区域图形是隔离光刻版图的图形。图中反映了隔离光刻图形与其他层次图形之间的相互关系。

(4) 步骤四:生成基区

采用选择性掺杂方法在 N^- 外延层隔离岛中局部区域掺入三价元素原子,例如硼,形成 P 型基区,如图 6-2-4(d)所示。

版图中阴影区域图形是基区光刻版图的图形。图中反映了基区光刻图形与埋层图形、隔离图形之间的相互位置关系。

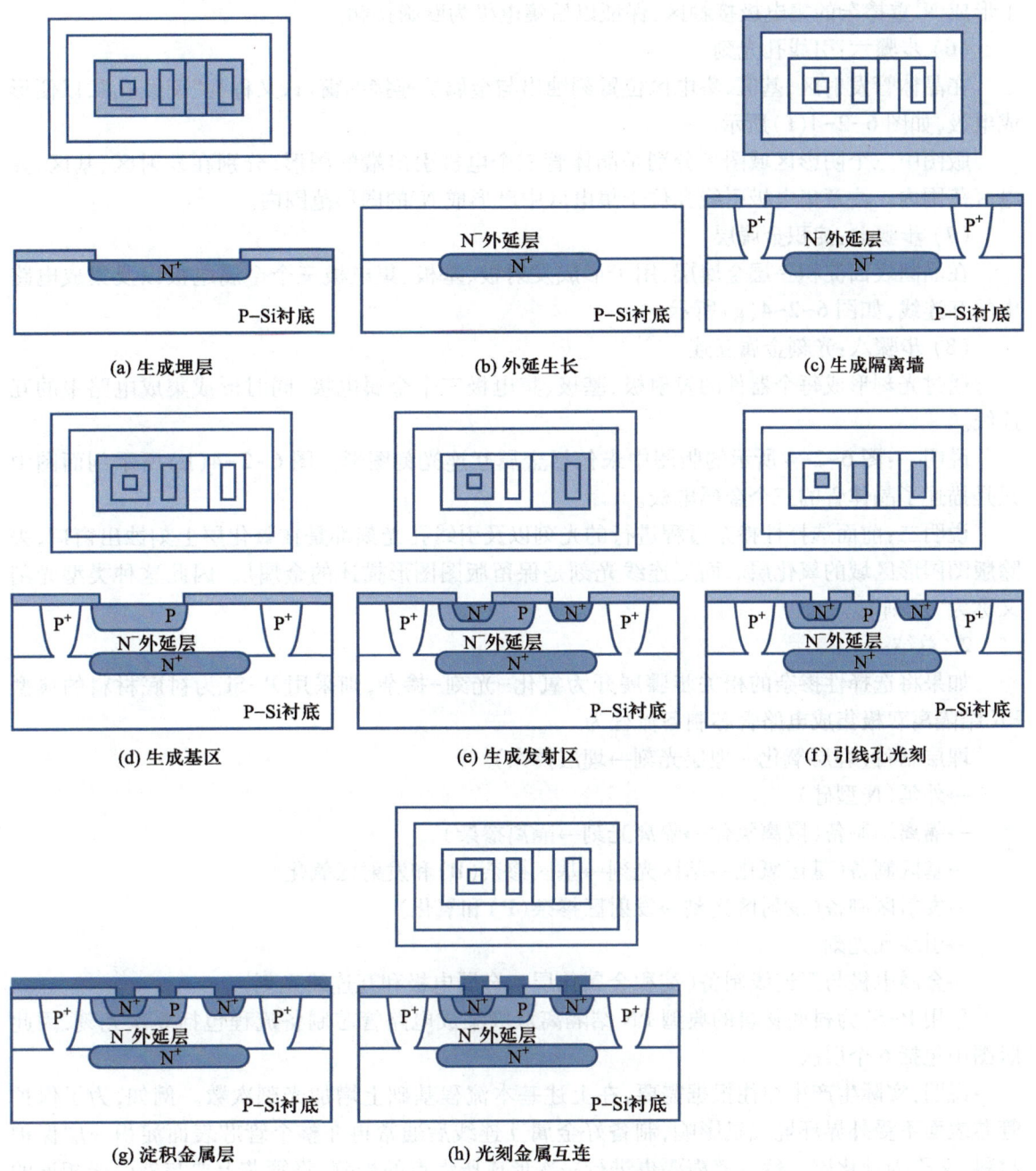

(a) 生成埋层　　　　　(b) 外延生长　　　　　(c) 生成隔离墙

(d) 生成基区　　　　　(e) 生成发射区　　　　　(f) 引线孔光刻

(g) 淀积金属层　　　　　(h) 光刻金属互连

图 6-2-4　典型 PN 结隔离双极集成电路管芯加工工艺流程

（5）步骤五：生成发射区

采用选择性掺杂方法在 P 型基区中局部区域掺入五价元素原子,例如磷,形成 N^+ 重掺杂的发射区。同时在集电区中将要形成集电极的局部位置也掺入了五价元素原子,如图 6-2-4（e）所示。

版图中阴影区域图形是发射区光刻版图的图形。其中基区范围内的 N^+ 掺杂区是发射区。版图上另一个矩形图形是外延层上随后形成集电极引线孔的位置。此处也掺入 N^+ 杂质是为了形成 N⁺重掺杂的集电极接触区,保证以后集电极为欧姆接触。

（6）步骤六：引线孔光刻

在晶体管发射区、基区、集电区位置刻蚀出与金属层连接的窗口,又称为"引线孔",以便形成电极,如图 6-2-4(f)所示。

版图中三个阴影区域图形分别是晶体管三个电极引出端的图形,分别在发射区、基区、集电区范围内。注意集电极引线孔位于集电区中已形成 N⁺的图形范围内。

（7）步骤七：淀积金属层

在晶圆表面淀积一层金属层,用于形成发射极、基极、集电极三个金属电极以及集成电路中的互连线,如图 6-2-4(g)所示。

（8）步骤八：光刻金属互连

通过光刻形成每个器件的发射极、基极、集电极三个金属电极,同时形成集成电路中的互连线。

说明一：图 6-2-4 所示的版图中未包括金属互连光刻图形。图 6-2-4(h)所示剖面图中只是描述了晶体管的三个金属电极。

说明二：前面选择性掺杂过程进行的光刻以及引线孔光刻都是在氧化层上刻蚀出窗口,去除版图图形区域的氧化层。而互连线光刻是保留版图图形描述的金属层,因此这种类型光刻又称为"反刻"。

2. 总结

如果将选择性掺杂的相关步骤展开为氧化-光刻-掺杂,则采用 P-Si 为衬底材料的典型PN 结隔离双极集成电路管芯制备流程为

埋层制备（埋层氧化→埋层光刻→埋层掺杂）

→外延（N 型硅）

→隔离墙制备（隔离氧化→隔离光刻→隔离掺杂）

→基区制备（基区氧化→基区光刻→基区掺杂（B）和发射区氧化）

→发射区制备（发射区光刻→发射区掺杂（P）和氧化）

→引线孔光刻

→金属电极与互连线制备（淀积金属化层→金属电极和互连线光刻）

采用 P-Si 为衬底材料的典型 PN 结隔离双极集成电路管芯制备流程包括 6 次光刻,因此版图中包括 6 个层次。

说明：实际生产中往往根据需要,在上述基本流程基础上增加光刻次数。例如,为了保护管芯表面不受外界环境气氛影响,制备好金属互连线后通常再在整个管芯表面淀积一层保护材料,又称为钝化层。然后就需要再进行一次形成压焊点的光刻,将管芯上要与外引线相连的那一部分金属（称为压焊点或键合区）上的钝化层刻蚀掉,以便键合内引线。

有些类型集成电路生产中,根据产品设计需要,可能还会增加光刻次数。

6.2.3 双极 IC 中的晶体管结构特点

本节从器件物理角度剖析 PN 结隔离双极集成电路中晶体管结构的特点,分析晶体管设计中需要注意的问题。

1. 发射区掺杂结深的控制

采用选择性掺杂方法形成发射区的工艺本身对结深没有严格限制。但是考虑到晶体管的基区宽度控制特点,就对发射区的结深控制提出了要求。

第 3 章中分析的 BJT 多个特性参数,包括电流放大系数、频率特性、基区串联电阻和大电流特性等均与基区宽度密切相关。随着集成电路对器件特性特别是频率特性的要求越来越高,要求 BJT 的基区宽度越来越窄。目前高性能 BJT 要求基区宽度小于 100 nm。

采用平面工艺制备的典型 BJT 剖面图如图 6-2-5 所示。晶体管的基区宽度 x_B 等于基区掺杂结深 x_{jc} 与发射区掺杂结深 x_{je} 之差

$$x_B = x_{jc} - x_{je}$$

似乎需要控制的是要求两个结深之差满足要求,对单个结深的控制要求似乎有多种选择,余地很大。但是,实际工艺中掺杂结深的波动可能有 10% 左右。如果结深较深,单个结深的波动将达到几十纳米,就很难保证两个结深之差控制在几十纳米范围。

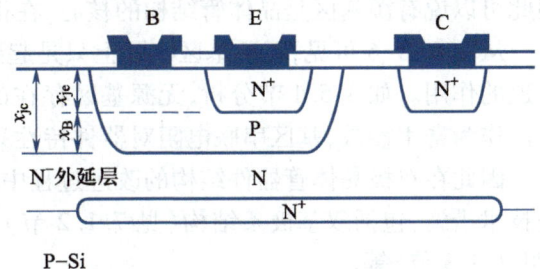

图 6-2-5　采用平面工艺制备的 BJT 剖面图

显然,考虑到工艺波动的实际影响,如果使得发射区掺杂结深 $x_{je} \approx x_B$,基区掺杂结深 $x_{jc} \approx 2x_B$,应该是控制窄基区宽度的一种有效方法。因此平面工艺 BJT 的制造中,基本按照基区宽度 x_B 的要求控制发射区掺杂结深 x_{je}。

随着器件工作频率的提高,在基区宽度小于 100 nm 的情况下,就要求发射区掺杂结深随之更浅,也应小于 100 nm。

采用扩散掺杂方法很难保证如此浅结的发射区结深控制,而采用离子注入方法,在如此薄的发射区范围又会产生晶格损伤。因此,先进集成电路中通常需要采用多晶硅发射极结构才能满足发射区几十纳米结深的浅结掺杂要求。详细信息见 7.3.2 节讨论。

2. 有源基区与无源基区

集成电路工艺流程中有一道"基区"掺杂工序(见图 6-2-4)。第 2 章分析双极晶体管特性时指出,晶体管多个特性与"基区"密切相关。实际上这两处"基区"的基本含义并不完全相同。为了避免误解,同时更有利于分析问题,需要引出"有源基区"和"无源基区"的概念。

(1)"有源基区"和"无源基区"的含义

器件物理分析中,确定双极晶体管特性的"基区"只是"基区"掺杂工序形成的 P 型区域中位于发射区下方的那一部分。为了强调这一特点,将位于发射区下方的那一部分基区掺杂区域称为"有源基区",又称为"本征基区",将有源基区以外的基区掺杂区域称为"无源基区",又称为"非本征基区",如图 6-2-6 所示。

(2)"有源基区"和"无源基区"的相关问题

在器件物理分析和集成电路设计中,对于"有源基区"和"无源基区",需要注意下面三个问题:

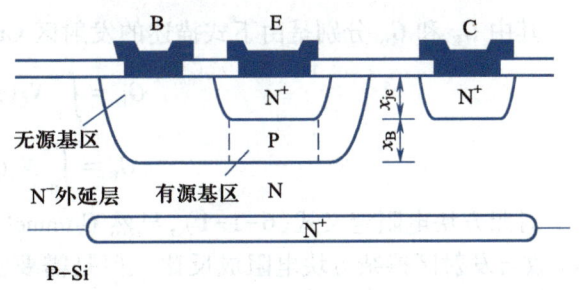

图 6-2-6　有源基区与无源基区

① "有源基区"与"无源基区"的作用分析

根据第 3 章关于双极晶体管的特性分析,器件的电流放大系数、特征频率、击穿特性、大电流特性等均与少数载流子通过基区的输运过程密切相关,而且不同特性对基区存在相互矛盾的要求。例如,提高电流放大系数以及改善频率特性均要求减小基区宽度,而提高穿通电压和厄利电压则要求增大基区宽度。因此在晶体管设计和制备过程中,需要优化控制基区的结构参数,包括基区宽度和基区杂质分布。需要强调的是这里所说的基区实际上是"有源基区"。因此可以说有源基区是晶体管结构的核心,在很大程度上决定了器件特性的好坏。

从图 6-2-6 可见,无源基区实际上只是起到在有源基区和基极引出端之间构成基极电流通道的作用。如 3.5.1 节分析,无源基区存在的串联电阻是器件基区串联电阻的重要组成部分。作为寄生参数,基区串联电阻对器件特性只起负面影响作用。

因此在双极晶体管器件结构的改进过程中,针对无源基区的负面影响问题,采取了不少改进技术措施,包括双基极条结构(见 7.1.2 节)、无源基区重掺杂以及自对准多晶硅基极接触(见 7.3.3 节)等。

② "无源基区方块电阻"与"有源基区方块电阻"的差别

表征掺杂层的重要参数"方块电阻"描述了掺杂层中与单位表面面积对应的掺杂总数。方块电阻越大,说明掺杂总数越少(参见 6.1.1 节)。

对照方块电阻的定义,"无源基区方块电阻"就是基区掺杂工艺测量的方块电阻,对应结深 x_{jc} 范围的掺杂总数。而"有源基区方块电阻"对应基区宽度 x_B 范围的掺杂总数。

考虑到基区掺杂形成的杂质分布特点是表面处杂质浓度较高,向内部逐步降低,因此基区宽度 x_B 范围的掺杂浓度相对较低。而且基区宽度 x_B 通常为基区掺杂结深 x_{jc} 的一半,导致单位表面面积对应的基区宽度 x_B 范围掺杂总数远低于基区掺杂结深 x_{jc} 范围的掺杂总数,或者说"有源基区方块电阻"远大于"无源基区方块电阻"。例如,通常无源基区方块电阻为 $(120\sim200)\,\Omega/\square$,相应的有源基区方块电阻则高达 $(1\sim2)\,\mathrm{k}\Omega/\square$。

集成电路中的电阻一般采用某个掺杂区起电阻作用。无源基区与有源基区方块电阻差别很大,在设计集成电路中的电阻时,可以根据阻值大小,合理选用。若阻值为几百欧姆,可采用无源基区方块电阻。若阻值为几千欧姆,则应选用有源基区方块电阻组成电阻元件。

③ 与"基区 Gummel 数"对应的"方块电阻"

根据 3.2.2 节分析,双极晶体管的发射结注入效率可表示为

$$\gamma_0 \approx 1 - \frac{G_B}{G_E}$$

其中 G_E 和 G_B 分别是由下式描述的发射区 Gummel 数和基区 Gummel 数

$$G_E = \int_0^{x_E} N_E(x')\,\mathrm{d}x'$$

$$G_B = \int_0^{x_B} N_B(x)\,\mathrm{d}x$$

对照方块电阻定义式(6-1-1),显然 Gummel 数值与方块电阻成反比。因此发射区 Gummel 数与发射区掺杂方块电阻成反比。但是需要注意的是基区 Gummel 数描述的是基区宽度 x_B 范围内的掺杂总数,应该与有源基区方块电阻成反比,而不是与基区掺杂方块电阻成反比。

因此,采用方块电阻描述的发射结注入效率表达式为

$$\gamma_0 \approx 1 - \frac{G_B}{G_E} = 1 - \frac{R_{发射区掺杂方块电阻}}{R_{有源基区方块电阻}}$$

3. 有源集电区与无源集电区

(1)"有源集电区"和"无源集电区"的含义

通常将 N⁻ 外延层称为集电区。实际上如图 6-2-7 所示,常规 BJT 的集电区可以划分为四个部分。

① 有源集电区

就器件工作过程中载流子的收集而言,只是位于有源基区正下方的那一部分区域起收集载流子的作用,因此将这部分称为"有源集电区",又称为"本征集电区"。

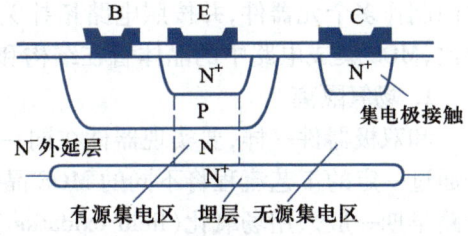

图 6-2-7 有源集电区与无源集电区

② 无源集电区

N⁻ 外延层中"有源集电区"以外的区域称为"无源集电区",又称为"非本征集电区"。因为这部分集电区并未起到收集载流子的作用,只是起集电极电流通道作用。

③ 埋层

外延层下方 N⁺ 埋层的作用是减小集电区串联电阻。

④ 集电极引出端 N⁺ 掺杂区

进行发射区掺杂时同时在集电极引出端处形成的 N⁺ 掺杂区是为了保证集电极处金属与集电区为欧姆接触。

(2)"有源集电区"和"无源集电区"的作用

根据第 3 章关于双极晶体管的特性分析,器件的多项特性等均与集电区参数密切相关,而且不同特性对集电区存在相互矛盾的要求。例如,提高击穿电压要求降低集电区掺杂浓度,而减小基区展宽效应进而改善器件的大电流特性则要求增大集电区掺杂浓度。因此在晶体管设计和制备过程中,需要优化控制集电区的结构参数,包括集电区厚度以及掺杂浓度。需要强调的是这里所说的集电区实际上是"有源集电区"。

从图 6-2-7 可见,无源集电区实际上只是起到在埋层和集电极引出端之间构成集电极电流的通道。无源集电区存在的串联电阻是器件集电区串联电阻 R_C 的主要组成部分。由于集电区掺杂浓度较低,因此无源集电区导致 R_C 较大,成为对器件特性只起负面影响作用的寄生参数。

此外,无源集电区范围与无源基区之间存在 BC 结势垒区,对应的势垒电容也成为对器件频率特性只起负面影响作用的寄生参数。因此无源集电区也称为"寄生集电区"。

在双极晶体管器件结构的改进过程中,针对无源集电区的问题采取了不少技术措施,例如深集电极掺杂与台状掺杂集电区(见 7.3.4 节)等。

6.3 集成电路中 MOS 晶体管结构-版图-工艺流程

本章 6.1.3 小节中以早期铝栅 PMOS 为例简要介绍了 PMOS 器件的结构和主要工艺步骤。然而 MOS 器件要在集成电路中应用还需要克服很多问题,如隔离、阈值电压调整、工艺兼容等。本节以早期典型的 NMOS 晶体管为例(NMOS,LOCOS,硅栅,3 微米),介绍用于集成电路的 NMOS 晶体管的工艺流程,剖析晶体管器件结构–版图与工艺流程之间的关系,重点说明晶体管结构的实现过程。不同类型 MOS 晶体管的版图设计特点将在第 8 章详细介绍。

6.3.1 集成电路中 MOS 晶体管结构特点

目前集成电路中的 MOS 晶体管是采用"平面工艺"制造的。由于集成电路是在同一个芯片内制作多个元器件,并按照电路拓扑关系实现元器件之间的互连,因此与分立 MOS 晶体管相比,MOS 集成电路中的晶体管在结构和工艺流程方面还需满足集成电路特殊的要求。

1. 场氧隔离

和双极器件一样,要实现器件在同一衬底上的集成,首先需要解决的就是隔离问题,也就是通过一定的工艺流程将不同的 MOS 晶体管隔离开来,减小器件之间的相互干扰。MOS 集成电路早期一般采用场氧化(field oxidation)(有时也称作厚氧)的方法进行隔离,即通过在特定区域(一般是 MOS 有源区之外的区域)生长较厚的氧化层从而达到隔离的效果。为了实现更好的隔离效果,即提高场区开启电压,防止产生寄生沟道,通常在生长场氧化层之前还会在场隔离区进行场注入,提高场区的掺杂浓度,阻止寄生沟道的生成,从而进一步提高场区开启电压,实现较好的隔离效果。这种通过生长厚氧化层来实现隔离的工艺方法也称为硅的局部氧化(local oxidation of silicon,LOCOS)。下面简单介绍 LOCOS 实现 MOS 晶体管隔离的具体工艺步骤以及 LOCOS 的结构。

与双极器件不同,MOS 器件的有源区刚好和隔离区形成互补,因此场氧隔离区的制作不需要额外的掩模,其掩模和 MOS 有源区掩模是一样的。

图 6-3-1 给出了 LOCOS 工艺实现场氧隔离结构的具体步骤:

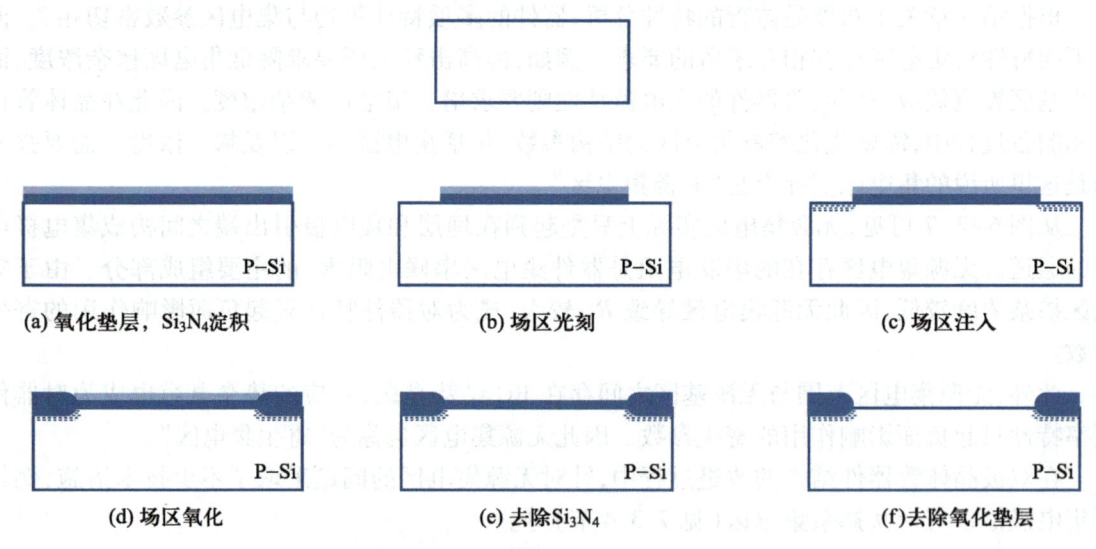

(a) 氧化垫层,Si₃N₄淀积   (b) 场区光刻   (c) 场区注入

(d) 场区氧化   (e) 去除Si₃N₄   (f) 去除氧化垫层

图 6-3-1   场氧隔离结构和工艺实现

步骤一:生长氧化垫层(缓解 Si₃N₄ 和 Si 衬底之间的应力),淀积 Si₃N₄ 层(用于后续生长场氧时候的掩模);

步骤二:利用 MOS 晶体管场区(也就是有源区)掩模,进行光刻,确定场区;

步骤三:对场区进行场注入,通常注入与衬底同类型的杂质,掺杂浓度高于衬底;

步骤四:对场区进行氧化,通常通入湿氧加速场氧的生长;

步骤五:去除 Si_3N_4 掩模层;

步骤六:去除氧化垫层,此时制作 MOS 晶体管的有源区通过场氧化层实现了隔离,等待后续的 MOS 晶体管制作工序。

需要注意的是,在场区氧化过程中,氧在二氧化硅中的扩散是各向同性的,氧也会通过 Si_3N_4 下面的氧化垫层横向扩散,这就导致 Si_3N_4 层边缘的区域的下方也会有 SiO_2 生长,从而导致 Si_3N_4 掩模边缘被抬高,在有源区边缘生成类似鸟嘴的场氧化层,如图 6–3–2 所示。鸟嘴效应导致 MOS 晶体管实际的有源区面积减小,影响了晶体管的横向隔离特性,从而影响了 MOS 集成电路的集成密度。此外,鸟嘴效应还可能导致局部电场分布改变,从而引起窄沟效应,特定区域鸟嘴效应还可能导致电场集中,从而增加晶体管击穿的风险。

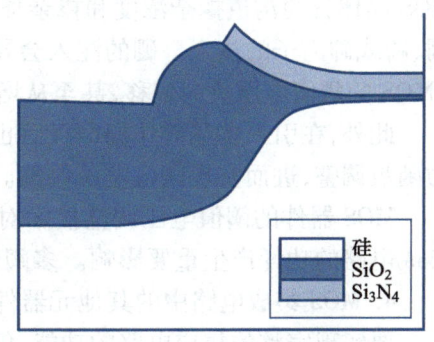

图 6–3–2　鸟嘴效应示意图

2. 多晶硅栅(silicon gate technology,SGT)

6.1.3 节中给出的最初的 MOS 晶体管是采用铝金属作为栅电极,在集成电路中采用铝金属作为 MOS 晶体管的栅电极却存在很多问题。

首先,铝的熔点较低(约为 660°),因此,铝电极必须在完成所有高温工艺步骤(包括源漏区离子注入退火)之后再进行淀积。这就需要首先进行源漏区的光刻,再进行栅区光刻,为了保证栅电极和源漏区的对准,对两层版图的套刻提出了很高的要求。通常为了避免出现栅电极未完全覆盖沟道的情况,套刻时还会故意扩大栅区版图对源漏区进行覆盖。栅电极和源漏的交叠区必然会产生寄生的交叠电容,对集成电路性能产生严重影响。

用多晶硅替代铝金属作栅电极可以解决上述问题。首先,多晶硅的熔点较高,可以承受源漏退火的高温,因此就可以采用先栅工艺来制作 MOS 晶体管,也就是先制作栅电极再利用栅电极的掩蔽作用来制作自对准的源漏区。利用自对准工艺制作的栅,几乎完全对准在通道上方,源漏和栅极之间唯一的交叠是掺杂原子的横向扩散长度。这种自对准特性简化了制造序列,增加了封装密度,并减小了栅源和栅漏的寄生交叠电容。

此外,多晶硅还可以通过改变掺杂类型和掺杂浓度来实现功函数调整,从而极大方便了集成电路中对 MOS 器件阈值电压的调整(铝栅 MOS 工艺只能通过沟道掺杂来调整)。

另外,除了作为栅极电极,多晶硅薄膜还可以作为互连路径,通过利用这种新的互连结构(无须使用第二层金属,如双极 IC 中所必需的那样),可以为 MOS 集成电路提供一个附加的互连层。这减轻了器件之间进行电路布线的问题。

除了上述优势,多晶硅与铝金属相比作为栅材料的最大缺点是其明显更高的电阻率。即使在最高浓度下掺杂,0.5 微米厚的多晶硅薄膜的方块电阻约为 $20\ \Omega/\square$(相比之下,0.5 微米厚的铝薄膜的片电阻约为 $0.05\ \Omega/\square$)。互连线电阻较高可能导致相对较长的 RC 时间常数(即传播延迟较长)。因此,为了减轻这个缺点,后续发展了在多晶硅层上形成金属硅化物层的方法。这样的多晶硅化膜可以提供 $12\ \Omega/\square$ 的片电阻,代价是更为复杂的加工工艺。此外,随着近年来器件尺寸的进一步缩小,多晶硅的耗尽效应及杂质扩散等问题也使得其在当下最先进的工艺中最终被金属栅重新替代,但尽管多晶硅存在上述不足,硅栅技术的发展被证明是在

MOS集成电路工艺发展中最重要的贡献之一。

3. 阈值电压调整(实现不同类型MOS器件)

集成电路中通常需要不同阈值电压的MOS晶体管来实现特定的功能,为了使MOS晶体管具有不同大小的阈值电压,甚至不同的工作方式(增强型$V_T>0$或耗尽型$V_T<0$),可以通过改变MOS晶体管的沟道掺杂浓度和掺杂类型来实现,比如,对NMOS晶体管而言,对沟道区域进行硼、磷或砷离子的注入。硼的注入会导致NMOS的阈值电压正向偏移,而磷或砷的注入会导致NMOS的阈值电压负向偏移,甚至从增强型NMOS变为耗尽型NMOS。

此外,在引入多晶硅作栅电极后也可以通过改变多晶硅栅的掺杂类型和掺杂浓度来实现功函数调整,进而实现阈值电压调整。

MOS器件的阈值电压调整技术对MOS集成电路的发展也非常重要,尤其是对降低MOS集成电路的功耗产生重要影响。多阈值技术也是MOS集成电路一种经典的低功耗技术。

4. MOS集成电路中的其他元器件

要实现完整的集成电路的功能,仅有MOS晶体管是不够的,还需要在制作MOS晶体管的时候制作与MOS晶体管工艺兼容的其他元器件,如二极管、电阻、电容等。

以硅栅NMOS工艺为例,在制作NMOS晶体管的同时,也可以同时实现电阻(MOS沟道电阻:栅与漏相连)、电容(MOS电容)及二极管(N^+掺杂区和P^-衬底形成)等元器件。

图6-3-3给出了基于硅栅NMOS工艺制作MOS电容的工艺流程:

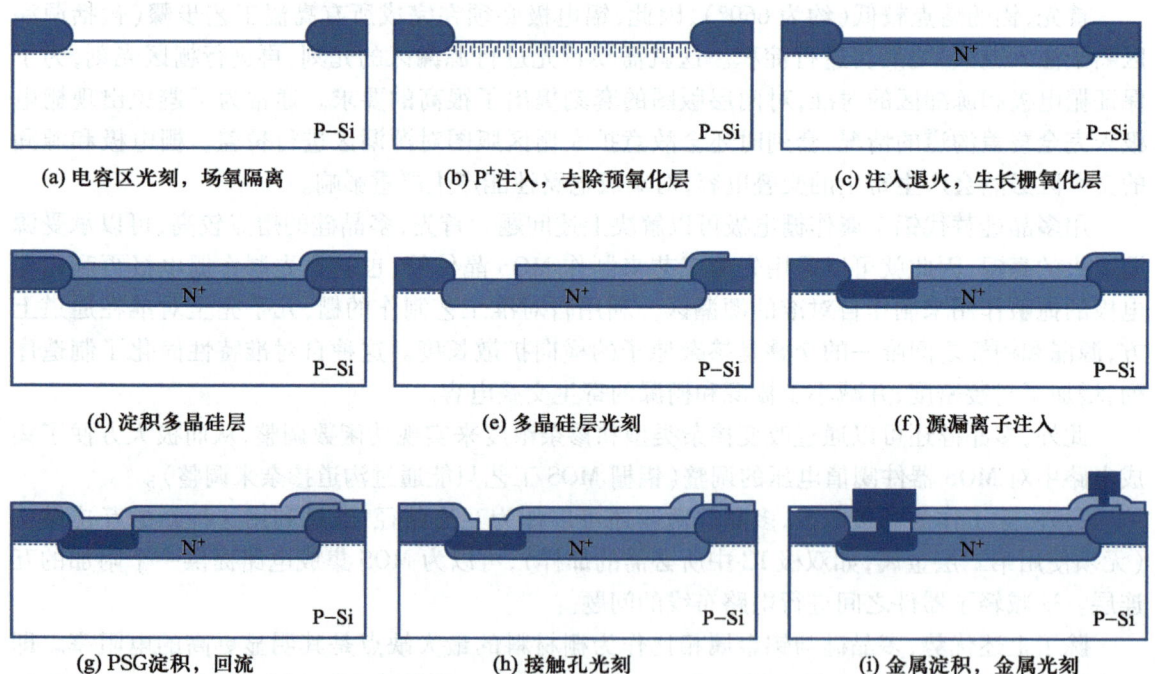

图6-3-3 基于硅栅NMOS工艺制作MOS电容工艺流程

步骤一:电容区光刻,并形成场氧化层隔离;
步骤二:对电容区进行P^+磷离子注入;
步骤三:注入退火,生长栅氧化层;
步骤四:淀积多晶硅层;

步骤五：多晶硅层光刻；

步骤六：源漏离子注入；

步骤七：PSG 淀积，回流；

步骤八：接触孔光刻；

步骤九：金属淀积，金属光刻。

可以看出，在硅栅 NMOS 工艺的基础上，只需要增加电容区 P^+ 磷离子注入这一个额外工艺步骤，其他工艺步骤均与 NMOS 工艺保持一致，即可实现集成电路中使用的 MOS 电容元件。这种方法极大简化了制作工艺，也极大提升了集成电路的密度和制造成本。

6.3.2　硅栅 NMOS 晶体管结构-版图-工艺流程

6.3.1 节主要讨论了用于集成电路的 NMOS 器件的结构特点，本节结合硅栅 NMOS 晶体管制造过程，介绍 NMOS 集成电路中的晶体管结构和工艺实现流程。6.3.1 节已给出场氧隔离和 MOS 电容的工艺，本节主要集中讨论 NMOS 晶体管的结构和工艺实现流程。

1. 硅栅 NMOS 器件工艺流程

在前面场氧化层隔离工艺的基础上，通过与 MOS 电容类似的工艺与步骤，可以实现硅栅 NMOS 晶体管。如图 6-3-4 主要包括 4 层掩模和八个工艺步骤。

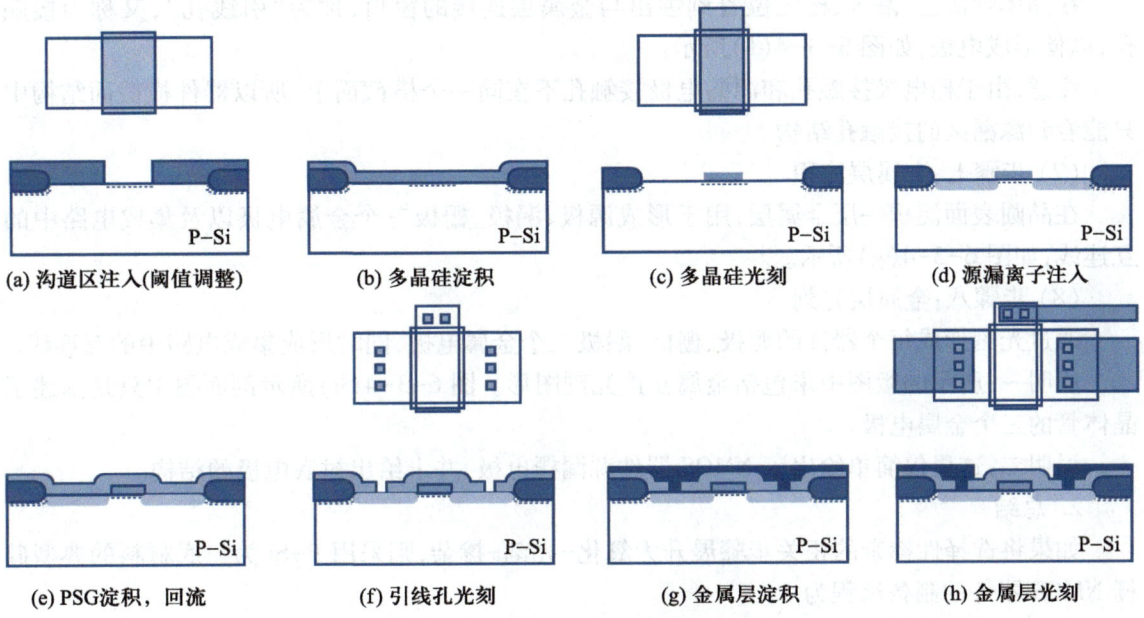

(a) 沟道区注入(阈值调整)　　(b) 多晶硅淀积　　(c) 多晶硅光刻　　(d) 源漏离子注入

(e) PSG淀积，回流　　(f) 引线孔光刻　　(g) 金属层淀积　　(h) 金属层光刻

图 6-3-4　用于集成电路的典型硅栅 NMOS 晶体管加工工艺流程

（1）步骤一：沟道区注入

主要通过沟道区掺杂来实现 NMOS 器件阈值电压调整，需要注意的是，因为离子注入过程对氧化层质量有影响，所以离子注入后需要刻蚀掉原有的预氧化层，重新生长一层高质量的栅氧化层，如图 6-3-4(a) 所示。

为了描述不同层次版图图形之间相互关系，图中给出了包括各个层次图形的版图总图。埋层光刻采用的版图图形为版图中的阴影矩形图形。

（2）步骤二：多晶硅淀积

硅栅 NMOS 与铝栅 PMOS 最大的区别就是通过先制作栅电极从而实现了源漏区和栅区的自对准，因此多晶硅淀积时无需额外的掩模，如图 6-3-4(b)所示。

（3）步骤三：多晶硅光刻

利用栅区（沟道区）掩模对晶圆表面淀积的多余多晶硅进行刻蚀，从而将后续用来制作源漏区的衬底区域暴露出来，如图 6-3-4(c)所示。

（4）步骤四：源漏离子注入

在上一步制作的多晶硅栅的基础上进行离子注入，先制作的多晶硅栅就可以充当掩模，无需额外掩模就可以实现与栅区与源漏区精准对齐，如图 6-3-4(d)所示。

注意，由于源漏区在离子注入退火过程中杂质还会横向扩散，实际生成的源漏区会与栅区有一定的交叠区域。后续可以通过制作较浅的源漏结来减小横向扩散长度。

（5）步骤五：PSG 淀积，回流

由于多晶硅材料较好的耐高温特性，在源漏区形成后，步骤五在晶圆表面整体淀积一层磷硅玻璃来对器件进行隔离和保护，为了保证后续金属淀积是能有较平整的表面（利于光刻对焦），所以会对晶圆加热从而使表面的磷硅玻璃融化回流。如图 6-3-4(e)所示。

（6）步骤六：引线孔光刻

在晶体管源区、漏区、栅区位置刻蚀出与金属层连接的窗口，称为"引线孔"，又称为接触孔，以便形成电极，如图 6-3-4(f)所示。

注意，由于栅电极接触孔和源漏电极接触孔不在同一个横截面上，所以器件横截面结构中只能看到源漏区的接触孔结构。

（7）步骤七：金属层淀积

在晶圆表面淀积一层金属层，用于形成源极、漏极、栅极三个金属电极以及集成电路中的互连线，如图 6-3-4(g)所示。

（8）步骤八：金属层光刻

通过光刻形成每个器件的源极、栅极、漏极三个金属电极，同时形成集成电路中的互连线。

说明一：所示的版图中未包括金属互连光刻图形。图 6-3-4(h)所示剖面图中只是描述了晶体管的三个金属电极。

说明二：这里仅简单给出了 NMOS 器件源漏栅电极，并未给出衬底电极的结构。

2. 总结

如果将选择性掺杂的相关步骤展开为氧化-光刻-掺杂，则采用 P-Si 为衬底材料的典型硅栅 NMOS 器件的制备流程为

① 衬底制备

② 场氧隔离制备（隔离光刻→隔离注入→隔离氧化）

③ 栅区制备（栅氧化层生长→淀积多晶硅→栅区光刻）

④ 源漏区制备（源漏区离子注入（与栅区自对准）→源漏区退火）

⑤ 引线孔光刻

⑥ 金属电极与互连线制备（淀积金属化层→金属电极及互连线光刻）

说明：实际生产中往往根据需要，在上述基本流程基础上增加光刻次数，这里仅讨论简化后的情况。

习题

6.1　形成 PN 结的基本原理是半导体物理中介绍的"掺杂"与"杂质补偿",实现"选择性掺杂"包含哪些基本工艺步骤? 每个步骤起到的主要作用是什么?

6.2　结合实现 PN 结的光刻工艺,阐述版图的作用以及版图设计中需要考虑哪些因素。

6.3　结合 PN 结版图与实际结面图形,说明版图"图形面积"与"结面积"的关系及其对器件性能的影响。

6.4　方块电阻 $R_\square$ 的定义是什么? 如何计算方块电阻? 方块电阻的大小与哪些因素有关? 为什么说方块电阻是描述掺杂工艺的重要工艺参数?

6.5　请阐述双极集成电路中的晶体管结构和工艺实现流程,绘制 NPN 晶体管结构对应的剖面图,说明分立器件与集成电路工艺过程的差异。

6.6　平面工艺是按照版图来加工制备满足要求的器件结构,为了保证工艺加工结果成品率,在设计版图时必须遵循代工厂基于其工艺加工水平以及器件特性要求所规定的一组版图设计规则,称为"设计规则(design rules)",请说明设计规则主要包含哪些信息以及描述方式。

6.7　请阐述集成电路中 MOS 晶体管结构-版图-工艺流程,并与双极器件和集成电路工艺过程对比,说明现代集成电路中主要采用 MOS 器件作为集成电路核心器件的原因。

6.8　请对比 BJT、MOS 器件的版图与剖面图,说明版图尺寸与器件的性能的关系,以及如何理解最小尺寸晶体管。

第7章　双极 IC 器件结构与版图

第6章6.2节结合 PN 结隔离双极集成电路详细介绍了双极晶体管结构的工艺实现过程。即使经历相同的工艺流程,若采用不同的版图设计,包括不同的图形及不同的尺寸,制备的晶体管将具有不同的特点。本章介绍集成电路中几种典型 NPN 晶体管以及其他类型器件,包括 PNP 晶体管的版图设计特点,并进一步介绍实用的先进双极晶体管结构。

7.1　双极 IC 中典型 NPN 晶体管

目前模拟集成电路和数字集成电路中常用的 NPN 晶体管包括最小尺寸晶体管、双基极条晶体管、交叉梳状 NPN 晶体管、肖特基 NPN 晶体管。本节剖析这几种晶体管的版图结构特点、作用原理以及版图设计方法。

7.1.1　最小尺寸 NPN 晶体管

1. 版图结构特点

顾名思义,最小尺寸晶体管就是版图中所有尺寸均采用设计规则中规定的最小尺寸,其版图以及剖面结构示意图如图 7-1-1 所示。

显然,最小尺寸晶体管的结面积最小,因此势垒电容最小,使得器件具有良好的特征频率 f_{T}(见 3.4 节)。同时整个芯片面积也最小。

当然其缺点是基区串联电阻较大、器件输出电流小(见 3.5 节)。通常用于工作电流较小的集成电路输入级。

2. 版图设计方法

集成电路设计中应该按照器件特性要求设计器件的图形结构和尺寸,其中版图尺寸还必须满足设计规则。本节针对最小尺寸晶体管,以采用 λ 设计规则为例,说明版图设计基本过程以及需要注意的问题。

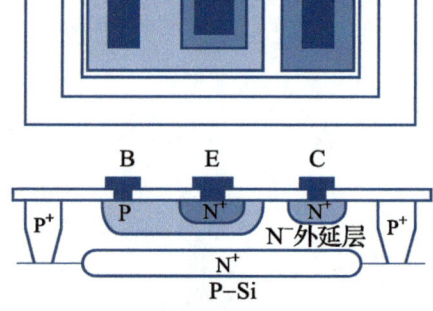

图 7-1-1　最小尺寸 NPN 晶体管

(1) 确定设计规则要求

应该明确代工厂提供的一组设计规则(参见 6.1.4 节)规定。下面是一组规则实例。

引线孔最小尺寸为 $2\lambda \times 2\lambda$;

条状图形最小宽度,包括金属条、扩散条(区)、P^+ 隔离槽最小宽度为 2λ;

条状图形之间最小间距为 2λ;

不同尺寸图形之间考虑套刻误差的套刻间距,包括金属条以及扩散区对引线孔各边的覆盖裕量、基区覆盖发射区的最小裕量为 1λ;

N^+ 埋层和 P^+ 隔离墙之间的最小间距为 4λ,其他层次图形之间的最小间距为 2λ。

(2) 绘制版图形

基本方法是首先绘制尺寸最小的图形,再根据套刻间距、覆盖、间距等规定,逐步扩大图形范围,依次绘制发射区、基区、集电区、隔离等层次图形,直到完成整个版图的绘制。

整个过程可以分为四个步骤。

① 绘制发射极引线孔以及发射区图形

对最小尺寸晶体管,尺寸最小的图形是发射极引线孔。因此首先按照设计规则规定,绘制边长为 2λ 的正方形发射极引线孔。

再按照设计规则关于套刻间距为 1λ 规定,绘制发射区图形,结果如图 7-1-2(a)所示。

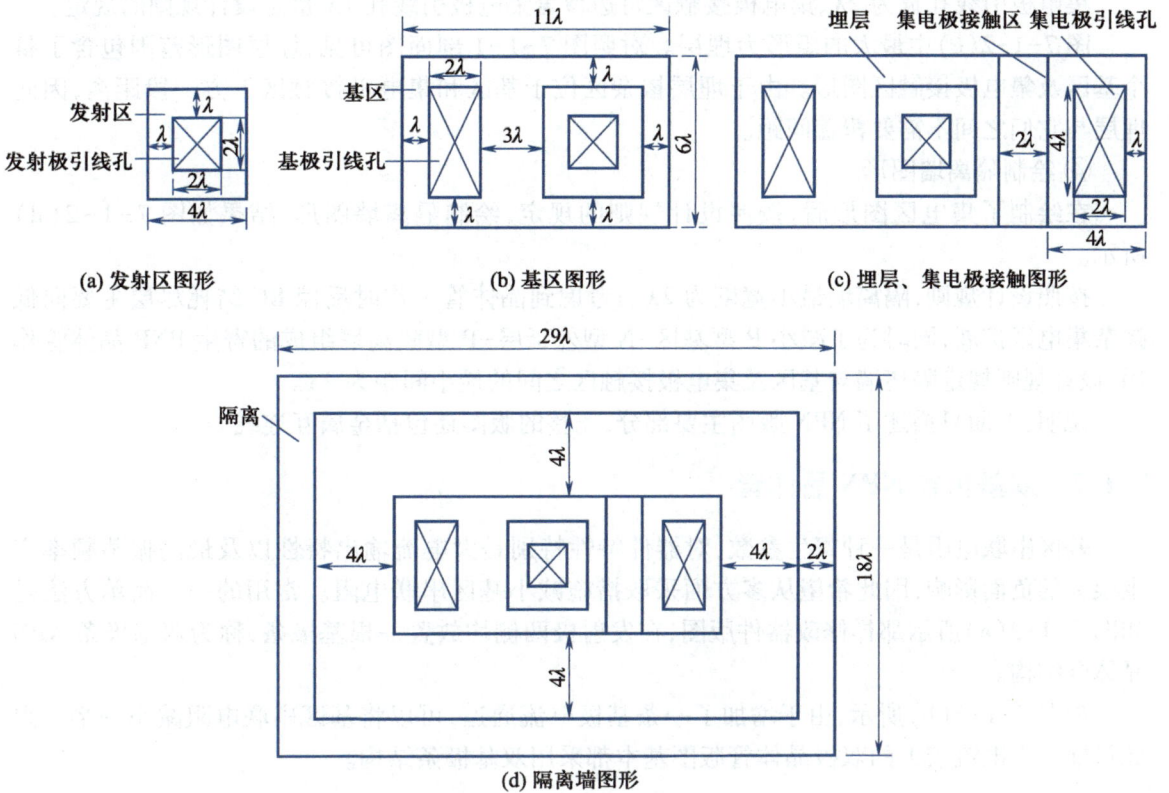

(a) 发射区图形　　　　　(b) 基区图形　　　　　(c) 埋层、集电极接触图形

(d) 隔离墙图形

图 7-1-2　最小尺寸 NPN 晶体管版图绘制过程

② 绘制基极引线孔以及基区图形

在绘制的发射区图形基础上,按照设计规则的规定,绘制基区以及基极引线孔图形,结果如图 7-1-2(b)所示。

基极引线孔宽为 2λ,满足设计规则中最小条宽为 2λ 的要求。基极引线孔上、下和左侧 3 条边与基区边缘的间距均为 1λ,发射区上、下和右侧 3 条边与基区相应 3 边的间距也均为 1λ,满足设计规则中最小覆盖 1λ 的要求。

说明:基极引线孔高取为 4λ 并不是设计规则的一条规定。由于发射区边长为 4λ,为了满足设计规则中基区至少覆盖发射区 1λ 的要求,基区图形高度应该为 6λ。按照基区覆盖基极引线孔 1λ 的要求,可以将基极引线孔高取为 4λ,在基区范围内尽量扩大引线孔面积,可以减小串联电阻。

图中基极引线孔与发射区之间为 3λ 也不是设计规则的一条规定。由于设计规则要求发射极金属条以及基极金属条至少覆盖相应引线孔 1λ,同时相邻两条金属条之间至少间距为

2λ,这就要求图中基极引线孔与发射区之间间距为 3λ。

③ 绘制集电区

在绘制了基区图形后,按照设计规则的规定,绘制集电区图形,包括集电极引线孔、集电极接触区以及埋层图形,结果如图 7-1-2(c)所示。

集电极接触区与发射区是同一个层次。按照设计规则,集电极接触区与基区图形之间的间距为 2λ。

集电极引线孔宽为 2λ、集电极接触区每边覆盖集电极引线孔 1λ 也是设计规则的规定。

图 7-1-2(c)中最大的矩形为埋层。对照图 7-1-1 剖面图可见,埋层图形范围包含了整个基区及集电极接触区图形。由于埋层掺杂区位于基区和集电极接触区下方一段距离,因此埋层与它们之间不需要覆盖间距。

④ 绘制隔离墙图形

在绘制了集电区图形后,按照设计规则的规定,绘制隔离墙图形,结果如图 7-1-2(d)所示。

按照设计规则,隔离墙最小宽度为 2λ。考虑到晶体管工作时反偏 BC 结耗尽层主要向低掺杂集电区扩展,同时为了减小 P 型基区-N 型外延层-P 型隔离墙组成的寄生 PNP 晶体管作用,设计规则规定隔离墙与基区及集电极接触区之间的最小间距为 4λ。

说明:上面只描述了 NPN 版图主要部分,完整的版图还包括金属互连线等。

7.1.2 双基极条 NPN 晶体管

基区串联电阻是一种寄生参数,对器件特性特别是大电流输出特性以及最高振荡频率产生很大的负面影响,因此希望从多方面采取措施减小基区串联电阻。常用的一种简单方法是如图 7-1-3(a)所示那样修改器件版图,在发射极两侧均放置一根基极条,称为双基极条 NPN 晶体管结构。

如图 7-1-3(b)所示,由于增加了一条基极电流通道,可以将基区串联电阻减小一半。因此目前工作电流较大的双极晶体管版图基本都采用双基极条结构。

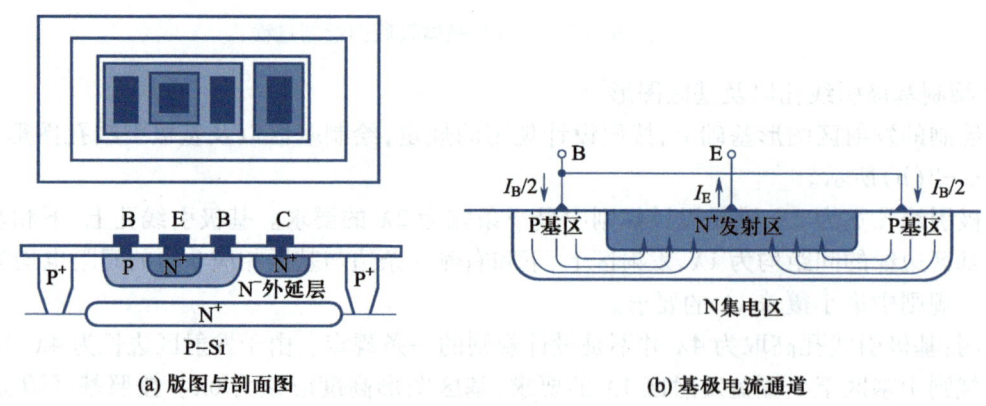

(a) 版图与剖面图　　　　　　　　(b) 基极电流通道

图 7-1-3 双基极条 NPN 晶体管

此外,双基极条结构对改善器件最高振荡频率 f_{max} 也有明显效果。

与单基极条最小尺寸晶体管相比,增加一根基极条将导致 BC 结面积增大,使得特征频率降低。但是由式(7-1-1)所示 $f_{\max}$ 表达式可见,由于明显减小了基区串联电阻,综合效果是最高振荡频率得到提升。

$$f_{\max} = \sqrt{\frac{f_{\mathrm{T}}}{8\pi R_{\mathrm{B}} C_{\mathrm{jc}}}} \tag{7-1-1}$$

7.1.3 交叉梳状 NPN 晶体管

1. 大电流功率晶体管版图结构特点

如 3.5.2 节分析,基区串联电阻产生基区自偏压效应,导致发射极电流呈现集边效应。为了保证晶体管在工作电流较大情况下不出现大注入效应,同时尽量减小发射结面积,使得频率特性不受明显影响,工作电流较大的功率晶体管版图应该采用长条形发射区图形。

(1) 确定发射区条状图形尺寸需要考虑的问题

① 为了减缓对频率特性的影响,要求发射极面积 A_{E} 尽量小,就要求条宽尽量窄,因此发射区条宽直接采用设计规则允许的最窄宽度。

② 为了防止或者减缓出现大注入效应,需要确定单位发射极条长允许的电流 I_0。

理论分析和实践结果表明,作为工程实用数据,单位发射区条长允许的最大电流 I_0 为

线性放大应用:$I_0 \leqslant 0.012 \sim 0.04\ \mathrm{mA/\mu m}$

功率放大应用:$I_0 \leqslant 0.04 \sim 0.08\ \mathrm{mA/\mu m}\ (f > 400\ \mathrm{MHz})$

$\qquad\qquad I_0 \leqslant 0.08 \sim 0.16\ \mathrm{mA/\mu m}\ (f < 400\ \mathrm{MHz})$

开关应用:$I_0 \leqslant 0.16 \sim 0.4\ \mathrm{mA/\mu m}$。

说明:选用的 I_0 值越小,越不容易出现大注入效应,晶体管特性越好。但是对一定的 I_{E} 要求,需要的发射极条越长,芯片面积越大。

③ 为了保证较大的工作电流 I_{E},要求的发射极总条长 L_{E} 为

$$L_{\mathrm{E}} \geqslant I_{\mathrm{E}}/I_0 \tag{7-1-2}$$

④ 应考虑对单根发射极条最长条长的限制。

若金属条长为 l_{M}、宽为 S_{M}、厚度为 d_{M},常规的电阻计算公式为

$$R_{\mathrm{M}} = \rho_{\mathrm{M}} \frac{l_{\mathrm{M}}}{S_{\mathrm{M}} d_{\mathrm{M}}}$$

对发射极条,如图 7-1-4 所示,工作时实际 I_{E} 不是均匀流过金属条。分析可得这种情况下金属条等效电阻为

$$R_{\mathrm{M}} = \frac{1}{3}\left(\rho_{\mathrm{M}} \frac{l_{\mathrm{M}}}{S_{\mathrm{M}} d_{\mathrm{M}}}\right)$$

由于 I_{E} 流过发射极金属条时在发射极两端产生压降,使发射区条"尾部"发射结电压低于"头部"发射结电压,则"尾部"发射结电流密度比"头部"发射结小。

由于电流密度与结电压的指数关系,为了保证两端电流密度之比不大于 $1/\mathrm{e}$,则发射极条两端发射结电压之差应不大于 kT/q

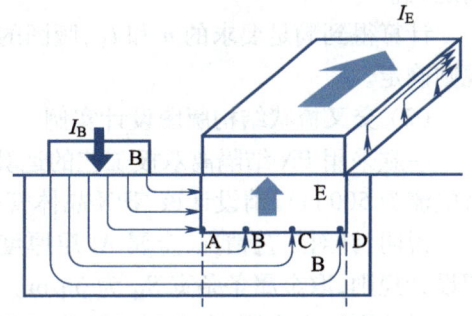

图 7-1-4　发射极金属条等效电阻

$$I_E R_M \leqslant \frac{kT}{q}$$

代入等效电阻 R_M 表达式,得

$$l_M \leqslant \frac{3}{I_E} \left(\frac{S_M d_M}{\rho_M} \right) \left(\frac{kT}{q} \right) \tag{7-1-3}$$

（2）交叉梳状结构版图

如果发射极电流 I_E 较大,需要的发射极条长 L_E 较长,通常明显大于单根发射极条允许的最长条长 l_M。这种情况下,可将 L_E 划分为多根较短发射极条并联,就可以在每根发射极条均小于允许的最长条长 l_M 的条件下保证总的发射极条长不小于 L_E。

若采用 n 根发射极条并联,为了减小基区串联电阻 R_B 应该采用双基极条结构,每根发射极条两侧均应该有基极条,则一共需要 $(n+1)$ 根（注意:并不需要 $2n$ 根）基极条。通过金属层将 n 根发射极条并联,将 $(n+1)$ 根基极条并联,构成大电流功率晶体管版图。

图 7-1-5 为三根发射极条的版图实例。并联在一起的三根发射极条以及并联在一起的四根基极条形似两把交叉的梳子,相互穿插,因此称为交叉梳状结构版图。

2. 交叉梳状结构版图设计

（1）交叉梳状结构版图设计方法

设计大电流功率晶体管版图的关键是根据晶体管发射结工作电流值 I_E 确定需要并联的发射极条数目 n 以及每根发射极的条长 l_M。

若采用 n 根发射条并联,每根发射条的条长为 l_M,则根据式（7-1-2）和式（7-1-3）描述的条件,n 和 l_M 应满足:

$$\frac{I_E}{n I_0} \leqslant l_M \leqslant \frac{3n}{I_E} \left(\frac{S_M d_M}{\rho_M} \right) \left(\frac{kT}{q} \right) \tag{7-1-4}$$

虽然不能从式（7-1-4）直接求解 n 和 l_M 的数值,但是可以采用试探法,根据 I_E 要求,增大 n,总可以得到满足上式要求的 n,随之确定 l_M。

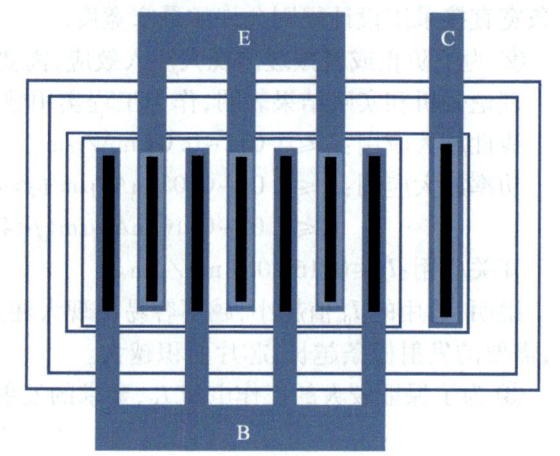

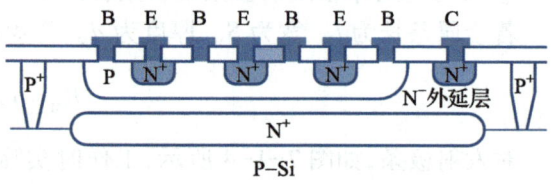

图 7-1-5　交叉梳状结构版图和剖面图（实例）

计算得到满足要求的 n 和 l_M,版图的其余部分均可以参照 7.1.1 节介绍的方法,按照设计规则确定。

（2）交叉梳状结构版图设计实例

一款采用 PN 结隔离双极工艺的运算放大器集成电路,输出端功率器件 NPN 晶体管工作时电流为 500 mA,请设计该 NPN 晶体管的版图。

说明:针对工艺情况,金属 Al 层厚度 d_M 为 2 μm、电阻率 ρ 为 2.85×10^{-6} Ω·cm。参照版图设计规则,取金属条条宽 S_M 为 6 μm。

对功率放大应用,参考下述经验工程数据,选定单位条长允许通过的电流为

$$I_0 \leqslant 0.08 \sim 0.16 \text{ mA/μm} \quad (f < 400 \text{ MHz})$$

若取 $I_0 = 0.16$ mA/μm,则为了保证较大的 500 mA 电流,由式(7-1-2)可知,需要的发射极总条长 $L_E \geqslant (500/0.16)\,\mu$m $= 3\,125\,\mu$m。

由于单根发射极条长 l_M 受到限制,因此采用多根较短发射极条并联的方式。

若采用 n 根发射条并联,每根发射条的条长为 l_M,则 n 和 l_M 应满足式(7-1-4):

$$\frac{I_E}{nI_0} \leqslant l_M \leqslant \frac{3n}{I_E}\left(\frac{S_M d_M}{\rho_M}\right)\left(\frac{kT}{q}\right)$$

采用试探法可得,取 $n = 7$ 可满足要求,对应单根发射极条长为 $3\,125\,\mu$m/$7 = 446.4\,\mu$m

为了避免单根发射极条长过长,可以取 $n = 10$,即采用 10 根发射极条并联,每根金属发射极条的长度为 320 μm,宽度为 6 μm。相应基极金属条为 11 根,长度也为 320 μm。

版图中其他尺寸均采用设计规则允许的最小尺寸。

7.1.4 肖特基 NPN 晶体管版图

3.6.3 节原理分析指出,作为开关作用的双极晶体管,只要如图 7-1-6(a)所示那样,在 BC 结并联一个肖特基二极管,成为肖特基钳位晶体管,就可以明显减少饱和状态下基区存储的过饱和电荷 Q_{BX} 的幅度,减小存储时间,提高开关速度。

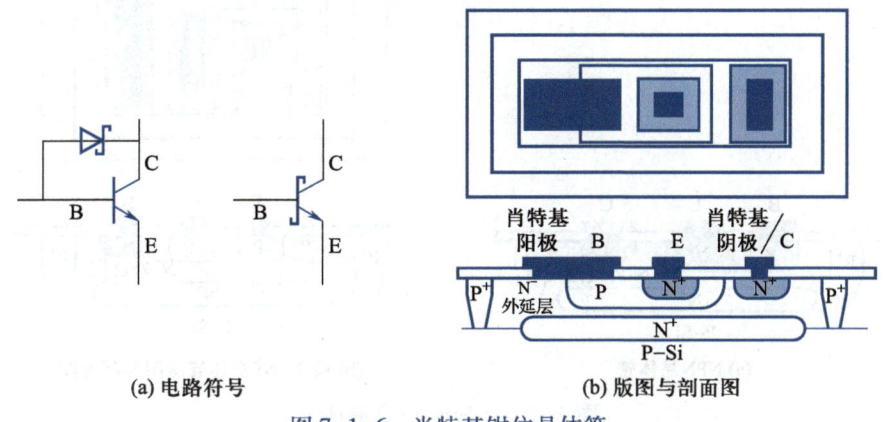

| (a) 电路符号 | (b) 版图与剖面图 |

图 7-1-6 肖特基钳位晶体管

数字集成电路中实际肖特基钳位晶体管的版图如图 7-1-6(b)所示。由于金属 Al 与低掺杂集电区的接触是肖特基接触而不是欧姆接触,因此只要将通常的 NPN 晶体管(见图 7-1-1)基极引线孔扩展到集电区上,通过这部分引线孔,金属与半导体之间就成为肖特基二极管,其中金属层为阳极,已与晶体管基极相连。作为肖特基二极管的阴极也同时是晶体管的集电区,自动满足肖特基二极管与晶体管 BC 结并联的关系。

基于器件物理基本原理,只是版图稍做变化,将通常晶体管的基极引线孔扩展到集电区,成为肖特基钳位晶体管,而工艺流程无需任何变化,就可以使得开关晶体管的存储时间几乎下降一个数量级,大幅度提高数字集成电路的开关速度。

7.2 双极 IC 中其他典型器件

由于 NPN 的特性优于 PNP 晶体管,因此双极集成电路的工艺流程是按照如何保证 NPN 晶体管特性而设计的。集成电路中其他类型器件则是在制作 NPN 晶体管的工艺过程中利用不同区域的掺杂形成的。本节介绍其他几类典型器件的结构和版图,包括 PNP 晶体管、二极管、组合器件等。

7.2.1 典型 PNP 晶体管结构与版图

双极集成电路中如果需要 PNP 型晶体管,可以在制作 NPN 晶体管的工艺过程中利用不同区域的掺杂形成 PNP 晶体管。

常见的有横向 PNP 晶体管和纵向 PNP 晶体管两类。

1. 横向 PNP 晶体管结构与版图

(1)剖面结构

对比图 7-2-1(a)所示通常 NPN 晶体管剖面图,可以利用制作流程中形成 NPN 基区的 P 型掺杂同时制作 PNP 的 P 型发射区和 P 型集电区,N^- 型外延层则作为 PNP 的基区,如图 7-2-1(b)下方所示。由于剖面图上"P 型发射区-N 型基区-P 型集电区"水平排列,因此称为横向 PNP 晶体管。

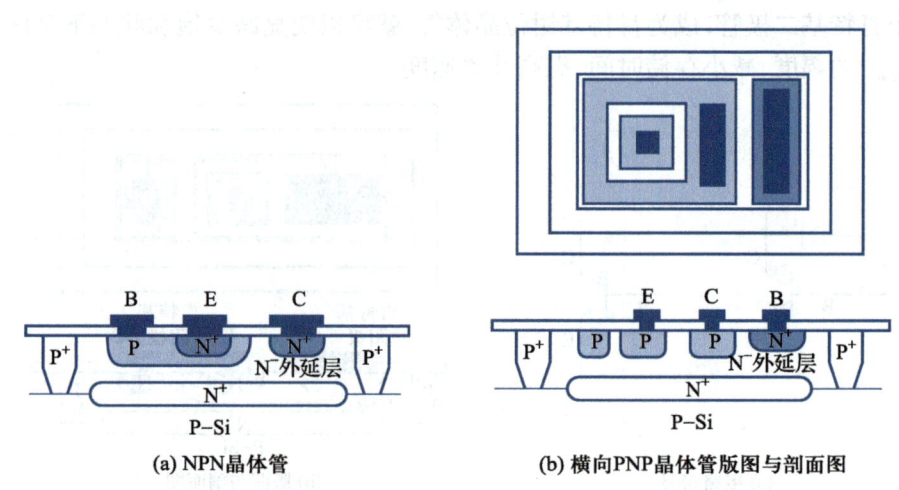

图 7-2-1 横向 PNP 晶体管

(2)版图

图 7-2-1(b)中剖面图上方为横向 PNP 晶体管对应的版图。为了充分收集发射区注入的空穴,集电区呈环状围绕在发射区四周。

(3)缺点

由于横向 PNP 晶体管基区宽度为水平方向尺寸,受到横向扩散的影响,考虑到工艺参数波动性,使得基区宽度很难精细控制得很窄。因此这种器件的 β_0 和 f_T 均比 NPN 几乎差一个数量级。

2. 纵向 PNP 晶体管

(1)剖面结构

对比图 7-2-2(a)所示通常 NPN 晶体管剖面图,可以利用制作流程中形成 NPN 基区的 P 型掺杂的同时制作 PNP 的 P 型发射区。N 型外延层作为 PNP 的基区,P 型衬底则作为 PNP 的 P 型集电区,如图 7-2-2(b)所示。由于剖面图上"P 型发射区-N 型基区-P 型集电区"竖直排列,因此称为纵向 PNP 晶体管。

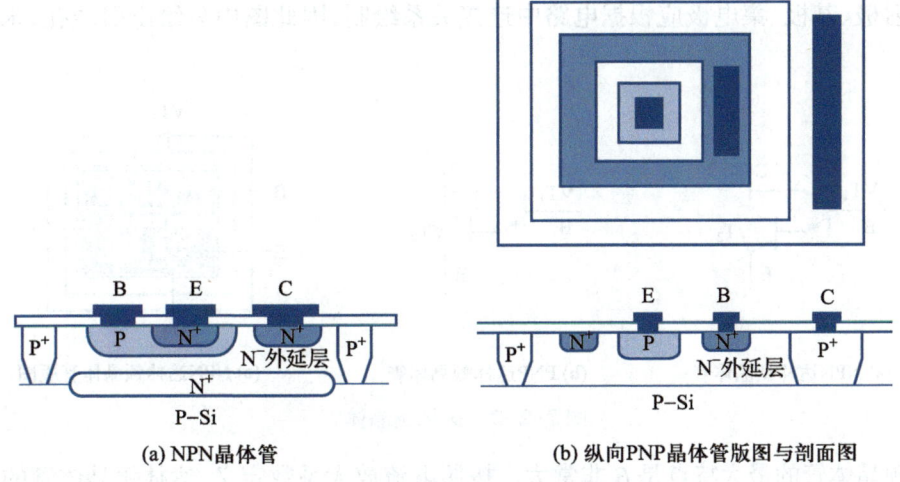

(a) NPN晶体管　　　　　　　(b) 纵向PNP晶体管版图与剖面图

图 7-2-2　纵向 PNP 晶体管

（2）版图

图 7-2-2(b)中剖面图上方为纵向 PNP 晶体管对应的版图。

需要注意的是横向 PNP 晶体管中 N$^+$ 埋层起到减小基区串联电阻的作用,但是纵向 PNP 晶体管版图中不能包含通常的 N$^+$ 埋层,否则将在纵向 PNP 晶体管基区形成自建电场,对基区空穴载流子的输运起减速作用,影响电流放大系数和特征频率。

为了减小基区串联电阻,纵向 PNP 晶体管的基极接触区 N$^+$ 掺杂图形为环形。由于 PN 结隔离双极集成电路中 P 型衬底与 P$^+$ 隔离墙相连,因此集电极从 P$^+$ 隔离墙上引出。

（3）缺点

纵向 PNP 晶体管的基区宽度为竖直方向距离,基区宽度的控制精度优于横向 PNP 晶体管,因此 β_0 和 f_T 均明显高于横向 PNP,但是仍然明显比 NPN 晶体管差。

由于 PN 结隔离双极集成电路中为了保证隔离效果,隔离墙需要连接到电路中最低电位。而纵向 PNP 晶体管集电区为衬底材料,已自动接至电路中最低电位。因此在电路中只有集电区与电路最低电位点相连的 PNP 器件才能采用纵向 PNP 结构。

7.2.2　双极集成电路中的器件整合

为了进一步改善器件特性,可以用几个器件构成复合器件,起一个晶体管的作用,例如达林顿晶体管、复合 PNP 晶体管。根据集成电路中对称性或者特性比例关系的需要,也可以将一个器件划分为几个器件使用,例如多发射极 NPN 晶体管、多集电极 PNP 晶体管。

1. 达林顿晶体管

达林顿晶体管实际上是采用两个双极晶体管串接组成的复合晶体管,其中前面晶体管的发射极与后面晶体管的基极相连。

由两个 NPN 串接构成的达林顿晶体管为 NPN 型,由两个 PNP 串接构成的达林顿晶体管为 PNP 型,分别如图 7-2-3(a)和(b)所示。

将两个晶体管版图组合在一起就构成达林顿晶体管的版图。图 7-2-3(c)为 NPN 达林顿晶体管版图实例。由于两个晶体管集电区都是 N 型外延层,集电极又相连,因此可以共用一个隔离岛。图中框线代表将晶体管 VT_1 发射极与晶体管 VT_2 基极相连的金属层，NPN 达林顿晶体管的发射极、基极、集电极应根据电路中连接关系绘制，因此图中只绘出引线孔，未绘制金属电极。

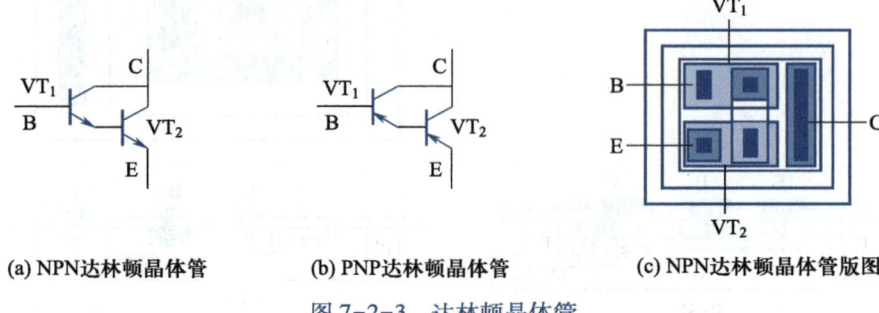

| (a) NPN达林顿晶体管 | (b) PNP达林顿晶体管 | (c) NPN达林顿晶体管版图 |

图 7-2-3　达林顿晶体管

达林顿晶体管的最大特点是 β 非常大。按照电流放大系数定义，达林顿晶体管的 $\beta = I_C/I_B$。其中，I_B 就是晶体管 VT_1 的基极电流 I_{B1}，I_C 则为晶体管 VT_1 和晶体管 VT_2 的集电极电流之和，$I_C = I_{C1} + I_{C2}$。另外，$I_{C2} = \beta_2 I_{B2}$，其中 $I_{B2} = I_{E1} = (1+\beta_1)I_{B1}$。

代入 β 的定义表达式，得

$$\beta = I_C/I_B = (I_{C1}+I_{C2})/I_{B1} = \beta_1 + \beta_2(1+\beta_1) = \beta_1 + \beta_2 + \beta_2\beta_1 \approx \beta_2\beta_1 \tag{7-2-1}$$

因此，采用两个双极晶体管串接组成的达林顿晶体管，其电流放大系数 β 近似为两个晶体管 β_1 和 β_2 的乘积。此外达林顿晶体管输出电流也很大，广泛用于功率电路中，例如继电器驱动电路、LED 显示屏驱动电路等。

2. 复合 PNP 晶体管

由于 PNP 晶体管电流放大系数较低，在要求采用电流放大系数较大的 PNP 晶体管场合，采用一个横向 PNP 晶体管与一个 NPN 晶体管组成一个起 PNP 类型作用的晶体管，称为复合 PNP 晶体管，如图 7-2-4(a)所示。

将两个晶体管版图组合在一起就构成复合 PNP 晶体管的版图，如图 7-2-4(b)所示。由于晶体管 VT_1 是 PNP 型，N 型外延层是基区。晶体管 VT_2 是 NPN 型，N 型外延层是集电区。他们并不相连，因此晶体管 VT_1 和晶体管 VT_2 必须分别采用一个隔离岛。

图 7-2-4(b)中竖直框线代表将晶体管 VT_1 集电极与晶体管 VT_2 基极相连的金属层，转弯型框线代表将晶体管 VT_1

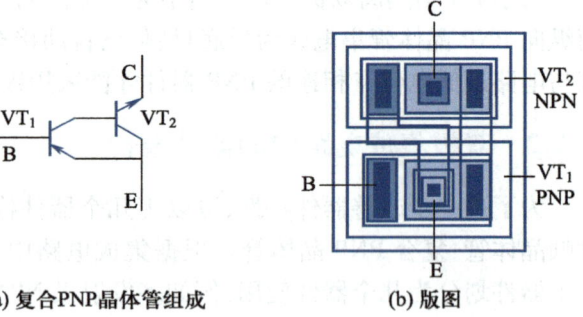

| (a) 复合PNP晶体管组成 | (b) 版图 |

图 7-2-4　复合 PNP 晶体管

发射极与晶体管 VT_2 集电极相连的金属层。复合 PNP 晶体管的发射极、基极、集电极应根据电路中连接关系绘制，因此图中只绘出引线孔，未绘制金属电极。

按照电流放大系数定义，复合 PNP 晶体管的 $\beta = I_C/I_B$。其中，I_B 就是晶体管 VT_1 的基极电流 I_{B1}，I_C 则为晶体管 VT_2 的发射极电流 I_{E2}，$I_{E2} = (1+\beta_2)I_{B2}$，$I_{B2}$ 也是晶体管 VT_1 的集电极电流 I_{C1}，因此 $I_{E2} = (1+\beta_2)I_{C1} = (1+\beta_2)\beta_1 I_{B1}$。

代入 β 的定义表达式,得

$$\beta = I_C/I_B = I_{E2}/I_{B1} = (1+\beta_2)\beta_1 \approx \beta_2\beta_1 \qquad (7\text{-}2\text{-}2)$$

复合 PNP 晶体管电流放大系数 β 近似为横向 PNP 与 NPN 两个晶体管电流放大系数的乘积,提供了一个电流放大系数很大的 PNP 晶体管。

但是复合 PNP 晶体管的频率特性仍然受到单个 PNP 晶体管的限制。另外构成复合 PNP 晶体管需要两个隔离岛,占用的芯片面积较大。

3. 多发射极 NPN 晶体管

多输入端的数字电路单元,其输入端晶体管通常采用具有多个发射极的 NPN 晶体管,一个发射极作为一个输入端。图 7-2-5(a)是四输入端 NPN 器件符号。

由于四输入端 NPN 器件相当于基极连在一起同时集电极也连在一起的四个 NPN 晶体管,因此器件版图只需要一个隔离岛,而且四个发射区位于同一个基区中。为了保证四个输入端特性的对称性,应注意版图中四个发射区图形排布的对称性,如图 7-2-5(b)所示。

4. 多集电极 PNP 晶体管

双极模拟集成电路中,有时需要采用基极相连、发射极也相连但是集电极电流呈现确定比例关系的两个 PNP 晶体管。采用横向 PNP 晶体管可以满足这一要求。图 7-2-6 是集电极电流呈现 1:3 比例关系的 PNP 晶体管实例。

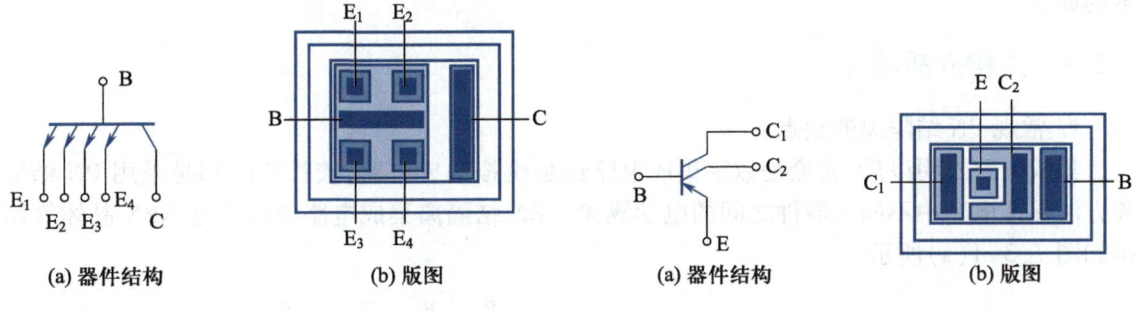

(a) 器件结构　　　　(b) 版图　　　　　　　　(a) 器件结构　　　　(b) 版图

图 7-2-5　四发射极 NPN 晶体管　　　　　　图 7-2-6　多集电极 PNP 晶体管

图 7-2-6(a)为描述器件结构的元器件符号图。将通常的横向 PNP 晶体管版图中环状集电区图形按图 7-2-6(b)所示,拆分为两部分。对于发射区注入的空穴,C_2 收集空穴的面积是 C_1 的三倍,因此 I_{C2} 是 I_{C1} 的三倍。

7.2.3　双极集成电路中的二极管结构

集成电路中的二极管基本上都是采用不同接法的 NPN 晶体管,包括:

① 采用 BC 结,发射极开路;

② 采用 EB 结,集电极开路;

③ 采用 BC 结,CE 短路;

④ 采用 BC 结,EB 短路;

⑤ 采用 EB 结,BC 短路;

⑥ 采用单独 BC 结(无发射区掺杂)。

这六种二极管结构分别如图 7-2-7(a)~(f)所示。

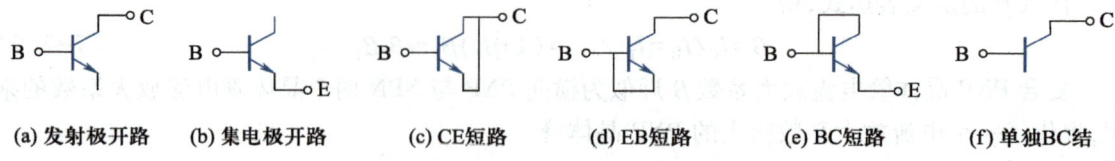

(a) 发射极开路　　(b) 集电极开路　　(c) CE短路　　(d) EB短路　　(e) BC短路　　(f) 单独BC结

图 7-2-7　双极集成电路中的二极管结构

不同接法构成的二极管,其电特性参数,例如击穿电压 BV、结电容、正向导通电压等各不相同,可以根据要求选用。

7.3　先进双极晶体管结构

为了进一步满足集成电路对晶体管特性越来越高的要求,随着集成电路工艺技术的发展,集成电路中的双极晶体管在传统 PN 结隔离基本结构的基础上,从隔离技术以及晶体管的发射区、基区、集电区的结构组成等多方面进行了全面改进,包括沟槽介质隔离、自对准多晶硅发射极、无源基区重掺杂、多晶硅基极自对准、SiGe 基区异质结、深集电极掺杂、台状掺杂集电区结构等。

本节在介绍这些结构的引入背景、结构特点基础上,从器件物理的角度解读对器件特性改善的原理。

7.3.1　沟槽介质隔离

1. 常规 PN 结隔离的缺点

集成电路发明以后,无论是数字集成电路还是模拟集成电路,较长时间都是采用 PN 结隔离方法保证电路中不同元器件之间的电学隔离。PN 结隔离集成电路中的典型 NPN 晶体管结构如图 7-3-1(a)所示。

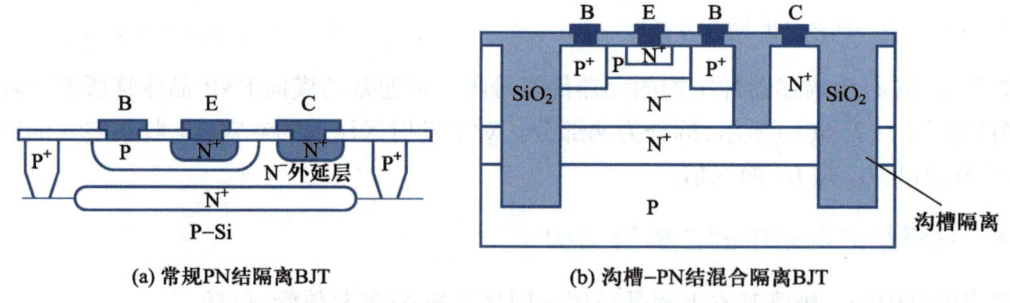

(a) 常规PN结隔离BJT　　　　　　(b) 沟槽-PN结混合隔离BJT

图 7-3-1　常规 PN 结隔离与沟槽-PN 结混合隔离的 BJT 结构比较

下面介绍实际应用中 PN 结隔离存在的两个问题。

(1)隔离效果不够理想

PN 结隔离是依靠反偏 PN 结实现不同器件之间的隔离。由于反偏 PN 结存在一定泄漏电流,因此隔离效果并不够满意,不能满足高性能集成电路对隔离特性的需求。

(2)占用芯片面积较大

由于下述原因,导致采用 PN 结隔离的集成电路存在芯片面积较大的缺点。

①P$^+$隔离扩散要穿透整个外延层，横向扩散范围较大，因此P$^+$隔离墙较宽；

②为了保证BC结在承受较高电压的情况下，BC结耗尽层不会与P$^+$隔离墙接触，基区与隔离墙之间需要有较大的间距。

③为了减少"P型基区-N型集电区-P$^+$隔离墙"的寄生PNP晶体管作用，也要求增大寄生晶体管的基区宽度，即要求基区与隔离墙之间有较大的间距。

2. 沟槽介质隔离结构

随着刻蚀工艺技术的进步，为了克服PN结隔离存在的问题，集成电路中越来越多地采用沟槽介质隔离结构取代PN结隔离。图7-3-1(b)是采用沟槽介质隔离集成电路中的典型NPN晶体管结构实例。生成沟槽介质隔离的基本步骤为

①在需要形成隔离墙的位置采用反应离子刻蚀技术形成几乎是垂直剖面的凹槽；

②在凹槽的底面和侧面生长氧化层；

③采用SiO$_2$或者多晶硅填充凹槽。

实际应用中通常采用沟槽与局部氧化相结合的结构。

说明一：图7-3-1(b)所示沟槽介质隔离结构实际上是一种常用的沟槽介质隔离与PN结隔离的混合隔离结构：不同隔离岛之间的侧面为介质隔离，而隔离岛底部与衬底之间为PN结隔离。

说明二：为了减小基区串联电阻，图示结构还采用无源基区P$^+$重掺杂（参见7.3.3节）以及减少集电区串联电阻的深集电极掺杂（参见7.3.4节）。

3. 沟槽介质隔离的优点

采用沟槽介质隔离对集成电路特性与生产带来下述明显优点：

①明显减小泄漏电流，提高隔离特性；

②对图7-3-1(b)所示沟槽-PN结混合隔离结构，基区只是在底部与集电区之间存在耗尽层，因此减小器件的BC结面积，使得结电容明显减小，有利于提高特征频率f_T，改善BJT频率响应；

③由于可以减小隔离墙宽度，而且基区与隔离墙之间不再需要间隔，因此明显减小了芯片尺寸。

7.3.2　自对准多晶硅发射极结构

1. 需求背景

如6.2.3节分析（见图6-2-5），平面工艺BJT的制造中，基本按照基区宽度x_B的要求控制发射区掺杂结深x_{jE}。第3章中分析的BJT多个特性参数，包括电流放大系数、频率特性、大电流特性等均与基区宽度密切相关。随着集成电路对器件特性特别是频率特性的要求越来越高，要求BJT的基区宽度越来越窄。目前高性能BJT的基区宽度要求在100 nm以下，因此要求发射区掺杂结深随之更浅，也应小于100 nm。

如果采用扩散掺杂方法很难保证如此浅结的发射区结深控制。如果采用离子注入方法，在如此薄的发射区范围又会产生晶格损伤。而采用多晶硅发射极结构可以满足发射区几十纳米结深的浅结掺杂要求。

2. 多晶硅发射区掺杂与发射极自对准结构

生成自对准发射极结构的基本步骤为

① 光刻发射区窗口后,不像常规工艺那样进行发射区掺杂,而是淀积掺有 N^+(如 As)的多晶硅,并刻蚀生成发射极接触图形,如图 7-3-2(a)所示。

② 在随后的高温过程中,N^+ 多晶硅起发射区掺杂源的作用,其中的五价施主原子(如 As)向硅中扩散,形成 N^+ 发射区,如图 7-3-2(b)所示。

以硅与多晶硅界面为起点测量的发射结结深可以小到 25 nm,很好地满足了超薄基区双极晶体管的制作要求。

③ 随后在淀积金属层之前,发射区表面不再需要先光刻引线孔,金属层直接与多晶硅接触形成发射极电极,如图 7-3-2(c)所示。

因此多晶硅起到自对准生成发射极的作用。

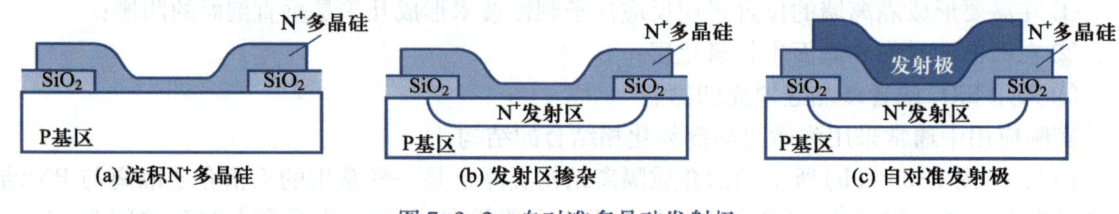

图 7-3-2　自对准多晶硅发射极

3. 多晶硅发射极对晶体管放大特性的改善

多晶硅掺杂形成发射区不但可以形成非常浅的发射结结深,满足超薄基区双极晶体管制作要求。而且多晶硅发射极结构还起到改善晶体管放大特性的作用。

下面从器件物理角度,分析发射区少子分布特点,解读多晶硅掺杂形成发射区能够改善晶体管放大特性的物理原理。

正向放大工作状态的晶体管,发射结正偏,发射区靠 EB 结耗尽层边界 $x'=0$ 处少子边界浓度为 $p_E(x'=0)=p_{E0}\exp(qV_{BE}/kT)$。发射极引出端 $x'=x_E$ 处为欧姆接触,金半接触处压降近似为 0,因此少子浓度为平衡少子浓度,远小于正偏发射结耗尽层边界浓度 $p_E(x'=0)$,可以近似取为 $0:p_E(x'=x_E)=p_{E0}\approx0$。由于发射区很窄,远小于该区域中少子扩散长度,因此发射区中少子分布近似为斜直线,如图 7-3-3(a)所示。

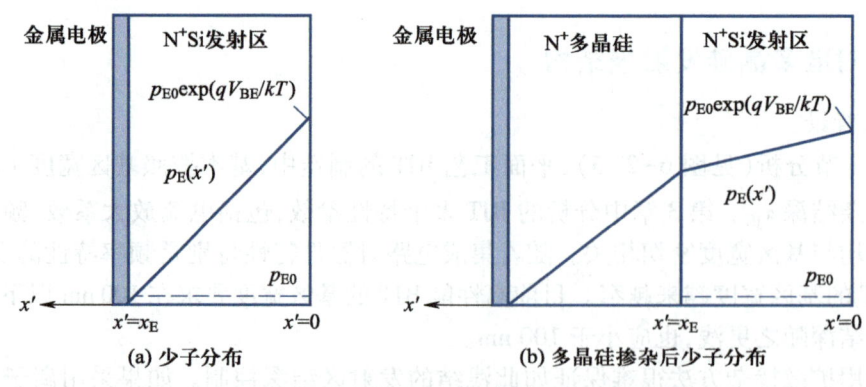

图 7-3-3　多晶硅发射极对发射区少子分布的影响

对多晶硅发射极结构,金属发射极与 N^+ 多晶硅接触,接触界面少子空穴浓度近似为 0。

若保持发射区宽度不变,仍然为 x_E,但是该处已不是金属与发射区的界面,而是 N^+ 多晶硅与 N^+-Si 发射区的界面。通常 N^+ 多晶硅以及 N^+-Si 发射区宽度均远小于该区域中少子扩散长度,因此少子分布近似为斜直线,如图7-3-3(b)所示。

x_E处界面两侧的多晶硅电极以及发射区中少子分布以及少子扩散电流应该保持连续,因此有

$$qD_{E(N^+多晶硅)}\frac{dp_{E(N^+多晶硅)}}{dx'}\bigg|_{x'=x_E}=qD_{E(N^+-Si)}\frac{dp_{E(N^+-Si)}}{dx'}\bigg|_{x'=x_E}$$

由于多晶硅中晶粒界面散射作用,多晶硅中扩散系数比硅中小得多,因此发射区中少子空穴分布斜率明显减小,如图7-3-3(b)所示。

根据3.2.2节发射结注入效率的定量分析,发射区中少子空穴分布斜率明显减小,说明基区向发射区反向注入的少子空穴扩散电流I_{PE}减小,使得注入效率增大,导致电流放大系数随之增大,改善晶体管的放大特性。

7.3.3 基区结构的三项改进

如第3章分析结果,双极晶体管的多种特性均与基区结构密切相关,因此先进双极晶体管中基区结构的改进更加重要。与常规PN结隔离集成电路中BJT相比,除了7.1.2节介绍的双基极条结构外,对基区主要进行了三点改进,包括无源基区重掺杂、自对准多晶硅基极接触以及采用重掺杂P^+-SiGe作为基区,全面改善了器件电特性。

1. 无源基区重掺杂

如6.2.3节分析(见图6-2-6),基区可以划分为有源基区和无源基区两部分。无源基区只是起到基极电流通道的作用。影响晶体管电流放大系数的主要是有源基区。

根据3.2.2节定量分析结果,为了保证放大系数,有源基区掺杂浓度不能太高。由于基区掺杂浓度不高,就导致基区串联电阻较大,对晶体管特性特别是功率特性会产生负面影响。

为了解决上述问题,现在集成电路工艺中较多采用无源基区重掺杂结构。基区掺杂仍然按照有源基区对掺杂浓度的要求。然后再对无源基区部分进行一次重掺杂,如图7-3-4(b)所示。进行无源基区重掺杂虽然需要增加一次选择性掺杂,但是可以明显减小基区串联电阻,改善器件特性。

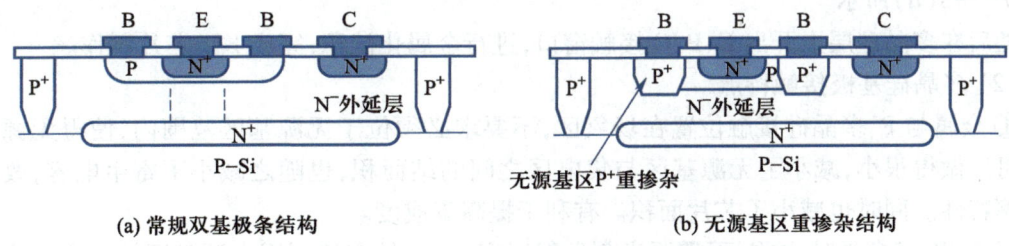

(a) 常规双基极条结构   (b) 无源基区重掺杂结构

图7-3-4 无源基区重掺杂结构

2. 多晶硅无源基区掺杂与多晶硅基极接触

与多晶硅发射区掺杂情况类似,基区也可以采用多晶硅进行无源基区重掺杂,并同时实现自对准。

(1) 多晶硅基极接触工艺流程

下面结合图7-3-5所示结构实例,说明工艺流程。

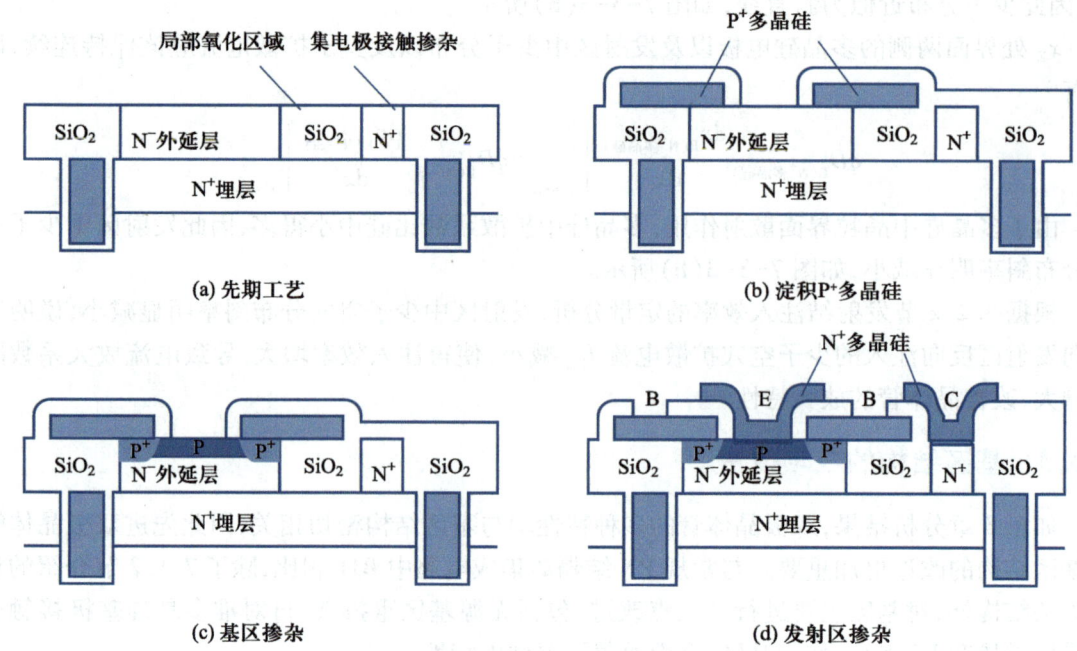

图 7-3-5   多晶硅无源基区掺杂与多晶硅基极接触工艺流程

① 先期工艺:包括埋层掺杂、外延生长、沟槽隔离、局部氧化、深集电极接触掺杂(参见 7.3.4 节),如图 7-3-5(a)所示。

② 淀积 P⁺多晶硅,并光刻形成无源基区掺杂图形及基极接触图形。然后表面进行氧化,光刻有源基区掺杂窗口,如图 7-3-5(b)所示。

③ 进行有源基区掺杂。同时 P⁺多晶硅作为掺杂源,实现无源基区 P⁺重掺杂,如图 7-3-5(c)所示。

④ 按照图 7-3-2 所示多晶硅发射区掺杂工艺,淀积 N⁺多晶硅,光刻发射区掺杂图形以及集电极接触掺杂图形,并进行高温处理,同时实现 N⁺发射区重掺杂以及集电极接触处重掺杂,如图 7-3-5(d)所示。

随后在多晶硅层上开出 E、B、C 接触窗口,进行金属化淀积,完成 BJT 芯片制作。

(2)多晶硅基极接触特点

① 金属与 P⁺多晶硅接触位置在场氧区,不要求必须位于无源基区范围内,使得无源基区面积可以做得很小,减小了无源基区与集电区之间的结面积,也随之减小了寄生电容,改善器件频率特性。同时也减小了芯片面积。有利于提高集成度。

② 淀积 N⁺多晶硅之前,不需要光刻发射区窗口,而是直接利用有源基区掺杂窗口作为发射区掺杂区域,这就实现了"自对准"。

3. 基区为重掺杂 SiGe 的异质结晶体管(HBT)

根据第 3 章 3.7 节分析,采用 P⁺-SiGe 作为基区的 HBT,可以在保持注入效率 γ_0 满足要求的前提下,在适当降低发射区掺杂浓度的同时提高基区掺杂浓度,可以明显改善晶体管的特性,包括降低基区串联电阻 R_B,大幅度提高特征频率 f_T 和最高振荡频率 f_{max},增大厄利电压 V_A。

如果基区的 Ge 含量为缓变分布状态,基区中靠近集电结位置 Ge 含量最高,靠近发射极位置 Ge 含量最低,则基区禁带宽度将从发射结处向集电结处不断减小,导致基区中产生一个内建电场,对发射区注入基区的电子起加速作用,就可以提高电流放大系数,同时减小了基区渡越时间,进一步提高 BJT 的特征频率 f_T。

因此目前高性能集成电路中的双极晶体管,越来越多地采用 P^+-SiGe 基区 HBT 结构。图 7-3-6 为剖面结构图实例。采用外延生长技术形成 P^+-SiGe 基区。图中还采用了多晶硅发射极和多晶硅基极接触结构。

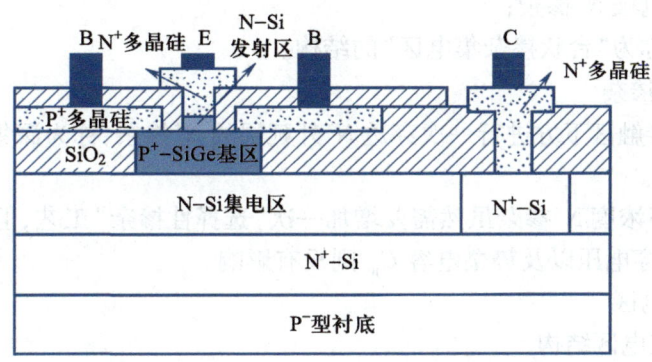

图 7-3-6 基区为 P^+-SiGe 的 HBT 剖面结构图

7.3.4 深集电极掺杂与台状掺杂集电区

随着集成电路应用范围的扩大,BJT 集电区的常规结构严重影响了器件高频-大功率特性的提高。为了解决相关矛盾,目前先进 BJT 集电区广泛采用"深集电极 N^+ 掺杂"以及"台状掺杂集电区"的结构。

1. 改善 BJT 特性对集电区结构的矛盾要求

如 6.2.3 节分析,BJT 集电区的常规结构组成可以划分为有源集电区、无源集电区、埋层和集电极引出端 N^+ 掺杂区(欧姆接触重掺杂)四部分,如图 7-3-7(a)所示。

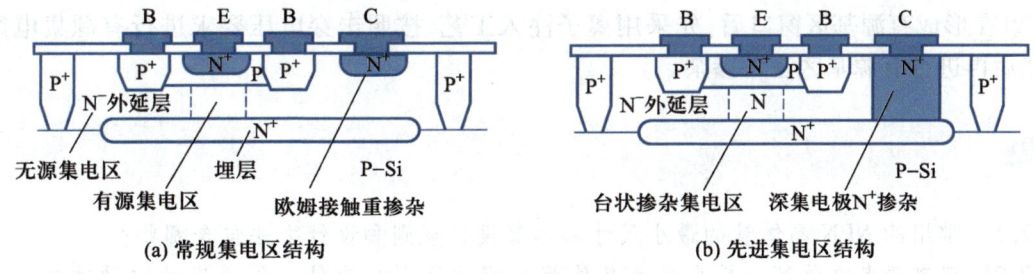

图 7-3-7 集电区结构

为了提高特征频率,要求集电结势垒电容 C_{jc} 尽量小,这就要求集电区掺杂浓度 N_C 尽量低(参见 3.4.2 节)。

为了保证集电结击穿电压要求,N_C 不能高于一定值(参见 3.5.3 节)。

为了改善大电流特性,防止出现基区展宽效应导致电流放大系数下降(参见 3.3.4 节),要求 N_C 尽量高。为了减小集电区串联电阻,改善频率特性,也要求 N_C 尽量高。

针对这种矛盾要求,常规 BJT 结构中,通常按照击穿电压要求确定 N_C,并不能按照减小 C_{jc} 的要求,进一步减小 N_C,否则基区展宽效应明显,对电流放大特性产生负面影响。

结合器件物理分析可知,防止出现基区展宽效应而要求尽量高的 N_C 实际上只是收集载流子的有源集电区范围的掺杂浓度,或者说只是要求本征集电区的掺杂浓度不能太低。

整个 BC 集电结耗尽层范围内集电区一侧的掺杂浓度,包括有源集电区和无源集电区都影响集电结击穿电压以及集电结势垒电容 C_{jc}。

基于上述分析,为了进一步改善器件特性,现代集成电路中 BJT 集电区作了两点改进:

① 增加了深集电极 N$^+$ 掺杂;

② 采用了一种称为"台状掺杂集电区"的结构。

2. 深集电极 N$^+$ 掺杂

在 BJT 集电极接触区下方进行一次穿透 N$^-$ 外延层的 N$^+$ 掺杂,称为深集电极接触 N$^+$ 掺杂,如图 7-3-7(b)所示。

深集电极接触高浓度 N$^+$ 掺杂虽然需要增加一次"选择性掺杂"工艺,但是可以明显减小集电区串联电阻,对击穿电压以及势垒电容 C_{jc} 则没有影响。

3. 台状掺杂集电区

（1）台状掺杂集电区结构

现代 BJT 中有源集电区的掺杂浓度按照器件设计的要求,在保证击穿电压要求的前提下将基区展宽效应减弱到最小。而无源集电区掺杂浓度可以比有源集电区轻,就能够减小总的集电结势垒电容,有利于提高特征频率。

按照集电区中不同区域具有不同掺杂浓度的特点,这种有源集电区掺杂浓度高于其四周无源集电区掺杂浓度的集电区结构称为台状掺杂集电区（pedestal-collector）,或者称为无源集电区轻掺杂,如图 7-3-7(b)所示。

（2）台状掺杂集电区结构的工艺实现

形成台状掺杂集电区结构的工艺流程有下述两个要点:

① 生长外延层时不是按照击穿电压要求确定掺杂浓度,而是按照无源集电区要求,降低掺杂浓度;

② 在形成有源基区窗口后,先采用离子注入工艺,按照击穿电压要求进行有源集电区掺杂,然后再进行有源基区注入掺杂。

习题

7.1　常用的 NPN 晶体管的最小尺寸晶体管设计规则和设计方法包含哪些?

7.2　双基极条晶体管与最小尺寸晶体管有哪些区别? 为什么需要设计这种结构? 对改善器件哪些性能具有重要作用?

7.3　什么是交叉梳状 NPN 晶体管? 请结合发射极电流集边效应,解释在晶体管工作电流较大情况下,为什么采用交叉梳状 NPN 晶体管,它有哪些作用和特点。

7.4　结合双极晶体管频率特性的主要因素,分析在版图设计中如何改善频率特性。

7.5　请绘制肖特基晶体管的版图和横截面图,解释为什么肖特基晶体管在开关应用中能提高开关速度。

7.6　在双极集成电路版图中,常用的隔离技术有哪些? 简述其原理和应用场景。

7.7　现代双极集成电路工艺为什么以 NPN 晶体管为主要对象进行工艺设计? PNP 晶体管可以采用哪些方式进行设计和实现?

7.8　集成电路中的双极晶体管在传统 PN 结隔离基本结构的基础上,从隔离技术及晶体管的发射区、基区、集电区的结构组成等多方面进行了全面改进,请结合器件版图实例,阐述沟槽介质隔离、多晶硅发射极自对准、无源基区重掺杂、多晶硅基极自对准等工艺改进对器件性能提升的影响。

7.9　双极晶体管的多种特性均与基区结构密切相关,与常规 PN 结隔离集成电路中 BJT 相比,基区主要进行了三点改进,包括无源基区重掺杂、自对准多晶硅基极接触以及采用重掺杂 P^+-SiGe 作为基区,请阐述上述改进如何改善了器件电特性。

第 8 章　MOS IC 器件结构与版图

本书第 6 章讨论了早期 PMOS 和 NMOS 晶体管的结构、工艺和版图。随着 MOS 集成电路工艺的发展,CMOS 工艺的出现引发了 MOS 器件结构的多次重要变化。本章将按照 CMOS 工艺的发展顺序,分别讨论微米尺度、亚微米尺度、深亚微米尺度及纳米尺度 MOS 器件的结构、工艺和版图。其中,8.1 节重点讨论 CMOS 器件结构与工艺特点,8.2 节重点讨论 CMOS 器件结构与版图关系。此外,考虑到集成电路在高压、高速及混合信号等场合的应用,本章的 8.3 和 8.4 两节还将讨论 BiCMOS 工艺和 BCD 工艺的器件结构及相关工艺。

8.1　CMOS 器件结构特点

20 世纪 80 年代,MOS 集成电路的发展经历了从 PMOS 到 NMOS,再到 CMOS 的重大变革。在 20 世纪 80 年代之前,MOS 集成电路技术主要集中于 PMOS 和 NMOS 器件。PMOS 器件因其制作简单而首先被广泛应用,但其性能和速度有限。随后,NMOS 器件因其具有更高的速度和较低的功耗逐渐取代了 PMOS 成为主流。然而,NMOS 电路在静态功耗上存在显著劣势。为了解决这一问题,CMOS 技术被提出。CMOS,即互补金属氧化物半导体技术,通过结合 PMOS 和 NMOS 器件的优点,实现了功耗和性能的优化。CMOS 技术的概念最早可追溯到 20 世纪 60 年代初。早在 1963 年,仙童半导体公司的萨支唐(C. T. Sah)和弗兰克·万拉斯(Frank Wanlass)就发表了关于 CMOS 工艺的相关论文,并用实验数据验证了 CMOS 工艺的特性。随后,仙童公司的 Frank Wanlass 等还为 CMOS 技术申请了专利,标志着 CMOS 技术的诞生。在 CMOS 电路中,PMOS 和 NMOS 器件在工作过程中交替导通,仅在切换时消耗功率,显著降低了功耗。同时,CMOS 电路在静态状态下几乎没有待机功耗,这使得用 CMOS 工艺制作的集成电路相较于早期的 PMOS 或 NMOS 集成电路而言,普遍具有非常低的功耗。也正是这种低功耗特性,早期 CMOS 集成电路主要用于电子手表或手持式计算器等便携设备上。随着制造技术的进步和特征尺寸的缩小,CMOS 技术逐渐成为集成电路的主流工艺,广泛应用于各种电子设备中,如计算机、通信设备和消费电子产品。这一发展推动了电子工业的快速发展。

接下来,将按照 CMOS 工艺的发展过程,分别介绍微米尺度、亚微米尺度、深亚微米尺度及纳米尺度 CMOS 器件的结构和相应的工艺。需要说明的是,这部分内容只讨论 CMOS 器件前道工序,也就是 CMOS 器件的结构特点和相关的重要工艺步骤,后道工序涉及的集成电路互连等内容不在本章讨论范围。此外,8.1 节将重点讨论 CMOS 器件的结构和工艺特点,CMOS 的版图相关内容将在 8.2 节中讨论。

8.1.1　微米尺度 CMOS 器件结构和工艺特点

随着集成电路工艺的不断进步,CMOS 技术在 20 世纪 80 年代迎来了重要的发展阶段,特别是在微米尺度的 CMOS 器件上取得了显著的突破。微米尺度 CMOS 器件的诞生标志着集成电路性能和集成度的显著提升。最小特征尺寸从 3 μm 缩小到 1.2 μm,同时晶圆尺寸从 100 mm(4 英寸)增至 150 mm(6 英寸)。在这一阶段,随着光刻技术的进步和制造工艺的优化,

CMOS 器件的特征尺寸逐渐缩小到微米级别,使得集成电路的开关速度更快,功耗更低。在微米尺度下,CMOS 器件的结构设计变得更加精细和复杂,显著提高了器件的开关速度和功耗表现。工艺方面,随着光刻、离子注入和化学气相沉积等技术的进步,制造过程中实现了更高的精度和一致性,从而确保了器件的性能和可靠性。这些技术进步不仅提升了 CMOS 器件的性能,还拓展了其应用范围,使其在计算机、通信设备和消费电子产品等领域得到广泛应用。微米尺度的 CMOS 工艺为后来亚/深亚微米和纳米尺度工艺的发展奠定了坚实的基础。接下来,将以一个特征尺寸为 3 微米的 CMOS 器件为例,详细介绍微米尺度 CMOS 器件的结构与工艺特点。

1. 微米尺度 CMOS 器件的结构特点

图 8-1-1 给出了微米尺度 CMOS 器件结构。与第 5 章中讨论过的 PMOS 和 NMOS 器件不同,CMOS 器件最显著的特点是将相邻的 PMOS 和 NMOS 器件制作在同一个衬底上。从图 8-1-1 中可以看出,微米尺度 CMOS 器件中的 PMOS 和 NMOS 器件中依然采用多晶硅栅电极和自对准的源漏结构,但出于集成和隔离的需求,微米尺度 CMOS 器件的结构主要有如下显著特点。

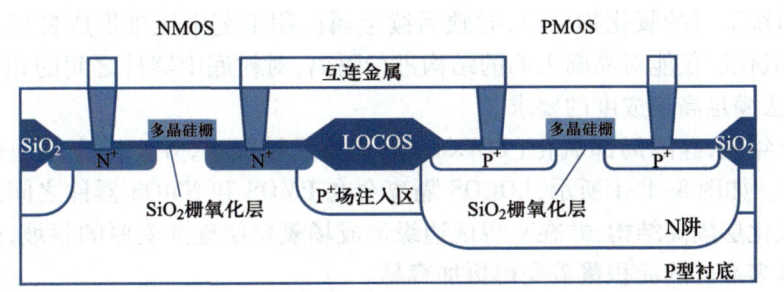

图 8-1-1 微米尺度 CMOS 器件结构

（1）单阱结构（single well）

由于 PMOS 器件需要制作在 N 型衬底上,而 NMOS 器件需要制作在 P 型衬底上。因此,要在同一衬底上同时制作 PMOS 和 NMOS,就必须在制作 MOS 器件之前,通过选择性掺杂工艺改变原有衬底局部区域的掺杂类型。一种较为简单的方法就是制作单阱结构。如图 8-1-1 所示,在 P 型衬底上通过补偿掺杂,将衬底特定区域的掺杂改成了 N 型。如此,便可以在 N 阱中制作 PMOS 器件,在 P 型衬底上直接制作 NMOS 器件,相邻的 PMOS 和 NMOS 器件再通过局部互连就可以形成 CMOS 器件。

需要指出的是,由于衬底的掺杂类型有 P 型和 N 型两种,因此单阱结构有 N 阱和 P 阱两种。具体采用哪种单阱结构需要结合 CMOS 电路具体的需要。一般要综合考虑以下影响:① 阱区掺杂类型的改变是通过补偿掺杂实现的,因此,与衬底相比,阱区中的杂质浓度更高,更高的杂质浓度对载流子迁移率的影响也更大;② 阱区掺杂的浓度通常比衬底掺杂高一个数量级,因此制作在阱区的器件受寄生电容的影响更大。此外,由于掺杂浓度的上升,制作在阱区的器件的击穿电压也会受到影响;③ 在实际 CMOS 电路中,阱区需要接与衬底不同的电位,不同的接法会导致器件阈值电压以及衬底偏置效应甚至闭锁效应都不同。

可见,单阱工艺虽然解决了制作 CMOS 器件的问题,但仍然存在一定的局限。后续可以采用更先进的双阱甚至三阱工艺来改善单阱结构存在的问题。

（2）硅的局部氧化（local oxidation of silicon，LOCOS）隔离结构

在 20 世纪 70 年代，集成电路上器件之间通常采用全覆盖场氧化层（blanket field oxides）进行隔离，基于 P 阱全覆盖场氧隔离的 CMOS 器件结构如图 8-1-2 所示。

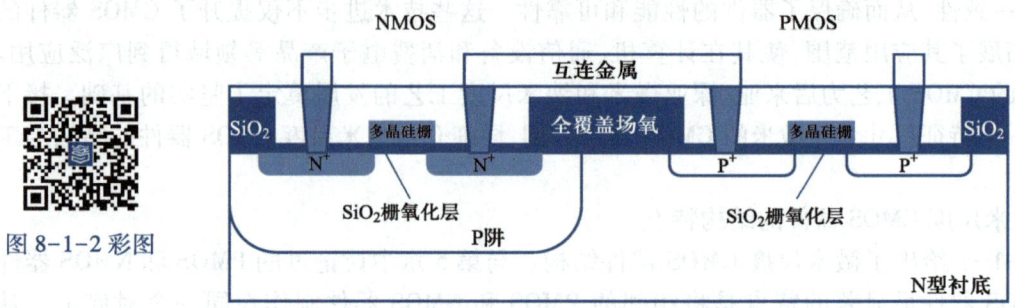

图 8-1-2　基于 P 阱及全覆盖场氧隔离的 CMOS 器件结构

可以看出，这种隔离结构工艺简单，只需在硅表面生长一层所需厚度的氧化层（通常在 1~2 微米之间），然后通过光刻刻蚀出有源区窗口即可。尽管这种工艺简单，但这种结构会在有源区边缘形成一个边缘陡直的氧化物台阶，导致后续金属淀积工艺中很难形成良好的覆盖。此外，由于全覆盖场氧化层仅能对晶圆表面的结构进行隔离，对衬底中器件之间的相互影响无法进行隔离，因此无法满足高集成度的要求。

到 20 世纪 80 年代，硅的局部氧化（LOCOS）隔离技术被提出，并广泛应用于微米尺度的 CMOS 集成电路中。如图 8-1-1 所示，LOCOS 隔离会在 PMOS 和 NMOS 器件之间形成一个中间厚两侧尖的场氧化层隔离结构，并在有源区边缘形成场氧化层逐渐变厚的斜坡，这使得后续工艺中的金属或者多晶硅的淀积覆盖变得更加容易。

图 8-1-3 给出了 LOCOS 隔离形成的具体工艺步骤。可以看出，与全覆盖场氧隔离不同，LOCOS 隔离仅需要特定区域生长场氧化层，局部的场氧化层的生长是借助有源区上方的氮化硅来实现的。更重要的是，如图 8-1-3（a）所示，在生长 LOCOS 场氧化层之前可利用氮化硅做掩模来对场氧化隔离区域进行场注入（field implantation）。接着在场区氧化过程中，场注入的杂质会驱入形成与 LOCOS 隔离区自对准的场注入区，如图 8-1-3（b）所示。场注入区通过局部重掺杂的方式，在用于制作器件

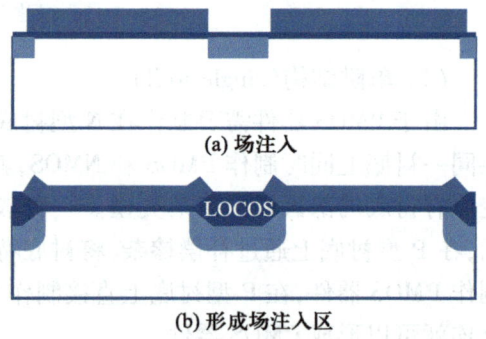

(a) 场注入

(b) 形成场注入区

图 8-1-3　LOCOS 隔离技术的工艺步骤

的有源区周围形成保护环，减小了相邻的器件通过衬底的相互影响，为提升集成度奠定了良好的基础。

LOCOS 的一个主要缺点是"鸟嘴效应"。因为场氧化物在生长时具有各向同性特点，因此场氧化层在变厚的同时，在氮化硅层下方也会出现场氧化层的横向侵蚀。LOCOS 侵蚀的尺寸在两侧大约与氧化物厚度相同，若场氧化层的厚度为 $0.5\mu m$，那么鸟嘴效应在两侧约为 $0.5\mu m$。这相当于减小了 MOS 器件有源区的面积，限制了器件进一步缩小和集成度的进一步提升。后续，可以采用更先进的浅槽隔离（STI）来解决 LOCOS 隔离面临的问题。

2. 微米尺度 CMOS 器件的工艺特点

图 8-1-4 给出了微米尺度 CMOS 器件的主要工艺步骤。

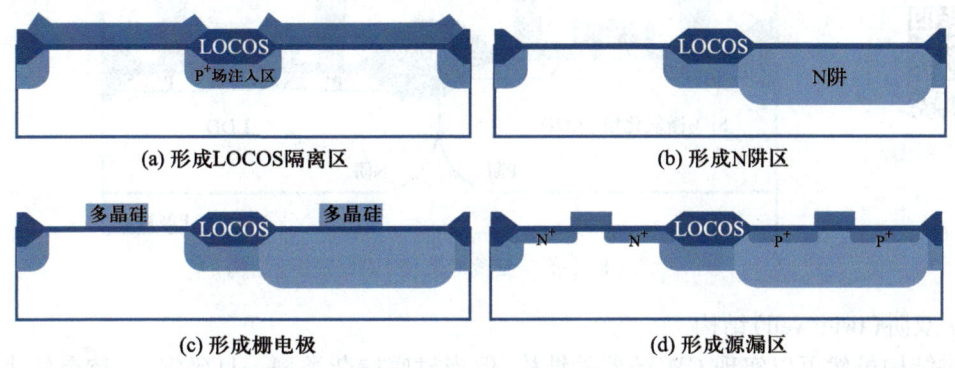

(a) 形成LOCOS隔离区   (b) 形成N阱区

(c) 形成栅电极   (d) 形成源漏区

图 8-1-4 微米尺度 CMOS 器件的主要工艺步骤

（1）形成 LOCOS 隔离区

具体包括晶圆表面淀积氮化硅、光刻有源区、刻蚀 LOCOS 隔离区域、离子注入场区隔离掺杂、湿氧氧化形成 LOCOS 场氧化隔离、场注入杂质驱入、形成场注入区。

（2）形成 N 阱区

具体包括去除氮化硅、生长屏蔽氧化层（screen oxide）、光刻 N 阱区、N 阱区离子注入、N 阱退火、N 阱掺杂杂质驱入、形成 N 阱区。

（3）形成栅电极

具体包括去除屏蔽氧化层、生长牺牲氧化层（sacrificial oxide）、去除牺牲氧化层、生长栅氧化层（gate oxide）、淀积多晶硅、光刻栅电极以及局部互连线、形成栅电极。

（4）形成源漏区

具体包括光刻 NMOS 源漏掺杂区、NMOS 源漏离子注入、光刻 PMOS 源漏掺杂区、PMOS 源漏离子注入、源漏退火、源漏掺杂杂质驱入、形成源漏区。

8.1.2 亚微米尺度 CMOS 器件结构和工艺特点

20 世纪 90 年代，受个人计算机、电信设备和互联网等数字逻辑电子产品不断需求的推动，CMOS 技术的制造工艺得到了进一步的发展，特别是亚微米、微米工艺的出现，使得 CMOS 电路的性能大幅提升，同时集成度也达到了较高的水平。最小特征尺寸从 0.8 μm（亚 μm）逐渐缩小到 0.18 μm（深亚 μm），而晶圆尺寸则从 150 mm（6 英寸）增加到 300 mm（12 英寸）。接下来，将以一个特征尺寸为 0.8 微米的亚微米尺度 CMOS 器件为例，详细介绍亚微米尺度 CMOS 器件的结构与工艺特点。

1. 亚微米尺度 CMOS 器件的结构特点

图 8-1-5 给出了亚微米尺度 CMOS 器件结构。与 8.1.1 节给出的微米尺度 CMOS 工艺相比，亚微米尺度 CMOS 器件结构的显著变化是采用了双阱工艺和轻掺杂漏（LDD）结构。下面针对亚微米尺度 CMOS 器件的主要结构特点分别进行讨论。

图 8-1-5 彩图

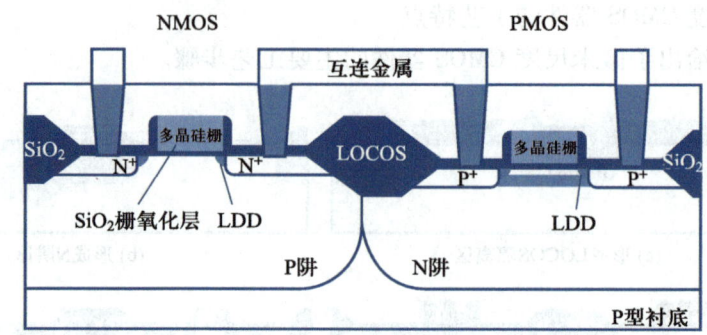

图 8-1-5 亚微米尺度 CMOS 器件结构

（1）双阱（twin well）结构

单阱结构虽然可以实现 CMOS 器件结构，但当衬底掺杂类型一旦确定，阱掺杂的类型就无法改变（阱掺杂只能与衬底掺杂类型相反）。因此，基于单阱结构进行电路设计时往往会受到很多制约。双阱结构可以使电路设计人员在设计集成电路时具有更大的灵活性。此外，亚微米尺度 CMOS 工艺中，为了减少光刻掩模步骤，削减工艺成本，可以采用一种自对准工艺来实现双阱结构。

图 8-1-6 给出了自对准工艺制作双阱结构的主要步骤。首先，利用一次光刻工艺确定 N 阱的注入区域，并基于氮化硅掩模对 N 阱区域进行离子注入，如图 8-1-6(a)所示。接着，经过退火使注入的杂质驱入，形成 N 阱区，如图 8-1-6(b)所示，生成 N 阱区的同时，N 阱区上方同时也会形成场氧化层。接着，去除氮化硅掩模后，便可利用场氧化层作为后面 P 阱离子注入的掩模，实现对相邻 P 阱区的自对准离子注入，如图 8-1-6(c)所示。最后，再进行一次退火，使 P 阱掺杂杂质驱入，从而形成 P 阱区，如图 8-1-6(d)所示。

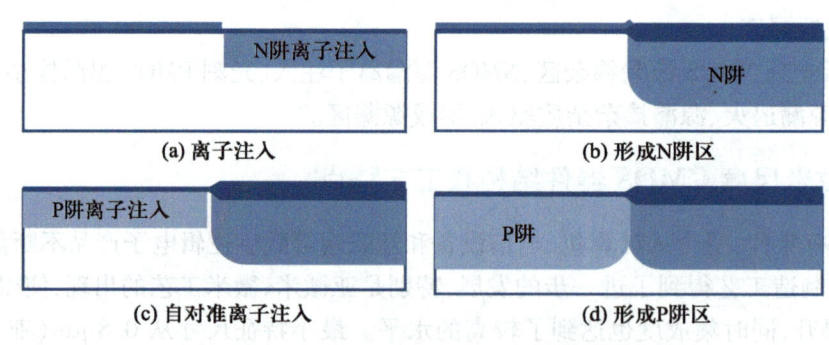

图 8-1-6 自对准工艺制作双阱结构的主要步骤

不难看出，采用自对准工艺形成双阱结构的方法，仅使用一次光刻，就使工艺步骤减小，生产成本降低。然而，N 阱注入后，形成场氧化层的过程中，会消耗掉 N 阱区域的一部分硅，导致最终形成的 N 阱区域比 P 阱区域略低。自对准双阱工艺导致的表面不平坦，会对后续光刻工艺中的焦点深度（DOF）参数产生影响，从而影响光刻分辨率。因此，在深亚微米工艺中，通常会采用两次光刻来分别制作 N 阱和 P 阱，从而获得较为平坦的阱区表面。

（2）轻掺杂漏（lightly doped drain，LDD）结构

亚微米尺度的 CMOS 器件，其栅长特征尺寸已小于 1 μm，当漏极施加一个 5 V 偏置电压时，沟道中沿着沟道方向的平均电场强度已超过 10^4 V/cm。尤其是在沟道靠近漏区附近，受掺

杂浓度突变的影响,电场强度进一步增强。在沟道靠近漏区附近强电场的作用下,沟道中的载流子被加速从而获得足够高的能量,变成"热载流子"(hot carrier)。能量足够高的热载流子可以越过栅氧化层势垒,进入栅氧化层,甚至到达栅电极。这些穿越栅氧化层或注入栅氧化层中的载流子,会被栅氧化层中的陷阱俘获,从而引起栅氧化层带电效应,进而影响 MOS 器件的阈值电压等参数,使 MOS 器件的特性衰退,如阈值电压漂移、漏电流增大和电流驱动能力下降等。长期来看,热载流子持续穿越或注入栅氧化层,会使栅氧化层质量持续降低,并最终引发可靠性问题。因此热载流子效应也是影响集成电路可靠性的重要因素。

通过研究热载流子的物理机理发现,在传统的 MOSFET 结构中,轻掺杂的沟道区与重掺杂的源漏区直接相连,这导致在漏区附近形成非常强的电场,这会使得载流子在沟道中的能量急剧增加,从而产生热载流子效应。因此,通过在轻掺杂沟道区与重掺杂的漏区之间引入一层轻掺杂区(LDD),从而使漏区附近的电场分布得以缓和,电场峰值得以降低,载流子在沟道中的能量增加不那么剧烈,从而减少了热载流子注入栅氧化层中的可能性。此外,这一层轻掺杂结构还能通过优化电场分布,减少栅极和漏极之间的电场耦合,从而进一步抑制了热载流子效应带来的不良影响。尽管 LDD 结构在一定程度上增加了制造工艺的复杂性,但通过有效抑制热载流子效应,提高了器件的可靠性和使用寿命,尤其是在高频和高电压工作条件下。这使得 LDD 结构在现代 CMOS 工艺中得到了广泛应用。需要指出的是,由于 MOSFET 器件特殊的对称特性,使得主要用于缓解漏区附近热载流子效应的 LDD 结构也会对称地在源区制作。因此,LDD 有时也被称作源漏扩展区(source drain extension,SDE)。

图 8-1-7 给出了形成 LDD 结构的主要工艺步骤。可以看出,与传统的源漏掺杂过程不同,LDD 结构的形成通常需要两次源漏掺杂。第一次源漏掺杂是以栅电极为掩模,采用低剂量、低能量的离子注入方式,在源漏区先形成一个轻掺杂的浅结。接着通过 TEOS 的方法淀积、刻蚀后在栅电极两侧形成绝缘隔离侧墙(sidewall spacer)结构。然后再对源漏区进行高剂量的离子注入,形成重掺杂的源漏区。由于第二次掺杂时绝缘隔离侧墙对其下方的轻掺杂源漏区起到了屏蔽作用,所以最终会形成台阶状的源漏区结构,其中,位于 Spacer 正下方的从重掺杂的源漏区向沟道区扩展的轻掺杂区,就是 LDD 区。

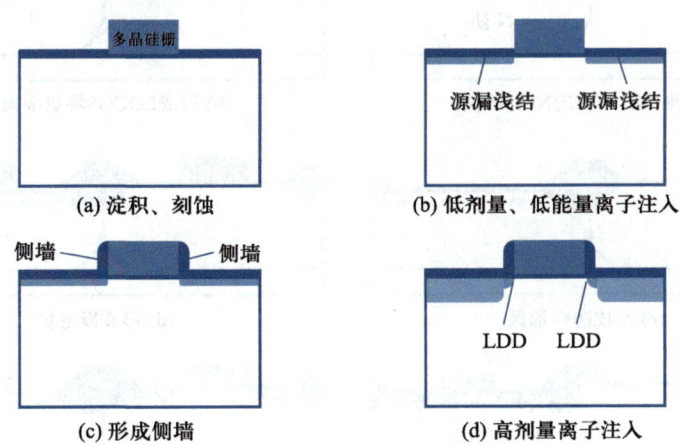

图 8-1-7　形成 LDD 结构的主要步骤

需要说明的是,LDD 结构需要依赖绝缘隔离侧墙结构,且由于两次源漏离子注入都是自对准的方式,所以 LDD 结构的宽度主要取决于侧墙的宽度。此外,由于 LDD 结构可以有效抑制具体电场过大带来的热载流子效应,且工艺难度相对较小,因此该结构在后续更小尺度的先进结构,甚至是 FinFET 和 GAA 器件中得以保留。

（3）防穿通（anti punch through,ATP）结构

考虑到掺杂杂质对载流子迁移率的影响,CMOS 器件的沟道区通常位于轻掺杂的衬底或者阱区内。然而,为了获得良好的源漏电极与源漏掺杂区的欧姆接触,源漏区的掺杂浓度通常要比沟道区的掺杂浓度高好几个数量级。按照 PN 结物理机理,PN 的耗尽区通常向轻掺杂一侧扩展,这就导致漏衬 PN 结在反偏的时候耗尽区向沟道方向有很大的扩展。当器件的沟道长度与漏衬 PN 结耗尽区宽度相当的时候,就会出现一种极端情况,即源漏 PN 的耗尽区连接在一起,形成了从源到漏的穿通（punch through）（这一点与 BJT 器件中的基区穿通非常类似）。穿通发生后,源漏之间会有不受栅压控制的大电流流过,器件表现出类似击穿的电学特性,从而对电路性能造成严重影响。

为了缓解衬底轻掺杂和穿通效应之间的矛盾,可以利用一次精确控制的离子注入工艺（中能量、低电流）,在沟道下方的衬底中间形成局部掺杂浓度较高的区域,以遏制漏衬 PN 结耗尽区向沟道方向的扩展。这个局部掺杂浓度较高的区域也被称作防穿通（ATP）结构。

需要指出的是,ATP 结构在后续的器件结构中有多种实现形式。除了类似亚微米工艺中的防穿通层外,后续深亚微米工艺中采用大倾角离子注入的晕掺杂（halo implantation）结构也是通过调整衬底的局部掺杂浓度来实现对穿通的抑制效果的。

防穿通结构通过优化电场分布和控制耗尽区扩展,显著提高了 CMOS 器件的抗穿通能力。尽管这些工艺会增加制造复杂性,但它们对于确保高性能、高可靠性 CMOS 器件的制造至关重要。随着技术的进步,这些防穿通技术在现代半导体制造中得到了广泛应用和持续改进。

图 8-1-8 彩图

2. 亚微米尺度 CMOS 器件的工艺步骤

图 8-1-8 给出了亚微米尺度 CMOS 器件的主要工艺步骤。

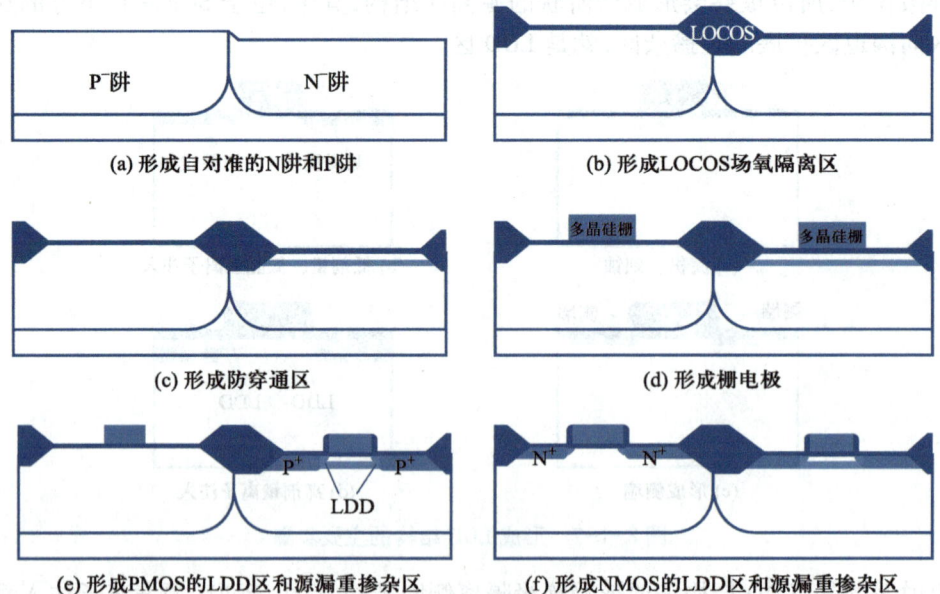

(a) 形成自对准的N阱和P阱　　(b) 形成LOCOS场氧隔离区

(c) 形成防穿通区　　(d) 形成栅电极

(e) 形成PMOS的LDD区和源漏重掺杂区　　(f) 形成NMOS的LDD区和源漏重掺杂区

图 8-1-8　亚微米尺度 CMOS 器件的主要工艺步骤

(a) 形成自对准的 N 阱和 P 阱

具体包括:生长缓冲氧化垫层、淀积氮化硅、N 阱光刻、N 阱离子注入、退火/杂质驱入、去除氮化硅、自对准 P 阱注入,退火/杂质驱入、去除缓冲氧化垫层。

(b) 形成 LOCOS 场氧隔离区

具体包括:晶圆表面淀积氮化硅、光刻有源区、刻蚀 LOCOS 隔离区域、离子注入场区隔离掺杂、湿氧氧化形成 LOCOS 场氧化隔离、场注入杂质驱入、形成场注入区。

需要指出:这里的部分工艺步骤与步骤(a)中的部分工艺重合。此外,实际工艺中自对准双阱工艺中依然有场注入工艺,示意图中并未画出。

(c) 形成防穿通区

此步骤通常借助 N 阱掺杂掩模实现防穿通区的离子注入,无需额外光刻步骤。

(d) 形成栅电极

具体包括:去除屏蔽氧化层、生长牺牲氧化层(sacrificial oxide)、去除牺牲氧化层、生长栅氧化层(gate oxide)、淀积多晶硅、光刻栅电极以及局部互连线、形成栅电极。

(e) 形成 PMOS 的 LDD 区和源漏重掺杂区

具体包括:LDD 离子注入(低能量、低电流),淀积 TEOS 氧化物、回刻在栅电极两侧形成绝缘隔离侧墙结构、源漏区离子注入(低能量、大电流)、退火/杂质驱入。

(f) 形成 NMOS 的 LDD 区和源漏重掺杂区

具体步骤同(e)。

8.1.3　深亚微米尺度 CMOS 器件

在深亚微米尺度下,CMOS 器件的结构设计变得更加精细和复杂,器件特性尤其是开关速度和功耗表现显著提升。工艺方面,随着光刻、离子注入和化学机械抛光(CMP)等技术的进步,制造过程中实现了更高的精度和一致性,从而确保了器件的性能和可靠性。这些技术进步不仅提升了 CMOS 器件的性能,还拓展了其应用范围,使其在计算机、通信设备、消费电子产品和高性能计算等领域得到广泛应用。接下来,将以一个特征尺寸为 0.25 微米的深亚微米尺度 CMOS 器件为例,介绍深亚微米尺度的 CMOS 器件的结构及工艺特点,探讨其在实际应用中的重要性和具体特点。

1. 深亚微米尺度 CMOS 器件结构特点

图 8-1-9 给出了深亚微米尺度 CMOS 器件结构。与 8.1.2 节给出的亚微米尺度 CMOS 工艺相比,深亚微米尺度 CMOS 器件结构的显著变化是采用了轻掺杂 P 型外延层结构、浅槽隔离(STI)以及金属硅化物。下面针对深亚微米尺度 CMOS 器件的主要结构特点分别进行讨论。

(1) P⁻外延层

在深亚微米 CMOS 工艺中,轻掺杂的 P 型外延层结构具有多个重要作用。首先,轻掺杂的 P 型外延层提供了一个高质量、低缺陷的基底,能够显著改善器件的电学性能。这种外延层的晶体质量更高,缺陷密度更低,有助于提高 MOSFET 的迁移率,从而提高器件的开关速度和整体性能。其次,在深亚微米 CMOS 工艺中,寄生效应(如寄生电容和寄生晶体管)会显著影响器件的性能和稳定性。轻掺杂的 P 型外延层可以有效降低这些寄生效应,防止 CMOS 器件因为衬底寄生效应发生闩锁。此外,轻掺杂的 P 型外延层提供了一个更加均匀的衬底,有助于后续的掺杂、氧化和沉积等工艺步骤的一致性和可控性,从而提高了制造良率和一致性。此外,通过优化外延层的掺杂浓度,还可以显著降低泄漏电流,提高器件的能效和可靠性。

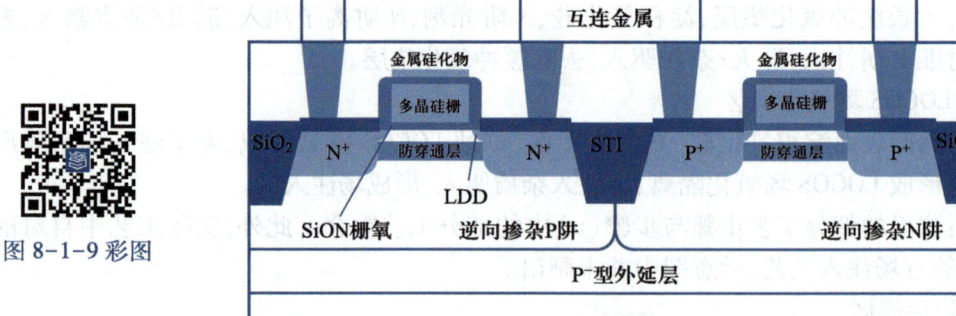

图 8-1-9　深亚微米尺度 CMOS 器件结构

（2）STI 隔离

STI（shallow trench isolation）隔离结构在现代 CMOS 工艺中具有重要地位,尤其是在深亚微米及更小节点技术中。与传统的 LOCOS（local oxidation of silicon）隔离结构相比,STI 隔离结构在多方面具有显著优势,使其成为集成电路小型化的关键技术。首先,STI 隔离结构通过在硅片表面刻蚀出浅沟槽,然后填充高密度氧化物来实现电隔离。这种方法有效避免了 LOCOS 隔离中常见的"鸟嘴效应"。鸟嘴效应是指在 LOCOS 工艺中,氧化物在掩模边缘下方横向生长,导致隔离区域占用大量硅片面积,从而限制了器件的集成度。相比之下,STI 结构中填充的氧化物完全受沟槽边缘限制,避免了横向扩展问题,大大提高了器件的集成密度。其次,STI 隔离结构能够提供更好的平坦化表面。LOCOS 隔离在氧化物生长过程中会产生显著的表面不平整,这对后续的光刻和金属化工艺带来挑战。而 STI 结构通过化学机械平坦化（CMP）工艺,使得填充后的氧化物表面与硅片表面齐平,显著提高了工艺一致性和光刻分辨率。这对于制造深亚微米及更小节点的集成电路尤为重要,因为这些技术节点对表面平整度的要求极高,以确保高精度和高良率的制造。此外,STI 隔离结构在减小器件尺寸方面具有明显优势。随着集成电路向更小的技术节点发展,器件尺寸和间距不断减小,LOCOS 隔离由于其占用较大面积和产生的应力,难以适应这些小尺寸要求。STI 结构则通过精确的沟槽刻蚀和填充技术,能够实现更窄的隔离间距,从而支持更高密度的器件集成。这使得 STI 成为实现纳米级别集成电路的必要结构。

（3）倒掺杂双阱结构

首先,与亚微米 CMOS 结构相比,深亚微米 CMOS 结构在轻掺杂的 P 型外延层的基础上通过两次独立的光刻和离子注入工艺形成了对称的双阱工艺。尽管相比自对准双阱工艺而言,制造成本和工艺复杂度有所上升。但是独立制作的双阱结构解决了自对准双阱结构表面不平坦的问题,且双阱具有较好的对称性,对集成电路设计人员而言,可以根据需要单独调整 P 阱和 N 阱的掺杂浓度,电路的设计灵活度更好。

其次,在制作阱结构的时候,通过精确控制离子注入的能量和剂量,可以使阱区的掺杂浓度呈现底部掺杂浓度高、表面掺杂浓度低的分布。这种掺杂杂质的分布可以在不影响沟道迁移率的同时,优化衬底中的电场分布,有效抑制短沟效应,减小寄生效应的影响。

需要指出的是,倒掺杂与防穿通结构是两种不同的工艺技术。尽管两者在抑制穿通效应等方面表现出相似的特性。但两者的制作方法并不相同。倒掺杂是在半导体器件的阱区域内引入一种非均匀的掺杂分布,即在靠近表面的区域掺杂浓度较低,而在深部区域掺杂浓度较高。防穿通结构则是通过在 MOSFET 器件的沟道区域下方引入特定的掺杂区域,以防止源极和漏极之间的耗尽区在高偏压下相互接触。简而言之,倒掺杂形成的是非均匀掺杂的阱区,而防穿通结构则是改变了衬底特定位置的掺杂浓度。

(4) 自对准金属硅化物(salicide)

随着集成电路尺寸的不断缩小,器件的沟道长度也相应减小。为了抑制短沟效应,源极和漏极区域的掺杂结深度必须非常浅。超浅结结构能够减少漏电流和阈值电压漂移,提高 MOS-FET 的性能和可靠性。超浅结会导致接触金属容易扩散到衬底中,从而严重影响器件的性能,因此就需要在超浅源漏和接触金属之间形成一个隔离层。首选方案便是在源漏区域上形成金属硅化物结构。

实际上,自对准的金属硅化物结构对深亚微米尺度的 CMOS 器件而言,是一种里程碑式的创新结构。通过在源极、漏极和栅极区域形成低电阻的金属硅化物(silicide)层,不仅可以解决超浅结面临的金属扩散问题,还可以大幅降低源漏串联电阻,提升器件的开关速度和整体性能。

此外,salicide 工艺的一个主要特点是其自对准特性。金属硅化物只在有硅的区域形成,而不需要额外的光刻步骤。这是通过在硅表面沉积金属(如钛、钴或镍),然后通过快速热退火(RTA)使金属与硅反应形成硅化物来实现的。在未反应区域,通过选择性蚀刻去除多余的金属。这种自对准特性大大简化了工艺流程,减少了光刻对准误差,提高了制造精度和一致性。

(5) 超薄 SiON 栅氧

对深亚微米 CMOS 器件而言,器件的特征尺寸达到 0.25 μm 时,栅氧化层厚度在 5 nm 左右。超薄的 SiO_2 栅氧化层不仅具有较高的工艺难度,其质量也很难保证。因此,在深亚微米 CMOS 结构中,往往通过在 SiO_2 材料中引入氮元素,来提升栅氧化层的质量,从而提升 MOS 器件的电学特性和可靠性。氮的引入有效提高了氧化层的电阻,减少了隧穿漏电流,从而降低了器件的功耗。氮原子的引入可以减少电荷陷阱的形成,提升氧化层的抗电击穿能力,从而增强器件的可靠性。此外,SiON 层可以在保持较低等效氧化厚度的同时,提供足够的物理厚度,这对于减小短沟效应和提升栅控能力至关重要。

(6) 不同掺杂类型多晶硅栅电极

在尺寸较大的 CMOS 工艺中,NMOS 和 PMOS 通常都选择 N 型掺杂的多晶硅栅电极,这是因为较大尺寸的器件中阈值电压的控制较深亚微米器件容易。在这些较大尺寸的器件中,通过调整沟道掺杂即可达到所需的阈值电压。

在深亚微米工艺中,随着器件尺寸的缩小,栅电极材料对阈值电压的影响变得更加显著。为了精确控制阈值电压,NMOS 和 PMOS 需要分别选择 N 型和 P 型掺杂的多晶硅栅电极。N 型掺杂的多晶硅栅电极对于 NMOS 有助于降低阈值电压,而 P 型掺杂的多晶硅栅电极对于 PMOS 有助于控制阈值电压,使其在可接受的范围内。

2. 深亚微米尺度 CMOS 器件工艺特点

图 8-1-10 给出了深亚微米尺度 CMOS 器件的主要工艺步骤。具体如下:

(a) 在 P^+ 晶圆表面生长 P^- 外延层

(b) 形成 STI 场氧隔离区

具体包括:晶圆表面生长缓冲垫氧化层、淀积氮化硅、光刻 STI(有源区)、刻蚀浅槽、生长阻挡氧化层、淀积高密度氧化物、化学机械抛光(CMP)、退火、剥离氮化硅和缓冲垫氧化层。

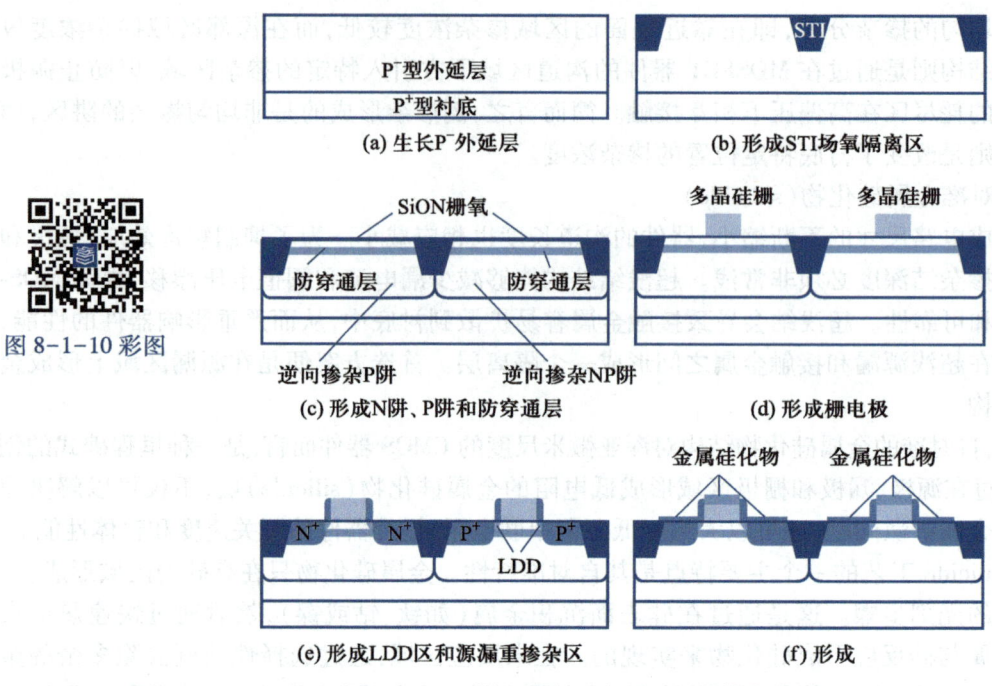

图 8-1-10 彩图

(a) 生长 P⁻ 外延层

(b) 形成 STI 场氧隔离区

(c) 形成 N 阱、P 阱和防穿通层

(d) 形成栅电极

(e) 形成 LDD 区和源漏重掺杂区

(f) 形成

图 8-1-10   深亚微米尺度 CMOS 器件的主要工艺步骤

需要指出的是,早期 STI 工艺中还会在场氧化层下方进行场注入,但随着工艺进步,器件尺寸尤其是源漏区结深远小于 STI 深度后,就无须在制作场注入结构。

（c）形成 N 阱、P 阱和防穿通区

具体包括:生长屏蔽氧化层(screen oxide)、N 阱光刻、N 阱离子注入(磷)、退火/杂质驱入、P 阱光刻、P 阱离子注入(硼)、退火/杂质驱入、去除屏蔽氧化层。

需要说明的是,通过调节阱区离子注入的能量和电流,可以获得不同的阱区结构,包括倒掺杂、防穿通结构以及沟道阈值调整等。因此,阱区掺杂通常包含多次不同剂量、不同能量的离子注入步骤。

（d）形成栅电极

具体包括:去除屏蔽氧化层、生长牺牲氧化层(sacrificial oxide)、去除牺牲氧化层、生长栅氧化层(gate oxide)、淀积多晶硅、光刻栅电极及局部互连线、形成栅电极。

（e）分别形成 LDD 区和源漏重掺杂区

具体包括:LDD 离子注入(低能量、低电流),氮化硅淀积、氮化硅回刻并在栅电极两侧形成绝缘隔离侧墙结构、源漏区离子注入(低能量、大电流)、退火/杂质驱入。

（f）形成 salicide

具体包括:去除源漏及栅电极区的氧化物(Ar 溅射)、淀积金属(钛、钴、镍等)(溅射)、快速热退火(RTA)(500~800 ℃,数秒)、金属与硅发生反应、生成金属硅化物、湿法刻蚀去除未反应的多余金属、二次退火增加晶粒大小及提高导电性。

8.1.4   纳米尺度 CMOS 器件

21 世纪初,CMOS 技术进入了一个全新的发展阶段。MOS 晶体管的制造工艺不断突破,特征尺寸达到了纳米级别。这一时期,CMOS 技术不仅在数字电路领域继续保持领先地位,并开始在模拟、射频和混合信号电路领域展现出其独特的优势。例如,CMOS 技术被广泛应用于高速数据转换器、无线通信芯片和传感器等领域。基于 CMOS 工艺的集成电路集成度和性能都获得大幅提升,2003 年,Intel 开始制造 90 nm 的奔腾 4 处理器,最高工作频率已超过 3.0 GHz。2006 年,Intel 推出了基于 65 nm 工艺制作的酷睿 2 处理器。接下来,将以一个特征尺寸为 65 nm 的 CMOS 器件为例,介绍纳米尺度的 CMOS 器件的结构以及工艺特点,探讨其在实际应用中的重要性和具体特点。

1. 纳米尺度 CMOS 器件的结构特点

图 8-1-11 给出了纳米尺度 CMOS 器件结构。与 8.1.3 节给出的深亚微米尺度 CMOS 工艺相比,纳米尺度 CMOS 器件结构的显著变化是采用了应变硅沟道、高 K 栅介质、金属栅电极及 Halo 掺杂等。下面针对纳米尺度 CMOS 器件的主要结构特点分别进行讨论。

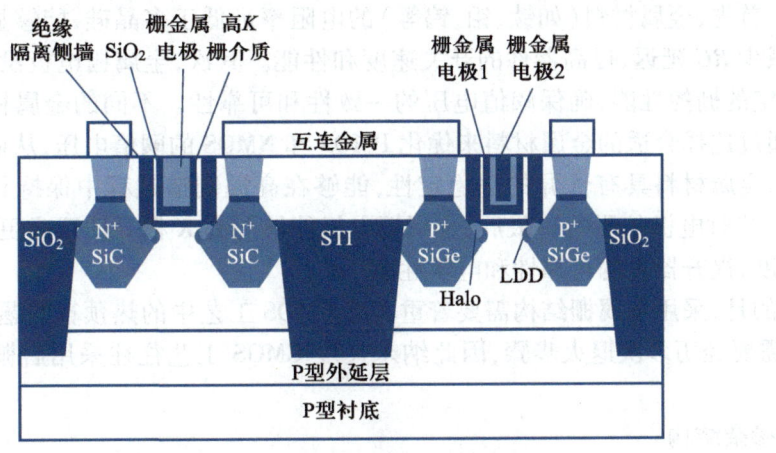

图 8-1-11 彩图

图 8-1-11 纳米尺度 CMOS 器件结构

(1) 应变硅沟道

在纳米尺度 CMOS 器件结构中,应变硅技术成为了优化 CMOS 器件性能的一种关键方法。应变硅技术通过引入机械应变来改变半导体材料的能带结构,从而提高载流子的迁移率。具体来说,可以在 PMOS 中引入硅锗(SiGe)源/漏区域以产生压应变,而在 NMOS 中引入碳化硅(SiC)源/漏区域以产生拉应变。

由于 PMOS 的载流子迁移率通常要低于 NMOS 的载流子迁移率。在 CMOS 应用中,首先需要提升 PMOS 的载流子迁移率。在 PMOS 器件中,通过在源极和漏极区域原位外延生长的方法引入硅锗(SiGe)合金,如此就可以对两个 SiGe 源漏区之间的沟道区产生压应变,从而显著提高空穴的迁移率。高迁移率的空穴能够提升 PMOS 的开关速度和驱动电流,从而优化器件的整体性能。在 NMOS 器件中,则通过在源极和漏极区域原位外延生长,引入碳化硅(SiC),从而产生对沟道的拉应变,以此来提高电子的迁移率。

(2) 高 K 栅介质

随着工艺的发展,栅氧化层厚度逐渐减小,到了纳米尺度,栅氧化层厚度已接近物理极限(100 nm 栅长对应 2 nm 栅氧化层厚度,50 nm 栅长对应 1.5 nm 栅氧化层厚度,30 nm 栅长对应 1.2 nm 栅氧化层厚度)。当栅氧化层的厚度减小到 2 nm 后,栅极漏电将会随着栅氧化层厚度的减小指数增大。导致器件功耗显著增大。高 K 栅介质(high-K dielectric)是指具有高介电常数(K 值)的材料,用于取代传统的二氧化硅(SiO_2)(K 约为 3.9)作为 CMOS 器件的栅介质。高

K 栅介质因其较高的介电常数,能够在保持较低等效氧化厚度(equivalent oxide thickness,EOT)的同时提供更厚的物理厚度,从而减少漏电流并提高器件性能。

(3)金属栅电极

在纳米尺度 CMOS 器件之前,所有的 CMOS 工艺几乎一直使用多晶硅作为栅电极。但当来到纳米尺度,多晶硅栅电极存在的各种不足严重影响了 CMOS 电路的发展。首先,多晶硅栅电极的电阻率较高,特别是在器件尺寸缩小到纳米级别时,这种高电阻会导致 RC 延迟增加,影响电路的开关速度和整体性能。其次,在极小的技术节点下,多晶硅栅电极会出现耗尽效应,即栅极区域的有效电荷密度降低,从而降低栅控能力。这种效应会导致器件的性能下降,尤其是阈值电压的不稳定。

为了解决多晶硅栅电极的不足,金属栅电极被引入纳米尺度 CMOS 工艺中。采用金属栅后有很多优势:首先,金属材料(如钛、钼、钨等)的电阻率远低于多晶硅,能够显著降低栅电极的电阻,从而减少 RC 延迟,提高器件的开关速度和性能。其次,金属栅电极没有耗尽效应,因此能够保持稳定的栅控性能,确保阈值电压的一致性和可靠性。不同的金属材料具有不同的功函数,可以通过选择合适的金属材料来优化 PMOS 和 NMOS 的阈值电压,从而提高器件的电学性能。再者,金属材料具有优异的热稳定性,能够在高温制造过程中保持其电学和物理特性,减少高温工艺对电极的影响。最后,金属栅电极能够与高 K 栅介质形成更好的界面,从而减少界面态密度,提升器件的可靠性和电学性能。

需要指出的是,采用金属栅结构需要着重考虑 CMOS 工艺中的热预算问题,考虑前期制作 CMOS 器件时需要经历多次退火步骤,因此纳米尺度 CMOS 工艺往往采用后栅工艺(gate-last process)。

(4)Halo 掺杂结构

在纳米尺度工艺中,类似前面的做法也需要通过改变衬底局部掺杂的方法来抑制衬底穿通相关的各种短沟效应。在纳米尺度器件中,通常采用 Halo 掺杂结构。Halo 掺杂通过在源极和漏极区域周围形成高掺杂区,从而在沟道中引入对称的掺杂梯度,抵消短沟效应对器件的负面影响。通过在源/漏区周围引入高掺杂区域,Halo 掺杂形成了额外的电场屏蔽效应,减少了漏电流和阈值电压的漂移,从而显著抑制短沟效应。其次,Halo 掺杂在沟道区域形成对称的电场分布,这有助于平衡电场强度,减少沟道中电子和空穴的过度加速,改善器件的可靠性和稳定性。最后,通过精确控制 Halo 掺杂的浓度和位置,可以更好地调节阈值电压,提高器件的一致性和性能。这在纳米尺度技术节点中尤为重要。

2. 纳米尺度 CMOS 器件的工艺特点

图 8-1-12 给出了纳米尺度 CMOS 器件的主要工艺步骤。LDD 结构之前的工艺步骤与深亚微米相同,这里不再讨论,后续工艺具体如下:

(a)LDD 结构(lightly doped drain)

在源/漏区进行轻掺杂离子注入,以形成 LDD 结构,减小电场强度并抑制热载流子效应、在源/漏区侧壁沉积间隔层(spacer),通常使用氮化硅(Si_3N_4)材料。

(b)SiGe 源/漏

在 PMOS 源/漏区通过选择性外延生长(SEG)技术沉积 SiGe 合金,以引入压应变,增强空穴迁移率。通过快速热退火(RTA)进行退火,以激活掺杂剂和修复晶格缺陷。在 NMOS 源/漏区通过选择性外延生长技术沉积 SiC 合金,以引入拉应变,增强电子迁移率。通过快速热退火

（RTA）进行退火，以激活掺杂剂和修复晶格缺陷。

（c）金属硅化物（silicide）

在源/漏区和栅极区域沉积一层金属（如钛、钴、镍）。第一次退火：进行快速热退火（RTA），使金属与硅反应形成金属硅化物（如 $TiSi_2$、$CoSi_2$ 或 NiSi）。去除未反应的金属，保留金属硅化物层。第二次退火：再次进行快速热退火（RTA），进一步优化硅化物层的质量和电学性能。

（d）后栅工艺（gate-last process）

假栅去除：通过选择性蚀刻去除假栅结构，暴露出初始栅氧化层和沟道区域。

（e）高 K 栅介质沉积

通过原子层沉积（ALD）在沟道区域沉积高 K 栅介质材料（如 HfO_2）。

（f）金属栅电极沉积

在高 K 栅介质上沉积金属栅电极材料（如钛、钼、钨等）。金属栅极刻蚀：通过光刻和干法蚀刻工艺形成精确的金属栅电极结构。

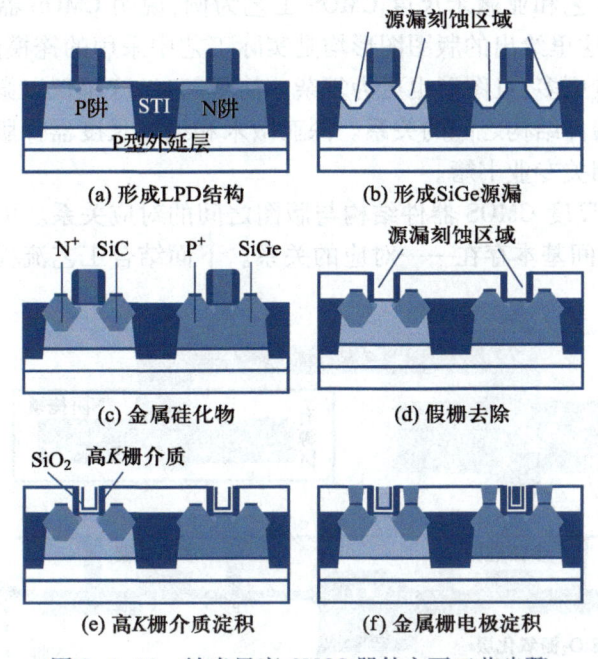

图 8-1-12 彩图

图 8-1-12　纳米尺度 CMOS 器件主要工艺步骤

8.2　CMOS 器件结构与版图关系

MOS 集成电路的版图设计在集成电路的制造过程中至关重要。版图设计本质上是按照特定的设计规则，将电路原理图转化为光刻掩模上的几何图形。这些图形具体定义了器件的结构及其互连在晶圆上的物理位置和形状。优质的版图设计能够显著提升芯片的性能、降低功耗并优化面积。首先，版图设计直接影响 MOSFET 的电气性能。MOSFET 的特性如阈值电压、驱动电流和开关速度等，都会受到版图中器件尺寸、栅极长度和宽度等参数的影响。因此，优化这些参数是提高电路性能的关键。其次，版图设计对集成电路的功耗有着重要影响。通过合理安排版图，可以减少寄生电容和电阻，从而降低功耗。尤其在低功耗设计中，精细的版图设计可以显著减少漏电流和动态功耗。此外,版图设计还影响芯片的面积和成本。紧凑且优化的版图设计可以减少芯片面积,从而降低制造成本。现代集成电路越来越复杂,对版图设计的要求也越来越高,需要在性能、功耗和面积之间找到最佳平衡。

需要指出的是,在实际的集成电路制造过程中,版图设计的好坏直接决定芯片的良率。通过设计规则检查(DRC)和电气规则检查(ERC),可确保版图符合制造工艺的要求,从而提高芯片良品率。本节将以几种典型的 MOS 器件版图为例,重点说明版图与器件工艺、结构之间的对应关系,并给出版图设计的一般规则。

8.2.1 微米尺度 CMOS 器件结构与版图之间的关系

8.1 节对 MOS 器件工艺与器件结构进行了重点讨论,并给出了典型工艺节点下,CMOS 器件工艺步骤与相应的器件结构。无论在何种工艺节点下,特定的器件结构均需要使用特定的光刻掩模来实现。一套完整的光刻掩模图形就构成了特定工艺节点的版图。下面将以 8.1 节介绍过的微米尺度 CMOS 工艺和亚微米尺度 CMOS 工艺为例,说明 CMOS 器件结构与版图之间的关系。需要指出的是,这里给出的版图图形均是实际工艺中采用的掩模图形的简化版本。实际工艺中采用的版图数量更多,且图形也更为复杂。简单起见,这里仅以微米和亚微米工艺为例说明版图与工艺以及器件结构之间的关系。深亚微米和纳米尺度器件版图与工艺及器件结构之间的关系可以参考相关专业书籍。

图 8-2-1 给出了微米尺度 CMOS 器件结构与版图之间的对应关系。可以看出微米尺度 CMOS 器件结构与其版图之间基本存在一一对应的关系。下面结合工艺流程简要介绍各工艺步骤用到的掩模图形。

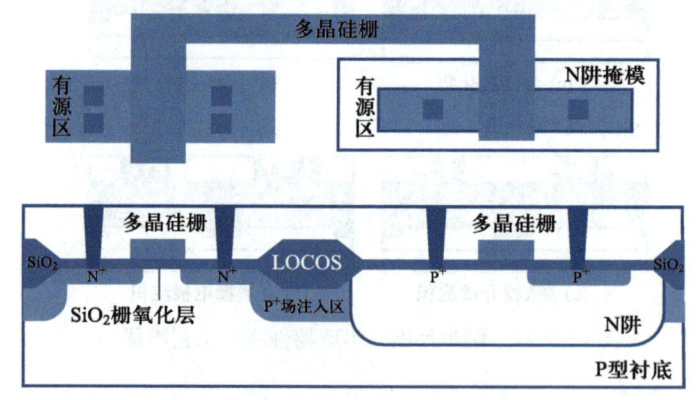

图 8-2-1 彩图

图 8-2-1 微米尺度 CMOS 器件结构与版图之间的对应关系

(1) 有源区、场注入、场氧化层对应的版图

这是微米尺度 CMOS 器件工艺的首要步骤,通过光刻有源区掩模图形,确定有源区位置与大小。由于 CMOS 有源区与场氧区存在互补关系,因此该版图实际也确定了场氧化区的位置与大小。接着,在此基础上在有源区上方淀积氮化硅,并进行场氧区离子注入,随后生长场氧化层。

需要指出的是,场氧化层在生长过程中会形成鸟嘴结构,导致有源区面积被场氧化层区域侵蚀。因此,实际工艺中,制作 MOS 器件的有源区面积通常要小于有源区版图面积。这种情况只存在于采用硅的局部氧化(LOCOS)工艺的微米尺度 CMOS 器件结构中。也正因为微米尺度 CMOS 器件的实际有源区通常小于其有源区掩模版图。因此,后续的源漏掺杂步骤中可以重复使用该有源区掩模来进行源漏掺杂。

可以看出,CMOS 的有源区、场注入及场氧化层结构仅与 CMOS 的有源区版图有关。

（2）N 阱对应的版图

该步工艺需要在 P 型衬底上形成一个 N 阱从而实现 CMOS 互补结构。由于这步骤的掺杂仅在 PMOS 的有源区进行,所以该步工艺有一个专用的掩模,称作 N 阱掩模。为了与 PMOS 的有源区版图区别,这里的 N 阱版图通常比 PMOS 有源区版图略大。

（3）多晶硅栅对应的版图

微米尺度 CMOS 器件采用先栅工艺,即在源漏掺杂之前先制作多晶硅栅极,然后分别对 NMOS 和 PMOS 的有源区进行离子注入来形成 NMOS 和 PMOS 的源漏区,如果忽略源漏区掺杂在退火时的横向扩散长度,多晶硅栅的宽度也就决定了源漏之间沟道的长度。

这里的多晶硅栅结构与专用的多晶硅栅版图对应。如前所述,多晶硅栅版图中定义了 NMOS 和 PMOS 器件的栅宽,也就是 NMOS 和 PMOS 器件的沟道长度。此外,多晶硅栅版图中也定义了 CMOS 器件结构的局部互连,这里的多晶硅栅版图将 NMOS 和 PMOS 的栅极通过多晶硅连接在一起,并作为 CMOS 器件的输入。

需要指出的是,重掺杂的多晶硅具有较低的电阻率,但无法替代金属作为芯片互连,仅可以作为相邻器件之间的局部互连。

（4）源漏掺杂对应的版图

由于微米尺度 CMOS 器件采用先栅工艺,也就是借助提前制作在有源区的栅电极来制作自对准的源漏区。因此,这里制作源漏掺杂的时候,可以使用和有源区同样的掩模进行离子注入。不过,CMOS 器件中的 NMOS 和 PMOS 是需要分两次注入不同掺杂类型的杂质实现的。因此,这里源漏掺杂的版图虽然与有源区掩模是重合的,但源漏掺杂版图具体分为 NMOS 源漏掺杂和 PMOS 源漏掺杂两个掩模。需要指出的是,对微米尺度 CMOS 器件而言,实际的有源区面积受场氧化层鸟嘴效应的影响要小于有源区版图定义的源漏区。因此,可以使用有源区掩模作为源漏掺杂的掩模。这一点对采用 STI 隔离的先进工艺器件并不适用,在采用 STI 隔离的先进工艺中,通常需要额外制作比有源区大的源漏掺杂区的掩模,来避免套刻误差产生的影响。这一点会在 8.2.3 小节中详细说明。

（5）接触孔对应的版图

接触孔的制作是晶体管制作的最后步骤,通过定义接触孔位置,来引出 MOS 器件的源漏等电极。接触孔通的大小通常是由版图设计规则确定的,因此如果要增加接触面积,减小接触电阻可以采用多接触孔的方式,如图 8-2-1 的 NMOS 器件的源漏区上制作了两个接触孔,从而可以使接触电阻减小为单接触孔情况的 1/2。

8.2.2　亚微米尺度 CMOS 器件结构与版图之间的关系

图 8-2-2 给出了亚微米尺度 CMOS 器件结构与版图之间的对应关系。与微米尺度 CMOS 器件结构相比,亚微米尺度 CMOS 器件结构采用了自对准的双阱工艺,因此,其工艺步骤和相应的版图也与微米尺度 CMOS 器件有明显的区别。下面结合工艺流程简要介绍各工艺步骤用到的掩模图形。

（1）N 阱掺杂对应的版图

亚微米 CMOS 工艺采用的自对准的双阱工艺其本质是仅采用一个 N 阱掺杂掩模来实现双阱结构,从而减小光刻成本。因此,亚微米 CMOS 工艺的首要工艺步骤便是制作自对准的双阱结构。

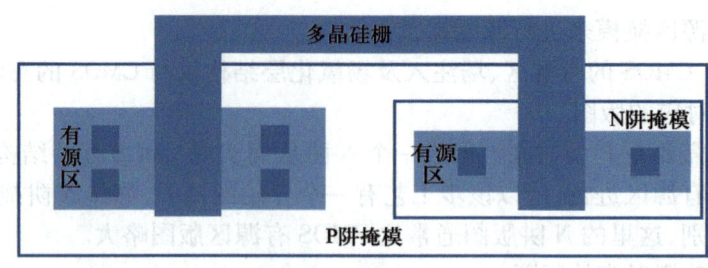

图 8-2-2 彩图

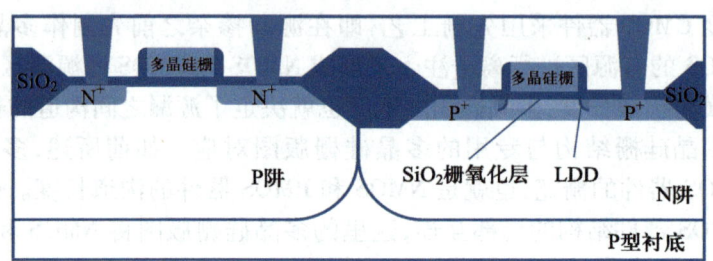

图 8-2-2　亚微米尺度 CMOS 器件结构与版图之间的对应关系

首先基于 N 阱掺杂版图,制作出 N 阱。然后,利用 N 阱退火时在 N 阱上方形成的氧化层作为掩模,对其余区域进行 P 阱掺杂,从而形成自对准的双阱结构。

需要指出的是,图 8-2-2 中有个覆盖区域是进行 P 阱掺杂的时候用到的版图。这一层版图的作用是定义 CMOS 器件的区域。因此,这里 P 阱掺杂实际上并非严格的全晶圆表面自对准,而是在 CMOS 器件制作区域内实现了自对准的 P 阱。

（2）有源区、场注入、场氧化层对应的版图

在自对准双阱结构的基础上,与微米尺度 CMOS 器件工艺类似,亚微米 CMOS 工艺通过光刻有源区掩模图形,确定有源区位置与大小。接着,在此基础上在有源区上方淀积氮化硅,并进行场氧区离子注入,随后生长场氧化层。（注意,考虑到双阱结构的特殊性,上述结构中并没有画出场注入区。实际的自对准双阱工艺中依然会采用场注入的方法来提升器件之间的隔离效果。）

同样的,场氧化层在生长过程中会形成鸟嘴结构,导致有源区面积被场氧化层区域侵蚀。因此,实际工艺中,制作 MOS 器件的有源区面积通常要小于有源区版图面积。这种情况只存在于采用硅的局部氧化工艺（LOCOS）的微米尺度 CMOS 器件结构中。也正因为微米尺度 CMOS 器件的实际有源区通常小于其有源区掩模版图,因此,后续的源漏掺杂步骤中可以重复使用该有源区掩模来进行源漏掺杂。

（3）PMOS 防穿通结构对应的版图

亚微米 CMOS 器件往往通过在 N 阱中制作一个重掺杂的防穿通层来抑制 PMOS 源漏穿通相关的非理想效应。这个结构利用 PMOS 的有源区版图即可实现,无需额外的版图。

（4）多晶硅栅对应的版图

与微米尺度 CMOS 器件一样,亚微米尺度 CMOS 工艺也采用先栅工艺,多晶硅栅结构与专用的多晶硅栅版图对应（版图中红色的区域）。如前所述,多晶硅栅版图中定义了 NMOS 和 PMOS 器件的栅宽,也就是 NMOS 和 PMOS 器件的沟道长度。此外,多晶硅栅版图中也定义了 CMOS 器件结构的局部互连,这里的多晶硅栅版图将 NMOS 和 PMOS 的栅极通过多晶硅连接在一起,作为 CMOS 的输入。

（5）轻掺杂漏（LDD）对应的版图

如图 8-2-2 所示，亚微米尺度 CMOS 器件结构通过两次掺杂的方式在重掺杂的源漏区和沟道区之间形成了轻掺杂区，该轻掺杂区通常被称为轻掺杂漏（LDD）。LDD 结构可以有效缓解漏区电场过高引发的热载流子效应等一系列非理想效应，从而提升 CMOS 器件的可靠性。

然而，LDD 结构的制作并不需要额外的版图结构。LDD 结构巧妙地利用了多晶硅栅电极侧方的绝缘隔离侧墙，通过两次离子注入实现了 LDD 结构。第一次以多晶硅栅作为掩模形成浅结，第二次以多晶硅栅加侧墙作为掩模形成深结。

8.2.1 和 8.2.2 小节以微米尺度和亚微米尺度 CMOS 器件为例，分别介绍了器件结构与版图之间的对应关系。可以看出，为了简化工艺步骤，降低制造成本，可以通过工艺设计，利用工艺自身特点（如自对准工艺），复用或者不用版图即可实现相应的器件结构。因此，在理解 CMOS 版图的时候必须结合相应的器件工艺以及器件结构相关知识。

另外，深亚微米工艺以后，为了进一步提升器件之间的隔离效果。CMOS 工艺开始采用浅槽隔离来代替 LOCOS。这就导致在深亚微米工艺中，因为套刻误差的影响，无法直接使用 CMOS 器件的有源区版图对源漏区进行掺杂。而需要采用单独的版图对特定区域进行掺杂。8.2.3 节将对套刻误差问题进行详细介绍。

8.2.3 版图套刻误差问题

版图套刻误差是指在集成电路制造过程中，由于各层图形在对准和叠加时发生偏移，导致实际制造出的电路图形与设计图形不完全一致的现象。这种误差主要由光刻工艺中的对准精度不足引起，对电路性能和良率产生显著影响。套刻误差会导致电路的尺寸偏差、电气特性变化，甚至短路或开路等严重缺陷。为减小套刻误差，一方面，在制造过程中需严格控制对准精度，并采用先进的光刻设备和优化的工艺流程。另一方面，在设计版图时也需考虑可能的套刻误差，通过增加关键区域的容差、优化图形布局等方法来提高容错性和制造可靠性。下面简要介绍一下深亚微米 CMOS 工艺中为克服套刻误差所采用的版图的特点。

如图 8-2-3 所示，在深亚微米工艺中，通常采用两层版图来实现有源区掺杂。第一层掩模（有源区）的作用与微米尺度工艺中的有源区掩模作用一致。其定义了有源区的位置和大小。然而，与微米尺度工艺不同的是，若要对有源区进行掺杂，需要采用另一层掩模，这里要实现 N⁺掺杂，该掩模的名称为 N-select。可以看出，N-select 区域位置与有源区位置一致，但面积略大于有源区。如前面所述，这样做的目的主要是增大关键区域的容差，克服套刻误差产生的影响。

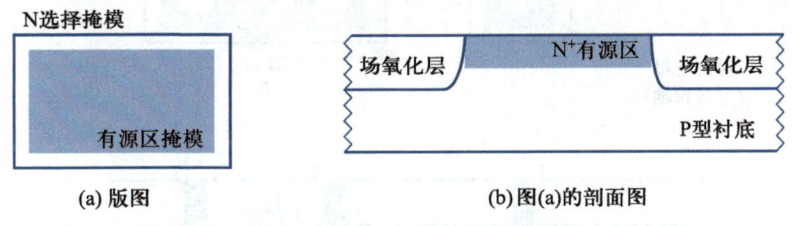

（a）版图   （b）图(a)的剖面图

图 8-2-3   深亚微米 CMOS 有源区掺杂采用的两层掩模

8.2.4 理想的 CMOS 结构的版图

如 8.2.3 节所述，在设计版图时需要考虑工艺中的非理想因素。然而，对实际的商用工艺，尤其是深亚微米尺度以后的先进工艺而言,版图与工艺的对应关系是商用工艺开发套件(PDK)的核心内容。所以,针对先进工艺的版图分析往往是经过简化处理的。下面以一个具有 STI 结构的 CMOS 器件为例,给出理想 CMOS 结构版图,并给出对应的 CMOS 器件结构。其中,图 8-2-4 为 NMOS 器件版图与对应的器件结构。图 8-2-5 为 PMOS 器件版图与对应的器件结构。

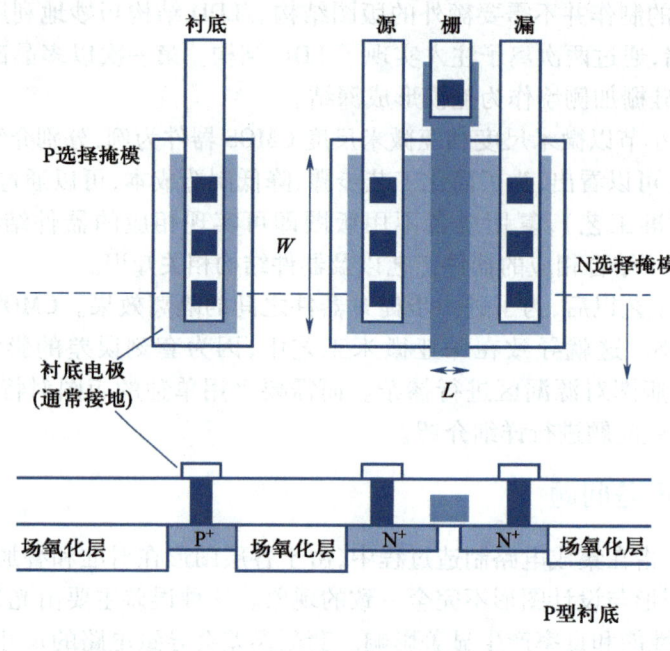

图 8-2-4   NMOS 器件版图与对应的器件结构

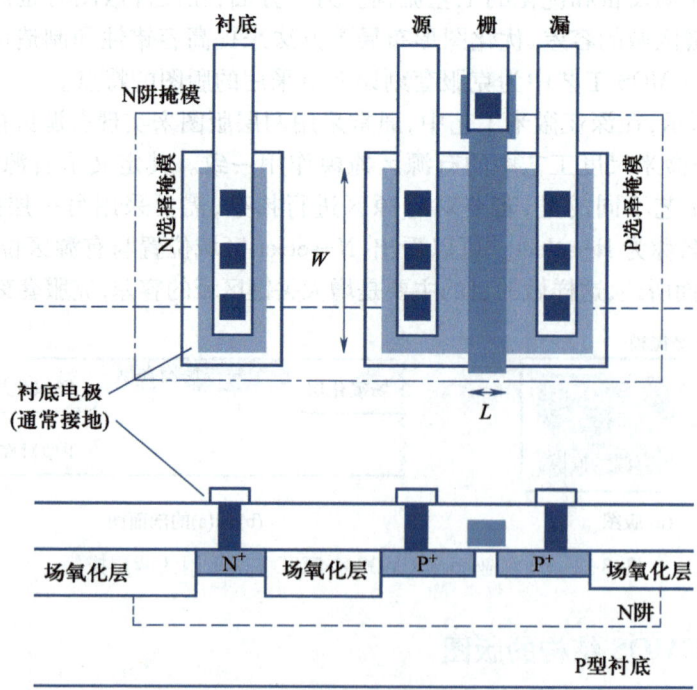

图 8-2-5   PMOS 器件版图与对应的器件结构

8.3 BiCMOS 工艺器件结构

随着集成电路的快速发展,其应用领域不断扩大,一些大规模集成电路要求小型化、高速、低功耗、强电流驱动能力和高性价比。双极工艺制备出来的双极型器件,具有电流驱动能力强、速度高和模拟精度高的优点,但是在集成度和功耗方面无法满足超大规模集成电路系统集成的要求。CMOS 工艺制备出来的 MOSFET 器件,具有高集成度、低功耗、高性价比的优点,但是速度不够高,驱动能力不够强。在 20 世纪后期,发展起来了 BiCMOS 工艺,将双极与 CMOS 器件制作在同一芯片上,结合了双极器件的高跨导、强电流驱动、高速度和 CMOS 器件高集成度、低功耗、高性价比的优点,通常电路的核心逻辑部分可以采用 CMOS 器件,而输入输出缓冲电路和驱动电路要求驱动大的电容负载则采用双极型器件,从而实现了高速、高集成度、高性能的超大规模集成电路。

BiCMOS 工艺主要有两种:一是以 CMOS 为基础的 BiCMOS 工艺,这种工艺对保证 CMOS 器件的性能较为有利;二是以双极工艺为基础的 BiCMOS 工艺,这种工艺对保证 BJT 器件的性能较为有利。目前 BiCMOS 通常以 CMOS 工艺为基础,主要是增加了双极型晶体管。

8.3.1 BiCMOS 工艺器件结构特点

基于 CMOS 工艺的 BiCMOS 工艺,将 CMOS 逻辑电路和双极型模拟电路集成在同一芯片上。图 8-3-1 给出了 BiCMOS 工艺包含的典型的器件,包括 PMOSFET、NMOSFET、垂直 NPN 晶体管。PMOSFET 和 NMOSFET 器件结构和 CMOS 工艺中一样,衬底尽可能采用重掺杂硼的 P 型(100)Si,重掺杂的衬底可减小衬底电阻,抗闩锁能力强。器件做在衬底上方的 P 型外延层内。

图 8-3-1 彩图

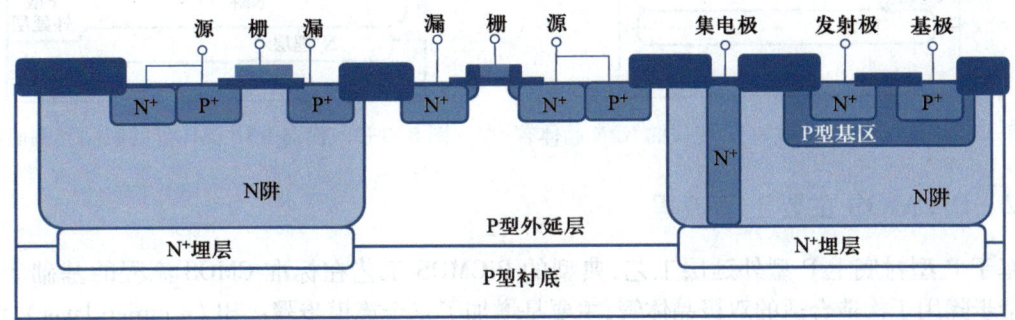

图 8-3-1 BiCMOS 工艺包含的典型的器件

1. NPN 晶体管

图 8-3-2 给出了典型的垂直 NPN 晶体管的版图和剖面图。如图所示,NPN 晶体管的集电区由 P 型外延层里的 N 阱区构成,在 N 阱里通过离子注入形成 NPN 的基区和发射区,其中重掺杂发射区由用于形成 NMOSFET 源漏区的浅结 NSD 形成。晶体管下方的埋层 NBL 和深 N⁺区,用于减小集电极电阻,深 N⁺区上方的 NSD 在此处用于阱区的欧姆接触,同样基区里的 PSD 用于基区的欧姆接触。

上述 NPN 晶体管的结构和标准的双极晶体管相比,基本相同,存在略微的差别。主要是此处晶体管的发射区由于采用浅 NSD 注入,所以增益下降。当然如果可以牺牲其他器件的特性或是增加额外的工艺步骤,也可获得更高的增益。

2. PNP 晶体管

图 8-3-2 彩图

图 8-3-3 彩图

基于 CMOS 的 BiCMOS 工艺也可以制备 PNP 晶体管,图 8-3-3 给出的是模拟 BiCMOS 工艺下的典型横向 PNP 管的版图和剖面图。发射区和集电区均采用 NPN 晶体管的基区形成,PSD 用于集电区和发射区的欧姆接触,N 阱用作横向 PNP 晶体管的基区,其中 N 阱里的 NSD 用于基区的欧姆接触。这种横向 PNP 晶体管的结构和标准的双极型工艺下的横向 PNP 晶体管相比,虽然都是采用 NPN 晶体管的 P 型掺杂基区作为 PNP 晶体管的发射区,但是采用 CMOS 中 N 阱作为基区,比标准双极型工艺中用 N 型外延层作为基区的掺杂浓度高,使得发射结注入效率减小,β 值下降。

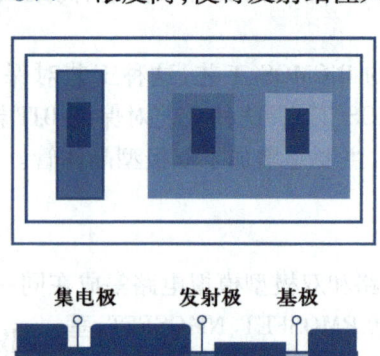

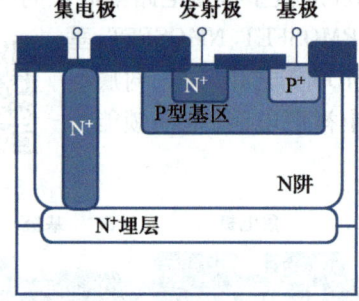

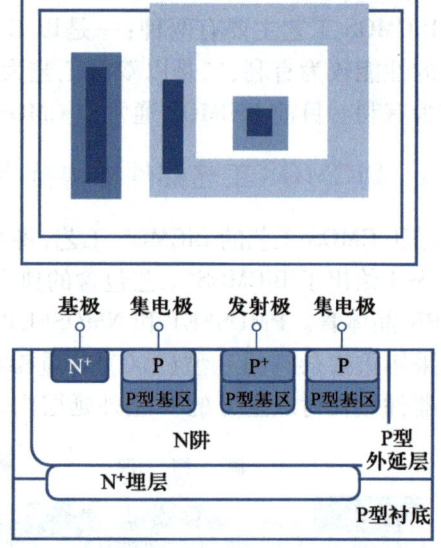

图 8-3-2 具有深 N⁺ 扩散和 N⁺ 埋层的 NPN 晶体管

图 8-3-3 横向 PNP 晶体管的版图和剖面图

8.3.2 BiCMOS 主要工艺流程

基于 P 型衬底上 P 型外延层工艺,典型的 BiCMOS 工艺在标准 CMOS 流程的基础上增加了少量步骤用于构造合适的双极晶体管,主要是增加了三个掩模步骤:NBL(n buried layer)、深 N⁺ 和 NPN 晶体管基区。其中的 NBL,一是有效减小了 NPN 晶体管的集电极电阻;二是提高了 PNP 晶体管的工作电压,这是因为它抑制了纵向的穿通击穿;三是抑制了寄生衬底 PNP 管的作用。另外,采用结隔离的模拟 BiCMOS 工艺几乎都包含 NBL。深 N⁺ 可进一步减小 NPN 晶体管的集电极电阻。NPN 晶体管基区决定了晶体管的增益、击穿电压和厄利电压。

下面基于 N 阱多晶硅栅 CMOS 工艺,简要介绍 BiCMOS 的工艺流程。

(1) N⁺ 埋层(NBL)和外延层

BiCMOS 工艺选用 P 型(100)晶面硅晶圆作衬底。首先在 P 型衬底上热氧化生成一层薄氧化层 SiO₂,然后利用 N 型埋层(NBL)掩模对该氧化层进行光刻,刻蚀出 NBL 区域的窗口,再在窗口中离子注入淀积 N 型杂质锑,形成 NBL 埋层。NBL 退火后,去除氧化层,进行一次 P 型外延层淀积,如图 8-3-4 所示。

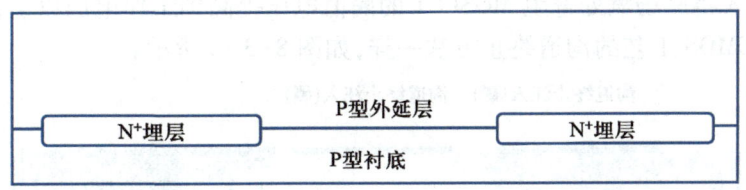

图 8-3-4　P 型衬底上的 N⁺埋层(NBL)和外延

（2）N 阱注入和深 N⁺区

在 P 型外延层上再生长一层薄氧化物,使用 N 阱掩模版进行光刻,离子注入磷,用以形成 CMOS 单元用于制备 PMOSFET 的局部衬底 N 阱。然后对深 N⁺区域进行光刻,在窗口区域注入高浓度的磷,形成深 N⁺区。后续工艺流程后,要保证 N 阱和深 N⁺区都与 NBL 相接,如图 8-3-5 所示。

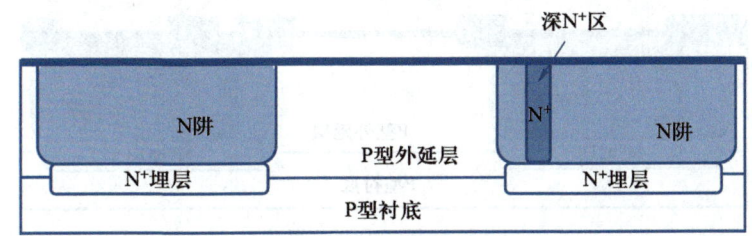

图 8-3-5　P 型外延内的 N 阱注入和深 N⁺区

（3）基区注入

晶圆上生长薄的缓冲氧化层后,使用基区掩模版光刻出基区窗口,再进行硼注入,形成 P 型基区(P-base),如图 8-3-6 所示。

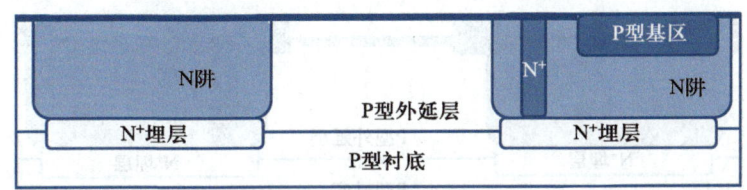

图 8-3-6　P⁺基区注入

（4）有源区光刻

利用有源区掩模版刻蚀出需要制备有源器件的区域。光刻使用负胶,将非有源区的薄氧化层腐蚀掉,薄氧化层在形成各器件的有源区上得以保留,如图 8-3-7 所示。

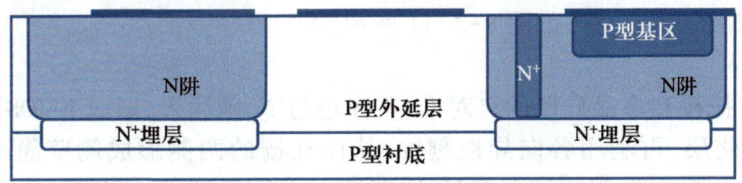

图 8-3-7　有源区的光刻

（5）沟道终止注入

沟道终止注入将厚场氧处寄生 MOSFET 的阈值电压提高到工作电压以上,防止寄生 MOS-FET 的开启,和 CMOS 工艺的沟道终止方法一样,如图 8-3-8 所示。

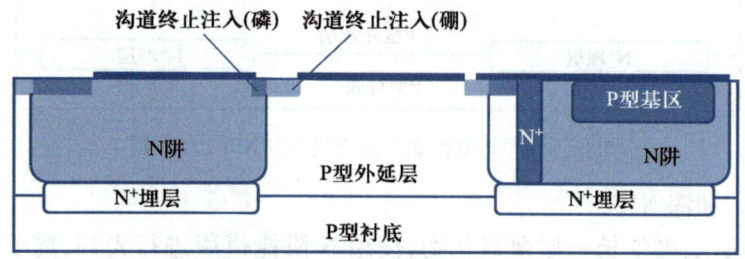

图 8-3-8   沟道终止注入

（6）LOCOS 处理

LOCOS 氧化过程和 CMOS 工艺的 LOCOS 方法一样,如图 8-3-9 所示。

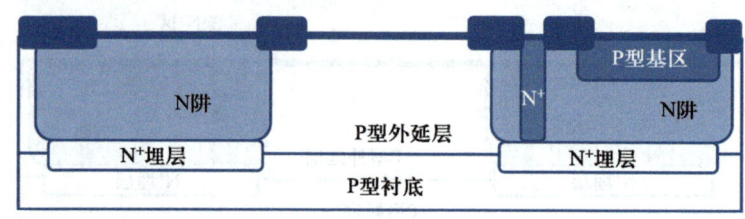

图 8-3-9   LOCOS 氧化

（7）阈值电压的离子注入调整

如果是单次通过离子注入技术注入硼,则可同时提高 NMOSFET 的阈值电压并降低 PMOS-FET 的阈值电压,和 CMOS 工艺的阈值电压的离子注入调整方法一样,如图 8-3-10 所示。

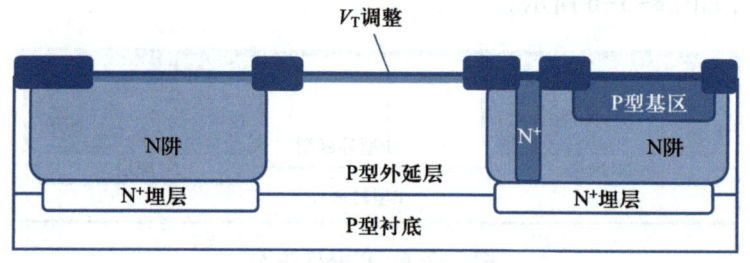

图 8-3-10   阈值电压的离子注入调整

（8）多晶硅

生长一层作为栅氧化层的高质量薄氧化层,在栅氧化层上再淀积一层多晶硅,使用多晶硅掩模版光刻,保留 NMOSFET 和 PMOSFET 的栅多晶硅以及起互连作用的多晶硅,和 CMOS 工艺的多晶硅栅的制备方法一样,如图 8-3-11 所示。

（9）源漏注入

利用 N$^+$S/D 掩模和多晶硅栅的自对准,首先进行 N$^-$磷注入,形成 NMOSFET 的轻掺杂漏区。然后淀积氧化层,再利用各向异性刻蚀,从而在栅的两侧形成侧壁隔离墙。再次利用 N$^+$S/D 掩模和侧壁隔离墙,形成结深较深、浓度较大的 NMOSFET 的源漏区,同时形成 NPN 的发射区以及 N 阱的阱接触。

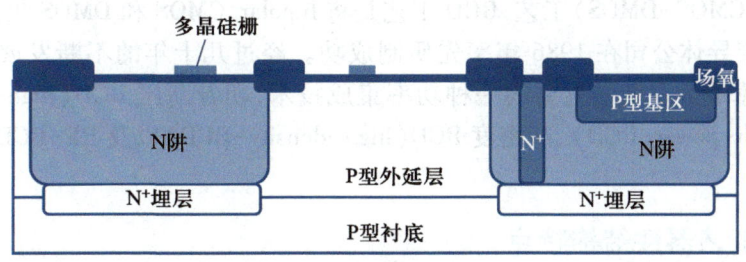

图 8-3-11　多晶硅栅的制备

再利用 P⁺S/D 掩模和多晶硅栅的自对准,进行 P⁺S/D 注入,形成 PMOSFET 的源漏区,以及 P 型外延层衬底和 P 型基区的接触,如图 8-3-12 所示。

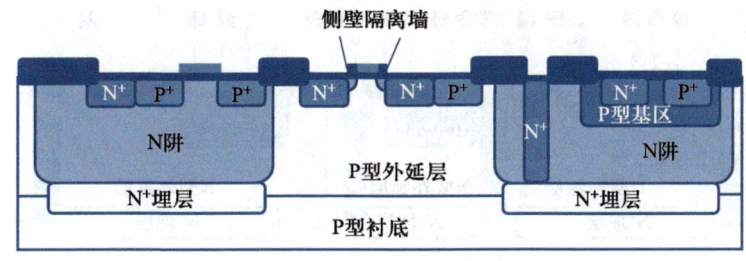

图 8-3-12　N⁺S/D 和 P⁺S/D 的注入

（10）接触孔和金属化

和 CMOS 工艺一样,通过厚氧化层利用接触孔掩模版形成器件的电极引出的接触孔。然后,采用蒸发或溅射工艺在晶片表面淀积金属,金属在接触孔区域与半导体接触,引出器件的电极。按照电路连接要求,通过光刻生成互连线,就完成了包含垂直 NPN 和 CMOS 器件的管芯的制作。如图 8-3-13 所示。

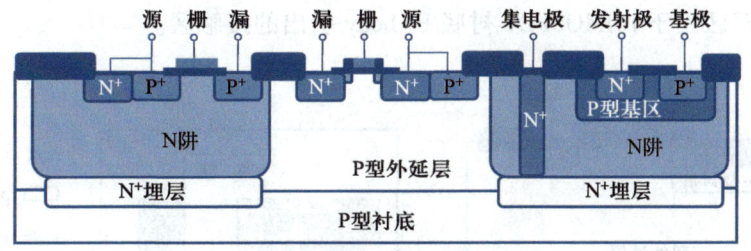

图 8-3-13　接触孔和互连线的形成

8.4　BCD 工艺器件结构

功率集成电路(power integrated circuit,PIC)是将功率器件与信号处理电路、外围接口电路、保护电路及检测诊断电路等集成在同一芯片的集成电路,主要用于实现对各种电路的处理和转换,所以一个功率集成电路需要将 bipolar 模拟电路、CMOS 逻辑电路和 DMOS 高压功率器件集成在同一硅衬底上,同时利用 bipolar 高跨导、强电流驱动、高速度的特性,CMOS 的高集成度、低功耗特性以及 DMOS 高压、大电流驱动能力的功率特性。功率集成电路的发展依赖的就是 BCD(bipolar-CMOS-DMOS)工艺,BCD 工艺是将 bipolar、CMOS 和 DMOS 集成在同一芯片上的工艺,由意法半导体公司在 1986 年率先研制成功。经过几十年的不断发展,随着各种技术的进步,BCD 技术成为目前最重要的一种功率集成技术,朝着高压 BCD(high-voltage-BCD)、高功率 BCD(high-power-BCD)、高密度 BCD(high-density-BCD)以及 RF-BCD 和 SOI-BCD 等方向发展。

8.4.1 BCD 工艺器件结构特点

功率 LDMOSFET 器件在工艺和结构上更容易与 CMOS 工艺兼容。图 8-4-1 给出了 BCD 工艺包含的典型的器件结构,包括 PMOSFET、NMOSFET、垂直 NPN 晶体管和 LDMOSFET 功率器件。

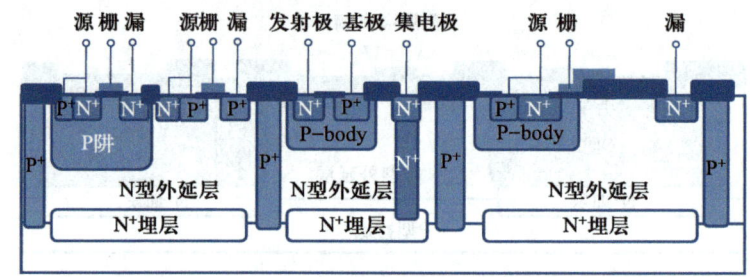

图 8-4-1   包含 PMOSFET、NMOSFET、NPN 晶体管、LDMOSFET 的 BCD 结构示意图

PMOSFET 和 NMOSFET 器件结构和 CMOS 工艺中一样,不再详述。LDMOS 器件是功率集成电路中的核心器件,设计时需要同时考虑到工艺的兼容性和器件的性能。基于 P 衬 N 型外延工艺,典型的 N-LDMOSFET 的结构图和版图如图 8-4-2 所示,与图 5-10-1 标准的 N-LDMOSFET 相比,器件结构基本相同,只存在略微的差别,其中的 N-漂移区为 P-body 和漏区 N$^+$区之间的轻掺杂 N 型外延层,因此外延层的掺杂浓度会影响到器件的导通电阻和击穿电压;源区 N$^+$旁侧的 P$^+$区用于 LDMOSFET 衬底 P-body 引出的接触区。

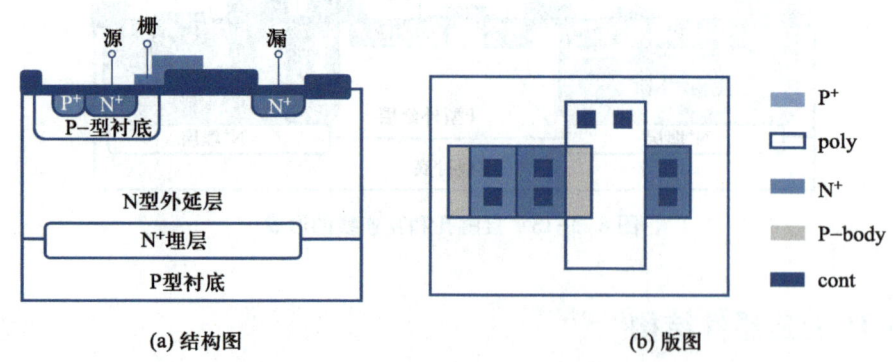

(a) 结构图   (b) 版图

图 8-4-2   典型 N-LDMOS 的结构图和版图

8.4.2 BCD 主要工艺流程

BCD 工艺将 bipolar 器件、CMOS 器件和 DMOS 器件集成在同一芯片上,就要求兼容工艺下的这些器件能够具有基本的分立器件的良好性能,尤其是高压 DMOS 器件,所以要解决的主要

问题就是工艺的兼容性、隔离技术和 DMOS 器件的制备。

功率兼容工艺集成方面,既要考虑高压器件和低压器件的兼容,还要考虑 CMOS 器件和双极型器件的兼容。不同器件各掺杂区有不同的掺杂要求,但是为了降低制造成本需要尽量减少掩模版数量,所以尽量使其中相同类型掺杂兼容进行,并合理调制工艺顺序,既能实现工艺兼容,又能确保器件性能。基于 P 型衬底 N 型外延层的 BCD 集成方式,可不增加更多的工艺步骤把 bipolar 器件、CMOS 器件和 DMOS 器件集成在同一芯片上,保证 DMOS 器件的性能。

BCD 工艺中的隔离技术,要确保低压部分的工作不会受到高压部分的影响,敏感器件不会受到其他器件的影响。隔离技术与其他工艺中的基本相同,主要是自隔离、结隔离和介质隔离。

兼容集成的 LDMOSFET 采用与普通低压器件的栅氧化层相同厚度的薄栅氧介质层,提高其跨导,增强其电流能力,在这一点上,与一般的高跨导分立 LDMOSFET 器件相同。

下面讨论基于 P 型衬底 N 型外延层的 BCD 工艺。

(1) 埋层 NBL 和 N 型外延层

BCD 工艺选用 P 型(100)晶面硅单晶做衬底。在 P 型衬底上热氧化生成一层薄氧化层,利用 N⁺埋层(NBL)掩模对上述氧化层进行光刻,刻蚀出 NBL 区域的窗口,在窗口中离子注入淀积 N 型杂质锑,形成 NBL 埋层。然后经历退火后,去除氧化层,生长 N 型外延层,此外延层一是作为 NLDMOSFET 的 N-漂移区,二是作为 MOSFET 的衬底,如图 8-4-3 所示。

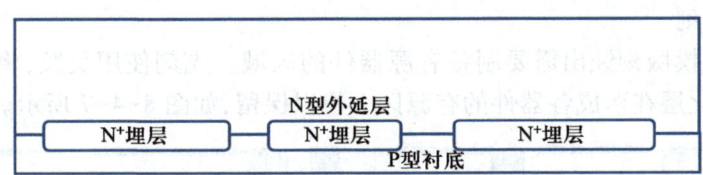

图 8-4-3　埋层 NBL 和 N 型外延层的制备

(2) 深 N⁺区

在 N 型外延层生长后,对深 N⁺区域进行光刻,在窗口区域可注入高浓度的磷,形成深 N⁺区。后续工艺流程后,要保证深 N⁺区与 NBL 相接,用于减小纵向 NPN 管的集电极电阻,如图 8-4-4 所示。

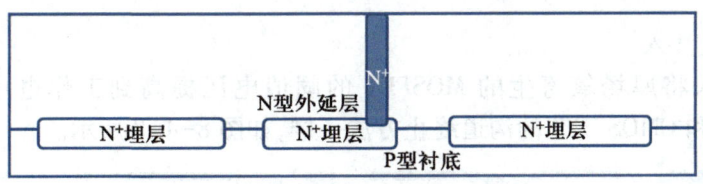

图 8-4-4　深 N⁺区的制备

(3) 深 P⁺区

深 P⁺注入后,和 P 型衬底相接,形成了有效的 PN 结隔离,从而将 P 型衬底上的 N 型外延层分割成一个个相互独立的外延岛,如图 8-4-5 所示,在外延岛中就可制作电学上需要隔离的各个器件。

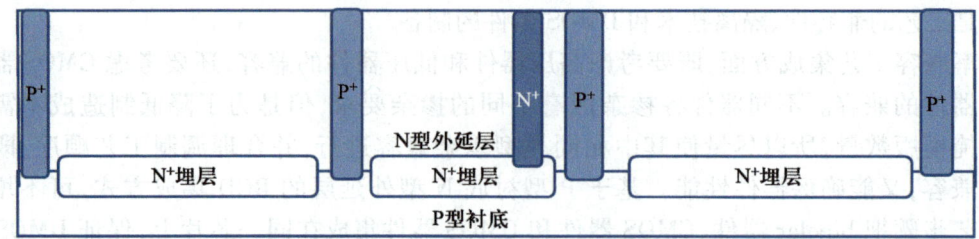

图 8-4-5　深 P$^+$ 隔离区的注入

（4）P 阱注入

在 N 型外延层上生长一层薄氧化物，并使用 P 阱掩模版进行光刻，离子注入 P 型杂质，用以形成 CMOS 单元用于制备 NMOSFET 的局部衬底 P 阱，如图 8-4-6 所示。

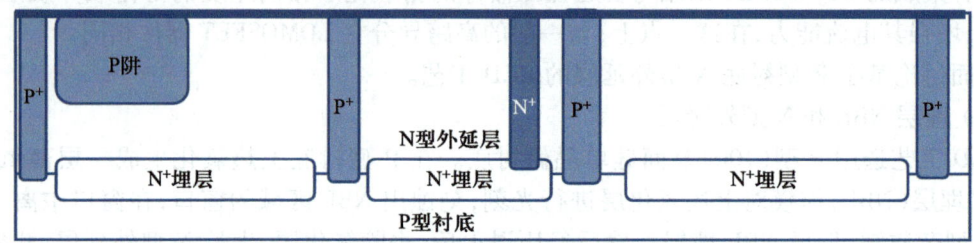

图 8-4-6　P 阱注入

（5）有源区光刻

利用有源区掩模版刻蚀出需要制备有源器件的区域。光刻使用负胶，将非有源区的薄氧化层腐蚀掉，薄氧化层在形成各器件的有源区上得以保留，如图 8-4-7 所示。

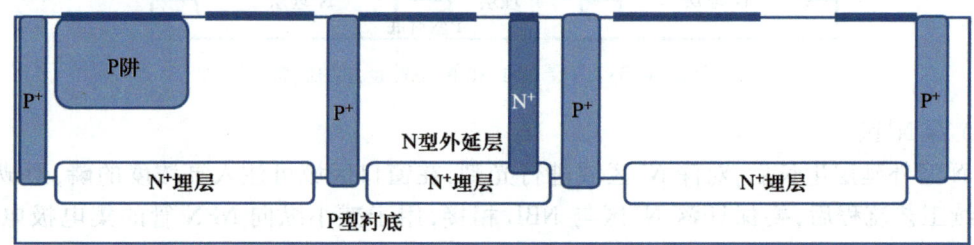

图 8-4-7　有源区的形成

（6）沟道终止注入

沟道终止注入将厚场氧寄生的 MOSFET 的阈值电压提高到工作电压以上，防止寄生 MOSFET 的开启，和 CMOS 工艺的沟道终止方法一样，如图 8-4-8 所示。

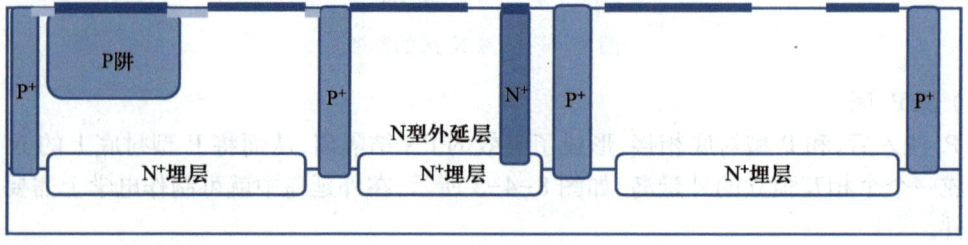

图 8-4-8　沟道终止注入

（7）LOCOS 场氧化

LOCOS 氧化过程和 CMOS 工艺的 LOCOS 方法一样，形成芯片表面的较厚的场氧化层，如图 8-4-9 所示。

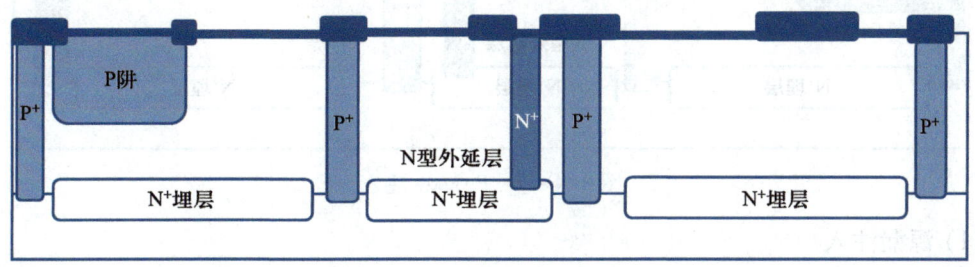

图 8-4-9　LOCOS 氧化

（8）阈值电压的离子注入调整

如果是单次通过离子注入技术注入硼，则可同时提高 NMOSFET 的阈值电压和降低 PMOSFET 的阈值电压，如图 8-4-10 所示。

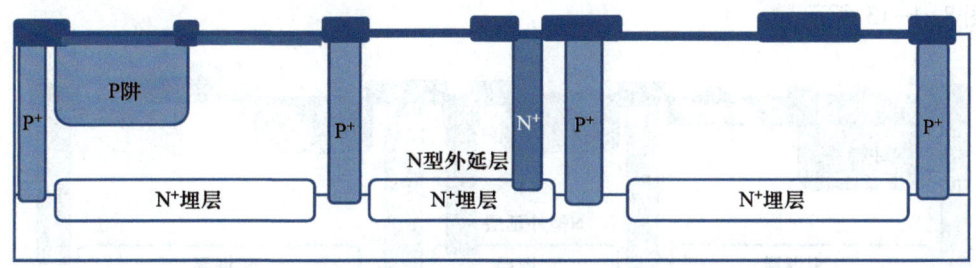

图 8-4-10　阈值电压的离子注入调整

（9）多晶硅

生长一层作为栅氧化层的高质量薄氧化层后，在栅氧化层上淀积一层多晶硅，使用多晶硅掩模版光刻，保留 NMOSFET、PMOSFET 和 LDMOS 的栅多晶硅以及起互连作用的多晶硅，如图 8-4-11 所示。

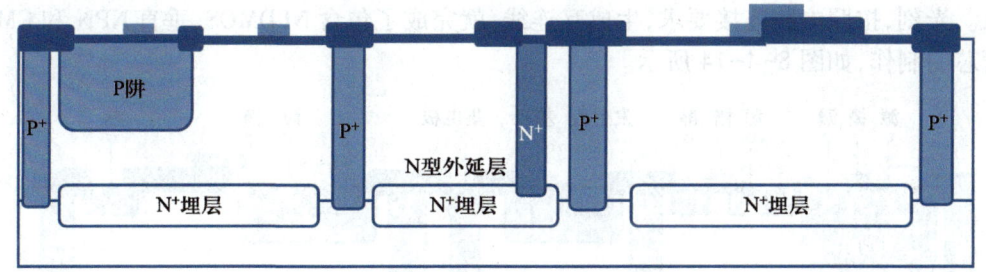

图 8-4-11　多晶硅栅的制备

（10）P-body 注入

利用多晶硅栅做自对准，先进行 P-body 层硼（boron）注入，P-body 层一是作为 NLDMOS 的衬底，形成 LDMOS 沟道区；二是形成纵向 NPN 的基区，如图 8-4-12 所示。

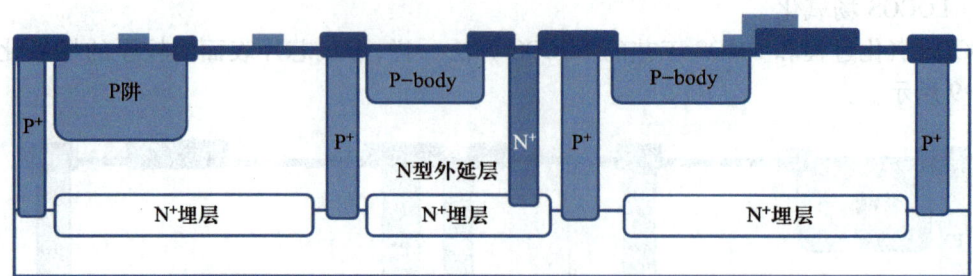

图 8-4-12　P-body 注入

（11）源漏注入

利用 N⁺S/D 掩模和多晶硅栅的自对准，进行 NSD 磷注入，NSD 磷和 P-body 层硼两次注入的横向扩散差就是 NLDMOS 的沟道长度，通过控制两次注入的再分布温度和时间精确控制器件的沟道长度。NSD 注入同时形成垂直 NPN 的发射区、集电区接触、NMOSFET 的源漏区、NLDMOS 的源漏区及 N 型外延层的欧姆接触。

再利用 P⁺S/D 掩模，进行 PSD 硼注入，形成 PMOSFET 的源漏区和垂直 NPN 管的基区接触，如图 8-4-13 所示。

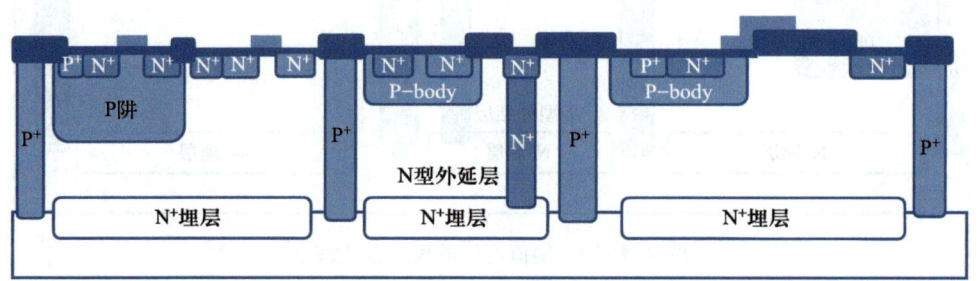

图 8-4-13　N⁺SD 和 P⁺SD 的注入

（12）接触孔和金属化

和 CMOS 工艺一样，通过厚氧化层利用接触孔掩模版形成器件的电极引出的接触孔。然后，采用蒸发或者溅射工艺在晶片表面淀积金属，金属在接触孔区域与半导体接触，引出器件的电极。光刻，按照电路连接要求，生成互连线，就完成了包含 NLDMOS、垂直 NPN 和 CMOS 器件的管芯的制作，如图 8-4-14 所示。

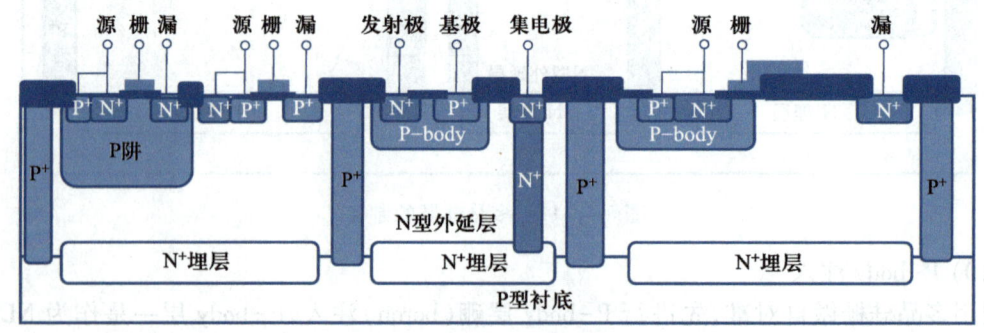

图 8-4-14　接触孔和互连线的形成

习题

8.1 简述 LDD(轻掺杂漏)结构的设计目的及其在 MOSFET 中的作用。

8.2 沟道倒掺杂工艺什么优点? 可以解决 MOSFET 的什么问题?

8.3 高 K 栅介质相比传统的 SiO_2 栅氧化层有哪些优势?

8.4 简要说明 SiGe 源漏技术在 MOSFET 中的应用及其带来的性能提升。

8.5 请说明基于 CMOS 工艺的 BiCMOS 工艺中,NSD 物理层的主要用处有哪些。

8.6 请说明 BCD 工艺中如果 N 型外延层的浓度增加,则 NLDMOSFET 器件特性有哪些主要的变化。

第9章 新型 MOSFET 器件结构

在半导体技术的演进中,材料与结构的创新始终是推动集成电路性能提升的关键驱动力。传统的平面 MOSFET(metal-oxide-semiconductor field-effect transistor)在过去几十年中已经达到了极限,随着器件尺寸的缩小,短沟效应(short channel effects,SCE)等问题逐渐显现,影响了器件的性能和可靠性。为了解决这些问题,半导体行业引入了多种新型材料和结构,其中硅绝缘体上技术(silicon on insulator,SOI)和鳍式场效应晶体管(fin field-effect transistor,FinFET)是最为重要的两项创新。

本章主要内容围绕以上三种新型的半导体器件技术展开。首先,深入探讨 SOI 技术,通过介绍其关键工艺步骤、结构特点,展示其在高频和低功耗领域的重要性。接着,详细解析 Fin-FET 技术,重点说明其在提升栅极控制能力和减小短沟效应方面的显著优势,以及其在现代高性能计算中的广泛应用。

9.1 SOI 器件结构和原理

SOI 实际上是一种先进的半导体工艺技术,通过在一层绝缘体上形成与衬底隔离的硅膜层来制造集成电路。与传统的体硅器件相比,SOI 器件具有许多优势,包括更高的性能、更低的功耗和更好的抗辐射能力。SOI 技术通过减少寄生电容和提高晶体管速度,显著改善了器件的开关速度和能效。此外,SOI 器件在高温和恶劣环境下表现出色,广泛应用于高性能计算、移动通信、航空航天等领域。简单地说,SOI 器件与传统体硅器件的区别主要是衬底中是否有埋氧化层。如图 9-1-1 给出了体硅 MOSFET 器件和 SOI MOSFET 的器件结构示意图。

可见,SOI 器件与体硅器件的主要区别在衬底结构上。SOI 的衬底结构由类似三明治的结构构成:位于最下方的是较厚的硅衬底支撑层,最上方的通常是厚度较小的单晶硅硅膜,而将硅衬底与顶层单晶硅硅膜隔离开的是一层 SiO_2 绝缘层,由于其位于表面硅膜之下,所以通常也被称作埋氧化层(burried oxide,BOX)。正是有这一层埋氧化层的存在,才使得 SOI 器件在漏电、寄生、隔离及抗辐射等方面都表现出比传统体硅 MOSFET 优异的特性。下面将分别从 SOI MOSFET 器件的关键工艺、器件的主要特性两个方面对 SOI 器件进行介绍。

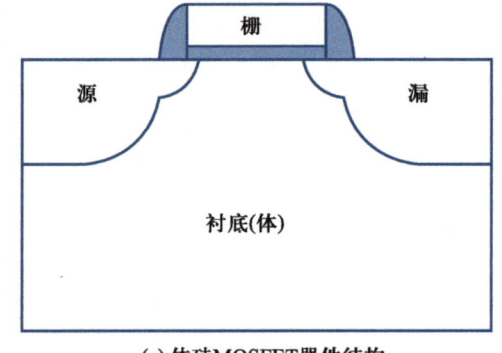

(a) 体硅MOSFET器件结构

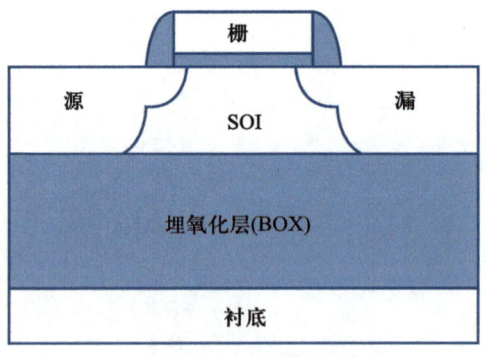

(b) SOI MOSFET器件结构

图 9-1-1 体硅 MOSFET 与 SOI MOSFET 器件结构

9.1.1 SOI MOSFET 器件的关键工艺

SOI 器件的发展始于 20 世纪 50 年代,最初用于提高电子器件在极端环境下的性能。20 世纪 90 年代,随着半导体技术的进步,SOI 技术得到了显著提升,并逐渐被应用于高性能微处理器和低功耗中。进入 21 世纪,SOI 技术在制造工艺和材料方面不断创新,推动了其在移动设备、通信、汽车电子和航空航天等领域的广泛应用。近年来,随着 FinFET 和 FDSOI 等先进工艺的引入,SOI 器件的发展进一步加速,显著提升了电子产品的性能和能效。需要指出的是根据 SOI 顶层硅膜厚度的不同,SOI 器件可以分为部分耗尽 SOI(PDSOI)和全耗尽 SOI(FDSOI)两种工作模式,这两种工作模式下的相关特性将在 9.1.2 小节中详细讨论,这里以典型 SOI 器件结构为例,首先讨论 SOI 器件,也即 SOI 衬底的关键工艺步骤。

1. SOI 器件工艺类型

(1) 注氧隔离工艺

20 世纪 70 年代至 80 年代期间,SOI 结构主要是借助半导体工艺中的离子注入工艺技术,将高剂量的氧气离子注入硅衬底中的特定区域,再通过热反应(1 300 ℃的高温退火)使其与 Si 反应,从而在硅衬底中形成埋氧化层,这种方法也被称作注氧隔离(separation by implanted oxygen,SIMOX)。注氧隔离(SIMOX)工艺是早期较为流行的 SOI 材料制备技术,曾一度有望成为超大集成电路应用的主要制备技术之一。图 9-1-2 展示了注氧隔离工艺的基本步骤。

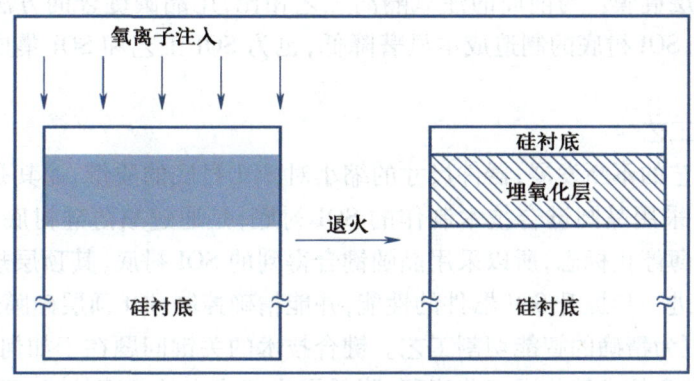

图 9-1-2 SOI 注氧隔离工艺

SIMOX 这种方法虽然可以实现 SOI 结构,但离子注入工艺复杂、昂贵,且埋氧化层和顶层硅膜的厚度难以控制。此外,在注氧隔离的过程中也不可避免地对顶层硅膜的晶格质量产生较大的损伤,且形成的埋氧化层厚度很难保持一致。因此早期 SOI 工艺并没有得到广泛的推广。早期基于 SOI 工艺的器件和集成电路主要用于军事和航空航天领域。

(2) 晶圆键合工艺

因为注氧隔离技术的工艺困难且昂贵,阻碍了 SOI 技术的商业化发展。为了降低 SOI 工艺的成本,20 世纪 90 年代出现了通过将两个硅片黏合在一起的方法来制作 SOI 衬底,这种方法也被称作晶圆键合回刻(wafer bonding and etch back,BESOI)。键合技术是指将两个平整表面的硅片相互靠近,会在硅片之间形成范德瓦尔斯力,从而使两个硅片紧密地连接在一起。键合技术形成的材料的顶层硅膜来自衬底,未经过 SIMOX 技术中的高温氧离子注入,所以顶层硅膜中的缺陷较少,其器件性能可以达到体硅器件的水平,因此可以避免其他方法制备顶层硅膜带来的器件性能的退化。键合工艺的主要步骤分为三个过程:第一步是用一个热氧化的基片键合到另一个热氧化的基片上。第二步是在高温下退火,加强两个硅片的键合力度。第三步是利用研磨、抛光及腐蚀来加工其中的一个硅片,使其达到理想的厚度。图 9-1-3 给出了 SOI 键合回刻技术的主要流程。

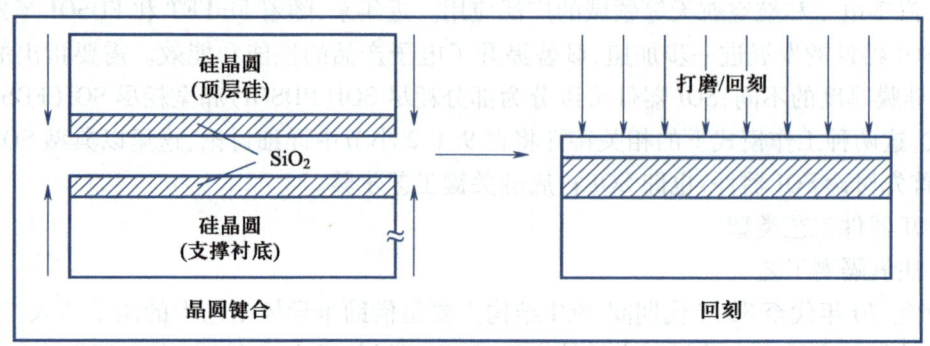

图 9-1-3　SOI 晶圆键合工艺

采用晶圆键合工艺的关键是在键合之前,其中一个晶圆上生长有一层二氧化硅,在键合形成 SOI 结构以后,还需要对上层硅晶圆进行减薄处理,最后留下厚度较小的一薄层硅,也就是用来制作器件的顶层硅膜。与前面的注氧隔离工艺相比,用晶圆键合的方法制作 SOI 衬底的工艺相对较为简单,SOI 衬底的制造成本显著降低,也为 SOI 工艺和 SOI 集成电路的初步商业化奠定了基础。

（3）智能切割工艺

随着半导体工艺的不断发展,器件尺寸的缩小对 SOI 衬底的质量,尤其是顶层硅膜的厚度有了更高的要求。采用晶圆键合技术制作的 SOI 衬底,是通过减薄硅衬底的方式来获得的。因为没有准确的减薄停止标志,所以采用晶圆键合得到的 SOI 衬底,其顶层规模的厚度通常难以精确控制。为了进一步提升 SOI 器件的性能,并能精确控制 SOI 顶层硅膜的厚度,21 世纪初期,开始出现采用更为精确的智能切割工艺。键合技术的关键问题在于如何优化减薄工艺,使产量增加,而智能剥离技术简化了工艺流程,降低了生产成本的减薄技术,可以和 SIMOX 技术媲美电学特性。其原理是将 H^+（或 He^+）向硅片中发射,在内部形成一层气泡,将含气泡的硅片与另一个热氧化的硅片进行键合,通过热处理,使硅片从气泡层完全断裂,形成 SOI 材料。这种将离子注入和键合技术结合的 SOI 制备技术也称为 Unibond SOI。图 9-1-4 给出了基于智能切割技术的 SOI 衬底制作工艺步骤。

可以看出,智能切割工艺的关键是结合了离子注入和键合两种关键工艺。首先利用氢离子注入技术将顶层硅膜从一般硅衬底上剥离下来,在完成 BOX 的生长后,再将顶层硅膜与 BOX 衬底键合,从而形成具有精确厚度的顶层硅膜。这种方法制作的 SOI 衬底具有较好的质量,相应的 SOI 器件和 SOI 集成电路都具有较高的良率。此外,由于采用晶圆键合工艺,其成本也进一步降低,为 SOI 技术的大规模商用普及奠定了基础。这一阶段 SOI 技术已广泛应用于微处理器、低功耗移动设备和高频通信设备。

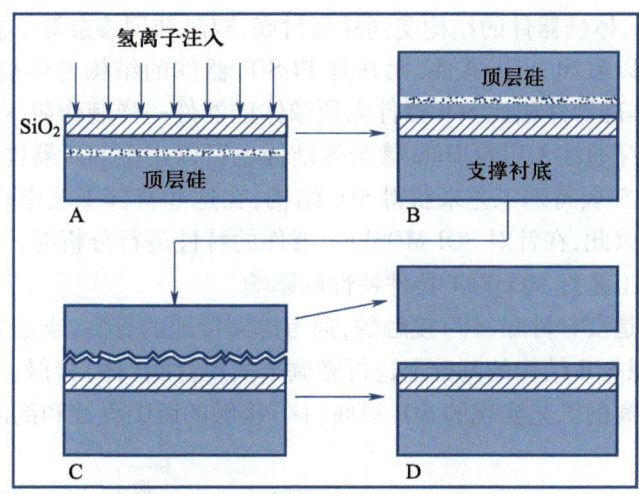

图 9-1-4　基于智能切割技术的 SOI 衬底制作工艺

2. SOI MOSFET 器件工艺特点

体硅 CMOS 和 SOI CMOS 在工艺上非常相似。图 9-1-5 给出了采用体硅(A)、部分耗尽 SOI(B)和全耗尽 SOI(C)工艺制作的 CMOS 反相器的剖面图。

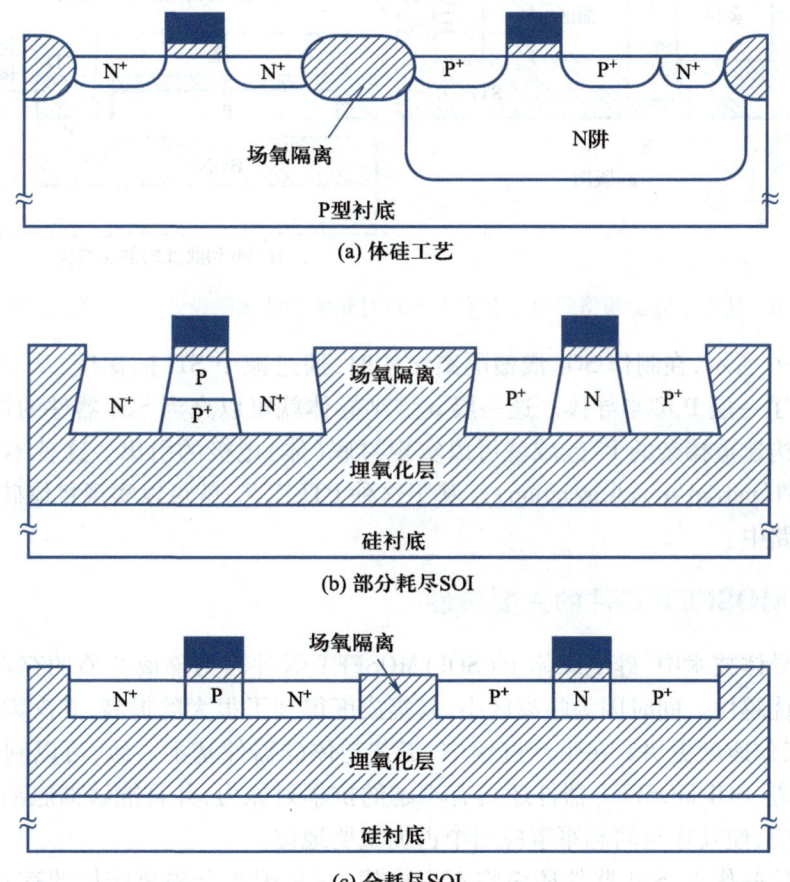

图 9-1-5　体硅工艺(A)、部分耗尽 SOI(B)和全耗尽 SOI(C)工艺制作的 CMOS 反相器剖面图

如图 9-1-5 所示，体硅器件的结构受到外延衬底、双阱和倒掺杂等工艺的影响会显得较为复杂。从剖面图上可以看出，SOI 器件，尤其是 FDSOI 器件的结构与体硅器件相比要简单得多。最明显的是，与体硅器件相比 SOI 器件无须像体硅器件一样制作阱区。但需要指出的是，体硅器件中采用的防穿通注入以及 Halo 掺杂等结构也可以用于 SOI 器件中。然而，与体硅器件相比，SOI 器件通常需要特殊工艺来获得 SOI 结构，在这些特殊工艺中往往会对 MOSFET 器件的质量产生影响。因此，在针对 SOI MOSFET 器件的特性进行分析时，还需要结合 SOI 的工艺步骤考虑 SOI 形成工艺对 MOSFET 器件特性的影响。

理想的 SOI 结构是没有衬底（体）接触的，但考虑到接地的需要，或是为了抑制翘曲效应和寄生效应，可以在理想 SOI 结构的基础上进行微调来实现衬底（体）接触。图 9-1-6 给出了一种基于不完全浅槽隔离的工艺实现的 SOI 衬底（体）接触的版图设计和剖面结构。

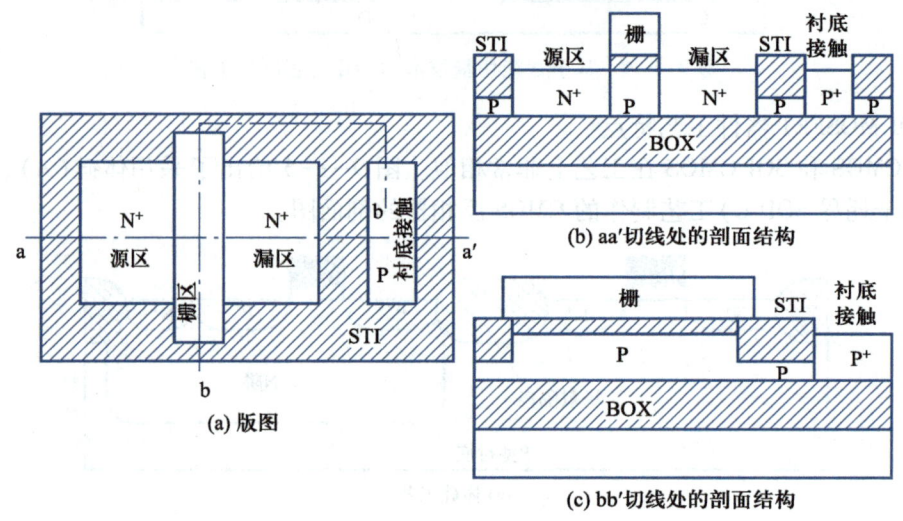

图 9-1-6　基于不完全浅槽隔离工艺实现 SOI 衬底接触的版图设计（A）和剖面结构（B、C）

如图 9-1-6 所示，在制作 SOI 浅槽隔离结构时，通过减小 STI 的深度，从而在 STI 结构和 BOX 之间留下了一层 P 型半导体。这一层 p 型半导体就可以充当 SOI 器件的衬底区域，在该区域旁边通过构建重掺杂的 P⁺ 区域就可以实现衬底（体）电极的引出。这种不完全浅槽隔离工艺也称作 PTI（partial trench isolation）。基于这种 PTI 工艺，就可以实现将体硅 CMOS 版图直接用于 SOI 电路中。

9.1.2　SOI MOSFET 器件的主要特性

在现代半导体技术中，硅绝缘体上（SOI）MOSFET 器件因为隔离介质的存在，有着体硅工艺无法比拟的优越性。同时因为隔离区小，其集成度得到了很大的提高，其次因为寄生电容的减小，器件的工作速度更快。在生产过程中，工艺与体硅器件基本一致，可以利用体硅成熟的工艺制造。此外，SOI MOSFET 器件还具有卓越的抗辐射能力，并且能够彻底消除体硅器件中的寄生闩锁效应，使其在空间和军事应用中占据重要地位。

除了上述这些优点，SOI 器件还面临不少挑战，正是因为全隔离结构的存在，使 SOI 器件表现出一些非理想物理效应，如翘曲效应和自热效应，这些效应将会对器件的性能产生显著影响。以下将详细介绍 SOI 的相关特性及其在实际应用中的影响。

1. PDSOI 与 FDSOI

根据顶层硅薄膜的厚度和器件工作时耗尽层的厚度不同,SOI 器件可以分为两大类:一类是部分耗尽 SOI(partially depleted SOI,PDSOI)器件,它的顶层硅薄膜厚度大于等于 1 000 Å($1\ \text{Å}=1\times10^{-10}\ \text{m}$),当器件工作在饱和区时,它的耗尽层小于顶层硅薄膜厚度,所以它是部分耗尽的;另一类是全耗尽 SOI(fully depleted SOI,FDSOI)器件,它的顶层硅薄膜厚度小于等于 500 Å,当器件工作在饱和区时,它的耗尽层大于顶层硅薄膜厚度,它的体阱区是全耗尽的。PDSOI 和 FDSOI 是 SOI 技术的两个重要分支,各自有着不同的发展历程和应用领域。

PDSOI 器件是 SOI 技术早期的主要形式。它的硅层部分耗尽,具有较好的抗辐射能力和高速性能。PDSOI 技术在 20 世纪 90 年代得到了广泛应用,特别是在高性能计算和军用电子设备中。随着制造工艺的改进,PDSOI 器件逐渐在高频和模拟应用中占据一席之地。然而,由于部分耗尽的硅层在缩小尺寸时会面临一些性能限制,PDSOI 在更小工艺节点上的应用逐渐减少。

FDSOI 技术在 21 世纪初期开始崭露头角,主要用于克服 PDSOI 在小尺寸下的性能瓶颈。FDSOI 器件的硅层完全耗尽,消除了体效应和寄生电容,显著提高了开关速度,降低了功耗。FDSOI 还具有更好的短沟效应控制,使其在先进节点下表现优异。FDSOI 在早期主要应用于需要高能效和高性能的移动设备中。随着制造技术的进一步提升,FDSOI 在 14 nm 及以下的工艺节点上取得了显著进展。特别是 FDSOI 的超低功耗特性使其在物联网(IoT)、5G 通信和汽车电子等领域获得了广泛应用。

2. SOI MOSFET 器件浮体效应

相对于传统的 CMOS 集成电路,SOI CMOS 集成电路可以进一步降低 PN 结寄生电容,从而提升集成电路的速度。但对 SOI 器件,尤其是对 PDSOI 器件而言,当 SOI 工作在饱和区时,由于它的阱区是部分耗尽的,并且它的阱是没有接电压的,所以它是处于电学悬空状态的,这种浮体结构会导致浮体效应(floating-body effect),例如翘曲效应(kink-effect)、寄生双极晶体管效应、栅感应漏极漏电流(gate induced drain leakage,GIDL)和自热效应等。

(1)翘曲效应(kink-effect)

翘曲效应是指当漏电压高于某值时,PDSOI(NMOS)器件的输出特性曲线出现上翘的现象。翘曲效应可以简单理解为当 PDSOI(NMOS)器件的漏电压很高时,沟道电子经漏极耗尽区附近的高电场加速获得足够的能量,通过碰撞电离产生电子-空穴对,新产生的电子迅速穿过沟道到达漏极,而空穴则流向硅膜中电位最低(即体浮空区域)处。浮空区的电位逐渐升高导致体浮空区的势垒高度减低,随着漏电压的增加,漏电流不再饱和,而是随漏压增大而增加,从而出现翘曲效应。

如图 9-1-7 所示,翘曲效应会导致 SOI MOSFET 器件的输出特性曲线上出现一个突变的"弯折"点。这种非线性会影响电路的精度和稳定性,尤其是在模拟电路和高精度应用中。

通过体接触可以抑制翘曲效应,也就是把阱体区连出去接到一个固定的电位上,从而控制体电势的变化,达到控制阱体区的势垒高度,最终使源漏电流稳定。

(2)寄生双极晶体管效应

寄生双极晶体管效应是指在 PDSOI 器件中存在一个寄生的双极晶体管,如图 9-1-8 所示,PDSOI NMOS 器件中存在双极晶体管 NPN。

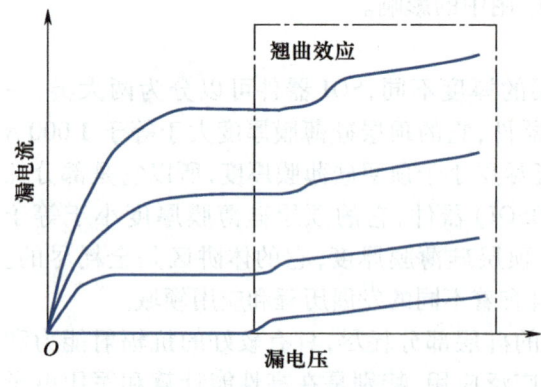

图 9-1-7　SOI NMOS 器件输出特性中的翘曲效应

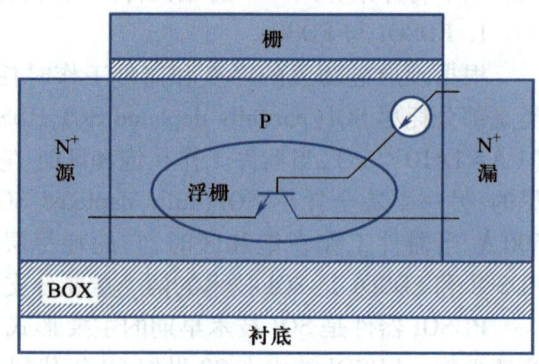

图 9-1-8　SOI MOSFET 器件中的寄生 BJT

根据双极晶体管的理论,基极开路时集电极击穿电压 VCEO(也就是 PDSOI 的源漏穿通电压)比基极接地时的击穿电压 BVCBO 要低。当 PDSOI 器件中寄生的双极晶体管导通时,沟道电流 I_C 在漏区碰撞电离产生流入体浮空区的电流为基区电流 I_B,若倍增因子为 M,I_B 会被寄生双极晶体管放大为 βI_B,则漏端电流 $I_D = M(I_C + \beta I_B)$,被放大的基极电流与沟道电流一起被漏端再倍增,增大的漏端电流在器件中形成正反馈,当漏端电压足够大使 $\beta(M-1) = 1$ 时,器件发生击穿。

通过体接触可以抑制寄生双极晶体管效应,因为体区的多子可以通过体接触流出来,堆积程度被削弱,另外把寄生双极晶体管的基区连出去接到一个固定的电位上,可以控制基区电势的变化,达到改善 PDSOI 的源漏穿通的目的。

（3）自加热效应

自加热效应(self-heating effect)是指 BOX 不但提供了电学隔离,同时也造成了热隔离。因为 SiO_2 的热导率约为硅的 1/100,在 SOI 器件工作时,它自身产生的热量不易散出去,形成热量堆积,导致自加热效应产生。随着 SOI 器件硅薄膜的温度急剧升高,晶格散射加强,导致电子载流子迁移率下降,输出特性曲线表现为在漏电压较大时,出现漏电流随着电压增大而降低的负电导效应。在 I_D-V_D 特性曲线里饱和区曲线会略微下降,而不是略微上升。

3. SOI MOSFET 器件的抗辐射特性

采用 SOI 技术的器件,其一个突出的特点是采用了全介质隔离结构,因此能够完全消除传统体硅器件中的电路闩锁(latch-up)效应,从而使电路能够有效地抑制软失效、瞬时辐照和单粒子翻转等可靠性问题。

辐射对电子器件的影响取决于器件所受到的辐射类型(如中子、重粒子、电磁辐射等)。与双极型器件不同,MOSFET 器件不依赖少子导电,因此对中子辐射相对不敏感(中子会通过在晶格中引起原子位移导致载流子寿命下降)。然而,MOS 器件对单粒子翻转(SEU)、单粒子闩锁(SEL)以及 γ 射线引起的翻转和总剂量辐射更为敏感。

"单粒子翻转"(SEU)是由高能粒子[如 α 粒子或重离子(宇宙射线)]穿透器件引起的。事实上,当这种粒子穿透反向偏置的 PN 结及其耗尽层和下面的体硅时,会在粒子路径上产生等离子体轨迹,生成电子-空穴对。这条轨迹的存在会暂时破坏原有耗尽层的形状,并在轨迹附近产生耗尽层的扭曲。耗尽层的这种扭曲被称为"漏斗"(如图 9-1-9 所示)。"漏斗"中产生的空穴向低点位的衬底移动,最终形成衬底电流。而"漏斗"中产生的电子则在电场作用下向 PN 结漂移,PN 结收集到的电子会产生瞬态电流,导致器件的逻辑状态改变,最终影响电路性能甚至功能。此外,沿"漏斗"下方粒子轨迹生成的自由电子可以扩散到耗尽区,在那里它们产生第二个电流(扩散电流),称为"延迟电流分量"。这个电流的大小比瞬时电流小,但持续时间更长(可达数百纳秒或微秒)。

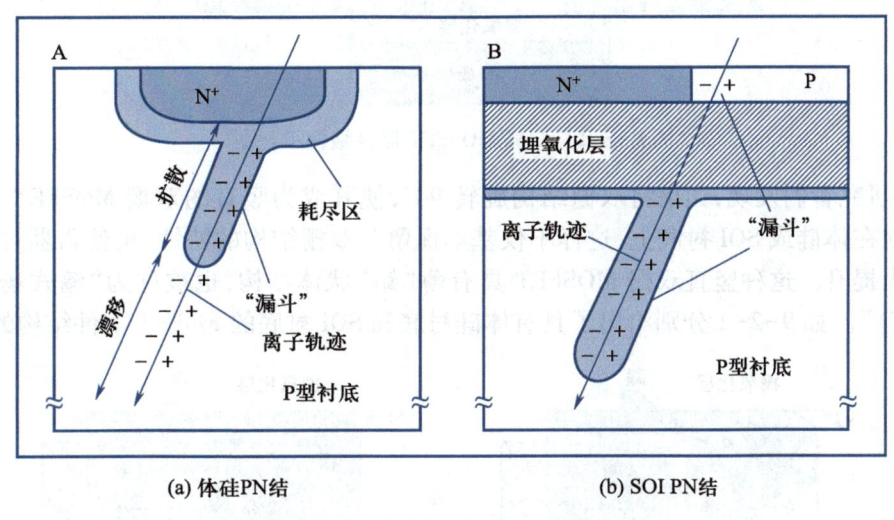

(a) 体硅 PN 结　　　　　　　　　(b) SOI PN 结

图 9-1-9　辐射效应对 PN 结的影响

在 SOI 器件中,入射粒子也会沿其轨迹形成电离的电子空穴对。然而,由于在顶层硅膜和衬底之间存在埋氧化层(BOX),衬底中生成的电荷最终并不会被 SOI 器件的 PN 结收集,因此 SOI 器件就不会受电离辐射引起的瞬态电流的影响。唯一能被收集的电子是那些在顶层硅膜中产生的电子,但是顶层硅膜的厚度远小于体硅衬底的厚度,顶层硅膜中产生的电子导致的影响基本可以忽略。

可见,SOI 器件的抗辐射特性使其在高辐射环境中表现出色。通过采用薄顶层硅膜和埋氧化层结构,SOI 器件有效地减少了单粒子效应等次级效应,从而显著提高了器件的抗辐射能力和整体可靠性。这些优点使得 SOI 器件在要求严格的辐射环境中成为理想选择。

9.2　FinFET 器件结构和原理

随着半导体工艺的不断演进,器件尺寸越来越小,导致栅控能力在短沟效应的影响下逐渐减小,漏电流急剧增大。为了确保场效应晶体管(FET)器件对沟道有更好的栅控能力,采用超薄沟道的新型器件结构是一种有效的方法。除了 9.1 节中讨论的 SOI 器件外,还可以采用多栅结构来实现超薄沟道结构。本节将重点围绕多栅结构中最为成熟的 FinFET 器件结构进行讨论。

早期的多栅器件是类似图 9-2-1 给出的双栅 MOSFET 器件,一个栅极在沟道上方,另一个栅极在沟道下方。通过上下两个栅电极就可以实现对超薄沟道的良好控制,从而减少了短沟效应和泄漏电流。但是这种双栅 MOSFET 器件结构是一个理想的结构,基于现实中的工艺很难实现,尤其是沟道下方的栅栈结构,基于现实中的工艺几乎无法实现。

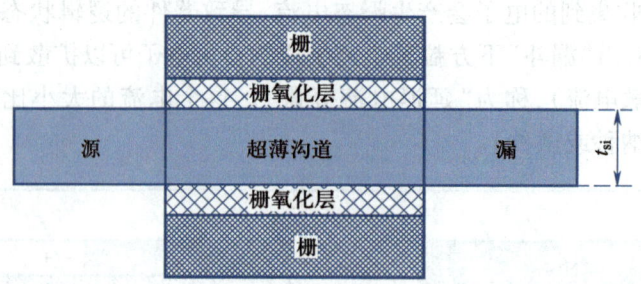

图 9-2-1 双栅 MOSFET 器件结构示意图

后来,研究者们发现,如果将双栅结构旋转 90°,使其成为竖直的双栅 MOSFET,让垂直的超薄沟道立在体硅或 SOI 衬底上,这样不仅基本保留了双栅结构的特性,也使得器件的可制造性得到极大提升。这种竖直双栅 MOSFET 具有薄"鳍"状体结构,也被称为"鳍式场效应晶体管(FinFET)"。如 9-2-2 分别给出了具有体硅衬底和 SOI 衬底的 FinFET 器件结构的示意图。

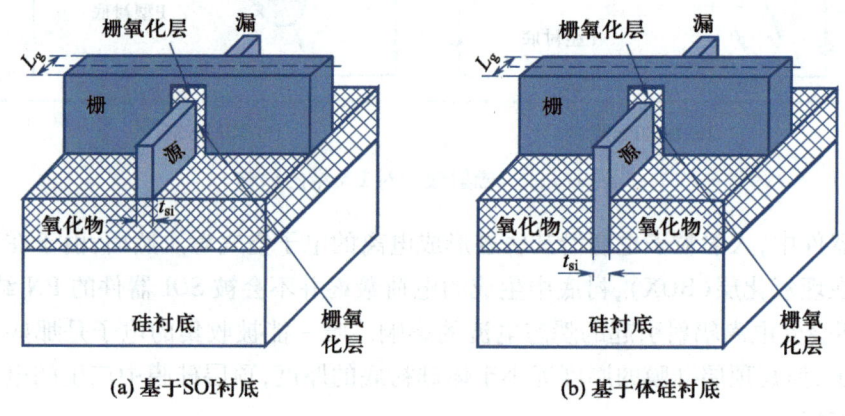

(a) 基于 SOI 衬底   (b) 基于体硅衬底

图 9-2-2 FinFET 器件的结构示意图

不难看出,FinFET 器件通过多个栅对超薄沟道施加强大的静电控制力,从而有效减小了短沟效应引起的泄漏电流,据报道,与平面器件相比,FinFET 器件可将泄漏电流减小 4 个数量级。在工艺方面,由于栅控能力的提升,沟道掺杂浓度可以进一步降低,从而有效减小了由于工艺涨落(如随机掺杂涨落)带来的影响。

然而,与平面工艺相比,FinFET 器件对刻蚀精度的要求更高,加上近年来半导体工艺中采用的应变硅、HKMG 等先进工艺,使得 FinFET 的工艺难度不断提升。下面简要介绍 FinFET 器件的关键工艺步骤及 FinFET 器件的主要特性。

9.2.1 FinFET 器件的关键工艺步骤

如图 9-2-2 所示,体硅和 SOI FinFET 器件的基本技术参数包括栅氧化层厚度(T_{ox})、栅长(L_g)、鳍体厚度(t_{fin})和鳍高(H_{fin})。对于体硅 FinFET,额外的技术参数包括用于相邻器件隔离的场氧化层或浅沟槽隔离(STI)的厚度(T_{fox})。在 FinFET 器件制造过程中,大多数工艺与现有的 CMOS 制造技术兼容。然而,一些特定的工艺步骤还需要额外的调整和优化,例如控制鳍的关键尺寸(CD)和鳍高(H_{fin})。此外,体硅 FinFET 和 SOI FinFET 的制造流程存在细微差异,这里仅讨论体硅 FinFET 的制造工艺。

图 9-2-3 给出了体硅 FinFET 的关键工艺流程。下面按顺序对重点步骤进行介绍。

1. 衬底材料准备

FinFET 集成电路制造的初始材料是晶向为 (100) 的 P 型掺杂硅晶圆。该硅晶圆的正面是轻掺杂或不掺杂的硅外延层,其厚度由 FinFET 器件的鳍高 (H_{fin}) 决定。初始硅晶圆经过清洗,然后在其表面生长一层薄的垫氧化层或屏蔽氧化层,用于后续阱的形成工艺。

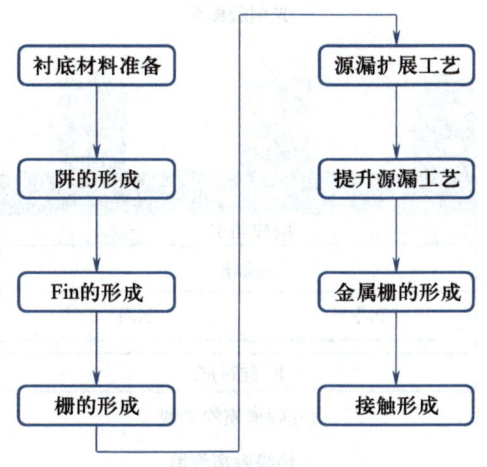

图 9-2-3 体硅 FinFET 的关键工艺流程

2. 阱的形成

针对 CMOS 电路的要求,需要分别制作 P 阱和 N 阱。

(1) P 阱的形成

首先,将晶圆上涂抹 HMDS(六甲硫氨酸),HMDS 可以提高光刻胶的润湿性和对氧化硅表面的附着力,然后涂上光刻胶和顶部抗反射涂层(TARC)。光刻胶显影后,使用 P 阱掩模使 P 阱区域暴露以进行离子注入(以下简称"注入"),并用光刻胶覆盖 N 阱区域。然后,在晶圆上暴露出的 P 阱区域的沟道底部区域注入 P^+ 掺杂,起到防穿通(APT)作用,也可以抑制泄漏电流。最后,进行 P 型掺杂剂注入,以确定 P 阱区域,并在后续工艺中在该 P 阱区域中制造 N 沟道 FinFET(NFinFET)。

(2) N 阱的形成

在 P 阱形成后,剥离光刻胶并清洁晶圆。然后在晶圆上涂上 HMDS 底漆,涂上光刻胶和 TARC,执行光刻和掩模步骤,使光刻胶图案覆盖 P 阱区域并暴露 N 阱区域。接下来,在晶圆上暴露的 N 阱区域的沟道底部区域注入 N^+ 防穿通层(APT)以抑制漏电流,再注入 N 型掺杂剂(磷)以确定用于制作 P 沟道 FinFET(PFinFET)的 N 阱区域。

在 N 阱离子注入步骤之后,剥离光刻胶并清洁晶圆,然后去除硅正面生长的初始垫氧化物。之后,使用快速热退火(RTA)工艺对晶圆进行退火以激活注入的掺杂剂。最后,清洁晶圆,并在其表面生长一层薄垫氧化物,以便在下一个处理步骤中开展硅 Fin 的形成工艺。

3. Fin 的形成

在阱区形成后,一般需要通过光刻来制作 Fin 区,但 Fin 的厚度非常薄(通常只有几纳米),传统的光刻工艺受光刻机分辨率的限制,无法刻蚀出如此薄的 Fin 区。在实际的 FinFET 工艺中,一般会采用多重光刻的技术弥补光刻机分辨率不足的问题。这种利用绝缘隔离(spacer)作掩模来刻蚀 Fin 区的方法,就被称作自对准双重光刻工艺(self-aligned double patterning,SADP)。使用 SADP 技术对多 Fin 区进行光刻的主要工艺步骤包括:硬掩模(carbon)的光刻、绝缘隔离的形成以及 Fin 区的形成。

(1) 硬掩模的光刻

如图 9-2-4(a) 所示,该步骤在晶圆上先前生长的垫氧化物上沉积一层厚的氮化硅 (Si_3N_4) 层;然后使用 CVD 工艺沉积一层更厚的非晶碳牺牲层(硬掩模层),后续用于绝缘隔离(spacer)的形成,硬掩模层在绝缘隔离形成后被去除。

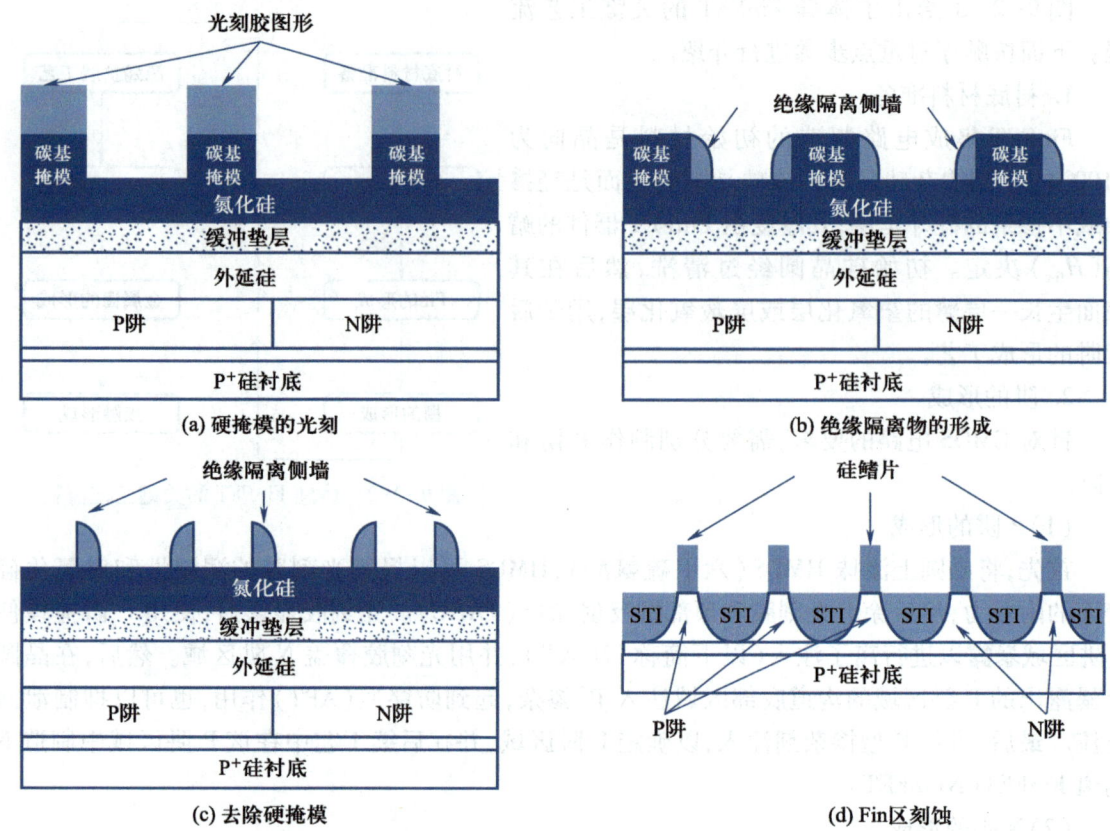

图 9-2-4　SADP 工艺的主要步骤

（2）绝缘隔离的形成

在硬掩模光刻之后，使用 CVD 工艺在晶圆上沉积一层薄的 SiO_2 覆盖层。然后使用对 SiO_2 进行各向异性的选择性刻蚀，于是在未被刻蚀的硬掩模的两侧就会形成绝缘隔离侧墙（sidewall spacer），如图 9-2-4（b）所示。氧化物间隔物形成后，使用选择性蚀刻工艺去除氧化物绝缘隔离之间的硬掩模，如图 9-2-4（c）所示。

（3）Fin 区的形成

在移除未被刻蚀的硬掩模后，以绝缘隔离为掩模再对下面的氮化物进行刻蚀，以形成 Fin 区的图案。该刻蚀过程穿过 Si_3N_4、垫氧化物和外延硅进入阱区，最终形成外延硅 Fin 区。之后通过 CVD 在 Fin 区之间的沟槽中淀积氧化物实现 STI（浅槽隔离）。

4. 栅的形成

FinFET 采用 HKMG 工艺，所以在形成金属栅之前需要用多晶硅先形成占位栅，在后续源漏工艺完成后，再去除占位多晶硅并进行淀积形成 HKMG 结构。

在栅极形成的第一步中，使用 CVD 工艺在具有 Fin 区图形的晶圆上淀积一层多晶硅覆盖层。然后使用 CMP 对多晶硅层进行抛光，以形成光滑的平面。在多晶硅表面平坦化之后，再使用 CVD 淀积一层非晶碳硬掩模层。然后使用栅极掩模用光刻胶对晶圆进行光刻，以确定栅极区域。在栅极区域确定之后，使用高度各向异性的刻蚀工艺，对硬掩模层进行刻蚀，并将栅极图形从硬掩模转移到多晶硅上。在多晶硅刻蚀完毕后，去除硬掩模，从而在 P 阱和 N 阱上的

Fin 区上方形成目标数量的连续栅极电极区。

5. 源漏扩展区的形成

FinFET 虽然是三维器件，但很多器件结构是从平面 MOSFET 器件继承而来的。这里介绍的 FinFET 源漏扩展区，对应到平面 MOSFET 器件上，也就是轻掺杂漏（LDD）结构。考虑到器件的对称性，对平面 MOSFET 而言，LDD 结构在源区和漏区都有。在 FinFET 工艺中，LDD 结构的作用被源漏扩展区所替代，源漏扩展区相对于源漏区掺杂浓度较小，可以抑制 HCI 等非理想效应。同时，平面 MOSFET 器件中的绝缘隔离侧墙（sidewall spacer）在 FinFET 中也有对应的结构，也称作 spacer。和平面 MOSFET 一样，FinFET 的 spacer 也刚好位于轻掺杂的源漏扩展区周围。

6. 提升源漏区的形成

为了形成提升源漏区，需要在晶圆上先淀积一层 Si_3N_4。然后使用高度各向异性的蚀刻工艺在多晶硅栅极的侧壁上形成 Si_3N_4 绝缘隔离（spacer）。在 Si_3N_4 绝缘隔离形成之后，考虑到对应变沟道的需求不同，针对 PMOS 和 NMOS 器件分别形成不同类型材料的提升源漏区。

对 PMOS 而言，在 Si_3N_4 隔离蚀刻工艺完成之后，在晶圆表面淀积一层 SiCN 硬掩模层，以覆盖所有底层结构。在光刻胶显影和掩模工艺之后，NFinFET 区域和 PFinFET 区域的栅极电极被光刻胶覆盖。在光刻工艺之后，使用各向异性的 SiCN 专用蚀刻剂去除暴露的 PFinFET 鳍片上的 SiCN，然后剥离光刻胶，并清洁晶圆。接着使用高度各向异性的刻蚀工艺刻蚀掉 Si_3N_4 间隔区外部的 PFinFET 部分 Fin 区。在 PFinFET Fin 区被刻蚀之后，通过选择性外延生长（SEG）在 PFinFET 源漏 Fin 区的裸露硅表面上形成 SiGe 源漏区，因为晶圆的其他部分都覆盖有氮化物、氧化物或 SiCN 硬掩模。在 SiGe 生长之后，使用对 SiCN 具有选择性的蚀刻剂蚀刻掉剩余的 SiCN 硬掩模，并为 NFinFET 的提升源漏区做好准备。

对 NMOS 而言，提升源漏的形成与 PMOS 的基本类似，不同的是，NMOS 需要用 SiC 源漏来实现应变。因此，NMOS 提升源漏的形成采用的是 SiC 的选择性外延生长。

7. 金属栅的形成

在前面的工艺中，定义了栅极几何形状并利用占位多晶硅栅极形成了 SDE 和 RSD 区域。这里将简要介绍用金属栅极和高 K 介电栅极氧化物替换多晶硅栅极的具体工艺步骤。主要步骤包括：多晶硅栅极去除、高 K 栅极介电质淀积及金属栅极淀积和功函数工程。

（1）多晶硅栅极去除

在替代金属栅极形成的第一步中，使用等离子增强化学气相沉积（PECVD）工艺，在晶圆上沉积一层磷掺杂玻璃（称为磷硅酸盐玻璃，PSG）。该层构成了金属前电质（PMD）的前半部分。CMP 之后，栅极电极的顶部暴露出来，并使用非常高选择性的硅蚀刻 TMAH 刻蚀掉非晶硅栅极电极。这会在去除的非晶硅区域中产生一个空腔。

（2）高 K 栅极介电质淀积

栅极电介质由超薄 SiO_2 界面层和界面层上方的高 K 电介质层组成。界面层采用低温氧化工艺在硅 Fin 上生长。这形成了高 K 电介质下方的底部界面层，并确保了高 K 材料和硅之间的平滑界面，并防止了电子迁移率的下降。在底部界面 SiO_2 栅极层生长之后，使用原子层沉积（ALD）淀积一层超薄的氧化铪（HfO_2）高 K 电介质层。高 K 材料是覆盖整个晶圆的毯状层；但是，只需要在 Fin 上方的栅极腔中使用它。

（3）金属栅极淀积和功函数工程

PFinFET 功函数金属（TiN）沉积：在栅极氧化物沉积之后，使用 ALD 沉积薄的 PFinFET 功函数金属栅极。它由一层超薄的 TiN(氮化钛)层组成,该层填充 PFinFET 和 NFinFET 腔体并覆盖晶圆表面。在 TiN 淀积之后,使用 ALD 在晶圆上再淀积一层超薄 TaN。接下来,使用 ALD 工艺淀积一层厚的 TiN 层,以填充 PFinFET 和 NFinFET 腔体并覆盖晶圆表面。

NFinFET 功函数金属(TiAl)沉积:剥离光刻胶后,使用先进的自电离物理气相沉积(SIPVD)技术淀积一层薄的 TiAl 金属栅极。然后再淀积另一层薄的 TiAl 层,以覆盖 PFinFET 和 NFinFET 腔体的水平表面并覆盖晶圆表面。

在晶圆上淀积 TiAl 后,进行退火,使 TiAl 中的 Al 扩散通过 TaN 屏障,并在 NFinFET 区域的高 K 电介质顶部形成 TiAlN(氮化钛铝)NFinFET 功函数金属。在退火过程中,Al 迅速扩散到位于栅极腔体 NFinFET 器件区域的 TiN 中,形成 NFinFET 器件的 TiAlN 功函数金属。然而,PFinFET 区域上方的厚 TiN 层仅阻止 Al 扩散到 TiN PFinFET 功函数金属中。

9.2.2 FinFET 器件的主要特性

前面,我们讨论了 FinFET 器件结构可降低短沟效应(SCE)的影响,这是因为通过多个栅极提高了对超薄沟道的栅控性。然而,随着器件尺寸接近最终的缩放极限,由于器件固有的物理机制的限制,FinFET 也会变得容易受到各种非理想效应尤其是各种泄漏电流的影响。

FinFET 中泄漏电流的主要来源包括:① 弱反型区中的亚阈值泄漏电流;② 漏极和衬底电极之间以及源极和衬底电极之间的栅极感应漏极泄漏电流(GIDL)和栅极诱导源极泄漏电流(GISL);③ 碰撞电离形成的泄漏电流;④ 栅极到源极、漏极和衬底电极之间的栅极氧化物泄漏电流。在器件导通状态下,还会有源漏 PN 结的方向泄漏电流、栅极氧化物隧穿电流和碰撞电离泄漏电流等。因此,准确表征 FinFET 器件中的不同泄漏电流对于准确分析超大规模集成电路(VLSI)和系统中的驱动电流和器件性能至关重要。

1. 亚阈值泄漏电流

当 FinFET 工作在亚阈值或弱反型区时,施加的栅极偏置(V_{GS})低于器件阈值电压(V_{th}),因此理论上,源极到漏极之间不会有导电沟道产生。但实际的研究表明,处于亚阈值区的 FinFET 器件,源漏之间存在亚阈值电流,且亚阈值电流随着栅电压的增大是指数增大的。以 NFinFET 为例,器件处于亚阈值区时,N+ 源区中的少数载流子电子具有足够的能量克服源极沟道势垒(V_{bi})扩散到沟道中并最终到达漏极一侧,从而形成亚阈值电流。可以看出,这些电子在亚阈值状态下对于任何施加的漏极偏置($V_{DS}>0$)都会产生非零的漏极电流 I_{DS}。这种漏电流通常称为弱反型或亚阈值电流,是 FinFET 器件中的主要泄漏电流。

由于少数载流子的数量随 V_{GS} 呈指数增加,因此弱反型电流/亚阈值电流也随着 V_{GS} 的增长呈指数增加。

图 9-2-5 给出了 FinFET 器件处于亚阈值区时候的 I-V 特性。在该图中,将半对数坐标中 $[\lg(I_{DS})$-$V_{GS}]$ 的亚阈值斜率的倒

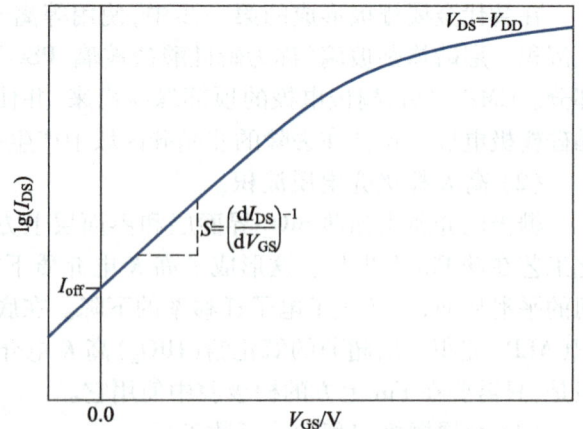

图 9-2-5 FinFET 器件的亚阈值 I-V 特性

数定义为亚阈值摆幅 $S = \mathrm{d}I_{DS}/\mathrm{d}V_{GS}$。通常,亚阈值摆幅 S 的单位是每十倍 I_{DS} 的 $V_{GS}(\mathrm{mV})$。在室温(300 K)下,亚阈值摆幅 S 的理想值约为 60(mV/decade)。$S = 60(\mathrm{mV/decade})$ 的这个值是室温下的亚阈摆幅 S 的极限,也就是说不论是什么结构的 MOSFET 器件,为了使 I_{DS} 的值增大 10 倍,V_{GS} 的值必须增加 60 mV。

2. 栅极感应漏极泄漏电流(GIDL)

当 FinFET 器件在高漏极电压和低栅极电压下工作时,会产生栅极感应漏极泄漏电流(GIDL)。以一个 N 沟道 FinFET 器件为例,当 $V_{GS} \leqslant 0$ 且向器件施加高 V_{DS} 值时(如图 9-2-6 所示),产生的高电场会导致栅极-漏极交叠区域中沟道表面附近的能带发生较大程度弯曲,从而触发载流子的带带隧穿(band to band tunneling,BTBT)。因此,在 FinFET 器件中就会观察到大量漏极泄漏电流。

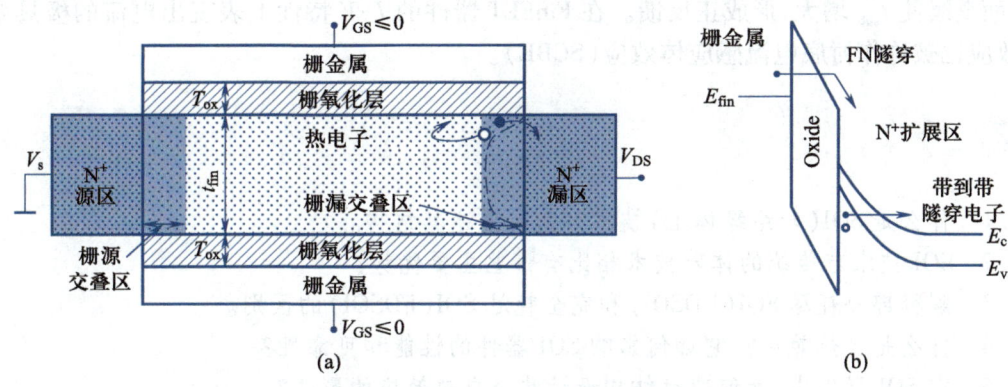

图 9-2-6 NFinFET 器件的 GIDL 电流形成机理

3. 碰撞电离引起的泄漏电流

碰撞电离是一种物理现象,高能电子从晶格原子中撞出价带电子,产生电子和空穴,从而使晶格原子电离,进而形成衬底泄漏电流。

如图 9-2-7 所示,当 NFinFET 器件在强反型状态下工作时,经过漏极附近高电场的沟道电子会变得非常有能量。这些高能电子又被称为热电子。这些具有足够动能的热电子在与晶格原子碰撞时,可以通过从价带中撞出电子而留下空穴,从而使晶格原子电离。其中,空穴进入衬底,产生衬底漏电流 I_{sub},另外一些电子具有足够的能量甚至克服 Si/SiO$_2$ 的能量屏障,穿过栅极氧化物到达栅电极并产生栅极电流 I_G。当然,热电子中的大部分会直接被收集到漏极,从而形成漏极电流 I_{ds}。

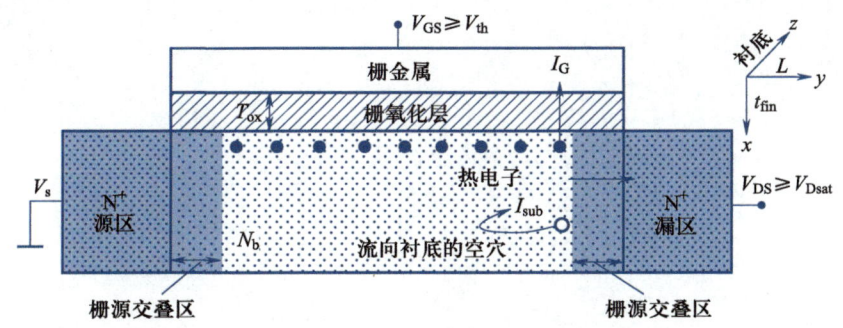

图 9-2-7 NFinFET 器件中碰撞电离形成泄漏电流机理

具体的物理过程如下：

当高漏极偏置 $V_{DS} > V_{Dsat}$（漏极饱和电压）施加到强反型（$V_{GS} > V_{th}$）的 NFinFET 器件时，反型层中的电子在沟道中强电场作用下移动并会导致以下情况：

① 沿沟道移动的高能电子从电场获得足够的动能并变"热"；

② 热电子通过与晶格中的硅原子碰撞并破坏共价键而导致载流子倍增，从而产生电子和空穴对；

③ 碰撞电离产生的空穴被扫入衬底电极，产生衬底漏电流 I_{sub}；

④ 流过衬底的 I_{sub} 还会导致衬底电位下降，从而使源极沟道势垒降低，并使更多的载流子从源极注入沟道；

⑤ 由于源端势垒减小而导致的额外载流子注入会导致漏极附近更多的载流子变为热载流子，进而继续使 I_{sub} 增大，形成正反馈。在 FinFET 器件的 I–V 特性上表现出电流的极具增长，这种效应也被称作衬底电流感应体效应（SCBE）。

习题

9.1 什么是 SOI（硅绝缘体上）技术？简要描述其结构。

9.2 SOI 技术与传统的体硅技术相比有哪些主要优势？

9.3 解释部分耗尽 SOI（PDSOI）和完全耗尽 SOI（FDSOI）的区别。

9.4 什么是自热效应？它如何影响 SOI 器件的性能和可靠性？

9.5 在 SOI 器件中，如何通过结构设计减小自热效应的影响？

9.6 什么是 FinFET？描述其基本结构和工作原理。

9.7 FinFET 技术如何改善短沟效应（SCE）？

9.8 相比于传统的平面 CMOS 器件，FinFET 在缩小器件尺寸方面有哪些优势？

9.9 为什么 FinFET 被认为是 3D 结构？它与 SOI 技术有何关联？

9.10 简要描述 FinFET 的制造流程，并指出其中与平面 CMOS 制造工艺的主要差异。

第10章　器件模型与模型参数

在集成电路设计中半导体器件物理的重要作用之一是提供电路模拟仿真中不可缺少的器件模型和模型参数。本章首先介绍器件模型与模型参数的含义和作用,并具体介绍通用电路模拟仿真软件 SPICE 中半导体模型描述格式和模型参数库的结构和管理模式。

本章针对电路设计中涉及的 PN 结二极管特性,包括直流、交流小信号和瞬态大信号三类特性进行分析;详细分析电路模拟仿真中采用的 PN 结二极管模型和模型参数。其他类型二极管模型与 PN 结二极管模型基本相同,只是模型参数数值有明显差别。

10.1　器件模型与模型参数概述

10.1.1　器件模型与模型参数的含义与作用

1. 电路模拟仿真的基本原理

为了减少研制成本,加快研制进程,保证投片一次成功率,集成电路芯片投片前必须在设计阶段采用电路模拟仿真软件验证设计的正确性。

电路模拟仿真的基本原理就是按照欧姆定律描述的流过每个元器件的电流与元器件端电压的关系,再依据基尔霍夫定律(KCL 和 KVL)建立回路方程,然后求解回路方程就可以给出每个支路的电流和每个节点的电压结果。由于欧姆定律能够精确描述电阻、电容、电感、变压器、电流源、电压源等无源元件的电流-电压关系,依据基尔霍夫定律建立的回路方程的正确性不会存在问题,随着计算机技术的进步,求解方程组的精度也能得到保证。因此,对于只包含无源元件的电路,模拟仿真可以给出足够精确的结果。

但是欧姆定律只能直接描述无源元件的电流-电压关系。对于有源器件,例如二极管、BJT、MOSFET,无法直接建立其端电流与端电压之间关系的解析关系式,因此对于包含有若干个有源半导体器件的集成电路,通用的电路模拟仿真软件采用如图 10-1-1 所示的结构框图完成对电路的模拟仿真。

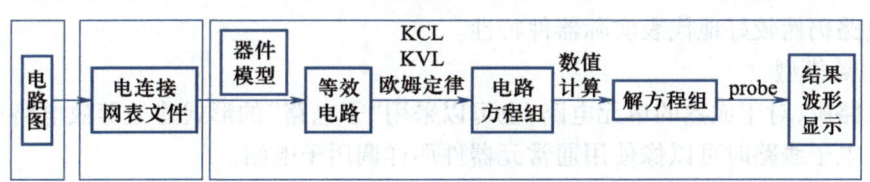

图 10-1-1　电路模拟仿真软件结构框图

对于用户提供的电子线路图,电路模拟软件采用一种全部由无源器件(包括受控源)组成的"等效电路"(又称为"器件模型"),代替电路中的所有有源器件,最终形成的电路中就不再包含有源器件,而是全部由无源元件组成的电路,这样就可以基于欧姆定律和基尔霍夫定律,建立回路方程组,并采用数值计算方法求解,得到支路电流和节点电位值。

2. 器件模型和模型参数的含义

（1）器件模型

电路模拟仿真中用来代表有源器件的等效电路就称为器件的"器件模型"。这里"等效"是指端特性等效。

（2）模型参数

等效电路中描述各个元件值的参数就是"模型参数"。

说明：不同模拟软件采用的模型不完全相同，模型参数的名称和个数也不尽相同。

同一类器件，如二极管，其模型（即等效电路）是相同的。但是不同型号的二极管器件，其模型参数值互不相同。

学习中应该结合第 2 章到第 5 章介绍的器件物理内容，掌握主要模型参数的含义，特别应注意每个模型参数的作用特点，即在不同的电路特性分析中必须考虑哪些模型参数。

3. 器件模型和模型参数的作用

由图 10-1-1 所示结构框图可见，基尔霍夫定律和欧姆定律等这些基本电路定律不会存在问题，目前的先进数值计算方法可以保证求解方程组的误差足够小，能够满足工程要求。因此作为"等效电路"的器件模型和模型参数能否确实代表实际有源器件，是决定模拟结果好坏的关键因素。

如果电子线路中包含有模拟仿真软件中尚未建立模型的有源器件，则无法对这种线路进行模拟仿真。如果建立的模型和/或模型参数不够精确，则模拟仿真结果与真实特性之间的偏差也必然较大。

10.1.2　模拟仿真软件中的模型类别

按照器件模型的不同建立方法，模拟仿真软件中采用的器件模型主要有三类，即基于器件物理的模型、子电路模型和行为级模型（又称为"黑匣子模型"）。

1. 基于器件物理的模型

对于集成电路中常用的 PN 结二极管、BJT、MOSFET 等半导体器件，通常采用基于器件内部载流子输运的物理过程建立器件模型。其特点是等效电路与器件工作物理过程有较好的直观联系，模型参数也基本能够代表相应的物理效应。

随着器件尺寸越来越小，非理想效应越来越复杂，通常采用对基本模型进行修正的方法，使得等效电路仍然较好地代表实际器件特性。

2. 子电路模型

集成电路中，对于成熟的单元电路，也可以采用"子电路"的形式建立等效电路存放在模型库中。设计电子线路时可以像使用通常元器件那样调用子电路。

对于电路系统设计人员，设计的电路中可能采用多种集成电路产品。例如，开关电源设计中可能采用电源管理集成电路产品。因此，电路模拟仿真软件的模型参数库中也以子电路形式描述已产品化的集成电路。电路系统设计人员在设计电子线路时可以像采用元器件那样调用这些以子电路形式描述的集成电路。

子电路采用一种等效电路方式描述集成电路功能和特性。由于只是端特性等效，因此，子电路并不是相应集成电路内部实际电路的拷贝，通常比实际电路简单得多。

3. 行为级模型

一些特殊的元器件,如光耦器件,只要测得器件端特性,直接采用元器件和/或子电路甚至数学函数表达式,描述该器件的端特性关系。由于模型目标只是"端特性等效",而不考虑器件内部实际工作机理和物理过程,因此称为行为级模型,又称为"黑匣子模型"。

本教材第 10 章到第 12 章将基于第 2 章到第 5 章介绍的器件物理内容,分别介绍 PN 结二极管、BJT 和 MOSFET 这三类集成电路中广泛采用的半导体器件模型和模型参数。

10.2 器件模型描述与模型库管理

本节结合通用电路模拟仿真软件 SPICE,介绍器件模型的描述方式以及模型库的结构与管理。

10.2.1 器件模型描述

目前电路模拟仿真软件中基本都沿用电路模拟仿真软件 SPICE 中采用的器件模型描述格式,又称为 SPICE 格式。采用 SPICE 格式描述的器件模型是一种可以直接打开阅读、编辑修改的文本文件。

1. 器件模型描述格式

描述器件模型的 SPICE 格式如下所示。

. model<模型名称><器件类型>([<模型参数名称>=<模型参数值>[容差设置]])

说明:

尖括号表示需设置的内容。方括号表示可以省略的内容。圆括号表示可以多次描述的内容。

如果一行的首字母为加号"+",表示该行描述的内容为上一行的续行。

如果一行的首字母为星号" * ",表示该行为注释行。

图 10-2-1 是一个器件模型描述实例。

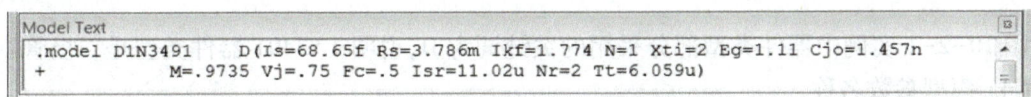

```
Model Text
.model D1N3491     D(Is=68.65f Rs=3.786m Ikf=1.774 N=1 Xti=2 Eg=1.11 Cjo=1.457n
+                  M=.9735 Vj=.75 Fc=.5 Isr=11.02u Nr=2 Tt=6.059u)
```

图 10-2-1 器件模型描述实例

2. 描述语句各项含义

下面结合图 10-2-1 器件模型描述实例,说明器件模型描述格式中每一项的含义和语法规定。

(1). model

这是一个关键词,表示这是一个元器件模型描述语句。

注意:英文字符 model 前面的小数点符号不可缺少。

(2) 模型名称

同一类器件,例如 MOSFET,其模型相同,但是不同型号的器件特性参数不同,因此都有各自的"模型名称"。通常采用对应器件的"型号名"作为模型名称。

图 10-2-1 实例中模型名称为 1N3491,描述的是"1N3491"型号二极管的模型参数。

（3）器件类型

说明该模型描述的是哪一类元器件的模型。

每种器件分别采用特定的关键词描述器件类型。SPICE 软件中代表不同器件类型的关键词,如表 10-2-1 所示。

表 10-2-1   SPICE 中采用的器件类型关键词

关键词	器件类型
CAP	capacitor
CORE	nonlinear magnetic core（transformer）
D	diode
GASFET	N-channel GaAs MESFET
IND	inductor
LPNP	lateral PNP bipolar transistor
NIGBT	N-channel IGBT
NJF	N-channel junction FET
NMOS	N-channel MOSFET
NPN	NPN bipolar transistor
PJF	P-channel junction FET
PMOS	P-channel MOSFET
PNP	PNP bipolar transistor
RES	resistor
TRN	lossy transmission line
VSWITCH	voltage-controlled switch

图 10-2-1 实例中器件类型部分采用的关键词为 D,说明 1N3491 器件类型是二极管。

（4）模型参数名称

不同类型元器件的每个模型参数都有规定的名称。第 10 章到第 12 章将分别详细介绍二极管、BJT、MOSFET 三类器件模型的模型参数。

说明:模型参数名称采用英文字符,不区分大小写。

（5）模型参数值

这一部分是给相应模型参数的赋值。

器件模型中的每个模型参数均设置有默认值。对于模型描述中未列出的模型参数,则采用默认值。

二极管模型有数十个模型参数。图 10-2-1 实例中只给出 Is、Ikf、Isr、Rs、Cjo、Tt 等 13 个模型参数赋值,其他参数均采用默认值。

（6）容差设置

电路模拟中如果进行蒙特卡罗分析和最坏情况分析,需要知道电路中相关元器件参数的

波动情况。SPICE 规定采用下述格式指定需要考虑其波动性影响的模型参数值的容差:

[**DEV<独立变化值>**[**%**]][**LOT<同步变化值>**[**%**]]

其中 DEV 和 LOT 是关键词,描述容差变化的不同特点。对集成电路,DEV 描述晶圆内的容差,LOT 描述晶圆批次之间的容差。若给出%,则表示相对变化率,否则表示绝对变化值。

10.2.2　SPICE 模型库结构与管理

本节结合模拟仿真软件 PSPICE 的模型参数库,介绍模型库的结构与管理。

1. 模型参数库组成

模拟仿真软件的模型参数库是开放结构的文件管理系统,每个模型参数库文件均以 LIB 为扩展名。用户可以添加符合 SPICE 格式并且以 LIB 为扩展名的模型参数库文件,供模拟仿真时调用。按照库文件的来源不同,电路模拟仿真软件中的模型参数库通常包括四类库文件。

(1)软件自带的模型参数库

例如 PSPICE 提供的模型库中包括有 20 多类共 3 万多个商品化的器件模型参数,包括分立半导体器件和基本集成电路,如运算放大器、电源管理芯片、基本数字集成电路等,存放在 100 多个模型参数库中,供电路系统设计人员选用。

(2)元器件半导体器件和集成电路供货方在企业官网上发布的新产品器件模型文件。

(3)集成电路代工厂提供的模型参数库文件。

(4)用户基于实际器件的特性测试数据自行提取模型参数值建立的库文件。

2. 模型参数库文件管理

PSPICE 软件包括一个 Model Editor 模块,对模型参数库进行管理。

图 10-2-2 和图 10-2-3 是在 Model Editor 窗口中查看 bipolar 库文件中名称为 Q2N2222 的器件模型描述实例。在 Model Editor 窗口中选择执行 File/Open 子命令,屏幕上出现图 10-2-2 所示对话框。

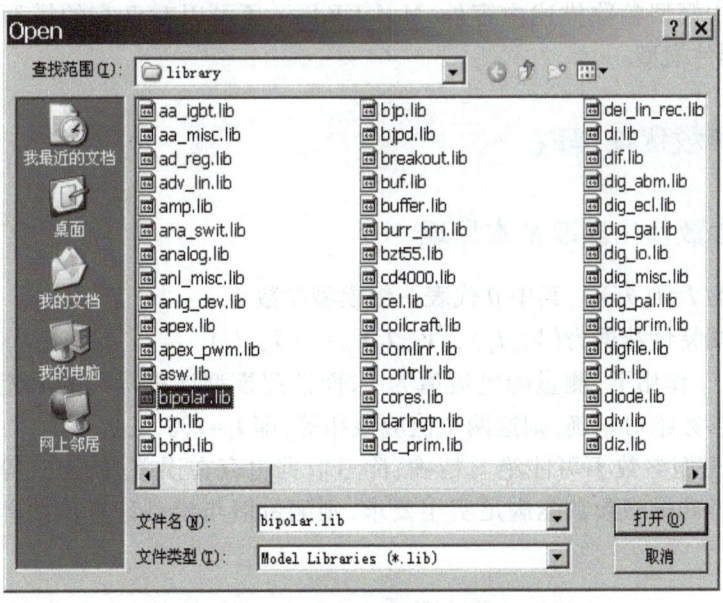

图 10-2-2　Open 库文件的对话框

在 Open 对话框中选择需查看的库文件名称。图中显示的是选择 bipolar 库文件,再点击"打开"按钮,则出现图 10-2-3 所示 Model Editor 窗口。

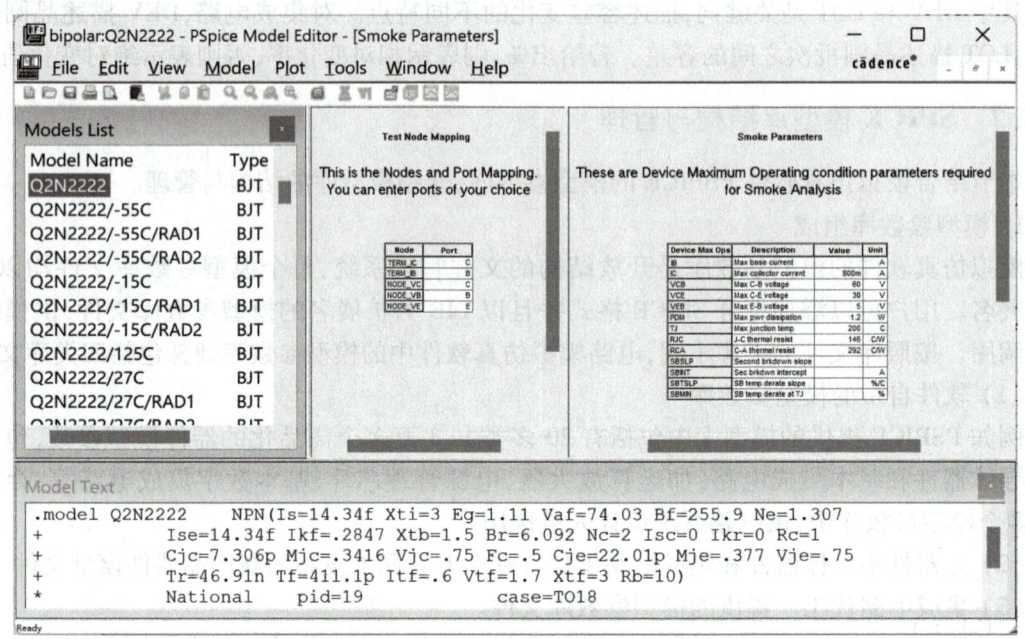

图 10-2-3   在 Model Editor 窗口中查看模型描述

"Models List"子窗口中列出了 bipolar 库文件中包括的器件名称列表。选中 Q2N2222,则在下半部分"Model Text"窗口显示出 Q2N2222 的器件模型描述内容。

图 10-2-3 中另外两个子窗口则显示了模拟仿真时器件引出端节点映射以及进行电热特性可靠性模拟仿真(smoke)采用的模型参数。

除了查看库中模型参数描述内容外,Model Editor 还可以对已有的模型描述进行编辑修改,也可以新建器件模型。

10.3   模型参数优化提取

10.3.1   模型参数优化提取基本原理

记器件模型为 $I=I(\theta,V)$,其中 θ 代表一组模型参数。

若测量一组端特性数据为 (V_1,I_1)、(V_2,I_2)、$\cdots$、(V_n,I_n)。

在外加电压 V_i 作用下,测量的电流值为 I_i,而按照模型计算得到的电流应该为 $I(\theta,V_i)$。如果模型和模型参数绝对精确,则这两个值应该相等,即 $I_i=I(\theta,V_i)$。

由于模型和模型参数不可能绝对精确,测量数据也存在误差,使上式等式不可能完全成立。但是如果模型和模型参数能满足实用要求,则测量值与模型计算值之差应该比较小。数学表示即为

$$\mathrm{MIN}\left\{\sum_{i=1}^{n}\left[I(\theta,V_i)-I_i\right]^2\right\}$$

实际上，只要知道端特性数据(V_1,I_1)、(V_2,I_2)、$\cdots$、(V_n,I_n)，就可以采用器件模型$I=I(\theta,V)$，调用优化算法，优化提取出模型参数θ。

10.3.2 模型参数优化提取方法

1. 模型参数提取过程示例

在本小节中，采用本书第12章中 MOS 器件考虑沟道长度调制的 LEVEL 1 I_{DS} 公式作为参数提取的示例。线性区和过渡区的公式为

$$I_{DS}=k_p\frac{W}{L}\left[(V_{GS}-V_{th})V_{DS}-\frac{V_{DS}^2}{2}\right]$$

饱和区的公式为

$$I_{DS}=\frac{1}{2}k_p\frac{W}{L}(V_{GS}-V_{th})^2(1+\lambda V_{DS})$$

式中，W 是晶体管的沟道宽度，L 是晶体管的沟道长度。k_p 为跨导参数，定义为 $k_p=\mu_0 C_{ox}$，其中，C_{ox} 是栅氧化层电容，μ_0 是电子迁移率。V_{GS} 是栅极-源极电压，V_{DS} 是漏极-源极电压。λ 是沟道长度调制系数。

给定在 0.5 μm 工艺下的 N 沟道 MOSFET 的测试数据进行参数提取。在参数提取过程中，首先要确定工艺尺寸相关参数。在上述公式中，确定器件已知的几何尺寸 W 和 L，分别为 0.8 μm 和 0.5 μm，并在后续的参数提取过程中保持不变。接着确定工艺相关参数的初始值，在上述公式中，k_p 主要由 μ_0 和 C_{ox} 决定，可以通过工艺文档或者测量数据确定 C_{ox} 和 μ_0 的值，分别为 3.45×10^{-3} F/m^2 和 0.023 17 m^2/(V·s)，计算可得 k_p 为 80×10^{-6} A/V^2。阈值电压 V_{th} 通常在亚阈值区绘制 I_{DS} 与 V_{GS} 的曲线，从曲线中找到电流开始急剧增加的电压值，即为 V_{th} 的值，此器件 V_{th} 初始值为 0.5 V。沟道长度调制系数 λ 的提取通常拟合 I_{DS} 随 V_{DS} 变化的饱和区的斜率获得初始值，λ 初始值为 0.2。在确定所有参数的初始值后，可以利用参数提取算法对于部分参数进行调整。接下来主要针对 k_p、V_{th}、λ 作为示例进行调整。

图 10-3-1(a) 为通过上述方式确定参数后的特性计算曲线，可以看到计算值与测量值之间存在误差，需要对公式中的 k_p、V_{th}、λ 参数进行调整，提取出合适的参数值使得测量与公式误差最小。这里使用非线性的最小二乘法来解决，此过程包含迭代过程。通过迭代法，经过 8 次迭代后，k_p、V_{th}、λ 的值分别为 149×10^{-6} A/V^2、0.593 V、0.134。将参数值代入 I_{DS} 公式后拟合的曲线如图 10-3-1(b) 所示。最后通过 15 次迭代，可以得到 k_p、V_{th}、λ 的值分别为 150×10^{-6} A/V^2、0.599 V、0.13，拟合曲线如图 10-3-1(c) 所示，此时 I_{DS} 计算曲线和测量值达到理想的误差精度，我们可以采取此时的参数值进行后续器件与电路的仿真。

图 10-3-2 显示了在提取过程中误差随着迭代次数的变化，以及在提取过程 k_p、V_{th}、λ 的变化。参数提取的过程是一个逐步向最优解迭代靠近的过程。为了使模型适应不同的工艺、尺寸等，模型参数通常由很多的参数组成，在 BSIM-CMG 中就有上百个可以调节的参数，同时对多个参数调节，此时对模型提取算法的要求就更高。

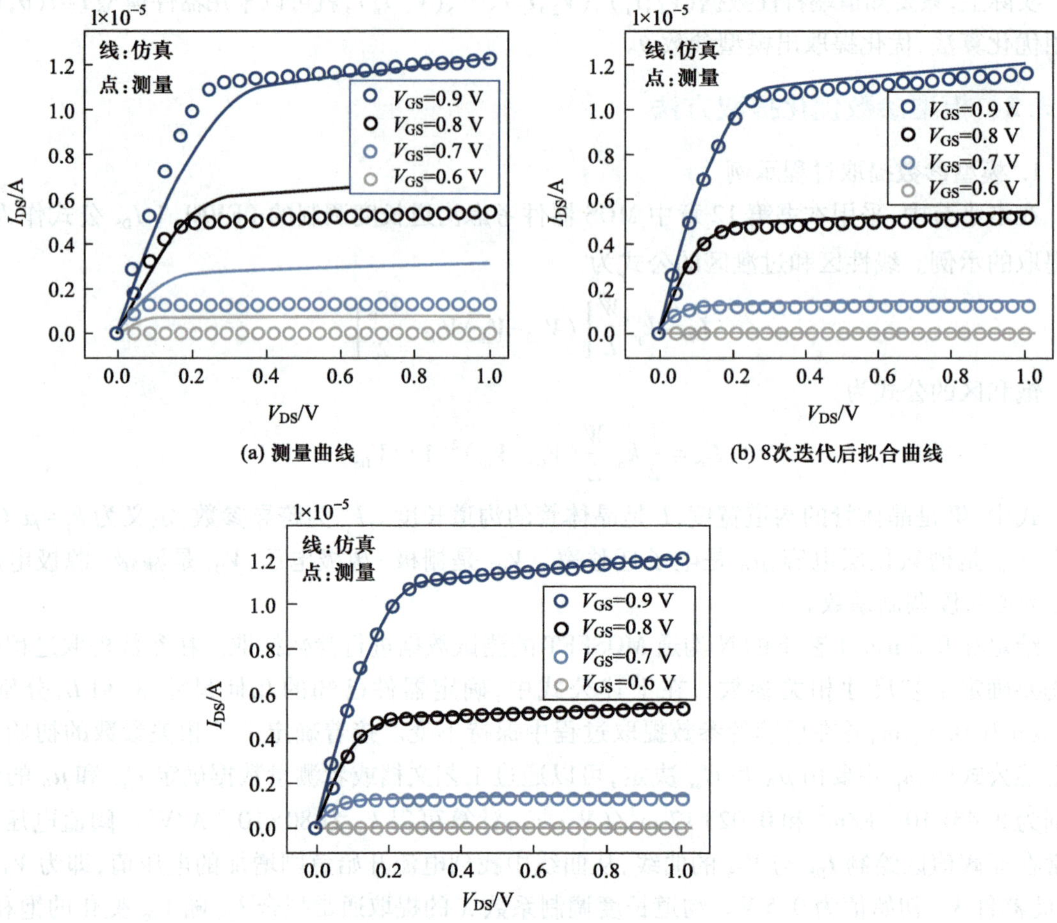

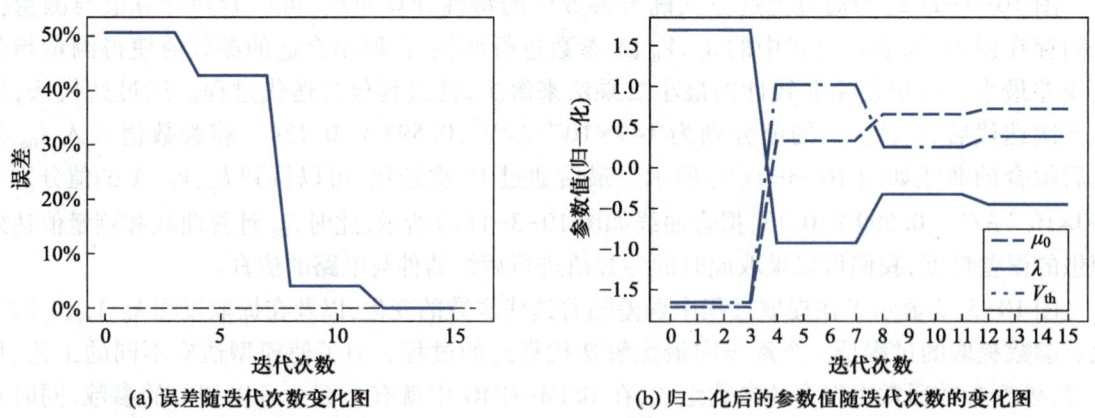

(a) 测量曲线

(b) 8次迭代后拟合曲线

(c) 15次迭代后拟合曲线

图 10-3-1   *I–V* 测量曲线与仿真曲线对比图

(a) 误差随迭代次数变化图

(b) 归一化后的参数值随迭代次数的变化图

图 10-3-2   误差与归一化后的参数值的变化图

2. 模型参数提取算法要点

优化在模型参数提取过程中起着至关重要的作用。在过去的几十年里,大量的优化方法已经被开发出来,图10-3-3中展示了关于参数提取中可能用到的各种优化算法。了解不同的算法在模型参数提取和器件建模中应用的特性和问题,可以帮助器件模型设计者为给定的建模任务选择适当的优化方法。

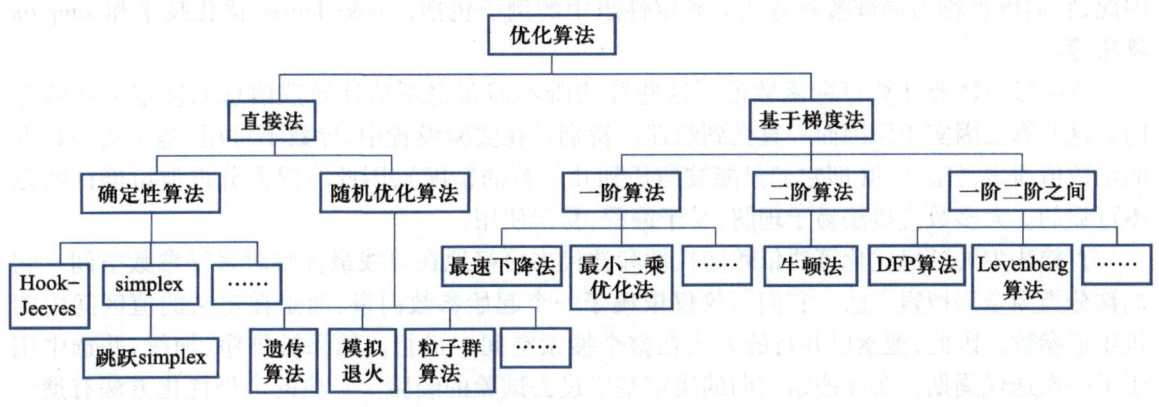

图 10-3-3　参数提取中的优化算法分类

通常来说,优化表示寻找问题的最佳解决方案的过程。在器件建模的情况下,优化的目的是参数提取后的模型的输出和测量结果高度一致。

此外,优化应该选择反映底层物理机理的最佳参数组合。通常,会选择一个在有物理意义的初始参数组合。然后,在每次迭代中,这些值会修改以减小仿真数据与测量数据的误差,持续这个迭代过程直到误差函数被最小化。

优化算法的一个主要缺点是,通常无法保证迭代会收敛到最优的参数。首先,优化器需要低噪声的输入数据。噪声来自使用的测量器件的非完美误差模型以及磨损或特性不严格的校准标准的误差。其他影响参数来自随机误差、操作员操作和测量仪器的热漂移。优化运行受各种条件的控制,如目标函数的选择、起始值、终止条件、变量搜索空间的限制、避免非物理(负)模型参数值以及帮助优化过程从局部最小值跳出。

提取算法应该快速且稳健。例如,使用不同的起始参数向量进行提取应该提供(在理想情况下)相同或至少非常相似的提取结果。稳健性表示对不确定性的估计,可以通过敏感性进行研究。

并且,从用户的角度来看,优化器的工作原理应该尽可能直接和直观。理想情况下,它只需要用户提供参数的初始猜测值,然后在此基础上继续搜索最优解,几乎不需要用户干预。它应该对不同的起始点具有鲁棒性,并能有效处理噪声数据。

优化器还应该提供可靠和准确的结果。优化的参数应该产生一个能很好地拟合测量结果。此外,优化的参数应该在物理上有意义,反映器件的实际特性,并保持可缩放性。

总的来说,一个好的器件模型参数提取优化器应该易于使用,对不同的初始值和噪声数据具有鲁棒性,提供准确和可靠的结果。

3. 提取算法优缺点分析

选择有效的模型参数提取策略是一个关键问题。图10-3-3中描述了一些算法。优化算法可以广泛地分为两类:直接和基于梯度的优化方法。在直接法中,搜索过程仅基于搜索空间中不同点的函数值,而在基于梯度的方法中,导数信息被用来设计搜索。基于梯度的方法使用一阶和/或二阶导数,而直接法不使用任何导数信息。

在直接法中,可以区分确定性和随机优化算法。确定性算法指的是其输出依赖于输入参数(即初始化参数组合)的方法。根据实验结果,它们在最小值附近收敛较慢,但对目标函数中的噪声相当宽容。然而,它们的主要弱点是如果初始猜测远离最优解,就会陷入局部最小值。因此,它们也被称为局部搜索方法。确定性组中的例子包括,Hook-Jeeves 优化技术和 simplex 算法等。

直接法只需要计算目标函数值。这些算法既不需要也不估计导数信息来确定下降的方向。这些算法因实用原因而一直受到欢迎。特别是在实验设置中,导数不可用,基于实验数据的函数值通常是嘈杂的(即它们只能被信任到几位数的精度),因此有限差分近似可能证明是不可靠的。大多数直接法易于理解,易于编程,易于使用。

直接法中的随机优化算法依赖随机性和迭代来更好地在寻找最优解时采样参数空间。它们被分类为全局搜索方法。它们不仅仅依赖于一个起始参数向量,而是在定义的值区间内随机生成参数。因此,搜索以并行的方式在整个搜索空间中进行。结果被排序、加权,并选中用于下一次迭代周期。实际搜索方向的决定基于过去试验的经验。经典的全局优化方法有遗传算法(GA)和模拟退火(SA)。

非线性 simplex 算法通常被视为局部搜索方法。然而,最近已经发布了许多研究结果来克服这种有限的性能。通过一些修改后,使其逃出局部最小值。由于其跳跃能力,这种 simplex 变体可以被称为跳跃 simplex。

基于梯度优化技术的类别利用目标函数的梯度信息来找到向最优解步进的方向和步长。只使用梯度的算法被称为一阶算法,包括最速下降法和最小二乘优化法等。

使用二阶导数或 Hessian 的算法被称为二阶算法,其中包括牛顿法。Hessian 在算法接近解决方案时大大加快了收敛速度。梯度揭示了搜索方向,但没有关于距离的信息。相反,使用 Hessian 允许算法精确地定位最小值,如果目标函数的二次近似是正确的。通常,目标函数不是二次的,但是在解决方案附近,这个表达式变得有效。

但是 Hessian 计算通常耗时,所以二阶方法几乎从未被使用。相反,已经提出了 Hessian 的近似,导致了拟 Newton 方法。它们允许在不使用二阶导数的情况下确定 Hessian。因此,Hessian 矩阵可以使用前几次迭代的梯度评估来计算。例如,DFP(Davidon-Fletcher-Powell)算法。

Levenberg 算法,关注最小二乘误差函数优化,并结合了梯度下降法和 Gauss-Newton 方法。两种或更多优化技术的组合也被称为混合方法。

4. 器件建模软件工具

半导体器件建模流程包括器件测试、模型提取、模型验证和模型交付部分。EDA 公司开发了相应建模工具,提高建模效率和质量。这些工具包括德科技(Keysight)的建模工具 MBP(model build program)和 IC-CAP 可一站式实现特定工艺下批量器件的模型参数提取。对模型验证部分,MQA(model QA)可以高效自动地执行 SPICE 模型库的检查分析、模型比较以及质量检验(QA)报告生成等,确保基于先进工艺的电路设计的成功。

我国的华大九天和概伦电子,分别开发了相应的建模工具。华大九天的 XModel 器件模型提取工具为一站式模型提取、分析、建模和验证工具平台。XModel 工具支持多种类型的器件模型提取,包括但不限于硅基金属氧化物器件、硅基高压器件、分立器件以及新型第三代半导体等。它提供了从器件测试数据处理和分析,到典型特征模型提取、版图效应模型提取、工艺角模型提取、统计和失配模型提取,再到模型库验证分析的全流程支持。概伦电子的 BSIMProPlus

支持多种类型的半导体器件建模,包括 CMOS、双极、BiCMOS、SOI、TFT、HVMOS 等,以及其他众多工艺类型的器件,提供基带、射频、噪声和寄生参数与可靠性的器件建模功能,满足不同应用场景的需求。

10.4　PN 结二极管大信号模型

本节介绍的 PN 结二极管大信号模型适用于直流分析和瞬态分析。

10.4.1　PN 结二极管大信号等效电路

适用于直流和瞬态大信号特性模拟计算的 PN 结二极管基本模型如图 10-4-1 所示。等效电路描述的是流过二极管的电流 I 与外加电压 V_{App} 之间的关系。或者说,只要给定外加直流电压或者大信号交变电压 V_{App},采用等效电路就可以计算确定流过 PN 结的电流。

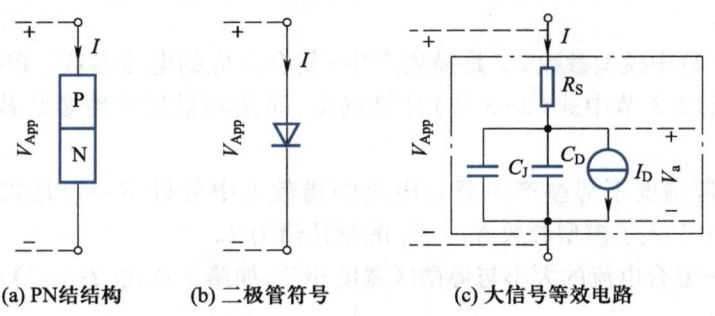

(a) PN结结构　　　(b) 二极管符号　　　(c) 大信号等效电路

图 10-4-1　PN 结二极管基本模型

等效电路中包括四个元件。

① I_{D}:描述流过 PN 结的电流源

② C_{D}:扩散电容

③ C_{J}:势垒结电容

④ R_{S}:串联电阻

V_{a} 为 PN 结势垒区上的压降,等于外加电压减去串联电阻 R_{S} 上的压降。

10.4.2　I_{D} 模型

1. PN 结电流表达式的修正

第 2 章基于物理过程分析和相关近似条件得到了理想模型电流、势垒产生-复合效应电流、特大注入电流和反向倍增等几种情况下电流表达式。为了使得计算结果更符合实际情况,需要对这些表达式进行适当修正。

(1) 理想模型电流表达式的修正

第 2 章 2.2 节采用理想 PN 结模型推导得到式(2-2-17)所示理想 PN 结直流伏安特性:

$$I_{\text{D}} = I_{\text{S}} \left[\exp\left(\frac{qV_{\text{a}}}{kT}\right) - 1 \right]$$

电路模拟仿真软件中采用的“理想”PN 结直流伏安特性如式(10-4-1)所示:

$$I_{\mathrm{D}} = I_{\mathrm{S}} \left[\exp\left(\frac{qV_{\mathrm{a}}}{NkT}\right) - 1 \right] \tag{10-4-1}$$

除了理想模型中已有的模型参数 I_{S} 外,新增了一个模型参数 N。相当于理想模型得到的 PN 结直流伏安特性表达式中参数 $N=1$。考虑到实际情况 N 不会精确等于 1,因此引入模型参数 N,称为理想模型电流发射因子。显然模型参数 N 的默认值为 1。

(2) 统一的势垒区的产生-复合电流表达式

考虑到势垒区的产生和复合效应,2.3 节分别得到反偏情况势垒复合电流表达式(2-3-3)和正偏情况势垒区复合电流表达式(2-3-8)。由于这两种电流是同一种产生-复合物理过程的不同表现,再类比理想 PN 结是采用同一个表达式(10-4-1)描述正反向电流,因此电路模拟仿真软件中采用式(10-4-2)所示产生-复合电流表达式:

$$I_{\mathrm{SR}} \left[\exp\left(\frac{qV_{\mathrm{a}}}{N_{\mathrm{R}}kT}\right) - 1 \right] \left(1 - \frac{V_{\mathrm{a}}}{V_{\mathrm{bi}}}\right)^{M} \tag{10-4-2}$$

说明:

① 式(10-4-2)中模型参数 I_{SR} 是描述产生-复合效应的电流参数。PN 结二极管的模型参数 I_{SR} 不是按照 2.3 节中式(2-3-7)计算确定,而是测量端特性参数数据后优化提取确定的。

② 考虑到实际情况下势垒产生复合电流的指数项中分母不一定是式(2-3-8)所示的 $2kT$,因此表达式中引入了模型参数 N_{R}。N_{R} 的默认值为 2。

③ 势垒产生-复合电流的大小与势垒区宽度相关,如第 2 章式(2-1-23)所示,突变结势垒区宽度与偏置电压关系为 $W(V_{\mathrm{a}}) = W_0 \left(1 - \frac{V_{\mathrm{a}}}{V_{\mathrm{bi}}}\right)^{\frac{1}{2}}$。考虑到实际 PN 结不会是理想的突变结,因此在式(10-4-2)中添加一项代表偏置电压对势垒区宽度影响的参数 $\left(1 - \frac{V_{\mathrm{a}}}{V_{\mathrm{bi}}}\right)^{M}$,引入模型参数 M,其值与 PN 结两侧杂质分布情况密切相关,因此称为梯度因子。M 的默认值为 0.5,代表突变结情况。

注意,考虑势垒区产生-复合电流的影响,流过 PN 结的电流应该是式(10-4-1)理想模型电流"叠加"式(10-4-2)所示势垒产生-复合电流。

(3) 特大注入电流表达式的修正

实际情况特大注入电流的指数项中分母不一定是式(2-3-12)所示的 $2kT$,参考理想模型电流的修正,将特大注入电流表达式修改为式(10-4-3),引入的参数 N 就是理想模型修正电流表达式(10-4-1)中的模型参数 N。因此特大注入电流表达式的修正未新增模型参数。

$$\sqrt{(I_{\mathrm{S}}I_{\mathrm{KF}})} \exp\left(\frac{qV_{\mathrm{a}}}{2NkT}\right) \tag{10-4-3}$$

注意:考虑到大注入效应,特大电流时,电流表达式应该从理想模型表达式"转化"为式(10-4-3)。

(4) 反偏击穿区"倍增电流"表达式

考虑到击穿前已开始出现的碰撞电离倍增效应,实际反向电流还应"叠加"碰撞电离倍增效应电流。

由于接近击穿时,碰撞电离倍增效应电流随电压的急剧变化情况与正偏电流非常类似,因此模拟仿真软件中并不是采用理论分析计算倍增效应电流,而是参照正偏 PN 结电流表达式,采用式(10-4-4)描述碰撞电离倍增效应电流。

$$-I_{BV}\exp\left(-q\frac{V_a+BV}{N_{BV}kT}\right) \tag{10-4-4}$$

说明:

① 式中 N_{BV} 是模型参数,称为发射系数。对应正偏电流表达式中的模型参数 N。

② 模拟仿真软件中采用 BV 代表击穿电压,BV 为正值。式(10-4-4)中 I_{BV} 和 BV 是两个模型参数。描述了实际 PN 结击穿电压的测量确定方法,即反向电流为 I_{BV} 时的结电压定义为二极管的击穿电压 BV。

③ 式(10-4-4)的进一步解读:

反偏条件下 V_a 为负值。若反偏反向电压 V_a 绝对值远小于击穿电压 BV,式(10-4-4)结果近似为 0,说明可以不考虑倍增效应。

若反向电压 V_a 绝对值接近击穿电压 BV 时,式(10-4-4)计算结果随着 V_a 绝对值的增加而增大。

若反向电压 V_a 绝对值等于 BV 时,式(10-4-4)计算结果为 I_{BV},表示发生了击穿。

因此式(10-4-4)描述了反偏情况的碰撞倍增和击穿特性。

说明:上面电流表达式中的 V_a 是势垒区两端电压,等于外加电压 V_{App} 减去串联电阻 R_S 上的压降,如式(10-4-5)所示:

$$V_a = V_{App} - I_D R_S \tag{10-4-5}$$

2. 模拟仿真软件中采用的二极管 I_D 统一表达式

前面理想模型电流、势垒区产生-复合电流、特大注入电流、反向倍增电流这四种电流表达式只分别适用于 PN 结不同的工作电流范围。对于给定的电压 V_{App},并不知道 PN 结将工作于什么状态,因此无法确定应该选用哪个表达式计算实际流过 PN 结的电流。特别是在几种工作状态之间的过渡范围,只单独采用其中一个表达式计算的电流值必然存在较大误差。因此需要构造一个统一的电流表达式,适用于所有的电流范围。只要给定外加电压 V_{App},代入该电流公式,就可以正确地计算出电流值。

模拟仿真软件中采用的实用 PN 结电流统一表达式不是推导确定的,而是基于各种物理效应,对照实际数据对比分析,"构造"了统一表达式为

$$I_D = Area\left\{ I_S\left[\exp\left(\frac{qV_a}{NkT}\right)-1\right]\left[\frac{I_{KF}}{I_{KF}+I_S\left[\exp\left(\frac{qV_a}{NkT}\right)-1\right]}\right]^{\frac{1}{2}} + I_{SR}\left[\exp\left(\frac{qV_a}{N_RkT}\right)-1\right] \cdot \right.$$

$$\left. \left[\left(1-\frac{V_a}{V_J}\right)^2+0.005\right]^{\frac{M}{2}} - I_{BV}\exp\left(-q\frac{V_a+BV}{N_{BV}kT}\right) \right\}$$

$$\tag{10-4-6}$$

深入思考题:如何理解式(10-4-6)所示 I_D 统一表达式能够用于计算各种情况下流过 PN 结的电流?

3. 参数"Area"的作用

式(10-4-6)中 Area 称为"面积因子"。其他类型的半导体器件模型中也都采用 Area 参数。下面解读 Area 参数的含义和作用。

同一个集成电路中会采用多种尺寸不同的二极管,虽然采用的是相同的 PN 结二极管模型,但是它们的模型参数不会相同。这样,每种尺寸二极管都需要采用一组模型参数来描述。

同一个集成电路中的不同尺寸二极管虽然尺寸不同,但是它们是采用相同的工艺过程制造的,因此纵向结构参数(如结深、杂质分布等)则相同。

二极管模型参数中,有些参数只与纵向结构参数有关,例如内建电势 VJ、发射系数 N 和 NR、PN 结梯度因子 M、击穿电压 BV、单位结面积电容 $CJ0$、渡越时间 TT 等。其余模型参数则与结面积有关,例如几个电流参数 IS、ISR、IBV 以及串联电阻 RS 等。

说明:模拟软件中采用的模型参数名称为英文,不采用希腊字母,而且不采用下标。为了与模拟仿真软件中描述方式一致,每个模型参数均采用大写字符,并列排列。

考虑到上述特点,如果引入参数 Area,采用下述方式,只需要用一组模型参数就可以描述同一个集成电路中的所有不同尺寸二极管。

取其中一个二极管为"参考"二极管,将参考二极管的 Area 值取为 1,并确定该参考二极管的模型参数。然后计算其他尺寸二极管结面积与参考二极管结面积的比值,该比值即为相应二极管的面积因子 Area 的取值。这样所有二极管中那些与结面积无关的模型参数均直接采用参考二极管的模型参数,而与结面积有关的模型参数只需按照与面积的相关关系也可以由参考二极管的模型参数计算得到。

因此同一个集成电路中尺寸不同的 PN 结二极管,只要对每种二极管引入 Area 参数,则所有这些二极管就可以共用一组模型参数。

4. 描述 I_D 的模型参数

上述 I_D 表达式中除了 Area,还涉及表 10-4-1 所示 10 个模型参数(见 10.4.4 节)。表中还列有每个模型参数的默认值。

10.4.3　势垒电容与扩散电容模型

1. 势垒电容 C_J 模型与模型参数

(1)结势垒电容 C_J 表达式

第 2 章 2.5.4 节基于物理过程分析得到势垒电容表达式(2-5-9)。为了突出描述势垒电容与外加电压的关系,并考虑到正偏情况下耗尽层近似误差较大,模拟仿真软件中采用式(10-4-7)所示势垒电容实用表达式。

若 $V_a \leqslant FC \times V_J$,

$$C_J = C_{J0}\left(1 - \frac{V_a}{V_J}\right)^{-M} \tag{10-4-7a}$$

若 $V_a > FC \times V_J$,

$$C_J = C_{J0}(1-FC)^{-(1+M)}\left[1 - FC(1+M) + M\frac{V_a}{V_J}\right] \tag{10-4-7b}$$

式中模型参数 FC 用于描述正偏情况下如何处理势垒电容表达式的修正,默认值为 0.5。就是说在默认情况下,若 Si PN 结二极管正偏电压小于等于 0.35 V 左右,仍然可以采用耗尽层近似得到的势垒电容表达式（10-4-7a），否则，就应该采用式（10-4-7b）所示势垒电容表达式。

（2）描述结势垒电容 C_J 的模型参数

C_J 表达式中 M 和 V_J 在描述 I_D 模型参数中已经进行了说明（参见表 10-4-1），还新增了 2 个模型参数。

① 模型参数 C_{J0} 称为零偏势垒电容，描述零偏时的势垒电容。默认值为 0。

② 模型参数 FC 称为正偏势垒电容系数，默认值为 0.5。

2. 扩散电容 C_D 模型和模型参数

（1）扩散电容 C_D 表达式

根据 2.5.3 节分析给出的式（2-5-7）

$$C_D = TT_{gd} = TT\left(\frac{dI_D}{dV_a}\right) \tag{10-4-8}$$

（2）描述扩散电容 C_D 的模型参数

描述扩散电容新增 1 个模型参数 TT，称为渡越时间，默认值为 0。

10.4.4　PN 结二极管基本模型参数

前面描述 I_D、势垒电容、扩散电容表达式中涉及 13 个模型参数，加上串联电阻 RS 共 14 个参数，是 PN 结二极管的基本模型参数，如表 10-4-1 所示。

表 10-4-1　PN 结二极管基本模型参数

模型参数	含义	单位	默认值
IS	饱和电流 I_S	A	1×10^{-14}
ISR	势垒区产生复合电流参数 I_{SR}	A	0
IKF	膝点电流 I_{KF}	A	无穷大
IBV	对应击穿电压的电流 I_{BV}	A	1×10^{-10}
N	理想模型电流发射系数		1
NR	描述势垒产生-复合电流的发射系数		2
NBV	描述倍增电流的发射系数		1
BV	击穿电压 V_B	V	无穷大
VJ	内建电势 V_{bi}	V	1
M	梯度因子		0.5
$CJ0$	零偏势垒电容	F	0
FC	正偏势垒电容系数		0.5
TT	渡越时间	S	0
RS	串联电阻	Ω	0

1. 关于各个模型参数含义的理解

对于各个模型参数，应该重点理解下述两个问题：

基于模型参数名称和含义,理解所对应的 PN 结内部物理过程。

基于对应物理过程的理解,明确该参数主要影响二极管器件的哪些主要特性,才能在模拟仿真过程中正确处理模型参数的赋值问题。对关注的电路特性密切相关的模型参数必须给出正确的模型参数值,才能保证模拟仿真结果的正确性。对于电路特性影响不大的模型参数,可以直接采用默认值。

2. 关于默认值为 0 或者无穷大的模型参数

表 10-4-1 中列有每个模型参数的默认值。应该注意默认值为 0 或者无穷大的模型参数。模拟仿真过程中,如果未给这类模型参数赋值,模拟软件将采用默认值,相当于不考虑该模型参数代表的物理效应。例如,若 PN 结工作正偏电流工作较大时,就不需要给 *ISR* 参数赋值,则采用默认值 0,相当于不考虑势垒产生电流对正偏电流的影响。若 PN 结工作反偏电压绝对值很小时,工作过程中不可能发生击穿,就可以不给 *BV* 参数赋值,则采用默认值无穷大,相当于不考虑倍增和击穿效应。

10.5   PN 结二极管交流模型

若外加电压为 $V_{App} = V_0 + v_1(t)$,其中 V_0 为直流偏置电压,$v_1(t)$ 为交流小信号正弦信号。采用图 10-5-1 所示交流小信号模型(等效电路)就可以计算交流小信号 $v_1(t)$ 作用下的交流电流。

与图 10-4-1(c)基本模型相比,只需将基本模型中的电流源 I_D 换为微分电阻 r_d(小信号电导 g_d 的倒数),端电压只取外加电压中的交流信号部分 $v_1(t)$,就是交流小信号等效电路。而且根据图 10-4-1(c)基本模型计算得到直流工作点电流 I_D 值后就可以计算得到 g_d 的数值 $\dfrac{I_{DQ}}{V_t}$,其中 I_{DQ} 为根据外加直流偏置电压计算的直流工作点电流,V_t 为热电势 $\dfrac{kT}{q}$。因此交流小信号模型并不新增模型参数。

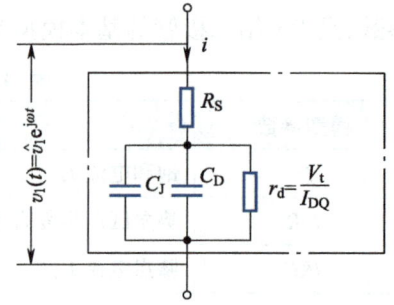

图 10-5-1   PN 结交流小信号等效电路

10.4 节图 10-4-1(c)所示等效电路模型直接用于直流特性模拟仿真和开关应用情况下的瞬态特性模拟仿真,因此又称为大信号模型。如果需要进行交流小信号分析,软件内部将自动生成图 10-5-1 所示等效电路。

10.6   PN 结二极管噪声模型与温度模型

10.6.1   噪声模型

为了满足交流小信号模拟仿真中进行噪声特性分析的要求,需要在二极管交流小信号模型基础上增加噪声模型。

第 2 章 2.7 节已详细介绍了噪声的概念和几种基本噪声类型。对 PN 结二极管主要需考虑串联电阻 R_s 的热噪声以及伴随直流工作电流 I_D 的闪烁噪声和散粒噪声。

1. 热噪声

交流等效电路中采用式(10-6-1)所示的噪声电流源 i_{RS} 与 R_S 并联,描述 R_S 具有的热噪声作用,如图 10-6-1 所示。

$$i_{RS} = \sqrt{\overline{i_{RS}^2}} = \sqrt{\frac{4kT}{R_S}\Delta f} \qquad (10\text{-}6\text{-}1)$$

热噪声是一种与频率无关的"白噪声",因此电流源 i_{RS} 与频率无关,并不新增模型参数。

注意:交流等效电路中 r_d 是表征二极管交流特性引入的等效电阻,并不是实体电阻,因此不伴随有热噪声。

2. 闪烁噪声和散粒噪声

如第 2 章 2.7 节分析,器件工作时,伴随直流工作点电流 I_D 将产生散粒噪声与闪烁噪声。交流等效电路中采用式(10-6-2)所示的噪声电流源 i_D 与微分电阻 r_d 并联,描述闪烁噪声和散粒噪声的作用,如图 10-6-1 所示。

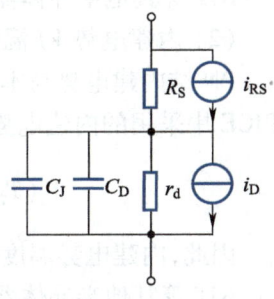

图 10-6-1　噪声模型等效电路

$$i_D = \sqrt{\overline{i_D^2}} = \sqrt{2qI_D\Delta f + k_f\frac{I_D^{a_f}}{f}\Delta f} \qquad (10\text{-}6\text{-}2)$$

根号内第一项描述的是散粒噪声,只与直流工作点电流 I_D 有关,与频率无关,为"白噪声"。第二项描述的是闪烁噪声,与频率成反比,通常又称为 $\frac{1}{f}$ 噪声。

闪烁噪声模型涉及两个模型参数:

① 闪烁噪声系数:式中 k_f 称为闪烁噪声系数,记为 KF。对 Si 二极管,KF 典型值为 10^{-16}。

② 闪烁噪声指数因子:式中 a_f 称为闪烁噪声指数因子,记为 AF。对 Si 二极管,AF 典型值为 $a_f = 1$。

10.6.2　温度模型

PN 结二极管模型包括的模型参数中,部分模型参数(例如反向饱和电流 I_S)值与温度密切相关。对电路进行温度特性分析时需要采用相应温度下的模型参数值。

温度模型就是定量表征模型参数与温度关系的表达式,可以根据某一温度(通常为室温)下的模型参数值计算另外一个温度下的模型参数值。

温度模型分为基本物理模型和多项式模型两类。

1. 基于物理原理的温度模型

pn 结模型参数中,禁带宽度 EG、内建电势 VJ、反向饱和电流 IS、零偏势垒电容 CJ0 这四个参数的温度模型基本反映了参数随温度变化的物理机理。这几个参数的温度模型也适用于双极晶体管。

(1)禁带宽度温度模型

晶体管特性与半导体材料的禁带宽度密切相关。按照固体物理原理,禁带宽度将随着温度的升高而变窄。SPICE 模型中描述禁带宽度与温度关系的禁带宽度温度模型是

$$E_g(T) = E_g(0) - \frac{\alpha T^2}{\beta + T} \qquad (10\text{-}6\text{-}3)$$

式中，$\alpha = 7.02 \times 10^{-4}$、$\beta = 1108$，为常数。

禁带宽度温度模型涉及一个模型参数：禁带宽度 $E_g(0)$，记为 EG。对半导体材料 Si：$EG = 1.16 \text{ eV}$。

BJT 等其他半导体器件也采用同一个表达式（10-6-3）描述禁带宽度温度模型。

（2）内建电势 VJ 温度模型

PN 结内建电势与本征载流子浓度密切相关，因此就与半导体材料的禁带宽度密切相关。SPICE 中采用的内建电势温度模型是

$$V_J(T_2) = \frac{T_2}{T_1} V_J(T_1) - 2\frac{kT_2}{q}\ln\left(\frac{T_2}{T_1}\right)^{1.5} - \left[\frac{T_2}{T_1}E_g(T_1) - E_g(T_2)\right] \tag{10-6-4}$$

因此，内建电势温度模型只需调用禁带宽度温度模型，并不新增模型参数。

BJT 等其他半导体器件也采用同一个表达式（10-6-4）描述内建电势温度模型。

（3）PN 结反向饱和电流 IS 温度模型

PN 结反向饱和电流 IS 表达式中与温度相关的参数有本征载流子浓度以及禁带宽度。SPICE 中采用的 IS 温度模型如式（10-6-5）所示，可以根据温度 T_1 下的反向饱和电流 $I_S(T_1)$ 计算温度 T_2 下的 $I_S(T_2)$

$$I_S(T_2) = I_S(T_1)\left(\frac{T_2}{T_1}\right)^{\frac{XTI}{n}}\exp\left[-\frac{qE_g(300)}{nkT_2}\left(1 - \frac{T_2}{T_1}\right)\right] \tag{10-6-5}$$

式中，n 为模型参数"理想模型电流发射系数"（参见表 10-4-1）；k 为玻尔兹曼常数。$E_g(300)$ 为室温下的禁带宽度。

IS 温度模型除了要引用禁带宽度模型计算 $E_g(300)$ 外，新增一个模型参数 XTI，称为反向饱和电流温度系数。

（4）零偏势垒电容温度模型

PN 结零偏势垒电容 $CJ0$ 表达式中与温度相关的参数是内建电势。SPICE 中采用的零偏势垒电容 $CJ0$ 温度模型如式（10-6-6）所示，可以根据温度 T_1 下的 $C_{J0}(T_1)$ 计算温度 T_2 下的 $C_{J0}(T_2)$

$$C_{J0}(T_2) = C_{J0}(T_1)\left\{1 + m\left[400 \times 10^{-6}(T_2 - T_1) - \frac{V_J(T_2) - V_J(T_1)}{V_J(T_1)}\right]\right\} \tag{10-6-6}$$

式中，m 为模型参数"梯度因子"（参见表 10-4-1）。

零偏势垒电容温度模型只是引用内建电势 VJ 温度模型，并不新增模型参数。

2. 多项式温度模型

PN 结模型参数中，除了前面介绍的模型参数温度模型，其他大部分模型参数均采用一阶或者二阶多项式描述温度模型。

（1）膝点电流 IKF 的温度模型

SPICE 中采用简单的一阶线性关系描述膝点电流 IKF 与温度的关系

$$I_{KF}(T_2) = I_{KF}(T_1)\left[1 + TIKF(T_2 - T_1)\right] \tag{10-6-7}$$

涉及一个模型参数 $TIKF$：膝点电流的一阶温度系数。

（2）渡越时间的温度模型

渡越时间 TT 是表征 PN 结扩散电容的模型参数，其温度模型采用二阶多项式描述：

$$TT(T_2) = TT(T_1)\left[1 + TTT_1(T_2 - T_1) + TTT_2(T_2 - T_1)^2\right] \qquad (10\text{-}6\text{-}8)$$

涉及两个模型参数：

TTT_1：渡越时间的一阶温度系数；

TTT_2：渡越时间的二阶温度系数。

说明：描述温度系数的格式是以 T 开头的几个字符表示温度系数。最后一个字符为 1 表示一阶温度系数，最后一个字符为 2 表示二阶温度系数。中间一个或者两个字符表征是哪个模型参数的温度系数。

（3）串联电阻的温度模型

SPICE 采用多项式描述串联电阻 R_S 的温度模型，但是不同版本的描述方式不一定完全相同，有的采用式（10-6-9）所示二阶多项式

$$R_S(T_2) = R_S(T_1)\left[1 + TRS_1(T_2 - T_1) + TRS_2(T_2 - T_1)^2\right] \qquad (10\text{-}6\text{-}9)$$

其中 TRS_1 和 TRS_2 分别是串联电阻的一阶温度系数和二阶温度系数。

有的版本则采用简单的一阶多项式，即线性关系描述串联电阻温度模型，如式（10-6-10）所示

$$R_S(T_2) = R_S(T_1)\left[1 + TRS_1(T_2 - T_1)\right] \qquad (10\text{-}6\text{-}10)$$

只涉及一阶温度系数 TRS_1 一个模型参数。

习题

10.1 请结合 SPICE 电路仿真的基本原理，阐述半导体器件模型的作用。

10.2 阐述半导体器件模型和模型参数的含义和作用。

10.3 在模型参数中，有的参数默认取值为无穷大或者零，请结合模型参数的物理含义，说明这些取值的含义。

10.4 请描述模型参数提取的过程和步骤，并结合典型算法分析模型参数提取的方法。

10.5 $Area$ 称为"面积因子"，其他类型的半导体器件模型中也都采用 $Area$ 参数，请详细阐述 $Area$ 参数的含义和作用

10.6 模拟仿真软件中采用的实用 PN 结电流统一表达式是什么，分析表达式各项的含义和作用。

10.7 PN 结直流、交流小信号和瞬态大信号模型中分别包含了哪些模型参数，这些模型参数的含义是什么？

10.8 为了满足交流小信号模拟仿真中进行噪声特性分析的要求，需要在二极管交流小信号模型基础上增加噪声模型，请阐述噪声模型的作用和模型参数含义。

第 11 章 BJT 模型与模型参数

与二极管类似,针对电路模拟仿真的需要,BJT 模型主要包括直流模型、大信号瞬态分析模型、交流小信号模型、噪声模型以及定量描述模型参数随温度变化关系的温度模型。

常用的 BJT 建模方法有两种:由 J. J. Ebers 和 J. L. Moll 提出的 E-M 模型,以及由 Gummel 和 Poon 提出的 G-P 模型。这两种模型的结果和包含的模型参数基本一样,只是建立模型的过程不同。E-M 模型建立过程与 BJT 工作物理过程有直接联系,更易于理解不同模型参数的物理含义。G-P 模型的建立是基于电荷控制理论,综合反映不同模型之间关系。

本章针对通用电路模拟仿真软件 SPICE,主要基于 E-M 模型的建立思路,结合物理过程分析,介绍 BJT 模型。

11.1 BJT 直流模型

本节以图 11.1.1 所示 NPN 晶体管为例,介绍 BJT 模型。

图中采用字母 E、B、C 表示 BJT 的发射极、基极、集电极三个引出端。考虑到发射区、基区、集电区均存在串联电阻,分析中采用字母 E′、B′、C′表示器件势垒区两侧对应的内部节点。

符号 $V_{B'E'}$、$V_{B'C'}$分别表示 BJT 内部发射结势垒区两端电压以及集电结势垒区两端电压。

电流定义方向是流进电极电流为正,如图 11-1-1 所示。

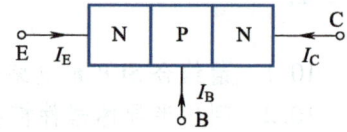

图 11-1-1 NPN 晶体管

11.1.1 理想 BJT 直流模型

对应第 3 章分析,首先针对理想情况建立 BJT 直流模型。然后再考虑非理想因素对理想 BJT 直流模型进行修正。

1. 基本模型-注入模型

若 BJT 发射结施加偏置电压 $V_{B'E'}$(可以是正偏,也可能是反偏),集电结 0 偏,即 $V_{B'E'} \neq 0$,$V_{B'C'} = 0$,则流过 BE 结的电流为

$$I_F = I_{ES}\left[\exp\left(\frac{qV_{B'E'}}{kT}\right) - 1\right] \tag{11-1-1}$$

由于 NPN 晶体管 I_F 实际流动方向是从基区流向发射区,因此发射极电流 I_E 为

$$I_E = -I_F$$

根据晶体管电流传输机理,若共基极正向电流放大系数为 α_F,传输到集电极的电子流对应的电流方向与定义方向相同,因此集电极电流 I_C 为

$$I_C = \alpha_F I_F$$

若发射结 0 偏,集电结施加偏置电压 $V_{B'C'}$(可以是正偏,也可以是反偏),即 $V_{B'E'} = 0$,$V_{B'C'} \neq 0$,流过 BC 结的电流为

$$I_R = I_{CS} \left[\exp\left(\frac{qV_{B'C'}}{kT} \right) - 1 \right] \tag{11-1-2}$$

对照上述分析过程,发射极电流 I_E 和集电极电流 I_C 分别为

$$I_E = \alpha_R I_R$$
$$I_C = -I_R$$

式中 α_R 为共基极反向电流放大系数。

一般情况下,偏置 $V_{B'E'} \neq 0$, $V_{B'C'} \neq 0$,则得

$$I_E = -I_F + \alpha_R I_R \tag{11-1-3}$$
$$I_C = \alpha_F I_F - I_R \tag{11-1-4}$$

式(11-1-3)和式(11-1-4)就是基于载流子注入过程建立的理想晶体管直流模型,又称为注入模型,包括 α_F、α_R、I_{ES} 和 I_{CS} 共 4 个参数。

对应的等效电路如图 11-1-2(a)所示。如果已知 α_F、α_R、I_{ES} 和 I_{CS} 这 4 个模型参数的值,就可以计算外加偏置电压作用下晶体管的端电流。

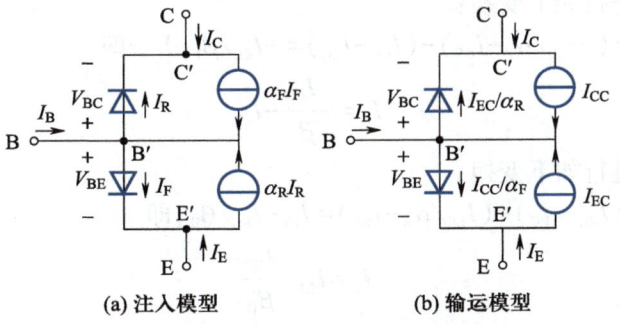

(a) 注入模型　　　　　　**(b) 输运模型**

图 11-1-2　理想 BJT 的基本直流模型

2. 基本模型-输运模型

但是式(11-1-3)和式(11-1-4)中包含的 α_F、α_R、I_{ES} 和 I_{CS} 这四个参数并不相互独立,需要进一步处理。

根据电路理论中的互易定理: $\alpha_F I_{ES} = \alpha_R I_{CS}$,记为 I_S,则

$$I_S = \alpha_F I_{ES} = \alpha_R I_{CS} \tag{11-1-5}$$

I_S 称为晶体管饱和电流。

由式(11-1-1), $\alpha_F I_F = \alpha_F I_{ES} [\exp(qV_{B'E'}/kT) - 1] = I_S [\exp(qV_{B'E'}/kT) - 1]$,记为

$$I_{CC} = I_S \left[\exp\left(\frac{qV_{B'E'}}{kT} \right) - 1 \right] \tag{11-1-6}$$

下标 CC 代表 Collector Collected,表示 I_{CC} 是 $V_{B'E'}$ 作用下发射结注入的电流中由集电极收集的电流。

由式(11-1-2), $\alpha_R I_R = \alpha_R I_{CS} [\exp(qV_{B'C'}/kT) - 1] = I_S [\exp(qV_{B'C'}/kT) - 1]$,记为

$$I_{EC} = I_S \left[\exp\left(\frac{qV_{B'C'}}{kT} \right) - 1 \right] \tag{11-1-7}$$

下标 EC 代表 emitter collected,表示 I_{EC} 是 $V_{B'C'}$ 作用下集电结注入的电流中由发射极收集的电流。

将式(11-1-6)和式(11-1-7)代入端电流表达式(11-1-3)和式(11-1-4),得

$$I_E = -I_F + \alpha_R I_R = -\frac{I_{CC}}{\alpha_F} + I_{EC} \tag{11-1-8}$$

$$I_C = \alpha_F I_F - I_R = I_{CC} - \frac{I_{EC}}{\alpha_R} \tag{11-1-9}$$

式(11-1-8)和式(11-1-9)就是描述理想 BJT 直流端电流与端电压关系的输运模型。包括 3 个独立的模型参数:α_F、α_R 和 I_S。

对应的等效电路如图 11-1-2(b)所示。只要知道这三个模型参数的值,就可以计算端电压 $V_{B'E'}$ 和 $V_{B'C'}$ 作用下产生的端电流。

3. 实用的理想直流 BJT 模型

(1) 适用于共射极情况的理想直流 BJT 模型

对于普遍采用的共射极情况,应将 BJT 直流模型中的共基极正向和反向电流放大系数 α_F 和 α_R 分别转换为共射极正向和反向电流放大系数 β_F 和 β_R。

对式(11-1-8)进行如下变换:

$I_E = -I_{CC}/\alpha_F + I_{EC} = (-I_{CC}/\alpha_F + I_{CC}) - (I_{CC} - I_{EC}) = -I_{CC}/\beta_F - I_{CT}$,即

$$I_E = -\frac{I_{CC}}{\beta_F} - I_{CT} \tag{11-1-10}$$

对式(11-1-9)进行如下变换:

$I_C = I_{CC} - I_{EC}/\alpha_R = (I_{CC} - I_{EC}) - (I_{EC}/\alpha_R - I_{EC}) = I_{CT} - I_{EC}/\beta_R$,即

$$I_C = I_{CT} - \frac{I_{EC}}{\beta_R} \tag{11-1-11}$$

式中:$I_{CT} = I_{CC} - I_{EC} = I_S[\exp(qV_{B'E'}/kT) - 1] - I_S[\exp(qV_{B'C'}/kT) - 1]$

$\beta_F = \alpha_F/(1 - \alpha_F)$

$\beta_R = \alpha_R/(1 - \alpha_R)$

式(11-1-10)和式(11-1-11)就是描述理想 BJT 直流端电流与端电压关系的实用器件模型,包括 3 个独立的模型参数:I_S、β_F 和 β_R。

对应的等效电路如图 11-1-3 所示。

(2) 描述理想直流 BJT 模型的模型参数

在 SPICE 软件中 3 个模型参数 I_S、β_F 和 β_R 分别记为

IS:晶体管饱和电流;

BF:正向电流放大系数;

BR:反向电流放大系数。

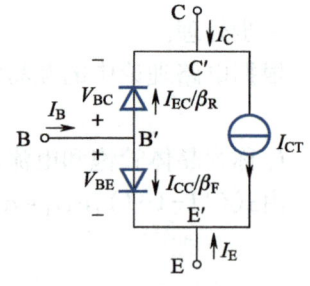

图 11-1-3   理想 BJT 直流模型

考虑到实际电流和电压的指数关系是 $\exp(qV_{B'C'}/N_F kT)$ 和 $\exp(qV_{B'E'}/N_R kT)$

模型中还要包括 2 个模型参数:

NF:正向电流发射系数;

NR:反向电流发射系数。

只要知道 BF、BR、IS、NF、NR 这 5 个模型参数的值,就可以采用上述器件模型,计算端电压 $V_{B'E'}$ 和 $V_{B'C'}$ 作用下产生的端电流。

11.1.2 考虑非理想效应的 BJT 直流模型

为了保证电路模拟仿真结果符合实际情况,需要在理想直流模型基础上考虑实际存在的非理想因素,包括:直流工作点(偏置电压、直流工作电流)对电流放大系数的影响及串联电阻的影响。

1. 小电流下势垒复合效应的影响

(1)考虑势垒产生-复合效应的等效电路

正向放大情况下,正偏 BE 势垒区存在的复合效应以及基区表面复合效应使基极电流增大,因此导致正偏小电流范围电流放大系数下降。

按照第 3 章 3.3.3 节分析,可以引入下式所示 EB 势垒区产生复合电流项 I_{rec-E} 描述正向放大情况下势垒复合对正向电流放大系数的影响

$$I_{rec-E} = I_{SE}\left[\exp(qV_{B'E'}/2kT) - 1\right]$$

同样可以引入下式所示 CB 势垒区产生复合电流项 I_{rec-C} 描述反向放大情况下势垒复合对反向电流放大系数的影响

$$I_{rec-C} = I_{SC}\left[\exp(qV_{B'E'}/2kT) - 1\right]$$

考虑势垒产生-复合效应使得等效电路中 I_B 增加两个电流分量,如图 11-1-4 所示。

考虑到实际情况下电流指数项中系数不是精确为 2,势垒产生-复合电流表达式中引入两个指数系数 NE 和 NC,分别如式(11-1-12)和式(11-1-13)所示。

$$I_{rec-E} = I_{SE}\left[\exp\left(\frac{qV_{B'E'}}{N_EkT}\right) - 1\right] \qquad (11-1-12)$$

$$I_{rec-C} = I_{SC}\left[\exp\left(\frac{qV_{B'C'}}{N_CkT}\right) - 1\right] \qquad (11-1-13)$$

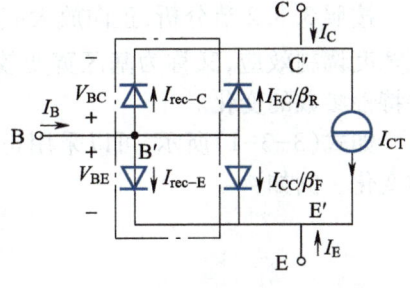

图 11-1-4 考虑势垒区产生-复合效应的 BJT 直流模型

(2)势垒产生-复合效应新增的模型参数

考虑势垒产生-复合效应使得等效电路模型中增加两个电流源,新增 4 个模型参数:

ISE:描述 BE 势垒复合作用的电流项;

ISC:描述 BC 势垒复合作用的电流项;

NE:描述 BE 势垒复合电流的发射系数;

NC:描述 BC 势垒复合电流的发射系数。

2. 大注入效应的影响

如式(11-1-6)所示,理想 BJT 直流模型中,正向放大情况下传输到集电极的电流为

$$I_{CC} = I_S\left[\exp(qV_{B'E'}/kT) - 1\right]$$

按照 2.3.4 节分析,如果出现大注入效应,将使 I_{CC} 随 BE 结电压的增加趋势变慢,导致大电流下电流放大系数下降。

根据 2.3.4 节分析,特大注入下,直流伏安特性为

$$(I_{CC})_{特大注入} = \sqrt{I_S I_{KF}}\exp\left(\frac{qV_{B'E'}}{2kT}\right)$$

可以参照 PN 结二极管模型的处理方法,将式(11-1-6)所示 I_{CC} 表达式做下述修正,就成

为统一描述理想模型和大注入模型的 I_{CC} 表达式

$$I_{CC} = \frac{I_S\left[\exp\left(\dfrac{qV_{B'E'}}{kT}\right)-1\right]}{\left[1+(I_S/I_{KF})\exp(qV_{B'E'}/2kT)\right]^{\frac{1}{2}}} \tag{11-1-14}$$

同样,对反向放大情况,考虑大注入效应,只需将式(11-1-7)所示 I_{EC} 随与 BC 结电压关系做如下修正,就成为统一描述理想模型和大注入模型的 I_{EC} 表达式

$$I_{EC} = \frac{I_S\left[\exp\left(\dfrac{qV_{B'C'}}{kT}\right)-1\right]}{\left[1+(I_S/I_{KR})\exp(qV_{B'C'}/2kT)\right]^{\frac{1}{2}}} \tag{11-1-15}$$

因此,对于大注入效应,只需将式(11-1-6)和式(11-1-7)所示 I_{CC} 和 I_{EC} 表达式修改为式(11-1-14)和式(11-1-15)形式,新增 2 个模型参数:

IKF:表征大电流下正向电流放大系数下降的膝点电流;

IKR:表征大电流下反向电流放大系数下降的膝点电流。

图 11-1-4 所示直流模型等效电路中不需要增加新元件。

3. 直流偏置电压的影响

按照 3.3.2 节分析,正向放大应用情况下,C′–B′势垒区两端直流反偏电压 $V_{C'B'}$ 将产生基区宽度调制效应,又称为基区宽变效应,导致有效基区宽度 x_B 发生变化,进而导致 I_S、β_F 等器件特性参数的变化。

如式(3-3-1)所示,可以采用正向厄利电压 V_A 描述基区宽变效应的影响,计算相关参数的变化。例如:

$$\beta_F = (\beta_F)_{理想}\left(1+\frac{V_{CE}}{V_A}\right)$$

同样,可以引入反向厄利电压 V_B 描述反向放大状态下 $V_{E'B'}$ 的作用。

因此,考虑基区宽变效应并不需要修改等效电路,只需引入下述 2 个模型参数,并修改相应特性表达式。

V_A:正向厄利电压;

V_B:反向厄利电压。

这两个模型参数的默认值均为无穷大。若采用其内定值,实际上就是不考虑基区宽度调制效应。

4. 串联电阻的影响

（1）包括串联电阻的等效电路

考虑晶体管内部发射区、基区、集电区存在有一定的串联电阻,需要在 BJT 直流等效电路中各个引出端与器件内部相应节点之间添加电阻 R_E、$R_{BB'}$、R_C,如图 11-1-5 所示。

发射区、基区、集电区引出端节点仍然为 E、B、C,晶体管内部相应区域节点分别记为 E′、B′、C′。

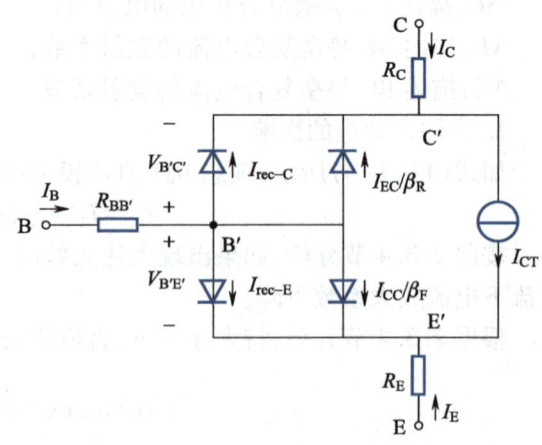

图 11-1-5　考虑串联电阻的 BJT 直流模型

考虑串联电阻后,外加端电压减去相关串联电阻的压降才是势垒区两端电压。

(2) 发射区串联电阻 R_E

R_E 包括发射区体电阻以及发射极金属与半导体之间的接触电阻。

由于发射区为重掺杂,体电阻可以忽略不计,主要部分接触电阻。阻值在 $1\ \Omega$ 量级,影响很小。

考虑 R_E,新增一个模型参数 RE。

(3) 集电区串联电阻 R_C

集成电路中为了保证器件具有满足要求的击穿电压,集电区掺杂浓度较低。

尽管采取埋层掺杂、深集电极接触掺杂等措施,R_C 阻值通常在 $10\ \Omega$ 量级,对器件大电流特性、饱和压降等均有明显影响。

考虑 R_C,新增一个模型参数 RC。

(4) 基区串联电阻 $R_{BB'}$

基区串联电阻不但组成较为复杂,阻值较高,对器件特性影响较大,而且为了表征等效电路中的电阻 $R_{BB'}$,需要采用 3 个模型参数。

随着电流增大,基区串联电阻导致基区自偏压效应,引起发射极电流集边效应,使得基区串联电阻中有源基区那一部分的电阻 R_{B1} 对应的通道变短,阻值减小。因此基区串联电阻不是常数,而是与工作电流大小有关。

分析可得,引入 3 个模型参数,可以根据实际基极电流计算得基区串联电阻 $R_{BB'}$:

RB:零偏(基极电流为 0)条件下基区串联电阻;

RBM:大电流情况下最小基区串联电阻;

IRB:基区串联电阻下降到 $0.5(R_B+R_{BM})$ 时的基极电流。

11.1.3 描述 BJT 直流模型的模型参数

基于前面分析,表 11-1-1 汇总了 BJT 的 18 个直流模型参数。

表 11-1-1 描述 BJT 直流模型的模型参数

物理过程	关键词	符号	模型参数含义	默认值	单位
理想直流模型	IS	I_S	BJT 饱和电流	10^{-16}	A
	BF	β_F	(理想情况)正向电流放大系数	100	
	BR	β_R	(理想情况)反向电流放大系数	1	
	NF	N_F	正向电流发射系数	1	
	NR	N_R	反向电流发射系数	1	
势垒产生复合效应	ISE	I_{SE}	描述 BE 结势垒区产生-复合作用的电流项	0	A
	NE	N_E	描述 BE 结势垒区产生-复合电流的发射系数	1.5	
	ISC	I_{SC}	描述 BC 结势垒区产生-复合作用的电流项	0	A
	NC	N_C	描述 BC 结势垒区产生-复合电流的发射系数	2	

续表

物理过程	关键词	符号	模型参数含义	默认值	单位
大注入效应	IKF	I_{KF}	描述正向大注入效应的膝点电流	∞	A
	IKR	I_{KR}	描述反向大注入效应的膝点电流	∞	A
厄利效应	VA	V_A	正向厄利电压	∞	V
	VB	V_B	反向厄利电压	∞	V
串联电阻影响	RC	R_C	集电区串联电阻	0	Ω
	RE	R_E	发射区串联电阻	0	Ω
	RB	R_B	零偏基区串联电阻	0	Ω
	RBM	R_{BM}	大电流情况下最小基区串联电阻	RB	Ω
	IRB	I_B	基区串联电阻下降到 $0.5(R_B+R_{BM})$ 时的基极电流	∞	A

像 10.1.4 节对 PN 结基本模型参数所强调指出的那样,对于这些模型参数,需要基于对物理过程的理解明确每个模型参数的含义,特别应注意默认值为 0 或者无穷大的那些模型参数,应该结合对物理过程的理解,明确在进行电路模拟仿真时必须考虑哪些模型参数。

11.2 BJT 大信号瞬态分析模型

在 BJT 直流模型基础上添加扩散电容和势垒电容,就构成 BJT 大信号瞬态分析模型。关于扩散电容和势垒电容的物理机理、定量表征及基本模型参数,可参见第 1 章分析和第 10 章 PN 结二极管模型相应内容。本节重点介绍建立 BJT 大信号瞬态分析模型需要考虑和注意的特殊问题。

11.2.1 BJT 大信号瞬态分析模型等效电路

在图 11-1-5 所示 BJT 直流模型等效电路基础上添加 BJT 中的扩散电容和势垒电容,就构成 BJT 大信号瞬态分析模型,如图 11-2-1 所示。

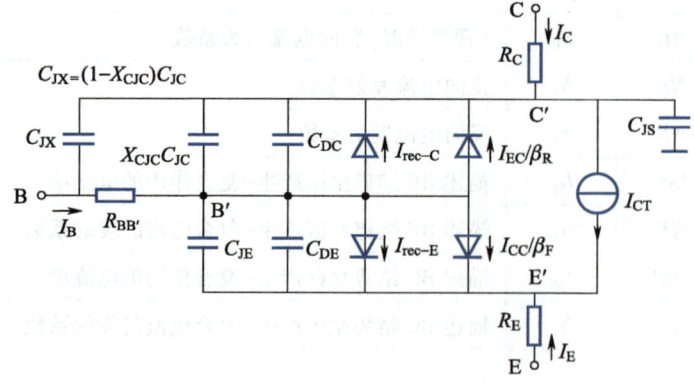

图 11-2-1 BJT 大信号瞬态分析模型

其中 C_{DE} 和 C_{DC} 分别是正向放大状态 BE 结扩散电容和反向放大状态下 BC 结扩散电容。

C_{JE} 为 BE 结势垒电容。BC 势垒电容 C_{JC} 分为 $X_{CJC}C_{JC}$ 和 C_{JX} 两部分,跨接在基区串联电阻两端,11.2.2 节将对此详细解读。C_{JS} 为集电区与集成电路衬底材料之间 PN 结的势垒电容。

11.2.2 BJT 的势垒电容

1. 描述 BJT 势垒电容的基本模型参数

按照 PN 结势垒电容定量分析结论

$$C_J = C_{J0}\left(1 - \frac{V_a}{V_J}\right)^{-M} \tag{11-2-1}$$

式中 V_a 为势垒两端外加电压。其他 3 个参数是描述一个势垒电容,需要的 3 个模型参数:

C_{J0}:零偏情况下 PN 结势垒电容;

V_J:PN 结内建电势;

M:描述 PN 结杂质分布的梯度因子。

BJT 器件本身包含 E-B 结和 C-B 结两个 PN 结。集成电路中的 BJT 在集电区与衬底材料之间还存在一个 PN 结,记为 J-S 结。因此等效电路中一共包括 3 个 PN 结的势垒电容 C_{JE}、C_{JC}、C_{JS},如表 11-2-1 所示,描述这 3 个势垒电容需要 9 个模型参数。

此外,与 PN 结模型同样思路,为了考虑到正偏情况下耗尽层近似误差较大,引入模型参数 FC 用于描述正偏情况下如何处理势垒电容表达式的修正。

若 $V_a > FC \times V_J$,则采用式(11-2-2)计算势垒电容

$$C_J = C_{J0}(1 - FC)^{-(1+M)}\left[1 - FC(1+M) + \frac{MV_a}{V_J}\right] \tag{11-2-2}$$

模型参数 FC 称为正偏势垒电容系数,默认值为 0.5。就是说在默认情况下,若正偏电压小于等于 $FC \times V_J$,仍然采用耗尽层近似得到的势垒电容表达式(11-2-1),否则,就应该采用式(11-2-2)所示势垒电容表达式。

因此描述 BJT 中势垒电容的基本模型参数有 10 个,如表 11-2-1 所示。

表 11-2-1　描述 BJT 势垒电容的基本模型参数

模型参数关键词			模型参数含义	默认值
CJE	*CJC*	*CJS*	分别为发射结、集电结、衬底结零偏势垒电容	0
VJE	*VJC*	*VJS*	分别为发射结、集电结、衬底结内建电势	1
MJE	*MJC*	*MJS*	分别为描述发射结、集电结、衬底结杂质分布的梯度因子	0.5
	FC		正偏势垒电容系数	0.5

2. 基区电阻分布参数特点对 C_{JC} 的影响

为了考虑频率较高时基区串联电阻具有的分布参数特性,引入参数 X_{CJC},将 CB 势垒电容 C_{JC} 分为两部分。X_{CJC} 取值在 0~1 之间,默认值为 1。

C_{JC} 中的一部分"$X_{CJC} \times C_{JC}$"仍然连接在器件内部 B'、C'节点之间,另一部分 $(1 - X_{CJC})C_{JC}$(记为 C_{JX})则连接在(引出端)节点 B 与(内部)节点 C'之间,如图 11-2-1 所示。

11.2.3　BJT 的扩散电容

1. 描述 BJT 扩散电容 C_{DE} 的模型参数

按照 PN 结扩散电容定量分析结论,对处于正偏状态 BE 结,扩散电容 C_{DE} 为

$$C_{DE} = \tau_{FF} \left(\frac{q}{kT} \right) I_{CC} \tag{11-2-3}$$

式中 τ_{FF} 称为正向渡越时间,对应正向放大状态下少子在基区的渡越时间。

因此可以采用参数 τ_{FF} 描述扩散电容 C_{DE}。

如第 3 章 3.3.4 节分析结果,若工作电流 I_{CC} 过大,发生基区展宽效应(base push-out),将导致渡越时间增大。如果 CB 反偏电压绝对值增大,基区宽变效应(参见 3.3.2 节)将使得有效基区变窄,则渡越时间减小。因此参数 τ_{FF} 数值与偏置状态有关。

SPICE 采用式(11-2-4)描述 τ_{FF} 与偏置电压、工作电流的关系:

$$\tau_{FF} = \tau_F \left[1 + X_{\tau_F} \left(\frac{I_{CC}}{I_{CC} + I_{\tau_F}} \right)^2 e^{\frac{V_{BC}}{1.44 \, V_{\tau_F}}} \right] \tag{11-2-4}$$

需要引入 4 个模型参数:

① TF:理想情况(不考虑直流工作点偏置电流和电压的影响)正向渡越时间;

② VTF:描述电压 V_{BC} 对 TF 影响的电压特征值;

③ ITF:描述电流对 TF 影响的电流特征值;

④ XTF:描述直流工作点偏置电流和电压对 TF 影响的系数。

2. 描述 BJT 扩散电容 CDC 的模型参数

与 C_{DE} 情况类似,对于 BC 结正偏情况,采用反向渡越时间 τ_{FR} 描述扩散电容 C_{DC}。

SPICE 采用与式(11-2-4)类似的表达式描述 τ_{FR} 与偏置电压、工作电流的关系,采用相同的 VTF、ITF、XTF 3 个模型参数。因此描述 BC 结扩散电容只新增一个模型参数。

TR:理想情况反向渡越时间。

结论:SPICE 采用 TF、TR、VTF、ITF、XTF 5 个模型参数描述等效电路中的扩散电容 C_{DE} 和 C_{DC}。

3. 关于"超相移"模型参数 PTF

由于基区分布参数的作用,器件正向传输电流时实际相位移通常大于模型计数值。两者之差称为"超相移"。为了使得模拟计算结果符合实际情况,SPICE 中引入一个模型参数:

PTF:表示工作频率为 $\omega = 1/\tau_F$ 时的超相位。

软件内部根据电路工作时输入信号频率高低计算确定输出信号超相位。

11.3　BJT 交流小信号模型

模拟集成电路设计中需要对电路进行交流小信号分析。因此,对 BJT 器件,需要建立适用于电路模拟仿真的交流小信号模型。

放大电路中 BJT 通常采用共射极连接,处于正向放大工作状态。下面分析中,交流小信号电流、电压符号及方向,如图 11-3-1(a)所示。小写字母 i 和 v 分别代表交流电流和电压。

BJT 三个引出端分别记为 E、B、C。由于存在串联电阻，器件内部三个区域的节点分别记为 E′、B′和 C′。

本节基于第 10 章 10.5 节介绍的 PN 结交流小信号模型（参见图 10-5-1），结合 BJT 内部电流传输机理，在分别构建 BJT 内部不同部分交流小信号等效电路的基础上，建立完整的 BJT 交流小信号模型等效电路。

1. BE 间等效电路

对比图 10-5-1 所示 PN 结小信号等效电路，可以直接构建图 11-3-1(b) 所示的 BJT 中 BE 间发射结等效电路，包括势垒电容 C_{JE}、扩散电容 C_π、微分交流电阻 r_π 三个元件，以及内部节点 E′、B′与引出端 E、B 之间的两个串联电阻 R_E 和 $R_{BB'}$。

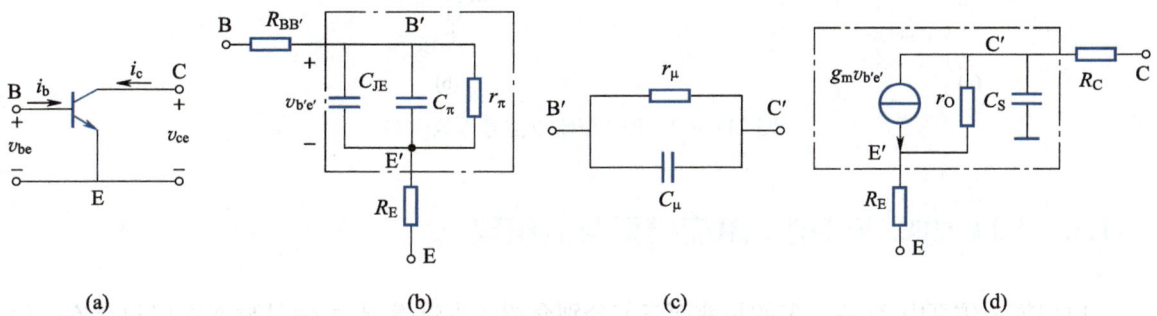

图 11-3-1　BJT 内部不同部分的交流小信号等效电路

说明：按照电子线路中习惯，采用 C_π 表示 EB 结扩散电容 C_{DE}；采用 r_π 表示 EB 结交流电阻 r_e。

2. BC 间等效电路

对比图 10.5.1 所示 PN 结小信号等效电路，可以直接构建图 11-3-1(c) 所示的 BJT 中 BC 间集电结等效电路。由于正向放大工作模式下，CB 结反偏，I_D 很小，扩散电容趋于 0，可以忽略不计。因此图中只包括势垒电容 C_μ 和交流微分电阻 r_μ 两个元件。

说明：图中按照电子线路中习惯，采用 C_μ 表示 CB 结势垒电容 C_{JC}；采用 r_μ 表示 CB 结交流电阻 r_d。正向放大模式下，CB 结反偏，I_D 随电压的变化非常小，交流电阻 r_μ 很大，通常为 MΩ 量级。

3. EC 间等效电路

正向放大状态下，EB 结正偏，由输入交流电压 $v_{b'e'}$ 产生的交流电流中传输到达集电区的集电极电流为 $g_m v_{b'e'}$，其中 g_m 为跨导

$$g_m = \frac{dI_C}{dV_{BE}} = \frac{qI_S}{kT} e^{\frac{qV_{BE}}{kT}} = \frac{qI_C}{kT} \tag{11-3-1}$$

E′C′之间还存在对应基区宽变效应影响的交流输出电阻 r_O；

$$\frac{1}{r_O} = g_O = \frac{dI_C}{dV_{CE}} \simeq \frac{I_C(0)}{V_A} \tag{11-3-2}$$

此外，在集成电路中 BJT 内部节点 C′与接地衬底存在势垒电容 C_S；内部节点 C′与集电极引出端之间存在串联电阻 R_C。如图 11-3-1(d) 所示。

4. 完整的 BJT 交流小信号等效电路

将图 11-3-1 中(b)、(c)、(d) 合并在一起就构成完整的 BJT 交流小信号等效电路，如

图 11-3-2 所示,并不新增模型参数。

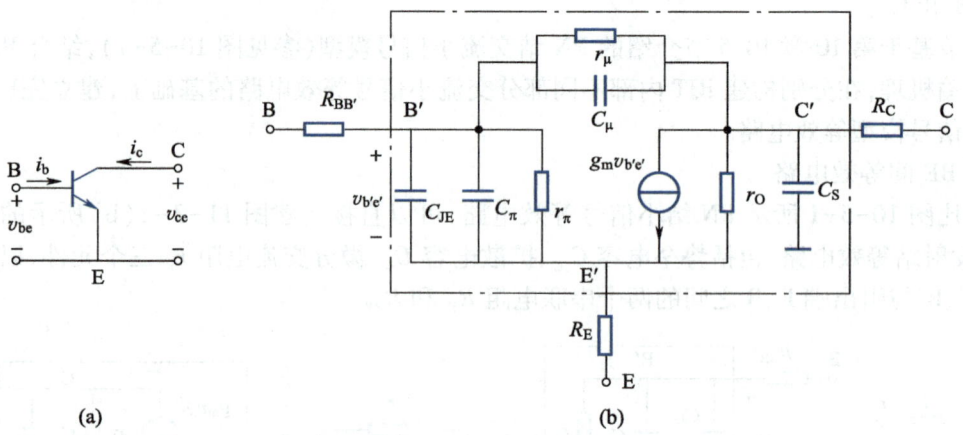

图 11-3-2   BJT 交流小信号等效电路

11.4   BJT 的噪声模型、温度模型与面积因子

电路模拟仿真中,使用较多的是前面三节分别介绍的直流模型、大信号瞬态模型和交流小信号模型,有时还需要使用噪声模型和温度模型,以及为了简化模型参数库管理而引入的面积因子。

11.4.1   BJT 噪声模型

为了满足交流小信号模拟仿真中进行噪声特性分析的要求,在 BJT 交流小信号模型等效电路中添加噪声模型就是分析噪声的等效电路。

根据 2.7 节介绍的噪声概念和几种基本噪声类型,与二极管情况类似,BJT 中需要考虑两类噪声,即串联电阻的热噪声以及伴随直流电流的散粒噪声、闪烁噪声。

1. 串联电阻热噪声

BJT 包括基区串联电阻 $R_{BB'}$、发射区串联电阻 R_E 以及集电区串联电阻 R_C,在交流等效电路中采用三个噪声电流源 $i_{RBB'}$、i_{RE}、i_{RC} 分别与 $R_{BB'}$、R_E、R_C 并联,就可以分别描述这三个串联电阻具有的热噪声作用,如图 11-4-1 所示。

根据 2.7 节介绍的热噪声表达式(2-7-5),噪声电流源 $i_{RBB'}$、i_{RE}、i_{RC} 分别如式(11-4-1)、式(11-4-2)和式(11-4-3)所示。

$$i_{RBB'} = \sqrt{i_{RBB'}^{2}} = \sqrt{\frac{4kT}{R_{BB'}}\Delta f} \tag{11-4-1}$$

$$i_{RE} = \sqrt{i_{RE}^{2}} = \sqrt{\frac{4kT}{R_E}\Delta f} \tag{11-4-2}$$

$$i_{RC} = \sqrt{i_{RC}^{2}} = \sqrt{\frac{4kT}{R_C}\Delta f} \tag{11-4-3}$$

热噪声是一种与频率无关的"白噪声",因此上述描述噪声作用的三个电流源只与串联电阻阻值有关,与频率无关,并不新增模型参数。

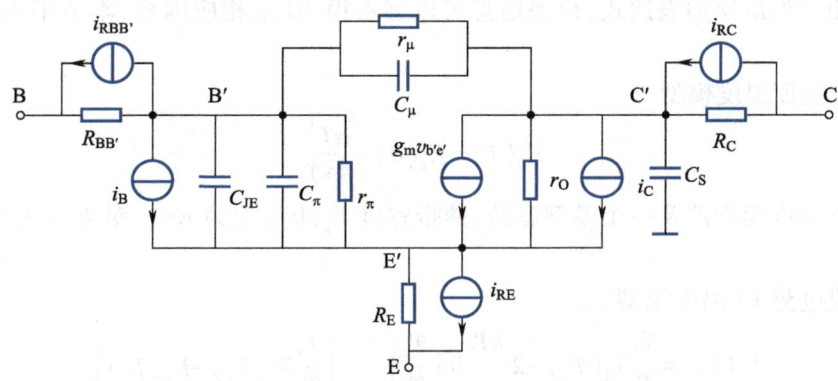

图 11-4-1 用于噪声分析的 BJT 交流小信号噪声模型

说明:AC 等效电路中 r_μ、r_π、r_0 是表征 BJT 工作原理引入的等效电阻,并不是实体电阻,因此不伴随有热噪声。

2. 散粒噪声和闪烁噪声

BJT 虽然有三个端电流 I_E、I_B 和 I_C,但是其代数和为 0,因此只需独立考虑两个电流 I_B 和 I_C 所伴随的散粒噪声和闪烁噪声,所以在 AC 等效电路中需要分别引入两个噪声电流源,包括与微分电阻 r_π 并联的噪声电流源 i_B 以及与微分电阻 r_0 并联的噪声电流源 i_C,如图 11-4-1 所示。

根据 2.7 节介绍的散粒噪声表达式(2-7-6)和闪烁噪声表达式(2-7-7),噪声电流源 i_B 和 i_C 分别如式(11-4-4)和式(11-4-5)所示。

$$i_B=\sqrt{\overline{i_B^2}}=\sqrt{2qI_B\Delta f+k_f\frac{I_B^{\alpha_f}}{f}\Delta f} \tag{11-4-4}$$

$$i_C=\sqrt{\overline{i_C^2}}=\sqrt{2qI_C\Delta f+k_f\frac{I_C^{\alpha_f}}{f}\Delta f} \tag{11-4-5}$$

根号里第一项为散粒噪声,只与工作电流大小有关,与频率无关,是白噪声,并不新增模型参数。

第二项描述的是闪烁噪声,与频率成反比,通常又称为 $1/f$ 噪声。闪烁噪声模型涉及 k_f 和 α_f 两个模型参数:

KF:闪烁噪声系数(默认值为 0);

AF:闪烁噪声指数因子(默认值为 1)。

11.4.2　温度模型

与 PN 结二极管模型情况一样,BJT 包括的模型参数中,部分模型参数值与温度密切相关。而且其中一部分参数的温度模型与 PN 结二极管相应参数的温度模型相同,当然也有一部分 PN 结二极管中未出现的温度模型。

对电路进行温度特性分析时需要根据温度模型确定相应温度下的模型参数值。

1. 与 PN 结二极管相同的温度模型

BJT 中下述与单个 PN 结物理机理密切相关的温度模型与 PN 结中相应模型参数的温度模

型相同。下面只列出模型表达式,相关信息可以参看第 10 章相应内容,本节不重复进行分析解读。

（1）禁带宽度温度模型

$$E_{g}(T) = E_{g}(0) - \frac{\alpha T^2}{\beta + T} \tag{11-4-6}$$

禁带宽度温度模型涉及一个模型参数:禁带宽度 $E_{g}(0)$,记为 EG。对半导体材料 Si: $EG = 1.16$ eV。

（2）内建电势 VJ 温度模型

$$V_{J}(T_2) = \frac{T_2}{T_1} V_{J}(T_1) - 2 \frac{kT_2}{q} \ln\left(\frac{T_2}{T_1}\right)^{1.5} - \left[\frac{T_2}{T_1} E_{g}(T_1) - E_{g}(T_2)\right] \tag{11-4-7}$$

内建电势温度模型只需调用禁带宽度温度模型,并不新增模型参数。

（3）BJT 饱和电流 IS 的温度模型

晶体管饱和电流 IS 的温度模型与 PN 结反向饱和电流 IS 的温度模型相同。

$$I_{S}(T_2) = I_{S}(T_1) \left(\frac{T_2}{T_1}\right)^{\frac{XTI}{n}} \exp\left[-\frac{qE_{g}(300)}{nkT_2}\left(1 - \frac{T_2}{T_1}\right)\right] \tag{11-4-8}$$

IS 温度模型除了要引用禁带宽度模型计算 $E_{g}(300)$ 外,新增一个模型参数 XTI,称为反向饱和电流温度指数因子。

（4）零偏势垒电容温度模型

$$C_{J0}(T_2) = C_{J0}(T_1) \left\{1 + m\left[400 \times 10^{-6}(T_2 - T_1) - \frac{V_{J}(T_2) - V_{J}(T_1)}{V_{J}(T_1)}\right]\right\} \tag{11-4-9}$$

零偏势垒电容温度模型只是引用内建电势 VJ 温度模型,并不新增模型参数。

2. 电流放大系数以及势垒复合电流参数的温度模型

PN 结温度模型未涉及的 BJT 温度模型主要有电流放大系数温度模型及势垒复合电流参数温度模型。

（1）电流放大系数温度模型

SPICE 中晶体管正向放大电流放大系数 β_{F} 和反向放大电流放大系数 β_{R} 采用的温度模型是

$$\begin{cases} \beta_{F}(T_2) = \beta_{F}(T_1) \left(\dfrac{T_2}{T_1}\right)^{X_{T\beta}} \\ \beta_{R}(T_2) = \beta_{R}(T_1) \left(\dfrac{T_2}{T_1}\right)^{X_{T\beta}} \end{cases} \tag{11-4-10}$$

涉及一个称为电流放大系数温度指数因子的模型参数 $X_{T\beta}$,记为 XTB。XTB 默认值为 0。

（2）势垒复合电流参数的温度模型

势垒复合效应影响小电流下的晶体管电流放大系数。BJT 模型中模型参数 ISE 和 ISC 分别是表征 EB 结和 CB 结势垒复合作用的电流项。SPICE 中描述 ISE 和 ISC 与温度关系的温度模型是

$$I_{SE}(T_2) = I_{SE}(T_1) \left(\frac{T_2}{T_1}\right)^{-X_{T\beta}} \left[\frac{I_{S}(T_2)}{I_{S}(T_1)}\right]^{\frac{1}{n_E}} \tag{11-4-11}$$

$$I_{\mathrm{SC}}(T_2) = I_{\mathrm{SC}}(T_1) \left(\frac{T_2}{T_1}\right)^{-X_{\mathrm{TB}}} \left[\frac{I_{\mathrm{S}}(T_2)}{I_{\mathrm{S}}(T_1)}\right]^{\frac{1}{n_{\mathrm{C}}}} \tag{11-4-12}$$

只是引用 *IS* 温度模型和电流放大系数温度指数因子 *XTB*，不新增模型参数。

3. 多项式温度模型

BJT 参数中，除了前面介绍的温度模型，其他大部分模型参数，包括串联电阻、膝点电流、渡越时间等模型参数，采用的温度模型都是多项式描述，主要是二阶多项式温度模型，也有少部分采用一阶多项式，描述方式与 PN 结基本相同。

下面以串联电阻的温度模型为例，说明多项式温度模型的相关问题。

SPICE 中 BJT 涉及的发射区串联电阻 R_{E}、基区串联电阻 R_{B}、大电流情况下最小基区串联电阻 R_{BM}、集电区串联电阻 R_{C} 这四个电阻参数均采用二阶多项式描述其温度模型

$$\begin{cases} R_{\mathrm{E}}(T_2) = R_{\mathrm{E}}(T_1)\left[1+TRE1(T_2-T_1)+TRE2(T_2-T_1)^2\right] \\ R_{\mathrm{B}}(T_2) = R_{\mathrm{B}}(T_1)\left[1+TRB1(T_2-T_1)+TRB2(T_2-T_1)^2\right] \\ R_{\mathrm{BM}}(T_2) = R_{\mathrm{BM}}(T_1)\left[1+TRM1(T_2-T_1)+TRM2(T_2-T_1)^2\right] \\ R_{\mathrm{C}}(T_2) = R_{\mathrm{C}}(T_1)\left[1+TRC1(T_2-T_1)+TRC2(T_2-T_1)^2\right] \end{cases} \tag{11-4-13}$$

（1）温度系数的表达方式

多项式温度模型形式相同，其中涉及的一阶温度系数和二阶温度系数的格式也一样，大多采用四个字符描述温度系数。其中首字母为 *T*，表示是温度系数。第四个字符为 1 表示一阶温度系数，第四个字符为 2 表示二阶温度系数。中间两个字符用于表征是哪个模型参数的温度系数。

例如，*TRE*1 和 *TRE*2 分别是发射区串联电阻的一阶温度系数和二阶温度系数。

为了明确表征是哪个模型参数的温度系数，也有一部分温度系数采用五个字符描述。例如：

描述正向膝点电流 *IKF* 温度模型的温度系数是 *TIKF*1 和 *TIKF*2。

描述反向膝点电流 *IKR* 温度模型的温度系数是 *TIKR*1 和 *TIKR*2。

（2）不同 SPICE 版本的温度模型描述方式

目前不同的 SPICE 版本（如 HSPICE、PSPICE）中温度模型描述方式不一定完全相同。

例如对正向电流放大系数两种版本都可以采用 *XTF* 描述正向电流放大系数 *BF* 温度模型。但是 HSPICE 规定，若设置了温度系数（*TBF*1、*TBF*2）和（*TBR*1、*TBR*2）的数值，就优先采用二阶多项式描述正向电流放大系数 *BF* 以及反向电流放大系数 *BR* 的温度模型。

说明：由于采用二阶多项式描述其温度特性的模型参数较多，涉及的温度系数则更多，通常模拟仿真软件电子手册的模型参数列表中并不完全列出描述温度模型的温度系数参数，只列出不是采用二阶多项式描述温度模型的相关参数。

11.4.3 面积因子

与 PN 结二极管情况一样，同一个集成电路中通常包含多种不同尺寸的 BJT，为了简化模型参数库文件，可以选定其中一种尺寸 BJT 为参考 BJT，其面积因子取为 1，模型参数记为（模型参数）$_{\mathrm{Ref}}$。其他不同尺寸的 BJT，按照其面积与参考 BJT 面积的比值作为这些 BJT 面积因子 *Area* 的数值。

这样只需要预先确定参考 BJT 的模型参数数值,就可以由参考 BJT 的模型参数值计算确定不同尺寸 BJT 的模型参数值。

对于与结面积无关的模型参数,同一个集成电路中的所有 BJT 共用参考 BJT 的模型参数。对于与面积因子相关的下述三类模型参数,可以根据参考 BJT 的模型参数数值以及不同 BJT 的面积因子值,计算确定不同 BJT 的这些模型参数值。

（1）电流类参数

对于 BJT 的 *IS*、*ISE*、*ISC*、*IKF*、*IKR*、*IRB*、*ITF* 等模型参数

$$模型参数值 = (模型参数值)_{Ref} \times 面积因子$$

（2）电阻类参数

对于 BJT 的 *RB*、*RBM*、*RE*、*RC* 等模型参数

$$模型参数值 = (模型参数值)_{Ref} / 面积因子$$

（3）零偏势垒电容类参数

对于 BJT 的零偏势垒电容模型参数 *CJC*、*CJE*、*CJS* 等模型参数

$$模型参数值 = (模型参数值)_{Ref} \times 面积因子$$

习题

11.1　请列举 BJT 直流模型中考虑的主要非理想效应,并简要说明这些效应如何影响 BJT 的电流模型。

11.2　解释在 BJT 直流模型中,*IKF* 参数的物理意义,并讨论它如何影响 BJT 的特性。

11.3　简要说明 BJT 直流模型、大信号瞬态分析模型与交流小信号模型的区别。

11.4　分析大信号瞬态分析模型中“超相移”产生的原因和影响。

11.5　绘制 BJT 的交流小信号等效电路图,并解释其中各个电阻和电容的物理意义和作用。

11.6　写出描述串联电阻热噪声的数学表达式,并指出在 BJT 交流小信号等效电路中,哪些电阻不产生热噪声,并解释原因。

11.7　为什么多项式温度模型常用来描述 BJT 参数的温度特性?具体说明二阶多项式温度模型的优点。

11.8　讨论在 BJT 模型中,面积因子的作用是什么,并列举与面积因子相关的模型参数。

第 12 章　MOSFET 模型

在集成电路设计中,半导体器件模型起着至关重要的作用。MOSFET 器件是集成电路中使用最为广泛的器件。MOSFET 模型的准确性直接影响到电路设计的性能、功耗和可靠性等关键指标。因此,对 MOSFET 器件的深入理解和精确建模是半导体器件和 EDA 领域相关研究人员的核心任务之一。

本章将首先介绍 MOSFET 模型的重要性、模型的应用领域以及模型的分类。接着重点介绍 SPICE 中基础的 LEVEL1~LEVEL3 模型及相关模型参数。最后,简要介绍高级 MOSFET 模型。通过本章节的学习,读者将能够全面掌握 MOSFET 模型的基本原理、发展历史以及紧凑模型的构建等相关内容,从而在实际的电路设计和研究中应用这些知识,提高集成电路仿真的准确度并提升电路设计的效率和电路的性能。

12.1　MOSFET 模型简介

建立半导体器件模型并对器件特性进行仿真是实现集成电路设计的必要环节。一方面,通过半导体器件的物理模型,可深入研究器件内部物理机理,从而为正确设计器件结构和优化器件参数提供理论依据。另一方面,器件模型也是集成电路 SPICE 仿真的基础。为了提高电路设计效率,缩短设计周期,建立能够正确反映器件特性的模型至关重要。

MOSFET 自发明以来,经历了数十年的发展。其模型也随着技术的进步不断演进,为集成电路设计提供了越来越精确的描述工具。MOSFET 模型的发展大致可以分为以下几个主要阶段:第一代模型、第二代模型、第三代模型和现代高级模型。

12.1.1　第一代 MOSFET 模型

第一代 MOSFET 模型主要包括 LEVEL1、LEVEL2 和 LEVEL3。这些模型在 MOSFET 早期应用中发挥了重要作用,后来被整合到电路仿真工具 SPICE 中。现在主流的 SPICE 工具手册中都会介绍最基础的 LEVEL1、LEVEL2 和 LEVEL3 模型。

LEVEL1 模型:这是最简单的 MOSFET 模型,基于半导体器件物理中的 Shichman-Hodges 模型,主要用于描述器件的基本 $I\text{-}V$ 特性。该模型假设沟道是均匀的,并忽略了短沟效应和高场效应等各种复杂因素。尽管其较为简单,精度不高,但在早期的模拟和数字集成电路设计中被广泛使用。

LEVEL2 模型:在 LEVEL1 模型的基础上,LEVEL2 模型引入了一些修正因子,以考虑沟道长度调制和载流子迁移率等效应。与 LEVEL1 模型相比,LEVEL2 模型的参数更多,精度也更高,适用于更广泛的电路仿真应用。

LEVEL3 模型:LEVEL3 模型是一个经验模型,其精度和适用性比 LEVEL1 和 LEVEL2 模型都有提升,在 20 世纪 70 年代和 80 年代的电路设计中应用广泛。

12.1.2　第二代 MOSFET 模型

随着 MOSFET 尺寸不断缩小,第一代模型无法准确描述器件行为。第二代模型应运而生,代表性模型主要包括加州大学伯克利分校开发的 BSIM1、BSIM2 和 BSIM3 模型。

BSIM1(Berkeley short-channel IGFET Model 1):作为第一代 BSIM 模型,与第一代模型相比,BSIM1 模型引入了更多参数,尤其重点考虑了短沟效应、沟道长度调制和载流子迁移率变化等因素。BSIM1 模型比第一代模型有更高的精度,但仍然存在一些局限性,如无法准确描述亚阈值特性等。

BSIM2:BSIM2 在 BSIM1 的基础上进行了改进,通过更复杂的方程和更多的参数来描述 MOSFET 的 I-V 特性,尤其是考虑了 MOSFET 的亚阈值特性。因此 BSIM2 模型在电路设计中得到了更广泛的应用。

BSIM3:BSIM3 是 20 世纪 90 年代推出的一个重大突破。它采用了更复杂的数学模型,能够准确描述深亚微米 MOSFET 的行为。BSIM3 通过上百个模型参数来描述器件的各种效应,如短沟效应、DIBL(drain-induced barrier lowering)效应、热载流子效应等。BSIM3 模型被广泛应用于工业界,成为首个符合工业标准的紧凑模型。同时 BSIM3 还引入了曲线平滑功能,使得在 SPICE 仿真得到的 MOSFET 电流、电荷、电容和电导的曲线平滑且具有好的收敛性。

12.1.3　第三代 MOSFET 模型

随着 MOSFET 尺寸进入纳米级,传统模型的局限性越来越明显,现代 MOSFET 模型不断推陈出新,以应对新的挑战。代表性的现代模型包括 BSIM4、EKV、PSP 和 HiSIM 等。

BSIM4:作为 BSIM3 的后继者,2000 年发布的 BSIM4 在保留 BSIM3 优点的基础上,进一步提高了精度和适用性。它引入了新的物理效应描述,如应力效应、量子效应、表面粗糙度散射等,并能够更准确地描述深亚微米和纳米级 MOSFET 的行为。BSIM4 是现代集成电路设计的主流模型之一,适用于 100 nm 工艺节点及以下的集成电路。

EKV 模型(Enz-Krummenacher-Vittoz model):EKV 模型是另一种广泛应用的 MOSFET 模型,尤其在低功耗和模拟电路设计中。该模型是基于弱反型、中反型和强反型区域的统一模型,能够精确描述 MOSFET 器件从亚阈值到强反型的整个工作范围的 I-V 特性。EKV 模型具有参数少、物理意义明确的特点,在学术界和工业界都得到了广泛认可。

PSP 模型(Penn State Philips model):PSP 模型是由宾夕法尼亚州立大学和飞利浦公司合作开发的,它结合了 BSIM 和 EKV 模型的优点,能够提供高精度的器件描述。PSP 模型通过引入新的物理效应和更复杂的数学方程,能够准确模拟纳米级 MOSFET 的各种效应,如量子效应、隧穿效应和非静电效应等。

HiSIM 模型(Hiroshima University STARC IGFET model):HiSIM 模型是由日本广岛大学开发的,它基于精确的表面势计算,能够提供从弱反型到强反型的连续描述。HiSIM 模型通过引入新的物理效应和高效的计算方法,在精度和计算效率上都有显著提升,被广泛应用于先进的集成电路设计中。

12.1.4　现代高级 MOSFET 模型

2008 年,UC Berkeley 的研究团队推出了 BSIM-CMG 模型。BSIM-CMG 模型专为多栅结构的 MOSFET(如 FinFET)设计,可为纳米尺度多栅 MOSFET 提供高精度的建模。

除了 Berkeley 的 BSIM 模型在不断更新,EPFL 的 EKV 模型,飞利浦的 PSP 模型和日本广岛大学的 HiSIM 模型也都在不断更新。1996 年推出的 EKV2.6 是 EKV 模型系列的一个重要版本,尤其适用于模拟电路设计,能够准确模拟短沟效应和压阈值行为。EKV3.0 是 EKV2.6 的改进版本,进一步提高了对深亚微米 MOSFET 的建模精度,通过提供更好的参数提取方法,使得模型更加易于在工业界应用,适用于 90 nm 及更小技术节点的设计。2007 年日本广岛大学推出的 HiSIM2.0 模型,能够更好地模拟深亚微米 MOSFET 的行为。这些模型不断更新,在 SPICE 仿真工具中往往会采用更高的 LEVEL 数字表示。

12. 2　SPICE 中的基本 MOSFET 模型

SPICE(simulation program with integrated circuit emphasis)是一个广泛使用的电路仿真工具,用于模拟和分析电路中的器件的电学特性。SPICE 中使用了多个 MOSFET 模型来描述 MOSFET 的电学特性,SPICE 中最早使用,也是最基础的模型包括了从 LEVEL1 到 LEVEL5 的模型,如表 12-2-1 所示。

表 12-2-1　SPICE 中 LEVEL1 到 LEVEL5 对应的模型

LEVEL1	Shichman-Hodges 模型
LEVEL2	MOS2,MOS1 的改进模型
LEVEL3	MOS3,一个半经验模型
LEVEL4	BSIM,伯克利短沟绝缘栅场效应器件模型
LEVEL5	改进的 BSIM 模型,也称为 BSIM2 模型

需要指出的是完整的 MOSFET 器件的 SPICE 模型包含,I-V 模型,C-V 模型,噪声模型以及射频模型等。由于篇幅有限,本书将以 NMOS 为例仅介绍 LEVEL1、LEVEL2 和 LEVEL3 对应的 MOSFET 的直流 I-V 模型。

12. 2. 1　LEVEL 1 模型

在 SPICE 工具中,最基本的 MOSFET 模型是 LEVEL1 模型,它是最早期的 MOSFET 模型之一。该模型主要基于 Shichman-Hodges 模型,并且适用于长沟器件。LEVEL1 模型具有以下特点:

● 条件理想:假设器件工作在理想条件下,没有高阶效应(如短沟效应和热载流子效应)。

● 函数分段:该模型对 MOSFET 的线性区和饱和区分别进行了建模,并为每个区域提供了简单的 I-V 关系。

● 公式简单:该模型使用简单的解析公式来描述 MOSFET 的 I-V 特性,便于手工计算。

1. LEVEL1 模型的电流方程

具体的,LEVEL1 模型具体通过以下公式描述 MOSFET 的 I-V 特性:

当($V_{GS} \leq V_{th}$),器件处于截止区时,$I_{DS} = 0.0$

当($V_{DS} < V_{GS} - V_{th}$),器件处于线性区时,

$$I_{DS} = KP \cdot \frac{W_{eff}}{L_{eff}} (1 + LAMBDA \cdot V_{DS}) \left(V_{GS} - V_{th} - \frac{V_{DS}}{2} \right) \cdot V_{DS} \qquad (12\text{-}2\text{-}1)$$

当($V_{DS} \geq V_{GS} - V_{th}$),器件处于饱和区时,

$$I_{DS} = \frac{KP}{2} \cdot \frac{W_{eff}}{L_{eff}} (1 + LAMBDA \cdot V_{DS})(V_{GS} - V_{th})^2 \tag{12-2-2}$$

其中，$KP = \mu C_{ox}$ 是一个中间变量。对 NMOS 而言，μ 为电子迁移率，C_{ox} 是氧化层电容，W_{eff} 是有效沟道宽度，L_{eff} 是有效沟道长度，V_{GS} 是栅源电压，V_{DS} 是漏源电压，V_{th} 是阈值电压。

2. LEVEL1 模型的阈值电压方程

对 NMOS 器件，当 $V_{SB} \geq 0$ 时

$$V_{th} = V_{bi} + GAMMA \cdot (PHI + V_{SB})^{1/2} \tag{12-2-3}$$

对 PMOS 器件，当 $V_{SB} < 0$ 时，

$$V_{th} = V_{bi} + GAMMA \cdot \left(PHI^{1/2} + 0.5 \frac{V_{SB}}{PHI^{1/2}} \right) \tag{12-2-4}$$

其中，内建电势差 V_{bi} 可以表示为

$$V_{bi} = V_{FB} + PHI \tag{12-2-5}$$

也可以表示为

$$V_{bi} = VTO - GAMMA \cdot PHI^{1/2} \tag{12-2-6}$$

需要指出的是，这里与阈值电压相关的三个模型参数 VTO、GAMMA、PHI 三个参数，可以由用户直接给出，也可以基于工艺参数计算得到

$$VTO = V_{FB} + PHI + GAMMA \cdot PHI^{1/2} \tag{12-2-7}$$

$$PHI = 2 \frac{kT_{NOM}}{q} \ln\left(\frac{N_{sub}}{n_i} \right) \tag{12-2-8}$$

$$GAMMA = \frac{\sqrt{2q\varepsilon_{si}N_{sub}}}{C_{ox}} \tag{12-2-9}$$

$$C_{ox} = \frac{\varepsilon_{ox}}{T_{ox}} \tag{12-2-10}$$

$$V_{FB} = \phi_{ms} - \frac{qN_{SS}}{C_{ox}} \tag{12-2-11}$$

$$\phi_{ms} = \begin{cases} -0.05 - 0.5E_g - 0.5PHI & \text{如果 } TPG = 1 \\ 0.5E_g - 0.5PHI & \text{如果 } TPG = -1 \end{cases} \tag{12-2-12}$$

$$E_g = 1.16 - \frac{7.02 \times 10^4 \times T_{NOM}^2}{T_{NOM} + 1108.0} \tag{12-2-13}$$

$$n_i = 1.45 \times 10^{16} \tag{12-2-14}$$

3. LEVEL1 模型的有效沟道宽度和长度表达式

SPICE 的 LEVEL1 模型基于以下公式和版图中的沟道宽度和长度参数来计算有效沟道长度和宽度

$$L_{eff} = L_{scaled} \cdot LMLT + XL_{scaled} - 2 \cdot (LD_{scaled} + DEL_{scaled}) \tag{12-2-15}$$

$$W_{eff} = M \cdot (W_{scaled} WMLT + XW_{scaled} - 2 \cdot WD_{scaled}) \tag{12-2-16}$$

4. LEVEL1 模型参数列表

表 12-2-2 至表 12-2-4 为 LEVEL1 模型参数列表。

表 12-2-2 LEVEL1 基本模型参数

参数名称	单位	默认值	描述
LEVEL		1.0	MOSFET 直流模型选择参数。LEVEL = 1 表示 MOSFET 直流模型选择 Schichman-Hodges 模型
COX	F/m^2	3.453×10^{-4}	单位面积氧化层电容。如果 COX 没有给定,SPICE 将基于工艺参数 TOX 进行计算
KP	A/V^2	2.071 8×10^{-5}(NMOS),8.632×10^{-6}(PMOS)	本征跨导。如果 KP 没有给定且 UO 和 TOX 值已输入,则 SPICE 通过 KP = UO * COX 来计算 KP 的值
LAMBDA	V^{-1}	0.0	沟道长度调制系数
TOX	m	1×10^{-7}	栅氧化层厚度
UO	cm^2/(V·s)		载流子迁移率

表 12-2-3 有效沟道长度和宽度相关模型参数

参数名称	单位	默认值	描述
DEL	m	0.0	沟道长度在每一侧的减小量
LD	m		从源漏向沟道的横向扩散长度。如果 LD 和 XJ 没有给定,则 LD 取默认值 0.0;若 LD 没有给定,XD 给定,那么 LD 的默认值按 LD = 0.75 * XJ 来计算;$LD_{scaled} = LD * SCALM$;SCALM 为缩放因子
LMLT		1.0	长度缩小系数
WD	m	0.0	体区沿着宽度方向的横向扩散长度
WMLT		1.0	宽度缩小系数
XJ	m	0.0	冶金结结深;$XJ_{scaled} = XJ * SCALM$
XL	m	0.0	长度方向掩模与蚀刻效应 $XL_{scaled} = XL * SCALM$
XW	m	0.0	宽度方向掩模与蚀刻效应 $XW_{scaled} = XW * SCALM$

表 12-2-4 阈值电压相关模型参数

参数名称	单位	默认值	描述
GAMMA	V$^{1/2}$	0.527 6	体效应因子,如果 GAMMA 没有给定,则可以基于工艺参数 NSUB 进行计算
NFS	cm^{-2}·V^{-1}	0.0	快速界面态密度

参数名称	单位	默认值	描述
NSUB	cm⁻³	1e15	体表面掺杂浓度,如果 *NSUB* 没有给定,则可以基于 *GAMMA* 的值计算 *NSUB*
PHI	V	0.576	表面反型电势,如果 *PHI* 没有给定,则可以基于 *NSUB* 来计算 *PHI*
VTO	V		零偏时候的阈值电压,如果没有给定,则可以基于 SPICE 内置公式进行计算

LEVEL1 模型虽然简单,但由于忽略了许多实际 MOSFET 器件中的高阶效应,仅适用于早期长沟 MOSFET 的模拟。对于现代短沟器件,通常使用更复杂的 LEVEL2、LEVEL3 或 BSIM 系列模型,这些模型能够更准确地描述 MOSFET 的行为,包含了更多的物理效应和高阶效应。

12.2.2 LEVEL 2 模型

与 LEVEL1 模型相比,LEVEL2 模型更加复杂,考虑的非理想效应也更多。其中电流方程部分,LEVEL2 模型是基于 Grove-Frohman 模型。下面分别介绍 LEVEL2 模型的电流方程,有效沟道长度宽度方程,阈值电压方程,饱和电压方程,有效迁移率方程,沟道长度调制效应方程,亚阈值电流方程以及模型相关参数。

1. LEVEL2 模型的电流方程

LEVEL2 模型具体通过以下 Grove-Frohman 公式描述 MOSFET 的 I-V 特性:

当 $V_{GS} \leqslant V_{th}$,器件处于截止区时,$I_{DS} = 0.0$。

LEVEL2 模型考虑了亚阈值电流,见后面亚阈值电流模型部分。

当 $V_{GS} > V_{th}$,器件导通,

$$I_{DS} = \beta \left\{ \left(V_{GS} - V_{bi} - \frac{\eta \cdot V_{DE}}{2} \right) V_{DE} - \frac{2}{3} \gamma \left[(PHI + V_{DE} + V_{SB})^{3/2} - (PHI + V_{SB})^{3/2} \right] \right\} \quad (12\text{-}2\text{-}17)$$

其中,

$$V_{DE} = \min(V_{DS}, V_{Dsat}) \quad (12\text{-}2\text{-}18)$$

$$\eta = 1 + DELTA \cdot \frac{\pi \varepsilon_{si}}{4 C_{ox} W_{eff}} \quad (12\text{-}2\text{-}19)$$

$$\beta = KP \cdot \frac{W_{eff}}{L_{eff}} \quad (12\text{-}2\text{-}20)$$

2. LEVEL2 模型的有效沟道长度宽度

LEVEL2 模型基于以下公式从版图中的尺寸数据计算有效沟道长度和宽度:

$$L_{eff} = L_{scaled} \cdot LMLT + XL_{scaled} - 2 \cdot (LD_{scaled} + DEL_{scaled}) \quad (12\text{-}2\text{-}21)$$

$$W_{eff} = M \cdot (W_{scaled} \cdot WMLT + XW_{scaled} - 2 \cdot WD_{scaled}) \quad (12\text{-}2\text{-}22)$$

$$LREF_{eff} = LREF_{scaled} \cdot LMLT + XL_{scaled} - 2 \cdot (LD_{scaled} + DEL_{scaled}) \quad (12\text{-}2\text{-}23)$$

$$WREF_{eff} = M \cdot (WREF_{scaled} \cdot WMLT + XW_{scaled} - 2 \cdot WD_{scaled}) \quad (12\text{-}2\text{-}24)$$

3. LEVEL2 模型的阈值电压方程

LEVEL2 模型的阈值电压方程表示为

$$V_{th} = V_{bi} + \gamma \cdot (PHI + V_{SB})^{1/2} \tag{12-2-25}$$

其中，

$$V_{bi} = VTO - GAMMA \cdot (PHI)^{1/2} + (\eta - 1) \cdot (PHI + V_{SB}) \tag{12-2-26}$$

小尺寸器件面临的窄沟效应主要由 V_{bi} 和 η 两个参数来表示。短沟效应则主要通过系数 γ 来表示

$$\gamma = GAMMA \cdot \left\{ 1 - \frac{XJ_{scaled}}{2 \cdot L_{eff}} \cdot \left[\left(1 + \frac{2 \cdot W_S}{XJ_{scaled}} \right)^{1/2} + \left(1 + \frac{2 \cdot W_D}{XJ_{scaled}} \right)^{1/2} - 2 \right] \right\} \tag{12-2-27}$$

其中，源漏区耗尽层宽度 W_S 和 W_D 分别表示为

$$W_S = \left[\frac{2 \cdot E_{si}}{q \cdot} \cdot (PHI + V_{SB}) \right]^{1/2} \tag{12-2-28}$$

$$W_D = \left[\frac{2 \cdot E_{si}}{q \cdot N_{sub}} \cdot (PHI + V_{DS} + V_{SB}) \right]^{1/2} \tag{12-2-29}$$

与 LEVEL1 模型一样，如果用户没有给定 VTO、GAMMA 及 PHI 这几个参数的值，那么 SPICE 将会基于和 LEVEL1 一样的方式来基于工艺参数计算这几个参数的值。

4. LEVEL2 模型的饱和漏压表达式

如果用户没有给定模型参数 *VMAX*，那么 SPICE 将会依据漏端沟道夹断条件来计算饱和漏压。如果考虑小尺寸效应的影响，饱和漏压可以表示为

$$V_{Dsat} = V_{Sat} = \frac{V_{GS} - V_{bi}}{\eta} + \frac{1}{2} \left(\frac{\gamma}{\eta} \right)^2 \cdot \left\{ 1 - \left[1 + 4 \cdot \left(\frac{\eta}{\gamma} \right)^2 \cdot \left(\frac{V_{GS} - V_{bi}}{\eta} + PHI + V_{SB} \right) \right]^{1/2} \right\}$$
$$\tag{12-2-30}$$

如果用户给定了临界电场 *ECRIT*，那么计算时还可以通过下列公式对饱和漏压的表达式进行修正

$$V_{Dsat} = V_{Sat} + V_C - (V_{Sat}^2 + V_C^2)^{1/2} \tag{12-2-31}$$

其中，

$$V_C = ECRIT \cdot L_{eff} \tag{12-2-32}$$

5. LEVEL2 模型的有效迁移率表达式

根据器件物理的知识，当沟道中载流子的速度接近它们的散射速度极限时，载流子的迁移率会随之衰退。在 LEVEL2 模型中，有效迁移率由两个公式表示，通过 *MOB* 参数进行选择。

当 *MOB* = 0 时（默认值）

$$u_{eff} = UO \cdot \left[\frac{UCRIT \cdot E_{si}}{C_{OX} \cdot (V_{GS} - V_{th} - UTRA \cdot V_{DS})} \right]^{UEXP} \tag{12-2-33}$$

这里需要注意，从物理上来看，u_{eff} 必然是要小于 *UO* 的，只有当上式中括号中的值小于 1 时，SPICE 才会采用这个公式计算 u_{eff}，如果上式中括号中的值大于 1，那么 SPICE 将会直接将 u_{eff} 设为 *UO*。

当 *MOB* = 7，且 *THETA* $\neq$ 0 时

$$u_{eff} = \frac{UO}{1 + THETA \cdot (V_{GS} - V_{th})} \tag{12-2-34}$$

若 $V_{GS} < V_{th}$，则 $u_{eff} = UO$。

当 $MOB = 7, THETA = 0$ 时

$$u_{eff} = UO \cdot \left[\frac{UCRIT \cdot E_{si}}{C_{ox} \cdot (V_{GS} - V_{th})} \right]^{UEXP} \tag{12-2-35}$$

当 $MOB = 7, VMAX > 0$ 时，

$$u_{eff} = \frac{u_{eff}}{1 + u_{eff} \cdot \dfrac{V_{DE}}{VMAX \cdot L_{eff}}} \tag{12-2-36}$$

上述迁移率退化模型中的参数请参考表 12-2-5。

6. LEVEL2 模型的沟道长度调制效应模型

LEVEL2 模型中，通过修改漏电流 I_{DS} 来体现沟道长度调制效应的影响：

$$I_{DS} = \frac{I_{DS}}{1 - \lambda \cdot V_{DS}} \tag{12-2-37}$$

如果用户给定模型参数 LAMBDA，那么 SPICE 会按照以下方式计算上式中 λ 的值。

当 $LAMBDA > 0$ 时，$\lambda = LAMBDA$

当 $LAMBDA \leqslant 0$，且 $VMAX > 0, NSUB > 0$ 时

$$\lambda = \frac{X_D}{NEFF^{1/2} \cdot L_{eff} \cdot V_{DS}} \cdot$$
$$\left\{ \left[\left(\frac{VMAX \cdot X_D}{2 \cdot NEFF^{1/2} \cdot u_{eff}} \right)^2 + V_{DS} - V_{Dsat} \right]^{1/2} - \frac{VMAX \cdot X_D}{2 \cdot NEFF^{1/2} \cdot u_{eff}} \right\} \tag{12-2-38}$$

而当 $LAMBDA \leqslant 0$，且 $VMAX = 0, NSUB > 0$ 时

如果 $MOB = 0$，

$$\lambda = \frac{X_D}{L_{eff} \cdot V_{DS}} \cdot \left\{ \frac{V_{DS} - V_{Dsat}}{4} + \left[1 + \left(\frac{V_{DS} - V_{Dsat}}{4} \right)^2 \right]^{1/2} \right\}^{1/2} \tag{12-2-39}$$

如果 $MOB = 7$，

$$\lambda = \frac{X_D}{L_{eff} \cdot V_{DS}} \cdot \left\{ \left[\frac{V_{DS} - V_{Dsat}}{4} + \left(1 + \left(\frac{V_{DS} - V_{Dsat}}{4} \right)^2 \right)^{1/2} \right]^{1/2} - 1 \right\} \tag{12-2-40}$$

其中，X_D 定义为

$$X_D = \left(\frac{2 \cdot E_{si}}{q \cdot N_{sub}} \right)^{1/2} \tag{12-2-41}$$

7. LEVEL2 模型的亚阈值电流模型

LEVEL2 模型中，亚阈值电流主要由快速表面态模型参数 NFS 决定。当 $NFS > 0$ 时，SPICE 会通过设定一个修订的阈值电压（V_{ON}）来考虑亚阈值电流的影响：

$$V_{ON} = V_{th} + fast \tag{12-2-42}$$

其中，

$$fast = V_t \cdot \left[\eta + (PHI + V_{SB})^{1/2} \cdot \frac{\partial \gamma}{\partial V_{SB}} + \frac{\gamma}{2 \cdot (PHI + V_{SB})^{1/2}} + \frac{q \cdot NFS}{C_{ox}} \right] \tag{12-2-43}$$

这里，v_t 为热电势。

当 $V_{GS} < V_{ON}$ 时，

$$I_{DS} = I_{DS}(V_{ON}, V_{DE}, V_{SB}) \cdot e^{\frac{V_{GS}-V_{ON}}{fast}} \tag{12-2-44}$$

当 $V_{GS} > V_{ON}$ 时，

$$I_{DS} = I_{DS}(V_{GS}, V_{DE}, V_{SB}) \tag{12-2-45}$$

其中，

$$V_{DE} = \min(V_{DS}, V_{Dsat}) \tag{12-2-46}$$

如果用户给定了模型参数 $WIC = 3$，那么 SPICE 将用新的公式计算漏电流

$$I_{DS} = I_{DS}(V_{GS}, V_{DE}, V_{SB}) + I_{sub}(N0_{eff}, ND_{eff}, V_{GS}, V_{DS}) \tag{12-2-47}$$

其中，$N0_{eff}$ 和 ND_{eff} 是和有效沟道长度和有效沟道宽度有关的函数。

8. LEVEL2 模型参数列表

表 12-2-5 至表 12-2-8 为 LEVEL2 模型参数列表。LEVEL2 模型是基于 LEVEL1 模型的改进，因此表中仅列出新增的部分。

表 12-2-5　LEVEL2 基本模型参数

参数名称	单位	默认值	描述
ECRIT	V/cm	0.0	发生载流子速度饱和时候的临界电场强度。通常：电子的是 6×10^4 V/cm，空穴的是 2.4×10^4 V/cm
NEFF		1.0	总的沟道电荷（固定的和移动的）系数
VMAX	m/s	0.0	载流子的最大漂移速度

表 12-2-6　有效沟道长度和宽度相关模型参数

参数名称	单位	默认值	描述
LREF	m	0.0	参考沟道长度，$LREF_{scalded} = LREF * SCALM$
WREF	m	0.0	参考沟道宽度，$WREF_{scalded} = WREF * SCALM$

表 12-2-7　阈值电压相关模型参数

参数名称	单位	默认值	描述
DELTA		0.0	调整阈值电压的窄沟道因子
LND	μm/V	0.0	*ND* 长度敏感度
LN0	μm	0.0	N0 长度敏感度
ND	V^{-1}	0.0	漏亚阈值电流因子
N0		0.0	栅亚阈值电流因子，典型值为 1
WIC		0.0	亚阈值模型选择
WND	μm/V	0.0	*ND* 宽度敏感度
WN0	μm	0.0	N0 宽度敏感度

表 12-2-8　迁移率模型参数

参数名称	单位	默认值	描述
MOB		0.0	迁移率公式选择,这个参数在 LEVEL2 模型中可以设置为 0 或者 7,对应不同的迁移率模型,同时也会影响沟道长度调制效应模型
THETA	V^{-1}	0.0	迁移率调制系数,*THETA* 只有在 *MOB*=7 的时候才会被使用,典型的 *THETA* 的值为 5×10^{-2} V/cm
UCRIT	V/cm	1.0×10^4	迁移率退化的临界电场
UEXP		0.0	描述迁移率退化的经验公式中临界电场指数因子
UO	$cm^2/(V \cdot s)$	600(NMOS) 250(PMOS)	低场体迁移率,如果用户给定了 *KP*,则这个参数基于 *KP* 计算得到
UTRA		0.0	横向电场系数

12.2.3　LEVEL3 模型

随着器件尺寸的缩小,各种非理想效应的影响开始凸显。当 MOS 器件沟道长度缩小到 2 微米以下后,MOSFET 器件的特征需要从以下几个方面来描述:

① 由于势分布呈现二维特性,阈值电压对器件长度和宽度都具有敏感性;

② 由于漏极引起的势垒降低,阈值电压对漏极电压的变化具有敏感性;

③ 由于热电子的速度饱和,线性区和饱和区之间的过渡变得缓和,饱和电压和饱和电流降低。

LEVEL3 模型是为了准确描述上述特征并兼顾计算效率的一种经验模型。

1. LEVEL3 模型的电流方程

LEVEL3 模型具体通过以下经验公式描述 MOSFET 的 $I-V$ 特性:

当($V_{GS} \leqslant V_{th}$),器件处于截止区时,$I_{DS}=0.0$;

与 LEVEL2 模型一致,LEVEL3 模型也考虑了亚阈值电流,见后面亚阈值电流模型部分。

当 $V_{GS}>V_{th}$,器件导通

$$I_{DS}=\beta \cdot \left(V_{GS}-V_{th}-\frac{1+f_B}{2} \cdot V_{DE}\right) \cdot V_{DE} \tag{12-2-48}$$

其中,

$$\beta=KP \cdot \frac{W_{eff}}{L_{eff}} \tag{12-2-49}$$

$$V_{DE}=\min(V_{DS},V_{Dsat}) \tag{12-2-50}$$

$$f_B=f_N+\frac{GAMMA \cdot f_S}{4 \cdot (PHI+V_{SB})^{1/2}} \tag{12-2-51}$$

$$f_N=\frac{DELTA}{W_{eff}} \cdot \frac{1}{4} \cdot \frac{2\pi \cdot E_{si}}{C_{ox}} \tag{12-2-52}$$

$$f_S = 1 - \frac{XJ_{scaled}}{L_{eff}} \cdot \left\{ \frac{LD_{scaled} + W_C}{XJ_{scaled}} \cdot \left[1 - \left(\frac{W_P}{XJ_{scaled} + W_P} \right)^2 \right]^{1/2} - \frac{LD_{scaled}}{XJ_{scaled}} \right\} \tag{12-2-53}$$

$$X_D = \left(\frac{2 \cdot E_{si}}{q \cdot N_{sub}} \right)^{1/2} \tag{12-2-54}$$

$$W_C = XJ_{scaled} \cdot \left[0.063\,135\,3 + 0.801\,329\,2 \cdot \left(\frac{W_P}{XJ_{scaled}} \right) - 0.011\,107\,77 \cdot \left(\frac{W_P}{XJ_{scaled}} \right)^2 \right] \tag{12-2-55}$$

2. LEVEL3 模型的有效沟道长度宽度

LEVEL3 模型基于以下公式从版图中的尺寸数据计算有效沟道长度和宽度

$$L_{eff} = L_{scaled} \cdot LMLT + XL_{scaled} - 2 \cdot (LD_{scaled} + DEL_{scaled}) \tag{12-2-56}$$

$$W_{eff} = M \cdot (W_{scaled} \cdot WMLT + XW_{scaled} - 2 \cdot WD_{scaled}) \tag{12-2-57}$$

$$LREF_{eff} = LREF_{scaled} \cdot LMLT + XL_{scaled} - 2 \cdot (LD_{scaled} + DEL_{scaled}) \tag{12-2-58}$$

$$WREF_{eff} = M \cdot (WREF_{scaled} \cdot WMLT + XW_{scaled} - 2 \cdot WD_{scaled}) \tag{12-2-59}$$

3. LEVEL3 模型的阈值电压方程

LEVEL3 模型的阈值电压方程表示为

$$V_{th} = V_{bi} - \frac{8.14 \times 10^{-22} \cdot ETA}{C_{ox} \cdot L_{eff}^3} \cdot V_{DS} + GAMMA \cdot f_S \cdot (PHI + V_{SB})^{1/2} + f_N \cdot (PHI + V_{SB}) \tag{12-2-60}$$

其中,

$$V_{bi} = V_{FB} + PHI \tag{12-2-61}$$

$$V_{bi} = VTO - GAMMA \cdot PHI^{1/2} \tag{12-2-62}$$

小尺寸器件面临的窄沟效应主要由 V_{BI} 和 η 两个参数来表示。短沟效应则主要通过系数 γ 来表示

$$\gamma = GAMMA \cdot \left\{ 1 - \frac{XJ_{scaled}}{2 \cdot L_{eff}} \cdot \left[\left(1 + \frac{2 \cdot W_S}{XJ_{scaled}} \right)^{1/2} + \left(1 + \frac{2 \cdot W_{dD}}{XJ_{scaled}} \right)^{1/2} - 2 \right] \right\} \tag{12-2-63}$$

其中,源漏区耗尽层宽度 W_S 和 W_D 分别表示为

$$W_S = \left[\frac{2 \cdot E_{si}}{q \cdot N_{sub}} \cdot (PHI + V_{SB}) \right]^{1/2} \tag{12-2-64}$$

$$W_D = \left[\frac{2 \cdot E_{si}}{q \cdot N_{sub}} \cdot (PHI + V_{DS} + V_{SB}) \right]^{1/2} \tag{12-2-65}$$

VTO 是大器件的外推零偏置阈值电压。如果用户未指定 *VTO*、*GAMMA* 和 *PHI*,SPICE 将会基于和 LEVEL1 一样的方式来基于工艺参数计算这几个参数的值。

4. LEVEL3 模型的饱和漏压表达式

如果用户没有给定模型参数 *VMAX*,那么 SPICE 将会依据漏端沟道夹断条件来计算饱和漏压。如果考虑小尺寸效应的影响,饱和漏压可以表示为

$$V_{SAT} = \frac{V_{GS} - V_{th}}{1 + f_B} \tag{12-2-66}$$

$$V_{Dsat} = V_{Dsat} + V_C - (V_{Dsat}^2 + V_C^2)^{1/2} \tag{12-2-67}$$

其中,

$$V_{\mathrm{C}} = \frac{VMAX \cdot L_{\mathrm{eff}}}{us} \tag{12-2-68}$$

5. LEVEL3 模型的有效迁移率表达式

在 LEVEL3 模型中,迁移率的退化取决于垂直于沟道方向的电场强度。

当 $V_{\mathrm{GS}} > V_{\mathrm{th}}$

$$us = \frac{UO}{1 + THETA \cdot (V_{\mathrm{GS}} - V_{\mathrm{th}})} \tag{12-2-69}$$

如果用户给定了 VMAX 参数,那么 SPICE 则将迁移率的退化归因于水平方向电场导致的速度饱和。

当 $VMAX > 0$

$$\Delta L = X_{\mathrm{D}} \cdot [KAPPA \cdot (V_{\mathrm{DS}} - V_{\mathrm{Dsat}})]^{1/2} \tag{12-2-70}$$

6. LEVEL3 模型的沟道长度调制效应模型

在 LEVEL3 模型中,当 $V_{\mathrm{DS}} > V_{\mathrm{Dsat}}$,沟道长度调制效应就会被考虑。按照不同的 VMAX 的值,LEVEL3 模型计算不同的沟道调制导致的沟道缩小量 ΔL。

当 $VMAX = 0$

$$\Delta L = X_{\mathrm{D}} \cdot [KAPPA \cdot (V_{\mathrm{DS}} - V_{\mathrm{Dsat}})]^{1/2} \tag{12-2-71}$$

当 $VMAX > 0$

$$\Delta L = -\frac{E_{\mathrm{P}} \cdot X_{\mathrm{D}}^2}{2} + \left[\left(\frac{E_{\mathrm{P}} \cdot X_{\mathrm{D}}^2}{2} \right)^2 + KAPPA \cdot X_{\mathrm{D}}^2 \cdot (V_{\mathrm{DS}} - V_{\mathrm{Dsat}}) \right]^{1/2} \tag{12-2-72}$$

其中,

$$E_{\mathrm{P}} = \frac{V_{\mathrm{C}} \cdot (V_{\mathrm{C}} + V_{\mathrm{Dsat}})}{L_{\mathrm{eff}} \cdot V_{\mathrm{Dsat}}} \tag{12-2-73}$$

$$I_{\mathrm{DS}} = \frac{I_{\mathrm{DS}}}{1 - \dfrac{\Delta L}{L_{\mathrm{eff}}}} \tag{12-2-74}$$

7. LEVEL3 模型的亚阈值电流模型

LEVEL3 模型中,亚阈值电流主要由快速表面态模型参数 NFS 决定。SPICE 会通过设定一个修订的阈值电压(V_{ON})来考虑亚阈值电流的影响:

当 $NFS > 0$

$$V_{\mathrm{ON}} = V_{\mathrm{th}} + fast \tag{12-2-75}$$

其中,

$$fast = V_{\mathrm{t}} \cdot \left[1 + \frac{q \cdot NFS}{C_{\mathrm{ox}}} + \frac{GAMMA \cdot f_{\mathrm{S}} \cdot (PHI + V_{\mathrm{SB}})^{1/2} + f_{\mathrm{N}} \cdot (PHI + V_{\mathrm{SB}})}{2 \cdot (PHI + V_{\mathrm{SB}})} \right] \tag{12-2-76}$$

亚阈值电流表示为

当 $V_{\mathrm{GS}} < V_{\mathrm{ON}}$

$$I_{\mathrm{DS}} = I_{\mathrm{DS}}(V_{\mathrm{ON}}, V_{\mathrm{DE}}, V_{\mathrm{SB}}) \cdot \mathrm{e}^{\frac{V_{\mathrm{GS}} - V_{\mathrm{ON}}}{fast}} \tag{12-2-77}$$

当 $V_{\mathrm{GS}} > V_{\mathrm{ON}}$

$$I_{DS} = I_{DS}(V_{GS}, V_{DE}, V_{SB}) \qquad (12-2-78)$$

其中,

$$V_{DE} = \min(V_{DS}, V_{Dsat}) \qquad (12-2-79)$$

如果用户给定了模型参数 $WIC = 3$,那么 SPICE 将用新的公式计算漏电流:

$$I_{DS} = I_{DS}(V_{GS}, V_{DE}, V_{SB}) + i_{SUB}(N0_{eff}, ND_{eff}, V_{GS}, V_{DS}) \qquad (12-2-80)$$

其中,$N0_{eff}$ 和 ND_{eff} 是和有效沟道长度和有效沟道宽度有关的函数。

8. LEVEL3 模型参数列表

表 12-2-9 和表 12-2-10 为 LEVEL3 模型参数列表。

表 12-2-9　LEVEL3 基本模型参数

参数名称	单位	默认值	描述
KAPPA	V^{-1}	0.2	饱和电场系数,这个参数用于计算沟道长度调制影响

表 12-2-10　阈值电压相关模型参数

参数名称	单位	默认值	描述
ETA		0.0	用于调整阈值电压的静态反馈因子

12.3　高级 MOSFET 模型简介

　　MOSFET 紧凑模型可以分为基于阈值电压的模型、基于电压的模型及基于表面势的模型。

　　20 世纪 70 年代初,在 SPICE MOSFET 模型的初始开发阶段,由于计算机能力有限,因此最初的 MOSFET 紧凑模型基本都采用简单的基于阈值电压的模型,在这些模型中,表面电势被表示为输入电压的一个简单函数。当 V_{GS} 高于 V_{th} 时,它是常数;当 V_{GS} 低于 V_{th} 时,它是栅极电压的线性函数。在此前提下,就导致需要针对 MOSFET 不同的工作区域独立求解,再通过平滑函数将这些区域的表达式连接起来。基于阈值电压的模型适用于较早期的电路设计,但在精度和复杂性方面有限,特别是在处理中等反型和弱反型区域时不够精确。基于阈值电压的模型主要包括 SPICE LEVEL 1、BSIM3、BSIM4 和 MOS Model 9 等。

　　近年来,随着混合模拟-数字芯片的兴起,模拟和射频设计中适用的 MOSFET 模型变得越来越重要。过去,强反型是 MOS 器件的主要工作区域,但由于技术趋势向短沟道长度、关闭状态漏电约束及降低电源电压发展,MOS 器件现在经常在中等反型和弱反型区域工作。然而,传统的基于阈值电压 MOSFET 模型依赖于特定工作区域的近似解,并通过数学方法连接以提供连续解。分区域求解的方法导致区域之间的不准确性,使得这些模型在低电源电压电路中广泛使用的中等反型区域表现出不足。因此,目前高级的 MOSFET 模型基本都不再基于阈值电压,而是转向基于电荷或者基于表面势开发 MOSFET 模型。

12.3.1　基于反型电荷的模型

　　基于反型电荷的模型(charge-based models)通过反型电荷密度间接描述端电压变化。通常使用统一电荷控制模型(UCCM)近似表示反型电荷密度。基于电荷的模型适用于分析短沟效应、速度饱和等复杂物理效应。代表模型包括 EKV 模型、HiSIM 模型等。

在实际的使用中，紧凑模型往往需要有效且准确的算法来计算电流、电荷以及相应的偏导数。依据 Mather 的方法，MOSFET 的漏电流可以表示为反型电荷的函数

$$I_{DS} = \frac{\mu_n W}{L} \left[\frac{Q'^2_{IS} - Q'^2_{ID}}{2nC'_{ox}} - \phi_t (Q'_{IS} - Q'_{ID}) \right] \tag{12-3-1}$$

其中，Q'_{IS} 反型电荷在源端的面电荷密度，Q'_{ID} 反型电荷在漏端的面电荷密度，ϕ_t 为热电势，n 为斜率系数。

比较有代表性的是 Shur 等推导出的电荷密度与端电压的关系式，通常被称为统一电荷控制模型（unified charge control model，UCCM）。在实际的使用中，求解器通常会对 UCCM 再进行修改，使用比较多的形式如（12-2-48）所示

$$V_P - V_C = \phi_t \left[\frac{Q'_{IP} - Q'_I}{nC'_{ox}\phi_t} + \ln\left(\frac{Q'_I}{Q'_{IP}} \right) \right] \tag{12-3-2}$$

其中，V_C 为沟道电压，V_P 为夹断电压，Q'_{IP} 为夹断时候的反型电荷面密度。很多高级 MOSFET 模型都基于上述统一电荷控制模型进行构建。

12.3.2　基于表面电势的模型

基于表面势的模型（surface potential-based models）：这种模型通过表面电势间接描述端电压变化。传统上，可以通过基于电荷片（charge sheet）近似法可以简化推导复杂度，但由于速度饱和等问题，往往不易获得实际结果。实用模型通常采用表面电势与反型电荷密度的线性化方法。代表模型包括 MM11、SP 等。

在 1978 年电荷片（charge sheet）理论提出后不久，便有研究者开始开发基于表面势的 MOSFET 模型。研究者们将窄沟效应和短沟效应的影响反映在表面势的变化中，并最终得到了漏电流的表达式。但是，直接使用基于表面势的模型往往过于复杂，通过应用渐变沟道近似可以简化推导过程，得到一个简单的表达式

$$(V_{GS} - V_{FB} - \phi_s)^2 = \gamma^2 \phi_t \left[e^{-\phi_s/\phi_t} + \phi_s/\phi_t - 1 + e^{-(2\phi_F + V_C)/\phi_t} (e^{\phi_s/\phi_t} - \phi_s/\phi_t - 1) \right] \tag{12-3-3}$$

在确定表面势的表达式后，依据电荷片近似，就可以直接计算得到电荷密度的表达式。在电荷片近似中，反型层上的电压降被忽略。因此，得到体电荷密度的表达式为

$$Q'_B = -\text{sign}(\phi_s) C'_{ox} \gamma \sqrt{\phi_s + \phi_t (e^{-\phi_s/\phi_t} - 1)} \tag{12-3-4}$$

上式给出的体电荷的表达式适用于积累、耗尽和反型三个状态。基于这个表达式，便可以得到反型沟道的电荷的表达式

$$Q'_I = -C'_{ox} \left(V_{GS} - V_{FB} - \phi_s + \frac{Q'_B}{C'_{ox}} \right) \tag{12-3-5}$$

最终，栅电极上的面电荷密度可以表示为：

$$Q'_G = -Q'_B - Q'_I = C'_{ox} (V_{GS} - V_{FB} - \phi_s) \tag{12-3-6}$$

习题

12.1　第一代 MOSFET 模型有哪些代表模型，它们的特点是什么？

12. 2   第二代 MOSFET 模型有哪些代表模型,它们的特点是什么?

12. 3   第三代 MOSFET 模型有哪些代表模型,它们的特点是什么?

12. 4   LEVEL1 模型的 *KP* 模型参数具体表示什么含义?

12. 5   LEVEL2 模型的 *LAMBDA* 模型参数的具体含义是什么?

12. 6   简要描述 LEVEL2 模型如何体现迁移率退化效应的影响。

12. 7   LEVEL3 模型的 *DELTA* 和 *GAMMA* 模型参数的具体含义是什么?

12. 8   基于阈值电压的 MOSFET 模型有哪些局限? 与基于阈值电压的 MOSFET 模型相比,基于电荷的 MOSFET 模型和基于表面势的 MOSFET 模型有哪些特点?

参考文献

读者意见反馈

为收集对教材的意见建议,进一步完善教材编写并做好服务工作,读者可将对本教材的意见建议通过如下渠道反馈至我社。

咨询电话　400-810-0598

反馈邮箱　gjdzfwb@pub.hep.cn

通信地址　北京市朝阳区惠新东街 4 号富盛大厦 1 座
　　　　　高等教育出版社总编辑办公室

邮政编码　100029

防伪查询说明

用户购书后刮开封底防伪涂层,使用手机微信等软件扫描二维码,会跳转至防伪查询网页,获得所购图书详细信息。

防伪客服电话　(010)58582300